蘋果專業訓練教材

macOS Support Essentials 12

macOS Monterey 支援和疑難排解

作者：Benjamin G. Levy, Adam Karneboge, Steve Leebove
譯者：TWDC 蘋果授權訓練機構

Apple
Certified

macOS Support Essentials 12 – Apple Pro Training Series: Supporting and Troubleshooting macOS Monterey
Benjamin G. Levy and Adam Karneboge with Steve Leebove
Copyright © 2022 by Peachpit Press. All Rights Reserved.

Peachpit Press
www.peachpit.com
Peachpit Press is an imprint of Pearson Education, Inc.
To report errors, please send a note to errata@peachpit.com X

Apple Series Editor: Laura Norman
Development Editor: Victor Gavenda
Senior Production Editor: Tracey Croom
Production Coordinator: Maureen Forys, Happenstance
Type-O-Rama Technical Editor: Steve Leebove
Apple Program Manager—Training and Certification: Drew Winkelman
Copy Editor: Elizabeth Welch
Proofreader: Scout Festa
Compositor: Cody Gates, Happenstance Type-O-Rama
Indexer: Valerie Perry
Cover Illustration: Von Glitschka
Cover Production: Cody Gates, Happenstance Type-O-Rama

IMPORTANT: Some of the exercises contained in this guide can be temporarily disruptive, and some exercises, if performed incorrectly, could result in data loss or damage to system files. As such, it's recommended that you perform these exercises on a Mac computer that is not critical to your daily productivity.

ISBN 13: 978-0-13-769644-4
ISBN 10: 0-13-769644-2

ScoutAutomatedPrintCode

My wife, Trang, encouraged me to take this project, and her love, kindness, and caring are on every page. My brother Remy is a fountain of thoughtful, practical advice and I am grateful for his love and support. My family and friends all helped convince me 14-hour days, 7 days a week are a perfectly reasonable price to pay for what you have before you. Thank you, reader, for your passion for all things Apple. I sincerely hope I have done well by you. Finally, thank you to my father, Marc, who, while holding this book in his hands, will confidently assert that he understands his Mac better than I do. He's probably right.

—Benjamin G. Levy

This book is dedicated to my mother, Monica, and two sons, Daniel and Elijah, who give me their love, support, and encouragement each year. Their sacrifices make this book possible.

—Adam Karneboge

Acknowledgments Thank you, dear reader, for staying on top of what's new, while keeping your users' needs as the root of what you do.

Thanks to Tim Cook and everyone at Apple for always innovating.

Thank you to Kevin White, Gordon Davisson, and Susan Najour for all their foundational work.

Thank you to Arek Dreyer. His brilliance, passion, and love for this material have shown in every edition he wrote and his writing has been a marvel of economy and precision. His example demands excellence and I have tried my very best because of it.

Thank you to Steve Leebove for his passion and care. The quality and whatever perfection is in the work are his doing. His contributions are so much more than technical editing.

Thank you to Craig Cohen for always making himself available and sharing his exceptional technical knowledge, assistance, and thoughtful guidance.

A heartfelt thank you to Schoun Regan, who labors tirelessly for excellence and accepts nothing less. He makes time to review every word in this book because he cares. His sharp eye and careful critiques are unparalleled, and he improves everything he touches.

Thank you to Laura Norman and Victor Gavenda for their calm, capable assistance, expe- rience, guidance, and professionalism. Victor's work is truly a wonder, and his patience and gentle insistence on clarity improve every word.

Thank you to Liz Welch, Scout Festa, and Maureen Forys and her team at Happenstance Type-O-Rama for the alchemy that transformed hundreds of disconnected elements into an actual book.

Thank you to the readers who send corrections.

Thank you to those who are driven to investigate and share hard-won knowledge of macOS on websites and blogs. Particularly excellent reading is regularly available on Rich Trouten's derflounder.wordpress.com/ and Howard Oakley's eclecticlight.co/. We encour- age you to enjoy the benefits of their hard work and intelligent analysis.

Thanks to the people who generously provided feedback and assistance, including:

Bonnie Anderson	Nat Fellows	Scott Immerman
Jason Bruder	Phil Goodman	Drew Winkelman
Jon Clough		

Pat Dengler and the Los Angeles Apple Consultants Network Community

TWDC 蘋果授權訓練機構，提供專業的「Apple IT 設備管理」及「iOS App 開發工程師」課程以及專業的 MDM 顧問與訓練服務，從 Apple 設備管理到資安防護皆囊括在內。

[Apple IT 設備管理課程]

本課程由 Apple 原廠認證講師授課，帶領學員逐步了解蘋果電腦及 macOS 系統知識，並提供眞實案例或練習，學員將能更深度的了解最新的 macOS 作業系統，協助企業或學校內的 macOS 使用者更快排除問題 。

[iOS App 開發工程師課程]

本課程由 Apple 原廠認證講師授課，帶領學員了解熟悉蘋果最新 Swift 語言，並且利用 iOS SDK 與 XCode 開發原生 App，並可執行於 iPad, iPhone 與 macOS 等設備。

[Jamf 200 認證課程]

本課程爲 Jamf 原廠推出的產品使用認證課程，若通過課程獲得認證將展現你與衆不同的 IT 專業，能利用 Apple 所帶來的市場價值，爲職涯發展獨特且出色的競爭力。

 TWDC 蘋果授權訓練機構
https://aatp.com.tw
04 - 24910828
臺中市大里區科技路 166 號 3F-3

內容概覽

目錄

使用者帳號

檔案系統

資料管理

應用程式與程序

網路配置

關於這本手冊

目標對象

無論您是經驗豐富的系統管理員，還是只想深入了解 macOS，您都將學習更新、升級、重新安裝、配置、維護、診斷和排除 macOS Monterey 故障。

在閱讀本手冊之前，您應該先熟悉如何使用 Mac。如果您不確定 Mac 的基本操作，請參閱「您是新的 Mac 使用者嗎？」在 support.apple.com/guide/macbook-pro/are-you-new-to-mac-apd1f14ec646。

如何使用此手冊

使用內容來熟悉 macOS Monterey。然後，使用練習來練習您所學的內容。完成本手冊後，您應該能夠：

- ▶ 解釋 macOS Monterey 的工作原理
- ▶ 解釋更新、升級、重新安裝、配置和使用 macOS Monterey
- ▶ 解釋 macOS Monterey 故障排除和修復程序
- ▶ 在 macOS Monterey 中使用適當的工具和技術來診斷和解決問題

存取線上版和課程文件

除非另有說明，否則本手冊中對 macOS 的引用指的是 macOS Monterey 12.1。當您從 Peachpit 購買本手冊（任何格式）時，您將自動存取其線上版本和隨附的課程文件。

如果您從 peachpit.com 購買了電子書，您的電子書將出現在您帳號頁面的 Digital Purchases 頁面下。如果您從其他供應商購買了電子書或購買了印刷書，則必須在 peachpit.com 上註冊您的購買以存取線上內容：

1. 導覽至 peachpit.com/macosMonterey。
2. 登入或建立一個新帳號。
   產品註冊頁面將會打開，書本的 ISBN 已自動輸入。

3. 點擊 Submit。

4. 回答問題作爲購買證明。

5. 您可以從「Account」頁面上的「Registered Products」選項存取課程文件。點擊產品標題下方的存取內容連結以進入下載頁面。

6. 點擊課程文件連結將它們下載到您的電腦，當電腦要求您在 www.peachpit.com 上允許下載時，點擊允許。

   這些練習的 student materials 將作爲 ZIP 格式下載，並自動解壓縮到 StudentMaterials 檔案夾中。

7. 您可以從「帳號」頁面上的「Digital Purchases」頁面存取網路版本。點擊啟動連結以存取該產品。

練習

本手冊中的練習專爲獨立學習者設計並且需要專用的 Mac。如果您使用的 Mac 也用於日常工作，那麼這些練習將無法如期進行，並且可能會損壞您的 Mac。要完成練習，請確保您擁有以下項目：

▶ 一台配備 Apple 晶片的 Mac 或基於 Intel 的 Mac，滿足安裝 macOS Monterey 的要求

▶ macOS Monterey（請參閱練習 2.3，「清除 Mac 並安裝 macOS Monterey」）

▶ 高速網路連接

▶ 課程文件（參考前面的「存取線上版和課程文件」）

▶ 一個專用於您獨立學習的 Apple ID（您無需提供信用卡資訊即可從 App Store 取得免費應用程式）

以下項目不是必需的，但它們可能會有所幫助：

▶ 與您用於獨立學習的 Apple ID 有關的 iCloud 帳號

▶ 用於練習 5.2「建立一個 macOS 安裝磁碟」的容量至少爲 14 GB 的可清除式外部儲存硬碟

▶ 至少兩個 Wi-Fi 網路（一個應該是要可以看到的）

▶ 一台帶有固態硬碟的 Mac

額外資源

Apple Support

Apple 支援網站（support.apple.com）包含最新的免費線上 Apple 支援文章。

安裝與配置

第 1 章
介紹 macOS

自 2001 年推出的 macOS（前身稱為 Mac OS X
或 OS X） 會預先安裝在 Mac 電腦上。macOS
提供了如同 iPhone，iPad，Apple TV 與 Apple
Watch 一樣為人稱頌的易於使用特性。同時
macOS 也提供了一個優異的軟體開發平台讓軟體
廠商為macOS設計了眾多的高品質第三方軟體。

目標
▶ 闡述 macOS

▶ 闡述新版 macOS
　Monterey 12 功能

1.1
macOS Monterey 12

macOS Monterey 12 是 目 前 最 新 版 本 的
macOS。macOS 結合了強大的 UNIX 開源碼基
礎及最先進的使用者介面於一體。

經由標準整合

macOS 的成功可以歸功於 Apple 樂於採納產
業標準規格及開源碼軟體。採用共通的標準可
以節省研發工程時效並且更容易與其他平台整
合。當 Apple 開發者在設計一個新功能的技術
時，Apple 通常會對開發者社群發佈相關技術規
格，這個方法促成了新的標準。例如 Bonjour
network discovery 是由 Apple 率先開發並維護
後成為一個可以讓其他人研發並使用的產業標準
協定 Multicast DNS（mDNS）。

另一個範例則是 macOS，iOS，iPadOS，tvOS，watchOS 及相關作業系統的 Swift 程式語言。 在 Apple 發表 Swift 之後，Swift 馬上成為歷史上成長最快的程式語言之一。 Swift 的設計讓編寫又快速又安全的軟體非常的簡單。

以下範例是一些 macOS 支援的共通標準：

▶ 連接標準 – 通用序列匯流排（USB），包含 USB-C，Thunderbolt，藍芽無線，IEEE 802 家族的乙太網路以及 Wi-Fi 標準。

▶ 檔案系統標準 – 一個檔案系統會決定資訊的讀寫，通常是在一個檔案的狀態下如何由儲存裝置存儲及讀取。 macOS 支援的檔案系統標準有檔案分配表（FAT），New Technology File System（NTFS），ISO 9660 光碟片標準，及通用光碟格式 （UDF）。

▶ 網路標準 – 動態主機設定協定（DHCP），域名系統（DNS），超文字安全傳輸協定（HTTPS），網際網路資訊存取協定（IMAP），簡單郵件傳輸協定（SMTP），檔案傳輸協定（FTP），Web Distributed Access and Versioning （WebDAV），及伺服器訊息區塊 / 檔案分享系統（SMB/CIF），包含 SMB3。

▶ 文件標準 – ZIP 檔案壓縮，富文本格式（RTF），可攜式文件格式（PDF），標籤圖像文件格式（TIFF），圖像互換格式（GIF），聯合攝影專家小組（JPEG），攜帶型網路圖形（PNG），進階音訊編碼（AAC），動態影像專家小組（MPEG） 家族的媒體標準，高效率視訊編碼（HEVC 同時也稱為 H.265），及高效率影像格式（HEIF 基於 HEVC）。

1.2
macOS Monterey 的新功能

macOS Monterey 可以在使用 Apple 晶片及基於 Intel 的 Mac 電腦。

當此手冊付印時，Apple 對於其目標為期兩年的 Apple 晶片轉移至所有 Mac 電腦的計畫已經進行了一年多一點。目前已經採用 Apple 晶片的 Mac 電腦有

▶ MacBook Pro （16 吋， 2021）
▶ MacBook Pro （14 吋，2021）
▶ iMac （24 吋，M1，2021）

▶　　Mac mini（M1，2020）

▶　　MacBook Air（M1，2020）

▶　　MacBook Pro（13 吋，2020）

更新的資訊請參考 Apple 支援文章 HT211814，「使用 Apple 晶片的 Mac 電腦」。

除了大幅進步的效能與電池續航力，在大部分情形下使用者應該感覺不出 macOS Monterey 運行在 Apple 晶片的 Mac 電腦與基於 Intel 的 Mac 電腦的不同點。此手冊註明了使用 Apple 晶片的 Mac 電腦與基於 Intel 的 Mac 電腦會有不同行為的情境。

除了之前版本的 macOS 所擁有的功能之外，macOS Monterey 包含了數百項小部分改進以及一些重要的新功能。Mac 作業系統自 2001 年發表以來，macOS Monterey 是第 17 個主要的版本。每個發佈的 Mac 作業系統版本擁有一個版本號碼跟相關的名稱。之前的每一個發佈的版本號碼由數字 10 作為開頭，例如 macOS Mojave 10.14 及 macOS Catalina 10.15。macOS Big Sur 是版本 11 而 macOS Monterey 是版本 12。在此手冊中，舊版的 Mac 作業系統版本則以版本名稱作為識別，例如 macOS Catalina。

在 macOS Monterey 的網頁（www.apple.com/macos/monterey）使用鮮豔的互動動畫及演示來強調 macOS Monterey 的新功能。千萬記得要去看看。

額外來說，您可以找到一份詳盡列出新功能的文件「眾多新功能，都在 macOS Monterey」網址是 www.apple.com/macos/monterey/features。

整體來說，macOS Monterey 包含了比之前更多對於隱私權與安全性的改進。可以在第九課「管理安全性與隱私權」了解更多。

專注模式

「專注模式」在您需要全神貫注或抽離片刻時，幫助您專注當下不受打擾。選擇一種「專注模式」，只接收想要的通知，讓您能專心完成工作，或好好享受一頓不被干擾的晚餐。您可從建議的「專注模式」選項列表中選擇，或建立自己的選項。當您使用「專注模式」時，您的狀態會自動顯示在「訊息」上。如果真的有緊急訊息，別人還是有辦法通知到您。當您在一部裝置上啟用「專注模式」後，您所有的其他裝置都會自動完成設定。

提醒 ▶ 本使用手冊在參考項目部分的多數圖片都採用全白色桌面背景是爲了在印刷頁面上突顯特定功能的效果。在練習部分則採用不同的桌面來協助顯示不同的使用者。您可以自行設定來使用圖片或者顏色成爲適合您 Mac 電腦的桌面背景。

FaceTime 增加嶄新的體驗，嶄新的聯繫

新增的功能及內建的協作工具讓 FaceTime 變得前所未有的強大好用。享受空間音訊；格狀顯示；FaceTime 連結及排程；麥克風模式讓您控制繁忙環境下的背景噪音；另外「同播共享」讓您與朋友分享影片與音訊，一同欣賞最新的電影或音樂專輯。

現在更是首次讓 Windows 及安卓系統可以參加 FaceTime 通話，而且是經過端對端加密的安全性通話。

快速備忘錄，全新推出

「備忘錄」是您記錄任何想法的首選 app，有了「快速備忘錄」更讓您隨時隨地更不受限的記下您的點子。就如同您直接增添筆記到目前使用中的任何 app 上一樣。您可以在「快速備忘錄」增加連結，Safari 重點標示，標籤，與「提及」，讓您可以方便的取得重要的人名，電話及想法。您在支援的 apps 上添加「快速備忘錄」的連結後，備忘錄縮圖就會在您回到該 app 瀏覽時出現。不管您使用的是 Mac、iPad 或 iPhone，「快速備忘錄」也都匯集顯示在「備忘錄」app 上。

您可以透過全新的「活動」顯示方式查看其他人在您的共享備忘錄上增加的內容。您也可以使用「提及」功能通知共享備忘錄裡的其他成員。只要在備忘錄上鍵入成員的名字就可以送出通知給他。

使用「＃」符號和方便搜尋的關鍵字就可以在備忘錄上使用「標籤」功能，之後就能在「標籤瀏覽器」中搜尋備忘錄。

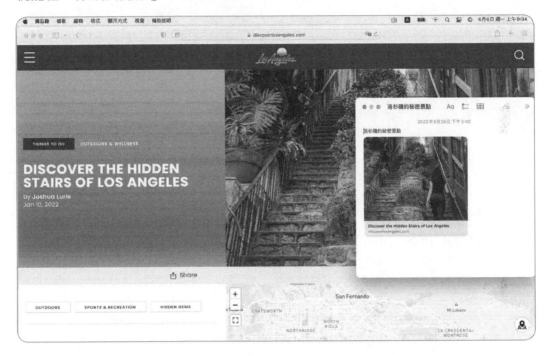

地圖的新功能與新的詳細內容

全新的城市體驗增加了前所未見的豐富細節來呈現道路，社區，樹，建築物等等。探索神奇的 3D 地標例如日間模式與深色模式的金門大橋。大眾運輸地圖也做了改進並且新增更多國家的城市，整合了 Apple Pay 讓大眾運輸付款更迅速方便。

Safari 更新

Safari 現仕更注重使用者運用瀏覽器標籤頁群組的方式。以最適合您的方式來組合標籤頁，儲存且命名這個標籤頁群組來跨裝置使用。現在的標籤列更加精簡並把空間留給網頁。您可以在第九課找到更多關於 Safari 保護隱私權及安全性的資訊。

通用控制

只要使用單一組鍵盤與滑鼠或觸控式軌跡板就可以順暢的在您的 Mac 與 iPad 間操作 – 甚至可以連結不只一台 Mac 或 iPad。從您的 Mac 移動游標到您的 iPad 上，在您的 Mac 上輸入的文字能顯示在您的 iPad 上。

您甚至可以在 Mac 和其他裝置間拖放內容。只要在所有裝置上使用相同的 Apple ID 就不需要任何設定 – 只要把您的裝置放在一起然後就可以順暢的在裝置間移動游標。

改良的訊息

您在「訊息」app 中收到的連結、影像和其他內容等，現在起也會分別出現在對應 app 的「與您分享」全新區塊中。您可以在「照片」、Safari、Apple Podcast 和 Apple TV app 中輕鬆找到共享的內容、推薦人，而且不必回到「訊息」中回覆，從您所在的 app 裡就能直接操作。「訊息」app 會以拼貼或精美的圖片堆疊來顯示收到的多張照片，供您滑動瀏覽。您能以格狀顯示方式輕鬆檢視、利用「點按回應」快速回覆，或將這些照片儲存至您的圖庫。

AirPlay 到 Mac

Mac 具有 AirPlay 的功能了。由其他 Apple 裝置分享、播放、或者投映簡報到您的 Mac 上。您也可以鏡像輸出或延伸顯示您的螢幕。Mac 現在可以作為 AirPlay 的揚聲器使用，所以您可以由其他裝置播放音樂或 podcasts 並在您的 Mac 上享受高傳真音效，Mac 也可以作為輔助揚聲器來營造多室音訊。

Mac 上的捷徑

「捷徑」一開始只有在 iOS 上，現在 macOS Monterey 也有「捷徑」讓您節省時間，將需要多個步驟且重複的工作流程自動化成為一個步驟，或利用「捷徑」編輯器將您的 apps 與服務連結在一起。「捷徑」可以在 Dock，選單列，Finder，Spotlight 或 Siri 上執行。瀏覽「捷徑資料庫」中預先建立的捷徑，不論是快速製作專屬 GIF 檔，還是清理「下載項目」檔案夾等，各種捷徑應有盡有。

將您要動作拖曳排出您要的順序，編輯器會建議您下一個應該增加的動作。分享捷徑就如同分享連結一樣。簡易提示功能會協助您設定保護資料的權限。

原況文字及圖像查詢

Mac 現在可以讓您與圖片中的文字互動。點擊圖片中的地址就會在「地圖」app 上開啟。您可以對圖片中看到的任何電話號碼執行撥號、發簡訊或儲存。也可以如同處理其他文字一樣進行剪下貼上的動作。任何圖片上的個人資訊及詳情都只保留在您的裝置上不會外洩。

您可以迅速的了解更多關於一張照片或是一張網路上的影像中的地標、藝術品、狗類品種等等。

Mac Catalyst 的改善

Apple 在 macOS Catalina 上推出了 Mac Catalyst 技術讓開發者在 Mac 上使用 iPad apps。如今 macOS Monterey 透過改良對 macOS 選單列、輸入裝置、手勢、映射顯示輸出的支援讓使用者體驗上更加細緻。

macOS Monterey 替開發者新增了框架及應用程式介面（APIs），所以會更容易使用相同的編碼替不同的 Apple 平台創建 apps。這些 apps 在 Mac 上執行時會擁有更完善的 Mac 使用體驗。

Apple 現在提供 App Store apps 的通用購買。開發者可以讓客戶只購買一個平台上的 app 然後就可以在 Mac 電腦、iOS、iPadOS、tvOS 和 watchOS 所有裝置上互通使用。

例如「訊息」app 就是使用 Mac Catalyst 創建的 app。

1.3
使用 macOS 輔助說明

您可以由「輔助說明」選單，或點選在「對話方塊」或「偏好設定」上的「輔助說明」按鈕（看起來像一個「問號」的圖像）來使用 macOS 內含的輔助說明。

在 Finder 或具有「輔助說明」選單的 app 中，選擇選單列中的「輔助說明」，然後執行下列其中的一項操作。

▶ 在搜尋欄位中輸入欲搜尋的詞彙，然後由選單項目列表中選擇或將游標移至選單項目列表之上來顯示項目位置。

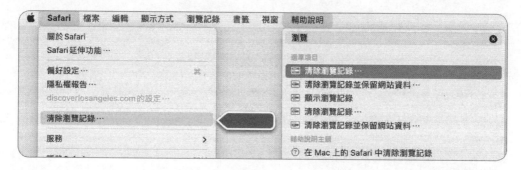

▶ 在搜尋欄位中輸入欲搜尋的詞彙，然後選擇搜尋結果中的「輔助說明主題」或者選擇「顯示所有輔助說明主題」。

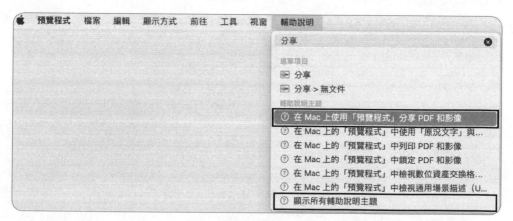

▶ 要開啟特定 app 的使用手冊，請將搜尋欄位保持空白並且選擇「app 輔助說明」，app 是指目前在前景 app 的應用程式名稱。 假如目前在前景的 app 是 Finder，請選擇 macOS 輔助說明來開啟 macOS 使用手冊。

當您使用 macOS 使用手冊或者一個 app 的使用手冊時，為了確保您可以隨時瀏覽使用手冊的內容，使用手冊的視窗會保持顯示在桌面與其他 app 的最上層。以下的列表包含了一些您可以在使用 macOS 使用手冊或一個 app 的使用手冊時可以操作的動作：

▶ 拖曳標題列來移動整個視窗。

▶ 拖曳一個視窗的邊際或角落來調整視窗大小。

▶ 在搜尋欄位中輸入欲搜尋的詞彙。

▶ 顯示上一個（<）主題或下一個（>）主題。

▶ 按住「上一個」按鈕以顯示之前瀏覽過的主題列表。

▶ 按一下在「下一個」按鈕旁的「目錄」按鈕來顯示或者隱藏更多的主題。

▶ 按一下「分享」按鈕（外形如一個有向上箭頭的方盒）來使用 Safari 開啟主題、列印主題，或選擇其他選項。

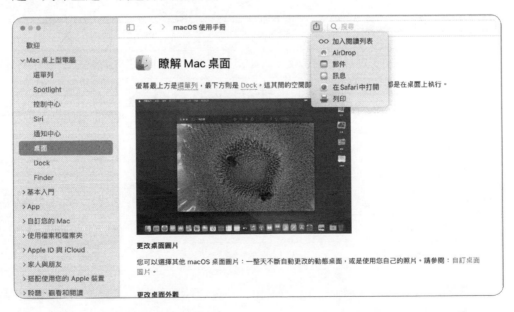

▶ 按下 Command + 加號（+）可將文字放大或按下 Command + 減號（-）將文字縮小。

▶ 按下 Command + F 並鍵入在目前的主題中欲搜尋的文字。

大部分的 app 使用手冊都可以在以下的 URL 規律中找到「support.apple.com/guide/*app*」，*app* 即為該 app 的英文名稱。如果 app 的英文名稱分為兩個字，例如 Disk Utility，則在兩個字中加入破折號（-）。

更多資訊請參考「macOS 使用手冊」上的「使用 Mac 上隨附的輔助說明」，位於「support.apple.com/guide/mac-help/hlpvw003」。

1.4
檢視 macOS 歷史

以下列表顯示自 OS X Mavericks 10.9（此版本為可直接升級至 macOS Monterey 的最舊版 Mac 作業系統版本）之後的 Mac 作業系統版本。
更多資訊請參考 Apple 支援文章 HT201260「查出 Mac 所使用的 macOS 版本」。

版本名稱	發佈日期	最新版本	最新日期
OS X Mavericks 10.9	2013 年 10 月 22 日	10.9.5	2014 年 9 月 17 日
OS X Yosemite 10.10	2014 年 10 月 16 日	10.10.5	2015 年 8 月 13 日
OS X El Capitan 10.11	2015 年 9 月 30 日	10.11.6	2016 年 7 月 18 日
macOS Sierra 10.12	2016 年 9 月 20 日	10.12.6	2017 年 7 月 19 日
macOS High Sierra 10.13	2017 年 9 月 25 日	10.13.6	2018 年 8 月 28 日
macOS Mojave 10.14	2018 年 9 月 24 日	10.14.6	2019 年 7 月 22 日
macOS Catalina 10.15	2019 年 10 月 7 日	10.15.7	2020 年 9 月 24 日
macOS Big Sur 11	2020 年 11 月 12 日	11.6.2	2021 年 12 月 13 日
macOS Monterey 12	2021 年 10 月 25 日	12.1	2021 年 12 月 13 日

提醒 ▶ 如果您的 Mac 與最新版的 macOS 並不相容，您或許仍可升級至較早的版本。更多資訊請參考 Apple 支援文章 HT211683「如何取得舊版 macOS」。

第 2 章
更新、升級或重新安裝 macOS

每台新 Mac 都配備 Mac 作業系統。爲了取得最新的功能和安全更新，您將需要最新的 macOS。如果您擁有符合條件的 Mac，則可以免費升級。

> 提醒 ▶ 本課程中的一些練習涉及對 Mac 設定的重大更改。有些步驟很難回復或不可能回復。如果您在本課程中進行練習，請在備用 Mac 或不包含重要資料的外接磁碟上進行。

2.1
macOS 安裝方法

識別 Mac 作業系統名稱將幫助您了解更新和升級之間的區別。 Mac 作業系統具有版本名稱和版本號，例如 macOS Monterey 12。

當 Apple 發佈 macOS Monterey 更新時：

▶ 版本名稱保持不變（Monterey）。

▶ 版本號碼的第一部分保持不變（12）。

▶ Apple 在 12 之後添加了額外的數字。例如，macOS 12.0 的第一個更新是 12.0.1。下一次發布的更新是 12.1。

當 Apple 發布 Mac 作業系統的主要版本升級時，會有一個新的版本名稱（例如 Monterey 而不是 Big Sur）。

儘管所有以前的 macOS 版本都有一個以「10」開頭的版本號碼。（例如，macOS 10.0 到 macOS 10.15），macOS Big Sur 使用「11」以開始其版本號碼，macOS Monterey 使用「12」以開始其版本號碼。

此列表總結了更新、升級、重新安裝和安裝 Mac 作業系統之間的區別：

▶ 更新：安裝 macOS 的額外更新，但不將其升級到下一個主要版本（若有的話）。

▶ 升級：安裝 macOS 的下一個主要版本。

▶ 重新安裝：在已安裝 macOS 的卷宗上安裝相同主要版本的 macOS。 這會覆蓋現有的系統文件，但會保留應用程式、使用者個人專屬檔案夾和其他文件。

▶ 安裝：在沒有 macOS 的宗卷上安裝 macOS，例如被您清除的卷宗。

  提醒 ▶ 用語磁碟、卷宗和儲存空間具有相似的含義。在可能的情況下，本手冊使用出現在螢幕上的應用程式中。閱讀第 11 課「管理文件系統和儲存」了解更多資訊。

第 6 課「更新 macOS」更詳細地描述了更新 macOS 和保持 macOS 自動更新。

升級、重新安裝或安裝 macOS Monterey 需要存取網路。

清除您的啟動磁碟

如果您想重新開始使用 macOS，並且不需要 Mac 上的現有內容， 安裝 macOS 前清除啟動磁碟。 macOS 安裝程式（名爲 Install macOS Monterey 的應用程式）沒有清除磁碟，但您可以在使用 macOS 安裝程式之前使用磁碟工具程式來清除磁碟：

▶ 如果您想清除您的 Mac 目前使用的系統卷宗，您可以在 macOS 復原清除它，如第 5 課「使用 macOS 復原」。

▶ 如果目的地是另一個磁碟，例如外接儲存設備，請從您的 Mac 清除外接儲存設備並安裝，如第 11 課所述。

2.2
準備升級或重新安裝 macOS

按照以下步驟準備開始 macOS 升級：

1. 驗證安裝要求。

2. 備份重要內容。

3. 將筆電插入電源。

4. 下載 macOS Monterey。

驗證安裝要求

驗證您的 Mac 及其作業系統是否滿足升級到 macOS Monterey 的要求。 這包括驗證硬體和軟體。

如果您的 Mac 裝有 macOS Mojave 或更高版本，您可以從軟體更新取得 macOS Monterey。 選擇 Apple 選單 > 系統偏好設定，然後點擊軟體更新。

如果您的 Mac 使用比 Mojave 更舊的 macOS 版本，請從位於 apps.apple.com/us/app/macos-monterey/id1576738294 的 App Store 下載 macOS Monterey。

升級到 macOS Monterey 有以下要求：

- OS X Mavericks 10.9 或更高版本
- 4 GB 容量
- 從 macOS Sierra 10.12 升級並至少有 26 GB 可使用儲存空間，或從早期版本升級並至少有 44 GB 可使用儲存空間
- 相容的網路服務提供商（針對某些功能）
- Apple ID （針對某些功能）

macOS Monterey 支援以下 Mac 機型：

- 2017 年或之後推出的 iMac Pro
- 2015 年末或之後推出的 MacBook Pro
- 2015 年或之後推出的 MacBook Air
- 2015 年或之後推出的 iMac

▶　2016 年推出的 MacBook

▶　2014 年或之後推出的 Mac mini

▶　2013 年或之後推出的 Mac Pro

有關更多資訊，請參閱 Apple 支援文章 HT212551「macOS Monterey 與這些電腦相容」。

> 提醒 ▶ 如果您的 Mac 與 macOS Monterey 不相容，您仍然可以將其更新到更新版本的 macOS。有關更多資訊，請參閱 Apple 支援文章 HT211683「如何取得舊版本的 macOS」。

macOS Monterey 中的某些功能需要設備提供特定的硬體，以下功能可能僅限於特定的 Mac 和 iOS 或 iPadOS 設備型號，例如：

AirPlay 到 Mac—使用 AirPlay 到 Mac 進行影片串流或將螢幕從另一台 Apple 設備共享畫面到您的 Mac。

自動解鎖—當您佩戴 Apple Watch 並靠近 Mac 時，您可以使用 Apple Watch 解鎖 Mac 或同意應用程式請求，而無需輸入密碼。

接續互通相機—使用您的 iPhone 或 iPad 掃描文件或為附近的東西拍照，它會立即出現在您的 Mac 上。許多應用程式都支援接續互通相機，包括郵件、訊息、Finder 等。

接續互通塗鴉—您可以使用附近的 iPhone 或 iPad 繪製塗鴉，然後將塗鴉顯示在您的 Mac 上，例如電子郵件、訊息、文件或檔案夾中。

接續互通標示— Mac 上的標示可讓您在 PDF 文件和圖片上書寫、簽名和繪圖，或者裁剪或旋轉。如果您的 iPhone 或 iPad 在附近，您可以使用接續互通標示在您的設備上標示文件（甚至使用 iPad 上的 Apple Pencil）並立即在您的 Mac 上顯示更改。

Handoff—有了 Handoff 功能，您可以在一台設備上開始工作，然後切換到附近的另一台設備並從中斷的地方繼續工作。將 Handoff 與任何符合接續互通要求的 Mac、iPhone、iPad 或 Apple Watch 搭配使用。

即時熱點—有了即時熱點功能，您的 iPhone 或 iPad（Wi-Fi + 行動網路）上的

個人熱點可以提供對 Mac、iPhone 或 iPad 的網路存取，而無需您在這些設備上輸入密碼。 將即時熱點與任何滿足接續互通要求的 Mac、iPhone、iPad 搭配使用。

iPhone 行動通話—iPhone 行動電話 — 從 FaceTime、聯絡人、Safari、郵件、地圖、Spotlight 和許多其他應用程式開始通話。 當有人呼叫您時，會出現通知。 點擊通知以回答。

SMS 和 MMS 訊息—從您的 Mac 發送和接收 SMS 和 MMS 文字訊息。 當朋友給您發訊息時，不管他們有什麼手機，您都可以從最近的設備上回覆。

通用剪貼板—您可以在一台 Apple 設備上複製文字、圖片、照片和影片，然後將內容貼到另一台 Apple 設備上。 從 Mac 複製食譜並將其貼到附近 iPhone 上的筆記中。 或者從一台 Mac 複製文件並將其貼到另一台 Mac 上的檔案夾中。

> **提醒** ▶ 雖然本手冊沒有提到 iPod touch，但只要提到 iPhone 和 iPad，都可以包含 iPod touch。

> **提醒** ▶ macOS Monterey 中的許多這些功能和其他功能需要使用 Apple ID 來保護設備之間的通訊、識別設備的所有者以及將購買分配給所有者和設備。 有關建立 Apple ID 的更多資訊，請參閱 support.apple.com/HT204316。

> **提醒** ▶ macOS Monterey 的這些功能以及許多其他功能都在 macOS Monterey 的 macOS 使用者手冊中有更詳細的介紹。 請參閱 support.apple.com/guide/mac-help/welcome/mac。

請參閱 Apple 支援文章 HT204689「Mac、iPhone、iPad、iPod touch 和 Apple Watch「接續互通」的系統需求」以了解更多資訊有關每個功能需要的特定設備要求。

驗證系統資訊

在安裝新軟體、升級已安裝軟體、執行維護或解決問題時，您需要了解 Mac 電腦的規格。在本節中，您將學習如何使用關於這台 Mac 和系統資訊來搜尋基本系統資訊。

您可以打開 Apple 選單並選擇關於這台 Mac 以確認您的 Mac 支援 macOS Monterey 所需的大部分資訊。關於這台 Mac 顯示像是 macOS 軟體版本、Mac 型號名稱、晶片（對於 Mac 基於 Apple 晶片）或處理器類型和速度（對於基於 Intel 的 Mac），整個系統容量、啟動磁碟、顯示卡資訊（適用於基於 Intel 的 Mac）和 Mac 序號。

> **提醒** ▶ 如果在更換主機板後未成功完成必要的維修程序，Mac 可能不會顯示序號。

下圖中的 Mac 具有 16 GB 記憶體，並且滿足使用 macOS Monterey 的記憶體要求。

一些項目對於識別您的 macOS 版本和 Mac 型號至關重要：

▶ macOS 版本號碼代表目前安裝的系統軟體版本。

▶ macOS 編號比單獨的 macOS 版本號碼更具體。 在關於這台 Mac 視窗中，點擊 macOS 版本號碼以搜尋編號。 Apple 在優化每個 macOS 版本時建立特定的編號。 新發布的裝置可能需要特定編號的 macOS；特定版本可能與標準安裝版本不同。 有關更多資訊，請參閱 Apple 支援文章 HT201686「使用 Mac 隨附的 Mac 作業系統或相容的更新版本」。

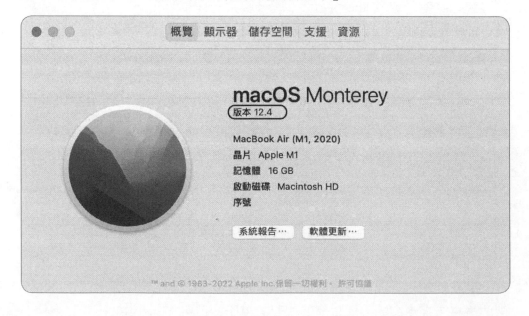

▶ Mac 電腦機型名稱源自 Mac 的產品經銷名稱，之後是相關的發布日期。 例如，之前的螢幕照片是在 MacBook Air（2020 年）上拍攝的。

▶ Mac 序號位於 Mac 外箱上。 序號是用於識別 Mac 以進行維護和服務的唯一編號。

點擊儲存空間按鈕檢視磁碟可使用空間。

此圖中的 Mac 滿足升級到 macOS Monterey 的可使用儲存要求。

支援和資源按鈕直接連結到 Apple 支援網站的特定區域。連結的內容是動態產生的，以顯示有關 macOS 和您的 Mac 的最新支援資訊。 例如，「規格」連結會打開一個網頁，其中包含 Mac 的完整規格。

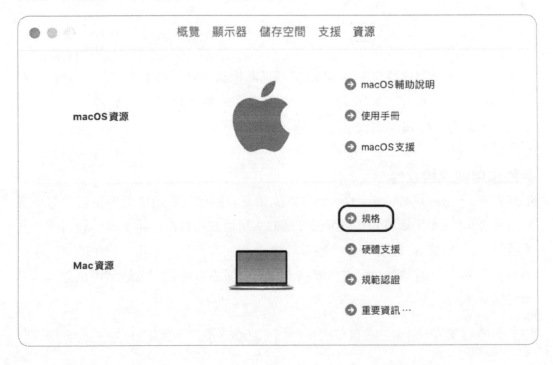

您可使用系統資訊中找到關於這台 Mac 視窗中的資訊。從關於這台 Mac 的概覽視窗中，點擊系統報告打開系統資訊。或您可按住 Option 鍵，然後選擇 Apple 選單 > 系統資訊。或您可使用 Spotlight；點擊位於螢幕右上角選單列的 Spotlight 圖標（看起來像放大鏡），在搜尋欄位中輸入**系統資訊**，然後按下 Return 鍵。

如果您有一個名稱為 OS X（而不是 macOS）的 Mac 作業系統版本，它包含系統分析器而不是系統資訊。

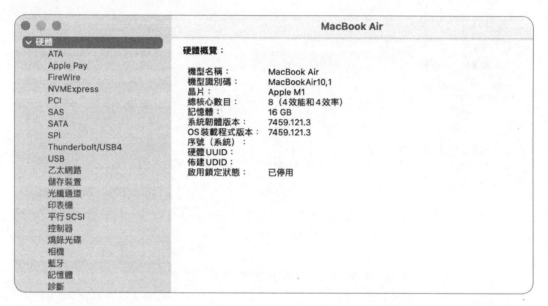

當您需要建立一個檔案來記錄 Mac 的目前狀態時，請使用系統資訊。 到選單欄位，然後選擇「檔案」>「儲存」。 這將建立一個系統資訊的文件（副檔名為 .spx），您可以從其他 Mac 電腦打開該檔案。

驗證應用程式相容性

當您升級到 macOS Monterey 時，您的第三方應用程式可能需要更新才能正常使用。 您可以使用系統資訊檢視已安裝的應用程式。對於使用系統分析器而不是系統資訊的舊 Mac 電腦，確認選擇了 檢視 > 完整資料以顯示列表中的應用程式部分。從列表中選擇應用程式會提示 macOS 掃描本地卷宗上的常用位置以搜尋應用程式。

您不必擔心 Mac 附帶的應用程式，例如 Safari、郵件和照片。 它們會在您安裝

macOS Monterey 時自動升級。 您可能需要至第三方供應商網站以了解您的第三方應用程式是否需要更新。

備份重要檔案和檔案夾

保留重要檔案和檔案夾至關重要。當您對 Mac 進行重大更改（例如安裝 macOS 的主要版本升級）時，擁有目前備份更加重要。如果新的安裝或升級操作不當，可能會導致資料完全遺失。

您無法解除安裝或還原更新或升級。如果您需要的應用程式與 macOS Monterey 不相容，則安裝早期版本 macOS 的唯一方法是清除您的 Mac 電腦的磁碟，安裝早期版本的 macOS，並從您的備份中恢復您的資料、設定和應用程式。

在開始安裝之前，您可以使用時光機建立資料、設定和應用程式的備份。 第 17 課「管理時光機」中將帶您了解如何使用時光機。

文件網路設定

macOS 安裝程式有助於確保您在升級到 macOS Monterey 時不會遺失以前的設定。 但是某些設定對您的 Mac 至關重要，您應該記錄它們以防出現問題。

特別是，如果您有任何特殊的網路設定，例如靜態 IPv4 地址或要使用的網域名稱系統 （DNS） 服務器，請在升級之前記錄您的網路設定。 打開系統偏好設定並點擊網路圖標以查看您目前的網路設定。 藉由瀏覽網路介面和所有設定來避免遺失設定。

您可以使用截圖工具程式快速記錄您的設定。只需按 Shift-Command-5。按空格鍵將游標更改爲相機圖標；然後您可以移動游標以標示不同的視窗。點擊以截取標示的視窗，或點擊選項按鈕更改截取的內容、截取影片、更改保存檔案的位置、設定計時器或修改其他選項。 完成螢幕截圖或影片拍攝後，其預覽會出現在螢幕的角落。 將預覽拖曳到檔案中，點擊預覽並標記，或者直接離開，截圖工具程式會自動將其保存到您的桌面，文件名爲「螢幕截圖」，並記錄拍攝的日期和時間。在安裝 macOS Monterey 之前，請務必將您的螢幕截圖列印或複製到另一台儲存設備。

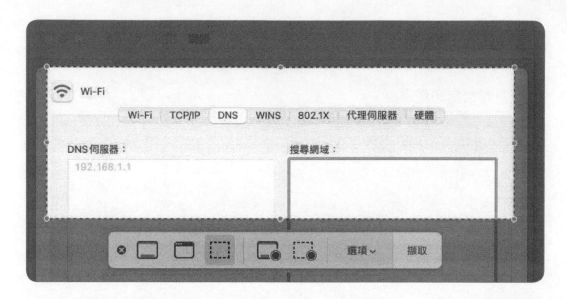

提醒 ▶ 當您使用截圖截取視窗時,您可以排除視窗的陰影。點擊時只需按住 Option 鍵。要將螢幕截圖複製到剪貼簿,請在拍攝螢幕截圖時按住 Control 鍵。 然後,您可以將螢幕截圖貼到其他地方。 或您可使用通用剪貼簿將其貼到另一台 Apple 設備上。 有關詳細資訊,請參閱 Apple 支援文章 HT201361「在 Mac 上拍攝截圖」。

將 Mac 筆電連接電源

在升級過程中將您的 Mac 插入交流電源插座,以確保升級成功完成。

下載 macOS Monterey

如果您使用的是 macOS Big Sur v11.0 或更高版本,macOS Monterey 會在後台下載,從而更輕鬆地升級您的 Mac。 下載完成後,您會收到一條通知,指示 macOS Monterey 已準備好安裝。 點擊通知中的安裝開始。

macOS Monterey 是免費的,可從軟體更新偏好設定或 App Store 取得。

如果您使用的是 macOS Mojave 10.14 或更高版本:

1. 打開系統偏好設定。

2. 打開軟體更新偏好設定。

3. 點擊立即更新。

提醒 ▶ 除了升級到 macOS Monterey 的選項外，上圖還指出還有另一個更新可使用。等待的更新適用於 macOS Big Sur，它是電腦上使用的 macOS版本。

或者在 App Store 中打開 macOS Monterey 頁面：「macOS Monterey」，網址爲 apps.apple.com/app/macos-monterey/id1526878132。然後點擊取得按鈕。

2.3
升級或安裝 macOS

App Store 下載安裝 macOS Monterey 並將其放在您的 / 應用程式檔案夾中。
下載完成後，安裝 macOS Monterey 會自動打開。

請按照以下步驟升級到 macOS Monterey：

1. 開始安裝。

2. 允許安裝完成。

開始安裝

升級或安裝 macOS 時，請確保您已連接網路。 macOS 安裝程式會下載
Mac 可使用韌體更新。 這些韌體更新不適用於外接設備，例如藉由 USB、
Thunderbolt 或目標磁碟模式連接的設備。

您可以使用這些支援的工具和方法來升級或安裝 macOS：

▶ 使用 macOS 安裝程式，名爲安裝 macOS Monterey，下載後存放在應用
程式檔案夾中。

▶ 使用可開機的安裝程式，然後使用 macOS 安裝程式。 閱讀練習 5.2「建立
macOS 安裝磁碟」。

▶ 在 macOS 復原中啟動並安裝 macOS。 閱讀第 5 課以了解更多資訊。

▶ 在安裝 macOS Monterey 應用程式中使用 startosinstall 指令，這超出了
本手冊的範圍。 有關詳細資訊，請參閱 Apple 支援文章 HT208020「如何
爲您的組織安裝 macOS」。

▶ 藉由您組織的行動裝置管理 （MDM） 解決方案使用「安裝作業系統更新」
指令，這超出了本手冊的範圍。

使用安裝 macOS Monterey 應用程式在啟動磁碟上安裝 macOS。 有關使用
macOS 升級、重新安裝或安裝 macOS Monterey 的詳細資訊，請閱讀第 5 課。

選擇安裝目的地

在 macOS Monterey 安裝期間，您所做的唯一選擇是安裝目標─您選擇安裝
macOS 的磁碟。只要磁碟格式正確即可選擇，這可以是內部或外接卷宗。預設

選擇是目前啟動磁碟。 如果可以選擇其他目的地，則會出現「顯示所有磁碟」按鈕。

如有必要，請提供管理員權限以安裝幫助工具。

使用安裝程式時，您可能無法選擇某些磁碟或分割區（有關分割區的更多資訊，請閱讀 11.1「檔案系統」）。當安裝程式確定您的 Mac 無法從這些磁碟或分割區啟動時，就會發生這種情況。可能的原因包括：

▶　磁碟處於目標磁碟模式。有關目標磁碟模式的更多資訊，請閱讀參考 11.5「檔案系統疑難排解」。

▶　磁碟中沒有適合您的 Mac 的分割區。Mac 電腦使用 GPT（GUID 分割區配置表）架構。使用磁碟工具程式對磁碟進行重新分割。

▶　分割區未正確格式化。macOS Monterey 需要一個格式化為 Apple 檔案系統（APFS）的分割區。使用磁碟工具程式來清除格式不正確的分割區。

▶　macOS 安裝程式不支援安裝到 RAID 卷宗。

▶　macOS 安裝程式不支援安裝到包含時光機的磁碟。

▶　儲存卷宗並非來自 Apple 且與 macOS Monterey 不相容。

您可能需要點擊重新啟動以繼續安裝 macOS Monterey。

允許安裝完成

在正常安裝過程中，Mac 至少會重新啟動一次，也可能會重新啟動多次。如果發生斷電或儲存設備斷開連接，請重新啟動安裝。

macOS 安裝程式被設計為永遠不刪除所選目的地的非系統資料。 macOS 安裝程式有助於確保使用者資料和相容的第三方應用程式在安裝後仍可正常使用。 macOS 安裝程式升級您目前的 Mac 作業系統或將 macOS 安裝到與您的 Mac 連線的卷宗（藉由目標磁碟模式連接的卷宗除外）。

如果安裝 macOS Monterey 應用程式在升級過程中檢測到不相容的檔案和設定，它會將這些文件移動到啟動卷宗的 /Users/Shared 檔案夾中名為「重新部署的項目」的檔案夾中。有關更多資訊，請參閱 macOS 使用手冊 support.apple.com/guide/mac-help/mchl8ae423a3 中的「若升級 macOS 後 Mac 上顯示「重新部署的項目」檔案夾」。與 macOS Monterey 不相容的應用程式會保留在原處，但 macOS 會在應用程式圖標中顯示一個禁止符號。 如果您嘗試打開不相容的軟體，macOS 會顯示有關無法打開應用程式的原因資訊。

2.4
解決安裝問題

如果安裝出錯，macOS 安裝程式可以退出安裝並恢復之前的系統。確認您的 Mac 滿足 macOS Monterey 的要求並完成本課中描述的安裝準備步驟以避免安裝問題。

macOS 安裝程式故障排除

除了未能為安裝做好準備之外，最常見的安裝失敗原因來自網路存取和目標卷宗問題。 例如：

▶   安裝程式被過濾或沒有存取網路。

▶   安裝程式可能無法驗證選擇的卷宗或分割區。 這顯示儲存設備存在嚴重問題。 請參閱第 11 課中的故障排除步驟來解決此問題。

有關詳細資訊，請參閱 Apple 支援文章 HT204904「如何重新安裝 macOS」。

安裝程式記錄

您可以使用日誌文件對 macOS 進行故障排除。安裝程式記錄包含幾乎每個安裝步驟的進度和錯誤項目，包括標準界面中未顯示的步驟。

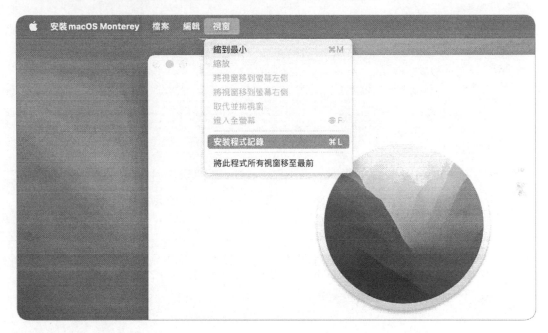

在初始安裝階段，從視窗選單中選擇安裝程式記錄以參閱日誌。安裝程式記錄可幫助您查明問題或驗證安裝。

在初步安裝階段之後，安裝程式進入主要安裝階段並鎖定 Mac 螢幕。您只能觀看安裝進度。如果安裝失敗，系統將重新啟動到以前的 macOS 版本。

Mac 恢復正常使用後，您可以在登錄後使用系統監視程式查看完整的安裝程式記錄。

當您使用 macOS 時，僅當問題是您可以解決或需要立即注意時才會出現錯誤對話框。否則，正在使用的程序和應用程式會在整個 macOS 的紀錄報告中留下詳細資訊。

系統監視程式收集從您的 Mac 和連接的設備產生的紀錄資訊和報告。使用系統監視程式收集診斷資訊，以便您解決問題。您至少可以藉由兩種方式打開系統監視程式：

▶　使用 Spotlight 搜尋。

▶　移到 / 應用程式 / 工具程式 / ，找到系統監視程式，並點擊兩下。

系統監視程式打開後 ，選擇左邊側邊欄中的紀錄報告，然後選擇 install.log。

即使成功安裝 , 仍有警告和錯誤。許多報告的問題都是良性的，只有當您試圖找
出未能成功升級到 macOS Monterey 的問題時，才應該關注。

練習 2.1
準備升級 Mac

提醒 ▶ 僅當您從早期版本的 macOS 升級您的 Mac 時才執行此練習。

▶ **前提**

▶ 您的 Mac 必須運行 OS X Mavericks 10.9 或更高版本。

▶ 您的 Mac 必須至少有 4 GB 記憶體。

▶ 如果您的 Mac 使用的是 macOS Sierra 10.12 或更高版本，則它必
　　須有 26 GB 的可使用儲存空間。 如果您的 Mac 使用的是 OS X El
　　Capitan 10.11 或更早版本，則它必須有 44 GB 的可使用儲存空間。

▶ 有關 Mac 電腦相容性的更多資訊，請參閱 Apple 支援文章 HT212551
　　「macOS Monterey 與這些電腦相容」。

在本練習中，您將驗證您的 Mac 是否支援 macOS Monterey。 您還可以檢查舊
軟體並記錄重要設定。

提醒 ▶ 這個練習展示了準備 Mac 升級到 macOS Monterey 的標準過程。但是，不要使用此方法爲課程的其餘部分準備 Mac，而是完成練習 2.3「清除 Mac 並安裝 macOS Monterey」，然後繼續練習 3.1「練習配置 Mac」。

檢查硬體和應用程式相容性

1.　登入到您現有的管理者帳戶。

2.　在 Finder 中，移到 / 應用程式 / 工具程式。
　　您也可以使用 Finder 鍵盤快速鍵 Shift-Command-U。

3.　打開系統資訊。

4.　如有必要，選擇側邊欄中的硬體。

5.　驗證是否至少有 4 GB 的容量。

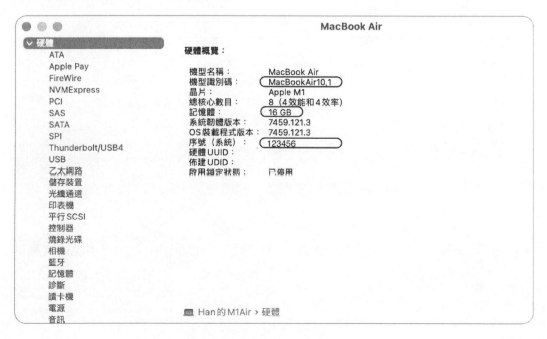

6. 記錄機型辨識碼和序號項目：

機型辨識碼：
序號：

7. 在側邊欄位的硬體中選擇儲存裝置。 如果沒有儲存項目，請選擇 Mac 啟動磁碟所連接的匯流排。 對於大多數機型來說是 Serial-ATA（ SATA ） 匯流排。

8. 在右側列表中找到您的啟動卷宗，然後驗證它是否有至少 26 GB 的可使用儲存空間。

提醒 ▶ 如果您從 OS X El Capitan 10.11 或更早版本升級，您需要至少 44 GB 的可使用儲存空間。

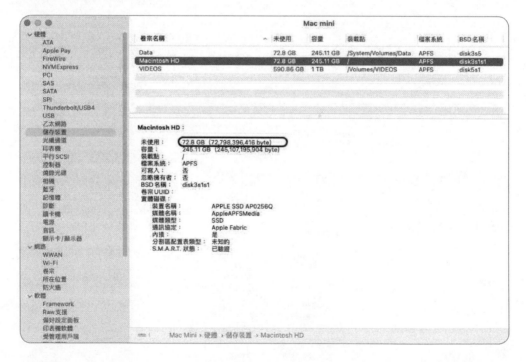

9. 在側邊欄位中的軟體中選擇應用程式，然後等待 macOS 收集有關已安裝應用程式的資訊。

10. 點擊右側「上次修改日期」標題。 如果列上方的箭頭指向下方，請再次點擊使其指向上方。

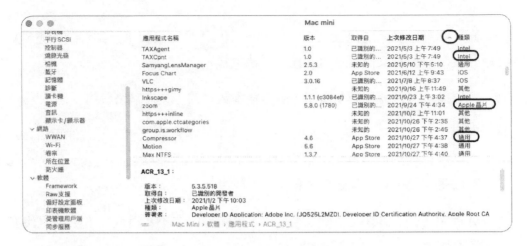

最舊的應用程式列在上方。 一般來說，較舊的應用程式更有可能與較新版本的 macOS 不相容。 研究較舊的應用程式以了解它們是否與 macOS Monterey 相容或是否有更新可使用。 通常，開發者網站會提供有關相容性和更新的資訊。 最可能不相容的應用程式可能是非 64 位應用程式。

檢查應用程式的架構也很重要。 一些應用程式是為基於 Intel 的 Mac 撰寫的，將使用 Rosetta 2 來運行，Apple 的二進制翻譯軟體可使用於任何帶有 Apple 晶片的 Mac。 對於這些應用程式，「種類」中的值為「Intel」。 一些應用程式同時包含 Intel 和 Apple 的代碼，並且在「種類」中將顯示為「通用」。 其他應用程式包含專門為 Apple 晶片撰寫的程式碼會在「種類」中顯示「Apple 晶片」。

11. 退出系統資訊。

12. 打開 Safari，然後開啟 Apple 的「查看服務和支援保固狀態」網頁（checkcoverage.apple.com）。

13. 在欄位中輸入您的 Mac 電腦的序號（在步驟 6 中記錄），輸入代碼，然後點擊繼續。

　　您的 Mac 電腦的型號名稱以及有關保固範圍的資訊和維修的連結都會出現。 驗證型號名稱是否在 2.2「準備升級或重新安裝 macOS」中支援的型號列表中。

14. 執行以下任一操作：

　　▶　如果您的 Mac 使用的是 macOS High Sierra 10.13 或更早版本，請從 Apple 選單中選擇 App Store。 如有必要，點擊更新圖標，等待檢查您的軟體是否有更新。

▶　如果您使用的是 macOS Mojave 10.14 或更高版本，請打開軟體更新偏好設定並確認沒有可使用的作業系統更新。

15. 如果顯示無可使用更新資訊，請繼續本練習的「文件網路設定」部分。

16. 根據您的 macOS 版本，如果更新可使用，請點擊您想要安裝的更新按鈕。您可能會找到更多選項。點擊更多顯示更詳細的系統更新列表。點擊全部更新按鈕安裝更新。按照提示和說明完成更新。

17. 更新完成後，從第 15 步開始重複，以驗證所有更新已成功安裝並且沒有更多可使用的更新。

文件網路設定

1. 從 Apple 選單中，選擇系統偏好設定。

2. 在系統偏好設定中，點擊網路。

3. 選擇每個網路服務（在偏好設定視窗的左側），並記錄設定。點擊每項服務的進階按鈕以顯示完整設定。最簡單的方法是使用快捷鍵 Shift-Command-5 拍攝螢幕截圖為您提供記錄。

4. 如果您的 Mac 定義了多個位置，請為每個位置重複此過程。

5. 退出系統偏好設定。

備份您的資料

您應維持在 Mac 上所有內容的備份。或者使用第三方備份解決方案，macOS 包含一個備份應用程式程式，如第 17 課所述。無論您選擇哪種解決方案，在完成備份後請恢復文件以確保其正常工作。

練習 2.2
升級到 macOS Monterey

> 提醒 ▶ 此練習為當您想從早期版本的 macOS 升級 Mac 時才需要執行此練習。這個練習展示了將 Mac 升級到 macOS Monterey 的標準過程。但是，不要使用此方法為課程的其餘部分準備 Mac。若需要的話請完成練習 2.3「清除 Mac 並安裝 macOS Monterey」以及繼續到練習 3.1「練習設定一台 Mac」。

▶ 前提

▶　在開始本練習之前，您必須完成練習 2.1「準備升級 Mac」。

在本練習中，您從 App Store 下載 macOS Monterey 並將其作為升級安裝到您的 Mac 上。

如果您從 macOS High Sierra 10.13 或更早版本升級，請查看「使用 App Store 下載安裝程式」的步驟。 如果您從 macOS Mojave 10.14 升級，請查看「使用軟體更新下載安裝程式」的步驟。

使用 App Store 下載安裝程式

1.　如有必要，請在 Mac 上登錄您現有的管理員帳戶。

2.　從 Apple 選單中，選擇 App Store。

3.　在 App Store 視窗的搜尋字段中，輸入 **Monterey**，然後按下 Return 鍵。

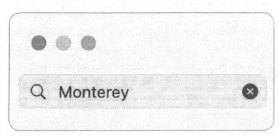

4. 在搜尋結果中找到 macOS Monterey，然後點擊其名稱下方的檢視按鈕（顯示為「下載」或「取得」）。

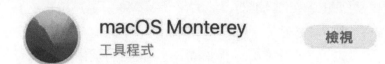

5. 等待安裝 macOS Monterey 應用程式下載。
    下載完成後，應用程式會自動打開。

跳過下一部分「使用軟體更新下載安裝程式」，然後繼續閱讀「將您的 Mac 升級到 macOS Monterey」部分。

> 提醒 ▶ 作為安裝過程的一部分，安裝程式應用程式會被自動刪除。 如果您想升級多台 Mac 電腦或建立 macOS Monterey 安裝磁碟，請退出安裝程式並在繼續之前製作一份副本。在練習 5.2「建立 macOS 安裝磁碟」中找到建立安裝磁碟的過程。

使用軟體更新下載安裝程式

1. 如有必要，請在 Mac 上登錄您現有的管理員帳戶。

2. 在 Apple 選單中，選擇系統偏好設定，然後打開軟體更新偏好設定。
    macOS 將會檢查可使用的更新。

3. 軟體更新將 macOS Monterey 顯示爲符合條件的更新。

也可能會顯示其他更新。 出於本練習的目的，您將升級到 macOS Monterey。

4. 點擊立即升級，然後等待 macOS 完成下載 macOS Monterey。 下載完成後，應用程式會自動打開。

將您的 Mac 升級到 macOS Monterey

1. 如有必要，打開安裝 macOS Monterey 應用程式。

安裝 macOS
Monterey.app

2. 在第一個視窗中點擊繼續。

3. 閱讀授權合約，如果您接受其條款，點擊同意。

4. 在出現的確認視窗中，點擊同意。

5. 選擇安裝目的地。預設選擇是目前啟動的卷宗。如果要升級其他卷宗，點擊顯示全部磁碟按鈕以選擇其他目的地。

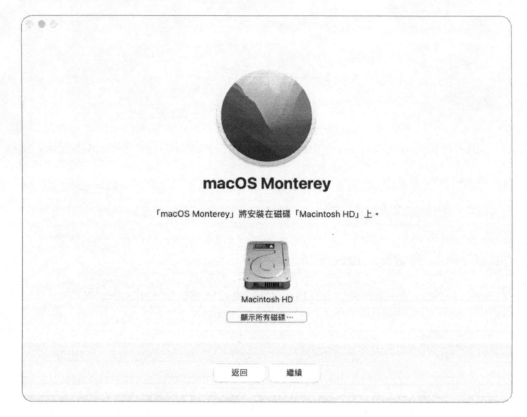

    提醒 ▶ 僅當有多個卷宗可使用於安裝 macOS Monterey 時，才會出現顯示全部磁碟按鈕。

6. 點擊「安裝」開始安裝。 如果您收到有關未連接到電源的警告，請在繼續之前連接電源供應器。

7. 輸入管理員帳戶的密碼以授權安裝。

    要了解安裝的詳細資訊，請在安裝開始後按照練習 2.4「驗證 macOS 是否安裝正確」中的說明進行操作。

    安裝會重新啟動數次並自動完成。

練習 2.3
清除 Mac 並安裝 macOS Monterey

提醒 ▶ 僅當您必須在安裝 macOS Monterey 之前清除 Mac 的內容時才完成此練習，如 2.1「macOS 安裝方法」中所述。執行此練習以準備您的 Mac 以繼續練習 3.1「練習設定一台 Mac」。

▶ **前提**
> ▶　您需要有 macOS Monterey 或 macOS Monterey 安裝磁碟的 macOS 恢復（有關詳細資訊，請參閱第 5 課「使用 macOS 恢復」）

警告 ▶ 這個練習清除您所有的 Mac 內容。 如果要保留內容，請在開始之前將其備份到外接儲存設備。

從在 macOS 復原中啟動或從外接安裝程式啟動

1. 在進行此練習之前，請將您的資料備份到外接儲存設備。

2. 如果您的 Mac 正在使用，請將其關機。

3. 如果您使用 macOS 恢復來替換目前安裝的 macOS Monterey，請根據您的 Mac 架構執行以下步驟：

   A. 如果您有一台基於 Apple 晶片的 Mac，請按住電源按鈕直到您看到「正在載入啟動選項」。 在啟動選項螢幕，點擊選項，然後點擊繼續。 跳至下一部分「清除您的儲存設備」。

   B. 如果您使用的是 Intel 的 Mac，請重新啟動，然後按住 Command-R 直到出現 Apple 圖標。 出現 Apple 圖標後，鬆開按鍵，然後跳至下一部分「清除您的儲存設備」。

4. 如果您使用的是外接 macOS Monterey 安裝卷宗，請將儲存設備連接到您的 Mac，然後根據您的 Mac 架構執行以下步驟：

   A. 如果您的 Mac 帶有 Apple 晶片，請按住電源按鈕直到您看到「正在載入啟動選項」。 在啟動選項畫面中點擊外接安裝磁碟，然後點擊繼續。 跳至下一部分「清除您的儲存設備」。

B.   如果您使用的是基於 Intel 的 Mac，請按下 Mac 上的電源按鈕將其打
開，然後立即按住 Option 鍵，直到螢幕上出現一行圖標。點擊安裝磁
碟圖標（通常標記爲「安裝 macOS Monterey」，然後點擊圖標下方
出現的箭頭。

提醒 ▶ 如果您的基於 Intel 的 Mac 有「不允許從外接或可移動媒體啟動」
的設定，您需要在 macOS 的步驟 4b 中更改開機安全性工具程式中的此設
定。

您的 Mac 啟動到安裝程式環境，類似於 macOS 還原。第 5 章有更多關於
使用這些啟動模式的資訊。

清除您的儲存設備

1.   如果出現語言選擇螢幕，請選擇您的偏好語言，然後點擊右箭頭繼續。

2.   打開磁碟工具程式。

    ▶   如果出現 macOS 工具程式 視窗，選擇磁碟工具程式，然後點擊 繼續。

    ▶   如果 . 出現安裝程式視窗 ，請從選單欄位中選擇工具程式 > 磁碟工具程
式。磁碟工具程式打開。第 11 課「管理文件系統和儲存」提供了更多有關
使用磁碟設備程式的資訊。

3.   從側邊欄位中，選擇您要清除的儲存設備或卷宗以安裝 macOS Monterey。

4.   點擊磁碟工具程式視窗上方的清除按鈕。

5. 爲您的儲存設備輸入一個新名稱。 本手冊的假設它被命名爲 Macintosh HD。

6. 從格式選單中，如果尚未選擇 APFS，請選擇它。

　許多卷宗可能被格式化爲 MacOS 擴充格式（日誌式），在某些情況下這仍然是一個選項。 如果您的卷宗被格式化爲 MacOS 擴充格式，macOS 安裝程式會在安裝期間自動將您的卷宗轉換爲 APFS。

7. 如果對話框包含分割區選單，請選擇 GUID 分割區。

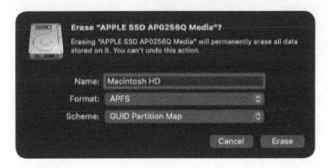

8. 點擊清除。

9. 當處理完成後，點擊完成。

10. 從選單中，選擇 磁碟工具程式 > 退出 磁碟工具程式。

安裝 macOS Monterey

1. 如果 macOS 工具程式視窗出現，選擇安裝 macOS Monterey 或重新安裝 macOS Monterey，然後點擊繼續。

2. 在安裝 macOS Monterey 視窗中，點擊繼續。

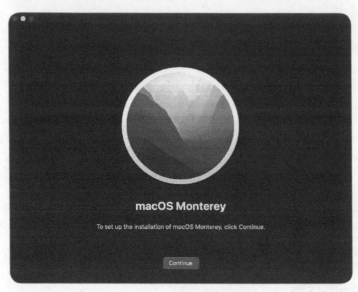

3. 如果您被要求連接網路，請使用選單欄位右端的 Wi-Fi 狀態選單選擇 Wi-Fi 網路，或使用乙太網路連接。

4. 如果您被告知您的 Mac 電腦將由 Apple 進行驗證，請點擊繼續。

5. 閱讀許可協議，如果您接受其中的條款，請點擊同意。

6. 在出現的確認對話框中，點擊同意。

7. 選擇您的卷宗，然後點擊繼續。

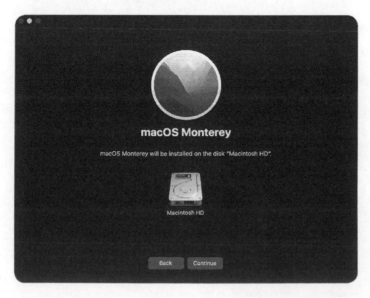

要了解安裝的詳細資訊，請在安裝開始後按照練習 2.4「驗證 macOS 是否正確安裝」中的說明進行操作。

安裝會重新啟動數次並自動完成。

重新啟動後，設定輔助程式將打開，如第 3 課「設定和配置 macOS」中所述。按照練習 3.1「練習配置一台 Mac」中的說明，爲其餘練習設定 Mac。

練習 2.4
驗證 macOS 是否正確安裝

▶ **前提**
> ▶　您必須已按照練習 2.2「升級到 macOS Monterey」或練習 2.3「清除 Mac 並安裝 macOS Monterey」中的說明開始安裝 macOS Monterey。

在本練習中，您使用安裝程式記錄來檢視安裝過程。

檢視安裝程式記錄
在安裝過程中，您可以按照以下步驟查看安裝程式記錄：

1.　如果安裝程式是在全螢幕模式下使用，則選單欄位是隱藏的。將滑鼠移到螢幕上方並停留幾秒鐘以顯示選單欄位。

2.　從選單欄位中，選擇視窗 > 安裝程式記錄（或按下 Command-L）。

3. 從詳細層級選單中選擇顯示全部紀錄以查看安裝程式記錄的全部內容。

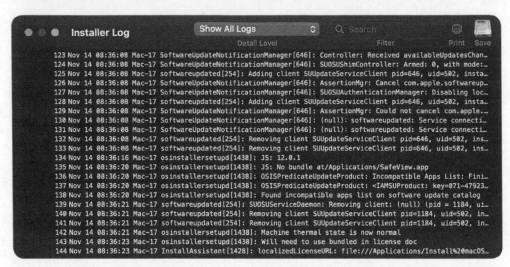

4. 使用工具欄中的 Spotlight 搜尋欄位查看安裝程式記錄中的項目。

5. 要儲存安裝程式記錄，請點擊工具欄中的儲存按鈕。

安裝程式在安裝過程中重新啟動 Mac。當 Mac 在第二階段重新啟動時，日誌視窗不會自動重新打開。在安裝的期間它無法使用。

第3章
設定和配置 macOS

此章節涵蓋初始設定及現有的 macOS 設定。您可以使用設定輔助程式替全新的 Mac 進行設定，接著使用「系統偏好設定」及設定描述檔。

目標
▶ 完成初步的 macOS 設定

▶ 調整常見的系統設定

▶ 識別並安裝設定描述檔

3.1
為新安裝 macOS Monterey 的 Mac 進行配置

如果您是第一次啟動全新的 Mac，或是剛完成 macOS Monterey 的升級，您會看到「設定輔助程式」。而全新的 Mac 電腦或是在空白卷宗安裝的 macOS，「設定輔助程式」將會引導您完成初步的設定。

如果您的 Mac 是剛從舊版的作業系統進行升級，您還是會看到「設定輔助程式」，但會顯示較少的配置步驟。最重要的是，您將會需要輸入 Apple ID 及密碼來完成 iCloud 的設定。Apple ID 及 iCloud 將在後面的章節中說明。

儘管你原本的 Mac 已經安裝好 iCloud，但當「設定輔助程式」運作時，你將會被要求重新輸入驗證資訊讓 Mac 與 iColud 重新連線，這是完成 macOS Monterey 升級的步驟之一。

iCloud 為免費的選用服務，但許多 macOS 功能則需搭配 iCloud 使用。

當您開始使用全新的 Mac 時,「設定輔助程式」會自動開啟,並會提供每一個步驟的面板引導您完成設定。顯示的面板會依照您的 Mac 上的功能和您在設定過程中的選擇而有所變動。每個面板也會依據您被要求的指令而有所不同:

▶   採取動作或選取項目
▶   讀取,接著點選「繼續」
▶   點選選項「稍後再說」

有些面板會要求您同意一些項目、選擇項目或設置:

▶   選擇國家或區域
▶   輔助使用選項
▶   鍵盤設定
▶   接受 Apple 條款和條件
▶   建立第一個帳戶

你可以使用「系統偏好設定」更改在「設定輔助程式」中所做的大部分設定。

如果您的公司 / 組織使用 Apple 校務管理 或 Apple 商務管理,你則可以使用「自動裝置註冊」,即可自動爲「行動裝置管理(MDM)」進行註冊,並簡化 Mac 的初始設定。

你可以使用您的 MDM 解決方案來防止一部分或是全部的「設定輔助程式」面板出現。除非另有說明,此操作手冊中說明「設定輔助程式」,不適用在使用「自動裝置註冊」進行「行動裝置管理(MDM)」註冊的 Mac 上。

更多關於「裝置註冊」的資訊,請參閱 Apple 支援文章 HT204142「使用自動裝置註冊」,以及「Apple 平台部署」於 support.apple.com/guide/deployment/。

一開始在「設定輔助程式」中,您可以選擇啟動「旁白」功能,便可只用您的聲音來控制 macOS。在開啟您的 Mac 後,按下 Esc(Escape)鍵即可學習如何設定「旁白」,以及顯示「旁白」的快速入門指南。也可以使用快捷鍵來開啟及關閉「旁白」。

▶   按下 Option+Command + F5。(您可能需要按下 Fn 鍵來開啟 F5 鍵)
▶   如果您的 Mac 有 Touch ID,點三下 Touch ID(在鍵盤的右上角)

進一步了解 Apple 產品中的輔助使用功能，請參閱 Apple 輔助使用網頁 www.apple.com/accessibility.

選擇您的國家或地區

在「選擇您的國家或地區」的面板中會要求您選擇國家或地區，masOC 將會依照此資訊來設定地區語言、鍵盤選項以及合適的 Apple 線上商店。您可在後續的「語言與地區」中更改您的地區設定。

　　提醒 ▶ 第一次開啟全新的 Mac 時，Mac 將先顯示「選擇語言」的面板後，才會顯示「選擇您的國家或地區」的面板。

輔助使用

在「輔助使用」的面板中，您可以開啟輔助功能選項，來幫助您完成「設定輔助程式」。點選項目（「視覺」、「運動」、「聽覺」、「認知」）來設定相關的類別。例如，選擇「視覺」的選項，點選進去後選取「啟用移動文字」，按下 command 鍵即可放大檢視指標所移到螢幕上的文字。

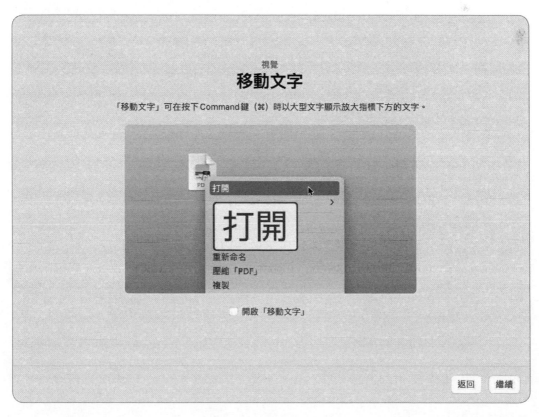

當您完成面板裡的選項時,「設定輔助程式」會將面板帶回「輔助使用」的面板, 您所選取過的類別將會顯示綠色打勾符號。

您隨時可以使用「系統偏好設定」來更改這些選項。

網路設定

「設定輔助程式」會透過使用位於乙太網路的「動態主機設定通訊協定 (DHCP)」,自動設置 Mac 的網路設定並嘗試建立網路連線。若是以這種方式建立網路連線,則不會再要求您設定網路。

「設定輔助程式」將嘗試著找出哪個網路連線是你需要設定,並顯示所需的設定面板給您。如果您的 Mac 沒有使用乙太網路線來連接乙太網路,則會顯示 Wi-Fi 網路的設定面板,您將會需要選擇一個無線網路及將其認證。這時候你可以選擇延遲設定網路,稍後再在網路的偏好設定裡設定。此主題「管理基礎網路設定」將在章節 21 中詳細講述。

遠端管理

如果您的公司 / 組織使用 Apple 校務管理 或 Apple 商務管理,並且您的 Mac 被指定使用 MDM 解決方案,您將會看到「遠端管理」的面板。

資料與隱私權

Apple 相信隱私權是基本人權。您可以在此面板看到 Apple 的政策是如何保護及尊重您所提供的各類資料。進一步瞭解「Apple 的隱私保護」www.apple.com/privacy/。

系統移轉輔助程式

「系統移轉輔助程式」可以從 Mac、「時光機」備份、「啟動磁碟」或電腦拷貝資料。更多關於使用者帳號創建及管理，將在章節 8「管理使用者專屬檔案夾」中詳述。

使用 Apple ID 登入

全新以及已更新至 macOS Monterey 的 Mac 電腦，可能會要求您輸入您的 Apple ID 以及進行驗證。在「使用 Apple ID 登入」的面板裡，您可以：

▶ 輸入現有的 Apple ID
▶ 找回 Apple ID 或密碼
▶ 建立新的 Apple ID 帳號
▶ 使用不同的 Apple ID 登入 iCloud 以及購買 Apple 媒體服務（像是 Apple Store 以及 Music）
▶ 了解更多關於您的 Apple ID 相關的資料如何被使用
▶ 選取「稍後再說」或「下一步」

Apple ID

您可以透過您的 Apple ID 及密碼來存取所有的 Apple 服務。您可以使用您的 Apple ID 用來存取 App Store, iCloud, iMessage, FaceTime 等等的服務。這包含您用來登入 Apple 線上商店及其他服務的資訊，以及您用於所有 Apple 服務的聯絡資訊、付款方式以及安全詳細資料。更多關於 Apple ID 的資訊，請參閱 appleid.apple.com.。

Apple ID 是免費建立的。如果您曾經透過網路在 Apple 消費過，您則已經擁有 Apple ID。

當您在使用「設定輔助程式」的過程中輸入或建立一個 Apple ID，該帳號會啟用一些服務，包含 Messages, FaceTime, Podcasts 及 iCloud。此外，如果您曾經使用 Apple ID 進行過購買行為，則它已經在 App Store, Apple Music, Apple TV 及 Apple Books Store 設定完畢。但您還是需要輸入您的 Apple ID 密碼後才能進行購買。 此後的「設定輔助程式」的面板中，此 Apple ID 將保持登入狀態。

如果您要在 iCloud 使用一個 Apple ID，在 Apple Store 使用另一個 Apple ID 進行購買，您則可以點選「在 iTunes 及 iCloud 使用不同的 Apple ID ？」。您會先看到「登入 iCloud」的面板，要求您輸入要登入 iCloud 的 Apple ID，並會看到「登入 Apple Music 及 App Store」的面板，要求您輸入用於商店購買用的 Apple ID 。

更多關於 Apple ID 的資訊請參閱 Apple ID 支援的網站，support.apple.com/apple-id.

近期 Apple ID 新增的附加條件如下：

▶ 您的裝置必須為 iOS 15, iPadOS 15 或 macOS Monterey 12 或以上版本，才可以更改「帳號復原程序」的安全性需求功能。

▶ 遺產聯絡人（Legacy Contact）將可以在您過世後，存取您 Apple 帳號中的資料，包含照片、訊息、備忘錄、檔案、聯絡人資料、行事曆及已下載的 App、裝置備份等等。您的遺產聯絡人無法存取您的「鑰匙圈」中的資訊，以及任何已授權媒體。

▶ 帳號復原聯絡人無法存取您的資料，但他們可以幫助您取回帳號。當您需要幫助時，當面或打電話詢問您的復原聯絡人，請他們提供他們裝置上的代碼給您，以幫助您取回您的帳號。

雙重認證

為了增強您的 Apple ID 的安全性及確保您能夠使用 iCloud 的所有功能,您應開啟「雙重認證」。「雙重認證」適用於搭載 iOS 9 或是搭載 OS X El Capitan 或以上版本的裝置的 Apple ID 的 iCloud 使用者。

如果您要建立一個新的 Apple ID,您將會被要求輸入您的生日,並輸入姓名及電子郵件地址,或點一下「取得免費 iCloud 電子郵件地址」。在您提供並新的 Apple ID 的驗證密碼後,您將被要求輸入可以接收簡訊或來電驗證的電話號碼以確認您的身分。在您透過簡訊或來電驗證身分後,您的 Mac 會替 Apple ID 開啟「雙重驗證」,接著在「雙重驗證」中設定您的 Mac 為可信任的裝置。

iCloud

iCloud 是一個可以在您現有的 Apple 裝置上提供免費的雲端儲存空間及通訊的服務。雖然「設定輔助程式」中沒有要求完成 iCloud 設定,但 iCloud 是在 macOS, iOS, iPadOS, tvOS 以及非 Apple 裝置中最容易分享資訊的方法。

如果您現有 Apple ID 從未使用於 iCloud,可在「設定輔助程式」的過程中輸入此帳號以啟用 Apple ID 來使用 iCloud 的服務。「設定輔助程式」可以協助設定您的 Mac 以使用 iCloud 大部分的服務。

以下的 iCloud 服務在大部分的情況下會預設開啟:iCloud 雲碟、相簿、聯絡人、行事曆、提醒事項、Safari、Siri、備忘錄、尋找、新聞、股市及家庭。如果您輸入的 Apple ID 有開啟「雙重認證」功能,iCloud 鑰匙圈將會被開啟。若您輸入的 Apple ID 屬於 @mac.com, @me.com 或 @icloud.com 的網域,郵件也會被設定。

若您輸入的 Apple ID 屬於年紀低於 13 歲的使用者(可能透過 Apple 校務管理或家庭共享建立的帳號),則預設不會開啟任何 iCloud 的服務。

> **提醒** ▶ 若您的學校或組織為您建立了管理式 Apple ID,您可以在「使用 Apple ID 登入」面板輸入該帳號,請記住使用個人的 Apple ID 可以比使用管理式 Apple ID 使用更多服務。請參閱 Apple 支援文章 HT205918,「在 Apple 校務管理中用管理式 Apple ID」,以及 HT210737,「關於企業適用的管理式 Apple ID」。

完成設定後，您可以使用 iCloud 的偏好設定來確認及修改 iCloud 的服務設定。
iCloud 在此手冊中有詳細解說，包含在章節 9「安全性及隱私權管理」、章節
18「Apps 安裝」；章節 19「資料管理」以及章節 24「網路服務管理」。更多
關於 iCloud 的資訊，請參閱 iCloud 支援的網頁 support.apple.com/icloud。

條款和條件

您必須接受 Apple 的條款和條件以完成「設定輔助程式」，同時您不需要提供個
人或科技資訊給 Apple。實際上，在您的 Mac 為離線或從未連過網路的狀態下，
您仍可以選取接受條款和條件。

更多關於 Apple 條款與條件的資訊，請參閱 Apple 法律網頁，www.apple.
com/legal/。

建立電腦帳號

在「建立電腦帳號」的面板裡，您可以建立 Mac 的第一個管理者帳號。此為唯
一可以對系統設定進行更改的管理者帳號，包含新增其他使用者。

若您先前已經輸入 Apple ID，該資訊將會被用於設定新的本機使用者帳號。「設
定輔助程式」將根據您用於註冊 Apple ID 的全名，預先填寫為本機使用帳號名
稱，也會用於建立個人專屬檔案夾。您可以在此修改全名或帳號名稱。

建立電腦帳號

請填寫以下資訊來建立電腦帳號。

全名 :	John Appleseed
帳號名稱 :	john
	這將是您的個人專屬檔案夾名稱。
密碼 :	請輸密碼　　　　　　驗證
提示 :	可留空
	☑ 允許我的 Apple ID 重置此密碼

若您未在「設定輔助程式」輸入 Apple ID，全名欄則不會被預先填寫。

您必須設定一組全新的密碼註冊本機管理者帳號，若您已輸入 Apple ID，則此密碼不能與您先前用於 Apple ID 的密碼相同。

您可以設定密碼提示，密碼提示可幫助您想起此帳號之密碼。您不能將密碼設為密碼提示的內容。

若您在「設定輔助程式」已輸入 Apple ID，「准許我的 Apple ID 重置此密碼」的選項會被預設為選取。您可以取消此功能，但您可能在遺忘密碼時需要此功能。更多關於使用 Apple ID 重置密碼相關資訊，請參閱 10.2,「重置忘記的密碼」。

在設定完成後，您可以在「使用者與群組」中修改本機使用者帳號，亦可在系統偏好設定的 Apple ID 中調整 iCloud 的設定。額外的使用者建立和管理將在章節 7「管理使用者帳號」有更詳細的說明。

> 提醒 ▶ 一般情況下通常會使用您擁有的 Apple ID 以及您的真實姓名，但此手冊將使用以下資訊來幫擁有多個使用者帳號的 Mac 功能作為說明：
>
> 全名：**Local Administrator**
>
> 帳號名稱：**ladmin**
>
> Apple ID：[不適用於當前電腦帳號]

尋找

在您登入 iCloud 帳號時可以看到「尋找」的面板。在 macOS 重新安裝於您的 Mac 前，如果此功能已在您的 Mac 中被啟動，您也能看到此面板。此面板將顯示「尋找」所使用的 iCloud 帳號，您可選取 「查看您的資料如何被管理」的連結或點選「繼續」。

將此裝置設定為您的新 Mac

此面板會顯示您在這台 Mac 或其他已經登入您 Apple ID 的 Mac 上您所做的設定而設定。這些設定包含：定位服務、裝置分析、 App 分析、Siri、螢幕使用時間、檔案保險箱磁碟加密以及外觀。您可以在「自訂設定」中更改這些設定。

設定此裝置為您的新 Mac

這些是您在其他 Mac 上已完成的所有設定。

更多內容…

定位服務　　　　　　　　　　　　　　　　　　　　開啟
允許「地圖」、其他 App 和服務（如「尋找」）收集並使
用您的大約位置資料。

裝置分析　　　　　　　　　　　　　　　　　　　　關閉
允許分析此 Mac 的使用狀況和資料，以便協助 Apple 改進
產品和服務。

App 分析　　　　　　　　　　　　　　　　　　　　關閉
選擇透過 Apple，與 App 開發者分享 App 活動和當機資
料，以便協助 App 開發者改進其 App。

Siri　　　　　　　　　　　　　　　　　　　　　　關閉
允許 Siri 使用您的語音輸入、聯絡人和位置來處理您的要
求。

自訂設定　　　　　　　　　　　　　　　　　　　　返回　　**繼續**

啟動定位服務

若您開啟「定位服務」，您將同意 macOS 以及 apps 使用 Wi-Fi 定位來判斷這
台 Mac 的位置。您需要此「定位服務」來啟用「尋找」功能，您可以在「設定
輔助程式」中，以及其他 macOS 服務中開啟此設定。您可以在「安全性與隱私
權」中進行更多相關設定。在章節 9 將更仔細講述「定位服務」。

若您未啟用「定位服務」，您將會看到「選擇您的時區」的面板。

設定完成後，您可以在偏好設定中的「日期與時間」裡檢視及更改。根據您的「定
位服務」設定，macOS 將會使用 Apple 時間伺服器來進行設定日期和時間。

分析或 iCloud 分析

macOS 可以傳送診斷及使用諮詢給 Apple 及第三方開發者。如果您同意分享此
資訊，將可幫助開發者對系統及 app 進行改進，若您覺得提供此回饋會有疑慮，
您可以選擇停用「iCloud 分析」。

完成設定後，您可以在偏好設定中的「安全性與隱私權」中查看及修改這些設定，以上也將在章節 9 中講述。

螢幕使用時間
點選「繼續」以開啟「螢幕使用時間」，或點選「稍後決定」。更多關於「螢幕使用時間」請參閱 7.3，「限制本機螢幕使用時間」。

Siri
在有 Apple 晶片的 Mac 或是配備 Apple T2 安全晶片的 Intel 型 Mac 機型中，若您的 Mac 有內建麥克風，啟用「跟 Siri 對話」後，您可以看到「選擇 Siri 聲音」的面板。「Hey Siri」是當您說「Hey Siri」時啟用的服務，並能完成您提出的要求。更多相關資訊請參閱 Apple 支援文章 HT209014,「支援『 Hey Siri.』的型號」。

若您啟用「Ask Siri」，您將可以看到「改進 Siri 和聽寫」面板，您可以在此選擇幫助 Apple 改進 Siri、聽寫以及 Apple 產品和服務中的自然語言處理功能。選擇「分享音訊取樣」可分享您與 Siri、「聽寫」和「翻譯」互動時的音訊取樣。

完成設定後，您可以在偏好設定中的「Siri」中進行檢視及修改，以上將在第 9 章中詳述。

檔案保險箱磁碟加密
您可以使用「檔案保險箱」來保護您的啟動磁碟。在您使用全新的及已更新至 macOS Monterey 的 Mac 電腦時，如符合以下條件，則此面板會出現：

▶ 您的 Mac 尚未開啟 檔案保險箱
▶ 您的 Mac 只有一個本機使用者帳號
▶ 您已登入 iCloud
▶ 您的 Mac 是使用固態硬碟（SSD） 或快閃記憶體啟動

如果您選擇開啟「檔案保險箱」，您可以在 iCloud 中儲存 FileVault 的復原密鑰。如果不想使用 iCloud 的 FileVault 恢復功能，您需自行保管該復原密鑰。

> 提醒 ▶ macOS 有時候會使用「iCloud 帳號」一詞,而不是「Apple ID」,因爲您是使用 Apple ID 驗證來存取 Apple 服務,包含 iCloud,此手冊使用 Apple ID 來講述 Apple 的服務驗證。

> 提醒 ▶ 若您的公司 / 組織使用 MDM 解決方案託管您的復原密鑰,您可能就無法查看個人的復原密鑰。

在有 Apple 晶片的 Mac 或是配備 Apple T2 安全晶片的 Intel 型 Mac 機型的軟體和硬體中,有提供儲存空間加密的功能。在有 Apple 晶片的 Mac 或是配備 Apple T2 安全晶片的 intel 型 Mac 機型中的內建儲存空間已被加密。儘管如此,您還是應該啟用「檔案保險箱」以確保您的 Mac 需要密碼來爲您的資料加密。更多關於「檔案保險箱」的相關資訊,請參閱 Apple 支援文章 HT208344,「關於您的新 Mac 上的加密儲存空間」。

若您的 Intel 型 Mac 機型未搭載 T2 安全晶片,而您啟動了「檔案保險箱」,macOS 將爲開始爲系統資料夾的內容進行加密,並會在您的 Mac 連接電源時,於背景完成加密。

若您未啟用「檔案保險箱」,您可以稍後在系統偏好設定中的「安全性與隱私權」裡修改。更多關於「管理檔案保險箱」將於章節 12 中詳細講述。

Touch ID

如果您的 Mac 有 Touch ID 功能，您可以使用使用您的指紋解鎖 Mac 以及使用 Apple Pay 進行支付。您可以稍後在系統偏好設定裡的「 Touch ID 」面板中進行修改。

選擇外觀

你可以為 Mac 上的按鈕、選單和視窗選擇淺色或深色外觀，或使它們在一日中隨時間從淺色自動調整至深色外觀。您可以稍後再系統偏好設定的「一般」面板中進行修改。

3.2
管理系統設定

在您完成「設定輔助程式」後，您可以在「系統偏好設定」及「設定描述檔」中對 macOS 及使用者設定進行修改。

開啟「系統偏好設定」

macOS 提供至少五種方法可開啟「系統偏好設定」：

▶　您可以從「Apple」選單開啟「系統偏好設定」'

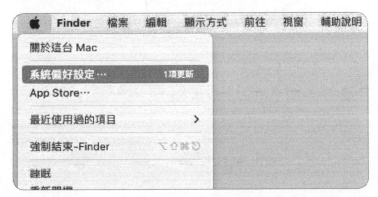

▶　您可以從「應用程式檔案夾」開啟「系統偏好設定」

▶　您可以從「Dock」開啟「系統偏好設定」。Dock 是個便利的工具，方便您取用常用的 App 和功能。在您初次登入後，Dock 即在螢幕的底部。若 Dock 中的「系統偏好設定」圖像上顯示紅色標記，表示您有一或多個需執

行的動作。例如，若您未完整設定 iCloud 功能，則 Dock 中的圖像會顯示標記，當您按一下圖像時，偏好設定便會顯示以讓您完成設定。在 Dock 中點選並長按「系統偏好設定」即可檢視可以設定的功能。macOS 會將「系統偏好設定」預設在 Dock 中，但您可以將其移除。

▶　從「啟動台」開啟「系統偏好設定」。「啟動台」可讓您在 Mac 上輕鬆尋找並開啟 app。按一下 Dock 中的「啟動台」圖像，或者在觸控式軌跡板上收攏拇指和三指，然後按一下「系統偏好設定」來開啟它。

▶　從「Spotlight」開啟「系統偏好設定」。

使用系統偏好設定

您可以更改系統偏好設定來自訂您的 Mac。例如，您可在 Dock 的系統偏好設定裡更改 Dock 的項目。

在選單列的「顯示方式」中可選取「顯示所有的偏好設定」，便能快速看到所有偏好設定項目。您可以透過選擇「根據字母順序加以整理」或是「根據類別加以整理」來整理偏好設定的排序。若您要隱藏某些偏好設定，選擇「顯示方式」>「自訂」即能進行設定。

若您不確定您需要哪些「系統偏好設定」的選項，請使用視窗右上方的搜尋欄位，
輸入您欲搜尋的選項，符合您搜尋文字的選項會列出，而選項所在的偏好設定面
板會醒目顯示。

按一下「系統偏好設定」中的圖像進入該設定面板。大部分的「系統偏好設定」
變更是立刻執行的，並且不會要求您點選「套用」或是「Ok」的按鈕。按一下「顯
示全部」的按鈕（由方塊組成的格狀）就能從偏好設定選項中回到「系統偏好設
定」主面板，或長按「顯示全部」即能檢視全部的偏好設定選項。

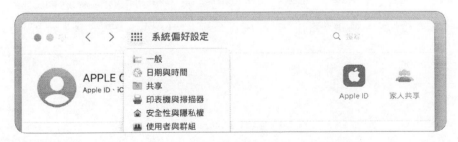

部分偏好設定面板在左下角有個鎖的圖像，代表這些偏好設定只有管理者帳戶能
進行更改。

 按鎖頭一下，以進行更改。

若您是使用非管理者帳號登入，便會有更多偏好系統項目被鎖起來。例如，如果您是使用管理者帳號登入，「時光機」的偏好設定不會顯示鎖頭，但如果您使用非管理者帳號登入，則會顯示鎖頭。

在「系統偏好設定」以外的地方也會看見鎖頭，鎖頭圖像是該項目需要求使用者認證的提示，通常是該項目的變更會影響到所有使用者。

大部分的「系統偏好設定」面板的右下角有一個「輔助功能」的按鈕（問號標誌），能提供該選項的更多資訊。

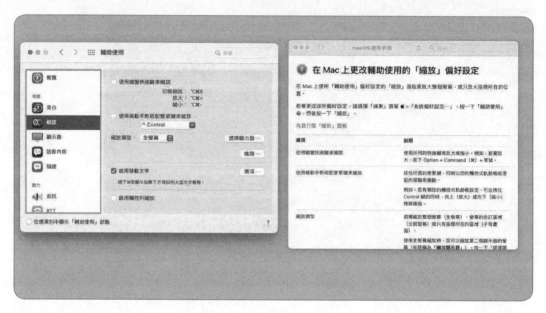

設定外觀、重要色彩、反白的顏色

「設定輔助程式」要求您選擇「淺色」、「深色」或「自動」模式。您可以隨時使用「系統偏好設定」變更您的選擇。在「系統偏好設定」中點選「一般」設定。

外觀的部分，可以選擇選取「淺色」、「深色」或「自動」。當你更新重要色彩時，反白的顏色也會跟著改變，您也可以調整反白的顏色。您所做的變更會立刻執行，而「系統偏好設定」會顯示外觀的預覽畫面。

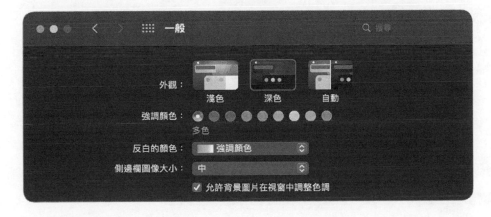

設定動態桌面

在預設中，您的桌面圖片會根據您目前的位置與地區在一整天內不斷自動更改。
您可以在「桌面與螢幕保護程式」中進行設定。下面畫面顯示您可以使用的內建
動態桌面主題。

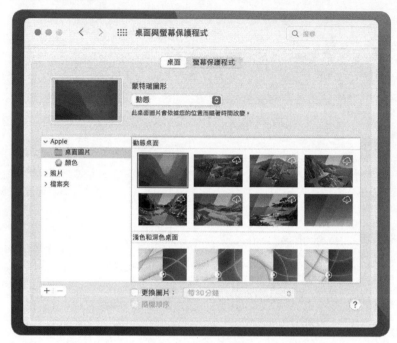

在許多的動態桌面中，您可以按一下選單，然後點選靜態桌面。

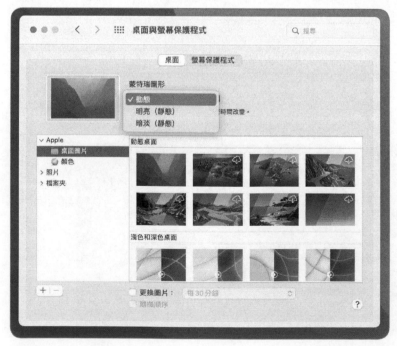

提醒 ▶ 一部分桌面是隨 macOS Monterey 一起 安裝的，反之，其他的桌面可以在雲朵圖像中，點選後下載使用。

提醒 ▶ 此操作手冊使用白色桌面背景，以最佳化印刷頁的視覺效果。

設定 Dock 與選單列

「Dock 與選單列」的偏好設定面板控制出現在「Dock」、「選單列」及「控制中心」的項目。Dock 與選單列皆能被設定自動隱藏及顯示，在較小的裝置上查看很有幫助。

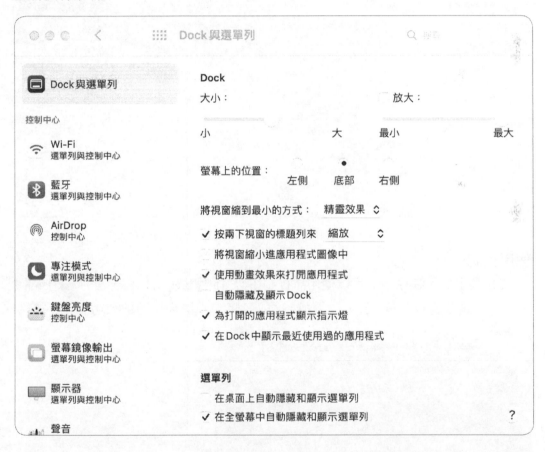

此外，在左欄的項目們有選框來控制該項目是否顯示於選項列上。下方的圖像中，因為在選單顯示 Wi-Fi 的選項被開啟，所以 Wi-Fi 會被列在「選項列」及「控制中心」中。而「螢幕鏡像輸出」顯示在「選項列」及「控制中心」中，因為該項目皆包含在其中。

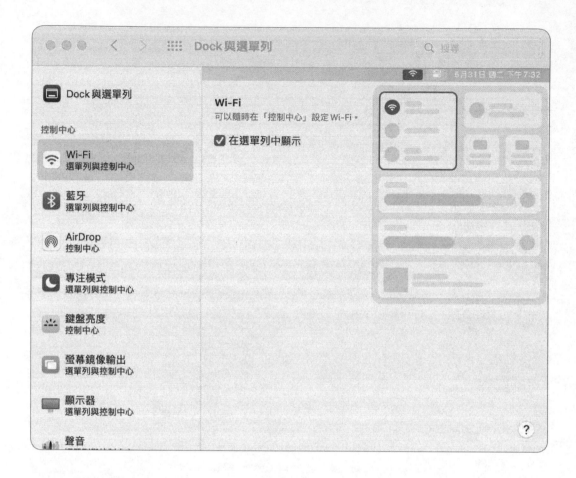

使用控制中心

在 iOS 及 iPadOS 中，您可以使用「控制中心」讓您快速取用上一個圖像中的設定。在您螢幕的右上角，點一下「控制中心」的選單圖像以開啟該功能。

您可以使用「Dock 與選單列」的偏好設定在「控制中心」新增項目，在下方圖像中，「輔助使用快速鍵」及「電池」已經被新增至「控制中心」。

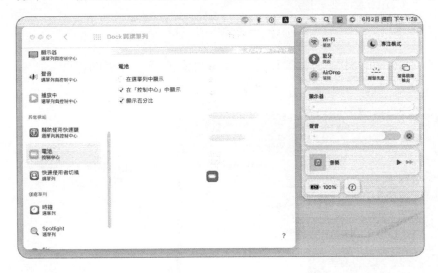

設定輔助使用

在「系統偏好設定中」，按一下「輔助使用」來進行設定。

在 Mac 上使用「輔助使用」偏好設定中的「快速鍵」面板，以更改要包含在「輔助使用快速鍵」面板的選項。該面板可讓您快速開啟或關閉「輔助使用」的選項。

下方圖像說明在「輔助使用」的「快速鍵」中選取「旁白」、「縮放」及「增加對比」時，這些功能會在您點選選單列上的「輔助使用」圖像時出現。此外，「縮放」的圖像被反白提示，因爲該功能正在被使用中。

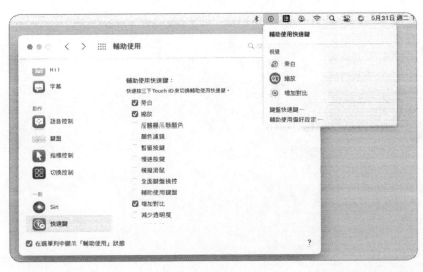

在您維持登入的情況下,您可以使用鍵盤快捷鍵來開啟「快速鍵」面板:

▶ 按下 Option + Command + F5
▶ 若您的 Mac 配備 Touch ID,快速按三下 Touch ID

以下圖像為在 macOS 使用上述方法開啟「輔助使用快捷鍵」面板的畫面,面板中被勾選的選框代表該輔助使用功能正在被開啟。

在「輔助使用快速鍵」的面板中,選擇開啟輔助使用的選項,或使用 Tab 鍵來控制選項,接著按一下空格鍵選取項目。按一下「Return」或「完成」結束「輔助使用快速鍵」。

這是另一個「輔助使用」偏好設定的示範,您可以使用「縮放」面板來設定放大整個螢幕內容的方式,或僅放大指標下方項目的內容。

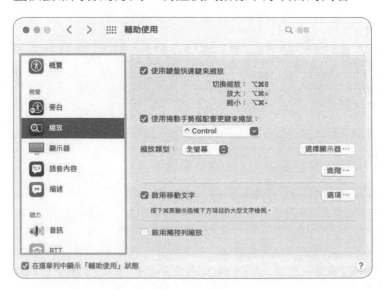

使用「語音內容」偏好設定來為您的 Mac 選擇「系統聲音」。您可以開啟「朗讀宣告」，當有通知或 App 需要您執行某項動作時，可以讓 Mac 朗讀宣告來通知您。您可以開啟「朗讀所選範圍」，按下鍵盤快速鍵後即能朗讀所選文字內容。

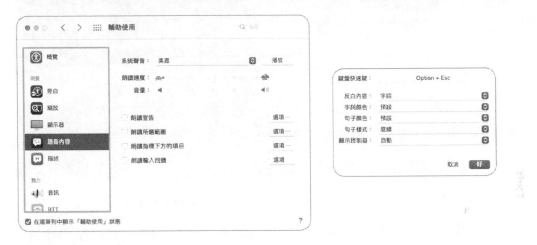

開啟「鍵盤」偏好設定的面板，接著按一下「硬體」開啟「暫留按鍵」及「慢速按鍵」。「暫留按鍵」可以用來修改鍵盤的快速鍵設定（像是 Shift, Fn [Function], Control, Option, 及 Command），變更為不是同時按下全部按鍵。當「暫留按鍵」開啟時，每一次您按下一個鍵，在螢幕右上角會顯示按下的按鍵，直到您輸入完成。

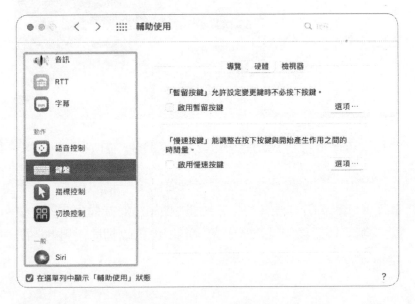

您可以使用「輔助使用鍵盤」來進行打字以及和 macOS 互動，作為取代實體鍵盤。按一下「輔助使用」中的「鍵盤」，在該面板中點選「啟用輔助使用鍵盤」選框。

「切換控制」能讓您使用一個或多個切換控制項目，可輸入文字、操作螢幕上的項目以及操控您的 Mac。

當您開啟「切換控制」後，您就會看到「個人專屬」面板，若您不是本機管理者，您將會需要管理者認證才能啟用此功能。

您可以使用「切換」面板來新增項目到「切換控制」或「輔助使用鍵盤」面板中。

在「輔助使用」的偏好設定中，點選左欄中的項目，接著點選「輔助說明」按鈕（問號標誌）即能查看該項目的說明。例如，選取「輔助使用」偏好設定中的「語音控制」，點選「輔助說明」按鈕後即可查看「在 Mac 上更改輔助使用的「語音控制」偏好設定」。

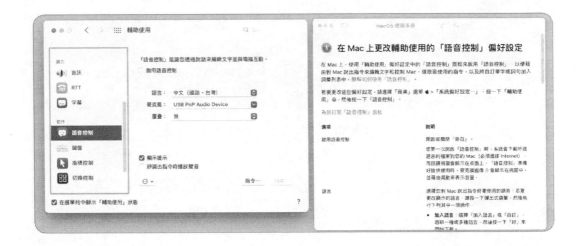

設定描述檔

您可以使用設定描述檔、信任描述檔及註冊描述檔來設定及管理 Apple 裝置。

描述檔是關於設定的使用說明的文件檔案，例如，設定描述檔可能包含網路帳號的設定或網路的偏好設定。描述檔文件會有 .mobileconfig 的副檔名，以及看起來像是一個齒輪的圖像。

安裝設定描述檔

「描述檔」的面板只有在安裝完成的情況下才會在偏好設定中出現（或是正要準備安裝）。如要手動安裝一個描述檔，在檔案上按兩下，或點選檔案後選取檔案 > 打開。

在您開啟描述檔後，macOS Monterey 會在通知中心顯示提醒消息。您需要在 macOS 安裝前先預覽描述檔。 提醒消息會一直顯示直到您點選了提醒消息，或開啟描述檔的偏好設定，若您未有以上動作，則會維持顯示約 8 分鐘。

開啟「系統偏好設定」中的「描述檔」面板，以接續手動安裝描述檔的程序。「描述檔」面板會顯示該描述檔的資訊。尚未安裝的描述檔會在左欄以驚嘆號標誌顯示，右欄則會顯示「忽略」及「安裝」的按鈕。

在您點選安裝後，macOS 會顯示一個確認對話框，按一下「繼續」以安裝描述檔，接著「描述檔」的偏好設定中會顯示該描述檔的資訊

當您安裝描述檔時，使用者與系統設定將根據描述檔的內容將自動進行設定。您可以自行建立一個包含多種設定的「設定描述檔」，並將其分享給許多使用者，其他使用者便可以只安裝一個描述檔，而不是手動進行多種設定。

「設定描述檔」包含自動安裝多種設定的功能。「信任描述檔」包含數位認證，用來認證以及保護連線服務。「註冊描述檔」是用來與 MDM 解決方案建立連線。

> **提醒 ▶** 在此操作手冊的範圍以外，有兩個關於 MDM 以及描述檔的文件可供您參考：
>
> Apple Business Essentials 是一個訂閱服務方案，提供裝置管理、24 小時的 Apple 技術支援，以及 iCloud 線上儲存服務，更多關於 Apple Business Essentials，請參閱 www.apple.com/business/essentials/.
>
> 您可以透過使用不同工具建立描述檔，在 Mac App Store 有提供 Apple Configurator 2 可使用。

您可以像分享文件一樣分享描述檔。例如，您可以透過電子郵件、網站連結或是透過 AirDrop 分享描述檔。（詳情請參考章節 25，「管理主機共享與個人防火牆」）。如果該台 Mac 已經在行動裝置管理（MDM）註冊，則可以通過自動推送描述檔至該台 Mac 上。

您有可能需要提供管理者驗證，以安裝或移除某些描述檔。例如，當您要安裝一個描述檔至您的行動裝置管理（MDM）解決方案時，需要您提供管理者驗證。另外，一些從透過行動裝置管理（MDM）解決方案中安裝的描述檔，即使使用管理者驗證，亦無法進行移除。

> 提醒 ▶ 雖然使用行動裝置管理（MDM）解決方案是配置描述檔的最佳方法，但此操作手冊注重在沒有在行動裝置管理（MDM）解決方案註冊的情況下，進行 Mac 的基本管理。

更多關於行動裝置管理（MDM）的詳情，更多關於「Apple 平台部署中的」Apple 平台部署簡介，請參閱於以下鏈結 support.apple.com/guide/deployment/dep2c1b2a43a/。

練習 3.1
練習設定一台 Mac

> ▶ **前提**
> ▶ 　您的 Mac 必須預先配置為 macOS Monterey 版本。當您使用已被清除的內部儲存裝置安裝 macOS 時，則會使用預設安裝檔進行安裝。

在本練習中，您將會瞭解初始設置設定如何影響 macOS，包括在 Mac 上重新安裝 macOS，就像是剛開箱的 Mac 一樣。您將使用「設定輔助程式」回答一些問題及建立一個初始管理者帳號。

使用「設定輔助程式」設定 macOS

1.　在「選擇您的國家或地區」面板中，選取適合的國家或地區並點選「繼續」。如果「旁白」的教學啟動，您可以選擇聆聽或繼續。「旁白」是一個輔助技術。

2.　可於「輔助使用」面板中開啟任何您需要的「輔助功能」，接著點選「繼續」。
　　如果您不想現在設定「輔助使用」功能，點選「稍後再說」。
　　「設定輔助程式」將會評估您的網絡環境並嘗試確定您是否連接網路，這將
　　會需要一些時間。

3.　當你被要求選擇您的 Wi-Fi 網路時，請選擇合適的網路，接著點選「繼續」，
　　並輸入對應的密碼或憑證。

　　如果您不使用 Wi-Fi 連接網路，請點選「其他網路選項」，接著選擇您的網
　　絡連結方式。如果系統沒有詢問您的網路連結，是因爲您的 Mac 的網絡設
　　定已經被設置爲 DHCP（動態主機設定通訊協定），請移至第四步。完成網
　　絡連接設定後，點選「繼續」。

4.　在「資料與隱私權」面板中閱讀 Apple 的隱私權政策，接著點選「繼續」。
　　點選「更多內容」以閱讀更多關於 Apple 的隱私權政策。

5.　在「系統移轉輔助程式」面板中點選「稍後再說」。如果您想替換舊 Mac，
　　則可以使用轉移功能，將使用者資料、Apps 和系統資訊從舊 Mac 轉移至新
　　Mac。

6. 於「使用 Apple ID 登入」面板，點選「稍後設定」，接著在確認對話框裡點選「略過」。您可以於後續的練習中設定 Apple ID。

7. 於「條款與約定」面板上閱讀 macOS 軟體許可協議，接著點選「同意」。

8. 於確認對話框上點選「同意」。

9. 於「建立電腦帳號」界面輸入下列資訊，接著點選「繼續」：

    提醒 ▶ 請使用以下資料註冊帳戶。不然可能會導致本教學後續的練習不能順利運行。若本手冊使用的文本為粗體文本，表示您應完全按照粗體文本所示輸入文本。

    全名：**Local Administrator**
    帳號名稱：**ladmin**
    密碼：**Apple321!**
    請不要提供密碼提示。
    可隨意更改帳號頭像。

    提醒 ▶ 請勿使用簡易密碼，例如使用 Apple321! 在您日常使用的 Mac 上。此密碼過於簡單，因此並不安全。

    建立電腦帳號

    請填寫以下資訊來建立電腦帳號。

    全名：   Local Administrator
    帳號名稱： ladmin
             這將是您的個人專屬檔案夾名稱。
    密碼：   ••••••••   ••••••••
    提示：   可留空

    返回 繼續

10. 於「啟用定位服務」面板，選擇在此 Mac 上啟用定位服務，接著點選「繼續」。

11. 於「分析」面板，點選「繼續」。

12. 於「螢幕使用時間」面板，點選「稍後設定」。

13. 如果「Siri」面板彈出，取消點選啟用「跟 Siri 對話」，接著點選「繼續」。

14. 當你被詢問設定「Touch ID」時，點選「稍後設定 Touch ID」，接著點選「繼續」。這些練習不需要使用 Touch ID。

15. 於「選擇您的外觀」面板選擇您喜好的 Mac 樣式，接著點選「繼續」。

您的 Mac 已經完成設定並可以使用。

練習 3.2
設置系統偏好設定

> ▶ **前提**
>
> ▶ 您必須已經建立 Local Administrator 帳戶（練習 3.1，「練習設置 Mac」）。
>
> ▶ 您必須從數字 01 至 17 中挑選一個學生編號。

在本練習中，您可以設置偏好設定簡化導覽項目，以提供一致的體驗。您也可以設置 app 和系統的偏好設定。

在進行這些練習或使用 Mac 時，可能會隨時收到多種不同的推播通知：

▶ 如果在練習過程收到「有可用的更新項目」通知，請將指標移至視窗的右下方，點選「選項」，接著點選「明天提醒我」。

您可以在第六課的練習中安裝軟體更新,請至「更新 macOS」。

▶ 如果推播通知跳出「您要使用磁碟來備份 Mac 嗎?」,將指標移至視窗的
右下角,點選「選項」,接著點選「別再詢問」。

調整 Finder 的偏好設定

預設的 Finder 設定令使用者能輕鬆地尋找和處理他們的檔案。您可以透過設置
這些設定,以便訪問使用者專屬檔案夾之外的檔案。

1. 於選單列中,選擇「Finder」>「偏好設定」或可用鍵盤快捷鍵「Command-
逗號」開啟該視窗。

2. 如有需要,點選工具列中的「一般」,接著選擇「硬碟」和「已連接的伺服
器」,便可通過 Finder 使它們顯示在您的桌面上。

3. 從「開啟新 Finder 視窗時顯示」選單中選擇您的啟動卷宗。

4. 於「Finder 偏好設定」視窗的工具列中點選「側邊欄」按鈕。

5. 選取位於側邊欄中「喜好項目」區域中的「ladmin」及位於「位置」區域中的「硬碟」。「硬碟」應被全選（於核取方塊中呈現勾號）而非半選（於核取方塊中呈現連接號）。

6. 關閉「Finder 偏好設定」視窗，或使用快捷鍵 Command-W 關閉視窗。

設定電腦名稱

當您在實體教室的環境中進行練習時，您的 Mac 可能會和其他學生顯示一樣的預設名稱「Mac 電腦」。因此使用獨有的名稱是一種很好的做法。

1. 於 Apple 選單中選取「系統偏好設定」。

2. 於「系統偏好設定」中，選取「共享」的圖像以設置偏好設定。

如果您不確定如何在「系統偏好設定」進行搜尋，可於視窗的右上角的 Spotlight 的搜尋欄位中輸入您要搜尋的內容。Spotlight 會列出匹配或相關的設定，並以顯著的顏色標記偏好設定面板的位置。

3.　於您的 Mac 的「電腦名稱」欄位中輸入獨有的名稱。本手冊將會使用
　　「**Mac-*NN***」作爲名字範例,「*NN*」爲您於此練習開始前所用的學生編號。
　　本練習將會使用 **17** 作爲學生編號。

4.　按下「Return」。

於電腦名稱下方的本機主機名稱(.local name)已被更新。

5.　於左側邊欄上勾選「遠端管理」的核取方塊。

在實體課堂上,您的訓練導師能透過「遠端管理」在有需要時協助您,包括
操作您的鍵盤和滑鼠、獲取資訊及隨課程進展更新您的 Mac,請在有需要的
情況時授權您的訓練導師協助您。

您可以透過對話框授權使用者能夠使用「遠端管理」進行哪些操作。

6.　若要勾選在這個對話框裡的全部核取方塊,請按住「option」鍵並點選其中
　　一個核取方塊。

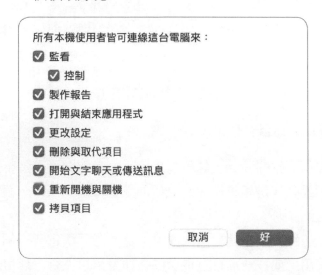

7.　點選「OK」。

調整您的觸控式軌跡板與滑鼠偏好設定

您可以在 macOS 自定義使用者界面。例如，您可以根據您的個人偏好更改預設捲動的行為。另外，您也可以決定 macOS 如何辨認主要及輔助鼠標進行點擊（類似於其他操作系統中的左右按鍵）。

1.　點選於工具列「Show all」（格點圖像）按鈕。

　　「Show all」按鈕會顯示所有「系統偏好設定」面板上的圖像以協助您的導覽。

2.　如果您正在使用觸控式軌跡板，點選「觸控式軌跡板」按鈕開啟觸控式軌跡板偏好設定的面板。

　　▶　調整「點一下來選按」和「輔助點擊」選項至您喜好的設定。輔助按鈕可以開啟快捷鍵選單，類似於點選滑鼠右鍵或 Control 鍵。
　　▶　調整「用力長按和觸覺回饋」選項至您個人喜好的設定。
　　▶　點選「放大或縮小」及「捲動方向：自然」選項來調整捲動的方向。預設動作是如果您使用雙指進行捲動操作，視窗內容將會隨著您的雙指向上滑動。
　　▶　檢視於「捲動與縮放」及「更多手勢」的其他選項並調整至您個人喜好的設定。

3.　當您使用完「觸控式軌跡板」面板後，點選「Show All」按鈕。

4.　如果您正在使用滑鼠，點選「滑鼠」按鈕。

　　▶　如果您的滑鼠上有類似滾軸的設計，您可以使用「捲動方向：自然」選項來調整捲動的方向。預設動作是如果您使用滾輪向上進行捲動操作，視窗內容將會隨著您的雙指向上滑動。
　　▶　如果您的滑鼠有多個按鈕，可以使用滑鼠圖像左邊的選單決定哪一個按鈕為主要按鈕。您可以使用主要按鈕進行選取；該按鈕是滑鼠左鍵。您可以使用滑鼠圖像右邊的選單決定

哪一個按鈕為輔助按鈕。您可以使用輔助按鈕開啟快捷鍵選單，該按鈕通常
是滑鼠右鍵或 Control 鍵。

開啟檔案保險箱

警告 ▶ 如果你遺失了檔案保險箱加密卷宗的密碼和復原密鑰，您將無法訪問
儲存在其中的內容。如果您正在使用個人 Mac 進行練習，並有不想冒險丟
失的檔案，請在開始此練習前進行 Mac 的備份。

在這個練習中，您將通開啟檔案保險箱對啟動卷宗進行加密。加密啟動卷宗是一
種很好的做法，並可以隨時進行。你將能在工作的同時進行啟動卷宗的加密。

1. 點選「Show All」（格點圖像）按鈕，接著點選開啟「安全性與隱私」面板。

2. 點選「檔案保險箱」。

3. 解鎖偏好設定面板，接著以本機管理者身分進行驗證（密碼：Apple321!）。

4. 點選「開啟檔案保險箱」。

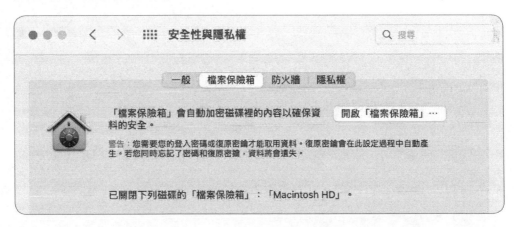

若視窗中顯示「恢復密鑰已經由您的公司、學校或組織設定」，則代表
您的 Mac 是使用機構復原密鑰進行預先安裝的（詳述於 Apple 支援文章
HT202385,「如何在 Intel 型 Mac 上使用機構復原密鑰」。在此情況下，
選取「繼續」並且跳到步驟 9，同時您也無法操作練習 12.2,「使用保險檔
案箱恢復密鑰」。

如果未預先設定機構密鑰，則會跳出一個的對話框，讓你選擇是否允許使用您的 iCloud 帳戶解鎖磁碟，或建立一個復原密鑰。如果您未連結本機管理者帳戶至 Apple ID 的話，則對話框內容會略有不同。

5. 點選「製作復原密鑰並且不使用我的 iCloud 帳號」，接著點選「繼續」。

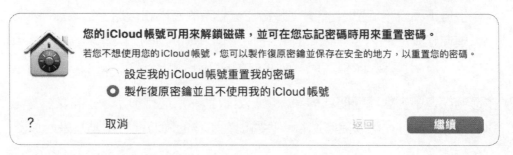

6. 記錄您的復原密鑰。您的復原密鑰會和例子中的不同。

復原密鑰：_____

您必須記錄您的復原密鑰以供後續的練習使用。您可以對復原密鑰進行截圖，並通過 AirDrop 將其傳送到您的行動裝置上。您亦可以使用您的行動裝置的相機對拍攝您的螢幕，或將復原密鑰寫在上列的空白欄位上。

提醒 ▶ 此練習的目的，可以將復原密鑰以影像儲存於您的裝置，不過建議將復原密鑰存放於安全的實體地點。

7. 點選「繼續」並開始加密過程。

加密整個卷宗可能需要一些時間，具體取決於您的 Mac 速度與型號、儲存裝置的類型和資料的數量。您可以在加密過程中正常地使用您的 Mac。

如果您使用的是配備 Apple 晶片的 Mac 電腦或配備 Apple T2 安全晶片的 Intel 型 Mac，則沒有加密過程或時間估計，因為這些機型的內部儲存是預設加密的。

如果您使用的不是配備 Apple 晶片的 Mac 電腦或配備 Apple T2 安全晶片的 Intel 型 Mac，而是使用 Mac 筆記型電腦機型的話，則必須在接上電源的情況下才能進行加密。

8.　離開「系統偏好設定」。
由於「系統偏好設定」是一個單視窗 app，您可以點選關閉按鈕或打開「系統偏好設定」選單並點選「退出系統偏好設定」。

練習 3.3
下載 Student Materials

▶ 前提
　▶　您必須已完成練習 3.2，「設置系統偏好設定」。

在本練習中，您可以下載練習所需的 student materials（稱為 StudentMaterials）。

從網路中下載 StudentMaterials 檔案夾
您需要到 Pearson Education 的網站下載 student materials。

1.　開啟「Safari」。

2.　請至 peachpit.com/macOSMonterey，註冊一個新帳戶或登入您舊有的帳戶。

3.　如果沒有自動輸入本手冊的 ISBN 號碼，則自行手動輸入 **9780137696444**。

4.　請回答問題作為購買證明。

5.　於您的「Account」頁面，點選「Registered Products」標籤。

6.　點選你的產品名稱下面 Access Bonus Content 訪問 Bonus 內容的網站鏈接並進行下載。

注意 ▶ 如果您是通過 Peachpit 購買或兌換本手冊電子版的代碼，則學生資料會自動出現在「已註冊產品」上，無需再使用另一個代碼進行兌換。

7. 點選網站連結並下載 Student Materials。

8. 當您被詢問是否允許從下載 www.peachpit.com 資料時,請點選「允許」。 練習用的 student material 會以 ZIP 壓縮檔進行下載,並會自行解壓縮至 「StudentMaterials」檔案。

9. 點選於視窗右上方的「下載」(向下箭頭圖像)按鈕。

10. 點選於 StudentMaterials 旁邊的「查看」(放大鏡圖像)按鈕。

您的下載檔案夾會在 Finder 內開啟,其中包含了 StudentMaterials 檔案夾。

在您的 Mac 上整理 StudentMaterials 檔案夾

1. 在桌面尋找並雙擊代表您的啟用磁碟的圖像(通常是 Macintosh HD)。

2. 開啟「使用者檔案夾」,接著開啟「共享檔案夾」。

3. 從「下載」檔案夾中的 StudentMaterials 的圖像拖曳至「共享」檔案夾。

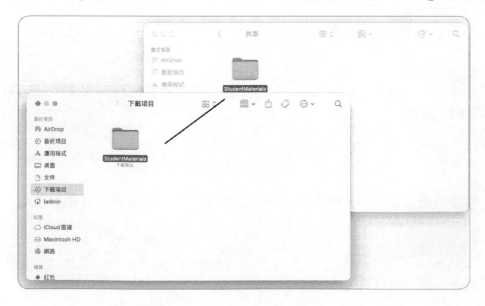

4. 關閉「下載」檔案夾。

5. 把您的 StudentMaterials 檔案夾的複製檔移至您可以找到的位置。

▶ 把 StudentMaterials 檔案夾拖曳至 Dock 列的右側。Dock 最多可以分為三個部分。左側用於用置 apps，右側則用於放置檔案夾、文件和其他像是網路共享的別名。Dock 的中間最多可以放置三個您近期最常用的 apps，前提是這些 apps 不在 Dock 的其他部分。將 StudentMaterials 檔案夾放置於 Dock 的右側，緊挨著其他項目。而不是放置在這些項目之上，這會將其移動到該檔案夾裡。

▶ 您也可以將 StudentMaterials 檔案夾拖曳至 Finder 側邊欄的「喜好項目」中，請將其放置於其他檔案之間。

6. 點選「前往」>「應用程式」或使用快捷鍵 Shift-Command-Λ。

7. 將「文字編輯」應用程式拖曳至 Dock 位於分隔線的左側，以便輕鬆開啟。

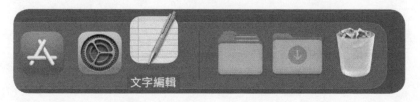

練習 3.4
安裝設定描述檔

▶ **前提**

> ▶ 您須先完成練習 3.3，「下載 Student Materials」。

您可以手動設定一台 Mac 的 MacOS。您亦可以使用設定描述檔對一台或多台 Mac 進行設定。

在本練習中，您將使用設定描述檔管理 Dock 的設定。

使用設定描述檔更改您的 Dock 設定

1. 從螢幕底部找出 Dock 的位置並記下其設定。其設定可能跟範例略有不同。

2. 開啟「StudentMaterials」的檔案夾。請記得您已於 Dock 和「Finder」中的側邊欄視窗中建立其捷徑。

3. 開啟「Lesson3」的檔案夾。

4. 雙擊 Dock.mobileconfig 並開始安裝描述檔。

將會彈出一條推播通知，告訴您「若要安裝，請在『系統偏好設定』中檢視描述檔」。

5. 開啟「系統偏好設定」並點選「描述檔」。

6. 將顯示描述檔的詳細訊息及其承載資料（包含其本身的設定），向下滑動以
　　檢視全部內容。

　　請確認 Dock 方向的參數為「left」。
　　請注意，描述檔尚未進行下載。描述檔的位置在左方側邊欄中的「已下載」
　　目錄，「安裝」按鈕位於右方的「偏好設定」面板上。

7. 點選「安裝」按鈕。

8. 於彈出的對話框中點選「安裝」按鈕。

9. 請驗證本機管理者（**Apple321!**）身分。
　　「描述檔」面板於「裝置」的目錄下列出「settings for support essentials
computers」的設定描述檔。現在已完成安裝。

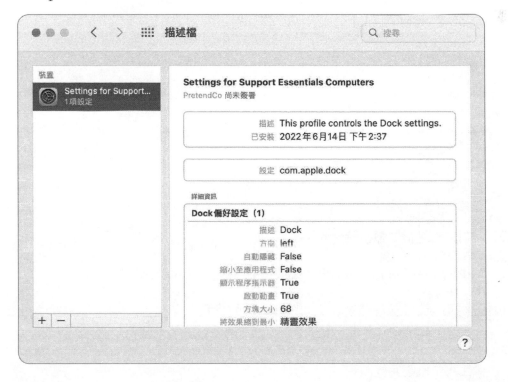

10. 確認現在 Dock 在左側的螢幕上。

移除設定描述檔

1.　先勾選描述檔中的「Settings for Support Essentials Computers」並點選「移除」（-）。

2.　於確認對話框彈出時，點選「移除」。

3.　如有需要，請於彈出的窗口驗證本機管理者（**Apple321!**）身分。

　　該描述檔已被移除，Dock 的位置也回復到螢幕下方。因爲您並沒有安裝其他描述檔，所以「描述檔」的「系統偏好設定」也會被移除。

4.　結束「系統偏好設定」。

練習 3.5
檢視系統資訊

> **前提**
>
> ▸ 您已建立 Local Administrator 帳戶（練習 3.1，「練習設定一台 Mac」）。
>
> ▸ 您已啟動檔案保險箱（練習 3.2，「設置系統偏好設定」）。

系統資訊是您收集 MacOS 設定資訊的主要工具。系統資訊顯示資訊關於維修選項及您的 Mac 的保固期限。在本練習中，您將會探索其功能。

使用「關於這台 Mac」及「系統資訊」

1.　從 Apple 選單中，點選「關於這台 Mac」。

　　一個關於您的 Mac 的基本資訊的對話框將會彈出。

2.　選擇您的序號，並使用 Command-C 複製。

3.　點選 macOS 的版本號碼（位於「masOS Monterey」下方）將會顯示版號（一個更具體的 macOS 識別碼）。

4. 可以透過「關於這台 Mac」視窗中的工具列，點選「顯示器」、「儲存空間」及「記憶體」（如果有的話）按鈕檢視更多關於您的硬體資訊。

5. 點選「支援」按鈕。

將會顯示您的保固期限及狀態。

6. 於「關於這台 Mac」視窗，點選於工具列上的「概覽」按鈕。

7. 點選「系統報告」按鈕。

系統資訊提供一份關於您的 Mac 的更爲詳細的報告，包括您的 Mac 的硬體、網路和軟體設定。 您可以於 /Applications/Utilities/ 檔案夾或於「啟動台」的「其他」部分找到系統資訊。您亦可以透過在 Apple 選單中按下 Option 按鈕，直接訪問系統資訊。

這會改變「關於這台 Mac」的選單選項爲「系統資訊」。

8. 點選位於報告側邊欄的資訊目錄以探索系統。部分目錄可能需要一些時間進行讀取。

9. 於選單列上，點選「檔案」＞「儲存」。您可以透過這個界面決定 Mac 的命名方式 （或其他識別碼）及日期，接著點選「儲存」。

10. 結束「系統資訊」。

第 4 章
使用命令列介面

4.1
CLI 基礎知識

CLI 可以使用在以下的情境並且比起 GUI 更加實用：

▶ 額外管理和故障排除選項可從 CLI 取得。例如，應用程式具有 CLI 執行項目，其中包括額外選項：系統資訊（system_profiler）、安裝工具（installer）、軟體更新（softwareupdate）、磁碟工具程式（diskutil） 和 Spotlight （mdfind）。這些只是幾個例子。您可以藉由使用應用程式或使用終端機中的指令來完成許多管理任務。熟悉 CLI 將使您能夠選擇最有效的方式來完成任務。

▶ 在 CLI 中，您可以有更多的能力存取檔案系統。例如，Finder 隱藏了許多檔案和檔案夾可透過 CLI 查看。另外，Finder 不會顯示所有檔案的系統權限設定。

▶ 您可以使用安全殼層通訊協定 （SSH） 遠端登錄 Mac 電腦。下一節包含有關 SSH 的更多資訊。

▶ 藉由使用 sudo 指令，任何管理員都可以以系統管理員的身分使用指令，也叫做 root。這讓我們在 CLI 中實現了更靈活的管理。7.1「使用者帳號」提供有關 root 帳號的更多資訊。

▶ 如果您熟悉 CLI 語法，可以將其應用於命令列腳本中。這樣做使您能夠自動
執行重複性任務。

▶ 藉由將 CLI 指令與 Apple 遠端桌面（ARD）整合，您可以同時管理多台
甚至數千台 Mac 電腦。ARD 讓您可以一鍵將相同的指令發送到多台 Mac
電腦。有關 Apple 遠端桌面的更多資訊，請參閱位於 support.apple.com/
guide/remote-desktop/ 的 Apple 遠端桌面使用手冊。

存取 CLI

Shell 是一個程序，它建立一個介面來對電腦作業系統下指令。在 macOS
Monterey 中，用於 CLI 的預設 Shell 是 Z Shell（zsh）。您可以藉由多種方式
存取 CLI：

▶ 您可以使用終端機。它在 /Applications/Utilities/ 中，終端機有著客製化的
介面，包含多個命令視窗，多個標籤頁以查看歷史記錄，支援全螢幕模式，
以及 Touch Bar 快速鍵。

```
● ● ●                     📁 john — -zsh — 80×16
Last login: Fri Jul 29 06:56:10 on ttys000
[john@HandeM1Air ~ % ls -l
total 0
drwx------+   4 john    staff     128   7 26 18:35 Desktop
drwx------+   3 john    staff      96   7  3 16:53 Documents
drwx------+   4 john    staff     128   6 28 14:22 Downloads
drwx------@  78 john    staff    2496   7 16 17:20 Library
drwx------    4 john    staff     128   6 29 15:32 Movies
drwx------+   3 john    staff      96   6 25 02:06 Music
drwx------+   4 john    staff     128   6 25 02:16 Pictures
drwxr-xr-x+   4 john    staff     128   6 25 02:06 Public
john@HandeM1Air ~ %

Last login: Fri Jul 29 06:56:10 on ttys000
[john@HandeM1Air ~ % ls -l
total 0
drwx------+   4 john    staff     128   7 26 18:35 Desktop
drwx------+   3 john    staff      96   7  3 16:53 Documents
drwx------+   4 john    staff     128   6 28 14:22 Downloads
drwx------@  78 john    staff    2496   7 16 17:20 Library
drwx------    4 john    staff     128   6 29 15:32 Movies
drwx------+   3 john    staff      96   6 25 02:06 Music
drwx------+   4 john    staff     128   6 25 02:16 Pictures
drwxr-xr-x+   4 john    staff     128   6 25 02:06 Public
john@HandeM1Air ~ %
```

您可以自定義終端機視窗設定，例如字體、顏色、背景和其他設定。終端機描述檔案是樣式和行為設定。打開終端機偏好設定，然後在工具欄中選擇描述檔。選擇一個預先存在的描述檔或建立新的描述檔以滿足您的需求。如果您使用多個終端機視窗，您可以使用不同的描述檔來幫助確保您在適當的視窗中工作。

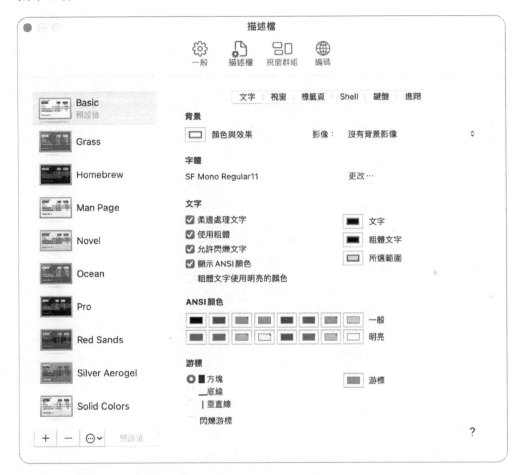

修改或建立新描述檔後，點擊下方選項旁的預設值。下次您打開新終端機視窗時，它將使用此描述檔。

▶ 在 macOS 復原中您可以從工具程式選單中打開終端機。

▶ 如果您在具有 Apple T2 安全晶片的 Mac 安全開機設定為無安全性即可使用單一使用者模式。此模式僅會啟動必要的系統，並且為您提供命令列介面，以便您可以輸入命令對無法完全啟動的 Mac 進行故障排除。單一使用者模式會降低 Mac 的安全性。如果您開啟單一使用者來完成某項任務，請在任

務完成後將您的 Mac 恢復爲完整安全性。在第 28 課「疑難排解開機和系統
問題」中了解更多關於單一使用者模式的資訊。

▶   SH 遠端登入使您能夠從遠端電腦安全登入以存取您 Mac 電腦的命令列。
    SSH 是一種通用標準，因此您可以使用任何支援 SSH 的操作系統來遠端登
    錄您的 Mac。這個遠端存取允許管理員在命令列進行更改，而不會中斷或
    提醒使用者的工作。在您可以使用 SSH 連接到您的 Mac 之前，您必須打開
    SSH 存取。

    警告 ▶ 因爲 SSH 遠端登入會降低 Mac 的安全性，如果您打開 SSH 遠端登
    入來完成任務，請在完成任務後關閉 SSH 遠端登入。

在命令列工作

當您第一次打開終端機時，它可能會顯示您最後一次登入的資訊。然後它會顯示
提示。

提示表示可以輸入指令。預設情況下，提示會顯示以下內容：

▶   您目前的使用者名稱
▶   @ 符號
▶   您正在使用的 Mac 的名稱
▶   您在檔案系統中的位置
▶   一個特殊字符，提示您正在使用哪個 Shell

macOS Monterey 使用預設的 Z shell（zsh），但如果您從 macOS Catalina
之前的版本升級您的 Mac，您可能仍在使用 bash shell：

▶   zsh 在提示尾端使用 %。
▶   bash 在提示尾端使用 $。

有關不同 shell 的更多資訊，包括有關版本相容性的說明，請參閱 Apple 支援文
章 HT208050「使用 zsh 作爲 Mac 的預設 shell」。

您在電腦檔案系統中的位置稱爲工作目錄，它會隨著您瀏覽檔案系統而改變。

在提示下，輸入您的指令文字，通常超過一個單詞，然後按下 Reture 鍵以啟動或執行指令。

在終端機視窗視窗中，一個正在執行的指令將會以文字介面呈現，顯示指令結果並返回提示，或者執行某些工作並在完成時返回提示。 許多指令只有在出現問題時才會產生結果。 查看指令返回的內容以確保它沒有表示問題。

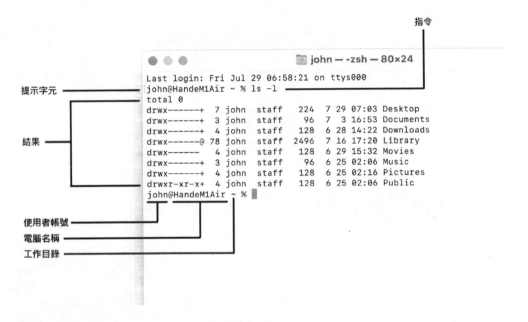

某些指令需要時間來執行，並且可能不會提供進度提示。如果沒有出現新的提示，一般會認爲您的最後一條指令仍在執行中。

當您首次使用終端機存取 Mac 上的某些檔案和檔案夾時，macOS 會要求您提供許可。這些檔案和檔案夾包括您的個人專屬檔案夾和可移除的卷宗。

您將在系統偏好設定的安全性與隱私權偏好設定的隱私權中看到您的設定。

當您給予終端機存取權限時，您會降低 Mac 的安全性。完成需要存取的任務後，您可以取消終端機存取檔案和檔案夾的權限。查看 9.5「管理使用者隱私權」以了解更多資訊。下圖顯示目前登入的使用者已給予終端使機存取兩個關鍵區域的權限。使用者可以解鎖系統偏好設定並取消給予終端機的存取權限。

指令文字

指令文字包括幾個部分：

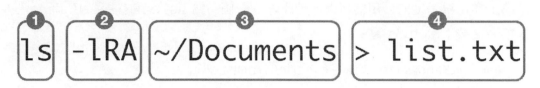

❶　指令名稱	在這個例子中，「ls」指令將會顯示一個檔案夾內的資料列表
❷　選項	選項新增條件、限制或其他內容給指令
❸　引數	這是指令的接收器，通常指定為一個檔案或者檔案夾路徑
❹　附加內容	根據需要重定向輸出或者其他指令，在這個例子中，一個文字檔案是從指令列表中建立的

▶ 指令名稱（1）—有些指令只需要輸入它們的名稱即可執行。

▶ 選項（2）—在指令名稱之後，您可以指定選項（或旗標）來更改指令標準的預設行為。選項可能不是必需的，並且可能因每個指令而異。選項以一兩個破折號開頭，以區別於引數。許多指令可以在一個單連破折號之後包含幾個單一字母選項。例如，ls -lA 與 ls -l -A 相同。

▶ 引數（3）—在指令及其選項之後，您通常指定一個引數，即您希望指令修改的一項或多項。僅當指令要求對某項進行操作且該項不能從工作目錄中的邏輯進行推斷時，才需要引數。

▶ 附加內容（4）—附加功能不是必需的，但它們可以增強命令的能力。例如，您可以對指令輸出的項目新增重新導向、包含其他指令或產生文件。

命令列範例

這裡有個範例，使用者 Karina 在叫做 Karina's MacBook Pro 的 Mac 上工作，她的工作目錄是她的公用檔案夾。她刪除了一個名為 list.txt 的檔案。Karina 輸入指令後按下 Return 鍵。

> karina@Karinas-MacBook-Pro Public % **rm list.txt**

> karina@Karinas-MacBook-Pro Public %

在本範例中，指令輸入並正確執行，macOS 返回新的提示。這是一個指令範例僅在沒有正確執行時才返回訊息。CLI 通常會藉由返回錯誤訊息或幫助資訊來讓您知道您輸入的內容是否不正確。macOS 不會阻止或警告您在檔案指令中輸入破壞性指令，例如意外刪除您的個人專屬檔案夾中的檔案。使用指令時請務必仔細檢查您輸入的內容。

使用手冊（man）頁面

如果您想了解有關指令的更多資訊，請輸入 man 以及指令的名稱。手冊（man）頁面包括有關指令的詳細資訊和對其他指令的參考。打開手冊頁面後，使用方向快速鍵瀏覽它：

▶ 使用向上箭頭和向下箭頭鍵捲動。

▶ 使用空格鍵一次向下移動一個螢幕畫面。

▶ 按下斜線（/），輸入關鍵字，然後按下 Return 鍵搜尋手冊頁面。

▶ 按下 **q** 退出手冊頁面。

手冊（man）頁面結構

手冊中描述的項目根據項目執行的功能類型分為八個部分。手冊頁面中出現在指令名稱旁邊的數字對應於出現指令的部分。

各個手冊頁面都有定義的結構，但您會發現並非每個命令的手冊頁面都是完整的文件。手冊頁面的元素如下：

▶ NAME 部分包括指令的名稱以及簡單描述命令功能。

▶ SYNOPSIS 包括如何使用指令的完整介紹，然後是指令的選項。

▶ DESCRIPTION 部分對命令功能提供更詳細的資訊以及可使用哪些選項。

▶ EXAMPLES 顯示命令可如何使用和選項；但此部分不一定存在。

▶ SEE ALSO 帶您了解相似的指令或其他指令但可以提供類似功能。

▶ 附加項目可能包括：OPTIONS, EXIT STATUS, RETURN VALUE, ENVIRONMENT, BUGS, FILES, AUTHOR, REPORTING BUGS, HISTORY, and COPYRIGHT.

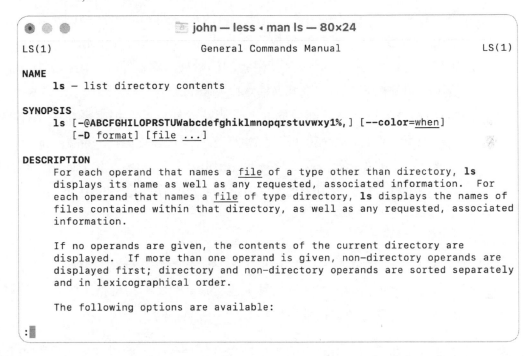

4.2
導覽 CLI

命令列是會區分大小寫，並要求您使用帶有副檔名的完整檔案名稱。例如，除非您指定忽略大小寫，否則 CLI 不會找到「Music」應用程式，但會找到「Music.app」應用程式。

路徑，或路徑名稱，代表檔案或檔案夾在檔案系統中的位置。例如，Launch daemons 儲存在檔案系統路徑名稱為 /Library/LaunchDaemons/ 的檔案夾中。路徑是描述文件在檔案夾層次結構中的位置時使用的不正式名稱，但路徑名稱將使用 [母檔案夾]/[子檔案夾] 的標準語法。

在 CLI 中，您使用路徑名稱來導引檔案系統並識別項目的位置。15.1「macOS 檔案資源」提供有關 launch daemons 的更多資訊。

檔案系統路徑名稱有兩種類型：

▶ 絕對路徑 是項目位置的完整版本，從系統（啟動）卷宗的根（或開頭）開始。絕對路徑以正斜線（/）開頭，表示文件系統的開頭。一個例子是使用者 Karina 的投遞箱檔案夾的絕對路徑是 /Users/karina/Public/Drop Box，意思是：從啟動卷宗開始、到使用者的檔案夾，然後是 karina 子檔案夾，最後是公用子檔案夾；並選擇名稱為投遞箱的項目。

▶ 相對路徑 是項目位置的部分描述。它們基於您目前在檔案系統中工作的位置。當您第一次打開終端機時，您會從您的個人專屬檔案夾開始。從您的專屬檔案夾到您的投遞箱的相對路徑是 Public/Drop Box。這意味著：從您現在所在的位置，進入公用子檔案夾並選擇名為「投遞箱」的項目。

以指令導覽

您可以將項目從 Finder 拖曳到終端機中。當您執行此操作時，終端機會在名稱中的空格前輸入此項目的絕對路徑，其中包含適當的反斜線符號。按下 Tab 鍵可以使用內建的補齊功能，自動補齊檔案名稱和路徑名稱。

如果您不能或不想將 Finder 中的項目拖曳到終端機中，您可以使用三個主要指令進行導覽：pwd、ls 和 cd。

「顯示工作目錄（print working directory）」的縮寫，pwd 顯示您目前工作位置的絕對路徑：

    karina@Karinas-MacBook-Pro ~ % **pwd**

    /Users/karina

「list」的縮寫，ls 列出了您目前工作位置的檔案夾內容。在 ls 指令後面輸入路徑名稱以列出指定項目的內容。ls 指令有額外的選項用於列出本課介紹的檔案和檔案夾資訊。

cd 是「改變目錄（change directory）」的縮寫，即用來導覽的指令。在 cd 指令後輸入路徑名稱，將目前工作的檔案夾更改為指定的檔案夾位置。在不指定路徑的情況下輸入 cd 將返回您的個人專屬檔案夾。

使用特殊字元

您可以在 CLI 的提示或路徑名稱中使用具有唯一含義的特殊字元以節省時間。當特殊字符出現在檔案名稱和路徑名稱中時,您將使用特殊字元告訴 CLI。這樣做可以確保 CLI 能夠正確理解這些字符的使用。

在指令項之間輸入空格以分隔各個項目。如果您不希望空格字符分隔項目,請在空格字符前使用反斜線(\)。

karina@Karinas-MacBook-Pro ~ % **cd Public/Drop\ Box**

karina@Karinas-MacBook-Pro Drop Box % **pwd**

/Users/karina/Public/Drop Box

用空格輸入檔案名稱和路徑的另一種方法是使用引號包住檔案名稱和路徑:

karina@Karinas-MacBook-Pro ~ % **cd "Public/Drop Box"**

karina@Karinas-MacBook-Pro Drop Box % **pwd**

/Users/karina/Public/Drop Box

其他特殊字元有!、$、&、*、;、|、\、括號、引號和方括號。將 Finder 項目進行拖曳和 Tab 鍵可完成解析這些字符。在 CLI 中,您可以在任何特殊字元之前輸入反斜線,以將該特殊字元視為正常文字而不是特殊字元。

使用雙句點 (..) 表示母檔案夾。例如,如果您在 /Users/username 中的個人專屬檔案夾,請輸入 **cd ..** 以導覽到 /Users 檔案夾。

使用波浪號 (~) 表示路徑中目前使用者的個人專屬檔案夾名稱。例如,如果目前的使用者工作目錄是 /Applications,他們希望列出他們的文件檔案夾的內容,您可以使用波浪號來表示使用者的一個專門檔案夾: **ls ~/Documents**。

使用 Tab 鍵完成

使用 Tab 鍵完成來自動完成檔案名稱、路徑名稱和指令名稱。Tab 鍵完成可防止您打錯字並驗證您輸入的項目是否存在。

這是透過 Tab 鍵完成的例子。從您的個人專屬檔案夾開始,輸入 **cd**,然後輸入 **P**,然後按 Tab 鍵。終端機視窗快速閃爍,您可能會聽到聲音提示,讓您知道您的一個人專屬檔案夾中以「P」開頭的項目有多個選擇。

再次按 Tab 鍵，Mac 顯示兩個選擇，Picture 和 Public。 現在，在初始 P 之後輸入 **u**，然後再次按 Tab 鍵，Mac 會自動爲您完成 Public/。 輸入 **D** 並最後按一次 Tab 鍵，Mac 以「Public/Drop\ Box/」結束路徑。

完成檔案夾名稱時，Tab 鍵完成在尾端添加一個正斜線 （/）。 他會假設您要繼續該路徑。 大多數指令會忽略尾端的斜線，但如果它存在的話，一些指令的行爲會有所不同。 如果有疑問，您應該刪除路徑尾端的 /。

Tab 鍵完成僅讀取您有權存取的檔案夾。 嘗試將此功能用於只有 root 使用者才能讀取的項目時，您可能會遇到問題。

檢視隱藏項目

CLI 和 Finder 從圖形化介面中隱藏許多檔案和檔案夾。隱藏的項目通常由 macOS 建立和使用。在 Finder 中，這些項目設定有隱藏的檔案旗標。CLI 忽略隱藏的檔案旗標，顯示大部分隱藏的項目。如果您輸入 **ls** 命令，則不會出現以句點開頭的檔案名稱。要在命令列中以清單查看隱藏的項目，請在輸入 **ls** 指令時在 **-l** 選項中添加 **-a** 選項：

```
karina@Karinas-MacBook-Pro ~ % ls -la /Users

total 0

drwxr-xr-x      8 root      admin      256 Aug 25    13:29    .

drwxr-xr-x     22 root      admin      704 Aug 20    22:57    ..

-rw-r--r--      1 root      wheel        0 Jul 14    15:30    .localized

drwxrwxrwt      6 root      wheel      192 Aug 21    10:59    Shared

drwxr-xr-x+    11 john      staff      533 Aug 25    13:23    john

drwxr-xr-x+    11 karina    staff      352 Aug 25    13:29    karina
```

任何名稱開頭帶有句點的項目都被 CLI 和 Finder 預設隱藏。

導覽到其他卷宗

CLI 使用一個稱爲 firm links 的概念，在 11.1「檔案系統」中將會了解將唯讀的 APFS（Apple 檔案系統）系統卷宗和可讀可寫的 APFS（Apple 檔案系統）資料卷宗呈現爲一個單一的卷宗，稱爲 root 卷宗。root 卷宗由一個單獨的正斜

線進行識別。其他非 root 卷宗將會作爲主要檔案系統的一部分出現在啓動磁碟的 root 檔案夾中的 Volumes 檔案夾。

使用標記和書籤

工作時新增標籤和目錄，然後使用它們快速瀏覽冗長的終端機輸出。

在終端機中選擇一行，然後點選「編輯 > 標記 > 標記」來添加標記。預設，「編輯 > 標記 > 自動標記提示行」 是被勾選的，因此每行都會設定一個標記。然後您可以選擇 「編輯 > 在標記之間選擇」或選擇 「編輯 > 導覽 > 跳至上一個標記」，或者直接按 Command- 上箭頭。

選擇「編輯 > 標記 > 標記爲書籤」來新增一個書籤。然後選擇「編輯 > 書籤」以顯示書籤列表。選擇一個跳轉到該書籤。

4.3
在 CLI 中操作檔案

當您在 CLI 中管理和編輯檔案時，您有更多選項 — 也有更多出錯的機會。

檔案檢查指令

使用 cat、less 和 file 指令來檢查檔案。查看這些命令的手冊頁面以了解有關它們的更多資訊。

cat 指令是 concatenate 的縮寫，在終端機中顯示檔案的內容順序。語法是 cat，以及要查看的項目的路徑。使用 cat 指令藉由 >> 重新導向運算子附加到文字檔案。在下面的例子中，Karina 使用 cat 指令檢視她的公用檔案夾中的兩個文字檔案的內容，TextDocOne.txt 和 TextDocTwo.txt。然後她使用帶有 >> 重新導向運算子的 cat 指令將第二個文字檔案附加到第一個文本檔案的末端。

karina@Karinas-MacBook-Pro ~ % **cat Public/TextDocOne.txt**

這是第一個純文字文件的內容。

karina@Karinas-MacBook-Pro ~ % **cat Public/TextDocTwo.txt**

這是第二個純文字文件的內容。

karina@Karinas-MacBook-Pro ~ % **cat Public/TextDocTwo.txt >> Public/TextDocOne.txt**

karina@Karinas-MacBook-Pro ~ % **cat Public/TextDocOne.txt**

這是第一個純文字文件的內容。

這是第二個純文字文件的內容。

使用 less 指令查看長文字檔案。它使您能夠瀏覽和搜尋文字。輸入 **less**，然後是要查看的項目的路徑。less 介面和您看手冊頁面的介面一樣，所以導覽快速鍵是一樣的。file 指令根據其內容確定檔案類型。這對於識別沒有副檔名的檔案很有用。語法是 file，後接著您要識別的檔案的路徑。在下面的例子中，Karina 使用 file 指令來定位她的檔案夾中兩個公開文件的檔案類型：圖片檔案和文字文件：

karina@Karinas-MacBook-Pro ~ % **file Public/PictureDocument.jpeg**

Public/PictureDocument.jpeg: JPEG image data, JFIF standard 1.01, resolution（DPI），

density 300x300, segment length 20, Exif Standard: [TIFF image data, big-endian, direntries=13,

manufacturer=Apple, model=iPhone 12 Pro Max, orientation=upper-left, xresolution=194,

yresolution=202, resolutionunit=2, software=14.7, datetime=2021:08:03 17:20:46,

hostcomputer=iPhone 12 Pro Max], baseline, precision 8, 2176x3869, components 3

karina@Karinas-MacBook-Pro ~ % **file Public/TextDocument.txt**

Public/TextDocument.txt: ASCII text, with very long lines（438）

要使用命令列中的 Spotlight，請輸入 mdfind 指令。語法是 mdfind，後接著您的搜尋條件。與 Spotlight 一樣，mdfind 僅顯示目前使用者者具有存取權限的項目。16.2「Siri 和 Spotlight」以取得更多資訊。

使用萬用字元

您可以使用萬用字元來定義路徑名稱和搜尋條件。以下是三種最常見的萬用字元：

▶ 使用星號（*）萬用字元來對應任何文字字符。例如，輸入 * 對應所有檔案，輸入 ***.tiff** 對應所有以 .tiff 結尾的檔案。

▶ 使用問號（?）萬用字元來對應一個單一字符。例如，輸入 **b?ok** 對應 book 但不對應 brook。

▶ 使用方括號（[ ]）定義字元範圍。例如，**[Dd]ocument** 搜尋項目名稱為 Document 或 document，而 **doc[1-9]** 搜尋檔案名稱為 doc#，其中 # 是 1 到 9 之間的數字。

您可以結合檔案名稱萬用字元。考慮一個包含五個檔案的集合，名稱分別為 ReadMe.rtf、ReadMe.txt、read.rtf、read.txt 和 It's All About Me.rtf。使用萬用字元來指定這些檔案：

▶ *.rtf 對應 ReadMe.rtf、 read.rtf 和 It's All About Me.rtf.

▶ ????.* 對應 read.rtf 和 read.txt.

▶ [Rr]*.rtf 對應 ReadMe.rtf 和 read.rtf.

▶ [A-Z]*.* 對應 ReadMe.rtf、 ReadMe.txt 和 It's All About Me.rtf.

使用遞迴指令

當您直接運行指令對一個項目執行任務時，它只作用於您指定的項目。如果您指定的項目是檔案夾，則指令不會對檔案夾內的項目執行。如果要在檔案夾及其內容上執行指令，則必須告訴指令以遞迴方式使用。遞迴的意思是：從我指定的路徑開始，對每個檔案夾內的每個項目執行任務。許多指令接受 -r 或 -R 作為選項來指示您希望指令以遞迴方式使用。

修改檔案及檔案夾

mkdir、touch、cp、mv、rm、rmdir、nano 指令可讓您修改檔案及檔案夾。

mkdir 是「make directory」的縮寫，用於建立檔案夾。語法是 mkdir，後接著要建立的檔案夾的路徑。-p 選項告訴 mkdir 如果它們在您指定的路徑中間不存在檔案夾，則建立檔案夾。

使用 touch 指令更新指定項目的修改日期。 如果檔案不存在， touch 指令會建立一個空檔案。

使用 cp（copy）指令將項目從一個地方複製到另一個地方。語法為 cp，後接著原始項目的路徑，以副本的目標路徑結尾。如果您指定了目標檔案夾但沒有指定檔案名稱，則 cp 會複製與原始名稱相同的檔案。如果您指定了目標檔案名稱但未指定目標檔案夾，cp 會在您目前工作的檔案夾中製作一個副本。與 Finder 不同，cp 指令不會在您的副本取代現有檔案時發出警告。它會刪除現有的檔案並將其取代為您告訴他建立的副本。

使用 mv（move）指令將項目從一個地方移動到另一個地方。語法為 mv，後接著原始項目的路徑，以項目的新目標路徑結束。您還可以使用 mv 重新命名項目。mv 指令使用與 cp 指令相同的目的地規則。

使用 rm（remove）指令永久刪除項目。CLI 中沒有垃圾筒。rm 指令為永久刪除項目。語法是 rm，後接著要刪除的項目的路徑。

使用 rmdir（remove directory）永久刪除檔案夾。rmdir 指令永久刪除檔案夾。語法為 rmdir，後接著要刪除的檔案夾的路徑。rmdir 指令只有在檔案夾為空時才能移除檔案夾。您可以使用帶有遞迴選項 -R 的 rm 指令來刪除檔案夾及其所有內容。

文字編輯器 nano 在螢幕下方提供常用鍵盤快捷鍵指令列表。練習 4.2「使用指令管理檔案和檔案夾」中有使用 nano 指令的說明。

4.4
從 CLI 管理 macOS

在本節中，您可以查看通常受檔案系統權限限制項目的指令來讓您能夠存取。

使用 su（substitute user identity 或 super user）指令切換到另一個使用者帳號。輸入 su，後接著要切換的帳號名稱，輸入該帳號的密碼。密碼不會顯示。指令提示部分將會發生變化，顯示您現在具有不同使用者的存取權限。輸入 who -m 以驗證您目前登錄的身分。在您退出終端機或輸入 exit 指令之前，您將會以替代使用者身分登錄。在以下範例中，Karina 使用 su 命令將她的 shell 更改為

John 的帳號，然後她將退出回到她的帳號：

karina@Karinas-MacBook-Pro ~ % **who -m**

karina ttys001 Aug 20 14:06

karina@Karinas-MacBook-Pro ~ % **su john**

Password:

john@Karinas-MacBook-Pro ~ % **who -m**

john ttys001 Aug 20 14:06

john@Karinas-MacBook-Pro ~ % **exit**

exit

karina@Karinas-MacBook-Pro ~ % **who -m**

karina ttys001 Aug 20 14:06

使用 sudo

在將要執行的指令前方輸入指令 sudo（substitute user do）來告訴 macOS 使用 root 帳號來使用該指令。您必須擁有管理員權限才能使用 sudo。即使在圖形化介面中禁用了 root 使用者帳號時，sudo 也能正常工作。小心使用 sudo 並限制對它的存取。

系統完整保護（SIP）防止即便是 root 使用者也不能更改 macOS 的某些部分。15.2「系統完整保護」包含有關受保護的特定資源的更多資訊。

如果作為管理員，需要執行超過一個 root 帳號才能使用的指令，您則可以暫時將整個命令列 shell 切換為具有 root 存取權限。輸入 **sudo -s** 和您的密碼將 shell 切換到 root 存取權限。在您退出終端機或輸入 exit 指令之前，您將一直以 root 使用者身分登錄。

7.1「使用者帳號」了解有關 root 帳號的更多資訊。

> **警告 ▶** 請勿啟用 root 使用者帳號進行日常使用。它的權限允許您進行修改但是只能藉由重新安裝 macOS 才能撤銷更改。如果您需要啟用 root 使用者帳號（而不僅僅是使用 **sudo** 指令），請務必在完成任務後禁用 root 使用者帳號。

4.5
命令列提示和技巧

以下是一些命令列提示，可幫助您客製化使用者體驗並節省時間：

▶ Control-Click 一個指令並選擇「打開 man 頁面」以了解有關該指令的更多
資訊。

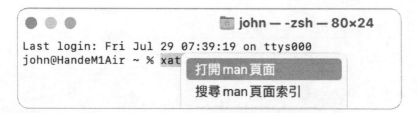

▶ 如果您的 Mac 有 Touch Bar，在終端機上輸入一個命令並且在 Touch Bar
上找到按鈕上方顯示著您從終端機上輸入的文字，這時將會開啟一個新的終
端機視窗並且顯示該命令的 man 頁面，下圖顯示 Touch Bar xattr 手冊頁
面的按鈕。

▶ 輸入檔案路徑時使用 Tab 鍵完成。

▶ 輸入 **open** 。（「open」後接著一個空格，後接著一個句點）就會在
Finder 中打開您目前的命令列位置。

▶ 查看終端機偏好設定（在選單中列中，選擇「終端機 > 偏好設定」，或按
Command-,）客製化您的命令列的外觀。

▶ 要取消指令或清除目前指令輸入內容，請使用 Control-C。

▶ 您可以在提交前編輯指令。左右箭頭鍵和 Delete 鍵即可進行。

▶ 在指令提示中，使用向上箭頭和向下箭頭鍵查看和重複使用您的指令歷史記
錄。這包括在重新使用舊指令之前對其進行編輯。輸入 history 指令以顯示
您最近的指令歷史。

▶ 要清除終端機畫面，請輸入 clear 指令或按 Control-L。

▶ 要將游標移動到目前指令的開頭，請按 Control-A。

▶ 要將游標移動到目前指令的尾端，請按 Control-E。

▶ 要將游標向後移動一個單字，請按 Esc-F。

▶ 要將游標向前一個單字，請按 Esc-B。

▶ 要將游標移動到指令中的某個位置，Option-Click 您希望游標所在的位置。

▶ 使用檢閱器查看和管理正在使用的程序以及編輯窗口標題和背景顏色。要打開檢閱器，請按 Command-I。要將一個命令發送到一個程序，選擇它，點擊 Action，然後從 Signal Program 群組中選擇一個指令。

您可以在 support.apple.com/guide/terminal/ 上的終端機使用手冊中找到有關終端機的更多資訊。

練習 4.1
命令列導覽

▶ **前提**

　　▶ 您必須已建立 Local Administrator 帳號（練習 3.1「練習設定一台 Mac」）。

在本練習中，您將使用終端機中的指令來導覽檔案系統，查看從 Finder 中看不到的項目，並查閱有關指令的手冊（man）頁面。

查看您的個人專屬檔案夾

1. 如有需要，請以 Local Administrator 身分登入您的 Mac。

2. 點擊 Dock 中的啟動台。

3. 在螢幕上方的搜尋欄位中，輸入**終端機**。

4. 點擊終端機。

一個新的終端機視窗開啟。

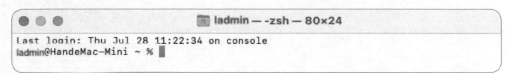

第二行包括您的使用者名稱和電腦名稱，後接著提示 — 例如：

ladmin@Mac-17 ~ %

在此範例中，使用者名稱 ladmin 登入到電腦名稱 Mac-17。空格將電腦名稱與目前工作路徑分開，這是 ladmin 的個人專屬檔案夾，用波浪號（~）表示。路徑後面是提示，卽 %。

5. 在提示中，輸入 ls 並按下 Return 鍵。

   終端機顯示的輸出如下所示，然後是另一個提示：

Desktop	Downloads	Movies	Pictures
Documents	Library	Music	Public

6. 切換到 Finder。如果沒有找到打開的 Finder 視窗，請選擇檔案 > 新建 Finder 視窗或按 Command-N。

7. 在 Finder 側邊欄位中選擇 ladmin 的專屬檔案夾，在 Finder 和終端機中比較專屬檔案夾的內容。

   除了 Library 檔案夾外，終端機中看到的和 Finder 中的一樣。（使用者資源庫檔案夾被預設隱藏在 Finder 中；參見 14.1「檢查隱藏的項目」。）

8. 切換回終端機並輸入 ls -A（小寫 LS 後空格，連字號 , 和大寫的 A）並按下 Return 鍵。

   一般來說，命令列是區分大小寫的。例如，ls -a 與 ls -A 不同。

   該列表包括一些以句點開頭的檔案。以句點開頭的檔案隱藏在目錄列表中，除非您藉由輸入 ls -A 來存取它們。Finder 不顯示以句點開頭的檔案（有時稱爲 *dot-files*）。

檢查並更改您目前的工作目錄

將您目前的工作目錄想像成您在檔案系統中的位置。當您打開一個新的終端機視窗時，您的預設工作目錄就是您的個人專屬檔案夾。使用 cd 指令更改您目前工作的目錄。

1. 在提示中，輸入 pwd。

   句點（。）是結束句子，而不是指令的一部分，所以不要輸入。本手冊會告

訴您尾端「。」是否是指令的一部分。此外，除非另有說明，否則請在每個步驟結束時按下 Return 鍵。

終端機顯示：

/Users/ladmin

這就是 Local Administrator 的個人專屬檔案夾存在於檔案系統中的地方。這是您在此終端機窗口中目前所使用的檔案夾。

2. 在提示中，輸入 **cd Library**。
這會將您目前的工作目錄更改為您的個人專屬檔案夾中的資源庫檔案夾。

該指令使用相對路徑。相對路徑的意思是「從我現在的工作目錄開始」。

您的提示會變成這樣：

ladmin@Mac-17 Library %

提示的路徑部分表示您所在的檔案夾，而不是整個路徑。

cd 指令改變了您的工作目錄卻沒有提供回饋。指令完成且不需要提供回饋將安靜的退出。如果您收到錯誤資訊，則應在繼續之前調查其原因。

3. 在提示中，輸入 **pwd**。終端機顯示：

/Users/ladmin/Library

您換成了之前工作目錄裡面的資源庫檔案夾。

4. 輸入 **ls** 以查看此資源庫中的檔案和檔案夾。

5. 在提示中，輸入 **cd /Library**。這次請提醒資源庫之前的 /。

6. 在提示中，輸入 **pwd**。終端機輸出如下：

/Library

這是一個不同的檔案夾。

以 / 開頭的路徑是絕對路徑。意思是「從根目錄開始，從那裡開始導覽」。不以 / 開頭的路徑是相對路徑。它的意思是「從您現在的工作目錄開始和導覽。」（有關檔案系統結構的更多資訊，請參閱 15.1「macOS 檔案資源」。）

7.　輸入 **ls** 可查看此資源庫中的檔案和檔案夾。

這個資源庫中的項目名稱和 ladmin 的個人專屬檔案夾中的項目名稱有一些重疊，但並不完全相同。

8.　在提示中，輸入 **cd** 和一個空格。不要按下 Return。

終端機使您能夠從 Finder 終端機拖曳項目，並讓該項目的路徑出現在命令列中。

在本部分的練習中，您將使用 Finder 來定位一個您想來作您的工作的檔案夾在終端機練習中。

9.　切換到 Finder。

當您不確切知道要搜尋的內容時，有時在 Finder 中搜尋檔案或檔案夾會更快、更容易。

10.　如有必要，打開一個新的 Finder 視窗。

11.　點擊側邊欄位中的 Macintosh HD。

12.　打開使用者檔案夾。

13.　將共享檔案夾拖曳到終端機，終端機填寫路徑（/Users/Shared）。終端機填寫的路徑中沒有出現 Macintosh HD。

Finder 會向您顯示卷宗名稱，以便更輕鬆地找到特定的卷宗。終端機不會以同樣的方式顯示卷宗名稱。

14.　切換到終端機並按下 Return。

您在共享檔案夾。

15.　在提示中輸入 **pwd**。

在手冊頁面中閱讀關於 ls

在終端機中，您可以使用 man 指令閱讀有關指令的詳細資訊。man 是手冊的縮寫。

1.　在終端機中，輸入 **clear**，然後按下 Return。

　　clear 指令將命令列介面中的所有文字向上移動一頁。

2.　在提示中，輸入 **man ls**，然後按下 Return。這將打開 ls 指令的手冊頁面。

　　手冊頁面及其各個部分爲您提供如何在命令列介面中使用指令的指導。有關手冊頁面的更多資訊，請參閱 4.1「CLI 基礎知識」。

3.　輸入 **q** 退出 ls 的手冊頁面。

4.　在提示中，輸入 **man man**，然後按下 Return。

　　您也可以按下 Control 後點擊終端機中的指令以打開其手冊頁面。在帶有 Touch Bar 的 MacBook Pro 上，如果插入點是在一個指令中，您可以點擊 Touch Bar 中的指令名稱來打開它的手冊頁面。

5.　閱讀 man 指令。

6.　完成後，按下 **q** 退出。

練習 4.2
使用指令管理檔案和檔案夾

▶ 前提
　▶　您必須已建立 Local Administrator 帳號（練習 3.1「練習設定一台 Mac」）。

在本練習中，您將學習使用指令複製、移動、重新命名和刪除檔案和檔案夾。

建立檔案

1.　如有必要，以 Local Administrator 身分進行身分驗證。

2.　打開文字編輯。

　　當您執行練習 3.3「下載 Student Materials」時，文字編輯 應該在您的 Dock 中。如果它不在您的 Dock 中，您可以在 /Applications 中找到它。

3. 執行以下操作之一：

   ▶ 如果檔案導覽對話框打開，點擊新增文件按鈕。

   ▶ 選擇檔案 > 新增。

4. 在文字編輯的選單列中，選擇格式 > 製作純文字格式，或按 Shift-Command-T。

5. 將以下內容添加到未命名的（預設名稱）文字編輯文件中：

MacBook Air

MacBook Pro

iMac

iMac Pro

Mac Pro

Mac mini

iPhone

iPad

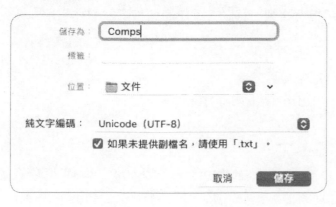

6. 從文字編輯選單列中，選擇檔案 > 儲存並命名文件爲 **Comps**。使用預設位置並點擊儲存，將檔案儲存在文件檔案夾中。

7. 關閉 Comps 文件視窗。

8. 在文字編輯中建立一個新的文件並將格式更改爲純文字。

9. 將檔案保存在預設位置（文件檔案夾）中，並將新文檔命名爲 **Empty**。

10. 退出文字編輯。

複製和移動檔案並建立檔案夾

1. 在 Finder 中，打開您的檔案夾。

2. 如有必要，打開終端機。選擇編輯 > 清除至開頭（Command-K） 以清除終端機視窗。

   與 clear 指令不同，清除至開頭是終端機獨有的，不儲存任何輸出。

3. 安排顯示文件檔案夾的 Finder 視窗和終端機窗口，以便您可以在螢幕上看到這兩個視窗的大部分內容。

   您將觀察您在終端機中使用的指令如何影響 Finder。

4. 輸入 **cd ~/Documents** 以更改文件檔案夾。

5. 輸入 **ls** 來查看文件檔案夾中的檔案。

   將出現一個對話框，要求您允許終端機存取您的文件檔案夾中的檔案。

   提醒 ▶ 爲保護您的資料，macOS 有著嚴格的隱私偏好設定，防止應用程式存取其他應用程式的資料（通常稱爲跨應用資料存取）。
   允許存取您的檔案夾會降低您的 Mac 的安全性。在本練習當您看到這些提示時，的目的，您將允許進行存取，然後在練習最後禁止存取。在正式環境中，請在點擊「確定」之前了解您所允許的內容。如果步驟 5 中提到的彈出視窗沒有出現，您需要在系統偏好設定的安全性和隱私權設定頁面中授予終

端機存取權限給您的檔案和檔案夾。所有這些內容都包含在 9.5「使用者隱私」和練習 9.2「允許應用程式存取您的資料」中。

6. 點擊好。

    查看 ls 指令的輸出（也稱為 stdout，或標準輸出）。當您從文字編輯中保存純文字檔案時，程式會將副檔名 .txt 添加到其中。

7. 使用 **cp** 複製 Comps.txt 並將其重新命名為 **MacModels.txt**。

    ladmin@Mac-17 Documents % **cp Comps.txt MacModels.txt**

8. 使用 **less** 與完整的檔案名稱查看每個檔案，然後輸入 **q** 退出每個檔案。MacModels.txt 是 Comps.txt 的副本。

    ladmin@Mac-17 Documents % **less MacModels.txt**

9. 輸入 **q** 退出。

10. 為 Comps.txt 輸入相同的指令：

    ladmin@Mac-17 Documents % Mac-17:Documents ladmin$ **less Comps.txt**

11. 完成後，輸入 **q** 退出。

建立檔案夾並將檔案複製到其中

1. 在檔案夾中新建一個檔案夾：

    ladmin@Mac-17 Documents % **mkdir AppleInfo**

    因為 AppleInfo 是相對路徑，所以檔案夾是在文件檔案夾中建立的。

2. 使用 **cp** 將 MacModels.txt 複製到 AppleInfo 中。您可以在輸入前幾個字符後按 Tab 鍵以自動完成檔案名稱的其餘部分。這使得在命令列介面中輸入文字效率更高和準確：

    ladmin@Mac-17 Documents % **cp MacModels.txt AppleInfo**

    提醒 ▶ Tab 鍵完成通常會在指令尾端添加一個 /（正斜線）。 無論 / 是否存在，此練習都會產生相同的結果。

3. 輸入 **ls** 以查看 AppleInfo 的內容：

    ladmin@Mac-17 Documents % **ls AppleInfo**

修復錯誤命名

MacModels.txt 中的文字包括一些在技術上來說不是 Mac 電腦的項目。 讓我們重新命名檔案並清理額外的副本。

1. 從文件檔案夾中刪除 Comps.txt 檔案和從 AppleInfo 檔案夾中刪除 MacModels.txt 檔案：

    ladmin@Mac-17 Documents % **rm Comps.txt AppleInfo/MacModels.txt**

    您輸入了一次指令刪除兩個檔案。命令列沒有撤銷功能。您所做的任何更改都是永久性的。

2. 使用 **mv** 指令將 MacModels.txt 檔案移動到 AppleInfo 檔案夾中：

    ladmin@Mac-17 Documents % **mv MacModels.txt AppleInfo**

3. 輸入 **cd AppleInfo** 將您的工作目錄更改爲 AppleInfo。

4. 使用 **mv** 將 **MacModels.txt** 檔案重新命名爲 **AppleHardware.txt**。

    ladmin@Mac-17 AppleInfo % **mv MacModels.txt AppleHardware.txt**

    或者，您也可以在一個指令中移動和重新命名檔案：

    % **mv MacModels.txt AppleInfo/AppleHardware.txt**

刪除檔案夾

1. 將您的工作目錄改回文件檔案夾。您可以藉由以下三種方式之一執行此操作：

    ▶ 使用絕對路徑 /Users/ladmin/Documents。

    ▶ 使用波浪號以導覽至您的個人專屬檔案夾 ~/Documents。

    ▶ 使用相對路徑（..）

    .. 表示法是指目前目錄的母目錄。因爲您現在工作的目錄是 /Users/ladmin/Documents/AppleInfo，.. 指的是 /Users/ladmin/Documents。

    有時，您會在路徑中間看到 .. 符號，而不是在開頭—例如，/Users/ladmin/Documents/../Desktop。它仍然具有相同的含義，因此在此案例中，它指的是 Local Administrator 的桌面檔案夾。

    同理，一個 . 指的是路徑中目前的目錄或位置。

每個目錄都包含對其自身及其母目錄的引用。如果您使用 ls -a，這些是可以看到的（提醒是小寫 a 而不是您之前使用的大寫 A）。

2. 將 **AppleHardware.txt** 檔案移至文件檔案夾並重新命名為 **AppleHardwareInfo.txt**。在輸入 **AppleHardwareInfo.txt** 之前不要按下 Return 鍵。

ladmin@Mac-17 Documents % **mv AppleInfo/AppleHardware.txt AppleHardwareInfo.txt**

AppleHardware.txt 的路徑是相對於您目前工作的目錄，所以這一步為移動 AppleInfo/AppleHardware.txt.txt 到目前工作的目錄（文件檔案夾）並重新命名為 AppleHardwareInfo.txt。

3. 使用 **rmdir** 刪除 AppleInfo 目錄：

ladmin@Mac-17 Documents % **rmdir AppleInfo**

rmdir 成功了，因為 AppleInfo 是空的。rmdir 僅刪除空的檔案夾。輸入 **rm -r** 以刪除包含檔案的檔案夾。這是一個範例：

% **rm -r AppleInfo**

建立並編輯一個文字檔案

macOS 包含多個命令列文字編輯器。在本練習中，您使用 nano 編輯器建立和編輯檔案。

1. 使用 **nano** 建立一個名為 fruit.txt 的新檔案：

ladmin@Mac-17 Documents % **nano fruit.txt**

2.　在檔案中的不同行中輸入以下文字。 在每一行的尾端按下 Return 鍵。

　　apple

　　pineapple

　　grapefruit

　　pear

　　banana

　　blueberry

　　strawberry

3.　按 Control-X 退出 nano。

　　您看到「Save modified buffer（ANSWERING "No" WILL DESTROY CHANGES）？」

4.　輸入 Y。

　　您會看到「File Name to Write: fruit.txt.」。

5.　按下 Return 鍵 .

　　nano 將您的檔案儲存在您的個人專屬檔案夾內的文件檔案夾或 ~/Documents 中。然後退出，返回至提示。

6.　退出終端機。

編輯和重新保護隱私權偏好設定

在本練習前，您允許終端機設定存取檔案夾中的任何檔案。出於安全目的，您應該禁止此存取以保護您的 Mac。Apple 提供此設定作為預設設定，以保護您免受惡意指令的侵害。

1.　打開系統偏好設定，之後選擇安全性及隱私。

2.　點擊隱私權。

3.　在左邊側邊欄中，選擇檔案與檔案夾。

在先前您已經允許終端機存取您的文件檔案夾。

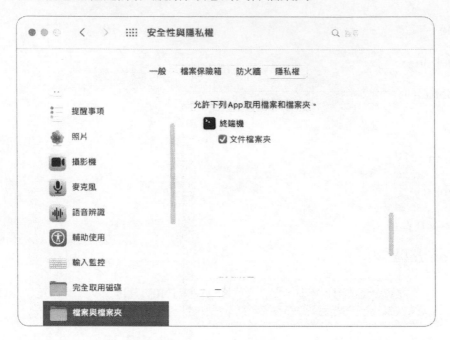

4. 取消勾選文件檔案夾的選項。

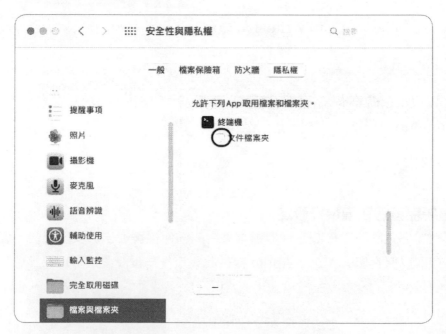

終端機不再有權限能存取您的文件檔案夾中的任何檔案。

5. 退出系統偏好設定。

第 5 章
使用 macOS 復原

macOS 中最有用的故障排除方式為使用 macOS 復原。

您可以使用 macOS 復原去重新安裝 macOS 並執行命令功能及故障排除工具。您可以輕易的從 Mac 電腦上的隱藏卷宗中找到 macOS 復原，無需其他工具。

在本課程中，您將學習如何存取 macOS 復原功能。您同時可以探索 macOS 復原提供的工具程式。您將了解如何在配備 Apple 晶片的 Mac 電腦上設置 macOS 的安全政策。對於基於 Intel 的 Mac 電腦，您將了解如何配置韌體密碼。對於配備 Apple T2 安全晶片的基於 Intel 的 Mac 電腦，您將了解如何配置安全開機和外部啟動選項幫助保護您的 Mac 免於遭受未經授權的存取。最後，您將學習如何建立可開機的 macOS 安裝磁碟。

5.1
macOS 復原的元素

執行 macOS Monterey 的 Mac 電腦包含一個隱藏的 recoveryOS 卷宗。當 mac 電腦執行 macOS 時，內建的 recoveryOS 卷宗並不會出現在磁碟工具程式或 Finder。在啟動 macOS 復原模式之後，您可以安裝、重新安裝或升級 macOS，並從各式可維護應用程式中選擇。

目標

▶ 學習 macOS 復原

▶ 查看 macOS 復原

▶ 使用 Apple 晶片管理 Mac 電腦的安全性規則

▶ 設置一個韌體密碼確保安全使用 Intel 的 Mac 電腦

▶ 為使用 AppleT2 安全晶片的 Intel 處理器的 Mac 電腦管理安全啟動和外部啟動選項

▶ 使用 macOS 復原重新安裝 Mac

▶ 建立有 macOS 復原的外部儲存設備

Mac 復原包含下列元素：

▶　Mac 復原是指您從 recoveryOS 開始的環境。若使用的是配有 Apple 晶片的 Mac 電腦，在電腦關閉時長按電源按鈕即可進入 macOS 復原系統。使用 Intel 架構的 Mac，先按電源按鈕然後按 Command-R，就可以進入「macOS 復原」。

▶　recoveryOS 是指一個加密安全作業系統，存放於 APFS 容器中的一個卷宗裡，該系統中亦含 macOS Monterey、使用者資料及其他卷宗。

▶　當您以「macOS 復原」啟動電腦時，「復原」App 會隨之打開。當「復原」是選單列正在執行的應用程式時，您會看到「復原」App 及下列四個工具程式出現在視窗中：使用「時光機」備份、重新安裝 macOS Monterey、Safari 和磁碟工具程式。

▶　Fallback recoveryOS 只有在 Apple 晶片的 Mac 能使用，並儲存在一個隱藏 APFS 容器中。與 recoveryOS 一樣，Fallback recoveryOS 是加密的，僅允許在單一的 macOS 復原版本中啟動。當您刪除了包含 recoveryOS 的 APFS 容器時，致使電腦無法使用 recoveryOS 啟動「macOS 復原」的情況下，可以使用 Fallback recoveryOS 重新安裝 macOS Monterey。

▶　「Apple 診斷」是一個功能有限的作業系統，僅限於收集和傳輸硬體的診斷消息給予 Apple 或其授權的服務中心。

▶　使用 Intel 架構的 Mac 電腦可以透過線上服務來使用「recoveryOS」及「Apple 診斷」功能，分別為「Internet recoveryOS」及「線上 Apple 診斷」服務。

5.2
從「macOS 復原」開機

使用 Apple 晶片的 Mac，請參照下列指示：

▶　修復您的內部磁碟
▶　重新安裝 macOS
▶　從「時光機」恢復系統備份
▶　針對不同磁碟設立安全性規則

▶ 透過兩台 Mac 電腦傳輸文件

▶ 以安全模式啟動（請參閱 28.4「啟動切換」，以瞭解更多安全模式的訊息）

使用 Intel 架構的 Mac，請參照下列指示：

▶ 修復您的內部磁碟

▶ 重新安裝 macOS

▶ 從「時光機」恢復系統備份

▶ 設定「安全性選項」

從內建 recoveryOS 開啟「macOS 復原」

使用「macOS 復原」開啟電腦的方式，會根據所使用的 mac 不同而有所差異。

▶ 針對使用 Apple 晶片的 Mac，若您的 Mac 處於開機狀態，請先關閉您的 Mac。長按電源按鈕，您會看到「繼續按住來顯示啟動選項」，繼續長按直到出現「正在載入啟動選項」為止。接著含有啟動卷宗和一個「選項」圖像的視窗會出現，使用方向鍵、滑鼠或觸控式軌跡板選擇「選項」，接著按下「Return」鍵或點擊「繼續」。

▶ 針對使用 Intel 架構的 Mac，重啟或開啟您的電腦，立即長按 command-R，直到您的 Mac 顯示 Apple 圖像或旋轉的地球時。

若您 Intel 架構的 Mac 有設置韌體密碼，您需要在開啟「macOS Recovery」前先提供密碼。（請參閱 5.4「安全模式啟動」，以瞭解更多韌體密碼的資訊）。

若您的 Mac 開啟了「檔案保險箱」或「啟用鎖定」，那當您試圖啟動「macOS 復原」時，「復原輔助程式」會隨之啟動。（請參閱第十二章「管理檔案保險箱」及 9.7「透過啟用鎖定保護您的 Mac」，以瞭解更多訊息）。若「復原輔助程式」開啟，會顯示於啟動卷宗中的管理員帳戶。

若要繼續或啟動「macOS 復原」，您必須先從列表中選擇一個管理員帳戶，選擇「下一步」並輸入管理員的帳戶密碼，再點擊「繼續」。

當螢幕顯示下列訊息，即代表電腦已成功開啟「macOS 復原」：

▶　跳至 Apple 選單，並出現「復原」App
▶　跳出有四個工具程式的視窗

接下來將討論若「macOS 復原」沒有開啟，可以採取的替代方式。

從外部儲存裝置開啟「macOS 復原」

您可以使用另一台 Mac 在外部儲存裝置上建立一個 macOS 安裝程式，安裝程式將包含一個隱藏的 recoveryOS 卷宗。要使用準備好的外部儲存裝置在「macOS 復原」啟動電腦，先將帶有安裝程式的設備連接到您的 Mac，然後按照下列指示：

▶ 針對使用 Apple 晶片的 Mac：若是您的 Mac 是開機的，請將 Mac 關機。按住電源按鈕，直到您看到正在載入啟動選項。選擇外部儲存裝置，然後按下「Return」鍵或「繼續」。

▶ 針對使用 Intel 架構的 Mac：按住「Option」按鈕以啟動或重啟，此將打開 Mac 電腦的開機管理程式。若您的 Mac 沒有連接到乙太網路，使用「選擇網路」選單連接 Wi-Fi。選擇外部儲存裝置，然後按下「Return」鍵或點擊向上箭頭圖標。

請參閱 5.5，「為 macOS 建立可開機安裝磁碟」，瞭解更多資訊。

裝有 Apple 晶片的 Mac 電腦可以任意從外部媒體啟動。但是，在配備 Intel 架構且含有 T2 晶片的 Mac 上，其「允許的開機媒體」設定將會影響從外部儲存裝置啟動「macOS 復原」的能力。如欲瞭解「允許的開機媒體」設定的相關資訊，請參閱 5.4。

若您配備 Intel 架構的 Mac 含有 T2 晶片：

▶　將「允許的開機媒體」設置爲「不允許從外部或可卸除式媒體開機」（默認
　　值，強烈推薦）。您的 Mac 將無法從外部儲存裝置上的 macOS 安裝程式
　　中啟動「macOS 復原」。

▶　若將「允許的開機媒體」設置爲「允許從外部或可卸除式媒體開機」，您的
　　Mac 可以從外部儲存裝置上的 macOS 安裝程式啟動「macOS 復原」。

　　提醒 ▶ 對於配有 Apple 晶片的 Mac，每個卷宗都有其獨立的安全設置。

在配有 Apple 晶片的 Mac 上重新安裝 recoveryOS

在少數情況下，例如：如果您刪除了存放 recoveryOS 卷宗的 APFS 容器，您配
有 Apple 晶片的 Mac 會自動使用「Fallback recoveryOS」卷以啟動 macOS
復原。「Fallback recoveryOS」卷在您的 Mac 內部儲存的一個單獨且隱藏
的「APFS Apple 檔案系統」中。若使用「復原」App 來重新安裝 macOS
Monterey，也會重新安裝 recoveryOS。

使用 Apple Configurator 2 喚醒或回復您的 Mac

在極其罕見的情況下，例如在更新韌體的期間內斷電，您的 Mac 可能會變得毫
無反應，此時不得不使用 Apple Configurator 2 來喚醒或回復您的韌體。

此方法僅適用於：

▶　配有 Apple 晶片的 Mac
▶　使用基於 Intel 架構且配有 T2 晶片的 Mac

喚醒過程更新了韌體，而復原過程則更新了韌體並清除了內部的快閃記憶體。
此過程的細節超出了本手冊的介紹範圍，欲瞭解更多訊息，請參閱「Apple
Configurator 2 使用手冊」。

▶　想知道如何「使用 Apple Configurator 2 喚醒或回復配備 Apple 晶片的
　　Mac」，請參考下列網址：support.apple.com/guide/apple-configurator-2/
　　apdd5f3c75ad
▶　想知道如何「使用 Apple Configurator 2 喚醒或回復 Intel 架構 Mac」，
　　請 參 考 下 列 網 址：support.apple.com/guide/apple-configurator-2/
　　apdebea5be51

針對基於 Intel 架構的 Mac，請使用「Internet 復原」

若內建的復原卷宗消失，有些基於 Intel 的電腦會自動嘗試訪問「Internet recoveryOS」。當您在啟動過程中看到的是正在旋轉的地球圖像而非 Apple 圖標時，就可以知道您的 Mac 正嘗試訪問「Internet recoveryOS」。此情形適用於 2010 年中或之後發佈並有安裝可用韌體更新的 Intel 架構 Mac。

開機時按下特定的快捷鍵組合即可訪問特定「Internet recoveryOS」功能選項，將 Intel 架構的 Mac 開機或重新啟動，並且立刻按下以下的快捷鍵之一：

▶ Command–R：重新安裝最新版的 macOS 於您的 Mac 上。（若您的主機板已被替換或您刪除了整個內部卷宗而非僅刪除啟動卷宗，那可能會有例外的情況。）

▶ Option–Command–R：升級到與您 Mac 相容的最新版 macOS。

▶ Shift–Option–Command–R：重新安裝您的 Mac 出廠時安裝的 macOS，或最靠近的其他可用的版本。

提醒 ▶ 「Internet recoveryOS」僅限於基於 Intel 的 Mac 電腦可用。

請參閱 Apple 支援文章 HT204904「如何重新安裝 macOS」以瞭解更多關於快捷鍵組合差異的訊息。

5.3
使用「macOS 復原」

當您啟動「macOS 復原」時，可以存取一些管理和維護工具程式。

從「macOS 復原」的復原視窗，您可以存取下列功能：

▶ 從「時光機」備份恢復資料—使用該選項從網路上的「時光機」備份、本地連接的外部儲存裝置或本地快照中的「時光機」備份中恢復檔案。欲了解更多訊息請參閱第 17 章《管理時光機》。

▶ 新安裝或安裝 macOS Monterey—使用該選項來打開 macOS 安裝程式。不論是安裝或重新安裝 macOS，皆需要先連線網際網路。

提醒 ▶ 如果網際網路使用 Cative Portal，或網路認證需要驗證及其他憑證，您可能無法再 macOS 復原中連接網際網路。

▶ afari─當您使用這個選項時，Safari 會打開一個關於使用「macOS 復原」的頁面，您也可以使用 Safari 瀏覽器訪問其他網站，如 Apple 支援

▶ 碟工具程式─使用磁碟工具來修復、刪除和管理磁碟。當您在「macOS 復原」中啟動時，此做法有利於管理那些作為啟動磁碟時無法管理的系統磁碟。您還可以用磁碟工具程式預先準備安裝新的 macOS，或者以此修復安裝失敗的磁碟。更多訊息請參閱第 11 章《管理檔案系統和儲存》。

▶ 動磁碟（從 Apple 選單中選擇啟動磁碟）─使用啟動磁碟來選擇預設的 macOS 啟動磁碟。您可以使用第 28 章《解決啟動和系統問題》中討論的啟動模式中來覆蓋預設的啟動磁碟。

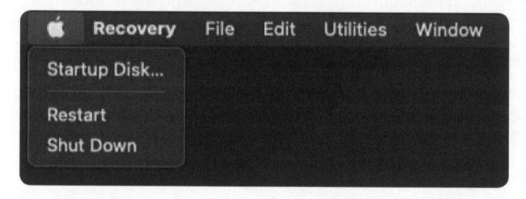

「macOS 復原」在螢幕上方的工具選單中有一些額外的功能。

▶ 機安全性工具程式─這個工具程式讓您控制 Mac 的啟動方式。參閱 5.4 中瞭解「韌體密碼和開機安全性工具程式」。

▶ 端機─這是您進入 macOS 指令界面（CLI）的主要方式。您可以從這裡輸入一條指令：resetpassword，然後按下「Return」鍵。在「macOS 復原」中使用終端機來排除可能阻礙 macOS 下載的網路問題。關於「使用 CLI 以調查網路問題」的更多訊息，請參閱第 23 章《排除網路問題》；參閱第 4 章「使用指令界面」瞭解更多關於 CLI 的訊息。

您可以使用 resetpassword 指令來重置所選系統卷上任何本地用戶的帳號密碼，這包括標準使用者、管理者和 root 使用者。您只能從 macOS 復原的 Recovery Assistant 中運行 resetpassword。在第 10 章《管理密碼更改》中瞭解更多關於復原輔助程式的訊息。

▶ 共享磁碟—這個選項僅適用於配有 Apple 晶片的 Mac。用它來與使用 USB-C、USB 或 Thunderbolt 連接線來連接另一部 Mac 來共享文件。請參考《macOS 用戶手冊》中的「在配備 Apple 晶片的 Mac 和另一部 Mac 之間傳送檔案」（support.apple.com/guide/mac-help/mchlb37e8ca7），以瞭解更多訊息。

您也可以選擇「視窗」>「復原紀錄」以開啟視窗，顯示您在 macOS 復原中啟動時的紀錄訊息。

macOS 復原工具程式可以用來破壞基於 Intel 的 Mac 且未配有 T2 晶片的電腦安全性。任何帶有預設啟動卷宗的 Mac，如果在啟動過程中可以被未經授權的用戶覆蓋就不安全了。您可以使用「韌體密碼」、「檔案保險箱」、「尋找」和「開機安全性工具程式」來保護您的 Mac。下一節就會針對「韌體密碼」和「開機安全性工具程式」。進行解說

5.4
使用「macOS 復原」

在本節中，您將瞭解如何使用「開機安全性工具程式」來配置 Mac 的安全相關設置。根據您的 Mac 種類，「開機安全性工具程式」提供不同的選項。

對於裝有 Apple 晶片的電腦，使用「開機安全性工具程式」來配置 macOS 的安全性規則。帶有 Apple 晶片的 Mac 為每一個 macOS 建立獨立的安全政策。

相比之下，基於 Intel 的 Mac 電腦的安全相關設置適用於整個 Mac。使用「開機安全性工具程式」為基於 Intel 的 Mac 配置以下內容：

▶ 所有基於 Intel 的 Mac 電腦設置韌體密碼
▶ 基於 Intel 且配有 T2 晶片的 Mac 電腦配置「安全啟動」和「允許的開機媒體」

使用「開機安全性工具程式」
使用「開機安全性工具程式」來配置有助於保護您的 Mac 的功能。根據下列三種不同的 Mac 電腦，啟動「開機安全性工具程式」中的選項會有所差異。

▶ 配有 Apple 晶片的 Mac 電腦

▶ 基於 Intel 且具備 T2 晶片的 Mac 電腦

▶ 基於 Intel 但不具備 T2 晶片的 Mac 電腦

針對上述三種情況，我們亦提供詳細的討論章節於該段介紹之後。

提醒 ▶ 如果您的 Mac 有 Apple 晶片，或者您基於 Intel 的 Mac 有 T2 晶片，您必須以管理員用戶身分進行認證，才能使用「開機安全性工具程式」。這意味著，對於新安裝的 macOS Monterey，您必須先用設置輔助程式設定一個管理員，才能使用開機安全性工具程式。請參閱 3.1，「爲新安裝 macOS Monterey 的 Mac 進行配置」，瞭解更多訊息。

要打開「開機安全性工具程式」，請在 macOS Recovery 中啟動。帶有 Apple 晶片的 Mac 在工具程式選單將顯示三個選項（開機安全性工具程式、終端機和共享磁碟）。

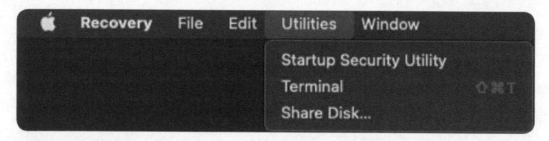

基於 Intel 的 Mac 在工具程式選單將顯示兩個選項（開機安全性工具程式、終端機）。

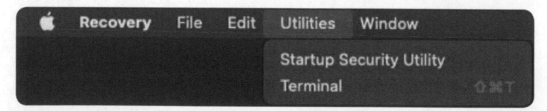

如果您的 Mac 打開了「檔案保險箱」或「啟用鎖定」，您必須從一個有效的啟動卷宗中以管理員身分進行認證，然後才能使用「開機安全性工具程式」。

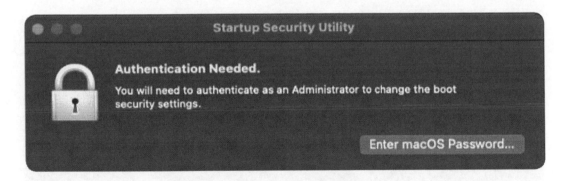

點擊輸入macOS密碼，選擇一個使用者，輸入該用戶的密碼，然後點擊「確定」。

以下三張圖片將說明三種不同類型的 Mac 電腦啟動「開機安全性工具程式」的顯示畫面。

針對配有 Apple 晶片的 Mac 的「開機安全性工具程式」

下圖說明配有 Apple 晶片的 Mac 啟動「開機安全性工具程式」的情況。

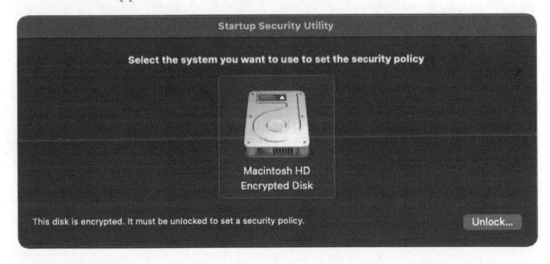

如果您的 Mac 有 Apple 晶片，請使用「開機安全性工具程式」為運行 macOS 的每個卷宗設置安全性規則。更多細節請參見本章後面的《為有 Apple 晶片的 Mac 電腦設置安全性規則》。

針對配有 T2 晶片且基於 Intel 的 Mac 的「開機安全性工具程式」

下圖說明配有 T2 晶片且基於 Intel 的 Mac 啟動「開機安全性工具程式」的情況。

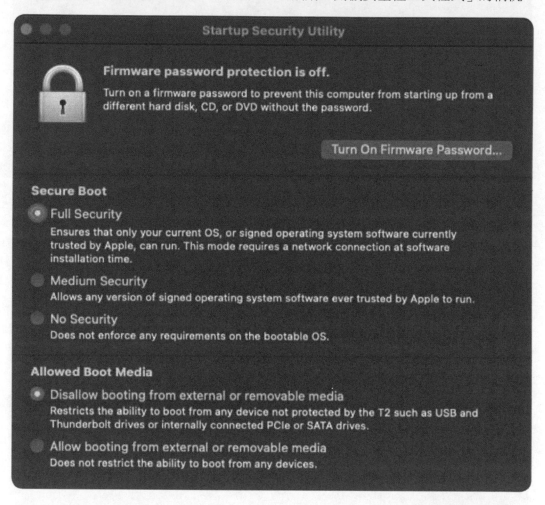

本章後面的《開啟韌體密碼》介紹了爲基於 Intel 的 Mac 電腦開啟韌體密碼。

本章後面的《配置安全啟動和允許的啟動媒體設置》，介紹了基於 Intel 且帶有 T2 晶片的 Mac 電腦提供的「開機安全性工具程式」額外選項。

針對未配有 T2 晶片且基於 intel 的 Mac 識別「開機安全性工具程式」

如果您基於 Intel 的 Mac 沒有 T2 晶片，您可以使用「開機安全性工具程式」來打開或關閉韌體密碼。

參考此網站 support.apple.com/guide/ mac-help/mchlf5346320，參閱 macOS
使用手冊上《Mac 上的「開機安全性工具程式」是什麼？》以瞭解更多訊息。

爲裝有 Apple 晶片的 Mac 電腦配置安全性規則

在裝有 Apple 晶片的 Mac 上，當您第一次打開「開機安全性工具程式」時，它
會顯示一個窗口，指示「請選取要用來設定安全性規則的系統」。若您選擇已經
開啟「檔案保險箱」的卷宗，您必須先解鎖該卷宗。選擇一個卷宗，然後點擊「安
全性規則」。

在您選擇了一個卷宗之後，會出現安全性規則配置窗口。並以「完整安全性」爲
預設選項。目的是確保只有來自 Apple 的正確作業系統，或當前由 Apple 簽署
並信任的作業系統可以執行。當您用這個設置安裝作業系統時，您需要連接網際
網路。

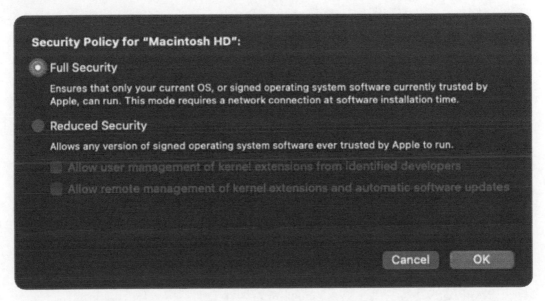

另外兩個選項不在本手冊的討論範圍內，但建議不要選擇：

▶ 「中等安全性」允許 Mac 執行所有具 Apple 信任的簽署 OS 軟體。選擇「降低安全性」選項可以啟用另外兩個與第三方核心延伸（又稱為 kexts）有關的選項。欲瞭解更多關於第三方核心延伸的訊息，請參閱第九章《管理安全性和隱私權》。

▶ 「無安全性」對可啟動的作業系統沒有任何要求，除非是開發人員在建立專門的軟體，否則不建議使用。啟用 System Integrity Protection 系統完整性保護時，不會顯示無安全性選項。

開啟韌體密碼

基於 Intel 的 Mac 若想得到最高層級的安全性保護，必須設置韌體密碼。

韌體密碼可以防止沒有密碼的用戶修改特定 Mac 上的韌體設置。韌體密碼可以防止沒有存取權限的人對您的電腦進行下列操作：

▶ macOS 復原
▶ 單一使用者模式
▶ 一個未經授權的卷宗
▶ 目標磁碟模式

韌體密碼亦無法使用大多數的開機組合鍵。欲了解《開機快捷鍵》請參閱第 28 章。例如：在有韌體密碼且基於 Intel 的 Mac 上，若您在啟動時按住「Option」鍵，就會出現一個驗證窗口以輸入韌體密碼。

若您輸入正確的韌體密碼，您可以從開機管理程式中選擇一個不同的啟動磁碟。

對於沒有 T2 晶片基於 Intel 的 Mac 電腦，設置韌體密碼有助於減少受到攻擊的風險。例如，一個未經授權的人若想要實際存取此條件下的 Mac，在符合下列情況下，可以透過「macOS 復原」啟動並且禁用「系統完整保護」，執行 **resetpassword** 命令並使用「開機安全性工具程式」來設置該 Mac 的韌體密碼。

▶　未開啟「檔案保險箱」

▶　尚未設置韌體密碼

對於所有基於 Intel 的 Mac 電腦，您可以透過「開機安全性工具程式」設置一個韌體密碼。

如果沒有設置韌體密碼，請點擊「啟用」並輸入密碼。請記住這個密碼並安全地保存它。

韌體密碼可以被改變或刪除，前提是您必須知道目前的韌體密碼。

您也可以使用「尋找」透過韌體密碼遠端鎖定您的 Mac，但僅能使用一次。請閱讀 9.4「管理全系統的安全」，以瞭解更多訊息。當您使用韌體密碼的時候，「遺失模式」也能發揮作用。

若您忘記韌體密碼或用於遠端鎖定的密碼，請洽詢 Apple Store 或 Apple 授權的服務中相，並攜帶您的原始收據或發票作為購買證明。

> **提醒 ▶** 您也可以透過 http://al-support.apple.com/#/kbase，備齊收據、發票等購買證明，請求「啟用鎖定」的幫助。

請參閱官方 Apple 支援文章 HT204455「在 Mac 上設定韌體密碼」以瞭解更多關於韌體密碼的訊息。

強烈建議卽使您不設置韌體密碼，也應該開啟「檔案保險箱」，以防止對啟動磁碟有未經授權的存取。

> **提醒 ▶** 查閱 **firmwarepasswd** 的 man 手冊以瞭解其他選項，如 **disable-reset-capability** 選項。如果您的行動裝置管理（MDM）解決方案支持該功能，請使用您組織的行動裝置管理（MDM）解決方案來管理韌體密碼。

提醒 ▶ 在 macOS 11.5 或更高版本中，行動裝置管理（MDM）管理員可以設置一個密碼，用戶在使用 Apple 晶片重新啟動 Mac 進入 macOS 復原之前必須輸入該密碼。

配置安全開機和允許的開機媒體設置

如果您的基於 Intel 的 Mac 有 T2 晶片，「開機安全性工具程式」提供了這兩個額外功能，安全開機和允許的開機媒體，以保護您的 Mac 遭遇未授權訪問。

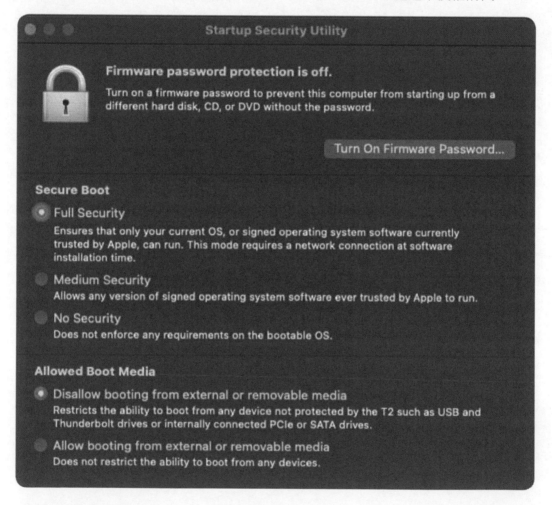

配置安全開機

若您基於 Intel 的 Mac 有晶片，請使用「安全開機」，以確保您的 Mac 僅使用合法和可信任的作業系統（OS）版本，包括 macOS 或 Microsoft Windows。

有三種「安全開機」設置：

▶ 完整安全性
▶ 中等安全性
▶ 無安全性

以完整安全性設置

完整安全性是預設的安全開機設置，提供最高層級的安全性。該設置確保能啟動您的 Mac 的唯一作業系統是受 Apple 信任並且是由 Apple 進行簽署的。這包括當前的 macOS 以及 Windows（如果您使用啟動切換輔助程式安裝 Windows）。

如果您將「安全開機」設置為完整安全性，在啟動過程中，您的 Mac 會驗證啟動磁碟上的作業系統是否受到 Apple 的信任。如果作業系統是未知的或不能被驗證為合法的，您的 Mac 會使用網際網路從 Apple 下載更新的完整資訊。每一個 Mac 的完整資訊皆不同。
如果在您的 Mac 試圖下載更新的完整資訊時「檔案保險箱」是在啟用狀態，您必須先解鎖您的磁碟。

如果您的 Mac 在下載了更新的完整資訊後仍不能驗證啟動時使用的作業系統是合法的，那麼接下來的步驟會因作業系統而有不同：

▶ macOS：將會有一通知提醒您，使用這個啟動磁碟需要先更新軟體。點擊「更新」，然後在啟動磁碟上重新安裝 macOS。或者點擊「啟動磁碟」來使用另一個經 Mac 認證的啟動磁碟（您的 Mac 也必須驗證）。
▶ Windows：將會有一通知提醒您，您必須用「啟動切換輔助程式」安裝 Windows。關於「啟動切換輔助程式」的更多訊息，請參考官方 Apple 支援文章 HT201468，「在 Mac 上透過「啟動切換輔助程式」安裝 Windows 10」。

如果您的 Mac 無法驗證啟動磁碟上的作業系統，也無法連接到網際網路，那麼您的 Mac 就會顯示需要連接網際網路的提示。在這種情況下，如果您使用的是 Wi-Fi，請使用 Wi-Fi 狀態選單，以確保您使用的是一個可以使用的 Wi-Fi 網絡。

如果您的 Mac 沒有連接網際網路，無法驗證啟動磁碟上作業系統的完整性，那麼您可以點擊「啟動磁碟」，選擇另一個「啟動磁碟」，或者使用「開機安全性工具程式」，將安全級別改為中等安全性。

以中等安全性設置

當「中等安全性」開啟時，您的 Mac 只會驗證啟動磁碟上作業系統的簽名。Apple 簽署了 macOS，而微軟簽署了 Windows。中等安全性設置不需要連接網際網路，也不使用來自 Apple 的最新完整性訊息，因此，即使 Apple 或微軟不再簽署作業系統，您的 Mac 仍然可以從一個作業系統啟動。

若作業系統沒有通過驗證，就會出現 macOS 或 Windows 的提示通知，就像開啟完整安全性時一樣。

以無安全性設置

當您在安全開機選擇「無安全性」時，您的 Mac 不會執行如「完整安全性」或「中等安全性」對啟動磁碟的任何安全要求。這種設置將使您的 Mac 面臨更高的風險，因此不建議使用。

爲「更改設定」做準備

當您從「中等安全性」或「無安全性」改爲「完整安全性」時，您必須連接網際網路。

關於安全開機的更多資訊，請參閱 Apple 支援文章 HT208198，「配備 Apple T2 安全晶片的 Mac 上開機安全性工具程式」。

設置「允許的開機媒體」選項

使用「允許的開機媒體」來控制基於 Intel 且帶有 T2 晶片的 Mac 是否可以從外部存儲裝置或其他外部媒體啟動。

預設以及最安全的選項「不允許從外部或可卸除式媒體開機」，當您選擇這個選項時，您的 Mac 不能從任何外部媒體啟動。如果您試圖從外部媒體啟動，會發生以下情況：

▶ 啟動磁碟偏好設定將會顯示一則通知：您的安全設置不允許此 Mac 使用外部啟動磁碟。

▶ 「啟動管理員」可以讓您選擇外部啟動磁碟，但它會顯示「安全設置」不允許此 Mac 使用外部啟動磁碟的訊息。您可以通過重啟並按住 Command-R 打開「macOS 復原」，然後選擇啟動「開機安全性工具程式」來改變這一點。

如果您選擇了「允許從外部或可卸除式媒體開機」選項，那麼您的 Mac 即可從外部儲存裝置啟動。

關於 Apple 晶片和 Apple T2 安全晶片的更多訊息，請訪問 Apple Platform Security 網站 support.apple.com/guide/security。

使用「恢復輔助程式」

如果「恢復輔助程式」在您欲開啟 macOS 復原卻忘記管理員密碼時，您可以點擊「忘記所有密碼」的連結。根據您的 Mac 配置差異會有下列不同做法：

▶ 若您開啟了「檔案保險箱」並用您的 Apple ID 托管復原密鑰，您可以輸入您的 Apple ID 帳號密碼。
▶ 若您開啟了「檔案保險箱」，但沒有用您的 Apple ID 托管復原密鑰，您可以直接輸入復原密鑰。
▶ 若您沒有開啟「檔案保險箱」，但您打開了「啟用鎖定」，您可以輸入與「啟用鎖定」相關的 Apple ID 帳號密碼。

在成功輸入憑證後，您可以重置密碼。請閱讀 10.2「重設遺失的密碼」，瞭解更多關於重設用戶帳號密碼的資訊。若您沒有「復原密鑰」或 Apple ID 憑證，您可以透過「恢復輔助程式」選單，選擇「清除 Mac」。

此為選擇「清除 Mac」的螢幕畫面，其中提供有關於清除該 Mac 的資訊。

在您點擊「清除 Mac」並確認您真的想清除您的 Mac 後，Mac 會自動重啟。接下來您可以採取下列步驟：

1. 若您的 Mac 開啟「啟用鎖定」，請輸入與「啟用鎖定」相關的 Apple ID 帳號密碼。

2. 使用磁碟工具程式清除內部儲存空間並建立一個名為 Macintosh HD 的卷宗。

3. 使用 Install macOS Monterey 在被格式化的磁碟上安裝 macOS。

5.5
為 macOS 建立一個「可開機的安裝磁碟」

有時候 Mac 並不一定有一個內建的復原卷宗。例如：如果您的 Mac 已經更換了內部儲存空間，它可能不包含任何作業系統。此外，使用 RAID 設定的 Mac 電腦和使用非標準啟動切換分區的磁碟（適用基於 Intel 的 Mac 電腦）不會有內建的恢復卷宗。

macOS Monterey 在 macOS 安裝程式（Install macOS Monterey.app）中包

含一個名為 createinstallmedia 的指令，可以將一個標準的外部儲存裝置轉換為可啟動的安裝卷宗。createinstallmedia 將 macOS 復原卷宗和 macOS 安裝內容複製到外部儲存裝置。要使用 createinstallmedia，您必須用至少有 14GB 可用容量的外部儲存裝置，且須配置 GUID 分割區配置表，格式化為 Mac OS 擴充格式，而非 APFS（Apple 檔案系統）。

createinstallmedia 指令包括選項 --downloadassets，用於下載安裝時可能需要的資料。如果您沒有 Install macOS Monterey 的副本，您可至 App Store 下載。當您下載 macOS Monterey 時，您需下載的是 Install macOS Monterey 可用的最新版本。練習 5.2，「建立 macOS 安裝磁碟」，講述了建立這種磁碟類型的步驟。

欲了解更多訊息，請參閱官方 Apple 支援文章 HT201372「如何製作可開機的 macOS 安裝磁碟」。

練習 5.1
使用 macOS 復原

▶ **前提**

  ▶ 您必須先建立 Local Administrator 帳號（練習 3.1 練習設定一台 Mac）

  ▶ 您必須先開啟「檔案保險箱」（練習 3.2 設置系統偏好）

  ▶ 您的 Mac 必須沒有被您的 MDM 管理員（配有 Apple 晶片的 Mac）鎖定 macOS 復原或韌體密碼（基於 Intel 的 Mac）。

在這個練習中，您會從 recoveryOS 卷宗中啟動您的 Mac。recoveryOS 上的作業系統被稱為 macOS 復原，就像 Macintosh HD 上的作業系統被稱為 macOS Monterey。您還可以查看包含的應用程式以及「macOS 復原」如何重新安裝 macOS。

　提醒 ▶ 您不會進行安裝，但您可以藉此了解安裝前的步驟。

啟動「macOS 復原」

要訪問 macOS Recovery 中的安裝程式和其他應用程式，請從 recoveryOS 中啟動

1. 執行以下任何一項：

    ▶ 若是配有 Apple 晶片的 Mac，先關機，然後按住電源鍵，直到您看到「正在載入啟動選項」，點擊「選項」，然後點擊「繼續」。

    ▶ 若是基於 Intel 的 Mac，重新啟動，然後按住 Command-R 直到出現 Apple 圖標。

2. 若出現語言選擇，選擇您偏好的語言，然後點擊右箭頭。

3. 因為您已經啟用了「檔案保險箱」，所以在您開始使用 macOS Recovery 後，您的 Mac 會顯示 macOS 復原，您會被要求選擇一個具有管理員權限的使用者。

4. 選擇 Local Administrator，點擊下一步，輸入密碼（**Apple321!**），然後點擊繼續。

5. 驗證後，將會打開復原應用程式的視窗。

查看 macOS 復原的應用程式

在使用 macOS Recovery 時，您可以使用一些應用程式來恢復、修復和重新安裝 macOS。在這部分練習中，您將瞭解其中的應用程式。

查看「macOS 復原」資訊

使用 Safari 查看「macOS 復原」的說明並瀏覽網頁。

1. 確認已經連線上網，可以通過乙太網路連線或觀察螢幕右上方的「macOS 復原」工具欄的 Wi-Fi 圖標。

2. 選擇 Safari，點擊「繼續」。

   Safari 會根據您的 Mac 的架構開啟一份文件，該文件會說明如何在裝有 Apple 晶片的 Mac 或基於 Intel 的 Mac 上使用「macOS 復原」的資訊。

3. 查看文件。

   該文件儲存在「macOS 復原」中，但只要您有連接上網際網路，Safari 就可以查看其他線上文件，如 Apple 支援文章。

4. 如果 Safari 顯示「您沒有連接到網際網路」的訊息,請從選單列右邊底部附
    近的 Wi-Fi 狀態選單選擇一個無線網路加入。

5. 從選單列中,選擇 Safari > 結束 Safari(或按 Command-Q)返回到復原
    app 視窗。當您在 Safari 中關閉一個視窗時,您並沒有真正關閉 Safari。
    要關閉一個 Mac 應用程式,從應用程式選單(位於 Apple 選單旁邊,依
    照當前使用的應用程式名稱)中選擇「結束 App 名稱」,或者您可以使用
    Command-Q。

查看磁碟工具程式

磁碟工具程式協助您修復、映像、重新格式化或分割您的 Mac 磁碟。

1. 選擇磁碟工具程式,點擊「繼續」。

2. 點擊卷宗群組 volumename(通常為 Macintosh HD)旁邊的展開箭頭。

macOS 在 Apple 檔案系統(APFS)容器內有幾個卷宗,其中兩個被稱為
volumename—Data 和 volumename(其中 volumename 通常是 Macintosh
HD)。平常使用 macOS Monterey 的過程中,您會感覺到使用一樣的卷宗,但
磁碟工具程式會顯示這兩個卷宗。欲瞭解更多資訊,請參考第 11 章《管理檔案
系統和儲存》。

在您點擊左側裝置選單中的展開箭頭後,磁碟工具程式會顯示您的啟動磁碟和
macOS 磁碟映像檔的兩個卷宗。因為您的啟動磁碟是加密的,要在上面執行任
何功能,您必須先用本地管理員的密碼解鎖。如果您在「顯示所有磁碟」畫面上,
磁碟工具程式會顯示每個儲存裝置的主條目和每個卷宗的列表。

3. 在您的啟動磁碟中選擇系統卷宗。一般來說，它被命名為 Macintosh HD

4. 回顧一下「磁碟工具程式」工具欄中的按鈕。這些按鈕所代表的功能將在第 11 章中詳細討論。

   利用磁碟工具程式，您可以在重新安裝 macOS Monterey 之前，使用修理工具來驗證或修復啟動卷宗的檔案結構或刪除卷宗。

5. 從選單中，選擇「磁碟工具程式」>「退出磁碟工具程式」或按「Command-Q」，您將返回到復原 app 視窗。

查看 macOS 安裝程式

接下來，您會瞭解如何重新安裝的程序，並不會實際重新安裝 macOS。當您完成下列重新安裝的步驟，不必等待，因為 macOS Monterey 已經重新安裝在您的 Mac 上。

1. 選擇重新安裝 macOS Monterey，然後點擊「繼續」。

   這將會開啟安裝 Install macOS Monterey

2. 應用程式點擊「繼續」。

3. 查看軟體許可協議，點擊「同意」。

4. 在軟體許可協議確認對話框中，點擊「同意」，表示您已經審閱並同意許可協議的條款。

接下來安裝程式會顯示一個卷宗列表中安裝或重新安裝macOS Monterey。

提醒 ▶ 不要點擊繼續或解鎖按鈕。如果您這樣做,安裝程序會重新安裝 macOS。

5. 結束安裝 MacOS Monterey,然後在確認對話框中,點擊「結束」。

查看開機安全性工具程式

根據 Mac 的型號和處理器差異,「開機安全性工具程式」所呈現的選項亦不同。

1. 從工具程式選單,選擇「開機安全性工具程式」。

2. 如果您的 Mac 配有 Apple 晶片,點擊「解鎖」,然後以本地管理員身分進行認證。如果使用的是基於 Intel 的 Mac,直接跳到步驟 9。

3. 點擊安全性規則。
    將提供額外的選項來幫助您保護 Mac。

警告 ▶ 降低安全性策略可能會使您的 Mac 面臨未經授權的存取風險。如果您選擇降低安全性,您應該考慮在將 Mac 回到正式環境之前重新提高安全性。

4. 確認您配有 Apple 晶片的 Mac 上的選項。此時不要降低安全性。一旦您完成確認安全性策略設置,點擊「取消」,然後跳到步驟 9。

5. 若您使用的不是配有 Apple 晶片的 Mac 或配有 Apple T2 安全晶片的基於 Intel 的 Mac，您只能選擇開啟韌體密碼。

6. 如果您使用的是配有 T2 晶片基於 Intel 的 Mac，在啟動開機安全性工具程式中點擊輸入 macOS 密碼。

7. 使用 **ladmin** 使用者進行驗證。開機安全性工具程式的視窗會開啟，若您的 Mac 配有 T2 晶片，您將有額外的選項來幫助保護您的 Mac。

警告 ▶ 將安全開機和允許的開機媒體降低到較不安全的設置，可能會使您的 Mac 面臨未授權訪問的風險。如果您選擇降低安全性，您應該考慮在將 Mac 回到正式環境之前重新提高安全性。

8. 查看您的基於 Intel 的 Mac 上的功能。此時不要改變安全開機選項或打開韌體密碼。

9. 結束「啟動磁碟」。

選擇您的啟動磁碟並重新啟動

「啟動磁碟」讓您能夠選擇要從哪個卷宗啟動。如果您在啟動過程中遇到內部儲存裝置的問題，可以連接第二個安裝了 macOS 的儲存裝置，並使用「啟動磁碟」來配置您的 Mac 從新的儲存裝置啟動。

1. 從 Apple 選單中，選擇「啟動磁碟」。

    接著「啟動磁碟」會列出所有可用的啟動卷宗，選項可能包括外部媒體，這取決於您的 Mac 的型號和在「開機安全性工具程式」中，您的「安全性規則」或「允許的開機媒體」設置。

2. 確認您選擇的是正常啟動卷宗（通常為 Macintosh HD）。

    若您使用的是配有 Apple 晶片的 Mac，因為您已解鎖了磁碟用來查看安全性規則，所以會直接看到重啟按鈕。若您使用的是基於 Intel 的 Mac，開機安全性設置儲存在韌體中並且您並未解鎖磁碟。因為您使用了「檔案保險箱」，所以您必須先解鎖磁碟才能啟動。

3. 在基於 Intel 的 Mac 上，點擊「解鎖」，輸入本地管理員的密碼（**Apple321!**），然後點擊「解鎖」。

4. 點擊「重新啟動」。

5. 在確認視窗中，點擊「重新啟動」。

您也可以從 Apple 選單中直接選擇「重新啟動」，而不用透過「啟動磁碟」。

練習 5.2
建立一個 macOS 安裝磁碟

▶ **前提**

　▶　準備一個容量至少為 14GB 的可清除式外部磁碟。

　▶　您必須先建立 Local Administrator 帳號（練習 3.1 練習設定一台 Mac）

在這個練習中，您將建立一個 macOS 安裝磁碟，其中包括 macOS 復原環境、應用程式和安裝資產。透過這個方式，您可以透過外部儲存裝置啟動來安裝 macOS。記錄您使用的 macOS 安裝程式的版本。如果您需要的話，可以至 App Store 下載更新的安裝程式。

取得安裝 macOS Monterey 應用程式

參考下列步驟以下載 macOS Monterey 安裝程式：

1.　以本地管理員身分登入（密碼：**Apple321！**）。

2.　從 Apple 選單中，選擇 App Store。關於 App Store 的更多訊息，請參閱第 18 章《安裝應用程式》。

3.　在 App Store 的搜尋欄位中，輸入 **Monterey**，然後按下「Return」鍵。

4.　在搜尋結果中找到 macOS Monterey，然後點擊其名稱旁邊的「檢視」按鈕。

5. 點擊「取得」按鈕。打開偏好設定中的軟體更新頁面找到更新。

6. 當詢問您是否確定要下載 macOS Monterey 時，點擊「下載」。下載完畢即完成安裝 macOS Monterey 應用程式。

7. 結束「Install macOS Monterey」及「App Store」

重新格式化外部儲存裝置

大多數的外部儲存設備都是以主開機記錄（MBR）分區配置預先格式化的。為了讓 Mac 能夠從外部儲存裝置上啟動，請用 GUID 分割區配置表重新格式化該設備。欲瞭解更多有關儲存裝置格式的資訊，請參閱第 11 章。

> 警告 ▶ 此操作會刪除外部儲存裝置上的所有內容。若您尚未備份重要內容，請不要執行這個操作。

1. 從 /Applications/Utilities 中開啟「磁碟工具程式」。

2. 連接外部儲存裝置至您的 Mac。

3. 若您被要求使用密碼解鎖裝置，請點擊「取消」，您不需要透過解鎖裝置進行清除。

4. 在工具列中，選擇「顯示方式」>「顯示所有裝置」。

5. 選擇「磁碟工具程式」左側欄位中的外部儲存裝置的項目。選擇裝置項目，而非下方的卷宗項目。

6. 檢查視窗底部的分割區配置表。

7. 點擊工具列中的「清除」。

8. 幫您的裝置命名，從「架構」選單中選擇「GUID 分割區配置表」，接著從格式選單中選擇「Mac OS 擴充格式（日誌式）」。

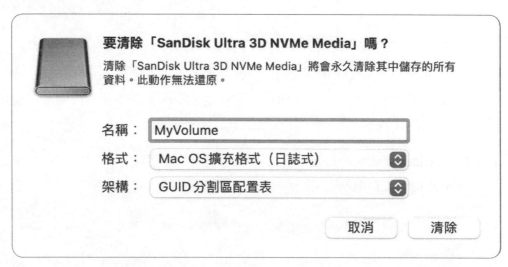

9. 點擊「清除」按鈕。

10. 完成後，點擊「完成」以關閉清除對話框。

11. 驗證分割區配置表是否為「GUID 分割區配置表」。

位置：		外接	容量：		1 TB
連線：		PCI-Express	子裝置數量：		2
分割區配置表：		GUID 分割區配置表	類型：		固定型態
S.M.A.R.T. 狀態：		已驗證	裝置：		disk4

12. 結束「磁碟工具程式」

建立一個 macOS 安裝磁碟

1. 開啟「終端機」。

2. 切換到 Finder，然後打開應用程式檔案夾。

3. 按住 Control 鍵並按一下「Install macOS Monterey」應用程式，接著從選單中選擇「顯示套件內容」。請閱讀 14.2，《檢查套件》以瞭解更多資訊。

4. 在安裝程式套件中，打開「Contents」檔案夾，然後打開「Resources」檔案夾。

5. 將 createinstallmedia 檔案從 Finder 中拖入「終端機」。這將在「終端機」中輸入 createinstallmedia 的完整路徑。

6. 切換回「終端機」，接著按下「Return」鍵。這是將 createinstallmedia 指令作為一個命令行程序來執行。它提供了一個使用概要並解釋如何使用該指令。此指令必須以 root 身分執行。

7. 輸入 **sudo** 接著在後方留一個空格，以開始另一個指令，但在步驟 11 之前都不要按下「Return」鍵。

8. 再次將 createinstallmedia 從 Finder 拖到「終端機」。

9. 在終端機中，輸入 **--volume**（在 volume 前輸入兩個連字符號），後方加一個空格。

10. 把 MyVolume（或您幫他它取的任何名字）卷宗從桌面拖到「終端機」。此時，終端機應會顯示如下：

```
●●●                    yunhansu — -zsh — 80×24
Last login: Thu Aug  4 11:03:39 on console
yunhansu@HandeM1Air ~ % sudo /Application/Install\ macOS\ Monterey.app/Contents/
Resources/createinstallmedia --volume /Volumes/MyVolume
```

11. 切換回「終端機」，接著按下「Return」鍵。

以下操作需要管理員權限。

12. 輸入本地管理者密碼（**Apple321!**），然後按下「Return」鍵。該操作會清除裝置，所以需要您確認後操作。

13. 確認卷宗的名稱是您想要使用的（顯示在 /Volumes/ 後面），輸入 **Y**，然後按下「Return」鍵。

14. 等待安裝磁碟準備完成，這將會需要幾分鐘的時間。等待時間取決於您使用的外部裝置的類型和速度。

上述過程完成後，終端機會顯示幾行文字，結束於 Install media now available at "/Volumes/Install macOS Monterey"。

15. 結束「終端機」。

提醒 ▶ 想了解更多資訊，請參閱 Apple 支援文章 HT201372，《如何製作可開機的 macOS 安裝磁碟》。

測試 macOS Monterey 安裝磁碟
測試安裝磁碟，但不會重新安裝 macOS

提醒 ▶ 如果您使用的是基於 Intel 的 Mac，能否完成這部分練習將取決於您基於 Intel 的 Mac 的型號和您的允許開機媒體設置。請見參考資料 5.4《安全開機》中的《配置安全開機和允許的開機媒體設置》。

1. 從 Apple 選單中選擇「重新啟動」，然後在確認對話框中點擊「重新啟動」來重啟 M ac。

2. 按住「Option」鍵，進入「開機管理程式」，它將會顯示一排圖標。

3. 點擊「Install macOS Monterey」圖像。

4. 點擊圖像下方箭頭。

   Mac 將在安裝程序環境中啟動，這與 macOS 復原環境類似。查看它，但不要重新安裝 macOS。

5. 如果需要，在「恢復輔助程式」中，以**本地管理員**身分進行認證，然後點擊「繼續」。

6. 當您完成對安裝環境的查看後，進入 Apple 選單，選擇「重新啟動」來重啟您的 Mac。

第 6 章
升級 macOS

在這一章節中，您設定並使用 macOS 和 App 商店的軟體更新技術，是為了使您 Apple 相關的軟體在最新的版本。您也會學習如何手動下載更新。

6.1
軟體更新

您需要確保您的 Mac 軟體是在最新版本，macOS 的更新提升了您的 Mac 的穩定性、表現以及安全性。更新包含了 Safari 及其他屬於 macOS 的應用程式。

macOS 將會透過網路，自動檢查 Apple 伺服器來確保您是在運作最新的 Apple 軟體。

您需要網路連線來下載軟體更新。軟體更新將會檢查目前所安裝的 Apple 軟體是否需要更新：

▶ macOS 的更新和升級及 macOS 的軟體套裝
▶ 更新從 App Store 購買的軟體

您需要一個管理員帳號來更改軟體更新偏好設定以及 App Store 中應用程式的特定偏好設定也需要管理員帳號來進行變更。

目標
▶ 於軟體更新偏好設定中設定 macOS 的自動軟體更新設定

▶ 於 App Store 的偏好設定中設定 App Store 的自動軟體更新設定

▶ 自動更新 Apple 的軟體

▶ 手動更新 Apple 的軟體

▶ 使用行動裝置管理 (MDM) 解決方案來更新 macOS

除了由您的組織透過 Apple 校務管理或 Apple 商務管理購買的應用程式會直接由您組織的行動裝置管理解決方案來指派給您的 Mac 之外,其他在 App Store 的應用程式更新皆需要 Apple ID 驗證,您可以使用 Apple 校務管理或 Apple 商務管理來大量購買應用程式(或書籍)以。針對應用程式,您可以使用行動裝置管理解決方案來分配應用程式給裝置或使用者、在您的 Mac 電腦中下載這些應用程式,並且在有更新時進行更新。就算 App Store 無法使用或那些並沒有 Apple ID 來登入 App Store 的 Mac,您可以使用行動裝置管理解決方案來指派、下載和更新應用程式。請參考 Apple 支援文章 HT207305「適用於教育機構和企業的 Apple 計畫和付款方式供應情況「尋找哪種 Apple 計畫及付款方式在您的國家和地區是適用的。請參考 support.apple.com/guide/apple-school-manager/ 的 Apple 校務管理使用手冊或 support.apple.com/guide/apple-business-manager/ 的 Apple 商務管理使用手冊來尋找更多資訊。

> 提醒 ▶ 由您的機構直接分配至您的 Mac 的應用程式不在 Apple 支援文章 HT207305 的範圍中。

如果有一台 Mac 在您的網路上有提供內容快取服務,您的 Mac 會自動運用該項服務來降低網路的數據使用量並加速下載 macOS 及 App Store 的更新。請參考 25.1「開啟主機共享服務」來尋找有關內容快取服務的更多資訊。

軟體更新行為

macOS 會透過通知中心提醒您何時可以更新至最新版本。

在預設情況下,重要的 macOS 更新(像是安全性更新)會自動下載及安裝。其他 macOS 的更新則會自動在背景下載但需要另外再手動安裝。

當 macOS 更新已下載完畢並等待安裝時,macOS 將會顯示有可更新的軟體更新提示一併顯示軟體更新圖標(橫幅通知會自動消失,但提示會一直顯示在螢幕上直到您移除它)。

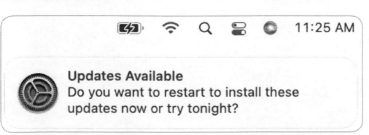

通知中心會在不干擾您使用的情況下，顯示提示在您螢幕的右上方。點選選單列中的日期與時間來顯示並隱藏通知中心。

點選提示來開啟軟體更新偏好設定。

或將指標懸浮在提示上，直到看見 選項 　。點選選項並從目錄中選擇要更新的時間：

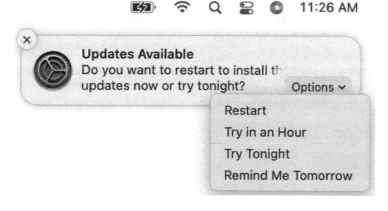

▶ 　重新開機 - 如果更新需要重新啟動裝置，該選項便會顯示。選擇重新啟動 macOS 來立即下載所有尚未載過並安裝可用的更新，macOS 會嘗試重新 啟動。

▶ 　安裝 - 如果更新不需要重新啟動該裝置，該選項便會顯示。選擇安裝 macOS 來立即下載所有尚未下載過並安裝可用的更新。

▶ 　「一小時候重試」- 會在一小時後再次傳送提示。

▶ 　「今晚重試」- 稍後晚間再次傳送提示。

▶ 　明天提醒我 - 該選項不會開啟自動更新。

你可以選擇「一小時候重試」或「今晚重試」的選項，在一個您較有空的時間來更新軟體。這些選項很實用因為某些系統的更新可能會使您在安裝完成後無法使用 Mac，而且有些可能會需要重新啟動 Mac。

如果您點選「一小時候重試」或「今晚重試」會導致 macOS 嘗試去變更您 Mac 中所有使用者的自動軟體更新設定。如果您沒有以管理員的身分登入，macOS 會需要您提供管理員帳號密碼。

如果您的Mac筆電沒有連接電源或電量不足以來完成更新，macOS將會顯示「未連接至電源」的提示。

點選「一小時候重試」或「今晚重試」來完成上述該情形，macOS會再次顯示「已開啟自動更新」的提示。

Apple 建議您保持開啟自動更新的選項。然而，在某些情況下，像是假設您在執行 macOS 某特殊的版本，您可能就會想要關閉自動更新的選項。將指標懸浮在提示上，點選關閉自動更新選項。

如果您點選關閉，當您準備好要手動檢查新的 macOS 更新時，您可以選擇下列任一種方式：

▶   開啟系統偏好設定，然後開啟軟體更新。
▶   在「關於這台 Mac」視窗，點選軟體更新的按鈕。

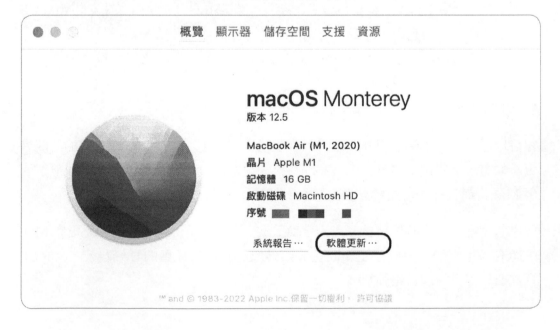

macOS 對於 macOS 更新以及 App Store 的更新是不相同的，當今天在該 Mac 上有已從 App Store 下載的應用程式的可更新版本，您會收到有 App Store 圖像的提示通知。

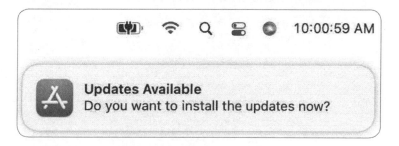

點選提示通知來打開 App Store。

或是指標懸浮在提示上來顯示安裝的按鈕。

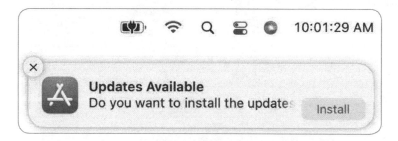

點選安裝來打開 App Store，或是點選關閉的按鈕來移除提示通知。

除了提示通知之外，macOS 還有其他方式來讓您知道有可用的更新。

當 macOS 軟體可更新時：

▶ 在 Dock 上的系統偏好設定圖像旁邊會顯示帶有數字的紅色圖標，告知目前有多少可用的 macOS 軟體更新。

▶ 在系統偏好設定中的軟體更新圖像旁邊會顯示帶有數字的紅色圖標，告知目前有多少可用的 macOS 軟體更新。

▶ 在 Apple 選單中的系統偏好設定旁會顯示數字，告知目前有多少可用的 macOS 軟體更新。

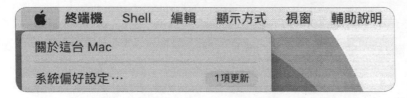

當 App Store 的軟體可更新時：

▶ 在 Dock 上的 App Store 圖像旁邊會顯示帶有數字的紅色圖標，告知目前有多少可執行的 App Store 軟體更新。

▶ 在 Apple 選單中的 App Store 設定旁會顯示數字，告知目前有多少可用的 App Store 軟體更新。

macOS 軟體更新偏好設定行為

當您打開軟體更新偏好設定時，它會檢查可用的 macOS 更新。

如果沒有可用的更新，軟體更新偏好設定會根據您的 macOS 版本顯示「您的 Mac 已是最新狀態」如果有可用的 macOS 更新，軟體更新偏好設定會列出可用的更新項目。

點選立即更新來安裝所有可用的 macOS 更新項目，點選更多資訊來顯示該次的 macOS 更新，包含更新名稱、更新版本以及更新內容描述。

選擇其中一項更新來獲取更多有關該更新的細節。如果該軟體更新後須重新啟動，名稱旁邊會顯示更新後需要重新啟動。

如果您的 Mac 是較舊的 macOS 版本且有較新版本的 macOS 可進行更新。軟體更新偏好設定會顯示您的 Mac 可升級的相關資訊。如果也有針對目前 macOS 有可用版本的更新，更新會被列在更多資訊的文字選項中。你可以點選更多資訊來檢視您的 Mac 上可用的 macOS 更新。

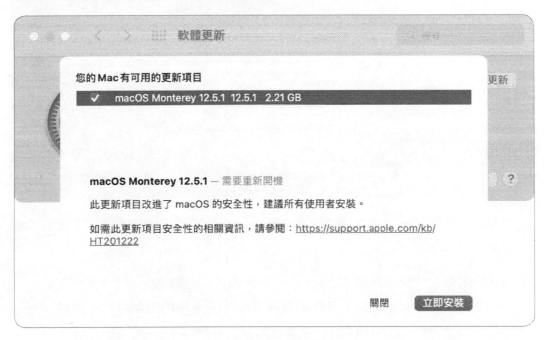

App Store 更新行爲

當您打開 App Store，然後點選側邊欄中的更新項目，App Store 會顯示可更新的應用程式。可用更新區塊中會顯示各個 App Store 應用程式可用的更新。最近已更新的區塊會顯示最近更新過的應用程式。

你可以按下 Command-R 來重新整理可用的更新。點選應用程式的圖像來顯示更多有關於更新的資訊，或點選更多來取得更新的資訊。

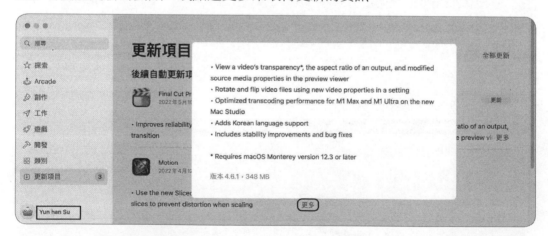

要安裝單一更新，請點選對應的更新按鈕，或是點選更新全部的按鈕來安裝可用的更新。

如果您尚未登入 App Store，macOS 會要求您登入您的 Apple ID 來安裝更新。如果您想要使用不同的 Apple ID 來更新 App Store 中的應用程式，您需要使用當初購買該應用程式的 Apple ID 來進行驗證。

軟體更新偏好設定中的自動更新

您可以在軟體更新偏好設定中選擇「讓我的 Mac 自動保持最新狀態」。您在軟體偏好設定中所做出的更改是套用在所有使用者上的，所以您需要擁有管理者權限來選擇或取消「讓我的 Mac 自動保持最新狀態」以及在進階選項中的任何選項。

點選「讓我的 Mac 自動保持最新狀態」會開啟所有在進階選項中的項目。在軟體更新偏好設定中的進階選項中您可以選擇或取消單一選項：

▶ 檢查更新項目 - 該選項為預設選項。當它被勾選時，macOS 會每天檢查一次更新。macOS 只需要少量的網路頻寬便可以決定您的軟體是否需要更新。

▶ 可用時下載新的更新項目 - 該選項為預設選項。macOS 可能會需要大量的網路頻寬來下載 macOS 系統更新。

▶ 安裝 macOS 更新項目 - 該選項可勾選，並非預設選項。當您勾選後，只要 macOS 更新後不需要重新啟動，在更新自動安裝後 macOS 會告知您。如果是需要重新啟動，macOS 會告知您系統需要重新啟動，您可以選擇要立即重新啟動或是稍後重新啟動。

▶ 從 App Store 安裝 App 更新項目 - 該選項可勾選，並非預設選項。當您勾選後，App Store 會自動安裝 App Store 中的應用程式更新，且自動更新在 App Store 偏好設定中的選項。同樣地，如果您取消勾選 App Store 偏好設定中的自動更新，軟體更新偏好設定中的「從 App Store 安裝 App 更新項目」的選項也會被取消勾選。

▶ 安裝系統資料檔案和安全性更新 - 該選項為預設選項。強烈建議勾選該選項。這樣一來，您的 Mac 會每日進行必要的安全性更新檢查並告知您是否有可用的更新。如果更新不需要重啟您的 Mac，系統便會自動更新。否則，更新

會在您下次重啟 Mac 時進行安裝。安全性更新包含了 XProtect 的更新，基於簽署來偵測惡意軟體的內建技術，以及惡意軟體移除工具的更新。

提醒 ▶ 要自動接收最新的更新，請勾選「檢查更新項目」、「可用時下載新的更新項目」以及「安裝系統資料檔案和安全性更新」

App Store 偏好設定中的自動更新

在 18.1 中，「Store」有更多有關於使用 App Store 應用程式及安裝的資訊。這一部分重點在於使用 App Store 來使您 App Store 中的應用程式保持自動更新。

當您打開 App Store 並且開啟 App Store 偏好設定，下列的選項可以使您 App Store 中的應用程式都是最新的版本：

▶ 　自動更新 - 如果您有管理員權限您可以勾選該選項。同時，如果您在可用更新提示或是軟體更新偏好設定中打開自動更新 macOS，該選項也會被勾選。當您勾選該選項，App Store 會自動下載及安裝應用程式更新。

▶ 　自動下載在其他裝置上購買的 App- 如果您登入 App Store 您便可以勾選該選項。當您以同一個 Apple ID 在超過一台的 Mac 上登入 App Store 並在不同的 Mac 上購買應用程式，勾選該選項也會同步安裝此應用程式在口任何 Mac 上。

6.2
使用行動裝置管理來安裝 macOS 更新

您可以使用您的行動裝置管理（MDM）解決方案來自動安裝所有您 Mac 電腦上可用的更新，只要 Mac 電腦有註冊於您的行動裝置管理解決方案中。

使用行動裝置管理來安裝可用的 macOS 更新：

▶　您的 Mac 必須透過自動裝置註冊加入行動裝置管理解決方案中。

▶　行動裝置管理解決方案需要支援「安裝 OS 更新」指令。

查看 support.apple.com/guide/deployment/ 取得更多資訊有關使用行動裝置管理來安裝 macOS 更新。

6.3
檢視安裝歷史

在 App Store 的更新畫面以及軟體更新偏好設定都只會顯示近期安裝更新。不論它是手動或是自動安裝，系統資訊均會列出 Apple 官方以及第三方安裝的軟體。要查看系統資訊清單，打開系統資訊並點選左欄中的安裝。系統資訊會顯示軟體名稱、版本、來源以及安裝日期（如果您沒有將該應用程式拖曳至應用程式資料夾，安裝區塊不會顯示您安裝的軟體）

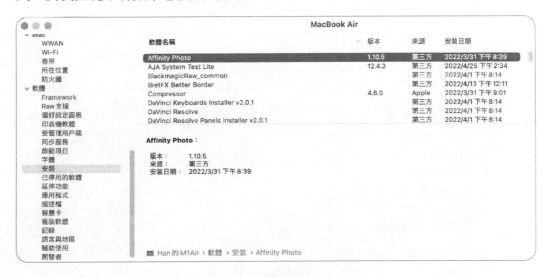

練習 6.1
使用軟體更新

▶ 前提

▶ 您必須先建立一個 Local Administrator 帳號（練習 3.1，「練習設
   定一台 Mac」）

在這個練習中，您使用軟體更新偏好設定來檢查、下載並安裝 macOS 的更新。
您也會學習如何去檢視已安裝的軟體及更新。

檢查您的軟體更新偏好設定

1. 從 Apple 選單中選取系統偏好設定。

2. 點選軟體更新。

    軟體更新會自動檢查有無任何可用的更新並指出您的 Mac 是否在最新版本。

3. 點選進階。

    在預設情況下，macOS 會在背景中下載新的更新並通知您已經準備好可以
    安裝。在正式環境下，建議允許自動安裝系統資料檔案和安全性更新。

您可以選擇自動安裝 macOS 更新項目及 App Store 的 Appe 更新項目。您可以選擇其他偏好設定如果您不想要自動下載或是更新。

4. 點選 OK。

5. 選擇「讓我的 Mac 自動保持最新狀態」。

6. 如果需要，以 Local Administrator 的身分進行驗證。

7. 點選進階。

   因為選擇了「讓我的 Mac 自動保持最新狀態」，所以所有選項都會被勾選，除了系統數據資料及安全性自動更新，您的 Mac 也會安裝 macOS 更新項目以及 App 更新項目。

更新您的軟體

1. 如果需要，打開軟體更新偏好設定並等候您的 Mac 檢查新的軟體。

2. 如果您的 Mac 顯示訊息「您的 Mac 已是最新狀態」，省略下列步驟直接進行「檢查安裝的更新」。

   如果有可用的更新，立刻更新的按鈕會顯示並列出可用的更新。

3. 點選更多資訊來查看有關更新的相關資訊。

4.　如果有任何更新有遵照許可協議，請詳閱許可協議，如果同意許可協議，再
　　繼續該更新。

5.　如果有超過一樣可用的更新，請選擇您要哪一項更新。

6.　對單一更新，點選現在安裝，或是點選更新全部如果您想要全部更新。

7.　如果有出現許可協議，請詳閱許可協議，如果接受許可協議，點選同意。

macOS 更新便會開始下載，在下載完畢之後，Mac 會準備更新，如果必要
的話會重新啟動您的 Mac。

您會看見通知告知您的電腦即將重新啟動。

8. 如果更新重新啟動您的 Mac，重新以 Local Administrator 的身分登入。
    如果您被要求要以 Apple ID 登入，選擇「不要登入」並點選繼續，然後在
    確認的對話框中點選跳過。

9. 重新打開軟體更新並檢查有無另外的更新。有些更新需要一連串的安裝動
    作，因此您可能需要一再重複更新程序。

10. 在所有更新都安裝完畢之後，結束系統偏好設定。

檢查安裝的更新

1. 點選 Apple 選單時，按住 Option 鍵不放，系統資訊才會顯示。點選選單中
    的系統資訊。系統資訊會開啟並顯示報告。

2. 在側邊欄中的軟體選項，點選安裝。

    會顯示一列清單的已安裝的軟體及更新，包含您剛剛安裝的更新。點選清單
    中的更新來取得更多相關資訊。

3. 結束系統資訊。

使用者帳號

第 7 章
管理使用者帳號

除了某些特殊情況，您都需要登入使用者帳號才
能在您的 Mac 上執行作業。即便您的 Mac 啟動
並顯示登入視窗（您登入的畫面）- 而您尚未進行
驗證 - macOS 已經在使用系統管理者帳號來維護
背景服務。每個在 Mac 上的儲存裝置中的文件和
資料夾，以及每個項目和程序，都屬於某個使用
者帳號。本章節會將重點擺在單一台 Mac 上可用
的本機使用者帳號。

7.1
使用者帳號

當您第一次設定您的 Mac，設定輔助程式會提醒
您去建立您的第一個管理者帳號（如果您的 Mac
有註冊行動裝置管理解決方案，您建立的第一個
帳號可能就會變成標準的帳號。）

該管理者帳號是本機的使用者帳號，因為 macOS
會儲存您 Mac 本機使用者資料庫中有關該使用者
的資訊。本章節會將重點擺在本機使用者帳號，
但是 macOS 也可以使用其他類型的使用者帳號，
包括：

▶   網路使用者帳號 - 網路使用者帳號可用在多
    台 Mac 及其他電腦上，且資料會儲存在共享
    服務伺服器，像是網域服務伺服器，網域伺
    服器會集中化識別、驗證及授權資訊。

目標
▶ 記住多種使用者帳號
  類型及使用者的屬性

▶ 建立並管理使用者帳
  號

▶ 使用螢幕設定功能來
  限縮小孩使用的時間

▶ 適應登入及快速的帳
  號轉換設定

網路使用者帳號應對的個人專屬檔案夾通常會儲存在一個網路檔案伺服器。
為了使用網路使用者帳號，Mac 需要能夠聯繫共享服務伺服器以及個人專屬
檔案夾伺服器。

▶ 行動使用者帳號 - 行動使用者帳號是與本機使用者資料庫同步的網路使用者
帳號，因此就算您的 Mac 無法聯繫到共享服務伺服器您也可以使用行動使
用者帳號。一個行動使用者帳號的個人專屬檔案夾通常都會儲存在開機磁碟
中。行動使用者帳號通常被用在網域服務且不在本手冊的範圍中。

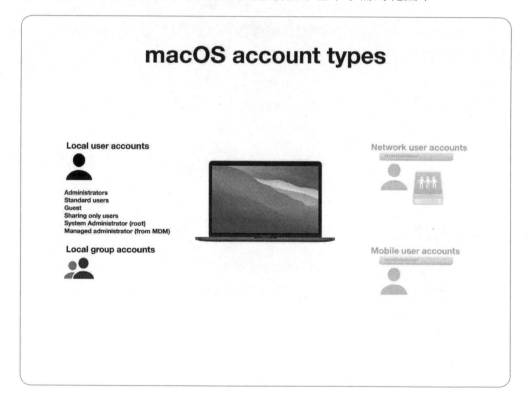

本機使用者帳號類型

如果您的 Mac 有多位使用者，設定一個本機帳號供每位使用者讓他們可以在不
干擾其他使用者的情況下自行進行設定和調整選項。macOS 提供多種本機帳號
類型以提供給管理使用者權限更佳的彈性。但因為各種帳號類型允許不同等級及
權限，因此必須要小心各帳號類型的潛在安全風險。

Mac 上總共有六種本機帳號類型（五種使用者帳號類型及一種群組帳號類型）：

▶ 管理者

▶ 一般

▶　訪客

▶　僅分享

▶　系統管理者（root）

▶　群組

管理者帳號

您可以使用您的管理者使帳號（也稱作管理者帳號）來增加或管理其他使用者、下載應用程式、以及在 Mac 上變更會影響到所有使用者的設定。當您在第一次設定 Mac 時，您第一個建立的新的使用者帳號會是管理者帳號。

您的 Mac 可以有多位管理者，管理者帳號是被稱爲管理員群組的其中一部分。

爲了確保您的 Mac 的安全性，請不要共享管理者名稱及密碼。

因爲管理者帳號是您在第一次設定您的 Mac 時使用設定輔助程式來建立最初始的帳號類型，您可能會決定要把使用者帳號設爲您的主要帳號類型。這樣的做法使您能夠更改許多您Mac上的設定及文件（某些是管理者必須要去做的）。同時，您可以更改或安裝 App Store 以外來源的軟體，但很可能會使 macOS 變得不安全或不穩定。

在預設情況下，管理者帳號使用者沒有進入其他使用者項目的權限，除非是共享的項目像是在 Finder 中的共享資料夾；然而，管理帳號使用者可以使用終端機來繞過某些他們原本不能在 Finder 中繞過的限制。

某些組織會指派給使用者一台 Mac 並允許他們以管理者帳號的身分來執行日常工作。其他組織則是會授權給科技部門以管理者帳號的身分來執行各台 Mac。然後提供一般帳號給其他使用者來執行日常工作。

當您擁有一個管理者帳號時，您可以更改 macOS 的許多地方而那是一般帳號使用者無法做到的。包括像是給其他使用者帳號刪除或變更等改變。您可以將其他管理者變成標準使用者或是將標準使用者設為管理者。

系統完整保護 （SIP） 可以防止所有使用者帳號類型包括管理者帳號來更改 macOS 核心的文件。在第 15 章節中的「管理系統資源」可以找到更多有關系統完整性保護的資訊。

您可以建立額外的一般帳號來執行更加安全的日常作業，但是要管理 macOS 需要允許至少一個管理者帳號的登入。

如果您需要幫助某個使用者但不想要讓該使用者在登入時看見您的使用者帳號，請參考 Apple 支援文章 HT203998「隱藏 macOS 上的使用者帳號」來了解如何在 macOS 的登入畫面中隱藏使用者帳號。

macOS 隱私控制防止所有類型的使用者帳號在沒有那些文件擁有者的授予許可權下讀取該特定文件。在第 9 章節中的「管理安全性及隱私權」中找尋更多有關隱私的資訊。

行動裝置管理 （MDM） 解決方案可以更改設定輔助程式來在 Mac 上執行一個叫做受管理的管理者使用者帳號，或是受管理的管理者。這樣的情形較有可能發生在 Apple 校務管理或 Apple 商務管理，且在有註冊在您組織 中的 MDM 方案的 Mac 電腦上。您可以使用您的 MDM 解決方案來隱藏管理的管理者及更改他們的密碼。下方的圖解說明了您可以使用 Apple 的 MDM 解決方案、描述檔管理程式，來在設定輔助程式中建立一個管理的管理者。

macOS 受管理的管理者帳號設定

☑ 建立受管理的 macOS 管理者帳號

　　　全名：　`Help Desk`

　帳號名稱：　`helpdesk`

　　　密碼：　•••••••••

　　　驗證：　•••••••••

☑ 在「使用者與群組」中顯示受管理的管理者帳號

☐ 將裝置的擁有者設定套用到此本機帳號

提醒 ▶ 您可以前往 support.apple.com/guide/deployment-reference-macos/, support.apple.com/guide/profile-manager/, 以及 support.apple.com/guide/mdm/mdmca092ad96/ 中的「選項於使用行動裝置管理為 Apple 裝置設定本機管理者帳號」來找尋更多有關 Apple 管理技術的資訊。

一般帳號

一般使用者帳號在建立適當密碼的情況下是安全的。他們對於大部分項目、偏好設定及應用程式有讀取權限。擁有一般帳號的使用者也同時可以全權控制他們的個人專屬檔案夾，這允許了他們可以安裝第三方的應用程式。

一般帳號使用者被允許利用幾乎 Mac 上的所有資源和功能，但他們一般不能做出任何可能會影響到其他使用者的更改，除了以下例外：

▶　一般帳號使用者可以從 App Store 安裝應用程式及應用程式更新。

▶　一般帳號使用者可以選擇何時要更新軟體當他們收到通知有可用的 macOS 軟體更新。

雖然一般帳號使用者可以下載跟安裝某些應用程式在他們自己的個人專屬檔案夾中且也有所有權限拜訪 Apple Store，他們仍然無法手動更改全系統的應用程式資料夾（除了使用 App Store 應用程式）或是其他可能更改到 macOS 的共享部分的安裝方法。這代表者一般帳號僅被允許安裝從 App Store 來的部分應用程式。Apple 在 App Store 的發佈仍維持著嚴格的控制。因此針對這項控制，對於一般帳號使用者來說，裡頭的內容都還是可以安全安裝的。

提醒 ▶ 如果您的組織想要限制使用者安裝應用程式、軟體更新或 App Store 的項目，您可以建立管理的帳號或使用行動裝置管理解決方案來設定 Mac 電腦。例如，您可以使用行動裝置管理解決方案來設定 Mac 來限制 App Store 顯示只由行動裝置管理下載的應用程式以及軟體更新。參考 support. apple.com/guide/mdm/mdmba790e53 中的「針對 Mac 電腦的行動裝置管理限制」來獲取更多相關資訊。

訪客帳號

macOS 特色在於有個特別的帳號叫做訪客使用者，或是訪客帳號，任何人只要有 Mac 的物理存取都可以登入。在使用者與群組偏好設定中，選擇訪客使用者來進行設定。訪客帳號在 macOS 的預設狀態下是不可用的。當訪客帳號被設為可用時，它的型態有點像一般帳號，只是不需要密碼就可以進行登入。

當訪客使用者登出時，訪客帳號的個人專屬資料夾會被刪除，包含一般來說在個人專屬檔案夾中會被儲存起來的項目，像是偏好設定或是網路歷史瀏覽紀錄。下一次再有人以訪客的身分登入時，會有一個新的個人專屬檔案夾建立給該使用者。

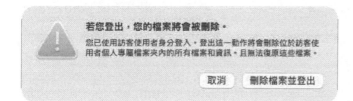

檔案保險箱影響到一個訪客帳號如何運作。如果您開啟檔案保險箱並且有人以訪客帳號的身分登入您的 Mac，您的 Mac 將會重新啟動。Safari 會是訪客使用者唯一可以使用的應用程式。訪客帳號沒有權限進入啟動磁碟。

當訪客帳號的使用者結束 Safari 或是重啟 Mac 時，訪客帳號的個人專屬資料夾會被清空且 Mac 會重新啟動。

如果您沒有開啟檔案保險箱，訪客便有權限可以進入 /Users/Shared 資料夾，並且如果 macOS Monterey 是安裝是升級過的，訪客也會有權限進入其他使用者的共享資料夾。全新安裝的 macOS Monterey 對於所有人的個人專屬檔案夾是沒有權限的，反言之如果使用者的 OS 是從先前的版本升級上來，那麼仍會保留個人專屬檔案夾的權限設定。

不同於訪客使用者的個人專屬檔案夾，當訪客登出後，其他資料夾中的內容仍會保留著。這代表該訪客使用者可以在儲存裝置內放置一些沒必要的文件。訪客使用者可以重啟或關閉 Mac，這在開機時有損害到 macOS 的潛在可能。

您可以變更共享資料夾的權限許可，訪客使用者便無法複製項目到 Mac 上。有關更改資料及資料夾許可的相關內容會出現在第 13 章中的「管理權限及分享」中。

如果您在沒有密碼的情況下打開您 Mac 電腦的資料分享服務，「允許訪客使用者連接共享資料夾」的選項會允許另一個人連接您的 Mac 電腦的共享資料夾，與此相關的內容會出現在參考 25.1 的「打開主機共享服務」中。

除非您有特殊需求需要打開訪客權限，否則建議該選項都是設為關閉的。

僅共享帳號

當您想要在不同的電腦上與某人分享資料，但又不想讓他人有能力登入您的 Mac，這時可以建立一個僅共享的使用者帳號。僅共享帳號的使用者只會擁有進入共享資料及資料夾的權限。僅共享帳號不會有個人專屬檔案夾，使用者也無法在登入視窗或是遠距情況下透過安全外殼協定（SSH）來登入您的 Mac。僅共享帳號在預設的情況下，允許將資料分享至使用者的共享資料夾投遞箱資料夾中。跟訪客使用者一樣，這些使用者可能會在內部空間添加一些不需要的資料。

您可以設定一個需要密碼的共享帳號，且您也可為該帳號設定資料及資料夾的權限。

僅共享帳號在分享資料上比起訪客使用者帳號要來的安全多。

Root 使用者帳號

您可以使用 root 使用者帳號（也被稱為系統管理者帳號、root 帳號或單純稱呼為 root）來執行比起管理者帳號所需要更多特權的那些任務。雖然可以存在一個以上的管理者帳號，但僅會有一個 root 帳號。

因為 Root 帳號擁有許多 macOS 的程序，因此 Root 帳號必須存在。MacOS 會在沒有根特權運作程序下啟動。

Root 帳號可以：

▶　進入其他使用者專屬個人資料夾中的某些資料
▶　讀寫及刪除非系統資料
▶　更改系統設定

Root 帳號不能變更被系統完整保護（SIP）的項目。在 macOS Monterey 中，
Root 帳號無法進入額外的資料，包括在其他使用者的個人專屬資料夾中那些特
別隱私和敏感的資料，像是各使用者 /Library/Application Support/folder 中
的資料。

Root 帳號比起管理者帳號擁有更多權限進入其他資料。管理者帳號沒有權限進
入另一個使用者的個人專屬資料夾（除了共享及投遞箱資料夾及在其他使用者的
個人專屬資料夾中最頂層所儲存的資料）。

macOS 預設的設定下沒有為 root 使用者帳號設定密碼。對於一名使用者來說啟
用 這個用語，意指該使用者代表您透過登入畫面來登入電腦。因此在 macOS 的
預設情況下，root 使用者是沒有啟用的。Apple 建議您禁用 root 使用者。

雖然某些工作需要您使用 root 帳號的特權，您仍可以在不需要啟用 root 使用者
的狀況下取得 root 使用者特權來完成工作。任何管理者可以使用他們自己的密
碼來使用 sudo 命令來進行在命令行介面（CLI）中利用 root 使用者帳號特權來
執行的命令。

> **警告** ▶ 不要啟用 root 使用者作為日常使用。他的權限允許您做的改變無
> 法直接還原，只能重新安裝 macOS。如果您需要啟用 root 帳號（不使用
> **sudo** 命令），確保驗證您有的 Mac 有可靠的備份且在您完成工作後禁用
> root 使用者帳號。

任何管理者都可以啟用 Root 帳號或更改已存在 Root 帳號的密碼。兩個使管理
者能夠做這些更改的應用程式分別是終端機及目錄工具程式。目錄工具程式在 /
System/Library/Core Services/Applications/folder 中。如果有人啟用了您
Mac 上的 root 使用者，您可以使用目錄工具程式來禁止 root 使用者：在目錄
工具程式中，點選鎖頭，進行管理者憑證的認證，然後選擇編輯 > 禁用 root 使
用者。

如果您 Intel 處理器的 Mac 沒有 Apple T2 安全性晶片，任何人只要有物理權
限進入您的 Mac 可以在單一使用者的模式下啟用您的 Ma c 並且取得 root 的權
限來進入您的 Mac 或使用 macOS 還原來重設任何本機帳號的密碼，包括 Root
帳號。考慮到開啟檔案保險箱可以限制使 macOS 還原的權限。可以在第 12 章
的「管理檔案保險箱」取得有關開啟檔案保險箱的資訊。考慮設定一個韌體密碼
可以限制單一使用者模式的權限。可以在參考 5.3 的「安全的啟動」一節中找到

有關設定韌體密碼的資訊。也可以在第 28 章的「故障排解及系統問題」中找到有關單一使用者模式的相關訊息。

本機群組帳號

群組帳號是一個使用者帳號清單。群組可以讓您更好控制資料及資料夾的權限。macOS 有多個內建的群組來促進安全程序及共享。例如，所有使用者帳號都是 Staff 群組中的成員。管理者使用者帳號也是管理員群組裡的成員。Root 帳號有它自己的群組（叫做 wheel）。在第 13 章中會討論到使用群組來管理共享的部分。

一般帳號也屬於員工群組中的成員。管理者帳號同時屬於 Staff 群組以及管理員群組中的成員。

7.2
設定使用者帳號

在這一節中。您會檢視到不同種方法來去管理本機使用者帳號。

使用者與群組偏好設定

從使用者與群組偏好設定中，本機使用者可以管理他們帳號中的基本設定。

任何管理者帳號的使用者可以解鎖使用者與群組偏好設定並且管理本機帳號的屬性。

建立並編輯新的使用者帳號

從使用者與群組帳號偏好設定中,在做完管理員驗證後,您可以更改任何帳號,透過從清單中選擇帳號並調整項目到右方。點選在使用者與群組清單底處的加號 (+) 來新增一個新的帳號。會出現對話框讓您可以選擇新使用者帳號的基本屬性。

在建立使用者方框最上面的新帳號目錄讓您能夠定義建立的本機使用者帳號類型:管理者、一般或僅共享。

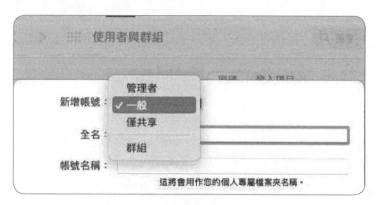

當您建立一個新的本機使用者帳號,輸入全名,macOS 會根據您的全名自動輸入帳號名稱,但您可以更改該帳號名稱。輸入給該使用者的初始密碼。您也可以輸入任意的密碼提示。

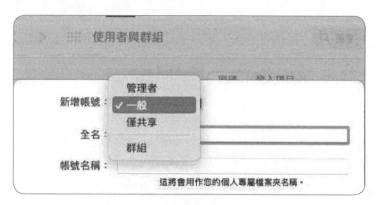

爲額外的使用者設定輔助程式

在您在您的 Mac 上首次完成設定輔助程式後，下一次您使用額外的使用者帳號來登入您的 Mac 時，您會看見針對該使用者簡短版本的設定輔助程式。可以在參考 3.1 中的「使用新安裝的 macOS Monterey 來設定 Mac」來獲取有關設定輔助程式的資訊。

就像在初始的設定輔助程式程序中，在某些畫面中您必須採取動作或做選擇，在其他畫面中，您只需要閱讀並點選繼續，然後您也可以在其他畫面中點選該選項來稍後進行功能設定。

如果在您的 Mac 上能夠使用尋找，您會看見尋找的螢幕上會提供給您一些尋找有在使用的 Apple ID 角色。可以在 9.6 中的「使用尋找」來獲取有關該功能的更多資訊。

有註冊行動裝置管理解決方案的 Mac 電腦可能會跳過簡化設定輔助程式的選項。

使用者帳號屬性

在 Mac 上，開放式目錄維持本機使用者帳號的資訊。開放式目錄儲存此資訊在一系列的 XML 文字編碼資料於一個保護的路徑 /private/var/db/dslocal/nodes/folder 之中。此文字檔包含使用者帳號屬性清單以及它們有關聯的設定。只有 root 使用者帳號才能閱讀這些資料。

你可以從使用者與群組偏好設定中取得許多使用者的屬性。在您解鎖使用者與群組偏好設定後，控制 - 點擊一個使用者帳號並從快捷目錄中選擇進階選項來顯示進階選項對話框並檢視該屬性。

進階選項

使用者：「John Appleseed」

警告：　更改這些設定可能會損毀此帳號，並且讓使用者無法登入。您必須重新開機之後才能使這
　　　　些設定的變更生效。

使用者識別碼：　503

群組：　staff

帳號名稱：　john

全名：　John Appleseed

登入 Shell：　/bin/zsh

個人專屬目錄：　/Users/john　　　　選擇⋯

UUID：　A0AC84A5-F6F3-4F14-85A6-1C5EA9949B28

替身：

＋｜－

取消　好

您可以編輯使用者帳號設定。使用者帳號設定包含：

▶ 　使用者識別碼 - 該數字是用來標示是帳號中文件和資料夾的所有人。雖然有
可能會發生重複的情況，但是這數字通常對於在各台 Mac 上的各個帳號來
說是有唯一性的。使用者帳號從識別碼 501 開始，反之大部分的 macOS 系
統帳號的使用者識別碼都在 400 以下。使用者識別碼相較於本機 Mac 上的
其他使用者識別碼來說都有獨一性，但對於其他 Mac 電腦之間可能會使用
相同的使用者識別碼。 例如您第一個建立在任何一台 Mac 上面的識別碼會
是 501。當您刪除一個使用者帳號，該使用者識別碼便會變成可用的，然後
您建立的下一位使用者便會從最小數字的可用識別碼開始。

▶ 　群組 - 使用者主要的群組。員工群組是給本機使用者的預設主要群組，就連
管理者帳號也在其中。管理者帳號也是管理員群組中的成員。

▶ 　帳號名稱 - 又稱作「簡稱」。您使用這個名稱來獨特地辨識該帳號，然後在
預設情況下，也會使用該帳號名稱給該使用者的個人專屬資料夾命名。使用
者可以選擇要使用全名或帳號名稱，都可以互相共通去認證。

其他在 macOS 的帳號必須要有個唯一的名字，而且名字不能夠包含特殊字元或空格。不允許的特殊字元包含逗號、斜線、冒號、分號、括號、引號以及符號。允許的字元包含破折號、下劃線及點。

提醒 ▶ 使用者帳號的名稱和個人專屬資料夾的名稱必須一致。所以如果您需要更改使用者帳號的名稱，記得別只改使用者帳號欄位的名稱。您需要使用管理者帳號來先更改使用者個人專屬資料夾的名稱，然後再更改使用者帳號名稱。可以參考 Apple 支援文章 HT201548「更改您 macOS 使用者帳號和個人專屬資料夾的名稱」來獲取更多資訊。

▶ 全名 - 使用者的全名。全名可以很長且包含有幾乎所有字元。其他在 macOS 中的帳號必須都要有個不同的全名。您可以在之後更改全名。

▶ 登入 Shell- 資料路徑由帳號在終端機的預設的命令行來定義。任何被允許使用終端機中預設命令行的使用者擁有可以給新的使用者設定路徑至 /bin/zsh。從較早 macOS 版本移過來的使用者可能會有一個不同的 Shell：/bin/bash。管理者以及標準使用者都共同擁有此項權限。

▶ 個人專屬目錄 - 此資料路徑定義了該使用者個人專屬資料夾的位置。所有使用者只有「僅共享帳號使用者」沒有個人專屬資料夾，其他使用者都擁有 /Users/name 此項預設設定，名稱是帳號名稱。

▶ 通用唯一辨識碼（UUID）- 有時候也被稱作生成的單位識別密碼（GUID），此字母數字屬性會在 Mac 中建立帳號時產生，而且是跨越時空中唯一的存在。在該屬性被建立後，不會有系統再建立擁有相同的 UUID 的帳號。此 UUID 是用來比對使用者密碼及群組成員資格以及資料權限。建立在一台 Mac 上的 UUID 即便對於另一台 Mac 來說都是獨一無二的。

▶ 替身 - 用來聯繫本機 Mac 使用者與其他服務帳號。例如，一個使用者的 Apple ID 與本機帳號相連。此屬性對於 macOS 來說是選擇性的，但對於和 Apple 的網路服務像是 iCloud 一體化來說是必須的。你也可以將帳號名稱或是全名改為別名如果您比較喜好該使用者有較短的或不同的名稱。例如，John Appleseed 在登入時可能會比較希望使用 JA 來當作他的名字。

本機使用者帳號密碼會被儲存在加密屬性中來提升安全性。可以在第十章中的「管理密碼變更」來獲取更多有關密碼管理的細節。

7.3
使用螢幕使用時間限制本機使用者

使用螢幕使用時間來做下列事項：

▶ 　檢視每日及每周圖表來取得有關您螢幕使用時間的分析。

▶ 　設定遠離螢幕使用時間的時程表。

▶ 　設定應用程式類及特殊應用程式的每日時間上限。

▶ 　限制通訊設定（如果使用者使用 iCloud 帳號來登入）。

▶ 　對於不當內容、購買及下載的限制設定。

▶ 　針對隱私的限制設定。

▶ 　建立密碼來保護螢幕使用時間設定並在限制時間到期時再允許更多時間。

▶ 　當孩童登入自己的帳號或是使用有啟用 iCloud 家庭共享功能的 Apple 裝置時，監控並限制小孩使用 Apple 裝置。

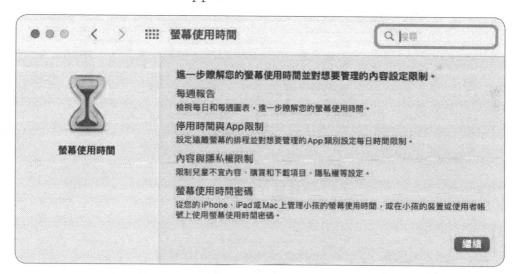

設定螢幕使用時間

螢幕使用時間偏好設定可以在系統偏好設定中找到。如果有一個或以上的小朋友會使用您的 Mac，您可以給每個孩子設定分別的時間限制。您甚至可以給每個孩子設定分開的密碼，如此一來他們便無法更改設定，也無法在沒有您或其他成人先輸入密碼的情況下同意給自己更多的時間。

您可以登入每個孩子的帳號，然後為各小孩設定螢幕使用時間。家庭共享可以讓過程更加簡單。當您開啟家庭共享，您可以用您的帳號來登入，打開螢幕使用時間偏好設定，選擇一個孩子的帳號，並進行要給該孩子的螢幕使用時間設定偏好設定，並在不登出的情況下繼續進行其他孩子的螢幕時間設定偏好設定。

家庭共享可以使最多六名家庭成員在不分享帳號的情況下，更輕易簡單就能夠分享下列功能及更多：

▶　Apple 裝置像是 Apple Music、Apple TV+、Apple News+、Apple Arcade 以及 Apple Card

▶　iTunes, Apple Books 以及 App Store 購買

▶　iCloud 儲存空間方案

▶　家庭共享日曆及家庭相簿

▶　利用尋找來協助定位其他人遺失的裝置

您可以在 www.apple.com/family-sharing 中找到更多有關家庭共享。

您第一次使用任意使用者帳號登入您的 Mac 時，設定輔助程式會顯示螢幕使用時間的畫面。如果您點選繼續，然後在您完成後設定輔助程式 macOS 會收集您使用的應用程式，您拜訪的網站還有您收到的警示。

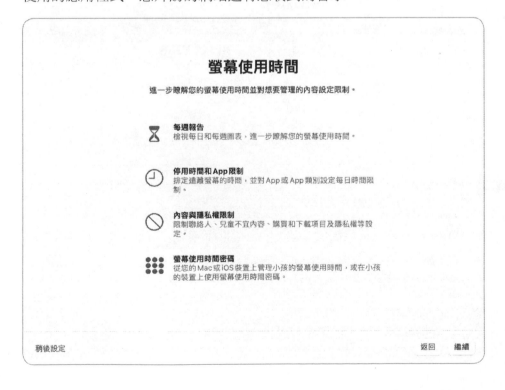

反之，如果您點選稍後設定，您需要在您可以開始使用螢幕時間偏好設定應用限制之前打開螢幕使用時間。打開系統偏好設定，並點選開啟。

如果您使用 iCloud 帳號登入，螢幕使用時間偏好設定會顯示兩項額外的項目：

▶　在所有裝置上共享

▶　通訊限制

當您選擇「在所有裝置上共享」，螢幕使用時間會綜合回報結合您有使用您
iCloud 帳號登入的任何 iPhone、iPad 或 Mac 上的螢幕使用時間。

如果您使用您的 iCloud 帳號登入且並尚未建立家庭共享，家庭共享的按鈕便會
出現。

除了您當下的使用者可以使用螢幕使用時間。如果您登入的 Apple ID 是家庭共享帳號，並且成員有孩子的，點選左上角的目錄來選擇並爲孩子設定螢幕使用時間。

當您爲小朋友設定螢幕使用時間，您可以選擇包含網站數據來啟用該功能，使您在檢視用量時可以看到此數據。並且您可以設定螢幕使用時間密碼來保護爲小朋友設置的螢幕使用時間。

當您設定螢幕使用時間的密碼，輸入四位數字時，您輸入的數字會被隱藏住，所以在您輸入後會被要求再次驗證。確保在孩子有機會輸入自己的密碼之前幫他們輸入一組密碼。在建立密碼後您會被要求輸入您的 Apple ID 來備援您的螢幕使用時間密碼。萬一您忘記螢幕使用時間密碼時，使用 Apple ID 給您一個安全的方法來進行重設。

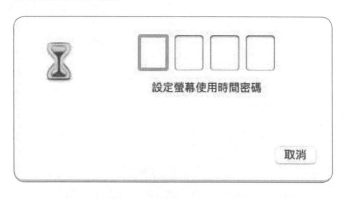

在螢幕使用時間為一使用者開啟時，您可以檢視用量資訊。如果您使用家庭共享，您可以選擇不同的使用者和裝置。

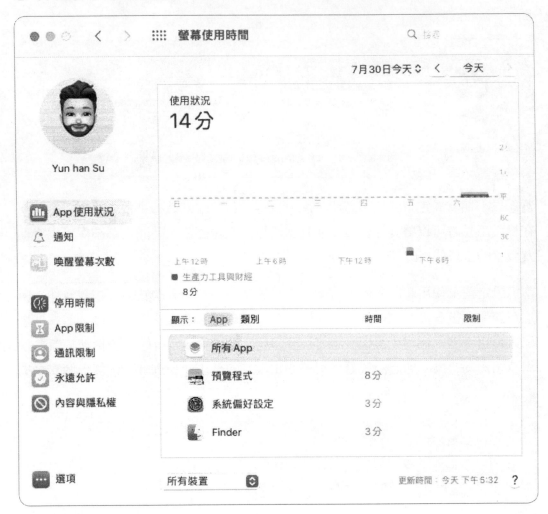

您可以為個別使用者進行下列目錄中的設定：

▶   停用時間：安排遠離螢幕的時間，像是在用餐或是睡覺期間。

▶   App 限制：在應用程式中及在網站上允許有限制的時間。您可以為特別的應用程式、應用程式種類和網站設定限時。加上如果您使用家庭共享，你可以選擇「達到限制時阻擋」，這樣一來孩子便可以向父母或管理員請求更多時間。

▶   通訊限制 - 您可以指定電腦或裝置的使用者能夠和誰聯繫。這些限制應用在 iPhone、FaceTime、訊息以及 iCloud 的聯絡人。在螢幕使用時間的期間，

您可以選擇下列的選項：「只限聯絡人」、「聯絡人與包含至少一位聯絡人的群組」或「所有人」。在停用時間時，您可以選擇特定聯絡人或選擇所有人。而你的電信公司所支援的緊急號碼則是永遠不受限制的。

▶ 永遠允許：選擇可以在任何時間使用的應用程式，就算是休息時間（例如：FaceTime 和訊息在緊急情況下可被使用）

▶ 內容與隱私權：限制內容（網站內容、Siri& 字典、遊戲、音樂），購買、特定應用程式及下載，以及選擇隱私設定。

如果您選擇在設定管理者時使用螢幕使用時間密碼，您會看見一個對話框建議您將帳號轉換至一般帳號：

▶ 如果您點選現在「現在不要」，您不會此時建立螢幕使用時間密碼，然後macOS 會引導您會到螢幕使用時間偏好設定。

▶ 如果您選擇「允許該使用者管理此電腦」然後點選下一步，您便可以為自己設定一組螢幕使用時間密碼。

▶ 「不允許該使用者管理這台電腦並建立一個新的使用者帳號以成為管理者」如果您在設定輔助程式中建立第一個電腦帳號時提供您小孩名字且最近有使用您小孩的帳號來以管理者帳號的身分登入，會比較適合選擇這個選項。如果您選擇該選項，並點下一步，螢幕使用時間偏好設定會顯示對話框來讓您可以為自己或另一名成人建立管理者帳號。

在您為這個新的管理者帳號輸入有效的資訊後，點選「建立使用者」然後孩子的管理者帳號將會被轉換到一般帳號。此時您仍會以小孩的帳號來登入。

參考 Apple 支援文章 HT210387 的「在您的 Mac 上使用螢幕使用時間」來獲取更多有關螢幕使用時間的資訊。

7.4
設定登入和快速使用者切換

在「使用者與群組」偏好設定中選擇登入視窗的選項。您可以使用行動裝置管理解決方案來在多台 Mac 電腦上管理登入視窗的行為。

使用快速使用者切換，macOS 讓多位使用者可以在同一時間登入同一台 Mac。

管理使用者登入項目

您可以在「使用者與群組」偏好設定中的登入選項中修改會自動開啟的項目。該清單中的項目只適用在當下登入的使用者帳號。

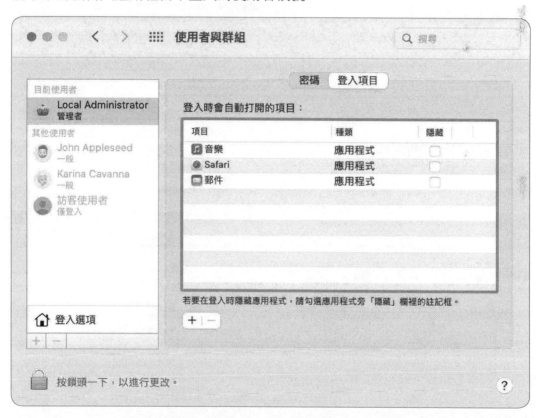

拖曳項目到登入項目或是點選新增（＋）按鈕並瀏覽項目新增。選擇清單中的項目並點選移除（-）按鈕來移除它。選擇隱藏的選項來開啟該應用程式但不會被顯示。

管理系統登入視窗選項

以管理者進行驗證並點選使用者帳號清單最底下的登入選項來調整系統性的登入
視窗功能。

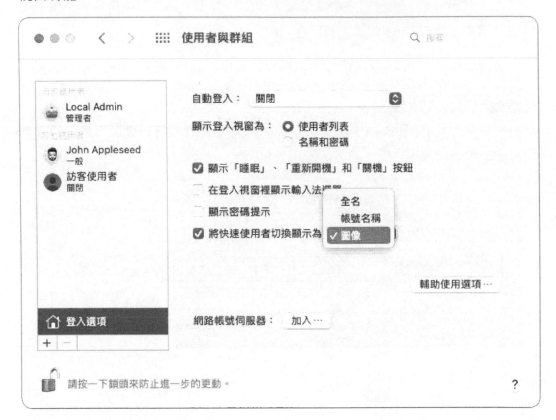

在登入視窗選項中，您可以：

▶　啟用或禁用當 Mac 開啟時自動登入。預設選項為關閉。您可以將它開啟如
　　果您的檔案保管箱是關閉的。您僅可以定義一個帳號作為自動登入。

　　提醒 ▶ 不建議將管理者設定自動登入。如果這樣做，別人一旦擁有物理權限
　　便可以進入您的 Mac 並重啟您的 Mac 並增加管理者的特殊權限。

▶　選擇是否要讓登入視窗中顯示可使用的使用者清單、使用預設設定，或是空
　　白名字以及密碼欄位。如果您的 Mac 顯示可使用的使用者清單，未驗證的
　　使用者可以挑選一個並嘗試密碼來登入。如果您的 Mac 沒有顯示可使用的
　　使用者，未驗證的使用者則需要嘗試使用者名稱和密碼來登入。

▶ 決定是否顯示「睡眠」、「重新開機」和「關機」按鈕。若 Mac 處在需要更安全的環境下時，不應該開啟此設定。

▶ 明定使用者可以輸入的內容。這個選項讓使用者在登入視窗可以輸入非羅馬字母，像是西里爾字母或是漢字。

▶ 決定是否要在登入視窗嘗試輸入密碼錯誤達三次後顯示密碼提示。

▶ 開啟或關閉「快速使用者切換」並選擇它的最初外觀。其他使用者可以在「Dock 與選單列」的偏好設定中進行調整然後在選擇它會顯示在哪裡，使用者可以調整「快速使用者切換」選單來顯示使用者的全名、帳號名稱或是圖像。

▶ 讓使用者能夠在登入視窗中使用輔助使用選項，包括旁白、縮放、輔助使用鍵盤、暫留按鍵、慢速按鍵、模擬滑鼠。

▶ 設定選項來允許全部、無、或只有特定網路使用者在登入視窗中進行登入。這個選項只會當您的 Mac 連結到一個目錄服務才會顯示。

▶ 設定 Mac 以使用由共享網路目錄的網路帳號。

您設置三行的訊息顯示在登入視窗中，或是螢幕被「安全性與隱私權」的偏好設定鎖住時，如同第九章所涵蓋的內容。如果您的機構需要一個完整的政策橫幅，參照 Apple 支援文章 HT202277 中的「如何在 macOS 中設定政策橫幅」的指示來進行設定。

快速使用者切換

快速使用者切換讓使用者在不需要登出或是結束應用程式的情況下可以切換使用者帳號。當另一個或一個以上的使用者登入 Mac 時能讓原本的使用者能保持工作於背景作業。返回的使用者可以在他們登入之後恢復工作。

快速使用者切換目錄會在您新增本機使用者帳號後出現。這個目錄選項會出現在螢幕的右上角。選單顯示的預設值會是在圓圈裡的身影。在圖片中，橘色的標記會顯示在最近登入的使用者旁邊、Local Administrator。如果您選擇 John Appleseed，您將會被提醒要提供 John Appleseed 的密碼。

下列的圖顯示出了在您提供 John Appleseed 的密碼然後點選快速使用者切換後會發生什麼事：

▶ 橘色的打勾標記會顯示在圖片的當前的使用者 John Appleseed 的旁邊。

▶ 灰色的打勾標記會顯示在其他也登入的的使用者旁邊的圖片，在這情況下，本機管理者也同時登入。

如果您沒有看到這個目錄選項，管理者可以從使用者與群組偏好設定中的登入選項控制將它打開。

任何使用者都可以設定是否要在「Dock & 選單列」偏好設定中顯示快速使用者切換選項。

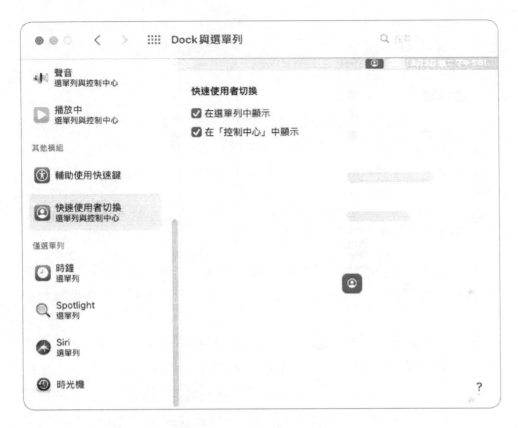

任何使用者可以更改快速使用者切換項目的外觀。

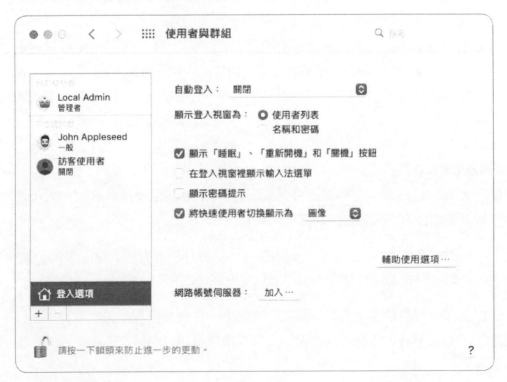

當另一個使用者登入時，從快速使用者切換目錄選擇該使用者名字並讓該使用者
輸入他們的密碼來切換至該使用者。

快速使用者切換衝突

Apple 原生的 macOS 應用程式在快速使用者切換過程中聰明地運作。舉例來說，
當您在帳號之間互相切換時音樂會自動地靜音或取消靜音，並且郵件會繼續在背
景中檢查新訊息。在少見的情況下，當超過一位使用者嘗試取得某項目時資源衝
突可能會發生。

快速使用者切換的資源衝突例子包含：

▶ 　應用程式衝突 - 某些應用程式被設計一次只能一位使用者使用。如果其他
　　使用者嘗試打開這些應用程式，他們會看到錯誤的訊息框，或應用程式不
　　會打開。

▶ 　文件衝突 - 有時候一使用者開啟文件並持續用快速使用者切換來登入。這可
　　以防止其他使用者來全權取得該文件。 舉例來說，Microsoft Office 的應用
　　程式像是 Word 及 Excel 允許其他使用者以唯讀的方式開啟文件且如果使用
　　者嘗試要儲存修改，會顯示錯誤的對話框。其他應用程式不允許不同的使用
　　者開啟文件。在最糟的情況下，應用程式同時允許兩個人編輯檔案，但儲存
　　修改只會是最後存檔的人 - 而且並不會跳出錯誤信息。

▶ 　電腦週邊設備衝突 - 有些電腦週邊設備只能在同一時間由單一使用者進入
　　電腦週邊設備衝突可能會發生在一使用者讓應用程式與該週邊設備連接
　　時。電腦設備會一直到使用者結束原本的應用程式才會對其它應用程式顯
　　示可用狀態。

快速使用者切換儲存問題

當一使用者將一外部的儲存裝置連接至 Mac 上，對於其他使用者來說也是可使
用的，就算他們沒有在裝置連接到電腦時登入。

已掛載的磁碟映像檔則不同。只有掛載磁碟映像檔的使用者有所有權限來讀 / 寫。
其他使用者對於已掛載的磁碟映像檔可能只會有閱讀的權限。

共享的網路卷宗對於快速使用者切換仍保持安全。在預設情況下，只有原本連接
到網路空間的使用者有權限可以進入。就算有多位使用者嘗試進入相同的網路空

間，macOS 會自動產生多個擁有不同權限的掛載點給各個使用者。例外的情況是該網路個人專屬資料夾被網路帳號所分享。當一網路使用者成功登入時，從相同伺服器的其他使用者會無法取得他們網路個人專屬資料夾的權限，快速使用者切換不支援網路帳號。

解決快速使用者帳號問題

因為資源和應用程式原理不同，快速使用者切換的問題不會總是持續地回報或淺顯易懂。如果您在碰到文件、應用程式或電腦週邊設備存取權限錯誤，檢查其他使用者是否有登入。如果有登入，讓其他使用者登出並再嘗試進入那些項目。

您不能為已登入的使用者更改密碼或管理使用者帳號。登入的使用者帳號會顯示反灰的，就像下圖的使用者帳號 John。

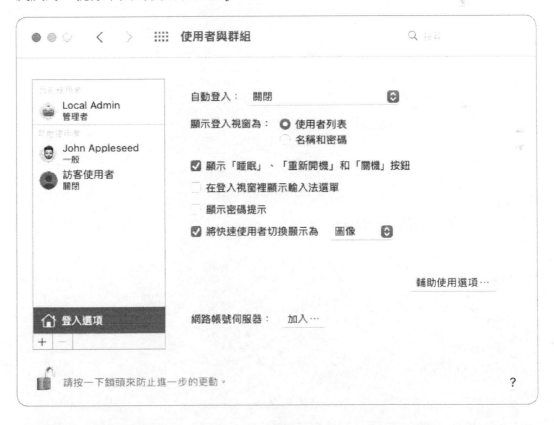

如果您無法登出其他使用者，您可以強制結束被其他使用者開啟的應用程式或是重啟 Mac 來強制其他使用者登出。強制結束開啟文件的應用程式可能會造成資料遺失。您可以使用第 20 章節中的「管理並問題偵測應用程式」提到的技巧來強制結束已開啟的應用程式。

如果您重啟 Mac，您可能會遇到其他問題。如果其他使用者登入，您需要在重啟電腦前強制結束他們已經開啟的應用程式。macOS 提供驗證的重啟視窗來讓您可以強制結束應用程式，但您可能會失去已經開啟應用程式的資料。

重新開機可能會導致登入此電腦的其他使用者遺失尚未儲存的更動。

若要避免遺失未儲存的更動，在重新開機之前請登出所有使用者。若要繼續進行而不儲存更動，請輸入管理者名稱和密碼，然後按一下「重新開機」。

名稱：

密碼：

切換使用者…   取消   重新開機

參考 macOS 使用者手冊中 support.apple.com/guide/mac-help/ mchlp2439 的「在 Mac 上快速切換使用者」來獲取更多資訊。

練習 7.1
建立一個標準使用者帳號

▶ 前提

▶ 您必須要建立一個 Local Administrator 帳號（練習 3.1,「練習設定一台 Mac」）。

▶ 您必須要開啟檔案保險箱（練習 3.2,「配置系統偏好設定」）。

▶ 您必須要準備一個和你平常使用的 Apple ID 不同的 Apple ID，只用來作為練習使用的（不具生產性的 Apple ID）。不要使用您在其他的 Apple ID 裝置上使用您平常會使用的個人 Apple ID。

提醒 ▶ 此練習在接下來大部分的練習中都會用到。

您在第一次設定您的 Mac 時會建立一個管理者帳號。在這個練習中，您要建立一個額外的帳號（一個標準的使用者帳號）來讓您了解使用者體驗。

您也要把新的帳號和 Apple ID 聯繫在一起，這樣一來您便可以用它來取得 iCloud 的服務。這樣做讓您能夠完成接下來有需要用到 iCloud 的練習。

建立一個標準的使用者帳號

1. 在必要情況下，以本機管理者的身分登入。

2. 打開系統偏好設定，然後點選使用者與群組。

3. 點選鎖頭符號並以本機管理者使用者的身分來驗證進入使用者與群組偏好設定。

4. 點選帳號清單底下的加號（＋）按鈕，然後輸入下列的資訊：

新增帳號：一般
全名：**John Appleseed**
帳號名稱：**John**
密碼：**Apple321!**
驗證：**Apple321!**

確保您有在驗證欄位中輸入和密碼欄位一致的文字。這很重要，你需要記住密碼因為您會需要定期地重新輸入密碼。

5. 點選建立使用者。

因為檔案保險箱是被開啟的，macOS 會自動讓 John 的帳號可以使用檔案保險箱，因此 John 可以在 Mac 重啟後解鎖啟動空間。

因為您有進行管理者驗證，您可以在這裡設定其他帳號的屬性，包含更改 John 的使用者圖像、重設 John 的密碼或給予 John 的管理者權利。

登入新的使用者帳號

在這些步驟中，您登入 John 的帳號來操作更進一步的帳號設定。在您做這個練習之前確保您有連接上網路。

1. 從 Apple 選單中，選擇登出本機管理者。

2. 在詢問您是否確定的對話框，點選登出。

3. 在登入視窗中，選擇 John Appleseed，然後輸入密碼。

4. 在輔助設定畫面中上，開啟任何輔助設定需求，然後點選繼續。如果您不想要現在就設定輔助設定，點選現在不要。

5. 在資料及隱私的畫面中，閱讀並同意 Apple 的隱私權政策，並點選繼續。

6. 在使用您 Apple ID 登入的螢幕中輸入您的非生產性帳號，然後點選繼續。

   因為該帳號沒有和 Apple ID 連結，因此您會使用一個非生產力的 Apple ID 來連結至 John 的帳號。不要使用您個人的 Apple ID。您將使用這個 Apple ID 來在您的 Mac 上設定 iCloud。

7. 輸入您 Apple ID 的密碼，並點選繼續。

8. 如果您被要求要使用雙重認證，勾選註記框中的「使用雙重認證」，然後照著提醒。如果您這次不想要使用雙重認證，取消勾選方框，點選繼續，在提醒中，點選不要升級。

   提醒 ▶ 對於任何正式使用的 Apple ID ，您應該使用雙重認證來保護您的 Apple ID。

9. 如果必要的話，透過您任一個裝置來驗證您的身分。照著提醒來完成驗證。如果您沒有看到提醒，跳至步驟 10。

   因為您的 Apple ID 可以使用雙重認證，您會被要求驗證您的身分。

10. 如果您沒有信任的裝置，選擇「沒有收到驗證碼？」然後選擇「輸入傳送到您受信任電話號碼中的驗證碼」照著提示來完成驗證。

11. 在合約條款的畫面，閱讀 iCloud 的合約條款，並勾選「我已經閱讀並同意 iCloud 的合約條款內容」，並點選同意。

12. 如果有確認對話框出現，點選同意。

13. 如果您被要求要設定 iCloud 的鑰匙串，點選稍後設定，並勾選繼續。

14. 如果出現尋找的畫面，詳閱提供的資訊並點選繼續。

15. 在螢幕使用時間畫面上，點選稍後設定。

16. 如果您被要求要設定 Siri，取消勾選使用詢問 Siri，並點選繼續。

17. 在「您所有在 iCloud 上文件及照片」螢幕上，取消勾選「儲存文件和桌面中的資料至 iCloud 雲碟」和「儲存照片及影片至 iCloud 照片」然後點選繼續。

18. 如果您被要求要設定 Touch ID，點選稍後設定 Touch ID，然後在確認對話框中點選繼續。

19. 如果您被要求要設定 Apple Pay，點選稍後設定。

20. 在選擇您的鎖定螢幕上，選擇您喜好的外觀，然後點選繼續。

調整 John Appleseed 的偏好設定

就像您對本機管理者帳號所做的設定一樣，您可以調整 John Appleseed 的偏好設定來啟用相關內容的權限。

1. 在 Finder 選單列，選擇 Finder > 偏好設定。

2. 如果必要的話，點選工具列中的一般，然後選擇「硬碟」和「連接的伺服器」來讓 macOS 顯示在您的桌面上。

3. 從「開啟新 Finder 視窗時顯示」選單，選擇啟動卷宗（一般是叫做 Macintosh HD）。

4. 在 Finder 偏好設定視窗中的工具列，點選側邊欄。

5. 選擇側邊欄的喜好項目中的「John」和位置中的「硬碟」。「硬碟」需要完全被勾選（打勾標記在方框中），不是部分勾選（破折號在方框中）。

6. 關閉 Finder 偏好設定視窗。

7. 前往 /Applications 資料夾（選擇前往 > 應用程式或按 Shift-Command-A）。

8. 就像您在練習 3.3 中本機管理者帳號所做的練習那樣，「下載學生素材」，拖曳文字編輯應用程式到 John 的 Dock 的分隔線左側。

9. 前往 /Users/Shared。當 John 的 Finder 偏好設定已完成設定來讓硬碟顯示在桌面上，您可以從桌面開啟 Macintosh HD、開啟使用者資料夾並及開啟共享資料夾。

10. 拖曳 StudentMaterials 資料夾到 John 的 Dock 的分隔線右側。

11. 開啟系統偏好設定，然後點選桌面與螢幕保護程式。

12. 選擇一個不同的桌布。

13. 調整觸控式軌跡板 / 滑鼠的偏好設定，就像在練習 3.2 中在本機管理者帳號做的練習「設定系統偏好設定」。

檢視 John Appleseed 的帳號

使用下列的步驟來確認 John Appleseed 的帳號，一個一般帳號，不像管理者帳號一樣有高權限。

1. 如果必要的話，打開系統偏好設定，然後點選使用者與群組。

   比起先前以本機管理者的身分登入，現在您會有不同的選項。例如，您無法允許自己或選擇您以外的任何帳號來管理 Mac。但是你仍可以為您自己的帳號設定聯絡人名片或增加登入項目（您每次登入的時候登入項目都會開啟）。

2. 確認您沒有選取除了 John Appleseed 以外的帳號。

3. 在左下角的地方，點選鎖頭符號並以本機管理者的身分進行驗證（本機管理者全名或帳號名稱 ladmin）。這會開啟使用者與群組偏好設定並讓您可以針對其他使用者和群組帳號進行更改，即便當下您是以 John Appleseed 的身分進行登入。

4.　在帳號清單中以右鍵點選 John 的帳號，然後從選單中選擇進階選項。

出現進階選項視窗並顯示 John Appleseed 帳號隱藏的屬性。

您的屬性清單可能會有與您的 Apple ID 有關的資訊。

5.　點選取消（或按 Command- 點）來取消此視窗。

6.　結束系統偏好設定。

第 8 章
管理使用者個人專屬檔案夾

當您登入您的 Mac 後，您可以安全的儲存文件在
您的個人專屬檔案夾。您也可以儲存及使用位於
其他位置的檔案，但是本課重點在於您的個人專
屬檔案夾。在 macOS Catalina 或之後版本，您
的個人專屬檔案夾是儲存於可讀寫 APFS 資料卷
宗，技術性上是跟您的唯讀 APFS 系統卷宗分開，
不過這個分隔方式並不會造成除錯上的不同。

> 提醒 ▶ 本章節的附圖演示不同使用者登
> 入時的狀況。大部分的附圖都是在 Local
> Administrator 已登入的狀態，但是側邊欄
> 會顯示 John Appleseed 已經使用 Apple ID
> 登入並正在使用 iCloud Drive 同時使用「時
> 光機」進行備份。

目標
▶ 描述使用者個人專屬
  檔案夾

▶ 移除使用者的帳號並
  保留其個人專屬檔案
  夾及內容

▶ 遷移並復原個人專屬
  檔案夾

8.1
使用者個人專屬檔案夾

本機預設儲存個人專屬檔案夾的位置是 /Users/
name，name 是使用者的帳號名稱。

大多數的 Mac 使用者不需要太多原因來思考自己
專屬檔案夾以外的其他檔案跟檔案夾。不過如果
您要在您的 Mac 上分享檔案給其他使用者、分享
檔案到區域網路上的其他裝置、或者協助其他人
的 Mac 電腦除錯，這樣了解使用者檔案夾基本上
在檔案系統中的作用就會非常有幫助。

其中的一個方式是使用 Finder。在 Finder 選擇「前往」>「電腦」（或按下 Shift-Command-C）。Finder 就會顯示您的啟動磁碟，預設名稱是 Macintosh HD。

提醒 ▶ Finder 可能也會顯示其他已經裝載的儲存裝置。另外 macOS 簡化了在 Finder 及在終端機上面檔案系統部件的顯示方式。您可以在第 11 課「管理檔案系統及存儲」上取得更詳細的資訊。

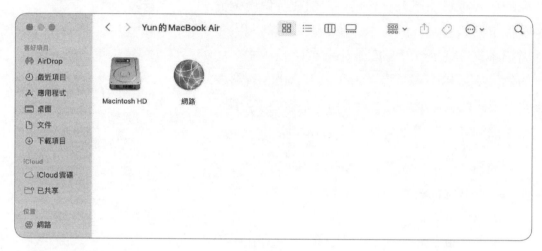

在您開啟您的啟動磁碟後，Finder 顯示數個檔案夾，包含使用者檔案夾。

使用者檔案夾包含個人專屬檔案夾及共享檔案夾，另外如果有啟動訪客帳號，您也將會看到訪客檔案夾。Finder 使用一個房子的圖像來顯示您的個人專屬檔案夾，在下列的範例中，jane，john，kcavanna 及 ladmin 是使用者的帳號名稱

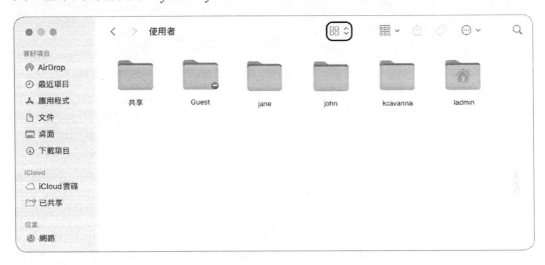

在 Finder 視窗的工具列，按下「顯示方式」選單（在上方圖例中用黑色匡起）然後選擇「直欄」（或選擇「顯示方式」>「直欄」）來改變使用者檔案夾的顯示方式。

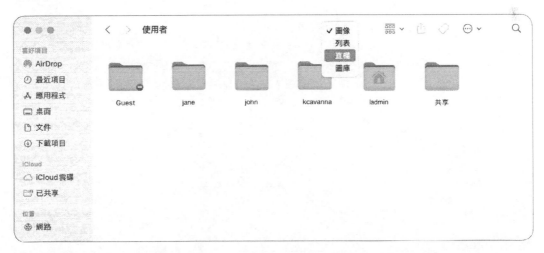

提醒 ▶ Finder 視窗預設「顯示方式」為下拉選單，但是如果您的 Finder 視窗有足夠寬度，「顯示方式」會顯示為四個獨立的「顯示方式」按鈕（圖像、列表、直欄、圖庫）而不是單一下拉選單。

下方演示圖說明，使用者檔案夾會被包含在啟動磁碟中，而個人專屬檔案夾會在
使用者檔案夾裡。

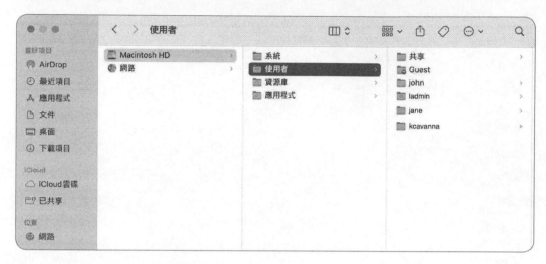

當您建立一個新的使用者帳號，macOS 自動產生該帳號的專屬檔案夾。一個專
屬檔案夾內包含以下這些預設可見的檔案夾：桌面、文件、下載項目、影片、
音樂、圖片及公用。在 Finder 中，你可以用以下方式開啟專屬檔案夾：前往 >
個人專屬或是按下 Shift-Command-H。

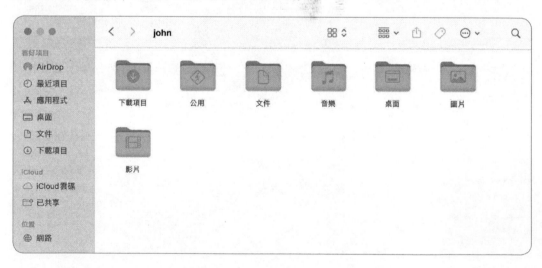

提醒 ▶ 如果您使用您的 iCloud 帳號登入且開啟 iCloud Drive，並開啟桌面
與文件檔案夾功能選項，那麼 Finder 只會在側邊欄的 iCloud 區塊顯示您
的桌面與文件檔案夾。19.4「儲存文件至 iCloud」對此有詳細的解說。

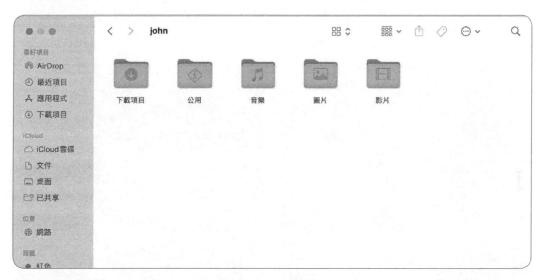

您儲存在桌面的檔案會出現在您的桌面及「桌面」檔案夾。

您可以在桌面上使用「堆疊」功能，有組織地整理分組桌面上的檔案。每當您儲存檔案到桌面上，系統就會自動將該檔案加入適當的堆疊中。這樣可以讓您的桌面保持簡潔。要啟動堆疊功能時，只要點擊桌面讓 Finder 成為使用中的 app 後，從「顯示方式」選單上選擇「使用堆疊」，或者在任何時候，您也可以按住 Control 鍵並按一下桌面，然後選擇「使用堆疊」。

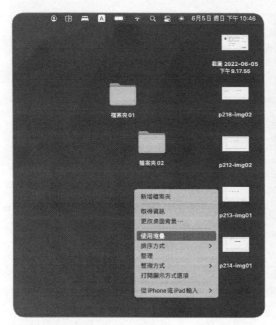 

您從網際網路下載的資料會預設儲存在「下載項目」檔案夾。

您的個人專屬檔案夾也包含一個稱為「資源庫」的資料夾，它包含使用者相關的偏好檔案，字體，聯絡人名單，鑰匙圈，信箱，最愛，螢幕保護程式以及其他應用程式的資源庫。「資源庫」資料夾在 Finder 的檢視模式是預設為隱藏。

文件、影片、音樂、圖片的預設儲存位置是各自位於「文件」、「影片」、「音樂」、「圖片」檔案夾。

如果您開啟其他使用者的「個人專屬」檔案夾，除了「公用」檔案夾外，您無法瀏覽其他使用者預設檔案夾內的資料。

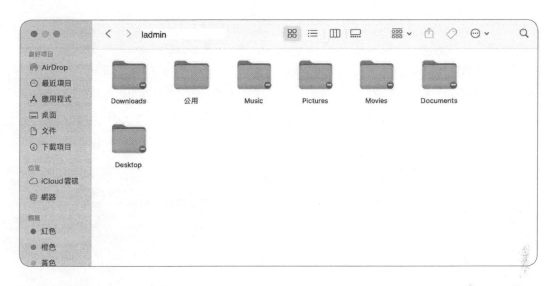

但是如果有人把檔案儲存在他的「個人專屬」檔案夾的最上層而不是在「個人專屬」檔案夾內的子檔案夾之內，其他使用者就可以看到這個檔案。您可以在第 13 課「管理權限及分享」取得更多相關更改檔案權限的資訊。下圖範例演示如果 John 儲存一個名為「Confidential Salaries」的檔案在他的「個人專屬」檔案夾，另一位使用同一台 Mac 電腦的使用者就可以看到並開啟該檔案（但是無法進行任何修改）。

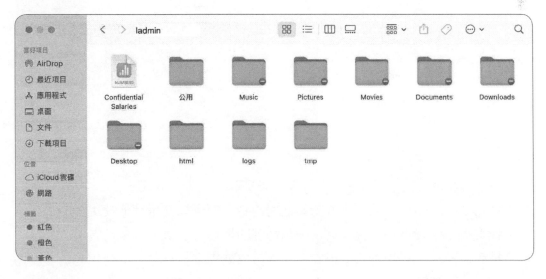

如果您分享檔案給其他使用相同 Mac 電腦的使用者，請把分享的檔案儲存在您的「公用」檔案夾。如果您開啟「檔案分享」服務功能，連線至您的 Mac 電腦的使用者也可以看到「公用」檔案夾中的檔案。第 25 章「管理主機共享及個人防火牆」有更多關於透過網路分享檔案的相關資訊。下列圖片演示從 John Appleseed 的觀點看到為位於 John Appleseed 的「公用」檔案夾中的一個名稱為 Shared Task List 的檔案。

其他使用者可以看到您在「公用」檔案夾的內容，而您也可以看到其他使用者位於「公用」檔案夾的內容。承接上圖，接下來的範例演示其他使用者看到 Finder 如何顯示 John Appleseed 包含他的「公用」檔案夾的「個人專屬」檔案夾內容。

如果您希望把一份檔案的副本傳給其他使用者，您可以使用其他使用者的「投遞箱」檔案夾。「投遞箱」檔案夾是一個特別的檔案夾，每一個使用者的「公用」檔案夾內都有一個「投遞箱」檔案夾。您可以把檔案放在另一位使用者的「投遞箱」檔案夾，但是您只要放入檔案後就無法將該檔案移除，並且您無法看到其他使用者的「投遞箱」檔案夾裡面的內容。

除了可以把檔案放入「投遞箱」外，其他使用者不能在您的「公用」檔案夾新增或者修改資料。

您可以依照第 13 課的內容來更改檔案夾的權限。

您或許會看到「應用程式」檔案夾在您的「個人專屬」檔案夾中。當您以一般使用者身分登入電腦並安裝一些應用程式，安裝過程會自動在您的「個人專屬」檔案夾內建立一個「應用程式」檔案夾。您可以選擇把其他應用程式放在「應用程式」檔案夾。只有您擁有權限可以取用您個人的「應用程式」檔案夾的內容（雖然具有管理員使用者帳號權限的人也能取用您的「應用程式」檔案夾）。更多資訊請參閱 18.3「使用拖放或套件軟體來安裝應用程式」。

8.2
刪除使用者帳號並保留他們的「個人專屬」檔案夾內容

您或許需要刪除一個使用者帳號，這時您必須決定要如何處理該使用者「個人專屬」檔案夾內的資料。

刪除使用者的步驟：

1.　從「使用者與群組」偏好設定中的使用者列表選擇要刪除的使用者。

2.　按一下使用者列表下方的「移除」按鈕（看起來像是負號 -）。

3.　選擇一個對使用者「個人專屬」檔案夾如何處理的選項。

> **確定要刪除使用者帳號「john appleseed」嗎？**
>
> 若要刪除此使用者帳號，請選擇您要如何對該帳號的個人專屬檔案夾進行操作，然後按一下「刪除使用者」。
>
> ◉ 將個人專屬檔案夾儲存在磁碟映像檔中
>   磁碟映像檔儲存於「已刪除的使用者」檔案夾（位於「使用者」檔案夾裡）。
>
> 不更改個人專屬檔案夾
>   個人專屬檔案夾存放在「使用者」檔案夾裡。
>
> 刪除個人專屬檔案夾
>
> 取消　　　刪除使用者

▶　選取「將個人專屬檔案夾儲存在磁碟映像檔中」。這會封存使用者的個人專屬檔案夾成為一個磁碟映像檔。macOS 會把磁碟映像檔用該使用者的名稱命名並儲存在「/Users/Deleted Users」這個檔案夾中。您可以複製映像檔到其他 Mac 電腦或其他使用者的個人專屬檔案夾。您必須有足夠的本機儲存空間才能複製個人專屬檔案夾。依照個人專屬檔案夾使用的儲存空間大小，這個過程或許會歷時數小時。

提醒 ▶ 此本書籍出版時此選項不可使用（中文版出版時相關功能已可以正常使用）。

▶　選取「不更改個人專屬檔案夾」。這會保留所有使用者的個人專屬檔案夾。macOS 會加上「（已刪除）」在個人專屬檔案夾的名稱後，表示該使用者已經被移除。被刪除的使用者個人專屬檔案夾保持與一般使用者的個人專屬檔案夾相同的存取權限。如果您想要存取被刪除的個人專屬檔案夾的內容，您一定要先變更檔案與檔案夾的所有權與權限。更多資訊請閱讀第 13 課。

▶　選取「刪除個人專屬檔案夾儲存」來刪除個人專屬檔案夾的內容。被刪除的內容不會移到垃圾桶，所以無法輕易地復原。

8.3
移轉與回復個人專屬檔案夾

「系統轉移輔助程式」協助您由一台 Mac 電腦或 Windows 電腦複製設定、使用者帳號與內容到您的新 Mac。

您可以藉由 Wi-Fi，乙太網路或合適的連接線來複製資料。如果您的資料非常多，這個複製的過程可能要數個小時。假設其中一台電腦或是雙方都是筆記型電腦，請記得在開始複製前插上電源。

您也可以由「時光機」的備份複製內容。如果您沒有原始 Mac 電腦的「時光機」備份，先建立一份起來。將包含「時光機」備份的外接儲存裝置連接上您的新 Mac 電腦。

當您從另一台 Mac 電腦、「時光機」備份、或一個啟動硬碟上移轉內容時，「系統移轉輔助程式」會掃描區域網路來尋找正在執行「系統移轉輔助程式」等待移轉內容的 Mac 電腦。

「系統移轉輔助程式」會掃描本機裝載的硬碟及區域網路找尋「時光機」備份，它也會掃描本機裝載的硬碟是否有之前的系統。

之前的系統包括使用合適的線材或轉接器連接的外接硬碟或設置為目標磁碟模式的 Intel 的 Mac 電腦。使用目標磁碟模式的方式在第 11 課有詳細內容。請參考 Apple 支援文章 HT204350「將內容搬移到新的 Mac」的指示。

當您從 Windows 電腦移轉內容到 Mac 電腦，「系統移轉輔助程式」會掃描區域網路尋找正在執行「Windows 系統移轉輔助程式」，正在等待傳送內容的 Windows 電腦。這讓您從執行「Windows 系統移轉輔助程式」的 Windows 7 或之後版本的 Windows 電腦移轉內容。您可以由 Apple 支援網站下載「Windows 系統移轉輔助程式」。詳細說明請參考 Apple 支援文章 HT204087「將資料從 Windows PC 移至 Mac」。

在全新或者重新安裝的 Mac 電腦上，「系統移轉輔助程式」是以「macOS 設定輔助程式」的一部分來執行。您可以在任何時候使用「系統移轉輔助程式」，它位於 /Applications/Utilities。您也可以由 Spotlight 或啟動台上找到它。

1. 在使用「系統移轉輔助程式」之前，請在目標與來源電腦上更新 Apple 軟體至最新版本。

   這可以保證您使用到最新的「系統移轉輔助程式」。

2. 如果已經有其他使用者登入電腦，請登出所有的其他使用者。

3. 啟動「系統移轉輔助程式」。

4. 按下「繼續」開始使用「系統移轉輔助程式」。

5. 使用管理員使用者進行認證。

「系統移轉輔助程式」會結束執行中的應用程式及登出使用者。

6. 選擇您要移轉資訊的方式：

▶ 從 Mac，「時光機」備份或啟動磁碟
▶ 從 Windows PC
▶ 至另一部 Mac

如果您選擇「從 Mac，『時光機』備份或啟動磁碟」或「從 Windows PC」，「系統移轉輔助程式」會掃描已連接的磁碟和區域網路來尋找移轉的來源。如果您選擇「至另一部 Mac」，請開啟另一台 Mac 電腦的「系統移轉輔助程式」。

接下來的列表內容都是以您選擇了「從 Mac，『時光機』備份或啟動磁碟」這個選項下的情境。

7. 選擇來源的外接儲存裝置。當您選擇一個「時光機」備份，您可以選擇特定日期時間的備份。

傳送資訊到這部 Mac

選擇要用來傳送資訊的備份。

MacBook Pro

> Media (Macintosh HD - Data)
> 上次備份時間：今天 印度標準時間 上午 9:41:00

返回　　　繼續

8. 在您選擇一個來源後，「系統移轉輔助程式」會掃描內容並且顯示您可以移轉的資訊列表。

「系統移轉輔助程式」無法在目的地 Mac 電腦上建立新的卷宗或分割區，只能建立包含移轉來源內容的資料夾。

選擇您要移轉的資訊，這會包含使用者帳號。接下來按一下「繼續」。

9.　在您選擇之後，請把「系統移轉輔助程式」替所有您要移轉的一般使用者隨機產生的臨時密碼記錄下來。如果您不記錄這些隨機密碼，您將必須要重設每一個使用者的密碼，就是重設他們的登入鑰匙圈。在 10.2「重設遺失的密碼」有更詳細的內容。當使用者第一次使用您提供的臨時密碼登入時，macOS 會跳出對話框要求使用者更換密碼。如果他們輸入了舊的密碼，他們的登入鑰匙圈就不會被改變。

10.　按一下「設定密碼」來設定管理員的使用者帳號。

11.　鍵入並確認即將被遷移的管理員密碼，然後按一下「設定密碼」。

12.　如果您有其他的管理員帳號，請重複步驟 10 與 11。

13.　如果您想將一般使用者升級為管理員使用者，按一下在使用者旁的「升級成為管理員」選項，然後設定並且確認使用者的新密碼。

14.　按一下「繼續」。

15. 如果任何您選擇回復的使用者帳戶已經存在於您的 Mac 電腦，「系統移轉輔助程式」會對每個有衝突的使用者帳號跳出對話筐。您可以覆蓋該使用者帳號，選擇性地保留他的「個人專屬檔案夾」，或者輸入一組新的名稱及使用者帳號名稱來同時保留兩個重複的使用者帳號。

16. 要新增使用者到您的 Mac，「系統移轉輔助程式」必須從一位現有的並且有權限增加新使用者的管理員使用者取得密碼。按下位於管理員使用者旁邊的「授權」。

17. 輸入您選擇的使用者的密碼，然後按下「確定」。

18. 按下「繼續」來開始移轉資料，資料越多會花越多時間。

手動回復一個使用者的個人專屬檔案夾

請閱讀練習 8.1「回復一個已刪除使用者的帳號」，學習如何在您刪除一個使用者後將其個人專屬檔案夾回復。

練習 8.1
回復一個已刪除的使用者帳號

▶ 前提

▷ 您必須已經建立 Local Administrator 帳號（練習 3.1「練習設定一台 Mac」）。

在此練習中，您建立一個使用者帳號並且在使用者個人專屬檔案夾內產生一個檔案。接下來您刪除這個帳號，保留其個人專屬檔案夾的內容。您同時建立一個新的帳號，確定這個新使用者取得舊使用者的個人專屬檔案夾的內容且變更使用者帳號名稱。您在此練習中學習到的是一個除了使用「系統移轉輔助程式」之外在兩台 Mac 電腦間移動使用者帳號的方法。

以下練習的情況是 Karina Rossi 更改了她的姓名，所以現在姓 Cavanna。因為她工作的公司帳號的設定習慣是使用人名的第一個字母加上姓氏，所以您必須更改她的使用者帳號名稱由 krossi 改為 kcavanna。

建立 Karina Rossi 的個人專屬檔案夾

1. 以 Local Administrator 的身分登入。

2. 開啟「使用者與群組」偏好設定。

3. 認證為 Local Administrator。

4. 按下使用者清單下的「增加」（＋號）按鈕。

5. 輸入 Karina Rossi 的帳號資訊：

   新增帳號：一般
   全名：**Karina Rossi**
   帳號名稱：**krossi**
   密碼：**Apple321!**
   驗證：**Apple321!**
   不需要提供密碼提示

6. 按下「建立使用者」

   您可以選擇性的更改帳戶頭像

7. 按住 Control 同時按下 Karina Rossi 的帳戶，然後選擇選單的「進階選項」。螢幕截圖系統偏好設定的視窗來記錄 Karina Rossi 的帳號設定方便之後參考。

8. 按下 Shift-Command-5，然後按一下空白鍵。

   您的游標變成相機圖像，而且游標之下的螢幕區域會凸顯爲藍色。如果您看到十字準星，請再按一次空白鍵。

9. 移動照相機圖像到系統偏好設定視窗之上，然後按一下來記錄內容。

   這是在 macOS 裏螢幕截圖的其中一種方式。Shift-Command-3 記錄整個螢幕畫面，Shift-Command-4 讓您選擇一個矩形來擷取或者您按空白鍵擷取單一視窗內容，而 Shift-Command-5 讓您可以錄製一段時間內的螢幕動態，記錄螢幕及選擇截圖的儲存位置。更多關於在 Mac 電腦上擷取螢幕或錄製螢幕的資訊請參考 macOS 使用手冊內的 support.apple.com/guide/mac-help/mh26782。

   影像會儲存在您的桌面並且取名以「截圖」開頭，後面接上截圖的日期與時間。

10. 在進階選項對話筐，按下「取消」或按下 Command- 句號（在大部分 macOS 對話筐選擇取消的方式）

11. 登出 Local Administrator。

12. 以 Karina Rossi 的身分登入（密碼：Apple321!）。

13. 在「輔助使用」面板，啟動任何需要的輔助設定，然後按下「繼續」。如果您目前不想要設定「輔助使用」功能，請按下「略過」

14. 在「資料與隱私權」面板，請仔細地閱讀 Apple 的隱私政策，然後按下「繼續」。

15. 在「使用 Apple ID 登入」面板,按下「稍後設定」,然後按下確認對話筐的「略過」按鈕。

    如果「尋找」面板出現了,按下「繼續」。

16. 在「螢幕使用時間」面板,按下「稍後設定」。

17. 如果 Siri 面板出現了,取消啟用「跟 Siri 對話」,接著按下「繼續」。

18. 如果您被要求設定 Touch ID,請選擇「稍後設定 Touch ID」然後在確認對話筐按下「繼續」。

19. 在選擇您的外觀面板,選擇您想要的外觀然後按下「繼續」。

20. 在 Dock 上按一下「啟動台」圖像。

21. 在啟動台輸入「**文字**」。

    「文字編輯」就會出現。

22. 按下「文字編輯」圖像開啟「文字編輯」。

23. 在「未命名」文件上輸入「**這是 Karina Rossi 的專案文件**」。

24. 在選單列選擇「檔案」>「儲存」（或者按下 Command-S）來儲存檔案。

25. 將文件命名爲「**Project**」然後儲存在 Karina Rossi 的桌面。您可以用快速鍵 Command-D 來選擇桌面。

26. 結束文字編輯。

27. 開啟系統偏好設定，然後按下桌面與螢幕保護程式偏好設定。

28. 選擇一張不同的桌面背景。

29. 結束系統偏好設定，然後登出 Karina Rossi 的帳戶。

刪除 Karina Rossi 的帳號

接下來您刪除Karina Rossi的帳號但是不移除位於她個人專屬檔案夾內的檔案。

1. 以 Local Administrator 登入。

2. 開啟使用者與群組偏好設定並解鎖偏好設定面板。

3. 選擇 Karina Rossi 的帳號名稱，接下來按下（減號）按鈕來移除她的帳號。

4. 按下「刪除使用者」。

   在對話視窗中選擇「不更改個人專屬檔案夾」。

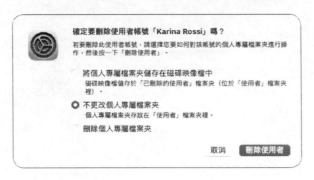

5. 按下「刪除使用者」。

   Karina Rossi 的帳號已從名單內消失。

6. 結束系統偏好設定。

7. 瀏覽 /Users。 從您的桌面開啟 Macintosh HD 並開啟使用者檔案夾。

Karina Rossi 的個人專屬檔案夾仍然存在，而且檔案夾名稱後附加（已刪除）

替 Karina Cavanna 回復 Karina Rossi 的帳號

Karina Rossi 的檔案（很快會變成 Karina Cavanna 的檔案）還存在使用者檔案夾。現在您重新命名該個人專屬檔案夾，這樣當您建立新的帳號時，她就能取得原來帳號（原 Karina Rossi 帳號）的設定與檔案。

1.　如有必要，移動至 /Users 檔案夾。

2.　按住 Control 並且點擊「krossi（已刪除）」檔案夾，選擇「重新命名」，並將檔案夾名稱改爲 **kcavanna**。

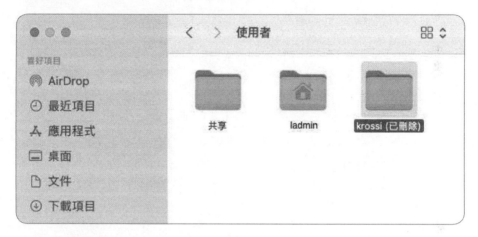

3.　按下「Return」鍵 /Users 檔案夾的權限設定禁止您修改檔案夾內的內容。Finder 會詢問您，要求驗證爲管理員來覆蓋權限設定。

4.　輸入管理員密碼並按下「確定」。

5.　開啟 kcavanna 的檔案夾並嘗試開啟她的「桌面」檔案夾。

您被禁止檢視檔案夾的內容因為檔案夾的擁有權還是屬於舊的 krossi 帳號。

6.　按住 Control 並且按一下「桌面」檔案夾並選擇「取得資訊」。點選「共享與權限」，如有必要請點選小箭頭檢視物品權限。

注意到 macOS 嘗試尋找 krossi（您可以看到「擷取中…」）但已經不存在的帳號。並注意除了原擁有者（krossi 帳號）之外並沒有其他人有權限檢視「桌面」檔案夾的內容。

7. 按下右下方的鎖頭並且驗證爲 Local Administrator。

8. 按下左下方的加入（加號＋）。

9. 選擇「Local Administrator」並按下「選取」。

請注意您預設只被給予「唯讀」權限。您可以更改爲「讀取和寫入」或直接改成檔案夾擁有者，但是以本練習的目的來說，「唯讀」權限已經足夠。

同時注意「禁止標示」已經不在「桌面」檔案夾的上面了。

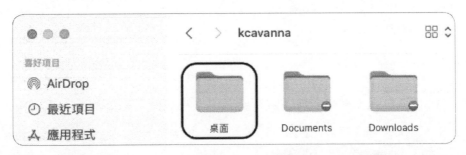

10. 開啟「桌面」檔案夾。

您可以看到 Karina Rossi 的「Project」文件。在您建立了 Karina Cavnna 的帳號後，她擁有這個文件以及其他跟她帳號有關的設定。現在您將移除 Local Administrator 對桌面資料夾的唯讀權限。

11. 如果需要的話，右擊「桌面」檔案夾並選擇「取得資訊」。

12. 驗證爲 Local Administrator 並且移除「ladmin（本人）」。

目前 Local Administrator 已經不需要擁有檢視「桌面」檔案夾及其內容的權限。如果您保留 Local Administrator 可以讀取 Karina「桌面」檔案夾的權限，那麼有可能會讓其他同爲 Local Administrator 的使用者誤觸內容。

建立並確認 Karina Cavanna 的帳號

建立 Karina Cavanna 的使用者帳號並使用已經更改名稱的個人專屬檔案夾成爲新帳號的個人專屬檔案夾。

1. 開啟「使用者與群組」系統偏好設定。

2. 驗證爲 Local Administrator 使用者。

3. 按一下新增使用者帳號（加號＋）按鈕來建立另一個帳號：

新增帳號：一般
全名：**Karina Cavanna**
帳號名稱：**kcavanna**
密碼：**Apple321!**
驗證：Apple321!
不用提供密碼提示。

4. 按下「建立使用者」

一個對話筐會跳出來詢問您是否希望在這個帳號使用 kcavanna 檔案夾。

5. 按下「使用現有檔案夾」。

6. 按住 Control 並且按下 Karina Cavanna 的帳號，並且從選單選擇「進階選項」。

7. 開啟之前擷取的螢幕畫面，然後比較兩個新舊帳號的資訊。

　當您建立一個帳號時，macOS 指派每個帳號一個新的 UUID（Universally Unique Identifier）。

8. 關閉預覽程式。

9. 在「進階選項」對話筐，按下「取消」並且關閉「系統偏好設定」

10. 嘗試重新開啟 Karina Cavanna 個人專屬檔案夾內的「桌面」檔案夾。如果您的 Finder 視窗仍然可以顯示「桌面」檔案夾的內容，按一下「上一步」按鈕，然後雙擊「桌面」檔案夾。現在您已經沒有觀看檔案夾內容的權限，因為檔案夾已經屬於 Karina Cavanna 這個新帳號了。

11. 關閉 Finder 視窗。

確認 Karina Cavanna 的個人專屬檔案夾
瀏覽 Karina Cavanna 的個人專屬檔案夾來確認檔案是否可用。

1. 登出 Local Administrator 使用者帳號，使用 Karina Cavanna 帳號登入。

2. 確認檔案 Project 已經在桌面上而且桌面背景照片是之前您選擇的那張。

3. 在 Finder 開啟 Karina Cavanna 的個人專屬檔案夾使用「前往」>「個人專屬」（或者按下 Shift-Command-H）。

4.   確認您可以看見預設的子檔案夾：桌面、文件、下載項目、影片、音樂、圖
      片及公用。

5.   開啟「桌面」檔案夾，並且確認您可以看到 Project 文件檔案。

6.   移動回去「個人專屬」檔案夾，並且開啟「公用」檔案夾顯示您可以看見「投
      遞箱」檔案夾的畫面。更多關於這些檔案夾的資訊請閱讀第 13 課。

      除了可見的檔案夾之外，在 Karina Cavanna 的個人專屬檔案夾內還有隱藏
      的資源庫檔案夾。

7.   按住 Option 鍵然後選擇「前往」>「資源庫」。

      「資源庫」的選項是隱藏的除非您按住 Option 鍵。

      Karina Cavanna 的資源庫檔案夾包含很多的子檔案夾。更多關於這個檔案
      夾與其內容的資訊，請您閱讀 14.1「檢視隱藏項目」及第 15 課「管理系統
      資源」。

8.   關閉「資源庫」檔案夾並且登出 Karina Cavanna。

第 9 章
管理安全性和隱私權

本課介紹 macOS 內建的安全性和隱私權功能以及如何管理和故障排除。

9.1
密碼安全

在 macOS 中，有幾種方法可以證明或驗證您的身分：

▶　您可以提供您的使用者名稱和密碼進行驗證。

▶　如果您的 Mac 有 Touch ID，您可以設定 Touch ID 並且在登入時使用您的指紋來代替輸入密碼。

▶　如果您按照本章節後面所述設定了 iPhone 和 Apple Watch，您可以使用您的 Apple Watch 解鎖您的螢幕保護程式並准許來自 macOS 和 Apple 應用程式的驗證需求、支援的第三方應用程式，安全註釋以及保存在 Safari 中的密碼。

想了解更多關於 Touch ID 的資訊，請參閱 Apple 支援文章 HT207054「在 Mac 上使用 Touch ID」。

目標

▶　描述密碼類型和使用

▶　管理鑰匙圈中的秘密

▶　開啟 iCloud 鑰匙圈並進行管理

▶　管理系統範圍的安全性和使用者隱私

▶　允許第三方核心延伸功能

▶　允許系統延伸功能

▶　使用尋找

▶　使用啟用鎖定保護您的 Mac

▶　鎖定您的螢幕

您在 macOS 中使用的密碼

您將使用多個密碼來保護您的 Mac。 您設定了帳號密碼和資源密碼以及鑰匙圈密碼。 您還可以設定韌體密碼。

使用者可能會使用多種密碼類型：

▶ 每個本機使用者帳號都有定義該帳號的屬性。使用者輸入他們的本機帳號密碼（一個帳號屬性）以登入 Mac。出於安全原因，使用者的本機帳號密碼被加密並儲存在使用者的帳號記錄中。

▶ 使用者可能擁有 Apple ID 和密碼。他們使用這些來授權 Apple 相關服務，包 括 iCloud、Apple One、Apple Music、Apple Podcast、Apple TV、iMessage、FaceTime 和 App Store。

▶ 除使用者帳號密碼外，macOS 保護被加密鑰匙圈檔案中的驗證資產。每個鑰匙圈檔案都使用鑰匙圈密碼進行加密。預設，macOS 會保留兩個預設鑰匙圈檔案（在下一節中將會介紹）與您的本機帳號密碼同步。您也可以將唯一的鑰匙圈密碼與帳號密碼分開。在第十課「管理密碼更改」 中將會介紹如何在使用者鑰匙圈密碼和帳號密碼之間保持同步。

▶ 大多數 macOS 服務（例如電子郵件、網站、檔案伺服器、應用程式、加密磁碟映像檔）都需要資源密碼。許多資源密碼都是由鑰匙圈存取為您儲存的。

▶ 韌體密碼可防止您在基於 Intel 的 Mac 從指定的啟動磁碟以外的任何裝置啟動。因此，它還會阻止您使用大多數的開機組合鍵。例如，如果您不是使用基於 Intel 的 Mac 上的韌體密碼，則未經授權的使用者將無法在啟動過程中按住 Option 鍵來選擇備用操作系統，從而繞過您的安全啟動磁碟。5.4「安全啟動」中介紹了如何設定韌體密碼。

提醒 ▶ 如果您在配有 Apple 晶片的 Mac 註冊了行動裝置管理（MDM）解決方案，MDM 管理員可以設定鎖定 recoveryOS 的密碼。這樣，即使是 Mac 的管理員使用者也無法存取 recoveryOS，提供了額外的安全性。各個 MDM 供應商可能為此功能使用不同的名稱。這只能夠在 macOS Big Sur 11.5 或更高版本之後進行使用。

鑰匙圈

macOS 將您的資源密碼、憑證、密鑰、網站表單和安全註釋保存在稱爲鑰匙圈的加密儲存區中。當您允許 macOS 記住密碼或其他敏感項目時，它會將它們保存到鑰匙圈。您的登入密碼不會保存到鑰匙圈。

macOS 對鑰匙圈檔案進行加密。除非您知道鑰匙圈密碼，否則它們是無法被破解的。如果您忘記了鑰匙圈密碼，則儲存在該鑰匙圈中的使用者名稱和密碼將無法恢復。

您可以使用鑰匙圈存取來檢查和修改大多數鑰匙圈項目。可以使用啟動台或者 Spotlight 開啟鑰匙圈存取，也可以直接從 /Applications/Utilities 開啟。您還可以新增和刪除鑰匙圈檔案，更改鑰匙圈設定和密碼。您可以從 Safari 偏好設定中管理於網頁的鑰匙圈項目。

本機鑰匙圈檔案

鑰匙圈檔案儲存在整個 macOS 中供不同的使用者和資源使用。下面是一些例子：

▶ /Users/username/Library/Keychains/login.keychain-db 一當您使用鑰匙圈存取時，此鑰匙名稱爲「登入」。macOS 爲每一個標準或管理員使用者建立一個單一的登入鑰匙圈。預設，鑰匙圈與此使用者帳號密碼是一致的，當使用者登入時，此鑰匙圈會自動解鎖並可使用。如果在使用者登入時，使用者的帳號密碼與鑰匙圈密碼不一致，macOS 會以「login_renamed_」後跟數字的檔案名稱重命名鑰匙圈。例如，第一次出現密碼不相配時，新檔案名稱爲 login_renamed_1.keychain-db。並且 macOS 會建立一個新的登入鑰匙圈，其密碼與使用者的密碼一致。 10.2「重置遺失的密碼」取得更詳細的介紹。

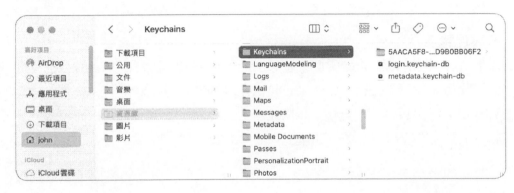

▶ /Users/username/Library/Keychains/others.keychain 一如果您想隔離您的驗證資產,您可以建立更多的鑰匙圈。例如,您可以為安全性要求較低的項目保留您的預設登入鑰匙圈,並為需要高安全性的項目建立一個不會自動解鎖的更安全的鑰匙圈。

▶ /Users/username/Library/Keychains/UUID/ 一此鑰匙圈檔案夾是為每個使用者建立的,並包含 iCloud 鑰匙圈使用的鑰匙圈資料庫。如果 iCloud 鑰匙圈沒有開啟,資料庫仍然會建立,這個鑰匙圈檔案夾會在鑰匙圈存取中出現,名稱為本機項目。如果開啟了 iCloud 鑰匙圈,這個鑰匙圈檔案會以 iCloud 的名字出現在鑰匙圈存取中。此檔案夾的 UUID 與使用者的本機帳號 UUID 不一致,但檔案夾與使用者會有關聯是因為它在使用者的個人專屬檔案夾中。

▶ /Library/Keychains/System.keychain 一此鑰匙圈與名稱系統會一起出現在鑰匙圈存取中。此鑰匙圈維護非使用者的驗證資產。此處儲存的項目包括 Wi-Fi 無線網路密碼、802.1X 網路密碼、自簽憑證、您安裝的中繼和 Root 憑證授權管理中心(CA)以及本機 Kerberos(一種網路驗證協議)項目。雖然所有使用者都可以從這個鑰匙圈中進行使用,但是只有管理員使用者可以對它進行更改。

▶ /System/Library/Keychains/一這個檔案夾中的大部分項目預設不會出現在鑰匙圈存取中。在這個檔案夾中,您將在鑰匙圈預設中看到的唯一一個項目是系統根。此鑰匙圈儲存 Apple 提供的 Root 憑證作為 macOS 用於識別受信任的網路服務。這些項目不能被修改。

Apple 和第三方開發者可能會建立額外的鑰匙圈來安全地儲存資料。 您可以在整個 macOS 中找到看似隨機名稱的鑰匙圈檔案。 除非受信任的來源指示您刪除或修改它們以解決問題,否則請不要理會這些檔案。

資料保護

採用 Apple 晶片的 Mac 電腦或基於 Intel 的 Mac 電腦有 T2 晶片以及有開啟檔案保險箱,使用 Secure Enclave 藉由在啟動後在登入時進行密碼嘗試之間的延遲時間來提供額外的安全性,以防止暴力密碼攻擊,並且在目標磁碟模式下為基於 Intel 的 T2 晶片的 Mac 電腦提供額外的安全性。

延遲時間會隨著嘗試輸入錯誤密碼而增加。 如果不正確的密碼嘗試達到最高上限,則電腦上的資料將藉由丟棄用於加密數據的加密密鑰而無法進行存取。

嘗試	強制延遲
5	1 分鐘
6	5 分鐘
7	15 分鐘
8	15 分鐘
9	1 小時
10	禁用

即使 Mac 關閉或重新啟動，並且在啟動後重新啟動計時器，也會強制執行時間延遲。

爲防止惡意軟體造成永久性資料遺失，從 macOS 中啟動時達到限制時不會遺失資料。相反，在 macOS Recovery 中啟動後還可以再嘗試 10 次。

如果這 10 次嘗試也用盡，則可以使用針對 iCloud 復原機制、每一種類型的檔案保險箱復原機制的組合（iCloud 恢復、檔案保險箱復原密鑰和機構復原密鑰各 30 次）再進行 90 次嘗試。一旦所有這些嘗試都用盡了，資料就變得無法恢復。

9.2
管理鑰匙圈中的祕密

想管理鑰匙圈項目，包括保存的密碼，請開啟鑰匙圈存取。在鑰匙圈存取視窗的左側側邊欄，從列表中選擇一個鑰匙圈以檢查其內容。

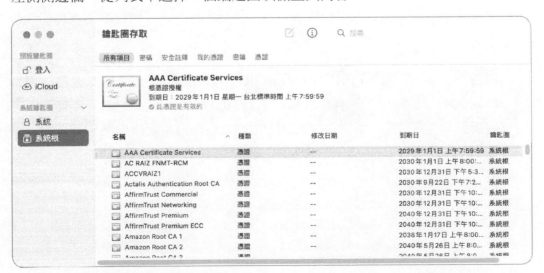

或者使用工具欄右上角的 Spotlight 按名稱或種類搜尋項目。

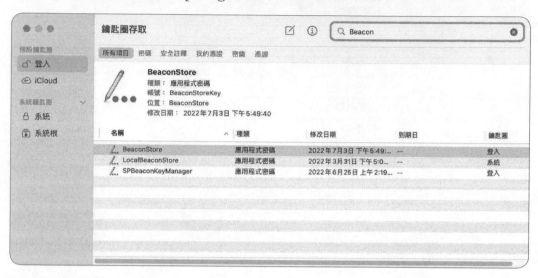

雙擊鑰匙圈項目以查看其屬性。 如果項目是密碼,選擇「顯示密碼」查看儲存的
密碼。 通常您會被要求提供一個鑰匙圈密碼。

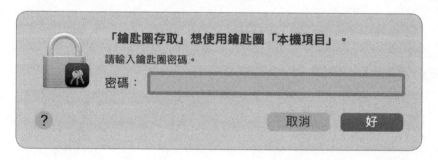

對密碼的請求只有鑰匙圈的擁有者才能存取密碼或進行更改。驗證後,您可以更
改鑰匙圈項目視窗中的屬性。點擊取用權限控制,為選定的項目調整應用程式取
用權限。

> 提醒 ▶ 此處檢查的 1T1R-Travel-Router Wi-Fi 密碼記錄在本機存取項目
> 鑰匙圈中並且使用者具有存取權限。1T1R-Travel-Router 的系統鑰匙圈密
> 碼需要管理員權限才能檢查。這是因為 Mac 在使用者鑰匙圈和系統鑰匙圈
> 中都記錄了 Wi-Fi 密碼,以確保即使此使用者未登入 Mac 也能連接到 Wi-
> Fi。

iCloud 驗證機制會建立您可能無法識別的鑰匙圈項目。其中許多是您不應該修改的憑證或密鑰。

您可以將祕密文字儲存在鑰匙圈中。在鑰匙圈存取中，選擇檔案 > 新增安全註釋項目，建立一個新的安全註釋。這種安全註釋只有鑰匙圈存取才能開啟。為取得更大的靈活性，請考慮使用備忘錄應用程式在 iCloud 中建立一個備忘錄，然後將其鎖定（這需要升級為 iCloud 備忘錄）。藉由這種方式，您可以解鎖並存取任何鎖定的備忘錄，該備忘錄來自您使用 iCloud 帳號登入的裝置。有關更多資訊，請參閱 support.apple.com/guide/notes/not28c5f5468 上的「在 Mac 上鎖定您的備忘錄」。

使用 Safari 和密碼系統偏好設定視窗管理鑰匙圈項目

當您使用 Safari 時，您可能會與鑰匙圈互動。Safari 自動填寫會提示您開始儲存網路表單資訊和網站密碼。它還建議您用於網站的安全密碼，並詢問您是否要保存信用卡資訊。

如果 iCloud 鑰匙圈沒有開啟（iCloud 鑰匙圈在 9.3「使用 iCloud 鑰匙圈」中有介紹），Safari 會在您的本機項目鑰匙圈（第一個影像）中保存祕密資訊。如果 iCloud 鑰匙圈已開啟，Safari 會提供將祕密資訊保存在您的 iCloud 鑰匙圈（第二個影像）中。

當您重新訪問一個網站或導覽到具有類似表單資訊的新網站時，只要鑰匙圈檔案已解鎖，Safari 自動填寫就會自動為您填寫資訊。如果允許，Safari 還會從您的聯絡人資訊中提取資訊。

要管理 Safari 自動填寫設定，請選擇 Safari > 偏好設定，然後從工具欄中選擇自動填寫。

這些設定允許您指定自動儲存和填寫哪些項目。編輯按鈕可讓您管理網站密碼和保存的信用卡資訊等項目。

除了儲存在聯絡人中的您的聯絡人資訊外，Safari 自動填寫資料會安全地儲存在您的 iCloud 或本機項目鑰匙圈中。點擊 Safari 偏好設定自動填寫頁面中的輔助說明按鈕（問號圖標），了解更多關於自動填寫項目。

在 Safari 偏好設定中，從工具欄中選擇「密碼」，然後使用您的登入鑰匙圈密碼進行身分驗證，以檢查、新增和刪除 Safari 自動填寫可以使用的使用者名稱和密碼項目。這些使用者的名稱和密碼組合儲存在您的 iCloud 或本機項目鑰匙圈中。

預設，選擇「偵測已遭洩露的密碼」選項。如果您選擇該選項並且密碼旁邊會出現一個注意圖像，您可以點擊該項目以取得有關該密碼的資訊。

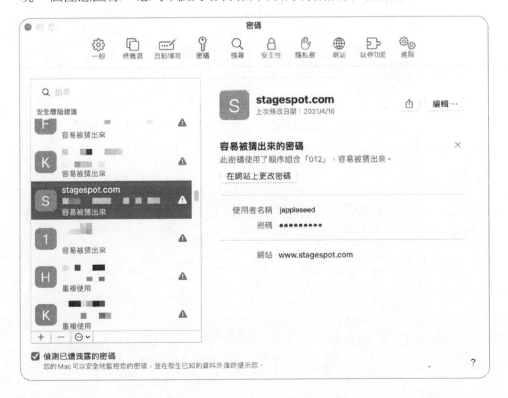

如果將游標停留在隱藏的密碼上，它就會顯示出來。

您還可以使用鑰匙圈存取來檢查和管理使用 Safari 儲存的項目。鑰匙圈存取不顯示洩露和容易猜到的密碼的資訊，也沒有提供一個簡單機制用於初始化密碼更改。

有些網站會記住您在 cookie 中的身分驗證，因此您可能不會在每個自動記住您的帳號的網站的鑰匙圈檔案中看到項目。有關 cookie 的更多資訊，請參閱 9.5「管理使用者隱私」。

macOS Monterey 中的一項新功能是系統偏好設定中的密碼選項，它在系統偏好設定中提供了與 Safari 中的密碼相同的功能。

在密碼系統偏好設定中，您可以：

▶　查看和編輯密碼資訊。

▶　如果網站支援驗證程式碼，您可以前往網站，登入後取得一個設定密鑰，點擊輸入設定密鑰，然後輸入密鑰。

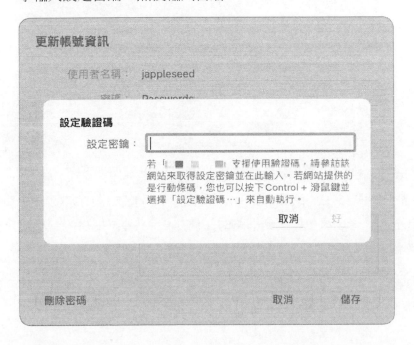

▶　檢測容易猜到的密碼、資料洩露中出現的密碼或重複使用的密碼。

▶　使用 AirDrop 將密碼資訊發送給您的聯絡人
　　（必須啟用 iCloud 鑰匙圈；更多關於 iCloud 鑰匙圈的資訊如下）。

▶　藉由 Control-Click 複製使用者名稱和密碼資訊。

▶　藉由 Control-Click 複製或開啟網站。

▶　新增和刪除網站。

▶　輸入和匯出網站密碼到未加密的 CSV 檔案中。

9.3
使用 iCloud 鑰匙圈

iCloud 鑰匙圈藉由 iCloud 將您常用的祕密儲存在您的 Apple 裝置中。iCloud 包含強大的個人安全技術，詳見 Apple 支援文章 HT202303「iCloud 安全性概覽」。

當您需要為網站建立新密碼時，Safari 會建議一個獨特的、難以猜測的密碼，並將其保存在您的 iCloud 鑰匙圈中。Safari 會在您下次需要登入時自動填寫，因此您不必記住密碼或在任何裝置上輸入密碼。使用 iCloud 鑰匙圈確保資訊安全。有關更多資訊，請參閱 Apple 支援文章 HT203783「如果無法開啟或同步「iCloud 鑰匙圈」」。

如果您開啟 iCloud 鑰匙圈，本機項目鑰匙圈將重命名為 iCloud，您 iCloud 鑰匙圈中的內容也將儲存在 Apple iCloud 伺服器上，並推送到您配置的其他 Apple 裝置。iCloud 鑰匙圈在連接到網路的任何 Apple 裝置提供了一種安全方式來存取您的祕密。

如果關閉它，您的 iCloud 鑰匙圈將重命名本機項目，然後您就可以選擇將祕密項目保存在本機上。

使用您的登入鑰匙圈密碼存取您的本機項目鑰匙圈或您的 iCloud 鑰匙圈。當您更改您的登入鑰匙圈密碼時，macOS 會將更改應用到您的本機項目鑰匙圈或 iCloud 鑰匙圈。因此，鑰匙圈存取不允許您更改本機項目鑰匙圈或 iCloud 鑰匙圈密碼

Apple ID 雙重認證

藉由雙重認證，您的帳號裝置只能在您信任的設備上存取，例如您的 iPhone、iPad 或 Mac。當您首次登入新設備時，您必須提供兩項資訊—您的 Apple ID 密碼和顯示在您信任的設備上的六位數驗證碼。當您輸入數字時，您確認您信任新裝置。例如，如果您已經在 iPhone 上使用您的 Apple ID 登入，然後在新購買的 Mac 上首次登入您的 Apple ID，您將被要求輸入您的 Apple ID 密碼和自動顯示的驗證碼在您的 iPhone 上。您也可以將驗證碼發送到其他受信任的電話號碼。

使用雙重認證意味著您的 Apple ID 密碼不足以對您進行身分驗證。當您登入新的 Apple 裝置或 iCloud.com 時，雙重認證可以顯著提高您的 Apple ID 以及您儲存在 Apple 的所有個人資訊的安全性。

登入後，除非您完全登出、抹除該裝置或出於安全原因需要更改密碼，否則不會再次要求您在該裝置上輸入驗證碼。當您在 www.icloud.com 上登入時，您可以選擇信任您的瀏覽器，這樣下次登入時就不會要求您提供驗證碼。
有關更多資訊，請參閱 Apple 支援文章 HT204230「iCloud 系統需求」。

如果您在 iOS 11 及更高版本，或者 macOS High Sierra 及更高版本中將您的 Apple ID 從雙步驟驗證更新為雙重認證，並且您有一個復原密鑰，您可以使用復原密鑰幫助重置您的密碼。

有關雙重認證的更多資訊，請參閱 Apple 支援文章 HT204915「Apple ID 雙重認證」，HT205075「Apple ID 雙重認證的適用範圍」和 HT207198「Apple ID 的雙步驟驗證」。

如果您使用具有 Apple 雙重認證的 Apple ID 登入其他裝置，iCloud 鑰匙圈會自動開啟。對於沒有雙重認證的 Apple ID，您可以使用裝置授權機制授予存取權限。

任何配置了 iCloud 鑰匙圈服務的裝置都是受信任的裝置。任何受信任的裝置都可使用於驗證其他裝置的 iCloud 鑰匙圈。

例如，在您在 Mac 上設定 iCloud 鑰匙圈後，如果您切換到另一台 Mac 並嘗試在那裡開啟它，macOS 會詢問您是否要允許此操作。

點擊允許後，您會看到一個隨機產生的六位數驗證碼，輸入此驗證碼，然後點擊「完成」。

9.4
管理系統範圍的安全性

除了管理帳號密碼和鑰匙圈項目，還有整個 macOS 的安全性偏好設定會影響 Mac 上的所有使用者。其中一些偏好設定被預設為禁用。

安全性與隱私權：一般設定

安全性與隱私權偏好設定是系統範圍的設定和個人設定的組合，使您能夠管理 macOS 的安全性功能。您必須是管理員才能對可能影響系統範圍安全性或其他使用者的設定進行更改。

在安全性與隱私權偏好設定中，系統範圍的安全性設定在鎖定時會變暗。鎖定圖標表示需要管理員驗證。個人安全性設定是永遠可以使用的。

除了使用者和群組偏好設定外，使用者可以在一般設定視窗中更改其登入密碼。

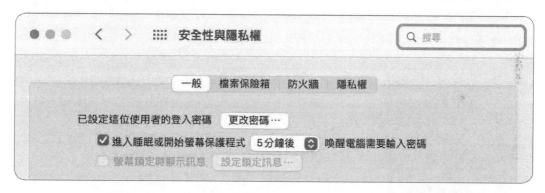

您可以選擇需要密碼才能將 Mac 從睡眠或螢幕保護模式中喚醒，並在此要求設定之前延遲一段時間。不管是標準使用者或管理員都可以為他們的帳戶進行此設定。如果您希望為每個帳號的安全性與隱私權設定都這樣做，請考慮使用設定描述檔，如 3.2「管理系統設定」中所述。

管理員還可以設定一個客製化訊息，該訊息將在登入視窗或螢幕鎖定時顯示。建立訊息時，您可以按 Option-Return 進行強制換行。您最多可以設定三行文字。

如果 Mac 有多個帳號，或者 Mac 連接到目錄服務，管理員可以為所有帳號禁用自動登入（除非檔案保險箱已開啟）。如果開啟了檔案保險箱，則不會出現此選項。

如果以下條件全部滿足，「使用您的 Apple Watch 來解鎖 App 和 Mac」選項將會出現：

▶ 您的 Mac 和 Apple Watch 支援自動解鎖（請參閱 支援文章 HT204689「Mac、iPhone、iPad、iPod touch 和 Apple Watch「接續互通」的系統需求」以瞭解更多資訊）。

▶　您的 Mac 已開啟 Wi-Fi 和藍芽。

▶　您的 Mac 和 Apple Watch 使用同一個 Apple ID 登入 iCloud。

▶　您的 Apple ID 使用了雙重認證。

▶　您的 Apple Watch 使用密碼。

如果您的 Mac 裝有 macOS Catalina 或更高版本並且 Apple Watch 裝有 watchOS 6 或更高版本，您還可以使用自動解鎖來允許其他輸入管理員密碼的請求。 例如，藉由雙擊 Apple Watch 上的側邊按鈕，您可以解鎖系統偏好設定中的設定、解鎖 安全註釋或在 Safari 中檢查密碼。 有關更多資訊，請參閱 Apple 支援文章 HT206995「使用 Apple Watch 解鎖 Mac」。

macOS 允許您限制開啟從 Internet 下載的不受信任的應用程式。 在一般頁面的下方附近，您可以設定 macOS 允許您運作的應用程式來源。 第 18 課「安裝應用程式」更詳細地介紹了這個主題。

安全性與隱私權：進階設定

要查看進階安全設定，請解鎖安全性與隱私權偏好設定，然後點擊視窗右下角的進階按鈕。

您可以要求使用者在不活動一段時間後自動登出並選擇需要管理員密碼才能存取系統範圍的偏好設定。 如果使用者開啟了未儲存更改的檔案，則在特定時間不活動後登出的選項可能無法使用，因爲應用程式可能要求使用者先儲存。

安全性與隱私權：檔案保險箱設定

您可以在此視窗中啟用和設定檔案保險箱。第 12 課「管理檔案保險箱」有更詳細的介紹。

安全性與隱私權：防火牆設定

此視窗是您開啟和設定個人網路防火牆設定的地方。第 25 課「管理主機共享和個人防火牆」更詳細地介紹了這個主題。

9.5
管理使用者隱私

macOS 包含由預設為每個使用者開啟的隱私設定。這些設定可能會阻止使用者想要的功能。您可以編輯這些設定以存取私密資訊。macOS 使用隱私資料庫，該資料庫儲存使用者做出的關於應用程式是否可以存取個人資料的決定。使用以下部分來了解如何編輯存取私密資訊的設定。

如需詳細了解 Apple 對個人隱私的堅定承諾，請參閱 www.apple.com/privacy/。

有關管理 Siri 和 Spotlight 隱私的更多資訊，請參見第 16 課「使用後設資料、Siri 和 Spotlight」。

應用程式必須先徵得您的同意，然後才能存取您 Mac 上的鏡頭或麥克風，或存取您的位置、訊息歷史記錄和郵件資料庫等敏感數據。Safari 藉由減少網站可以了解您的瀏覽器和設備的資訊量來限制廣告商追蹤您的能力。智慧預防追蹤可防止社交媒體按鈕和內容等嵌入內容在沒有您允許的情況下追蹤您。Safari 藉由提供建立和儲存密碼，然後在您訪問網站時幫助您使用獨特且強密碼自動填寫正確的密碼。您可以使用 Safari 偏好設定設定來更新您在多個網站上使用過的密碼，這樣您就可以確保每個需要密碼的網站都擁有唯一且可靠的密碼。

Siri 使您能夠使用您的聲音來請求動作。此虛擬輔助程式在您的 Mac 和 Internet 上執行任務或本機搜尋內容，並使用麥克風聆聽您的請求。

iCloud+ 為 macOS Monterey、iOS 15 和 iPad OS 15 增加了兩個新的保護使用者資料的保護措施：iCloud 私密轉送和隱藏我的電子郵件。

iCloud 私密轉送隱藏使用者的 IP，因為此資訊可使用於定義您的身分資訊，並隨時間建立您的瀏覽歷史和瀏覽歷史的檔案。

您的私密轉送請求會藉由兩個單獨的安全網路轉送。您的 IP 位址對您的網路提供商和由 Apple 運作的第一個轉送是可被看見的。您的 DNS（網域名稱系統）記錄已加密，因此任何一方都無法看到您嘗試訪問的網站的位址。第二次轉送產生一個臨時 IP 位址，解密您請求的網站名稱，並將您連接到該網站。

隱藏我的電子郵件會產生獨特的隨機電子郵件地址，這些地址會轉發到您的個人收件箱。每個地址對您來說都是獨一無二的。您可以閱讀直接發送到這些地址的電子郵件，並且您的個人電子郵件地址仍是私密的。

更多關於 iCloud 私密轉送的資訊請參考 Apple 支援文章 HT212614「關於 iCloud 私密轉送」，並在 Apple 支援文章 HT210425「什麼是隱藏我的電子郵件？」中了解隱藏我的電子郵件。有關 iCloud+ 的資訊，請參閱「什麼是 iCloud+？」在 support.apple.com/guide/iCloud/mmfc854d9604

安全性與隱私權：隱私設定

管理員和標準使用者可以在隱私視窗中管理服務對個人資訊的存取。

當管理員指定隱私選擇（開啟或關閉）時，標準使用者無法更改它。例如，如果管理員關閉了天氣存取位置服務的功能，則它對所有標準使用者保持關閉狀態。

當一個新的應用程式請求存取某些類別的資訊時，macOS 會請求您的許可。例如，當您建立新行程並指定該行程的位置時，行事曆會要求您允許對位置服務的存取，以便為您提供改進的位置搜尋和估計旅行時間。

如果點擊確定，則應用程式或服務將新增到您的隱私資料庫中以取得適當的資料類別。 如果您點擊不允許，則應用或服務將沒有該類資料的權限，並且除非您重置隱私資料庫，否則它不會再次請求權限。 有關重置隱私資料庫的更多資訊，請參閱 Transparency Consent and Control Prompts 的手冊（ man ）頁面，稱為 tccutil。

> 提醒 ▶ 您的組織可能能夠使用您的組織的行動裝置管理（MDM）解決方案來進行隱私權偏好設定規則控制，以啟用或禁用應用程式對資料類的存取。本主題超出了本手冊的範圍。

從安全性與隱私權偏好設定視窗中，您可以查看已請求資訊的應用程式或服務，並選擇允許或禁止這些應用程式更進一步嘗試收集資訊。隱私權視窗中的左列顯示應用程式和服務可能請求的資訊的相關的資料類別列表。

左邊的每一個類別在應用程式和可以存取該資料的服務的右邊都有一個列表。隱私權頁面中的某些設定適用於 Mac 上的所有使用者。其他設定—例如，聯絡人、行事曆、提醒事項和照片設定—僅限於目前登入的使用者。

選擇左側的資訊類別，然後取消選擇右側的應用程式或服務以防止其繼續存取該資訊。對於輔助使用、完全取用磁碟等分類，可以點擊新增（+），將應用程式新增到可以存取分類的應用程式列表中。

▶ 定位服務─定位服務允許應用程式和網站根據您 Mac 的目前位置收集和使用資訊。您的大概位置是使用來自本機 Wi-Fi 網路的資訊確定的，並且定位服務以不會識別您個人身分的方式收集。定位服務讓應用程式例如網頁瀏覽器根據您的定位收集和使用資訊。您可以完全關閉定位服務，或者您可以選擇哪些應用程式可以查看有關您的定位資訊。點擊關於定位服務與隱私權以取得詳細資訊。選擇定位服務，捲動到系統服務，然後點擊詳細資訊以查看或編輯允許存取定位服務的服務列表。僅當安全性與隱私權偏好設定已解鎖時，您才能修改這些設定。當系統服務請求您的定位時，還有一個選項可以在選單列中顯示定位圖像。選單列項目顯示為指向東北的指南針箭頭。

▶ 聯絡人、行事曆、提醒事項和照片─顯示可能從您的聯絡人、照片、行事曆或提醒事項中收集和使用資訊的應用程式。

▶ 攝影機、麥克風和語音辨識 - 顯示可以存取 Mac 上的麥克風或鏡頭的應用程式。

▶ 輔助使用─顯示應用程式運行腳本和系統命令用於控制您的 Mac。啟用後，這些輔助應用程式可以控制 macOS 輸入和修改介面行為。

▶ 輸入監控─顯示應用程式，可以存取來自您的鍵盤的輸入。

▶ 完全取用磁碟 ─ 顯示可以存取整個磁碟的應用程式，以便存取敏感資料，如郵件、訊息、Safari、主頁和時光機備份，或備份整個磁碟。如果某個應用程式需要完全取用磁碟，第一次開啟該應用程式時，它可能會要求您手動將一個或多個應用程式新增到完全取用磁碟視窗中。如果您是將 Mac 從之前版本的 macOS 升級到 macOS Monterey，您可能需要手動將需要完全取用磁碟的應用程式甚至輔助應用程式新增到完全取用磁碟視窗中，以便讓那些應用程式在 macOS Monterey 中正常工作。

▶ 檔案與檔案夾─顯示可以存取特定檔案和檔案夾的應用程式。

▶ 螢幕錄製─顯示可以錄製螢幕內容的應用程式。

▶ 媒體與 Apple Music─顯示可以存取 Apple Music、您的音樂和影片活動以及您的媒體資源庫的應用程式。

▶ HomeKit ─ 顯示對個人專屬資料有存取權限的應用程式。

▶ 藍芽─有存取權限的藍芽應用程式。

▶ 使用者空閒時間狀態─顯示對您的專注狀態具有存取權限的應用程式。

▶ 自動化 ─ 顯示可以存取和控制 Mac 上其他應用程式的應用程式。此列表可以包括使用 macOS 內建的捷徑、Automator 或工序指令編寫程式建立的應用程式。您可以使用捷徑和 Automator 自動執行您在 Mac 上執行的大部分操作。他們可以建立具有數百個資源庫中可使用動作的工作流程，甚至可以與他人共享。工序指令編寫程式允許您建立執行重複任務的腳本、工具和應用程式；自動化複雜的工作流程；操縱應用程式；甚至控制您的 Mac。您可以使用各種程式語言，包括 AppleScript 、用於自動化的 JavaScript、shell script 和一些第三方腳本語言。有關自動化的更多資訊，請開啟 Automator 並選擇輔助說明 > Automator 輔助說明，或訪問 macosxautomation.com。

▶ Apple 廣告─要查看有關您的設備的哪些資訊用於在 App Store、Apple 新聞和股市中向您投放廣告，請點擊查看廣告目標資訊。如果您關閉個性化廣告選項，您將限制 Apple 向您投放相關廣告的能力，但不會減少您收到的廣告數量。要查看 Apple 的廣告和隱私政策，請點擊關於 Apple 廣告和隱私權。

▶　分析與改進功能—為了幫助 Apple 和其他開發人員更好地為客戶服務並提高他們的產品品質，您可以選擇自動將分析資訊發送給 Apple 和應用程式開發人員。如果您同意將 Mac 分析發送給 Apple，則此類資訊可能包括以下內容：有關應用程式或 macOS 當機、凍結或核心崩潰的詳細資訊；有關 Mac 上的事件的資訊（例如，喚醒 Mac 等功能是否已成功啟動）；和使用資訊（例如，有關您如何使用 Apple 和第三方軟體、硬體和服務的資料）。

此資訊可幫助 Apple 和應用程式開發人員解決重複出現的問題。所有分析資訊都會匿名發送給 Apple。某些選項需要管理員才能關閉和開啟，但每個使用者可以選擇是否啟用改進 Siri 與聽寫選項。點擊「關於分析和隱私權」了解更多資訊。

聽寫隱私

在鍵盤偏好設定的聽寫視窗中開啟和管理聽寫功能。聽寫支援多種語言，包括多種地方方言。

要使用其他語言或自動輸入正確的聽寫文字，請點擊語言，選擇加入語言，選擇您的 Mac 使用者說的語言和方言。聽寫支援格式和標點的基本文字語音命令。

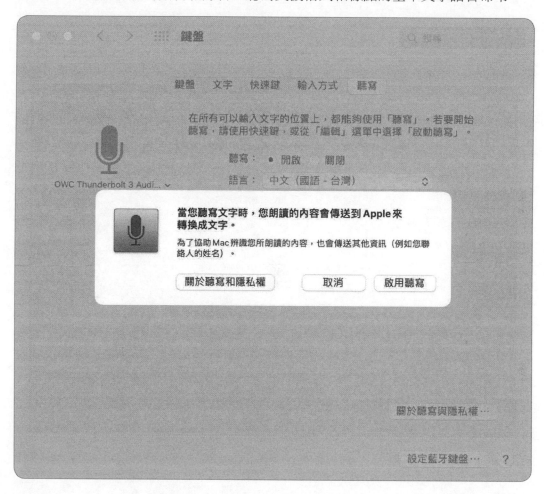

聽寫預設為關閉。 開啟聽寫後，當您敘述文字時，您所說的內容會發送到 Apple 以轉換為文字。 為了幫助您的 Mac 識別您在說什麼，還會發送其他訊息，例如您的訊息聯絡人的姓名、暱稱和關係（如「媽媽」）。

當您關閉聽寫時，您會看到訊息「『聽寫』功能回應您要求時所用的資訊也會用於 Siri，除非關閉『跟 Siri 對話』，否則此資訊都會保留在 Apple 伺服器中。」點擊關於聽寫和隱私權以取得更多詳細資訊。

有關更多資訊，請參閱 Apple 支援文章 HT202584「在 Mac 上使用「語音控制」」。

Safari 隱私權

Safari 可以嘗試阻止隱藏方法用於收集有關您的網路使用資訊。 例如，每當您使用 Safari 訪問網站時，Safari 都會向該網站顯示您系統配置的簡化版本，以降低該網站識別您的 Mac 的能力。

在 Safari 偏好設定視窗中搜尋其他隱私設定。

「防止跨網站追蹤」選項預設開啟。 一些網站使用第三方內容提供商，它們可以跨網站追蹤您並向您投放廣告。 啟用此選項後，除非您訪問第三方內容提供商，否則會定期刪除追蹤資料。

「對追蹤器隱藏 IP 地址」選項已預設開啟，並以私密轉送隱藏來源、 DNS （網域名稱系統）以及您在 Safari 中瀏覽的目的地。

預設關閉「阻止所有 cookie」選項。 Cookie 是關於您的網路歷史記錄的一些資訊，可使用於追蹤您在網路上的存在。 開啟此選項可能會讓某些網站無法正常運作。

預設開啟「允許網站檢查 Apple Pay 和 Apple Card」選項，並允許網站檢查您是否已將 Apple Pay 設定為付款方式。Apple Pay 讓網頁支付變得快速、安全、方便地以及透過 Touch ID 進行授權。

點擊管理網站資料以查看哪些網站在您的 Mac 上儲存 cookie 和其他資訊。 您可以刪除個別網站或所有網站的 cookie 和網站資料。

隱私權報告功能顯示 Safari 已阻止網站追蹤您。 對於單個網站的報告，打開網站，點擊智慧搜尋欄位旁邊的隱私權報告（圖標看起來像盾牌），然後點擊顯示三角形以展開追蹤器列表。

或者選擇 Safari > 隱私權報告以取得您最近訪問過的所有網站的報告。 點擊追蹤器可查看追蹤器列表、誰擁有該追蹤器以及您訪問過多少使用該追蹤器的網站。 在任一選項上，您都可以點擊「顯示更多」或「顯示更少」來切換顯示跨網站追蹤器和智慧防追蹤的說明。

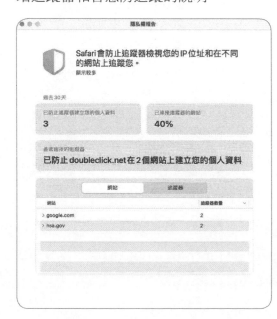

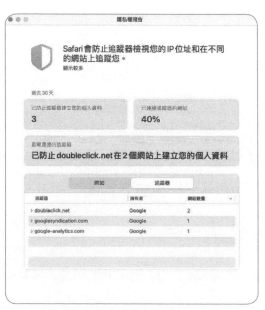

9.6
使用尋找

使用尋找可以：

▶ 和與您共享位置的朋友和家人維持聯繫
▶ 找到 Apple 裝置並增加找到遺失的 Apple 裝置的機會，即使它們沒有連接網路。

尋找適用於多種 Apple 裝置，但本節專注於在 Mac 上使用尋找。尋找應用程式位於 /Applications。

尋找藉由您能夠遠端存取 Mac 電腦的定位服務，從而幫助您找到遺失的 Mac。除了定位遺失的 Mac 之外，「尋找」還可以讓您遠端鎖定、刪除並針對基於 Intel 的 Mac 電腦，在 Mac 上顯示訊息。

在您的 Mac 上打開「尋找」後，它會廣播藍芽訊號以及有關其位置的資訊，即使它處於離線或睡眠狀態也是如此。附近其他正在使用的 Apple 裝置將該資訊轉送至 iCloud，以便您可以使用「尋找」來定位遺失的 Mac。

位置資訊是匿名和加密的，因此沒有人，甚至 Apple 都不知道發送其定位資訊的設備的身分。

而且位置資訊套件很小，因此您無需擔心位置資訊的傳輸會影響 Apple 裝置的電池壽命。

當您打開尋找時，如果您尚未使用您的 iCloud 帳號登入，則您將會被要求登入。系統偏好設定的連結會打開 Apple ID 偏好設定。

如果在安全性與隱私權偏好設定的隱私權視窗中的定位服務尚未開啟，尋找會要求您允許使用您的 Mac 的定位。

如果您沒有授予權限，則尋找會告訴您如果您在 Apple ID 偏好設定的 iCloud 部分中打開尋找我的 Mac，則可以找到您的裝置。

當您啟用尋找我的 Mac 時，有兩個選項會自動打開：

▶ 尋找我的 Mac － 這允許您定位、鎖定或清除您的 Mac 和支援的配件。
▶ 「尋找」網路—這使您的 Mac 能夠發送藍芽信號，其中包含有關其位置的加密和匿名資訊，即使它處於離線狀態和睡眠狀態。

當您為 Mac 打開尋找時，Mac 必須：

▶ 連接到有效的網路。
▶ 啟用定位服務。如果您在設定輔助程式期間或從安全性與隱私權設定偏好設定中沒有啟用定位服務，則在您打開尋找時會要求您這樣做。
▶ 設定為使用 iCloud，並打開尋找。您可以隨時從 iCloud 偏好設定設定中設定或停用尋找。雖然多個使用者可以在單一 Mac 上登入大多數 iCloud 服務，但每個裝置只能啟用一個 iCloud 帳號進行尋找。

第一次打開尋找時，它會顯示連絡人視窗，但本手冊的重點是裝置視窗。

點擊裝置以查看地圖，其中顯示了您的裝置的尋找已打開，並且與您的 iCloud 帳號相關聯。如果您和您的家庭成員共享他們的裝置位置，您也會因為開啟了家人共享而看到他們的裝置。

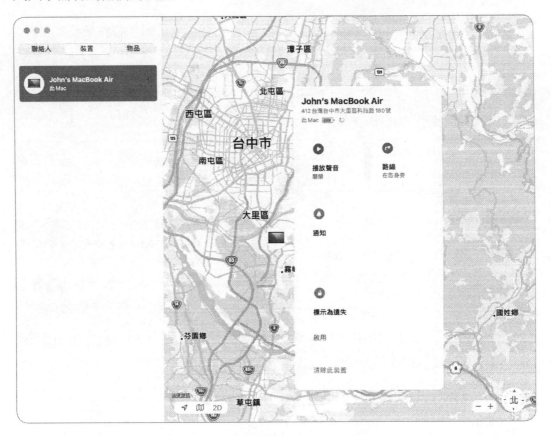

您可以在家人共享偏好設定的位置共享視窗中控制分享。

當您 Control-Click 側邊欄位中的某個裝置時，會打開一個快捷選單。相關指令可能包括：

▶ 確認標記為遺失

▶ 播放聲音

▶ 路線

▶ 標記為遺失

▶ 清除此裝置

您也可以選擇一個已定位的裝置，然後點擊資訊圖像（i）以顯示更多資訊和動
作，您還可以藉由 Control-Click 側邊欄位中的裝置來存取指令，您可以取得到
裝置的路線，設定通知以在找到裝置時通知您，並查看裝置的電源狀態。

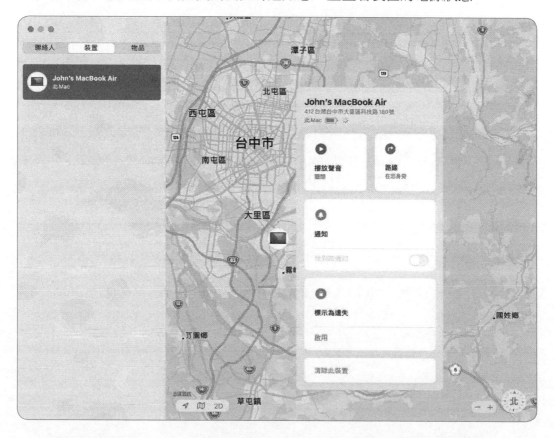

當您使用動作將 Mac 標記爲遺失（對於帶有 Apple 觸控的 Mac 與基於 Intel 的
Mac 電腦的行爲不同）或刪除 Mac 時，macOS 會提示您確認動作。

確認標記爲遺失

對於標記爲遺失指令會彈出一個視窗「要鎖定這台 Mac 嗎？確定要鎖定此 Mac 嗎？鎖定的裝置將無法被清除。」這是因爲鎖定的 Mac 將無法接收要清除的指令，直到 Mac 再次解鎖。在您採取行動之前請決定哪種行動最合適。如果您認爲您可能無法找回 Mac，最好發送指令清除 Mac。

如果您使用基於 Intel 的 Mac，您必須提供六位數密碼（也稱爲 PIN），然後驗證密碼。

此 PIN 僅適用於基於 Intel 的 Mac 電腦；對於帶有 Apple 晶片的 Mac 將不被要求。

接下來，您可以輸入一則訊息，該訊息將在基於 Intel 的 Mac 被鎖定或刪除後顯示（對於帶有 Apple 晶片的 Mac 的訊息將被忽略）

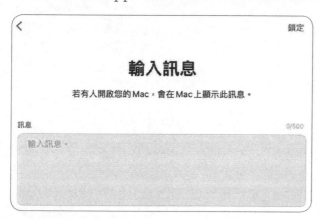

點擊右上角的鎖定，發送指令。

確認清除此 Mac

確認清除此 Mac 指令將遠端清除 Mac，將會提示「要清除 Mac 嗎？當此 Mac 連接到 Internet 時，所有內容和設定都將被清除。清除的 Mac 無法再進行定位或追蹤。」

點擊繼續後,您將被要求在基於 Intel 的 iMac 上設定密碼。 您可以提供一條訊息在基於 Intel 的 Mac 被刪除後將顯示(對於帶有 Apple 晶片的 Mac,該密碼和訊息將被忽略)。

點擊右上角的清除以發送指令。

最後,輸入您的 Apple ID 以確認您的身分。

提醒 ▶ MDM 解決方案提供的遠端鎖定和清除(也稱為抹除)操作類似於遠端鎖定和清除操作,但 MDM 解決方案不需要啟用位置服務。

在 Mac 收到遠端鎖定指令或遠端清除後,Mac 會立即重新啟動。重新啟動後,行為會因 Mac 的種類而異。

對於帶有 Apple 晶片的 Mac,復原輔助程式會顯示啟用 Mac 視窗,您必須在此處選擇知道密碼的管理員使用者,然後提供使用者的密碼。在您成功提供管理員密碼後,復原輔助程式會顯示啟用鎖定視窗,您必須在此處提供 Mac 連結到的 Apple ID。

提供正確的 Apple ID 憑證後，復原輔助程式會顯示「您的 Mac 已啟用」訊息和重新啟動按鈕。如果您不知道管理員密碼，可以點擊復原輔助程式選單並選擇清除 Mac。如果您不知道與 Mac 關聯的 Apple ID 憑證，可以點擊「使用裝置密碼」或「忘記 Apple ID 或密碼」連結以取得更多選項。有關啟用鎖定的更多詳細資訊，請參閱 9.7「使用啟用鎖定保護您的 Mac」。管理員密碼和 Apple¬ ID 密碼保護 Mac 的內容避免受到未經授權的使用者入侵。如果沒有這些憑證，未經授權的使用者無法存取 Mac 上的任何內部儲存空間。

對於基於 Intel 的 Mac，即使 Mac 使用韌體密碼（5.4 中介紹），遠端鎖定功能也能正常工作。Mac 可能會顯示一個鎖定圖片、一個密碼欄位和一個右箭頭按鈕，或者它可能會顯示六個段落（一個用於 PIN 的每個數字）並顯示訊息「輸入您的系統鎖定 PIN 碼來解鎖此 Mac」。密碼保護 Mac 的內容避免受到未經授權的使用者使用。如果沒有正確的密碼，未經授權的使用者無法存取 Mac 上的任何內部儲存空間。此外，如果沒有正確的密碼，未經授權的使用者無法修改 Mac 的啟動方式。

對於遠端清除操作，在重新啟動帶有 Apple 晶片的 Mac 和基於 Intel 的 Mac 時，會刪除所有使用者資料。此外，受檔案保險箱保護的 Mac 會刪除解密啟動磁碟所需的加密密鑰。這稱為即時刪除，它將使您的磁碟上的資料無法存取。有關檔案保險箱的更多資訊，請參閱第 12 課。

您也可以登入 www.icloud.com/find 搜尋已開啟尋找功能的 Apple 裝置。您可以從另一台 Mac 或 PC 使用此網站。

有關更多資訊，請參閱 support.apple.com/guide/findmy-mac/ 上的「尋找使用手冊」。

9.7
使用啟用鎖定保護您的 Mac

啟用鎖定用意在防止未經授權的人使用或出售您的裝置。開啟啟用鎖定後,任何人都需要您的 Apple ID 密碼或裝置密碼才能關閉尋找、清除您的 Mac 或重新啟用和使用您的 Mac。即使您遠端清除您的 Mac,啟用鎖定仍會繼續阻止其他人在沒有您權限的情況下重新啟用您的 Mac。

當您在基於 Apple 晶片或基於 Intel 具有 T2 晶片的 Mac 開啟尋找時,會自動開啟啟用鎖定。啟用鎖定有以下要求:

▶　您的 Mac 必須是 macOS Catalina 或更新版本。

▶　您的 Mac 必須是配備 Apple 晶片的 Mac 或基於 Intel 配備 T2 晶片的 Mac。

▶　您的 Apple ID 帳號必須經過雙重認證。

▶　如果您的 Mac 是基於 Intel 且配備 T2 晶片的 Mac,則它必須具有預設的完整安全性開機設定和「不允許從外部或可卸除式媒體開機」的允許開機媒體設定。5.4 有更多關於這些設定的資訊。

您可以使用系統資訊檢查 Mac 上的啟用鎖定狀態。打開系統資訊,然後選擇硬體。如果您的 Mac 是可以開啟啟用鎖定的,您將看到一個啟用鎖定狀態文字。

在您將 Mac 送去維修、出售或贈送之前,您應該關閉啟用鎖定。如果您有 Mac 的存取權限,請在系統偏好設定中使用 Apple ID 偏好設定關閉尋找我的 Mac 以關閉啟用鎖定,然後退出 iCloud。

如果您沒有對 Mac 的存取權限,請使用網頁瀏覽器登入 icloud.com 並使用上一節中描述的過程清除您的 Mac,請參閱 9.6「使用尋找」。

如果您設定了受啟用鎖定保護的 Mac，您將會看到啟用鎖定畫面。

這可能是您自己的 Mac 或您從其他人那裡購買的 Mac。在啟用鎖定畫面上，您可以藉由輸入正確的 Apple ID 和密碼來關閉啟用鎖定。

有關更多資訊，請參閱 Apple 支援文章 HT208987「Mac 啟用鎖定」和 HT201441「如何移除啟用鎖定」。

如果 Mac 具有啟用鎖定並且您忘記了您的 Apple ID 密碼，您可以在 iforgot. apple.com 上驗證您的 Apple ID 密碼時重置您的 Apple ID 密碼。如果您不能或無法關閉啟用鎖定，您可以存取 al-support.apple.com/#/kbase 取得更多支援，或者您可以將電腦帶到 Apple Store 或 Apple 授權服務機構。您需要有適當的文件證明您是該裝置的擁有者。裝置上的資料將被刪除，並且裝置不能處於遺失模式。Apple 無法解鎖被管理裝置。

> 提醒 ▶ 如果您的組織使用 Apple 校園管理或 Apple 商務管理並擁有支援啟用鎖定的 MDM 解決方案，您可以使用您的 MDM 解決方案在受監管的 Mac 電腦上打開或關閉啟用鎖定。請參閱 support.apple.com/guide/deployment/depf4ab94ef1 上的「Apple 裝置上的啟用鎖定」以取得有關啟用鎖定的更多資訊。

9.8
允許系統延伸功能

對於 macOS Catalina 及更新版本，系統延伸功能替換了核心延伸功能或叫做 kexts，您可以在 9.9「允許第三方核心延伸功能」中了解它。開發者可以使用系統延伸功能來建立強大的應用程式延伸 macOS 的功能，同時保持 macOS 的可靠性和穩定性。系統延伸功能比核心延伸更安全、更容易開發。系統延伸功能的類型包括：

▶　網路延伸功能，可以過濾和重新路由網路使用流量或連接到虛擬專用網路（VPN）

▶　端點安全延伸功能，可以攔截和監控安全相關事件

▶　驅動程式延伸功能，可以控制硬體裝置並使其服務在系統範圍內可使用

要安裝系統延伸功能，安裝包含系統延伸功能的應用程式。在安裝程式期間，當應用程式嘗試載入其系統延伸功能時，macOS 會顯示一個對話框並告知它阻止載入系統延伸功能。

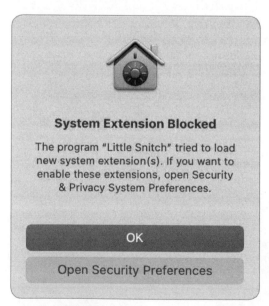

點擊「打開安全性偏好設定」以打開「安全性與隱私權偏好設定」中的「一般」視窗。macOS 在載入新的系統延伸功能之前需要管理員的允許。

要載入新的系統延伸功能，點擊鎖定圖標，提供管理者憑證，並且在系統延伸功能資訊的右方點選允許。

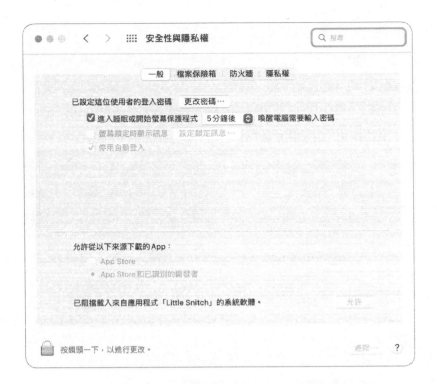

如果 macOS 阻止了多個系統延伸功能，請點擊允許來檢查被阻止載入的項目列表。選擇要允許載入的每個系統延伸功能，然後點擊確定。

macOS 根據需要自動載入和卸載允許的系統延伸功能。

　　提醒 ▶ 您的組織可能能夠使用您的 MDM 解決方案來允許系統延伸功能，這個主題超出了本手冊的範圍。

要查看是否已載入任何系統延伸功能，您可以使用終端機中的 systemextensionsctl 指令和 list 選項。在下圖中：

▶　安全性與隱私權偏好設定的一般視窗下方顯示一條訊息，顯示允許按鈕可供點擊（提供管理員憑證以解鎖鎖定）。

▶　在終端機中，systemextensionsctl list 指令報告系統功能延伸是「正在等待使用者啟用」。

在下圖中，繼續允許系統延伸功能的情境：

▶　安全性與隱私權偏好設定的一般視窗的下方不會顯示一條訊息也不再顯示允
　許按鈕，因為已經點擊了允許按鈕。

▶　點擊允許按鈕後，在終端機中，清除螢幕並再次使用 systemextensionsctl
　指令顯示系統延伸是「啟用的」。

要刪除系統延伸功能，請從應用程式檔案夾中刪除安裝了系統延伸功能的應用程
式。

有關系統延伸功能的更多資訊，請訪問 developer.apple.com/system-
extensions/ 。

9.9
允許第三方核心延伸功能

核心延伸功能 （kext） 是一個動態載入的可執行程式碼套裝並且在核心中運作
以執行低層級的任務。第三方核心延伸功能所使用的方法不如上一節中介紹的系
統延伸功能安全或可靠。

2019 年，Apple 通知應用程式開發人員，macOS Catalina 將是最後一個完全
支援第三方核心延伸功能的 macOS 版本。Apple 一直在與應用程式開發人員合
作，將他們的應用程式從第三方核心延伸功能轉換為系統延伸功能。

在 macOS Catalina 10.15 或更高版本中，核心延伸功能藉由以下方式闡述：

▶　第三方核心延伸功能
▶　舊版系統延伸功能
▶　舊版核心延伸功能
▶　已停用核心延伸功能

本手冊將作為 macOS 一部分的核心延伸功能稱為 kexts，將第三方核心延伸功能稱為第三方核心延伸功能。

> 提醒 ▶ 如果您使用需要第三方核心延伸功能的應用程式，請聯絡應用程式開發人員以了解他們是否計劃更新應用程式以使用系統延伸功能。如果沒有，請考慮尋找滿足您需求的其他應用程式。儘管安裝第三方核心延伸功能會將第三方核心延伸功能放置在檔案系統上，但第三方核心延伸功能在被允許載入並重新啟動 Mac 之前是不啟用的。

如果您的 Mac 在您組織的 MDM 解決方案中註冊，您可能能夠使用您的 MDM 解決方案來允許允許第三方核心延伸功能。您可以選擇允許標準使用者能夠在安全性與隱私偏好設定中載入第三方核心延伸功能並重新啟動。

如果您的基於 Intel 的 Mac 未註冊到您組織的 MDM 解決方案中，則僅允許安裝和載入被管理員允許的某些類別的第三方核心延伸功能。

如果您帶有 Apple 晶片的 Mac 沒有透過自動裝置註冊功能註冊到您的組織的 MDM 解決方案中，如果滿足以下所有這些條件，您可以安裝第三方核心延伸功能：

▶　您的 macOS 卷宗配置了較低安全性的安全性選項（請記住，對於具有 Apple 晶片的 Mac 電腦，可以有多個安裝了 macOS 的卷宗，並且每個卷宗都有自己的安全性設定，如 5.4 所述）。
▶　對於安全性規則，必須選擇「允許來自已識別開發者的核心延伸功能使用者管理」。
▶　第三方核心延伸功能必須經過公證，這在 18.2「應用程式安全性」中有介紹。

如需更多資訊，請參閱 developer.apple.com/support/kernel-extensions/。

9.10
鎖定您的螢幕

如果您登入到您的 Mac 並且您需要離開它,請鎖定您的螢幕,這樣在您不在的時候沒有人可以鎖定您的 Mac。點擊 Apple 選單,然後選擇「鎖定螢幕」(或按 Control-Command-Q)。

macOS 會立即鎖定您的螢幕。沒有先以您身分進行身分驗證,任何人都無法使用您的 Mac。

在桌面與螢幕保護程式偏好設定的螢幕保護程式視窗中,您可以點擊熱點,點擊其中一個角落的選單,然後選擇鎖定螢幕。然後,當您將游標移動到螢幕的那個角落時,您的螢幕就會鎖定。

如果您的組織需要 Mac 顯示鎖定螢幕訊息,請參閱 Apple 支援文章 HT203580「在 Mac 登入視窗中顯示訊息」。

練習 9.1
管理鑰匙圈

▶ 前提

> ▶ 您必須已經建立了 John Appleseed 帳號（練習 7.1「建立標準使用者帳號」）。

> ▶ 您必須執行過練習 8.1「回復一個已刪除的使用者帳號」。

預設，當您登入本機帳號時，您的登入鑰匙圈將自動解鎖並保持解鎖狀態，直至您登出。如果您想要更高的安全性，您可以將登入鑰匙圈設定爲在一段時間不活動或 Mac 進入睡眠狀態後鎖定。

在本練習中，您將探索鑰匙圈管理技術。

將鑰匙圈設定爲自動鎖定

1. 以 John Appleseed 登入。

2. 在 Finder 中，選擇 前往 > 工具程式或按 Shift-Command-U 打開工具程式檔案夾。

3. 在工具程式檔案夾中，打開鑰匙圈存取。

   在應用程式視窗的左上角，您會注意到每個鑰匙圈都有一個鎖頭圖像，顯示它是鎖定還是解鎖。登入鑰匙圈的圖像表示它已解鎖。

4. 選擇「登入鑰匙圈」，然後從選項中選擇「編輯」>「更改鑰匙圈『登入』的設定」。

5. 選擇「閒置逾 5 分鐘之後鎖定」和「睡眠時鎖定」。

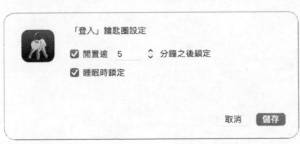

「登入」鑰匙圈設定
☑ 閒置逾 5 ◇ 分鐘之後鎖定
☑ 睡眠時鎖定

取消　儲存

6. 點擊儲存，然後退出鑰匙圈存取（Command-Q）。

7. 打開系統偏好設定，然後選擇安全性與隱私權。

8. 如有需要，點擊一般，然後取消選擇「進入睡眠或開始螢幕保護程式立即喚醒電腦需要輸入密碼」。

    提醒 ▶ macOS 具有預設偏好設定以保護您的電腦免受未經授權的存取。在正式環境時，如果您的 Mac 無人使用，您應該考慮立即要求輸入密碼。

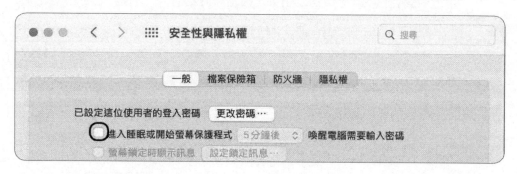

9. 出現提示時，輸入 John Appleseed 的密碼，然後點擊好。

    這是使用者偏好設定，因此不需要管理員授權。

10. 在出現的確認對話框中，點擊關閉鎖定螢幕。

11. 如果系統提示您「您要關閉 iCloud 鑰匙圈嗎？」視窗，點擊關閉鑰匙圈。

    有關 iCloud 鑰匙圈的更多資訊，請參閱 9.3「使用 iCloud 鑰匙圈」。

12. 關閉系統偏好設定。

13. 選擇 Apple 選單 > 睡眠。

14. 按任意鍵喚醒 Mac。

15. 打開鑰匙圈存取。

登入鑰匙圈旁邊的圖像顯示為已鎖定（未打開），表示鑰匙圈已鎖定。

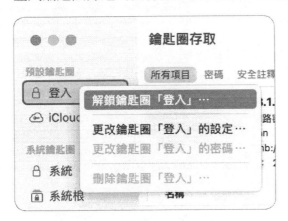

16. 在鑰匙圈存取，Control-Click 登入鑰匙圈，然後選擇解鎖鑰匙圈「登入」。

17. 輸入 John 的密碼，然後點擊好。

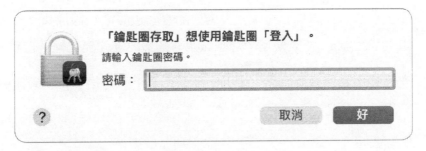

鎖定被打開，您的鑰匙圈解鎖。

18. 退出鑰匙圈存取。

將登入階段設定為鎖定

除了僅鎖定登入鑰匙圈之外，您還可以將整個登入階段設定為在睡眠或一段時間不活動後鎖定。

1. 打開安全性與隱私權的偏好設定，然後點擊一般。

2. 選擇「需要密碼」，然後從選單中選擇「立即」。

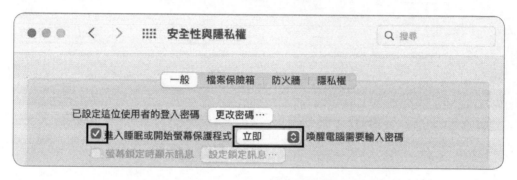

3. 在彈出的提示中輸入 John Appleseed 的密碼，然後點擊好。

4. 選擇 Apple 選單 > 睡眠。

5. 按任意鍵喚醒 Mac。

   您會看到一個類似登入螢幕的解鎖螢幕，上面只有 John 的帳號。

6. 輸入 John 的密碼，然後按下 Return 鍵。

   您的階段將會解鎖。當您輸入密碼登入之後鑰匙圈會隨著解鎖。

   為了簡化其他的練習，您可以解除這些安全措施。

   提醒 ▶ macOS 具有預設偏好設定以保護您的電腦免受未經授權的存取。在製作時，如果您的 Mac 無人使用，您應該始終考慮要立即要求輸入密碼。

7. 取消選擇安全性與隱私權偏好設定中的「需要密碼」，然後在確認視窗中點擊關閉螢幕鎖定。

8. 退出系統偏好設定。

9. 打開鑰匙圈存取，如有必要，選擇登入鑰匙圈，然後從選單列中選擇「編輯」> 更改鑰匙圈「登入」的設定。

10. 如有需要，輸入 John 的密碼以解鎖鑰匙圈。

11. 取消選擇「閒置 逾 5 分鐘之後鎖定」和「睡眠時鎖定」。

12. 點擊儲存，然後退出鑰匙圈存取。

將密碼儲存在鑰匙圈中

您的登入和本機項目鑰匙圈有許多自動建立的項目。在本節中，您將會藉由要求 macOS 記住您的鑰匙圈中的密碼來建立一個項目。

提醒 ▶ 在此練習中建立的項目未保存在 iCloud 鑰匙圈中，因此其他已登入的裝置就算使用相同的 Apple ID 登入到 iCloud 也無法使用。

1. 打開 StudentMaterials/Lesson9 檔案夾。請記住，您在 Dock 中建立了 StudentMaterials 的快速開啟方式。

2. 打開名為「John's private files.dmg」的檔案。

   這個磁碟映像檔是加密的，所以 macOS 會要求您輸入密碼才能打開它。

3. 選擇「在我的鑰匙圈中記住 private」。

4. 輸入**密碼**，然後點擊「好」。

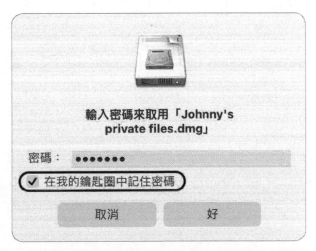

5. 如果需要，輸入 John 的帳號密碼。

6. 選擇您的桌面上的磁碟映像檔，然後按 Command-E 退出。

7. 再次打開磁碟映像檔。

    由於密碼現在儲存在您的鑰匙圈中，並且鑰匙圈已解鎖，因此無需詢問您的
    密碼即可打開映像檔。

8. 退出磁碟映像檔。

從鑰匙圈中搜尋密碼

即使儲存密碼以使其可使用於應用程式，有時使用者需要搜尋儲存的密碼。 例
如，想要從其他 Mac 上的 Safari 存取他們的郵件的使用者可能想要搜尋他們的
電子郵件密碼。在本節中，您將使用鑰匙圈找回忘記的密碼。

1. 從工具程式檔案夾打開鑰匙圈存取。

    您可以在 Finder 中選擇 前往 > 工具程式或按下 Command-Shift-U 來找到
    這個檔案夾。

2. 選擇本機項目鑰匙圈。

3. 點擊名為「John's private files.dmg」的密碼項目。如有必要，向下捲動或
    使用鑰匙圈存取右上角的搜尋欄位。

    視窗打開，顯示有關此密碼項目的資訊。

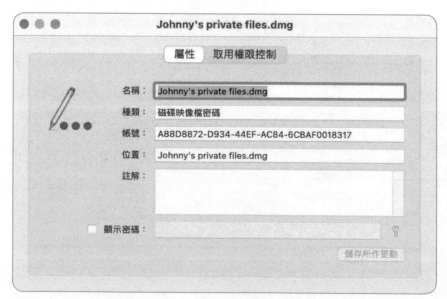

4. 點擊取用權限控制。

取用權限控制視窗顯示允許哪些應用程式或程序可存取鑰匙圈項目的資訊。在這種情況下，com.apple.DiskImagesKeychainGroupprocess 程序可以自動存取密碼，但是如果任何其他應用程式請求存取，macOS 會先要求使用者確認。

出於安全目的，建立一個鑰匙圈項目的應用程式是唯一允許的存取，並且 macOS Monterey 不允許編輯。

5.　點擊屬性。

6.　在屬性視窗中，選擇顯示密碼。

一個對話視窗將會通知您，鑰匙圈存取想要使用「本機項目」鑰匙圈。即使您的登入鑰匙圈和本機項目鑰匙圈都已解鎖，但此項目的存取需要在除 com.apple.DiskImagesKeychainGroup 之外的任何項目被允許之前確認。

7.　輸入 John 的帳號密碼，然後點擊好。

因爲您無法編輯對該鑰匙圈項目的存取，要查看該鑰匙圈項目的密碼，您每次都需要進行身分驗證。

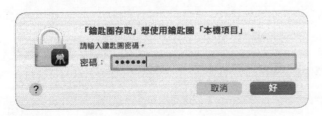

8.　關閉「John's private files.dmg」視窗。

練習 9.2
允許應用程式存取您的資料

▶ **前提**

　　▶　您必須已經建立 John Appleseed 帳戶（練習 7.1「建立標準使用者帳號」）。

macOS 需要使用者允許之後才能允許應用程式存取某些類型的使用者資料。您可以在安全性與隱私權偏好設定中進行管理。在這個練習中，您將安裝一個請求存取您的聯絡人的應用程式。

安裝一個應用程式

1.　以 John Appleseed 身分登入。

2.　打開 StudentMaterials/Lesson9 檔案夾。

3.　打開名為 Directory.dmg 的檔案。

　　Directory 是個應用程式必須安裝在應用程式檔案夾。

4.　從選單列中，選擇 前往 > 應用程式 （Shift-Command-A）。

5.　將 Directory 從磁碟映像檔拖曳到您的應用程式檔案夾中。

6.　在「Finder 想要複製 Directory」的提示下使用 Local Administrator 進行驗證，然後點擊「好」。

Directory 已安裝在您的應用程式檔案夾中。

7. 退出磁碟映像檔。

允許一個應用程式

1. 開啟 Directory。如果您有一台基於 Apple 晶片的 Mac，您可能需要安裝 Rosetta。如果您有一台基於 Intel 的 Mac，請跳至步驟 4。

   Directory 應用程式不是通用應用程式，需要 Rosetta 才能在裝有 Apple 晶片的 Mac 上運作。

2. 在提示安裝 Rosetta 時，點擊安裝。

3. 使用 Local Administrator 進行驗證，然後點擊安裝軟體。安裝 Rosetta 後，點擊完成。

4. 如有必要，打開 Directory，然後在警告是從網路上下載的提示視窗中點擊
打開（參考 18.2「應用程式安全性」中的「檔案隔離」）。

Directory

在 Directory 中， People 視窗包含一個 Request Contacts Access 按鈕。
大多數應用程式對應用程式允許有不同機制，但是如果 macOS Monterey
中的應用程式想要從其他來源取得資料，則必須先取得使用者的同意。

5. 點擊 Directory 中的 Request Contacts Access 按鈕。

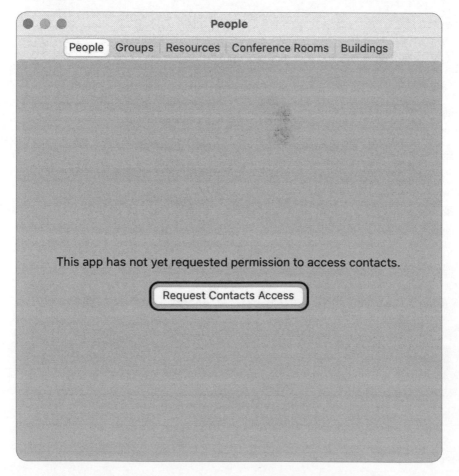

6. 在「Directory」想要存取您的聯絡人的提示下，點擊好。

您已經允許了跨應用程式的資料請求。

Directory 應用程式告訴您聯絡人存取已取得授權。

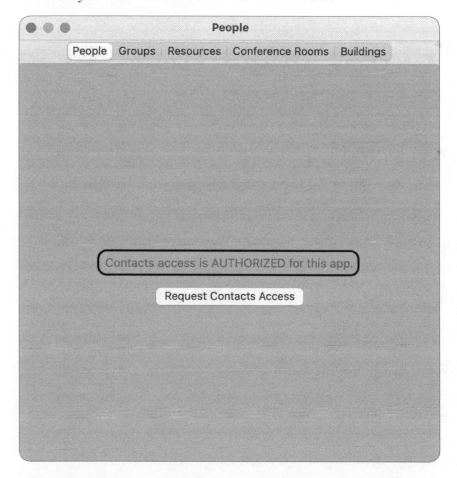

7. 開放安全性與隱私權偏好設定。不要退出 Directory 應用程式。

8. 點擊隱私權。

注意側邊欄位中的不同類別。

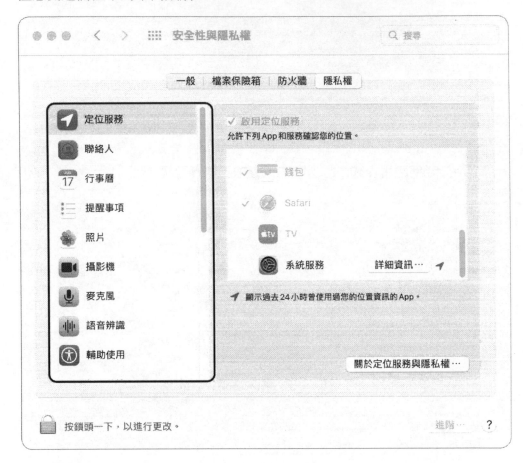

9. 選擇聯絡人，然後確認 Directory 已被選擇。這顯示 Directory 已經被允許存取聯絡人。

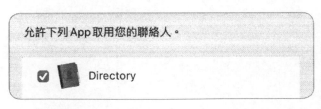

10. 取消選擇 Directory。

11. 在告知您 Directory 將存取您的聯絡人直到它退出的視窗中，點擊退出並重新開啟。

12. 如有需要，切換到 Directory。

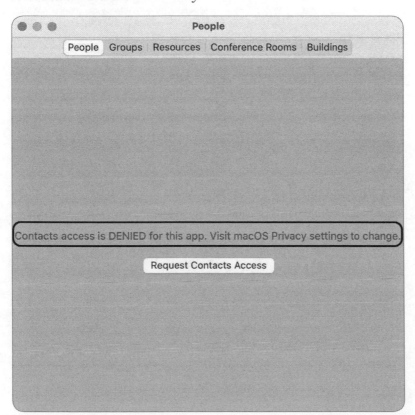

Directory 現在告知您，聯絡人被拒絕存取，並提示您查看「macOS 隱私權設定以進行更改」。

13. 退出 Directory。

練習 9.3
允許載入系統延伸功能

▶ 前提

▶   您必須已經建立了 John Appleseed 帳號（練習 7.1「建立標準使用者
    帳號」）。

macOS 在載入第三方系統延伸功能之前需要使用者的允許。與第三方核心延伸
功能（kexts）不同，系統延伸功能在使用者空間中運作。

一旦取得允許，macOS 會根據需要載入和卸除系統延伸功能。這個練習
的系統延伸功能是運作一個名爲 Little Snitch 的應用程式，由 Objective
Development 提供。Little Snitch 是一款適用於 Mac 的網路監視器，並使用系
統延伸功能的網路延伸功能。

在本練習中，您將學習允許系統延伸功能的載入以及如何驗證系統延伸功能是否
已被允許和啟用。

取得並安裝應用程式

1. 以 John Appleseed 身分登入。

2. 至 www.obdev.at/products/littlesnitch/download.html，或從 StudentMaterials
    > Lesson9 雙擊 Download Little Snitch 網頁位置檔案。

3. 點擊 macOS Monterey 的下載按鈕，然後在 Safari 提示下點擊允許。在撰
    寫本手冊時，最新版本是 5.3.2。

4. 退出 Safari，然後從您的下載項目檔案夾中打開磁碟映像檔。

    打開後背景顯示您應該將 Little Snitch 放在應用程式檔案夾中。

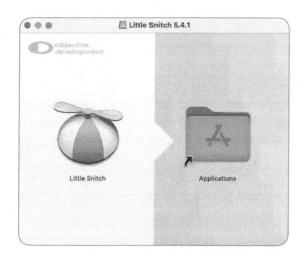

5. 將 Little Snitch 應用程式拖曳到 Applicarions 圖標（它是 /Applications 的替身）。

6. 在提示下，以 Local Administrator 身分進行身分驗證，然後點擊好。

此時 Finder 將會把 Little Snitch 複製到應用程式檔案夾中。

7. 退出磁碟映像檔。

安裝並允許系統延伸功能

1. 在 Finder 中，到應用程式檔案夾（Shift-Command-A）。

2. 點擊 Little Snitch，然後在提示 Little Snitch 是從網路下載的警告提示時，
點擊打開。

Little Snitch

3. 閱讀許可協議，如果條款是可以接受的，請點擊 Accept。

您會看到一個 Welcome to Little Snitch 提示，它會詢問您權限用來安裝必
要的系統延伸功能。

4. 點擊 Install。

請注意，當 Little Snitch 嘗試載入網路延伸功能時，macOS 會阻止載入，
要求您允許並啟用這些延伸功能。

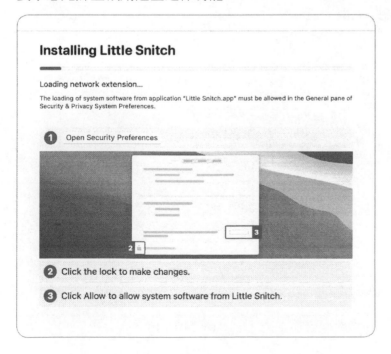

5. 在允許系統延伸功能的提示下，點擊打開安全性偏好設定。

6. 在安全性與隱私權偏好設定中，觀察「Little Snitch」應用程式中的系統軟體被阻止載入的訊息。

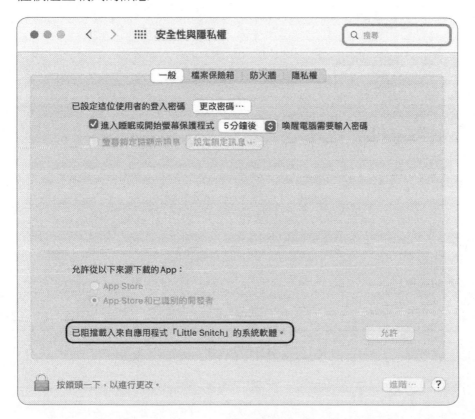

7. 點擊鎖定並以 Local Administrator 身分驗證，然後點擊允許。

   您必須具有管理權限才能允許載入系統延伸功能。

8. 點擊允許後，安裝將繼續。

   要求您允許 Little Snitch 過濾網路內容。

9. 點擊允許。安裝完成。

   您將會被要求選擇運作 Little Snitch 的模式。就本練習而言，您將在 Demo Mode 下運作它。

10. 點擊 Demo Mode，然後瀏覽 Little Snitch 的導覽。

11. 導覽結束後，點擊繼續，然後選擇您喜歡的操作模式。您可以選擇任一模式。

12. 提示為標準 macOS 和 iCloud 服務建立規則群組，點擊下一步。

13. 在準備好的視窗上，點擊關閉。

Little Snitch 網路監視器打開。您可以探索它的功能。

14. 退出 Little Snitch 網路監視器。

Little Snitch 仍在運作背景，您可以從選單列中存取其功能。

檢查已允許的系統延伸功能

1. 打開終端機，然後在提示符處輸入 systemextensionsctl list。

此指令將會使用 stdout 顯示 Little Snitch 網路延伸功能已載入。

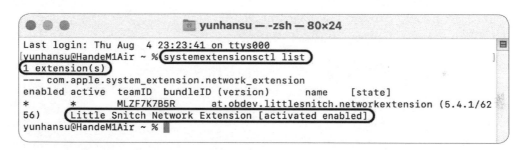

2. 退出終端機，然後選擇前往 > 前往檔案夾並導覽到 /Library/SystemExtensions。

此檔案夾包含已載入的安裝系統延伸功能。

取消安裝應用程式

1. 打開應用程式檔案夾，然後找到 Little Snitch 應用程式。

2. 將 Little Snitch 拖曳到垃圾桶。

    您會看到提示 Little Snitch 正在管理系統延伸功能，如果您繼續，該功能將被刪除。

3. 出現提示時，點擊繼續。

4. 使用 Local Administrator ，然後點擊確定。

5. 在 Finder 中，Control-Click 垃圾桶，然後選擇清空垃圾桶。

6. 從 Apple 選單中，選擇登出 John Appleseed。

第 10 章
管理密碼更改

更改密碼與重置密碼是不同的。在您知道密碼的
情況下可以更改密碼,若您不知道密碼,則需要
重置密碼。更改密碼與重置密碼最終都是得到一
組新的密碼,但只有在使用者不知道密碼的情況
下才應該進行重置。

在此章節,您會學習如何更改及重置密碼,同時,
您也會學習到變動密碼的後續影響。

目標

▶ 更改已知的密碼

▶ 重置遺失的使用者密碼

10.1
更改已知的密碼

如果您知道本機使用者密碼,並且想要更改它,
可以在「安全性與隱私權」的「一般」面板裡或
是選取「使用者與群組」的偏好設定。這兩種方
式,都是點選「更改密碼」。

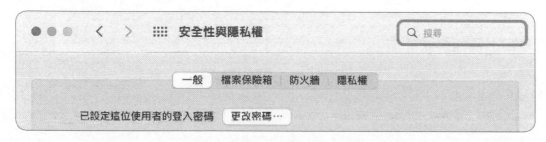

您必須先輸入一次舊的密碼，接著輸入兩次新的密碼。輸入兩次新的密碼是用來確保您的輸入。

若您輸入的密碼沒有符合密碼要求，將游標放在「驗證」的欄位，macOS 將顯示關於密碼要求的資訊。當您輸入的密碼符合要求，macOS 會在旁邊顯示一個綠色的標誌指示。「檔案保險箱」被開啟後，當您輸入密碼時，將無法再選擇空白的密碼。

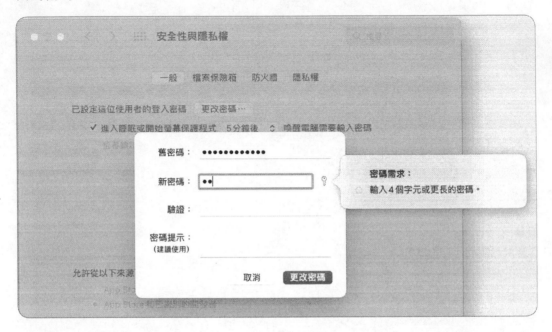

若您的 Mac 有被行動裝置管理（MDM） 安裝設定描述檔並設定密碼規則，則會被強制使用所設定的密碼規則。

使用密碼輔助程式

如果要選擇高強度的密碼，可以使用「密碼輔助程式」，他會幫助您評估及建立強度高的密碼。不管是您建立或更改進入重要資源的密碼，例如帳號或是鑰匙圈密碼，都可以使用「密碼輔助程式」。該程式在面板上的密碼欄位旁邊為一個小鑰匙圖像，如上一個顯示更改本機使用者密碼的視窗截圖。

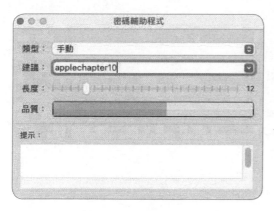 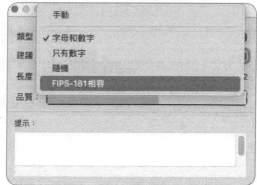

10.2
重置遺失的密碼

macOS 提供多種方式重置本機使用者帳號的密碼。

重置其他使用者的密碼

若您能登入 Mac 的管理者帳號，您即可從「使用者與群組」的偏好設定中，重置其他使用者帳號的密碼。驗證您是管理者後，選取您想要更改密碼的其他使用者帳號，接著點選「重置密碼」。

輸入並驗證新的密碼，您可以選擇輸入「密碼提示」，接著點選「更改密碼」。

重置帳號密碼並不會重置使用者「登入」鑰匙圈的密碼。
若要重置「登入」鑰匙圈的密碼，請使用位於「工具程式」檔案夾裡的
「鑰匙圈存取」。

新密碼：	
驗證：	
密碼提示： （建議使用）	

取消　**更改密碼**

當您登入 Mac，若您的登入密碼與鑰匙圈密碼不符合，macOS 會建立新的空白
鑰匙圈項目，並將新的鑰匙圈密碼以您的登入密碼做設定。參閱練習 10.3，「建
立自動登入鑰匙圈」。

使用 Apple ID 或檔案保險箱復原密鑰以重置登入密碼
您可以使用 Apple ID 或檔案保險箱復原密鑰在以下情況中重置您的登入密碼

▶　當您在設定 Mac 並使用「設定輔助程式」 建立本機帳號時先登入您的
　　Apple ID，接著在「建立本機帳號」的面板，選擇「允許此 Apple ID 重置
　　密碼」。

▶ 在「使用者與群組」偏好設定中，點選鎖頭及認證管理者身分後，選擇一個使用者，如果顯示選項「允許使用者使用 Apple ID 重置密碼」，將其點選。

▶ 當您開啟「檔案保險箱」及選取「設定我的 iCloud 帳號重置我的密碼」，並且現在您依舊能登入 iCloud 帳號，或者是您選取「製作復原密鑰並且不使用我的 iCloud 帳號」，並且現在您仍然有復原密鑰。參閱更多資訊，請見第 12 課「管理檔案保險箱」。

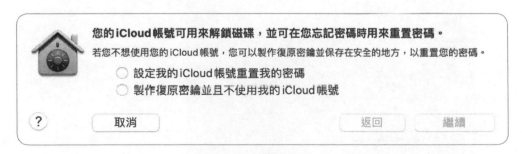

取決於您的 Mac 的設定，您可以使用 Apple ID 或「檔案保險箱」復原密鑰來進行重置密碼的步驟。在您開始步驟後，跟著螢幕上的提示以提供 Mac 所要求的資訊（可能是您的 Apple ID 或「檔案保險箱」的復原密鑰），直到您可以進行輸入並驗證新的密碼。

若您尚未看到登入的視窗，重新回到登入頁面或重新啟動您的 Mac。在登入的頁面，選擇您想要重置密碼的使用者帳號。

▶ 若此帳號有設置密碼提示，在密碼欄位旁邊會顯示一個問號的標誌，點選問號標誌會顯示提示以及重置選項。

▶ 在您嘗試輸入密碼失敗三次後，可以使用「檔案保險箱」的復原密鑰來重置使用者密碼，這時會有一個對話框提示您重新啟動並顯示密碼重置選項，這時您即可使用「檔案保險箱」復原密鑰進行重置密碼。

▶ 若您在「設定輔助程式」中允許可以使用您的 Apple ID 來重置密碼，在輸入密碼三次失敗後，則會有對話框允許您使用 Apple ID 重置密碼。

在您點選箭頭標誌後，跟著螢幕上的指示操作。例如，如果您有開啟「檔案保險箱」並擁有您的復原密鑰，接著點選「使用復原密鑰重置」選項。

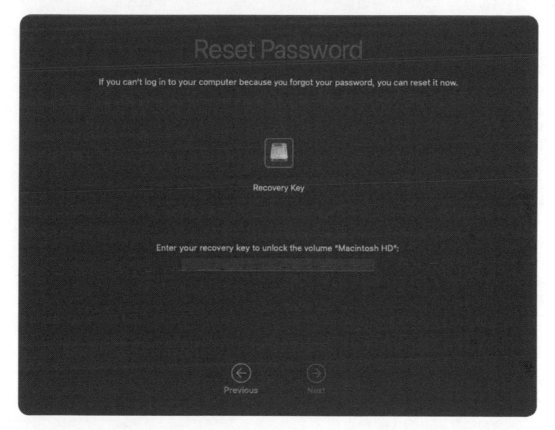

使用 macOS 復原來重置密碼

復原輔助程式只有在 macOS 復原中可以使用。在 5.1 中提及的「macOS 復原的元素」中有提到，如果您的 Mac 有開啟「檔案保險箱」或是「啟用鎖定」，在您使用 macOS 復原前須先驗證您的管理者身分。

在您開始進行 macOS 復原後，在「工具程式」選單中選擇「終端機」，在「終端機」視窗中入 **resetpassword**，然後按下 Return 鍵以開啟「重置密碼」輔助程式。「重置密碼」輔助程式將會提供您重置本機使用者帳號的方法。

復原輔助程式顯示的視窗內容以 Mac 裡的儲存裝置以及設定而定。

▶ 選擇儲存裝置卷宗—如果您的 Mac 有超過一個的外接儲存裝置，您需要選擇包含您想重置密碼之帳號的系統卷宗。

▶ 啟用「檔案保險箱」的儲存卷宗 - 如果選取的儲存區是由「檔案保險箱」所保護，並且您將「復原密鑰」儲存於 iCloud 帳號，則輸入該 iCloud 的密碼。如果您的「復原密鑰」不是使用 iCloud 帳號，則使用「復原密鑰」在登入頁面解鎖儲存區（您可能需要先重啟電腦，此取決於您如何設定您的 Mac）。

▶ 本機使用者選項 - 如果在系統卷宗有超過一個的本機使用者，則必須選擇您要重置密碼的帳號。

▶ 本機使用者帳號有與 Apple ID 關聯 - 如果所選的本機使用者帳號有與 Apple ID 關聯，則可以輸入 Apple ID 的密碼來重置本機使用者密碼。

▶ 本機使用者帳號沒有與 Apple ID 關聯 - 若如果所選的本機使用者帳號有與 Apple ID 關聯，您則可以輸入一組新的密碼。

欲參閱更多資訊，請見練習 10.1，「使用 macOS 以重置帳號密碼」。

任何人可以存取「macOS 復原」皆可使用復原輔助程式來重置本機使用者帳號的密碼。 建議開啟「檔案保險箱」或 「啟用鎖定」，以在啟用 Mac 的「macOS 復原」時需要驗證身分（詳述於 9.7，「使用「啟用鎖定」以保護您的 Mac」）。 若您是使用基於 Intel 的 Mac，也可以使用韌體密碼來限制存取「macOS 復原」。

有關更多關於更改或重置密碼的資訊，請見 Apple 支援文章 HT202860，「如果您忘記 Mac 登入密碼」。

在您重置密碼後

在您重置密碼後進行登入時，您可能需要再次輸入 Apple ID 密碼。因為您新建立的登入鑰匙圈尚未包含您的 Apple ID 密碼。更多詳情請見下個區塊。

在您重置密碼並登入時：

1. 若訊息中顯示您的 Mac 無法與 iCloud 或 Apple 媒體服務連線時，點選 Apple ID 偏好設定。

2. 輸入您的 Apple ID 密碼並點選「下一步」。

3. 若您使用 iCloud 鑰匙圈，則 Apple ID 的偏好設定會顯示需更新 Apple ID 設定的提醒。點選「繼續」，再一次點選「繼續」，輸入 Mac 的密碼，接著點選好。

10.3
管理使用者鑰匙圈

在 9.1 「密碼安全性」中介紹過「鑰匙圈存取」。此章節提供關於使用鑰匙圈存取來管理使用者鑰匙圈的細節。當一個使用者帳號的密碼被重置後，使用者現有的登入鑰匙圈及本機項目鑰匙圈（若 iCloud 鑰匙圈已被開啟就會叫做 iCloud 鑰匙圈，）將被重新命名，因此它們將被移除，並且將不會再被使用。新的登入鑰匙圈及新的本機項目鑰匙圈將被建立並且密碼會與使用者密碼是相同的，以及使用者並不會被通知。

管理鑰匙圈資料

使用「鑰匙圈存取」來管理鑰匙圈資料。開啟「鑰匙圈存取」（您可以使用「啟動台」或「Spotlight 」）。選擇 檔案 > 新增鑰匙圈並輸入六位數（或更長的）密碼以建立新的本地鑰匙圈檔案。新的鑰匙圈將會被預設存放在個人專屬檔案夾 > 資源庫檔案夾中的鑰匙圈資料夾。

從側欄選取一個鑰匙圈。接著選擇「編輯」>更改鑰匙圈的設定以調整鑰匙圈的設定。將會出現一個對話框，您可以在此更改所選鑰匙圈的自動鎖定設定。

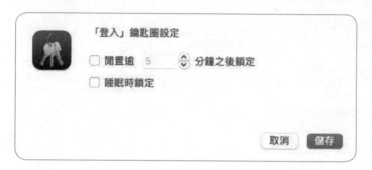

為了修改鑰匙圈密碼，從選單中選取後，選擇編輯 > 更改鑰匙圈的密碼。您必須先輸入原有密碼後，輸入一個新的密碼並驗證。

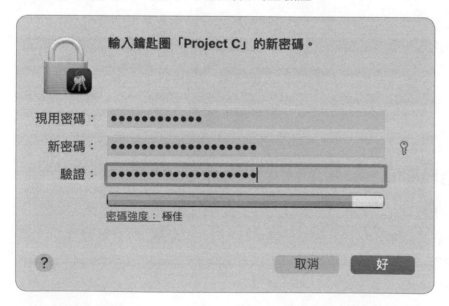

若要刪除一個鑰匙圈，從側邊欄選取後，點選「檔案」＞刪除鑰匙圈。當刪除鑰匙圈的對話框出現時，點選移除參照以忽略鑰匙圈或是點選刪除鑰匙圈檔案來清除鑰匙圈檔案。

一個使用者必須擁有至少一個的本機項目鑰匙圈。請避免手動刪除在 Finder 裡面的原始登入鑰匙圈檔案。除非已經設定另一個鑰匙圈，否則請不要刪除登入鑰匙圈，。

要將鑰匙圈中的項目進行移動，可以將其檔案拖拉放到其他項目中。可在本機項目／iCloud 鑰匙圈中使用，讓 macOS 對新增或移除項目進行管理。

重置鑰匙圈檔案

若 macOS 無法打開鑰匙圈檔案或是存取祕密檔案，可能 該鑰匙圈檔案已毀損。此情況下您必須替換或重置鑰匙圈。

若您有「時光機」備份，如第 17 課「管理時光機」所述，您可以在使用者鑰匙圈資料夾手動替換一個較早版本的導案。在您替換鑰匙圈檔案後，重啟 Mac 並以使用者登入後，開啟「鑰匙圈存取」以驗證復原的鑰匙圈檔案。

若使用者鑰匙圈檔案毀損，並且沒有備份的情況下，您必須重置鑰匙圈項目。在此情況下，重置使用者密碼或刪除使用者鑰匙圈檔案夾的內容並重新啟動 Mac。

以使用者身分登入。若使用者的登入鑰匙圈或本機項目的鑰匙圈遺失了，或密碼與使用者不相符， macOS 將會爲每一個被影響的鑰匙圈建立一個新的空白鑰匙圈。接著 macOS 會自動根據需要建立新的鑰匙圈項目。

「鑰匙圈存取」允許所有使用者可以重置他們的鑰匙圈。開啟「鑰匙圈存取」> 偏好設定，接著點選「重置預設鑰匙圈」。

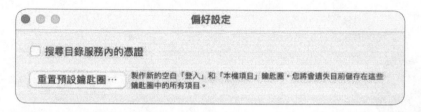

在您點選「重置預設鑰匙圈」後，macOS 會要求您輸入密碼以驗證變更，接著您的登入密碼將會被設爲新的鑰匙圈。

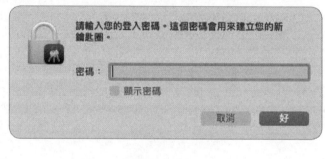

輸入您的登入密碼，接著點選 OK。若您輸入的密碼與登入密碼不符，在您下一次登入時，macOS 會建立一個與您的登入鑰匙圈相符的新的空白鑰匙圈項目。詳情請見練習 10.3。

重置 iCloud 鑰匙圈

iCloud 安全碼提供您額外增加新裝置的方法，若您遺失所有的裝置，也是您最後一個可復原 iCloud 鑰匙圈的機會。若您沒有建立 iCloud 安全碼並且您關閉了 iCloud 鑰匙圈、遺失您的裝置或是無法存取 iCloud 鑰匙圈內容，則您必須重置 iCloud 鑰匙圈。

若您遺失了登入鑰匙圈密碼，則同時遺失了 iCould 鑰匙圈的存取密碼。若您透過在鑰匙圈更新對話框中的建議方式建立了新的登入鑰匙圈，則本機 iCloud 鑰匙圈會被重置。結果會顯示一個新的空白本機項目鑰匙圈，iCloud 鑰匙圈的內容則會維持在雲端中。

您可以使用 iCloud 鑰匙圈存取祕密，但 iCloud 鑰匙圈則會視您的電腦為新的 Mac。您會被要求使用 Apple ID 進行驗證，並使用 iCloud 安全碼或雙重驗證，以重新取得 iCloud 鑰匙圈的存取權限。

欲了解更多關於 iCloud 鑰匙圈，請見 Apple 支援文章 HT204085，「設定 iCloud 鑰匙圈「。

練習 10.1
使用 macOS 復原重置帳號的密碼

▶ 前提

- ▶ 您必須先建立 Local Administrator（練習 3.1,「練習設定一台 Mac」）以及 John Appleseed 帳號（練習 7.1,「建立標準使用者帳號」）。

- ▶ 您必須啟用「檔案保險箱」，並記錄您的復原密鑰（練習 3.2,「設定系統偏好設定」）。

macOC 提供許多方法可重置遺失帳號的密碼，在此練習中，您可以在「macOS 復原」中重置 John Appleseed 的密碼。

在「macOS 復原」中重置使用者密碼

1. 使用以下其一說明：

 ▶ 若您的 Mac 有配載 Apple 晶片，關閉電腦，接著長按電源鍵直到出現「正在載入啟動選項「的畫面。點選「選項」，接著點選「繼續」。

 ▶ 若您是配備 Intel 處理器的 Mac，重新啟動電腦，接著立即長按 Command-R 直到出現 Apple 的圖標。

2. 若顯示「語言」的視窗出現，選擇您想要的語言，接著點選右下角的按鈕繼續。

3　在 macOS 復原的視窗，選擇「Local Administrator」，點選「下一步」，輸入密碼後點選「繼續」。

4. 在選單列中，選擇「工具程式」>「終端機」

5. 輸入指令 **resetpassword**，然後按下 Return。

復原輔助程式將會開啟。

6. 在重置密碼的視窗，選取「我忘記了密碼」，點選「下一步」

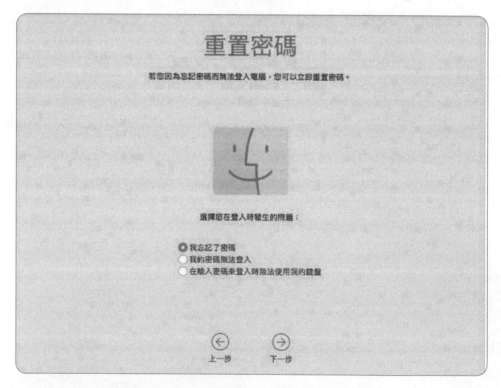

7. 輸入先前啟用「檔案保險箱」時所記錄的復原密鑰，參考練習 3.2,「設定系統偏好設定」。

因為開機卷宗已被鎖定，您無法選擇使用者直到解鎖卷宗。

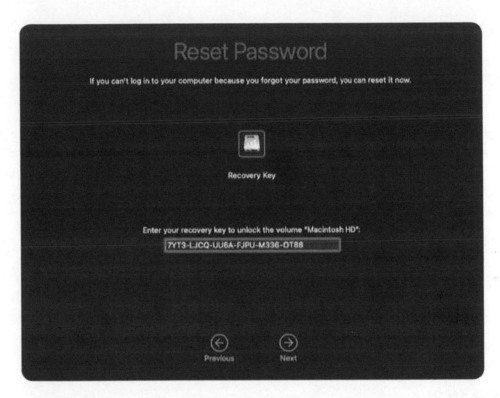

8. 當卷宗被解鎖時，選擇 John Appleseed 的使用者帳號（顯示為「john」），
   接著點選「下一步」。

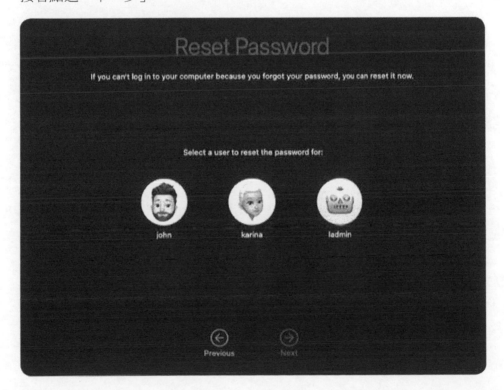

9.   在兩個密碼欄中皆輸入 **password1** ，密碼提示中不要輸入。

10. 點選「下一步」。

11. 當您收到您的使用者帳號的密碼已被重置的訊息時，點選「結束」。

12. 從 Apple 選單中選擇「重新開機」。

您剛剛完成了重置 John 的密碼。接續下一個練習來嘗試用另一個方法重置密碼。
接著再使用練習 10.3 來嘗試使用重置後的密碼登入，以試驗會發生什麼狀況。

> 提醒 ▶ John Appleseed 的登入鑰匙圈將不再與登入密碼相符。您可以接著
> 操作練習 10.2，「重置帳號密碼」，或者直接練習 10.3，「查驗自動建立的
> 登入鑰匙圈」，或您可以開始練習 10.3 的操作。但您在進行任何其他章節前，
> 必須先完成練習 10.3。

練習 10.2
重置帳號密碼

> ▶ 前提
>   ▶   您必須先建立 Local Administrator （練習 3.1,「練習設定一台
>   Mac」）以及 John Appleseed 帳號（練習 7.1,「建立標準使用者帳
>   號」）。
>
>   ▶   您必須啟用「檔案保險箱」（練習 3.2,「設定系統偏好設定」）。

macOC 提供許多方法可重置遺失帳號的密碼，在此練習中，您可以在「macOS
復原」中以管理者的身分重置 John Appleseed 的密碼。

以管理者帳號重置密碼

1.   以 Local Administrator 身分登入。

2.　開啟「系統偏好設定」，接著選擇「使用者與群組」。

3.　點一下「鎖頭」圖像，接著以本機管理者驗證。

4.　選擇 John Appleseed 的帳號。

5.　點選「重置密碼」。

6.　按一下「新密碼」欄位旁邊的「鑰匙」圖像。

重置帳號密碼並不會重置使用者「登入」鑰匙圈的密碼。

若要重置「登入」鑰匙圈的密碼，請使用位於「工具程式」檔案夾裡的
「鑰匙圈存取」。

新密碼：

驗證：

密碼提示：
（建議使用）

取消　　**更改密碼**

「密碼輔助程式」將會開啟以幫助您選擇安全密碼，並會顯示密碼的安全性
等級。（例如，若密碼強度不高，品質則會顯示紅色，在提示欄內可看到建
議您使用更安全的密碼，並列舉提示有關如何避免不安全的密碼。

7.　按一下「建議」欄位旁邊的展開按鈕，以查看更多建議的密碼。

8.　選取一個建議的密碼，品質顯示綠色則代表安全性越高，所選的密碼會被複製到「建議」的欄位、新密碼及重置密碼對話框內的驗證欄位中。

您不需要記得或是紀錄此密碼，您將會在下一個步驟選擇其他密碼。

9.　關閉密碼輔助程式。

10. 在重置密碼的視窗中，在「新密碼」及「驗證」的欄位輸入 **password2**，
以取代密碼輔助程式中您所選的密碼。

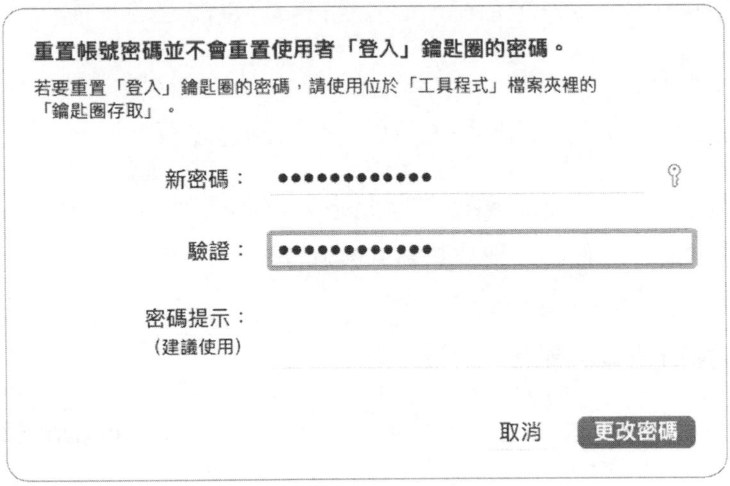

重置帳號密碼並不會重置使用者「登入」鑰匙圈的密碼。
若要重置「登入」鑰匙圈的密碼，請使用位於「工具程式」檔案夾裡的
「鑰匙圈存取」。

新密碼：　●●●●●●●●●●●●　　　　　🔑

驗證：　●●●●●●●●●●●●

密碼提示：
（建議使用）

取消　　　**更改密碼**

11. 點選「更改密碼」。

12. 關閉「系統偏好設定」，接著登出管理者帳號。

練習 10.3
查驗自動建立的登入鑰匙圈

▶ **前提**

▶ 您必須先建立 Local Administrator（練習 3.1「練習設定一台
Mac」）以及 John Appleseed 帳號（練習 7.1,「建立標準使用者帳
號」）。

▶ 您必須啟用「檔案保險箱」（練習 3.2,「設定系統偏好設定」）。

▶ 您必須完成練習 10.1,「在 macOS 復原中重置帳號的密碼」。

在完成重置 John 帳號的密碼後（或任何其他帳號）後，不會顯示提醒訊息，macOS 將會建立一個新的登入鑰匙圈，使帳號的密碼與登入鑰匙圈密碼進行同步。登入鑰匙圈在密碼重置前就已經存在，並且維持沿用舊的密碼。

若 John 記得舊的密碼，他可以開啟已存檔的登入鑰匙圈，並複製所需項目至新的登入鑰匙圈。若他不記得密碼，則無法復原舊的登入鑰匙圈內容。

在此練習中，則是預設爲 John 忘記舊密碼因此必須重置帳號密碼。在 macOS 自動建立一個新的鑰匙圈後，他將需要放棄舊的鑰匙圈。

查看新的登入鑰匙圈所造成的影響

1.　登入 John Appleseed 的帳號（在上一個練習完成後，密碼爲 **password2**）。

　　John 的帳號密碼已被重置，因此在登入時 macOS 建立了一個新的登入鑰匙圈。

2.　若出現面板顯示您的 Mac 無法連接到 iCloud ，按一下 Apple ID 偏好設定。

因爲 John 的鑰匙圈存取已被自動重置，他的 iCloud 的憑證已遺失，您將需要重新輸入該資訊。

3.　輸入與 John 關聯的 Apple ID 的密碼，點選「下一步」。

4.　若雙重認證的功能已開啟，系統可能會要求您驗證該次登入。請按照提示完成身分驗證。

5.　退出「系統偏好設定」。

驗證新建立的鑰匙圈

1.　開啟「鑰匙圈存取」。若有需要，請選擇您的登入鑰匙圈。

「鑰匙圈存取」將顯示您的登入鑰匙圈的狀態和內容。因為 macOS 將每個新建立的鑰匙圈的密碼設置為與登入密碼相同的密碼，所以登入與本機項目的鑰匙圈為解鎖的狀態。

新的鑰匙圈通常包括多個項目，但它僅包含在新的鑰匙圈中自動建立的項目、以及與 John Apple ID 相關的項目。於舊鑰匙圈中的項目將不包含在這個鑰匙圈裡。

2.　按下 Control 後點選登入，接著點選「更改鑰匙圈「登入」的設定」。

3. 選擇「閒置逾 1 分鐘後鎖定」，接著點選「儲存」。

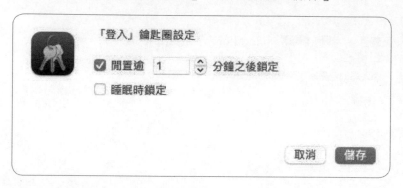

4. 離開「鑰匙圈存取」，接著等待 1 分鐘。

5. 開啟「鑰匙圈存取」。

   登入鑰匙圈現在已被鎖上。

6. 按住 Control 後點選登入，接著選擇「解鎖『登入』鑰匙圈」進行解鎖。您
   將會被詢問該鑰匙圈的密碼。

7. 輸入 John 現在使用的密碼（**password2**），接選「好」。

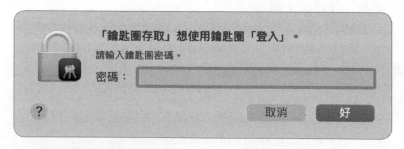

   因爲該密碼爲新的鑰匙圈，所以能解鎖登入的鑰匙圈。

8. 離開「鑰匙圈存取」。

檢視及輸入已封存的登入鑰匙圈

1.　於 Finder 中，選擇前往 > 前往檔案夾，導航至 ~/Library/Keychain。於前往檔案夾對話框中，輸入 **~/Library/Keychains/** 並點選前往。

2.　找出名為「login_renamed_1.keychain-db」並打開該項目。

3.　「鑰匙圈存取」將被開啟，已封存的鑰匙圈則顯示在鑰匙圈的側邊欄上。點選「login_renamed_1」並檢視它的內容。

　　若 John 記得此鑰匙圈的密碼，他則可以解鎖，並且可以將新的登入鑰匙圈所需要的資訊像是密碼及驗證方式，使用拖拉放的方式轉移。但在此情況中是 John 不知道舊的登入鑰匙圈密碼，因此不需要進行此操作。

4.　以 John Appleseed 的身分登出，重新以 John Appleseed 的身分登入。

5.　如有需要，開啟「鑰匙圈存取」。

　　若您因為「com.apple.iCloudHelper」程序被系統詢問您的鑰匙圈密碼，點選「取消」。若您被詢問是否解鎖「login_renamed_1」的鑰匙圈，點選「取消」。

6. 於「鑰匙圈存取」的側邊欄上，使用「Control-click」點選「login_renamed_1」，接著點選「刪除鑰匙圈 login_renamed_1」。

7. 在對話框中，點選「移除參照」。

刪除參照將會保留 login_renamed_1.keychain.db 在 ~/Library/ Keychains 的資料夾中防止之後您需要使用。如果您使用了刪除參照從鑰匙圈清單中移除封存的鑰匙圈檔案，若是 macOS 的祕密檔案需要使用 login_renamed_1 鑰匙圈解鎖，則會被阻擋詢問您是否要將其解鎖。

8. 結束「鑰匙圈存取」。

變更 John 的密碼

當您重置 John 帳號的密碼時，macOS 建立了一個新的鑰匙圈。若是標準使用者的帳號在登入的過程中變更密碼，macOS 不會建立新的鑰匙圈。為了測試，請變更 John 的密碼。

1. 開啟系統偏好設定中的「使用者與群組」，接著確保您選取了 John Appleseed 的帳號。

2. 點選「更改密碼」。

與前述的重置密碼選項不同的是，此選項有個「舊密碼」的欄位。macOS 使用這個舊密碼來解密登入鑰匙圈，接著再使用新密碼來重新加密登入鑰匙圈。

3. 輸入以下資訊。

   舊密碼：**password2**
   新密碼及驗證：**Apple321!**
   若您需要可以輸入密碼提示

4. 按一下「更改密碼」。

5. 在視窗的右上角可能會出現「確認 Mac 密碼」的通知訊息，將游標移到通知訊息上，點選「查看」。

6. 在 Apple ID 的偏好設定中，點選「繼續」，接著在「確認 Mac 密碼」的對話框中點選「繼續」。

7. 在「輸入您的 Mac 密碼」的對話框中，輸入新密碼（**Apple321!**）。

輸入您的 Mac 密碼。

您用來解鎖此 Mac 的密碼也可用來取用已儲存的密碼和其他儲存在 iCloud 中的敏感性資料。

使用者名稱： John Appleseed

密碼：

取消　　好

若雙重驗證是開啟的，關鍵是在您的 iCloud 帳號是否紀錄正確的本機帳號密碼，因為它是用於保護儲存在 iCloud 中的重要資料。

8. 若有必要，在 Apple ID 偏好設定中，點選「繼續」，接著在「更新 Apple ID 設定」對話框中點選「繼續」。

9. 若有必要，在「輸入您的密碼以設定 iCloud」對話框中，輸入講師所提供的 Apple ID 帳號及密碼，接著點選好。

10. 若您被要求為背景程序輸入鑰匙圈密碼，點選「取消」。您也可以重複按 Command-. 鍵，直到提示消失。

11 關閉「系統偏好設定」。

驗證同步行為

1. 登出 John Appleseed，再重新以 John Appleseed 登入。

2. 開啟「鑰匙圈存取」。

3. 查看登入鑰匙圈是否已解鎖

在這之前，登入鑰匙圈皆是自動解鎖，說明登入鑰匙圈與帳號密碼是同步的。

4. 關閉「鑰匙圈存取」。

5. 登出 John Appleseed 的帳號。

檔案系統

第 11 章
管理檔案系統與儲存

Mac 電腦的檔案系統，APFS（Apple 檔案系統）是在 macOS High Sierra 開始使用。

在本課中，您將了解 macOS 使用的儲存技術。讓您了解儲存硬體，如快閃磁碟，以及邏輯儲存概念，如分割區、分割區容器和卷宗。您也將會使用關於這台 Mac、系統資訊和磁碟工具程式進行檢查、管理並排除系統檔案故障。

macOS Monterey 使用唯讀的 APFS 系統卷宗和可讀寫的 APFS 資料卷宗。儘管在磁碟工具程式中顯示了是兩個獨立的卷宗，但是在使用者看起來是個單一卷宗。

在本課中，您還將了解 APFS 快照。為了安全性，macOS Monterey 沒有直接載入 APFS 系統卷宗；取而代之的是，macOS Monterey 製作了 APFS 系統卷宗的 macOS 快照，將其加密，進行簽署，以及透過掛載的方式載入 APFS 快照。當您運作 macOS 時，您並沒有直接使用 APFS 系統卷宗，取而代之，您是從被簽署的 APFS 系統卷宗快照來運作的。

目標

▶ 識別和描述由 macOS 支援的檔案系統

▶ 管理磁碟、容器、分割區和卷宗

▶ 排除和修復磁碟和卷宗問題

11.1
檔案系統

在 macOS 中管理儲存裝置之前，您必須了解各種抽象分層之間的區別，這些抽象分層使您能夠將檔案儲存在儲存裝置上。了解分層的一種方法

是由下開始往上了解；您在卷宗上儲存一個檔案，一個卷宗在一個分割區內，一個分割區在一個儲存裝置內。

在下面的章節中，我們將了解從上到下的抽象分層：儲存裝置、分割區然後是卷宗。

您將會了解 APFS 容器、APFS 卷宗群組和 APFS 快照。

儲存

電腦儲存裝置是由儲存資料的組件組成的技術。

> 提醒 ▶ 磁碟一詞可以指磁性儲存媒體，例如硬碟。磁碟也更廣泛地用於包括其他類型的儲存裝置，例如快閃記憶體和 solid-state drives（SSD）。儲存裝置 和外接儲存裝置這兩個詞彙可以幫助區分儲存裝置是在您的 Mac 內部還是藉由外接方式連接到您的 Mac。macOS 會使用不表示儲存媒體類型的詞彙，如啟動磁碟、磁碟分割區、磁碟映像檔和目標磁碟模式（僅適用於基於 Intel 的 Mac 電腦）。

格式化是以分割區、容器和卷宗的形式將邏輯應用於儲存裝置的程序。

分割區

分割區是儲存裝置上的邏輯空間。每個儲存裝置必須至少有一個分割區，然後您才能在儲存裝置上建立卷宗。

儲存裝置的分割區方式取決於它使用的檔案格式。

每個分割區都有一個分割區架構，該架構定義了分割區的行為方式。Mac 支援三種類型的分割區架構：

▶   GUID 分割區配置表—這是 Mac 電腦使用的預設分割區架構。它也是唯一支援 Mac 電腦用於磁碟啟動的分割區架構。GUID 分割區配置表和 GUID 分割區分割表 （GPT） 可以互換使用。

▶   Apple 分割區配置表 （APM）—這是以前基於 PowerPC 的 Mac 電腦使用的預設分割區架構。

▶   主開機記錄 （MBR） — 這是大多數非 Mac 電腦使用的預設分割區架構，包括與 Windows 相容的 PC。這種分割區架構通常用於使用快閃記憶體進行儲存的配件。

向儲存裝置新增新的分割區，也稱為分割，將儲存裝置劃分為單獨的分割區。但是，APFS 讓您可以靈活地在同一個分割區中建立一個新的卷宗，而不是建立更多的分割區。

如果您正在分割您的內部儲存裝置用於在基於 Intel 的 Mac 電腦上安裝 Windows，請使用啟動切換輔助程式。有關更多資訊，請在 Apple 支援文章 support.apple.com/guide/bootcamp-assistant/ 中參閱啟動切換輔助程式使用手冊。

卷宗

卷宗是分割區內的儲存區域。卷宗必須先格式化成檔案系統，然後才能在其上儲存檔案。

macOS 支援多種卷宗格式。下一節將探討 macOS 支援哪些卷宗以及有關 APFS 卷宗的更多詳細資訊。

卷宗格式

卷宗格式定義了檔案和檔案夾的儲存方式。為了保持與其他作業系統的相容性並為以後的 Mac 電腦提供進階功能，macOS 支援多種儲存卷宗格式。

在 macOS 中可讀可寫的卷宗格式包括：

▶ APFS — 當您在 Mac 的啟動磁碟上升級或安裝 macOS Mojave 或更高版本，它會自動轉換為 APFS。APFS 支援 macOS 所需的進階功能，包括 Unicode 檔案名稱、豐富的後設資料、POSIX 權限（Portable Operating System Interface）、存取控制列表、別名、UNIX 的 hard links 和 soft links，並在 macOS Catalina 中介紹的新功能，firm links。

▶ APFS（加密）—此 APFS 格式選項新增了完整的卷宗加密。這項技術支援檔案保險箱系統卷宗加密。第 12 課「管理檔案保險箱」更詳細地介紹了這個主題。

▶ APFS（區分大小寫）—這種 APFS 格式選項增加了區分大小寫。在其預設狀態下，APFS 保留大小寫但不區分大小寫。例如，不區分大小寫的 APFS 不會將「Makefile」和「makefile」視為不同的檔案名稱。區分大小寫一般只針對需要支援傳統 UNIX 客戶端的卷宗問題，例如共享偏好設定中的檔案共享服務。

- APFS 區分大小寫、加密—此 APFS 格式將區分大小寫和加密選項新增到此 APFS 中。

- Mac OS 擴充格式 — macOS Sierra 及更早版本開始的檔案系統（也稱為 HFS Plus）。

- Mac OS 擴充格式（區分大小寫）— 這種 Mac OS 擴充格式選項增加了區分大小寫。。

- Mac OS 擴充格式（區分大小寫、日誌式）— 檔案系統日誌有助於保持 Mac OS 擴充格式卷宗的結構完整性。

- Mac OS 擴充格式（日誌式與加密或區分大小寫、日誌式以及加密）— 此 Mac OS 延伸格式選項新增了完整的卷宗加密。

- 檔案配置表（FAT）— FAT 是 Windows PC 和許多配件使用的舊卷宗格式。

- 延伸檔案配置表（ExFAT）— 專為大型快閃儲存磁碟建立，ExFAT 將傳統 FAT 架構延伸到支援大於 32 GB 的磁碟。

至少一種卷宗格式在 macOS 中被支援為只能讀取：

- New Technology File System（NTFS）—最近 Windows 版本使用它作為他們預設的原生卷宗格式。啟動切換輔助程式支援從 NTFS 卷宗啟動 Windows 10 或更高版本，但 macOS 無法寫入或從它啟動。磁碟工具程式不支援建立 NTFS 卷宗。

APFS

APFS 增強了資料性能且具有安全性和可靠性，為未來的儲存創新奠定了基礎。APFS 是現今大量儲存技術的最先進架構，使複製檔案、檔案夾等常用操作瞬間完成，幫助保護資料免於遭受斷電和系統當機的影響，並藉由原生加密幫助保護檔案安全。macOS 同時保持與 MacOS 擴充格式資料進行可讀可寫的完全相容性，旨在適應未來更加進步的儲存技術。

本課前面部分解釋說，一個儲存裝置至少包含一個分割區，其中至少包含一個卷宗。APFS 在分割區和卷宗之間有幾個額外的階層，這種安排提供了更大的靈活性。

APFS 是一個虛擬卷宗的系統，其中一個 APFS 容器包含一個或多個 APFS 卷宗。

APFS 卷宗共享其容器內的儲存裝置空間。對於大多數用途，您不需要爲每個容器建立多個 APFS 卷宗。

macOS Catalina 介紹兩個新的 APFS 卷宗角色：

▶　　APFS 系統—用於 macOS 作業系統
▶　　APFS 資料—用於使用者資料和其他不包含在 APFS 系統卷宗中的檔案。

macOS Catalina 同時介紹了 APFS 卷宗群組的概念。一個 APFS 卷宗群組是指在同一個 . APFS 容器中彼此關聯的 APFS 卷宗的集合。

新的 APFS 角色和 APFS 卷宗群組使 macOS 能夠將作業系統檔案與使用者檔案分開。卷宗分爲安全性、備份和軟體更新。在大多數情況下，這兩個卷宗看起來爲一個單一的卷宗。當您打開一個新的 Finder 視窗並選擇 前往 > 電腦時，您會看到只顯示一個磁碟（預設命名爲 Macintosh HD）。

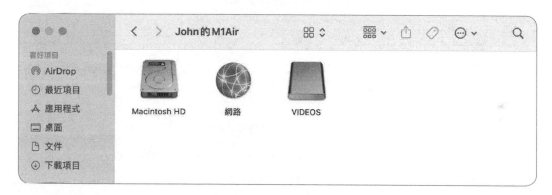

macOS Big Sur 介紹了專用、隔離、唯讀的簽署系統卷宗（SSV）概念。簽署系統卷宗（SSV）新增了對系統卷宗的加密驗證，這允許 macOS 只要發現簽署系統卷宗（SSV）中缺少了來自 Apple 的有效加密簽署就會防止存取不管是程式碼和非程式碼和任何資料。這種保護有助於防止任何東西（無論是惡意的還是無意的）篡改 macOS 的任何程式碼。

> 提醒 ▶ 您可以在 developcr.apple.com/news/?id=3xpv8r2m 的文章「Protecting data at multiple layers」找到更多關於簽署系統卷宗（SSV）的資訊。

簽署系統卷宗（SSV）使用 APFS 快照，它是個唯讀 APFS 系統卷宗的唯讀副本。這使得更新 macOS 更加可靠和安全。如果您執行了 macOS 更新並且有什麼阻止了 macOS 更新完成，macOS 可以使用快照來恢復到更新之前的狀態，而無需重新安裝 macOS。

簽署系統卷宗（SSV）和 APFS 資料卷宗的分離是感受不到的的。但是如果您
打開磁碟工具程式並選擇顯示方式 > 只顯示卷宗（預設設定），您會看到以下
內容：

▶ 簽署系統卷宗（SSV），APFS 系統卷宗的 APFS 快照，顯示為 Macintosh
HD

▶ APFS 資料卷宗，可能被命名為 Macintosh HD –Data，或者只是 Data。

您的卷宗可能有不同的名稱。

首次打開磁碟工具程式時，會自動選擇 APFS 快照。選擇 APFS 快照後，按
Command-I 檢視有關卷宗的更多資訊。裝載點（APFS 快照的載入位置）/ 就
像在以前版本的 macOS 中一樣。但它不可寫入。

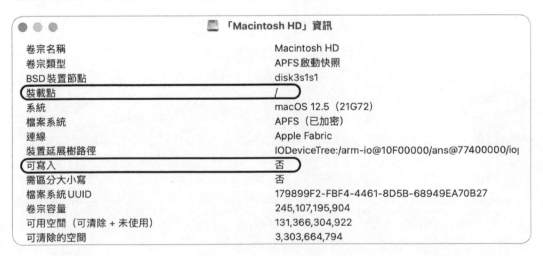

當您選擇您的 APFS 資料卷宗時，磁碟工具程式會以一個特殊的圖像（看起來像房子）顯示，這顯示這是 macOS 專門儲存個人專屬檔案夾的卷宗。這個卷宗的裝載點是 /System/Volumes/Data。

為了幫助 macOS 顯示為單一個卷宗包含了 APFS 卷宗群組（具有簽署系統卷宗 SSV）和資料卷宗，macOS Catalina 介紹了 APFS firm links。Firm links 允許正向和反向穿越在兩個卷宗之間。

下圖來自終端機，說明 /System/Applications 檔案夾（來自唯讀 APFS 系統卷宗）包含了 macOS 自帶的大部分應用程式。

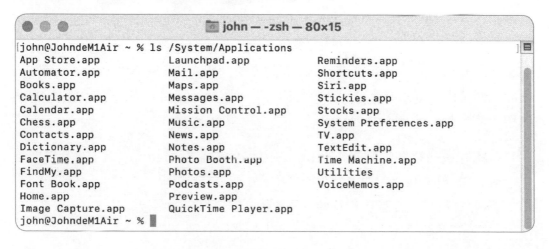

而 /System/Volumes/Data/Applications 檔案夾（來自可寫入的 APFS 資料卷宗）還有其他的應用程式，例如 Safari，從 App Store 下載的應用程式以及從開發者下載的應用程式。

而在 Finder 中，當您選擇前往 > 應用程式時，Finder 會顯示兩個卷宗的應用程式檔案夾的合併內容。

對於運行 macOS Monterey 的 Mac 啟動磁碟，其 APFS 容器至少有六個卷宗。所有六個 APFS 卷宗共享 APFS 容器的空間。系統卷宗和資料卷宗作為單一磁碟出現給使用者。以下是六個 APFS 卷宗：

▶ 系統卷宗—這個唯讀卷宗在新 Mac 上被命名為 Macintosh HD，它帶有 macOS Monterey. 並包含系統檔案。它並沒有被裝載。

▶ 簽署系統卷宗（SSV）的快照—系統卷宗的 APFS 快照被裝載在「/」。

▶ 資料卷宗—這個可讀可寫的卷宗包含使用者檔案夾中更改的檔案。這個卷宗通常被命名為 Macintosh HD - Data。本手冊使用 Macintosh HD - Data 作為範例和說明。但是此卷宗可能被命名為 Data，例如使用 Apple Configurator 2 恢復帶有 macOS Monterey 的新 Mac 或帶有 Apple 晶片的 Mac 上。

▶ Preboot 卷宗—這個隱藏的卷宗包含在容器內的每個系統卷宗開機所需的資料。每個 APFS 容器中只被允許有一個 Preboot 卷宗。Preboot 卷宗包含一個檔案夾在容器內的每個系統卷宗。

▶ Recovery 卷宗—這個隱藏的卷宗包含 macOS 復原。每個 APFS 容器中只被允許有一個 Recovery 卷宗。Recovery 卷宗包含一個檔案夾在容器內的每個系統卷宗。當您從這個卷宗啟動時，您是在 macOS 復原中啟動的。

▶ VM volume— 卷宗—虛擬記憶體（VM）卷宗是在 Mac 首次啟動後建立的。

下圖說明了基於 Intel 的 Mac 上各種元素之間的關係。

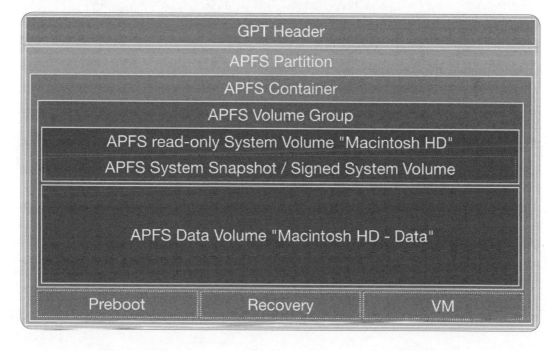

除了這個 APFS 容器外，帶有 Apple 晶片的 Mac 還包括一個單獨的隱藏容器，稱爲 System Recovery。System Recovery 包含一個最小的 macOS 環境，可以用來重新安裝 macOS 和 recoveryOS。

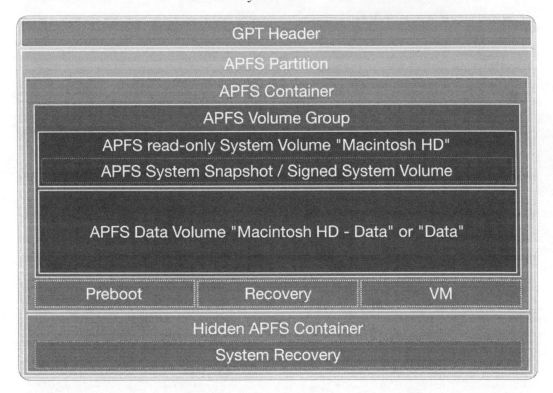

像是磁碟工具程式等工具不會顯示有關隱藏的 APFS 卷宗的資訊，因爲它們是自動建立和維護的，您永遠不需要編輯這些卷宗。

爲取得 APFS 容器和卷宗的清單，需打開終端機，輸入 **diskutil APFS list** 指令。您 Mac 的資訊可能與下圖中顯示的內容有很大不同，但卷宗名稱和裝載點應該是相似的。

```
 • • •                        🖥 john — -zsh — 80×55
|   +-< Physical Store disk0s2 C83D0039-8B62-4A13-832A-68891D58F424
|   |   --------------------------------------------------------
|   |   APFS Physical Store Disk:   disk0s2
|   |   Size:                       245107195904 B (245.1 GB)
|   |
|   +-> Volume disk3s1 179899F2-FBF4-4461-8D5B-68949EA70B27
|   |   --------------------------------------------------------
|   |   APFS Volume Disk (Role):    disk3s1 (System)
|   |   Name:                       Macintosh HD (Case-insensitive)
|   |   Mount Point:                Not Mounted
|   |   Capacity Consumed:          15422709760 B (15.4 GB)
|   |   Sealed:                     Broken
|   |   FileVault:                  Yes (Unlocked)
|   |   Encrypted:                  No
|   |   |
|   |   Snapshot:                   79CC5CC1-2350-4377-A9DC-B464F641D58A
|   |   Snapshot Disk:              disk3s1s1
|   |   Snapshot Mount Point:       /
|   |   Snapshot Sealed:            Yes
|   |
|   +-> Volume disk3s2 9BF8F12D-B6EB-42C7-B6E3-C765145D6B82
|   |   --------------------------------------------------------
|   |   APFS Volume Disk (Role):    disk3s2 (Preboot)
|   |   Name:                       Preboot (Case-insensitive)
|   |   Mount Point:                /System/Volumes/Preboot
|   |   Capacity Consumed:          508452864 B (508.5 MB)
|   |   Sealed:                     No
|   |   FileVault:                  No
|   |
|   +-> Volume disk3s3 5815E665-BE9F-45FF-B5EC-121ED8095FB8
|   |   --------------------------------------------------------
|   |   APFS Volume Disk (Role):    disk3s3 (Recovery)
|   |   Name:                       Recovery (Case-insensitive)
|   |   Mount Point:                Not Mounted
|   |   Capacity Consumed:          819683328 B (819.7 MB)
|   |   Sealed:                     No
|   |   FileVault:                  No
|   |
|   +-> Volume disk3s5 0DC3E6F5-1DB6-4674-BE1C-98C80EC2DDDD
|   |   --------------------------------------------------------
|   |   APFS Volume Disk (Role):    disk3s5 (Data)
|   |   Name:                       Data (Case-insensitive)
|   |   Mount Point:                /System/Volumes/Data
|   |   Capacity Consumed:          100154576896 B (100.2 GB)
|   |   Sealed:                     No
|   |   FileVault:                  Yes (Unlocked)
|   |
|   +-> Volume disk3s6 53301184-91B1-4629-B067-854593B321E4
|   |   --------------------------------------------------------
|   |   APFS Volume Disk (Role):    disk3s6 (VM)
|   |   Name:                       VM (Case-insensitive)
|   |   Mount Point:                /System/Volumes/VM
|   |   Capacity Consumed:          20480 B (20.5 KB)
|   |   Sealed:                     No
|   |   FileVault:                  No
```

為了在 APFS 卷宗群組中取得項目資訊，需打開終端機，輸入 diskutil **APFS
ListVolumeGroups** 指令。

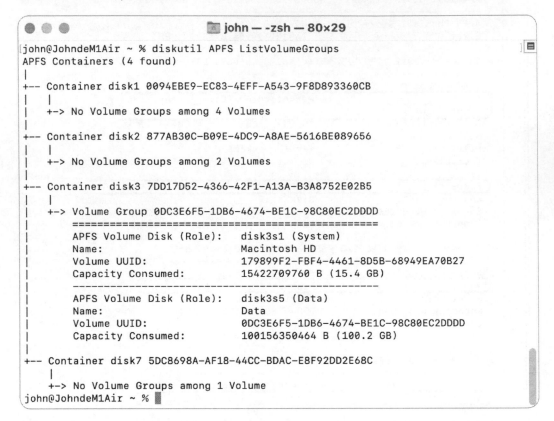

```
●●● 					🖿 john — -zsh — 80×29
[john@JohndeM1Air ~ % diskutil APFS ListVolumeGroups
APFS Containers (4 found)
|
+-- Container disk1 0094EBE9-EC83-4EFF-A543-9F8D893360CB
|   |
|   +-> No Volume Groups among 4 Volumes
|
+-- Container disk2 877AB30C-B09E-4DC9-A8AE-5616BE089656
|   |
|   +-> No Volume Groups among 2 Volumes
|
+-- Container disk3 7DD17D52-4366-42F1-A13A-B3A8752E02B5
|   |
|   +-> Volume Group 0DC3E6F5-1DB6-4674-BE1C-98C80EC2DDDD
|       ================================================
|       APFS Volume Disk (Role):   disk3s1 (System)
|       Name:                      Macintosh HD
|       Volume UUID:               179899F2-FBF4-4461-8D5B-68949EA70B27
|       Capacity Consumed:         15422709760 B (15.4 GB)
|       ------------------------------------------------
|       APFS Volume Disk (Role):   disk3s5 (Data)
|       Name:                      Data
|       Volume UUID:               0DC3E6F5-1DB6-4674-BE1C-98C80EC2DDDD
|       Capacity Consumed:         100156350464 B (100.2 GB)
|
+-- Container disk7 5DC8698A-AF18-44CC-BDAC-E8F92DD2E68C
    |
    +-> No Volume Groups among 1 Volume
john@JohndeM1Air ~ % █
```

您可以在以下資源中找到有關 APFS 的更多資訊：

▶ 「What's New in Apple File Systems」，可在 developer.apple.com/videos/
play/wwdc2019/710/ 上取得。

▶ 在 developer.apple.com/documentation/foundation/file_system/about_
apple_file_system 的 Apple 開發者文章「About Apple File System」。

新增一個 APFS 卷宗

您可以使用磁碟工具程式在現有的 APFS 容器中新增一個 APFS 卷宗。只需選擇
現有的 APFS 卷宗或 APFS 容器，點擊工具列中的新增卷宗（＋），然後輸入新
卷宗的名稱。

預設情況下，APFS 卷宗並沒有固定的大小，而是與該容器中的其他卷宗共享
APFS 容器的空間。但是，您可以點擊「大小選項」來指定保留大小，無論其他
卷宗使用多少儲存裝置空間，會確保留給該新卷宗使用的儲存裝置空間。並且您
可以指定配額大小，這限制了該新卷宗可以分配和使用的儲存裝置空間。

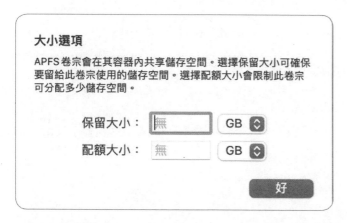

如果要新增新的 APFS 容器，首先要新建一個分割區；當您選擇 APFS 作為新分
割區的格式時，macOS 會自動在新的分割區中建立一個 APFS 容器。選擇磁碟、
容器或卷宗，然後點擊工具列中的分割。

磁碟工具程式會顯示一個視窗來解釋藉由建立一個額外的分割區來劃分儲存裝置
空間會限制可用空間並建議您新增一個卷宗。如果您確定要新增分割區，請點擊
加入分割區。不建議新增新的分割區，這超出了本手冊的範圍。

建立新卷宗的一種用途是用於軟體測試。如果您是 Apple Beta Software Program 或 Software Customer Seeding Program 的成員，並且您想在不替換目前系統軟體的情況下測試 macOS 的預先發佈版本，您可以在您為此建立的卷宗上安裝預先發布的系統軟體。有關更多資訊，請參閱 Apple 支援文章 HT208891「在 Mac 上使用多個版本的 macOS」。

APFS 相容性

儲存裝置格式為 Mac OS 擴充格式可以由 Mac 電腦進行讀取和寫入。

格式化為 APFS 的儲存裝置可由以下設備進行讀取和寫入：

▶ 儲存裝置為 APFS 格式的 Mac 電腦
▶ 如果您使用的是 macOS High Sierra 或更新版本，則儲存裝置為 Mac OS 擴充格式的 Mac 電腦

APFS 和啟動切換輔助程式

啟動切換輔助程式是基於 Intel 的 Mac 所附帶的工具程式，可讓您在 macOS 和 Windows 之間進行切換，並且不會讀取或寫入 APFS 格式的卷宗。

APFS 和檔案共享

格式為 APFS 的卷宗無法使用 Apple Filing Protocol（AFP）藉由網路提供共享點。

APFS 支援伺服器訊息區塊（SMB）和網路檔案系統（NFS），並且有選項可以僅強制執行 SMB 加密的共享點。

11.2
裝載、卸載和退出磁碟

當您裝載卷宗時，您的 Mac 會與該卷宗建立一個邏輯上的連接。

使用者通常不需要考慮這一點，因爲 Mac 會自動裝載任何連接的卷宗。插入磁碟後，磁碟卷宗會自動出現在 Finder 和磁碟工具程式中。若是有進行加密，則您需要輸入密碼才能解鎖加密的卷宗。

確保使用者完整卸載和退出卷宗對於維護資料完整性至關重要。卸載指的是讓 Mac 與磁碟的卷宗完全斷開連接的程序，而退出是指讓 Mac 與硬體磁碟或媒體斷開連結的程序。當您從 Finder 中選擇退出磁碟時，Mac 會先卸載卷宗，然後再退出磁碟。

退出磁碟或卷宗

從 Finder 中卸載和退出磁碟或卷宗的方法有以下幾種：

▶ 在 Finder，選擇要卸載和退出的磁碟或卷宗，選擇檔案 > 退出。

▶ 在 Finder 中，將磁碟或卷宗圖像拖曳到 Dock 中的垃圾桶圖像。此時垃圾桶圖像會變爲退出圖像。

▶ 在 Finder 側邊欄位，點擊要卸載並退出的磁碟或卷宗旁邊的退出小按鈕。

▶ 在 Finder 中選擇要卸載並退出的磁碟或卷宗，然後按 Command-E。

▶ 在 Finder 中選擇要卸載並退出的磁碟或卷宗，Control-Click 顯示選單，然後選擇退出磁碟名稱。

▶ 在 Finder 視窗中，選擇要卸載並退出的磁碟或卷宗，點擊 Finder 工具欄的動作按鈕（看起來像一個圓圈包含三個點），選擇退出磁碟名稱。

當您使用 Finder 卸載和退出單一卷宗帶有多個已裝載卷宗的磁碟時，macOS 會顯示一個警告視窗，讓您選擇卸載和退出磁碟上的所有卷宗或僅您自己選擇的卷宗。

要退出一個磁碟的所有卷宗，請在 Finder 中選擇一個卷宗，然後按 Option-Command-E 或按住 Option 鍵並選擇檔案 > 退出卷宗數量。

如果安裝了一些卷宗而未裝載其他卷宗，您應該不會遇到問題。

重新裝載卷宗

如果您使用 Finder 在已連接的磁碟上重新裝載卷宗，您必須先卸載並退出剩餘的卷宗，然後拔除並重新連接磁碟。

或者，您可以打開磁碟工具程式手動裝載和卸載卷宗，而無需拔除並重新連接磁碟。

在下面的磁碟工具程式螢幕截圖中，出現了幾個卷宗。「Secret Files」卷宗顯示爲灰色文字，因爲它雖然已經實體連接到 Mac 但未裝載。其他外接卷宗已經裝載，因此 macOS 在每個卷宗的名稱附近顯示一個退出按鈕。

要在連接的磁碟上裝載未裝載的卷宗，請選擇較暗的卷宗名稱，然後點擊工具列中的裝載按鈕。卷宗會立即裝載並出現在 Finder 中，並且其名稱在磁碟工具程式中就會變亮。

退出正在使用的卷宗

如果您移除仍在使用的檔案的卷宗，如果應用程式或程序正在嘗試寫入檔案，您可能會損壞資料。Finder 不允許您退出正在使用的檔案的卷宗，但它可能會嘗試幫助您退出卷宗。如果使用的應用程式或程序屬於您的帳號，Finder 將顯示以下對話框。

如果出現此對話框，請退出應用程式並再次嘗試退出卷宗。

如果您不擁有正在使用卷宗的應用程式或程序，Finder 會詢問您是否要嘗試強制退出卷宗。為此，您必須點擊強制退出按鈕兩次。

點擊強制退出後，Finder 會嘗試退出應用程式或程序並退出該卷宗。如果成功，則會出現一個對話框通知您。如果卷宗仍然沒有退出並且 Finder 沒有告訴您哪個應用程式仍在運作，請登出並再次登入或重新啟動您的 Mac。

當終端機打開並且您目前的工作檔案夾在該卷宗上時，即使沒有程序處於活動狀態，您也不能退出卷宗。

> 提醒 ▶ 您可以在指令行介面（CLI）中使用 **fs_usage** 或 **lsof** 等指令來查看哪個程序正在使用卷宗。有關更多資訊，請參閱這些指令的手冊（man）頁面。

11.3
檢查檔案系統組件

如果您打算管理 Mac 檔案系統或對其進行故障排除，請熟悉其目前配置。然後您可以從 Apple 選單中中打開關於這台 Mac ，其中的儲存空間視窗中查看 Mac 儲存空間的圖形概要。

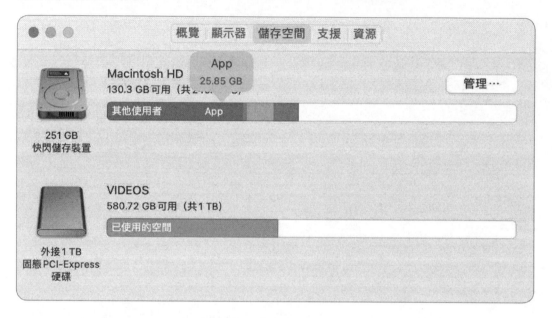

您可以在第 19 課「管理檔案」中找到有關可清除項目和最佳化儲存裝置空間功能（使用關於這台 Mac 視窗中的管理按鈕進行使用）的更多資訊。

如需更詳細地檢查儲存系統，請使用磁碟工具程式和系統資訊。這些工具使您能夠檢查儲存硬體的可用性和狀態。

使用磁碟工具程式檢查儲存裝置

磁碟工具程式作為您在 macOS 中的主要儲存空空間管理工具。當您打開磁碟工具程式時，它會掃瞄連接的裝置和卷宗的檔案系統。

磁碟工具程式預設為顯示卷宗。要檢視有關實體磁碟的資訊，請點擊左上角的顯示方式，然後選擇顯示所有裝置。

當您選擇顯示所有裝置時，macOS 會按此階層順序列出項目：

1. 儲存硬體（磁碟）

2. 在磁碟分割區中的 APFS 容器和非 APFS 卷宗

3. 在 APFS 容器中的 APFS 卷宗

當您選擇磁碟工具程式中的任何項目時，會顯示有關項目的資訊，包括其使用情況、格式和連接資訊。

選擇磁碟名稱以檢視有關實體磁碟的資訊。磁碟名稱是製造商名稱和型號的組合。要識別硬體故障，請檢視磁碟的 S.M.A.R.T.（自我監測、分析和報告技術）狀態。S.M.A.R.T. 可以判斷磁碟是否存在內部硬體故障。很多外接磁碟不支援 S.M.A.R.T.。

選擇一個 APFS 容器以檢視有關該容器的資訊,例如有關其 APFS 卷宗的資訊。
容器名稱是自動產生的。

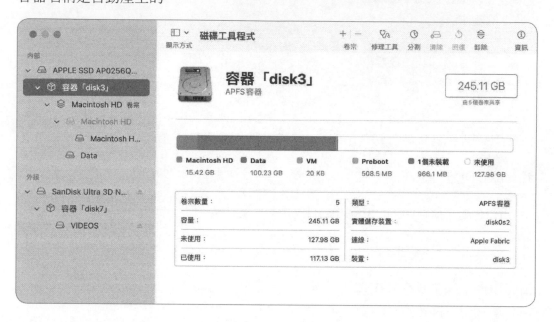

選擇一個 APFS 卷宗以檢視有關該卷宗的資訊。卷宗名稱是在格式化卷宗時設定
的,但您可以更改它們。下圖說明了 APFS 容器中的兩個 APFS 卷宗,Project B
和 Project C,是共享 APFS 容器的空間。磁碟工具程式顯示 Project B 使用的
空間容量,其他卷宗使用的空間容量(在本例中為 Project C),以及 APFS 容器
中的可使用空間。

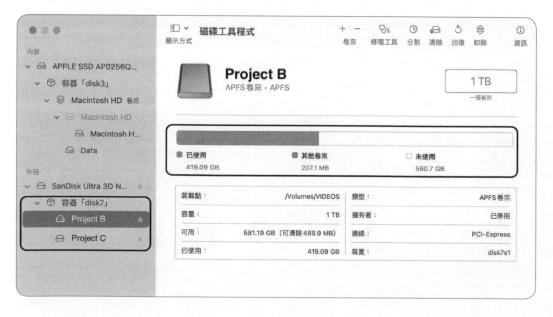

想要在磁碟工具程式中收集有關磁碟或卷宗的詳細資訊，請選擇左側欄位中的項目，然後點擊工具列中的資訊按鈕。

使用系統資訊檢查儲存裝置

您可能想要使用系統資訊再次檢查磁碟的狀態。例如，磁碟可能會出現故障且沒有出現在磁碟工具程式列表中。

要檢查實體儲存裝置（磁碟），請打開系統資訊並選擇其中一個儲存介面。如果實體裝置沒有出現在系統資訊中，這意味著在目前狀態下您的 Mac 無法使用此實體裝置並且此時您應該對磁碟硬體進行故障排除。拉緊連接處。更換不良連接線和硬體（如磁碟盒）。

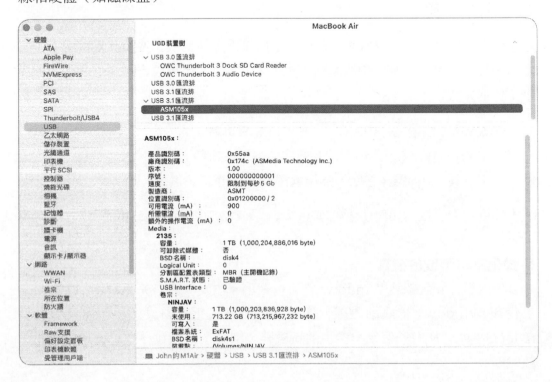

儲存裝置部分顯示目前裝載的卷宗。

		MacBook Air			
卷宗名稱	∧ 未使用	容量	裝載點	檔案系統	BSD 名稱
Data	127.96 GB	245.11 GB	/System/Volumes/Data	APFS	disk3s5
Macintosh HD	127.96 GB	245.11 GB	/	APFS	disk3s1s1
NINJAV	713.22 GB	1 TB	/Volumes/NINJAV	ExFAT	disk4s1
VIDEOS	580.7 GB	1 TB	/Volumes/VIDEOS	APFS	disk7s1

Data：

未使用：	127.96 GB（127,955,550,208 byte）
容量：	245.11 GB（245,107,195,904 byte）
裝載點：	/System/Volumes/Data
檔案系統：	APFS
可寫入：	是
忽略擁有者：	否
BSD 名稱：	disk3s5
卷宗 UUID：	0DC3E6F5-1DB6-4674-BE1C-98C80EC2DDDD

實體磁碟：

裝置名稱：	APPLE SSD AP0256Q
媒體名稱：	AppleAPFSMedia
媒體類型：	SSD
通訊協定：	Apple Fabric
內接：	是
分割區配置表類型：	未知的
S.M.A.R.T. 狀態：	已驗證

John的M1Air › 硬體 › 儲存裝置 › Data

11.4
管理檔案系統

在 Finder 中，您可以重新命名任何卷宗而無需重新格式化或清除其內容。選擇
卷宗，按下 Return 鍵，編輯名稱，然後按下 Return 鍵停止編輯名稱。或使用
以下任何方法：

▶　　從 Finder 側邊欄位中，Control-Click 來重新命名。

▶　　在 Finder 中，Control-Click 卷宗並選擇重新命名。

▶　　在 Finder 中，選擇卷宗，然後選擇 檔案 > 重新命名。

在本節中，您將探索如何使用磁碟工具程式來修改磁碟和卷宗。

格式化不可讀取的磁碟

許多新的儲存裝置都為 Windows 進行格式化。在大多數情況下，您可以在 Mac
上使用 Windows 格式的磁碟，而無需重新格式化。如果您想在磁碟上安裝
macOS，或者您有一個完全空白的新磁碟，則必須清除並格式化（或初始化）
該磁碟。

如果您連接未格式化或無法讀取的磁碟，macOS 會詢問您退出、忽略或初始化。
如果您點擊初始化，磁碟工具程式會打開。

清除卷宗或磁碟

當您在磁碟工具程式中清除容器、卷宗或磁碟時，磁碟會被格式化（初始化）。
選擇「顯示所有裝置」後，選擇您要清除的磁碟、容器或卷宗，然後在工具列中
點擊「清除」。

當您清除磁碟時，磁碟工具程式會建立一個新的卷宗格式和分割區架構。磁碟工
具程式預設會選擇 APFS 格式和 GUID 分割區配置表架構。要選擇不同的格式或
架構，首先從架構選單中選擇您想要的架構，然後從格式選單中進行選擇（格式
選單上的選項會根據選擇的架構而變化）。

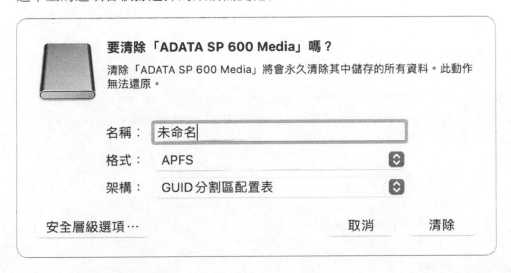

當您清除卷宗（不是磁碟）時，磁碟工具程式會建立一個新的卷宗格式。如果您清除的卷宗是 APFS 卷宗，則格式選單會提供與 APFS 相關的格式。

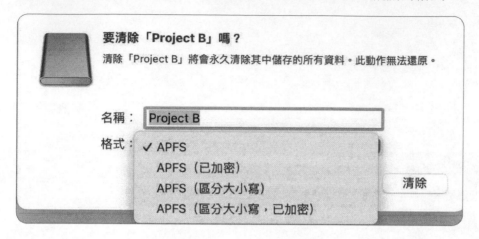

如果您選擇加密的 APFS 卷宗格式，則會出現一個視窗，讓您可以設定加密的卷宗密碼。如果您遺失了密碼，您將無法從加密的卷宗中恢復資料。

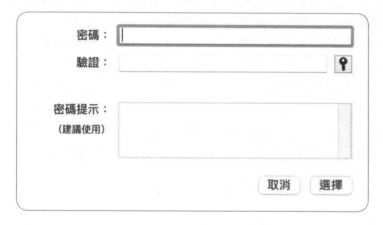

如果您清除的卷宗具有 Mac OS 擴充格式，則您有其他卷宗格式的選項。

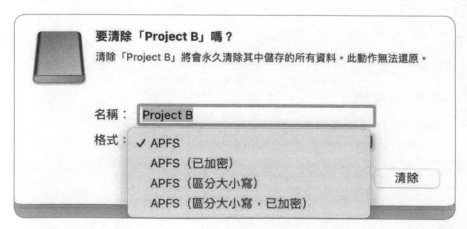

當您清除選擇的卷宗時，磁碟上的其他卷宗不會受到影響。此外，您不能更改磁碟分割區架構—這會影響磁碟上的所有卷宗。

當您清除並重新格式化儲存裝置時，您會破壞現有的卷宗格式（重新格式化磁碟會清除裡面的內容）。預設磁碟工具程式不會從未加密的清除磁碟中清除檔案。磁碟工具程式藉由替換檔案和檔案夾結構來建立新的空白卷宗。舊資料檔案保留在磁碟上，您可以使用第三方工具恢復它們。

為防止從未加密的磁碟中恢復已清除的檔案，在清除磁碟時點擊安全層級選項，選擇清除資料的寫入次數，點擊好，然後點擊清除。

> **提醒** ▶ 磁碟工具程式中提供的安全清除選項僅適用於 HDD 和一些快閃儲存空間。

防止那些已經被清除檔案被恢復的最好方法是僅將檔案儲存在被加密的儲存裝置上，因為當您清除被加密的儲存裝置時，您會刪除允許檔案被解密的密鑰。為了更高的安全性，請考慮執行以下操作：

▶　在開始使用帶有 SSD 或全部快閃儲存裝置的 Mac 時，打開檔案保險箱
▶　在開始使用前對其他儲存裝置進行加密

在終端機中清除檔案

當您打開終端機（macOS CLI）並輸入 rm 指令刪除檔案時，macOS 會將已刪除的檔案標記為可使用空間並保持原有檔案，直到它們被另一個動作覆寫。您仍然可以用第三方工具存取這些檔案。如果擔心安全性，請考慮將資料儲存在被加密的卷宗上。

加密外接卷宗

您可以使用 Finder 將現有的 APFS 卷宗轉換為加密的卷宗。最好在將任何敏感資料儲存到卷宗之前對其進行加密。要加密啟動磁碟的 APFS 資料卷宗部分，請打開檔案保險箱。第 12 課更詳細地介紹了檔案保險箱。

要在 Finder 中加密任何其他 APFS 卷宗，Control-Click 要加密的卷宗，然後從快捷選單中選擇加密卷宗名稱，其中卷宗名稱是您選擇的卷宗的名稱。

Finder 要求您爲加密的卷宗設定密碼和密碼提示。您必須設定密碼提示。

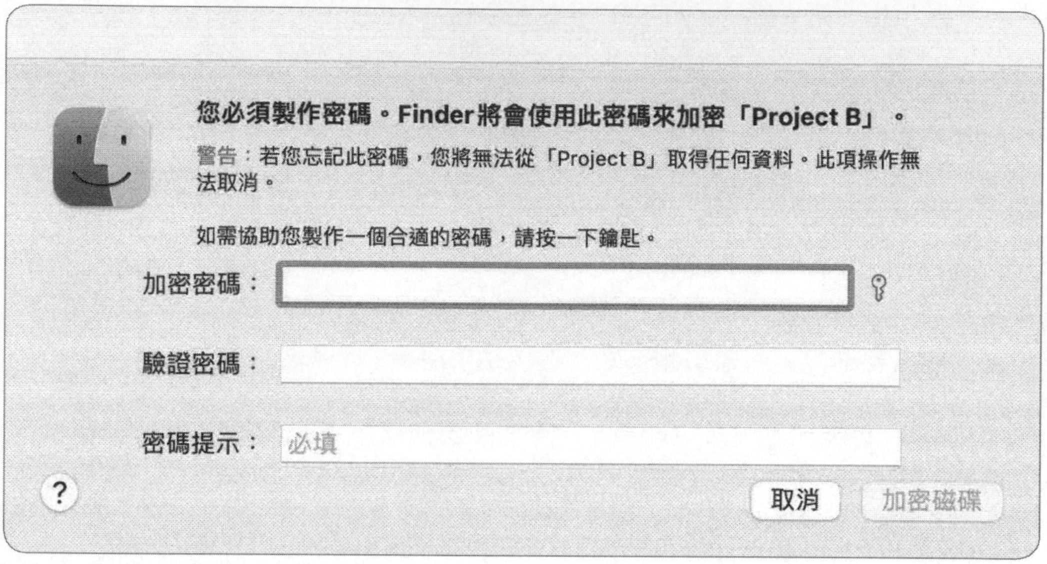

您必須製作密碼。Finder將會使用此密碼來加密「Project B」。

警告：若您忘記此密碼，您將無法從「Project B」取得任何資料。此項操作無法取消。

如需協助您製作一個合適的密碼，請按一下鑰匙。

加密密碼：

驗證密碼：

密碼提示： 必填

取消　　加密磁碟

當 macOS 在背景中加密其內容時，您可以繼續使用磁碟。當您嘗試連接加密磁碟時，系統會要求您輸入磁碟密碼，除非您將密碼儲存在鑰匙圈中。使用鑰匙圈在第 9 課「管理安全性與隱私權」中進行了介紹。

11.5
排除檔案系統故障

大多數的檔案系統故障會是由品質不良的硬體和媒體導致。

第一步

如果您的儲存裝置（磁碟）有問題，請嘗試以下步驟：

1. 驗證從您的 Mac 到有問題的儲存裝置的實體連接狀態。

2. 如果有問題的儲存裝置是外接儲存裝置，請使用11.3，「檢查檔案系統組件」中描述的方法來驗證儲存硬體的功能。

3. 如果問題涉及到 Mac 電腦的內部儲存裝置，請嘗試從 macOS 復原中啟動。

▶ 在 macOS 復原 中重新啟動您的 Mac（使用第 5 課「使用 macOS 復原」中介紹的步驟）。

▶ 從 macOS 復原中打開磁碟工具程式，檢查並對儲存媒體、容器或卷宗進行維修。

▶ 如果從進入 macOS 復原啟動沒有作用，請使用第 5 課中的方法。

如果您認為災難性的硬體故障是問題所在，那麼從軟體的角度您無法修復 Mac。商業資料救援服務也許可以恢復您的資料。

如果您遇到檔案系統問題，但儲存硬體似乎可以正常運作，則您可能遇到部分硬體故障或檔案系統損壞。在這些情況下，您可以使用 macOS 內建的工具程式來修復卷宗或恢復資料。

磁碟工具程式修理工具

要在磁碟上存取資料，檔案系統必須讀取分割區架構和卷宗目錄結構以找到構成請求項目的適當位元。檔案系統使用分割區架構來定義卷宗所在的空間。它使用卷宗目錄結構來分類檔案和檔案夾所存在的位置。分割區架構或卷宗目錄結構的損壞可能會導致嚴重的問題，包括資料遺失。

在裝載磁碟之前，Mac 會進行一個快速的一致性檢查，以驗證磁碟的分割區架構和卷宗目錄。同時 Mac 在啟動時會快速掃瞄啟動磁碟。如果 Mac 無法裝載磁碟或其卷宗，或者您在取用磁碟內容時遇到問題，請使用磁碟工具程式修理工具來驗證以及修復分割區架構或卷宗目錄結構。

要使用磁碟工具程式中的修理工具功能，請確認您要修復的磁碟已連接到 Mac，然後打開磁碟工具程式。從左側欄位中選擇您要檢查或維修的磁碟或卷宗，然後點擊工具列中的修理工具按鈕。

當您選擇磁碟時，表示您要修復其分割區架構。當您選擇卷宗時，表示您要修復目錄結構．。修復順序為先修復卷宗，再修復容器，再修復磁碟。

修理工具可能需要幾分鐘才能完成，因為它會一直運作直到沒有發現任何問題。在此期間，磁碟工具程式在詳細資訊中顯示進度和 Log 記錄。點擊顯示詳細資訊的三角形以取得歷史 Log 記錄中的更多詳細資訊。

如果修理工具沒有發現任何問題，則會出現一個綠色勾選標記。如果修理工具發現問題，它會在 Log 記錄中用紅色的文字進行描述並嘗試修復。

共享磁碟與目標磁碟模式

共享磁碟與目標磁碟模式讓您可以將您帶有 Apple 晶片 的 Mac（共享磁碟）或基於 Intel 的 Mac（目標磁碟模式）連接到另一台 Mac。您可以使用此方法在兩台 Mac 電腦之間傳輸檔案。

您可以使用共享磁碟與 USB、USB-C 或 Thunderbolt 3 或 4 的連接線來連接兩台電腦。

您可以使用目標磁碟模式與 USB-C 的 Thunderbolt 2、3 或 4 連接線和 FireWire 與帶有 FireWire 連接埠的 Mac 電腦進行連接。

有關更多資訊，請參閱 Apple 支援文章 HT207443「Mac 上的 Thunderbolt 4、Thunderbolt 3 或 USB-C 埠適用的轉接器」。

要使用共享磁碟，請連接兩台 Mac 電腦，然後將帶有 Apple 晶片 Mac 關機。在 macOS 復原中啟動（在第 5 課了解更多關於 macOS 復原），並從工具程式選單中選擇共享磁碟。選擇要共享的磁碟或卷宗，點擊開始共享。

在另一台 Mac 上，打開 Finder 視窗，然後點擊側邊欄中的網路。在網路視窗中，雙擊有共享磁碟或卷宗的 Mac，點擊「連接身分」，在視窗中選擇訪客，然後點擊連線。

因為目標磁碟模式內建在基於 Intel 的 Mac 電腦中，即使安裝的 macOS 卷宗受到損害，您也可以使用它。任何使用者都可以在正在運作的 Mac 上啟用目標磁碟模式，如果可以的話，點擊啟動磁碟偏好設定中的目標磁碟模式按鈕。

或者，假設您基於 Intel 的 Mac 沒有韌體密碼，任何使用者都可以在啟動期間藉由按住 T 鍵在啟動 Mac 時啟用目標磁碟模式。

啟用目標磁碟模式後，螢幕上會出現 USB 或 Thunderbolt 符號。使用適當的 USB-C 連接線或 Thunderbolt 連接線將目標 Mac 插入另一台 Mac。

將目標磁碟模式中的基於 Intel 的 Mac 連接到您的 Mac 後，目標磁碟模式下的 Mac 的內部儲存裝置將會連接到您的 Mac 上，就像您插入了普通的外接磁碟一樣。若是基於 Intel 的 Mac 開啟了檔案保險箱或是有 Apple T2 安全性晶片，在目標磁碟模式下您會被要求驗證。

此時，您可以從已裝載的 Mac 電腦對內部卷宗進行修復或轉移資料。

儘管目標磁碟模式很方便，但請注意以下注意事項：

▶　Mac 電腦上的 USB-A 連接埠不支援開始使用目標磁碟模式。帶有 USB-A 連接埠的舊款 Mac 電腦裝載硬碟可以藉由適當的 USB-C 到 USB-A 轉接器和正在目標磁碟模式的新款 Mac 電腦透過 USB-C 連接。

▶　目標磁碟模式不支援使用第三方儲存介面的磁碟，如 PCI Express 延伸卡上的目標磁碟模式。

▶　安裝 macOS Monterey 應用程式不允許您升級或安裝在目標磁碟模式的目的地。

▶　如果您在基於 Intel 的 Mac 上設定了韌體密碼（參見 5.3「安全啟動」），那麼如果不先提供韌體密碼，您將無法在目標磁碟模式下啟動您的 Mac。

▶　安全開機和外接開機設定（在 5.3 中介紹，並可使用於 Apple T2 晶片的 Mac 電腦）不會阻止您啟動基於 Intel 的 Mac 的目標磁碟模式。

▶　一些硬體故障會阻止 Mac 進入目標磁碟模式。如果您懷疑是這種情況，請嘗試使用 Apple 硬體測試。它在第 28 課「排除啟動和系統問題」中有介紹。

從未啟動的系統中恢復資料

如果您的基於 Intel 的 Mac 無法從其內部系統磁碟啟動，若是目標磁碟模式仍然可以使用，您仍然可以使用此模式存取內部系統磁碟並將您的資料傳輸到另一台可運行的 Mac 來恢復資料。

首先，打開或重啟有問題的基於 Intel 的 Mac，同時按住 T 鍵進行目標磁碟模式。然後使用適當的連接線將 Mac 連接到另一台功能齊全的 Mac。如果在 Finder 中出現 Mac 的問題是在卷宗，請嘗試使用磁碟工具程式修復工具來修復磁碟和卷宗，如本課前面所述。

如果您的 Mac 不支援或無法使用目標磁碟模式，請到 Apple 授權服務提供商。您也可以嘗試從有問題的 Mac 中移除磁碟並將其連接到功能齊全的 Mac 上。

完成修復後，請嘗試以下選項之一來恢復您的資料：

▶　使用 Finder 將資料從有問題的 Mac 複製到運作正常的 Mac 的外接儲存裝置。

▶ 使用正在運作的 Mac 上的磁碟工具程式，爲問題 Mac 電腦的系統卷宗建立磁碟映像檔封存。建立磁碟映像檔在第 14 課「使用隱藏項目、捷徑和檔案封存」中進行介紹。

▶ 使用系統移轉輔助程式將資料傳輸到功能正常的 Mac，詳見第 8 課「管理使用者個人專屬檔案夾 .」。

▶ 資料傳輸完成後，使用磁碟工具程式重新格式化 macOS。第 2 課「更新、升級或重新安裝 macOS」更詳細地介紹了這個主題。

裝載時根據系統磁碟損壞的程度，您可能無法使用磁碟工具程式或系統移轉輔助程式。如果遇到該問題，請嘗試手動複製資料。

有關更多資訊，請參閱 support.apple.com/guide/disk-utility 中的磁碟工具程式使用手冊。

練習 11.1
查看磁碟和卷宗資訊

▶ 前提

▶ 您必須已經建立了 Local Administrator 帳號（練習 3.1「練習設定一台 Mac」）。

在本練習中，您將儕看與 Mac 電腦內部儲存相關的資訊。您可以藉由多種方式檢視 Mac 中的儲存裝置資訊，以及內部儲存裝置和儲存裝置所包含的卷宗。

使用關於這台 Mac 查看儲存裝置資訊

1. 登入 Local Administrator。

2. 選擇 Apple 選單 > 關於這台 Mac。

3. 點擊儲存空間。

此視窗顯示目前裝載在 Mac 上的卷宗。它還顯示已使用空間和可用空間。將游標停留在欄位的不同色彩部分上，檢視卷宗上的內容類型。

提醒 ▶ 系統資訊可能需要幾分鐘才能分析 Mac 上的內容。

4. 點擊管理。

系統資訊打開並顯示用於減少儲存使用的選項。閱讀 19.5「最佳化本機儲存空間」以了解更多資訊。

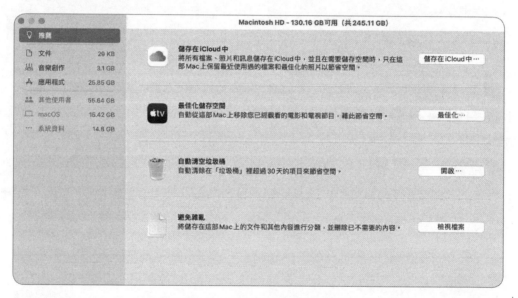

5. 點擊側邊欄位中的另一個項目。

這些項目顯示不同內容的詳細資訊。您可以檢視其他使用者和系統的大小，但無法檢視或更改內容。

6. 退出系統資訊。

查看磁碟工具程式的磁碟資訊

1. 選擇前往 > 工具程式或按 Shift-Command-U 到工具程式檔案夾。

   磁碟工具程式就在在這個檔案夾中。

2. 打開磁碟工具程式，確保在工具列的顯示方式選單中選擇了只顯示卷宗。
   如有必要，點擊您的卷宗名稱（通常是 Macintosh HD）的箭頭後卷宗
   以較小的字體出現在該名稱旁邊。這顯示了 Macintosh HD。然後點擊
   Macintosh HD 旁邊箭頭以顯示 Macintosh HD 快照 和 Macintosh HD -
   Data。

   在您日常使用 macOS 的過程中，您會注意到一個單一的卷宗；但是，在磁
   碟工具程式中，您會看到兩個卷宗。

   您還會注意到一個 APFS 系統快照，其名稱是以卷宗名稱開頭（通常是
   Macintosh HD）和旁邊的快照（較小的字體）。這是目前 Mac 正在運行
   的卷宗快照（通常是 Macintosh HD）。如需更多資訊，請參閱 11.1「檔
   案系統」。

3. 在側邊欄位中，選擇您的 APFS 系統卷宗（在本練習中命名為 Macintosh
   HD）。

   觀察 Macintosh HD 文字是否變暗，如果您選擇了，磁碟工具程式則會通
   知您系統快照 已裝載。

磁碟工具程式使用圖標來標示每個卷宗所儲存的資料。Macintosh HD 快照 儲存了正在運作的系統檔案（macOS 圖像）。在本練習使用的範例中，Macintosh HD - Data 是 APFS 資料卷宗，其中包含使用者資料（顯示爲房子的圖像）。

 Macintosh HD
APFS 啟動快照・APFS（已加密）
macOS 12.5（21G72）

 Data
APFS 資料卷宗・APFS（已加密）
macOS 12.5（21G72）

4. 在側邊欄中，選擇包含作業系統檔案的卷宗快照。

出現關於卷宗的資訊。卷宗格式顯示在卷宗名稱下方。

5. 檢查卷宗中的已使用空間容量。

6. 點擊工具列中的資訊按鈕。

一個視窗將會打開並顯示有關卷宗的其他詳細資訊。請注意，卷宗類型是一個 APFS 啟動快照。向下滾動以檢視所有內容。

卷宗名稱	Macintosh HD
卷宗類型	APFS 啟動快照
BSD 裝置節點	disk3s1s1
裝載點	/
系統	macOS 12.5（21G72）
檔案系統	APFS（已加密）
連線	Apple Fabric
裝置延展樹路徑	IODeviceTree:/arm-io@10F00000/ans@7
可寫入	否
需區分大小寫	否
檔案系統UUID	179899F2-FBF4-4461-8D5B-68949EA7
卷宗容量	245,107,195,904
可用空間（可清除 + 未使用）	131,126,226,074
可清除的空間	3,318,246,554

「Macintosh HD」資訊

7. 關閉資訊視窗。

8. 對包含使用者資料的卷宗重複步驟 3 到 6（在本練習中的 Macintosh HD - Data）。

9. 在工具列中，選擇顯示方式 > 顯示所有裝置。

當您使用此顯示時，您會看到上方的儲存裝置，然後是容器，最後是容器中的任何卷宗。

10. 在側邊欄中選擇您的內部儲存裝置（通常是上方的項目）。

有關裝置的資訊（包括其總容量和分割區配置表型）出現在視窗下方。

11. 點擊工具列中的資訊按鈕。

媒體資訊視窗打開。因為這個視窗顯示的是整個磁碟的資訊，所以它的內容與卷宗資訊視窗不同。

卷宗類型	實際裝置
BSD 裝置節點	disk0
連線	Apple Fabric
裝置延展樹路徑	IODeviceTree:/arm-io@10F00000/ans@
可寫入	否
需區分大小寫	否
卷宗容量	251,000,193,024
可用空間（可清除 + 未使用）	0
可清除的空間	0
未使用空間	0
已使用的空間	251,000,193,024
已啟用擁有者	否
已加密	否
可以驗證	否

「APPLE SSD AP0256Q Media」資訊

12. 關閉資訊視窗。

練習 11.2
清除儲存裝置

> ▶ 前提
>
> ▶　您必須已經建立了 Local Administrator 帳號（練習 3.1「練習設定
> 　　一台 Mac」）。
>
> ▶　您必須有一個可清除的外接儲存裝置，例如快閃磁碟。

在本練習中，您使用磁碟工具程式來清除外接儲存裝置並使用新分割區架構。您
在後面的練習中會再次使用這個裝置。

使用磁碟工具程式清除並重新格式化一個裝置

許多外接儲存裝置（例如 USB 儲存裝置）是為 Windows 預先格式化的，使用
主開機記錄（MBR）分割區架構和 FAT32 卷宗格式。為了與 macOS 有最佳相
容性，請重新格式化外接儲存裝置以使用 GUID 分割區配置表架構和 Mac OS 擴
充格式（日誌式）或 APFS 卷宗格式。使用最能滿足 macOS 相容性的格式。

1.　如有必要，以 Local Administrator 登入。

2.　將外接儲存裝置插入 Mac 上的相應連接埠。

　　警告 ▶ 本練習將會清除外接磁碟上的所有資訊。不要使用包含您需要資料的
　　磁碟來執行此練習。

3.　如有必要，打開磁碟工具程式。

磁碟工具程式側邊欄分別列出了內部和外接儲存裝置。

4. 在側邊欄中，選擇外接儲存裝置。一定要選擇裝置，而不是它包含的卷宗。

5. 在工具列中，點擊清除。

6. 查看格式和架構選單中的選項，在架構選單中選擇 GUID 分割區配置表，然後在格式選單中選擇 APFS。

7. 將磁碟命名爲 Untitled。

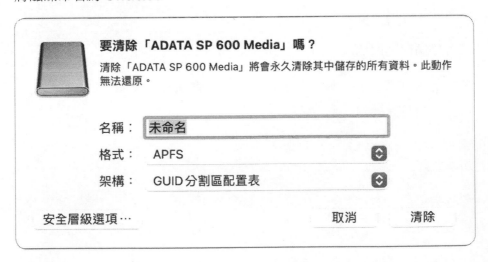

8. 點擊清除。

9. 點擊顯示詳細資訊顯示箭頭以檢視詳細資訊。

   打開詳細資訊窗格時，顯示箭頭的標籤將更改爲隱藏詳細資訊。

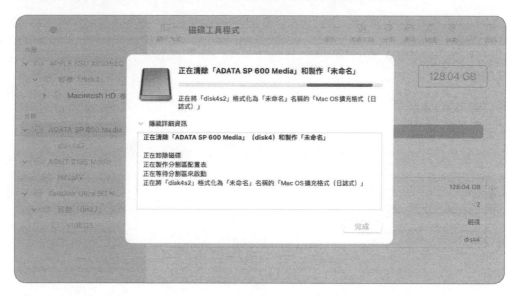

10. 重新格式化完成後，點擊完成。

11. 如果出現「是否要使用未命名的磁碟備份？」的通知。
    提示，將游標停留在通知上並點擊關閉（X）。

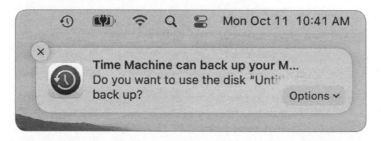

12. 點擊磁碟工具程式側邊欄中新卷宗旁邊的退出按鈕。

    當卷宗（在本例中名爲 Untitled）退出時，Finder 將不再把新卷宗顯示在
    您的桌面上。它保留在磁碟工具程式側邊欄中。

13. 從 Mac 上移除外接儲存裝置。這會將其從磁碟工具程式側邊欄中移除。

14. 退出磁碟工具程式。

練習 11.3
在復原模式中修復卷宗、容器與磁碟

▶ 前提

▶ 您必須已經建立了 Local Administrator 帳號（練習 3.1「練習設定一台 Mac」）和 John Appleseed 帳號（練習 7.1「建立一個標準使用者帳號」）。

▶ 您必須開啟檔案保險箱（練習 3.2「配置系統偏好設定」）。

在這個練習中，您在 macOS 復原中啟動您的 Mac 並檢查它的檔案結構，從卷宗開始，然後是容器，再來是磁碟。使用這些技術來修復無法正常啟動或顯示檔案系統損壞的 Mac。有關更多資訊，請參閱 11.5「排除檔案系統故障」。

修復卷宗，再來是容器，再來是磁碟

1. 執行以下操作之一：

   ▶ 如果您有帶有 Apple 晶片的 Mac，請關機，然後打開您的 Mac 並持續按住電源按鈕直到看到「正在載入啟動選項」。點擊選項，然後點擊繼續。
   ▶ 如果您有基於 Intel 的 Mac，請重新啟動，然後按住 Command-R 直到出現 Apple 標誌。

2. 如果選擇語言視窗出現，請選擇您喜歡的語言，然後點擊向右箭頭繼續。

3. 在復原輔助程式視窗，選擇 Local Administrator，點擊下一步，輸入密碼，點擊繼續。

4. 在 macOS 工具程式螢幕，選擇在磁碟工具程式，然後點擊繼續。

5. 在工具列中，選擇檢視 > 顯示所有裝置。

6.　在側邊欄位中，點擊 Macintosh HD 卷宗旁邊的顯示箭頭（卷宗是較低的階層）。

7.　選擇您的 Mac 電腦的資料卷宗（通常稱為 Data 或 Macintosh HD - Data）。

8.　點擊工具列中的修復工具按鈕。

9.　在確認對話框中，點擊執行。

10.　您會被要求輸入密碼以解鎖資料磁碟，選擇 Local Administrator 並且輸入該帳號的密碼。

因為您的資料卷宗是加密的，所以您必須先解鎖磁碟，然後才能使用磁碟工具程式進行檢查和修復。一旦解除鎖定，磁碟工具程式會檢查 Macintosh HD - Data 卷宗中的檔案結構，並在必要時對其進行修復。

11. 點擊顯示詳細資訊箭頭。

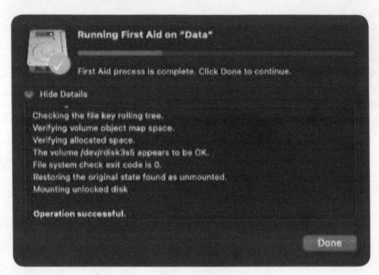

12. 選擇 Macintosh HD，然後點擊修復工具。

13. 點擊執行，然後點擊顯示詳細資料箭頭。

這時磁碟工具程式正在檢查並在必要時修復卷宗。

14. 程序完成後，點擊完成。

15. 對容器重複此程式，然後對磁碟進行驗證，必要時進行修復。

16. 退出磁碟工具程式。

第 12 章
管理「檔案保險箱」

在本章中，您將學習如何打開並使用「檔案保險箱」保護資料。您還可以了解若不幸遺失本機使用者密碼，如何恢復被「檔案保險箱」保護的 Mac。

目標

▶ 如何使用「檔案保險箱」保護資料資料。

▶ 開啟「檔案保險箱」保護。

▶ 當本機帳號密碼遺失時，如何重新存取受「檔案保險箱」保護的 Mac。

12.1
檔案保險箱簡介

「檔案保險箱」加密內建的啟動磁碟，以保護您的資料資料。

> 提醒 ▶ 本章節中提到檔案保險箱的「加密」行為是一種簡化說法，因為若使用 macOS Monterey，SSV（簽署系統卷宗宗）並未被加密，僅經過加密驗證。此外，SSV（簽署系統卷宗宗）是唯讀的系統卷宗，並不含包含任何使用者資料，也無需被加密。更確切地說，檔案保險箱加密的是內建開機磁碟（通常預設為 Macintosh HD– Data 或 Data）的 APFS（Apple 檔案系統）資料卷宗。

若您使用其他的卷宗，也可以加密。欲瞭解更多關於加密附加卷宗的資訊，請參閱第 11 章《管理檔案系統與儲存》

「檔案保險箱」在配備 Apple 晶片的 Mac 和配備 Apple T2 安全晶片的 Intel 版 Mac

配備 Apple 晶片的 Mac 和配備 Apple T2 安全晶片的 Intel 版 Mac 使用其內建的硬體加速進階加密標準（AES）對存於 Mac 內建儲存空間上的資料進行加密。

Mac 電腦透過與晶片唯一綁定的 256 位元的密鑰來加密資料。要解密儲存在內建儲存空間上的資料，就必須使用當初加密資料的特定晶片來解密。若晶片中包含密鑰的部分受損，您可能需要從備份中還原內建儲存空間的內容。這些內容包括應用程式、帳號、偏好設定、音樂、照片、電影和檔案夾。

請確保將您的內容定期備份到一個安全的備份位置，以便必要時可以從中恢復它。欲瞭解更多關於備份的資訊，請參閱第 17 章「管理時光機」。

如果您的 Mac 是配有 Apple 晶片的 Mac，或者是配有 T2 晶片的 Intel 版 Mac，那麼當您打開 Mac 時，Mac 中的加密內建儲存會自動掛載並解密。最初的加密是自動設置的；但是，透過開啟「檔案保險箱」，可確保要解密 Mac 的資料時，需使用您自行建立的密碼。

裝有 T2 晶片的 Intel Mac 上的「檔案保險箱」

對於沒有 T2 晶片的 Intel 版 Mac，「檔案保險箱」是使用 256 位元密鑰的 XTS-AES-128 加密，以防止未經授權存取開機磁碟上的資訊。「檔案保險箱」在 macOS 的檔案系統驅動層執行加密。當啟動卷宗被加密時，大多數程序和應用程序都能正常運行。

關於「檔案保險箱」加密的更多細節，請參閱下列網頁：

▶ Apple 平台安全性：support.apple.com/guide/security/
▶ Apple 支援文章 HT204837：使用檔案保險箱將 Mac 上的啟動磁碟加密
▶ 使用「檔案保險箱」加密 Mac 資料：
  support.apple.com/guide/mac-help/mh11785/
▶ 在 macOS 中使用「檔案保險箱」進行卷宗加密：
  support.apple.com/guide/security/sec4c6dc1b6e/
▶ 在 macOS 中管理「檔案保險箱」：
  support.apple.com/guide/security/sec8447f5049/

開啟「檔案保險箱」Mac 上的登入視窗及其動作

當 Intel 版 Mac 從加密的啟動磁碟啟動時，macOS 尚未執行之前會出現一個登入視窗顯示所有啟用「檔案保險箱」的使用者，從中選擇一個已啟用「檔案保險箱」的帳號，輸您的帳號密碼，您的 Mac 會用它來解鎖受保護的系統卷宗。在您的 Mac 存取了系統卷宗之後，啟動繼續正常進行。因為您已經通過認證來解鎖加密，所以您可以直接登入。

無論「檔案保險箱」開啟與否，裝有 Apple 晶片的 Mac 電腦都有統一的登入體驗，以獲得一致的外觀及使用者感受。即使有開啟「檔案保險箱」，裝有 Apple 晶片的 Mac 電腦在登入視窗中支援下列操作：

▶　圖形加速

▶　在登入窗口進行「旁白」功能語音操作

▶　使用智慧卡片進行身分驗證，包含晶片卡接口設備（CCID）以及個人身分辨識（PIV）智慧卡

▶　僅顯示輸入帳號密碼的視窗，或顯示所有啟用「檔案保險箱」的使用者

當開啟「檔案保險箱」時「macOS 復原」的呈現

當您試圖在「macOS 復原」中啟動您的 Mac，並且您的 Mac 亦啟用「檔案保險箱」時，您必須在顯示畫面中，選擇一個知道密碼的使用者並輸入該密碼。

12.2
開啟「檔案保險箱」

正如第 3 課《設定和配置 macOS 》中所述,如果您在設定輔助程式中提供了您的 Apple ID,您會被問到:是否想使用「檔案保險箱」來加密您在 Mac 上的磁碟?

「檔案保險箱」磁碟加密

「檔案保險箱」會自動加密磁碟的內容,並以密碼鎖定螢幕來確保資料的安全。

您要使用「檔案保險箱」來加密 Mac 上的磁碟嗎?

☑ 開啟「檔案保險箱」磁碟加密
☑ 允許我的 iCloud 帳號解鎖我的磁碟

您的 iCloud 帳號「▇▇▇▇▇▇▇」可用來解鎖磁碟,並可在您忘記密碼時用來重置密碼。若您不要允許您的 iCloud 帳號重置您的密碼,您可以製作復原密鑰並保存在安全的地方,以解鎖您的磁碟。

返回　繼續

如果您在設定輔助程式詢問時沒有打開「檔案保險箱」,您可以透過偏好設定中的「安全性與隱私權」打開「檔案保險箱」。點擊「鎖定」按鈕並以管理者使用者身分進行身分驗證,然後點擊「開啟檔案保險箱」。

配置「檔案保險箱」復原

在「檔案保險箱」設置過程中，會出現一個對話框，爲您提供兩種復原方式，如果啟用「檔案保險箱」的使用者密碼遺失，可以透過你選擇的方式恢復。

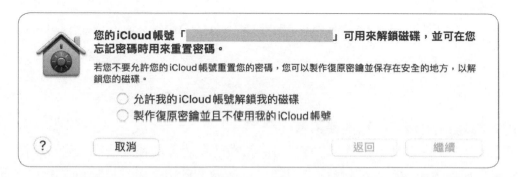

第一種恢復方法是使用您的 Apple ID 來解鎖「檔案保險箱」卷宗並重置密碼。這將隨機生成一個「檔案保險箱」的復原密鑰，並將其保存到您在 Apple 伺服器上的 iCloud 帳號。雖然您的 Mac 不會顯示復原密鑰，但可以藉由驗證您的 Apple ID 後從 iCloud 上取回密鑰。

此時您必須連上網際網路並使用 Apple ID 登入，這樣才能成功設定。

您只能為復原「檔案保險箱」配置一個使用者的 Apple ID。您可以讓其他使用者登入到受「檔案保險箱」保護的 Mac 上，但他們將無法存取儲存在 iCloud 中的復原密鑰。

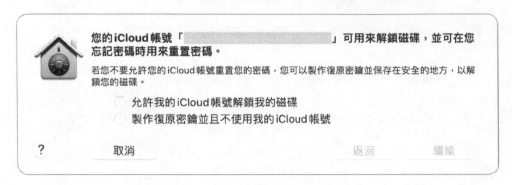

第二個方法是記錄「檔案保險箱」隨機生成的密鑰。您必須把密鑰的字母和數字抄下，並保存在安全的地方，而不是在您的加密啟動磁碟上。

使用密鑰來解鎖「檔案保險箱」保護的卷宗，並重置遺失的使用者密碼。

紀錄您的復原密鑰並將其保存在一個安全的地方。如果您忘記了您的密碼並遺失了復原密鑰，您將無法存取啟動磁碟。Apple 可以幫助您用復原密鑰重設密碼，但無法提供您遺失的復原密鑰。

啟用「檔案保險箱」給其他使用者

如果您的 Mac 含有其他帳號，該使用者必須在解鎖磁碟前輸入密碼。對於每個使用者，點擊啟用使用者按鈕並輸入使用者的密碼。啟用「檔案保險箱」後，當您建立新的使用者帳號時，預設情況下，macOS 建立的帳號具有解鎖「檔案保險箱」的能力。

關於如何使用終端機列出、新增或刪除可解鎖「檔案保險箱」的使用者，以及獲得有關「檔案保險箱」當前狀態的更多資訊，請使用 man 指令查詢 fdesetup。

確認「檔案保險箱」已經開啟

開啟「檔案保險箱」後，下次重啟 Mac 時，登入視窗會更快出現。只有啟用「檔案保險箱」的使用者才會在登入視窗中列出。在已啟用檔案保險箱的使用者進行認證後，啟動會持續進行直到使用者自動登入到他們的帳號中。

在開啟「檔案保險箱」模式下，「安全性與隱私權」偏好設定會顯示系統卷宗的加密和預計完成時間。裝有 Apple 晶片的 Mac 或裝有 T2 晶片的 Intel 版 Mac 不需要啟動加密啟動磁碟的這個過程，因為啟動磁碟原本就已經被加密了。下圖說明沒有 T2 晶片的 Intel 版 Mac 會顯示的加密進度條。然而，對於裝有 Apple 晶片的 Mac 或裝有 T2 晶片的 Intel 版 Mac 因為開啟「檔案保險箱」的過程只需要幾秒鐘，因此不會顯示進度條。

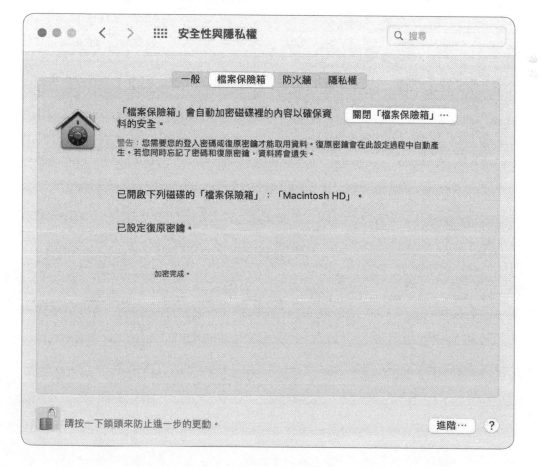

在加密過程中，您可以關閉「安全性與隱私權」偏好設定，並正常使用 Mac 。加密完成後不會通知。

爲了節省電量，沒有 T2 晶片的基於 Intel 的 Mac 筆記型電腦在沒有插電時可能會暫停加密。當您將 Mac 連接電源後，加密會繼續。

您可以從「安全性與隱私權」偏好設定中關閉「檔案保險箱」。「檔案保險箱」會向您顯示解密進度。如果您使用的是配有 Apple 晶片的 Mac 或裝有 T2 晶片的 Intel 版 Mac，那麼當您關閉「檔案保險箱」時，您的啟動磁碟內容並不會顯示解密。

使用檔案保險箱復原

如果受「檔案保顯箱」保護的 Mac 遺失了所有啟用「檔案保險箱」的帳號密碼，您仍然能夠解鎖。有關使用 iCloud 帳號或「檔案保險箱」復原密鑰重置本機使用者帳號密碼並解鎖受「檔案保險箱」加密的系統磁碟的詳情，請參閱 10.2「重置遺失的密碼」。

恢復遺失的檔案保險箱復原密鑰

如果您遺失了所有啟用「檔案保險箱」的帳號密碼，並且無法存取檔案保險箱復原密鑰，就沒有辦法恢復啟動卷宗上的資料。

若您所屬組織的行動裝置管理（MDM）解決方案可以協助，當使用者或行動裝置管理（MDM）解決方案打開「檔案保險箱」時，您可以托管使用者的「檔案保險箱」個人復原密鑰（PRK）。透過該作法，當使用者將 Mac 還給您的組織時也無需提供密碼，這是由於「檔案保險箱」已經開啟，而且您有可以透過個人復原密鑰（PRK）取得資料卷宗上的檔案。

使用您的 MDM 解決方案獲得 PRK，然後使用 PRK 在登入視窗中更改使用者的密碼；卽可存取資料卷宗和使用者的個人專屬檔案夾。使用 PRK 改變使用者的密碼，可以保護使用者所有鑰匙圈項目的隱私。欲瞭解更多資訊，請透過下列網址參閱《使用描述檔管理程式取得和解密個人復原密鑰：support.apple.com/guide/profile-manager/apda5f9c8c37

練習 12.1
重新啟動受「檔案保險箱」保護的 Mac

▶ **前提**

▶ 您必須先建立 Local Administrator（練習 3.1，練習設定一台 Mac）
和 John Appleseed 帳號（練習 7.1，建立一個標準使用者帳號）。

▶ 您需先開啟「檔案保險箱」（練習 3.2.，配置系統偏好設定）。

在練習 3.2 中，您打開了檔案保險箱。在這個練習中，您將研究「檔案保險箱」
如何通過要求使用者密碼來修改 macOS 的啟動過程。

如果您使用的是裝有 Apple 晶片的 Mac，您會看到一個與 macOS 登入視窗統
一的「檔案保險箱」存取畫面。當 macOS 完全啟動時，使用者的資料卷宗仍然
受到「檔案保險箱」的保護。因為此時 macOS 是完全啟動的，所以您可以使用
透過輸入密碼登入，而無需透過使用者列表、智慧卡認證，或是其他 macOS 支
援的方法。欲瞭解更多資訊，請透過下列網址參閱 macOS 使用手冊中的《使
用「檔案保險箱」加密 Mac 資料》：support.apple.com/guide/mac-help/
encrypt-mac-data-with-filevault-mh11785/mac。

如果您使用的是 Intel 版 Mac，您會在 macOS 尚未啟動時，看到一個與登入畫
面相同的「檔案保險箱」的存取畫面。在您的 Mac 可以讀取系統檔案之前，您
必須解鎖啟動磁碟。

為了練習，您將擁有相同的登入體驗。

1. 重啟您的 Mac，您將會看到「檔案保險箱」的存取畫面。

2. 點選「John Appleseed」。

3. 輸入 John 的帳號密碼，並點擊「返回」。

   正如您在本手冊中注意到的那樣，重啟後您會看到一個「檔案保險箱」的存取畫面。在認證之後，macOS 啟動將繼續進行，您會以 John Appleseed 的身分登入。由於您在「檔案保險箱」存取畫面上以 John Appleseed 的身分進行了認證，所以 macOS 為您提供了自動登入的便利。

4. 開啟磁碟工具程式，選擇「檢視」>「顯示所有裝置」。

5. 從側邊欄選擇您當前的快照。

   卷宗的格式是加密的 APFS（Apple 檔案系統）。如果沒有開啟「檔案保險箱」，快照就不會顯示為加密的。

6. 結束磁碟工具程式。

練習 12.2
使用「檔案保險箱」的復原金鑰

▶ **前提**

- 您必須先建立 Local Administrator（練習 3.1，練習設定一台 Mac）和 John Appleseed 帳號（練習 7.1，建立一個標準使用者帳號）。

- 您需先開啟「檔案保險箱」（練習 3.2.，配置系統偏好設定）。

您可以在啟動時使用「檔案保險箱」復原密鑰來重置使用者密碼。在此練習中，您將使用復原密鑰來重置 John Appleseed 的密碼。請根據您的 Mac 架構選擇重置密碼。

重置 John Appleseed 的密碼（使用 Apple 晶片的 Mac 電腦）

1. 重啟您的 Mac。

2. 在「檔案保險箱」存取視窗，點擊 John Appleseed。

3. 輸入三次錯誤密碼。您的 Mac 會顯示一個重啟的選項，並顯示密碼重置選項。

4. 點選「箭頭」以開啟重新啟動及顯示重建密碼的選項。

您的 Mac 重新啟動到 macOS Recovery，並顯示恢復輔助程式。

5.　輸入您之前記錄的復原密鑰，然後點擊「下一步」。

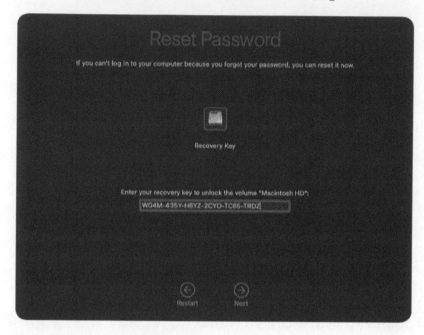

如果您輸入正確的復原密鑰，系統會提示您選擇一個您想重置密碼的使用者。如果您不能正確輸入復原密鑰，您就不能執行本練習的密碼重置部分。在這種情況下，請點擊左邊的箭頭，正常登入到一個可用的帳號，並跳過本練習剩下的部分。

6.　在重置密碼的畫面，選擇「John」，點擊「下一步」。

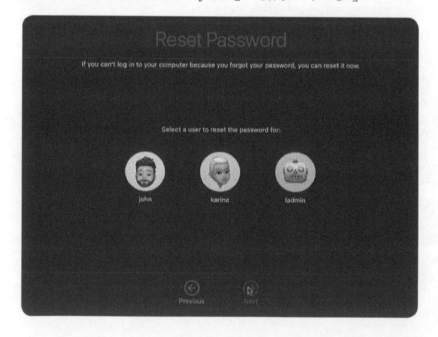

7. 系統會提示您重置「John」的密碼。使用 vaultpw 作為密碼，然後點擊「下一步」。

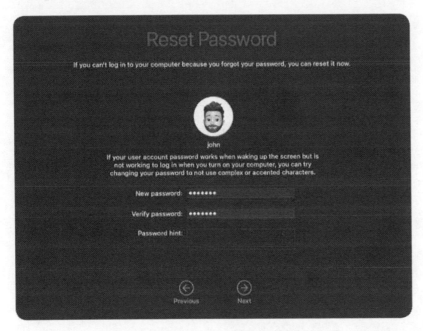

8. 在重設密碼完成畫面，點擊「重新啟動」。

   在「檔案保險箱」畫面上，選擇 John Appleseed 並進行認證（密碼 vaultpw）。您已經登入至「John」的帳號。由於 John 密碼被重置，其鑰匙圈再次被封存，因此保存的項目將不得不遵循第 10 章《管理密碼更改》中概述的恢復方法。

9. 如果您被要求重新輸入 iCloud 密碼，請點擊 Apple ID 偏好設定，然後輸入 Apple ID 的密碼。

10. 向前跳轉至「恢復 John Appleseed 的原始密碼」部分。

重置 John Appleseed 的密碼（Intel 版 Mac）

1. 重啟您的 Mac。

2. 在「檔案保險箱」的存取畫面，點擊 John Appleseed。

3. 點擊密碼區塊右側的幫助（？）按鈕，或故意連續三次輸入錯誤的密碼進行認證，您的 Mac 會顯示一個用復原密鑰重置密碼的選項。

4. 點擊箭頭以開始重置過程。原先輸入密碼的位置會被復原密鑰取代。

5. 輸入您稍早紀錄的復原密鑰，接著按下「Return」鍵。

除非您輸入的是正確的復原密鑰，不然復原密鑰欄位會一直晃動和清空。如果您不能正確輸入復原密鑰，就不能執行本練習的密碼重置部分。在這種情況下，點擊左邊的箭頭，正常登入到一個可用的帳號，並跳過本練習的剩餘部分。

Mac 啟動。啟動過程結束後，在 John Appleseed 帳號圖像下將出現一個重置密碼對話框。

6. 在重置密碼的對話框中，分別在新密碼及驗證密碼的欄位中輸入 **vaultpw**。

現在您已經登入到了 John 的賬戶。由於他的密碼被重置了，John 的鑰匙圈又被封存了，所以保存的項目必須遵循第 10 章中概述的復原方法。

7. 如果您被要求重新輸入 iCloud 密碼，請點擊 Apple ID 偏好設定，然後輸入 Apple ID 的密碼。

恢復 John Appleseed 的原始密碼

爲了繼續剩下的練習，先將 John Appleseed 的密碼改回

1. 在系統偏好設定中開啟「使用者與群組」。

2. 點擊「更改密碼」。

3. 輸入 **vaultpw** 作爲舊密碼,然後在新密碼和驗證密碼區塊中輸入 John Appleseed 帳號的原始密碼(**Apple321!**)。

舊密碼:	●●●●●●●	
新密碼:	●●●●●●●●●	🔑
驗證:	●●●●●●●●●	
密碼提示: (建議使用)		
	取消	更改密碼

4. 點擊「更改密碼」。

   John 的帳號密碼現在與他的登入鑰匙圈密碼,以及他的本機項目 /iCloud 鑰匙圈密碼同步。

5. 如果您收到確認 Mac 密碼的通知,將指針放在通知上,然後點擊「檢視」。

6. 如果有必要,在 Apple ID 偏好設定中,點擊「繼續」,然後輸入 John Appleseed 的密碼(**Apple321!**)。此通知可能需要幾分鐘才會顯示。

7. 結束系統偏好設定,並登出 John Appleseed。

第 13 章

管理權限與共享

您使用檔案系統權限來控制 macOS 檔案及檔案夾權限。資料系統權限提供 Mac 一個更安全的多使用者環境並且以使用者帳號的驗證與授權一起使用。

在這章中，您會學到檔案系統所有權和權限能夠控制進入本機檔案和檔案夾權限。也探索 macOS 預設的權限設定是怎麼提供安全的方式取得共享檔案。您之後可以使用 Finder 來進行所有權和權限的設定。

目標

▶ 描述檔案所有權及權限。

▶ 探索 macOS 的預設共享檔案夾。

▶ 安全地管理檔案與檔案夾權限。

13.1
檔案系統權限

macOS 在每個系統卷宗上的項目使用了權限規則。該規則定義了標準、管理者、訪客和共享使用者對檔案和檔案夾的權限。只有使用者和使用 root 帳號權限的程序可以忽略檔案系統權限的規則。

檢視檔案系統權限

任何使用者可以使用 Finder 資訊視窗來檢視檔案及檔案夾權限。這裡有幾種方式來打開 Finder 資訊視窗：

▶ 按下 Command-I。
▶ 從選單列中，選擇檔案 > 取得資訊。
▶ 按下 Control 並選擇該項目並從選單中選擇取得資訊。

▶　在 Finder 視窗的工具列中，點選動作選單（三個圓點的圖像）並選擇取得
　　資訊。

您可以選擇多個項目來開啟多個資訊視窗。

在您打開資訊視窗後，點選共享與權限的三角形來檢視項目權限。權限清單會列
爲兩欄。左欄是有權限進入該項目的使用者群組清單。右欄顯示指派給各使用者
或群組的相關權限。在 13.3 中的「管理權限」有提到如何調整設定。

權限所有權

每個檔案及檔案夾都有擁有者、群組及所有人的權限設定：

▶　擁有者 - 在預設情況下，該項目的擁有者就是建立該項目或將項目複製至
　　Mac。使用者的個人專屬檔案夾通常有大部分的項目。root 使用者通常擁
　　有系統軟體項目，包含系統資源及應用程式。Finder 使使用者免得受到
　　macOS 的許多複雜影響，所以 root 使用者會顯示在系統中。在 macOS 中，
　　有管理者權限的使用者可以不管是誰擁有此項目而去更改項目的所有權及權
　　限。

▶ 群組 - 在預設情況下，一個項目的群組權限是從它建立的檔案夾繼承而來。大部分的項目屬於 staff（對於本機使用者來說最主要的群組）、whell（對於 root 系統帳號來說最主要的群組）或 admin 群組。群組所有權使擁有者以外的使用者能夠存取此項目。舉例來說，雖然 root 擁有應用程式檔案夾，這群組是為管理員設立因此管理者使用者可以增加或移除這檔案夾中的應用程式。

▶ 所有人 - 使用 everyone 的權限設定來定義不是擁有者或不是此項目群組中的權限。這代表著所有人，包括本機，共享及訪客使用者。

在檔案資訊視窗中的共享與權限中的項目會以下列的順序顯示：

1. 擁有人：會顯示一個單一剪影及擁有人的名稱

2. 群組：會顯示兩個剪影及群組名稱

3. 所有人：顯示 everyone

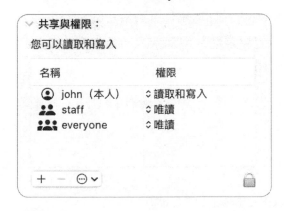

如果群組權限被設定為沒有存取權限（如下圖區塊所顯示的），macOS 會忽略群組的清單。

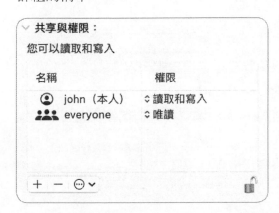

如果使用者或群組不存在，舉例來說，因為它被移除，然後 macOS 會顯示進度指標（像是一個旋轉齒輪）然後會顯示該使用者或群組在 擷取中 的狀態。

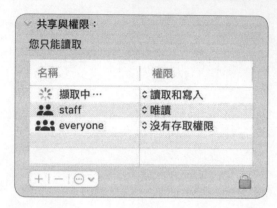

標準權限

macOS 的標準檔案系統權限架構是根據標準 UNIX 的權限。該系統也參考 POSIX 權限管理。您可以使用 POSIX 權限管理來定義各個所有權分別的權限規則。擁有者、群組以及其他所有人對於檔案或檔案夾擁有單獨指定的權限存取。因為檔案系統固有的階層結構，讓檔案夾可以歸進其他檔案夾，您可以建立一個複雜檔案結構允許不同層級的共享與安全性。

Apple 簡化了 Finder 以啟用常見的權限。終端機上提供了所有的 UNIX 權限組合。

在 Finder 中可用的檔案階級權限選項包含：

▶　讀取和寫入 - 使用者或群組成員可以開啟檔案及儲存變更。

▶　唯讀 - 使用者或群組成員可以開啟檔案但無法儲存變更。

▶　沒有存取權限 - 使用者或群組成員沒有權限進入檔案。

在 Finder 中可使用的檔案夾權限選項包含：

▶　讀取和寫入 - 使用者或群組成員可以瀏覽及變更檔案夾內容。

▶　唯讀 - 使用者或群組成員可以瀏覽檔案夾內容但是不可以變更。

▶　只供寫入（投遞箱）– 使用者或群組成員無法瀏覽投遞箱檔案夾但可以複製或移動項目到檔案夾中。

▶　沒有存取權限 - 使用者或群組成員沒有權限存取檔案夾的內容。

Finder 不會顯示 UNIX 執行權限。位於終端機的執行權限說明超出了本手冊的範圍，但對於 Finder 來說，您必須要有檔案夾的讀取與執行權限來開啟位於 Finder 中的檔案夾。雖然 Finder 不會顯示或允許 UNIX 執行權限的變更，但當您指派一個檔案夾讀取權限，Finder 也會自動指定指派給該檔案夾執行權限。

存取控制清單

存取控制清單（ACLs）擴充了標準 UNIX 權限結構來允許更多檔案及檔案夾的存取控制。macOS 採用的存取控制清單類似基於 Windows 的 NTFS 及支援第四代網路檔案系統（NFSv4）的 UNIX 類型系統。存取控制清單可以很靈活的實現，但是透過增加十幾種獨特的權限及繼承屬性類型會提升複雜性。

macOS 的存取控制清單支援著無限制的存取控制項目（ACEs）。存取控制項目是為特定使用者或群組定義的一組權限。存取控制清單包含一個或一個以上的存取控制項目。任何由存取控制清單定義的規則都被列在共享與權限表格的擁有者上方。

如果存取控制清單規則套用在一個使用者或群組上，該規則勝於標準 UNIX 權限。任何不適用於特定存取控制清單的使用者或群組仍然會受到標準 UNIX 權限約束。

在下列的圖片中，該檔案夾擁有一個存取控制項目的存取控制清單來增加 ProjectA 群組的讀取和寫入權限及另一個存取控制項目來為使用者 jane 增加讀取和寫入的權限。

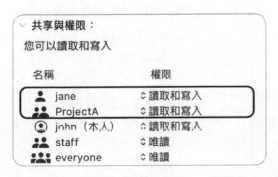

階級式框架的權限

權限不會單獨存在，他們會被階級式的應用在檔案夾中。您存取該項目的權限是根據該項目本身的權限以及所在檔案夾的權限。權限就像是定義對項目內容的存取權限，而不是項目本身。當您思考並參考下列的三個例子時請記得「內容」一詞。

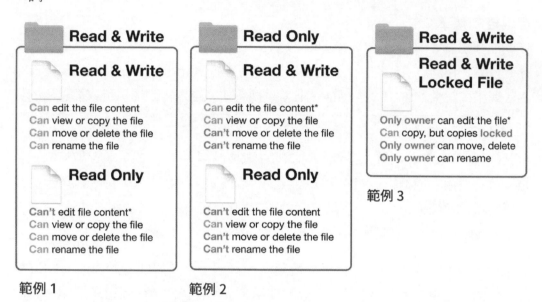

範例 1　範例 2　範例 3

範例 1：您同時擁有檔案夾的讀取和寫入權限。您便有完整的權限至第一個檔案，因為您在這裡的權限是讀取和寫入。您可以檢視並複製第二個檔案，但您無法變更檔案內容因為此時您的權限是唯讀。您仍然可以移動,刪除或重新命名第二個檔案因為您有檔案夾內容的讀取和寫入權限。在這個範例中，第二個檔案並不安全因為您可以複製一個原本的檔案,更改被複製的檔案的內容,刪除原本的檔案,然後用更改後的複製檔案來替代原本的檔案。這便是這麼多應用程式為了允許檔案被編輯而儲存檔案的變更。

> 提醒 ▶ 在這些例子中星號（＊）指出編輯行為會根據應用程式的設計。對於某些應用程式來說，您可能需要讀取和寫入權限來進入檔案及檔案夾內部來儲存變更。

範例 2：您有檔案夾的唯讀的權限。你可以編輯第一個檔案的內容因為您有讀取和寫入它的權限，但您無法移動、刪除或重新命名因為您對檔案夾內容只有唯讀的權限。您可以藉由清除它的內容來刪除檔案。第二個檔案是唯一真正安全的檔案，因為您只被允許檢視或複製它。您可以對複製的檔案內容做出變更，但您無法替代原始的檔案。

範例 3：您的權限是與第一個範例中的第一個文件完全相同的 - 只有一個明顯的
改變：該檔案的擁有者可以使用鎖定的屬性，可能是透過檔案版本的控制功能。
即使您有範例檔案夾和檔案讀取和寫入的權限，鎖定的屬性防止不是檔案的擁
有者來更改、移動、刪除或重新命名。在大部分的應用程式中，只有擁有者可
以更改檔案內容或刪除它。擁有者可以關閉鎖定屬性來將檔案恢復成一般的權
限。您可以複製鎖定的檔案，但是複製的檔案也會被鎖定。您擁有這個複製檔
案，所以您可以關閉複製檔案的鎖定屬性，但您無法刪除原始的鎖定檔案除非
您是擁有者。

在第 19 章中的「管理檔案」中可以找到更多細節有關管理版本和鎖定檔案屬性。

13.2
檢視共享權限

本機檔案系統在預設情況下設定為提供一個安全的環境讓使用者能夠共享檔案。

確保查看過練習 13.1 的「使用預設權限來建立項目」和練習 13.2 的「測試權限
變更」來說明這一部分中的概念。

使用 Finder 檢閱器視窗。這個單一的浮動視窗會在您在 Finder 中選擇項目時
更新，使您能夠在不用開啟多個 Finder 資訊視窗的情況下就能查看預設的權限
設定。

當 Finder 中有個選取的項目時，按下 Command - Option - I 來開啟檢閱器，
然後點選下拉選項的三角形來顯示共享與權限的部分。

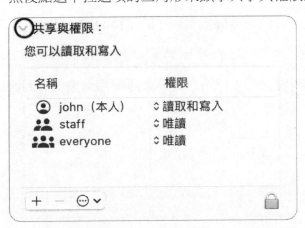

個人專屬檔案夾權限

預設的個人專屬檔案夾權限保護使用者的檔案並使檔案能夠被分享。使用者有他們個人專屬檔案夾讀取和寫入的權限。staff 群組和其他所有人只有唯讀的權限。

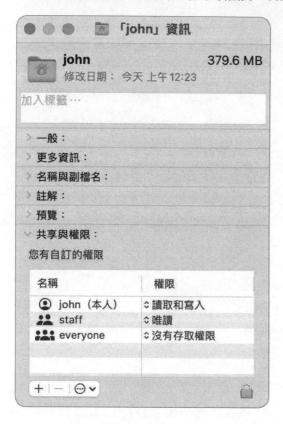

每個本機和訪客使用者可以進入每個其他使用者個人專屬檔案夾的第一層。訪客使用者不須輸入密碼就能存取您的 Mac。您可以在使用者與群組偏好設定中禁止訪客權限。

大部分的使用者資料都被儲存在使用者個人專屬檔案夾中的子檔案夾。其他使用者不被允許存取大部分的子檔案夾。

根據使用者是以何種身分以及在何時建立的，您可以在個人專屬檔案夾中找到該使用者設置給所有人的權限不是沒有存取權限就是唯讀。如果設定是唯讀，請考慮到這點：如果您也允許訪客使用者登入電腦，訪客使用者可以新增檔案到另一個使用者的投遞箱檔案夾，在潛在的情況下減少硬碟可用容量。

使用者個人專屬檔案夾中的某些子檔案夾是被設計為共享使用。公用檔案夾可被 everyone 群組讀取。使用者不需要設定權限就可以透過移動檔案到他們的公用檔案夾分享檔案。其他使用者能夠讀取檔案，但無法變更檔案。

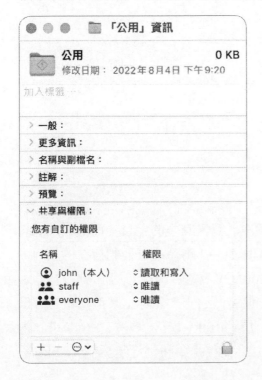

在預設情況下，使用者建立的檔案和檔案夾在個人專屬檔案夾中的根目錄中有著類似於公用檔案夾的權限。要保護個人專屬檔案夾根目錄中的新項目，請更改權限，就如 13.3 中所提到的。

投遞箱檔案夾是一個公開的檔案夾。投遞箱檔案夾權限使其他使用者能夠複製檔案到檔案夾中。但是使用者無法在投遞箱中看到其他檔案。這使使用者能夠謹慎地將檔案傳送給特定的使用者。

當項目被建立或複製，該項目會被所建立或複製的使用者所擁有。因為投遞箱檔案夾擁有一個客製的存取控制項目，確保投遞箱檔案夾的擁有者對該投遞箱中的所有項目具有完整存取權限，而不會套用一般的擁有者規則。

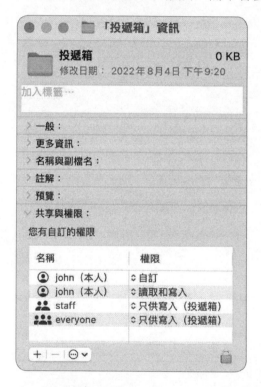

共享檔案夾

/Users/Shared 檔案夾使本機使用者能夠讀取並寫入其中的項目。此檔案夾有一個權限設定（叫做 sticky bit）可以防止其他使用者刪除不是他們擁有的項目。當一使用者複製檔案到 /Users/Shared，macOS 會增加 sticky bit 到該檔案。其他在 Mac 上的使用者可以複製該檔案，但 sticky bit 會防止其他使用者移除檔案。/Users/Shared 是 macOS 中唯一有使用 sticky bit 的地方。Sticky bit 的權限設定不會出現在取得資訊的視窗中，但您可以在終端機中管理 sticky bits。

保護新項目

建立具有不受限制的讀取權限的新項目。舉例來說,當使用者在他們個人專屬檔案夾根目錄中建立一個新的檔案或是檔案夾時,預設情況下其他使用者可以檢視項目的內容。管理員在本機建立的新項目也是如此,例如木機資源庫和應用程式檔案夾。

最簡單的方法來保護新項目就是將它們儲存在一個其他人沒有權限進入的檔案夾。

將項目儲存在一個公用空間並更改其權限來確保它們只有擁有者可以存取,您可以使用 Finder 或終端機來更改項目的權限,在下一部分中會提到。

13.3
管理權限

Finder 透過顯示項目權限的簡單表格隱藏了完整的 UNIX 和 ACL 權限複雜性。對於大部分的權限設定,Finder 權限介面提供最簡單的方法來管理權限。

此部分將探索您可以進行的權限更改，以取得對已刪除使用者的個人專屬檔案夾的完全存取權限。

使用 Finder 來管理權限

您可以使用資訊視窗中的共享與權限的部分來管理權限。若是要這麼做，如果您不是項目的擁有者您必須要點選資訊視窗右下角所頭並以管理者的身分驗證。

macOS 會馬上套用您在資訊視窗做的變更。只要您保持資訊視窗開啟，Finder 會記住項目原始的權限設定。使用 Finder 來測試不同的權限設定。您可以在關閉資訊視窗之前恢復成原始的權限設定。要恢復，點選資訊視窗底下的動作選單（三個圓圈的點）然後選擇「回復所作的更動」。

新增權限項目

要為使用者或群組新增新的權限項目，點選資訊視窗左下角的新增（＋）按鈕。一對話框會出現讓您能夠搜尋並選擇使用者或群組。

要建立一個新的共享使用者，點選新增聯絡人的按鈕或選擇左側清單中的聯絡人並選擇一個聯絡人。您必須給新的共享使用者輸入一組新密碼。更多細節有關建立共享使用者帳號及如何建立額外群組，請參閱第七章的「管理使用者帳號」。

變更擁有者

雖然存取控制清單讓您能夠定義多個使用者權限對一項目，檔案或檔案夾也只能有一個擁有者。在您打開資訊視窗後，在權限清單底部中的三個項目是擁有者、

群組然後所有人。如果您擁有一項目，您可以更改它的權限，但您無法更改它的擁有者或群組除非您以管理者的身分驗證。管理者擁有可以更改任何項目的擁有者和項目的權限，除了被系統完整保護（SIP）或簽署系統卷宗（SSV）所保護，這兩種機制保護 macOS 和 macOS 安裝的應用程式。

使用 Finder 資訊視窗指派新的擁有者，您必須先爲使用者新增額外的權限項目。在新增使用者後，點選右下角的鎖頭，提供管理者的身分驗證資訊，從權限清單中選擇使用者，然後從動作選單中選擇「讓使用者名稱成爲擁有者」，在動作選單中使用者名稱是選取的使用者。

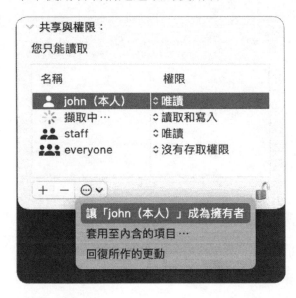

修改權限項目

要爲不同項目指派不同的權限，點選一個權限並從顯示的選單中爲該使用者或群組選擇其他存取選項。

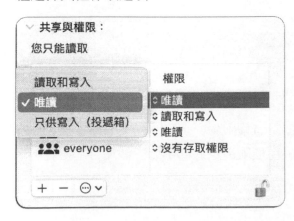

移除權限項目

要移除存取控制項目，從權限清單中選擇使用者或群組並點選資訊視窗左下角的
移除（-）按鈕。

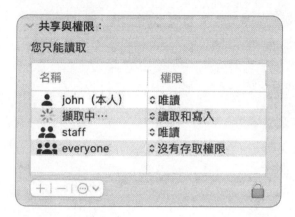

傳送檔案夾權限

當您更改一個檔案夾的權限，您可能會想要傳送相同的權限到檔案夾中的項目。
點選鎖頭，提供管理者身分驗證資訊，然後從動作選單選擇「套用至內含的項
目」。

當您套用權限至檔案夾的內含項目時，您也套用了所有的權限設定到所有的內含
項目（所有的內含檔案夾和所有內含檔案），而不僅是您近期做出的變更。檔案
夾中鎖定的項目會保留它們原始的狀態。

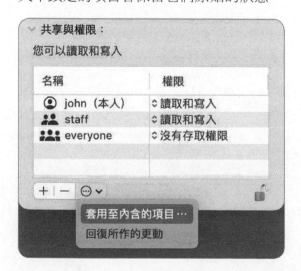

外部儲存裝置權限

外部儲存裝置對於從一台 Mac 上傳輸檔案或檔案夾到另一台電腦來說是很實用的。但多數的 Mac 沒有相同的使用者帳號，所以當您將內容從一台 Mac 上移至另一台時，macOS 會忽略外部儲存裝置中檔案的擁有者。這一意思是本機使用者擁有外部儲存裝置內容的完整存取權限。這包括 Mac 使用目標磁碟模式連接到 Intel 的 Mac 上的內部儲存裝置中的卷宗（目標磁碟模式的詳細資訊在 11.5 中的，「檔案系統錯誤排除」）如果其他在目標磁碟模式中的 Intel 的 Mac 有開啟檔案保險箱，或是在內部儲存空間中有加密的卷宗，您需要在存取內容之前解鎖該卷宗。

要強制 macOS 來識別卷宗上的擁有者，選擇它並打開資訊視窗。在共享與權限的部分，點選右下角的鎖頭並以管理者身分進行驗證來解鎖共享與權限的部分。取消選取「忽略此卷宗的擁有者」的註記框。Mac 啟動時所在的卷宗不會顯示「忽略此卷宗的擁有者」選項。

練習 13.1
使用預設權限來建立項目

▶ **前提**
  ▶ 您需要先建立 Local Administrator （練習 3.1,「練習設定一台
    Mac」）,John Appleseed（練習 7.1,「建立一個標準使用者帳號」）,
    和 Karina Cavanna （練習 8.1,「恢復已刪除的使用者帳號」）帳號。

在這些練習中,您設定權限來控制哪些使用者可存取檔案或檔案夾。

儲存檔案和檔案夾在 John seed 的個人專屬檔案夾中

要查看 macOS 的預設權限影響,您在以使用者 John 的身分登入時建立項目。
您也會同時檢視項目的權限。

1. 以 John Appleseed 的身分登入。

2. 打開文字編輯。您的 Dock 列應該會有一個捷徑。

3. 點選新增文件（或如果必要的話,按下 Command‑N）。

4. 從選單列中,選擇檔案 > 儲存（或按下 Command‑S）,給新檔案命名
    Secret Bonus List,然後將檔案儲存至桌面。保留檔案的格式選擇爲帶格式
    文字文件。

    在儲存的對話框,您可以使用 Command‑D 來選擇桌面。

5. 點選儲存，然後結束文字編輯。

6. 在 Finder 中，選擇前往 > 個人專屬（或按下 Shift – Command - H）來導覽至您的個人專屬檔案夾。

7. 選擇檔案 > 新增檔案夾（或按下 Shift - Option -N）來建立一個新的檔案夾。

8. 將新的檔案夾命名為 **Payroll Reports**。

9. 確定新的 Payroll Reports 檔案夾和預設的使用者檔案夾都在您的個人專屬檔案夾。

10. 從桌面上拖曳 Secret Bonus List 檔案至 Payroll Reports 檔案夾。

    您會看見，在您個人專屬檔案夾的根目錄（最頂層）並不是一個安全的地方來儲存機密檔案。

以另一使用者的身分檢視權限

現在 John seed 已經建立一個測試的檔案夾和檔案，便可以實驗看 Karina Cavanna 可以用它們來做什麼。

1. 打開使用者與群組偏好設定，以 Local Administrator 的身分進行驗證。

2. 從側邊欄中，選擇登入選項。

3. 從「將快速使用者切換顯示為」選擇圖像。

4. 結束系統偏好設定。

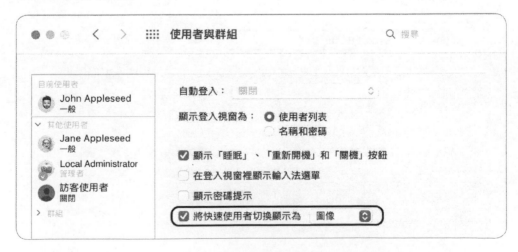

5. 使用快速切換使用者選單（靠近選單列的右側）來切換至 Karina Cavanna。

6. 以 Karina Cavanna 身分驗證。

接下來，您將導覽至 Finder 中 John seed 的個人專屬檔案夾。您尚未客製化 Karina 的 Finder 偏好設定來顯示桌面上的硬碟。

7. 選擇前往 > 電腦（或按下 Shift – Command - C），然後打開 Macintosh HD>Users>John。

大部分在 John 個人專屬檔案夾中的檔案夾會顯示一個禁止的標記來代表您不被允許進入那些檔案夾。

8. 當選擇檔案 > 顯示檢閱器時按下 Option 鍵不放（或按下 Option - Command - I）。

檢閱器會照著您 Finder 中的選擇，使您能夠快速地檢查項目。

9. 如果必要的話，點選檢視視窗中下拉的三角形來展開共享與權限的部分。

10. 對 John 檔案夾中的每個檔案夾，點選檔案夾，然後查看檢閱器會顯示哪些權限的資訊。

除了公用以外，macOS 在個人專屬檔案夾中建立的檔案夾受到保護，其他使用者無法存取（沒有存取權限）。在此練習中，當您以 John seed 的身分登入，然後當您建立了 Payroll Reports 檔案夾，macOS 會連接此檔案夾跟 staff 群組然後為該檔案夾指派 staff 群組唯讀的權限。macOS 會指派給每個人唯讀的權限。

11. 點選 John 個人專屬檔案夾。

檢閱器會顯示 staff 和所有人也都被允許唯讀的權限進入 John 的頂層個人專屬檔案夾中。

12. 打開 Payroll Reports folder。

檔案夾會開啟，然後 Secret Bonus List 的檔案便會顯示。

13. 選取 Secret Bonus List 的檔案。

檢閱器會顯示 staff 和所有人有唯讀的權限。

此結果可能和使用者所預期的有所相反。確保有指導您的使用者儲存它們檔案夾在適當的地方，根據他們想要允許其他使用者擁有哪種類型的權限。雖然其他人無法增加或移除儲存在 Payroll Reports 檔案夾中的項目，它們仍然可以打開並閱讀內容。

14. 打開 Secret Bonus List 檔案。

由於該檔案是所有人都可以閱讀但只有它的擁有者 John Appleseed 可以寫入，文字編輯顯示它被鎖住的。

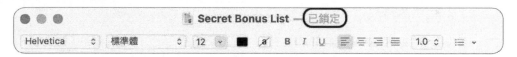

15. 嘗試在檔案中輸入一些文字。

文字編輯會詢問您是否想要複製讓您可以儲存您的變更。

16. 點選複製。

複製檔案名稱為未命名（Secret Bonus List 拷貝）打開並允許您輸入文字。

17. 儲存複製檔案到您的桌面（名稱為「Secret Bonus List 拷貝」）。

18. 結束文字編輯。

19. 在 Finder 中，導覽回至 John 的個人專屬檔案夾，然後打開 John 的公用檔案夾。

20. 選擇投遞箱檔案夾。

    檢閱器會顯示 staff 和所有人都此檔案夾的只供寫入的權限。John 擁有讀取和寫入的權限和自訂存取控制項目（ACE）。「自訂」意思是存取控制項目允許其他除了像是一般讀取、寫入和讀取 / 寫入權限。在這樣子的情況下，它是可繼承的存取控制項目給予 John 額外的權限存取搬移到此檔案夾的項目。

21. 嘗試打開 John 的投遞箱檔案夾。

    只供寫入的權限不允許您打開另一個使用者的投遞箱檔案夾。

22. 嘗試從桌面複製 Secret Bonus List 拷貝檔案到 John Appleseed 的投遞箱檔案夾。

    Finder 會警告您您將會無法看見您放進投遞箱檔案夾中的項目。

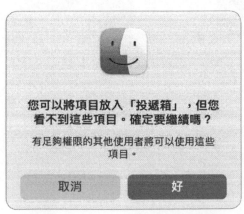

23. 點選好。

在下一個練習中，您會學到如何調整 Payroll Reports 檔案夾上的權限。

練習 13.2
測試權限變更

在這個練習中，John Appleseed 改變了 Payroll Reports 檔案夾的權限然後從 Karina Cavanna 的帳號測試了結果。

以 John Appleseed 的身分變更權限

1. 如果必要的話，以 Karina Cavanna 的身分登入。

2. 打開使用者與群組偏好設定，然後以 Local Administrator 的身分進行驗證。

3. 從側邊欄中，選擇登入選項，然後從「將快速使用者切換顯示爲」選單中選擇圖像。您也可以在 Dock 與選單列系統偏好設定增加快速使用者切換到選單列中和 / 或控制中心。

4. 切換回 John Appleseed 的帳號。

5. 選擇 John 的個人專屬檔案夾中 Payroll Reports 的檔案夾，然後從選單列中，選擇檔案 > 取得資訊（Command-I）。

6. 展開共享與權限。

7. 點選資訊視窗中的鎖頭，然後以 Local Administrator 的身分進行驗證。

8. 選擇群組（staff），然後點選權限清單下方的移除（-）按鈕。

9.　更改 everyone 的權限到沒有存取權限。

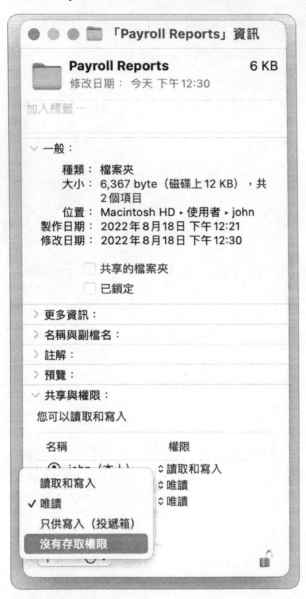

10.　關閉資訊視窗。

11.　導覽至 John 的投遞箱檔案夾（在公用檔案夾裡面）。

12.　選取 Karina 放置在 John 的投遞箱檔案夾的 Secret Bonus List 的拷貝檔案。

13. 選取檔案 > 取得資訊。如果必要的話，展開共享與權限的部分。

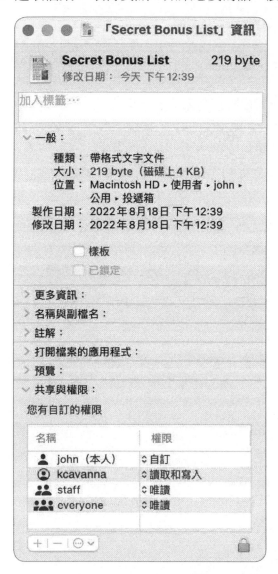

一旦 Karina 建立了檔案，她便是檔案的擁有者。當她將檔案複製到 John 的投遞箱檔案夾，在投遞箱檔案夾中可繼承的客製權限控制項目會給予 John 有完整的權限存取。

14. 關閉資訊視窗。

15. 打開 Secret Bonus List 的拷貝檔案，然後編輯它的內容。

可繼承的權限控制允許 John 編輯此檔案，然後變更會自動儲存。

16. 結束文字編輯。

以 Karina Cavanna 的身分測試新的權限

1. 使用快速使用者切換來切換回 Karina 的帳號。

2. 嘗試打開 Payroll Reports 的檔案夾。

   這一次您無法打開檔案夾因為新的權限沒有給予您讀取權限。

   預設的權限沒有按照 John 預期保護 Payroll Reports 檔案夾，但是在 John 更改權限後，檔案夾已經受到保護，其他使用者無法存取。

3. 在對話框中點選好。

4. 登出 Karina 的帳號。

5. 在登入視窗，切換至 John Appleseed。

6. 導覽回至 John 的個人專屬檔案夾（前往 > 個人專屬或 Shift-Command-H），然後拖曳 Payroll Reports 檔案夾到垃圾桶。

7. 從 Finder 選單中，選擇清空垃圾桶。

8. 在出現的對話框中，點選清空垃圾桶。

第 14 章

使用隱藏的項目、捷徑和檔案封存

macOS 簡化了複雜的檔案系統架構。舉例來說，在系統卷宗的根層級上 Finder 只顯示四個檔案夾，同時許多項目顯示在方便的位置但事實上卻儲存於另外的地方。並且您可以使用 macOS 內建的封存功能將數個檔案合併成一個壓縮檔。

在本課程，您可以探索隱藏、重新導向及封存項目。您可以學習到如何管理檔案系統替身和鏈接。您也可以開啟和建立 ZIP 檔案格式（.zip）封存檔和磁碟映像檔。

目標

▶ 導覽至隱藏檔案與檔案夾

▶ 檢查套件與套裝

▶ 管理替身和鏈接

▶ 建立及開啟 ZIP 封存檔與磁碟映像檔

14.1
檢查隱藏項目

系統卷宗的根層級包含您大概永遠不需要去檢查但卻是 macOS 運行時所必要的資源。您可以辨識出這些資源因為他們都有一個句點（.）在檔案名稱之前。

在 macOS 中，您有兩個方式可以隱藏檔案及檔案夾。您可以在終端機使用「mv」指令來幫檔案名稱之前增加一個句點或是使用「chflags」指令來啟動一個項目的「隱藏」檔案旗標。將一個項目的檔案旗標更改成「隱藏」只會在 Finder 中

隱藏顯示該項目。為了避免造成混亂，在 macOS 您不能使用 Finder 或預設應用程式將項目隱藏起來。

在 Finder 中顯示隱藏檔案夾

要顯示隱藏項目，請前往資源庫檔案夾或者開啟 Finder 並且選擇「前往」選單。

使用者資源庫檔案夾包含了重要的資源但是在 Finder 中被隱藏了起來。按住 Option 鍵然後點擊「前往」選單就可以顯示「資源庫」選單選項。

如果您時常用到使用者資源庫檔案夾，您可以將其改為永遠顯示：

1. 開啟 Finder 偏好設定（Command- 逗號）。

2. 點選位在 Finder 偏好設定視窗上方的側邊欄頁面。

3. 點選您個人專屬檔案夾旁的註記框。

4. 關閉 Finder 偏好設定視窗。

5. 選擇「前往」>「個人專屬」。

6. 在 Finder 視窗的工具列，按一下顯示方式按鈕來顯示項目為圖像、直欄或
是圖庫。

建議 如果 Finder 視窗較窄的話，Finder 會將四個顯示方式按鈕改為選單
來讓您以圖像、列表、直欄或圖庫顯示項目。

7. 選擇「顯示方式」>「打開顯示方式選項」（Command-J）。

8. 在「顯示方式選項」視窗，選擇「顯示資料庫檔案夾」的註記框。

要顯示 Finder 內所有隱藏項目，按下「Shift-Command- 句號」。隱藏項目就
可以在 Finder 中看到，直到您再使用一次鍵盤快捷鍵來回復預設隱藏的狀態。

如果您在 Finder 內顯示使用者資料庫，它就會在「前往」選單列上顯示，並且賦予一組鍵盤快捷鍵（Shift-Command-L）。

前往檔案夾

您可以讓隱藏項目在 Finder 上隱藏但是依然可以導覽至特定的隱藏檔案夾。在 Finder 內要檢查某個隱藏檔案夾的內容，選擇「前往」>「前往檔案夾」或者按下「Shift-Command-G」。這會開啟一個對話框讓您輸入一個絕對路徑到 Mac 電腦上任何一個檔案夾。

在「前往檔案夾」的對話框內，請輸入您欲前往的路徑。macOS 會依照您輸入的資料顯示建議路徑的位置。您的輸入會縮小目標位置的範圍，同時建議的路徑列表就會縮減。當您輸入完成一個路徑（用 / 分隔）macOS 會以目錄結構顯示該檔案夾內的所有下一個階層的目錄列表。

您在輸入文字時可以選擇 macOS 提供的列表，利用 Tab 鍵來完成檔案系統的路徑名稱，或者當 macOS 建議的位置正確時，您可以使用「向右鍵」來完成路徑。如果當您輸入時出現了複數的可能位置，請由顯示的列表中選擇。

輸入完成後按下 Return 或者選擇路徑後，Finder 會在視窗顯示該檔案夾。舉例來說，要導覽到「/private」輸入「/p」然後選擇 private 或按一下 Tab 鍵，接著按下 Return。

「前往檔案夾」對話框會顯示最近去過的目標路徑，方便您不需打字就可以快速地回到目標路徑。在顯示的列表中選擇一個去過的目標路徑。

「/private」檔案夾是一個隱藏檔案夾的範例，它包含了 macOS 必要的資源。

14.2
檢查套件

雖然套件和套裝的名稱有時候被互換使用，但是他們有著獨特的概念：

▶ 一個「套件」是指任何被 Finder 顯示為一個單一檔案的檔案夾。
▶ 一個「套裝」是指一個檔案夾擁有標準化的層次結構並且包含執行代碼及其代碼使用的資源。

一個項目可以是套件也可以是套裝。它是一個套件因為當您雙擊它時，Finder 不會顯示它的內容。它是一個套裝因為它是一個包含執行代碼及資源的檔案夾。同時為套件也是套裝的項目有以下的例子：

▶ 選擇性外掛在「/Library/Internet Plug-Ins」
▶ 螢幕保護程式在「/System/Library/Screen Savers」
▶ 大部分的應用程式

一些項目是套件但不是套裝，因為他們不包含執行代碼。是套件但不是套裝的例子有以下這些：

▶　照片圖庫 – 照片應用程式保存您的照片、影片及其他資訊在您的照片圖庫套件中，也就是在您的照片檔案夾。

▶　Photo Booth 資源庫 – Photo Booth 儲存它的資料在位於您照片檔案夾內的套件中。

▶　大型的 Pages、Numbers、或是 Keynote 文件。

如果您正在使用 Pages、Numbers、或是 Keynote 而您已經建立了大於 500MB 的檔案，使用套件的方式儲存會讓這些應用程式有更好的效能。更多資訊請詳閱 Apple 支援文章 HT202887「在 Mac 上的 Pages、Numbers 或 Keynote 中將文件儲存為套件或單一檔案」。

架構是套裝不是套件，以下包含的架構：

▶　/System/Library/Frameworks

▶　/Library/Frameworks

架構包含分享的資源可以讓數個應用程式同時使用。當需要時，macOS 將架構載入記憶體並且只要有需要就把這一份資源分享給所有的應用程式。

因為套件是檔案夾，您可以如同正常檔案夾一樣複製到其他卷宗，即使這卷宗並非格式化為 APFS 或 Mac OS 擴充格式。即使位於第三方卷宗上，Finder 也會認為這個項目是套件。

檢視套件內容

在 Finder 要存取一個套件的內容只要按住 Control 鍵並點擊您要檢視的項目，接下來在快捷選單內選擇「顯示套件內容」。

如果您想學習如何建立或修改一個套裝或是套件套裝，請參加 apple Developer Program。您可以在 developer.apple.com 找到更多資訊。

安裝程式套件資源

一個安裝程式套件會包含一個您要安裝的軟體的壓縮封存以及一些安裝程式需要的設定檔。其他軟體套裝及套件會包含應用程式或軟體需要的資源。

軟體套件通常會包含以下項目：

▶ 不同平台的執行程式碼

▶ 描述文件檔案

▶ 像是圖片及音效等媒體資源

▶ 使用者介面描述檔

▶ 文字資源

▶ 特定語言的在地化資源

▶ 軟體的私有資源庫及架構

▶ 外掛或者其他軟體來擴充功能

14.3
使用檔案系統捷徑

檔案系統捷徑是一個檔案指向到另一些檔案或是檔案夾。這讓您可以擁有同一個項目在不同的地方或者有多個不同的名稱但是不需要建立多個拷貝。在 Dock 或 Finder 上的捷徑並非檔案系統捷徑。Dock 及 Finder 儲存原始項目的參考成為他們設定檔案的一部分。檔案系統捷徑是您可以在卷宗上任何地方找到的檔案。

關於檔案系統捷徑

macOS 使用四個基本檔案系統捷徑：替身、symbolic links、hard links 及 firm links。為了協助您比較這些捷徑種類，本章節使用一個 18.3MB 的 Pages 文件檔，名稱為「改進視訊會議 .pages」的檔案作為範例。這個檔案會被引用至每一種捷徑種類。在本章節中，Finder 的資訊視窗會顯示每個捷徑種類的不同之處。

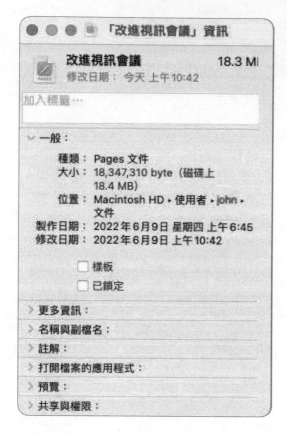

替身

您可以用 Finder 建立替身，但是它們不會被終端機辨識。

命令列工具沒辦法跟隨由 Finder 建立的替身參考資料回到原始項目。

替身比其他種類的捷徑更為彈性。替身被設計為就算原始項目被替換或移動的情況下依然能找到原始項目。

以下的螢幕截圖顯示 Finder 的資訊視窗在檢查一個替身指向至「改進視訊會議 .pages」。「種類」區塊顯示是替身，而且檔案大小比原來的 18.4MB 要小很多。「大小」區塊顯示檔案大小是 952 bytes。

而且使用 4KB 磁碟空間。即使原始項目改變了位置，「替身」的額外的資訊也可以讓 macOS 能持續追蹤原項目。

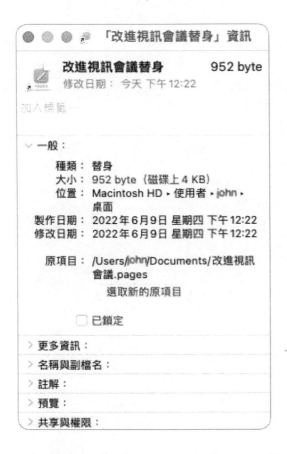

Symbolic links

Symbolic links 是作為原項目檔案系統路徑的指標。在很多情況下，如果您移動了原項目，symbolic links 就會損毀。因為路徑是相同的，所以您可以將原項目更換為一個相同名稱的檔案。

您只可以在終端機建立 symbolic links，但是 Finder 可以循著 symbolic links 到原項目。一個例子就是 macOS 儲存一些檔案夾在「/private」檔案夾但是同時使用 symbolic links 讓這些檔案夾在檔案系統的根目錄中存在。例如「/var」就是一個 symbolic links 到檔案夾「/private/var」。

下列的螢幕截圖顯示 Finder 的資訊視窗檢查一個 symbolic links 指向到「改進視訊會議 .pages」。在「種類」區塊一樣顯示是「替身」，但是檔案大小只有45 byte。這表示一個 symbolic links 儲存一個路徑到原項目。視窗上並沒有「選取新的原項目」按鈕，所以這表示您無法用 Finder 修復一個 symbolic links。

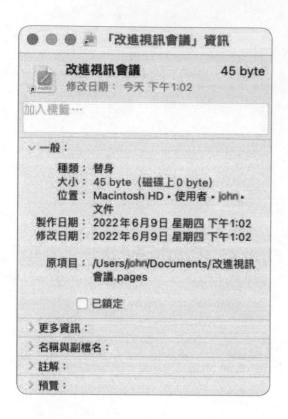

Hard links

hard links 是引用原項目的參考。一個檔案分為兩個部分：在物理儲存裝置上構成檔案內容的位元組，另一部分就是指向到這位元組的名稱。每一個檔案最少擁有一個 hard links。如果您建立一個額外的 hard links，這等同您建立了另外一個名稱指向到物理裝置上相同的位元組。

如果您移除了一個額外的 hard links，這樣您並沒有刪除原項目。如果您刪除了原項目，這樣您並沒有移除實際的資料或者額外的 hard links，因為額外的 hard links 還是指向到裝置上相同的位元組，所以這位元組佔用的空間只有當所有 hard links 被清除後才會被釋放出來。不同的是當使用替身或 symbolic links 時，刪除原項目就會讓這些捷徑失效因為已經沒有東西可以指向。

您只能用終端機建立 hard links，但是 Finder 可以遵循這些 hard links。為了節省空間，時光機使用 hard links 來參照自從上次備份後沒有更動過的項目。macOS 在時光機使用檔案夾 hard links。關於建立 hard links 及使用 -s 選項建立 symbolic links 的更多資訊可以在 ln 的 man 使用手冊取得。

Firm Links

Firm links 協助 macOS 對使用者和應用程式顯示一個統一的卷宗，雖然 macOS Monterey 分割「簽署系統卷宗」（SSV）爲由 APFS 系統卷宗產生的唯讀 APFS 快照與可讀寫的 APFS 資料卷宗。Firm links 允許在 SSV 卷宗與可讀寫的 APFS 資料卷宗的檔案夾之間進行導覽。這些對於使用者來說都是看不見的。您無法建立或修改 firm links。更多資訊請閱讀參考項目 11.1「檔案系統」。

建立替身

在 Finder 要建立替身，先選擇您要建立替身的項目，然後使用以下其中的一個方法：

▶ 選擇「檔案」>「製作替身」。

▶ 按下「Command-L」。

▶ 在 Finder 視窗，選擇「動作選單」（它的圖像看起來如同一個圓圈裡面有三個點）內的「製作替身」。

▶ 在 Finder 內，按住 Control 後點擊項目，在出現的選單內點選「製作替身」。

▶ 按住 Option 及 Command 鍵並且拖曳原始項目，當拖放至新的位置放開就會自動生成替身。此方式並不會在新替身的檔案名稱後增加「.alias」副檔名，但是圖像會自動更新。

▶ 拖曳一個應用程式到桌面。這個方式可以讓您使用該應用程式並且避免您意外的從該應用程式原始安裝地點移除它。

在您建立一個替身後，您可以將其更名或移動它。只要原項目保持在原來的卷宗裡，Finder 就可以找到替身，就算被更換或更名。替身檔案有一個彎曲的小箭頭位於圖像的左下角。要找出替身的原項目可以在 Finder 中按住 Control 並且點擊替身，然後在選單裡點選「顯示原項目」，或者您可以直接按下 Command-R。

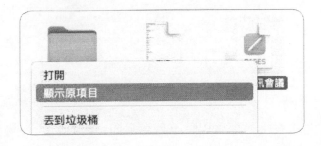

修理替身

在 Finder 內雙擊一個損毀的替身來替他修理。Finder 會告訴你如果它無法找到
這個破損替身的原項目。在此對話框,您可以刪除破損的替身,按下修理替身來
選擇新的原項目,或者按下「好」來關閉這個對話框。

您也可以替既有的替身重新導向。選擇一個替身,開啟它的 Finder 資訊視窗,
然後在一般區塊,點擊「選取新的原項目」。

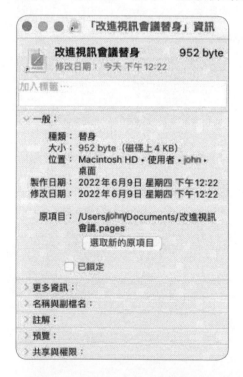

兩個方式都開啟一個檔案瀏覽對話框,在這裡您可以替該替身選擇新的原項目。

14.4
使用檔案壓縮

不同於自動備份方案，封存動作大部分是一個手動程序讓您建立資料的壓縮拷貝。封存的格式可以有效率的儲存或傳送數據。在本單元，您會學習到關於 ZIP 封存檔及磁碟映像檔。

檔案壓縮

您可以選擇檔案和檔案夾來進行壓縮（或 zip）成為 ZIP 封存檔。這是一個有效率的方式來封存少數的資料。ZIP 封存格式具有優秀的相容性。許多作業系統都包含可以解壓縮來復原 ZIP 封存檔的軟體。

您可以使用磁碟工具程式來建立磁碟映像檔。您可以使用磁碟映像檔來封存整個包含檔案、檔案夾及相關的後設資料的檔案系統成為單一檔案。您可以將任何磁碟映像檔進行壓縮、加密、或者設成唯讀。您也可以設定磁碟映像檔的讀寫權限所以您可以進行更改。

使用磁碟工具程式建立的磁碟映像檔使用 .dmg 的副檔名並且只能被 Mac 電腦使用。其他作業系統需要第三方軟體來使用 Mac 磁碟映像檔。

建立 ZIP 封存檔

在 Finder 建立一個 ZIP 封存檔，預設不會刪除原始項目，而解壓縮一個 ZIP 封存檔後也不會刪除原始封存檔。

要在 Finder 中建立一個 ZIP 封存檔，請在 Finder 選擇您想要封存並且壓縮的項目。按住 Shift 鍵來連續選擇項目，或者按住 Command 鍵選擇不連續的項目。在 Finder 中選擇單一檔案，選擇「檔案」>「壓縮項目」，或是按住 Control 後點擊檔案並且在選單中選擇「壓縮項目」；項目是指檔案的名稱。如果選取了數個檔案，那指令會變成「壓縮」。

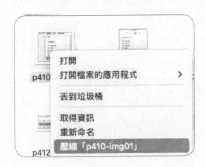

Finder 或許會顯示進度對話框標示預估會完成壓縮的時間。您可以點擊最右邊的小 x 按鈕取消封存。當封存程序完成後，您會看到 ZIP 封存檔，名稱會是 Archive.zip 或是項目 .zip，項目是您選擇要封存與壓縮的項目名稱。

當封存完成後，使用資訊視窗或 Finder 檢閱器比較原始項目的大小與封存檔的大小。很多媒體格式已經是壓縮過的，所以當您再一次壓縮這些種類的檔案會造成不同的結果。

解壓縮 ZIP 封存檔

在 Finder 解壓縮 ZIP 封存檔只要雙擊封存檔。Finder 無法列出 ZIP 封存檔內的項目也無法對壓縮檔內的單一項目解壓縮。

如果您需要控制 ZIP 封存檔解壓縮的方式，請使用 Spotlight 開啟封存工具程式並且選擇「封存工具程式」>「偏好設定」。這個偏好設定包含封存程序完成後如何處理原始項目選項。

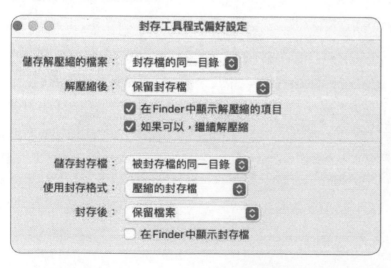

裝載磁碟映像檔

Safari 會自動裝載下載的磁碟映像檔，但是您也可以從 Finder 手動裝載磁碟映像檔。要存取磁碟映像檔的內容，請在 Finder 中雙擊磁碟映像檔。這樣一來就會裝載磁碟映像檔中的卷宗如同連接上外接儲存裝置一樣。

磁碟映像檔.dmg　　磁碟映像檔卷宗

就算磁碟映像檔位於遠端的檔案伺服器，你還是可以猶如在本地卷宗一樣裝載它。您可以把裝載的磁碟映像檔卷宗當成其他儲存裝置一樣，導覽它的結構跟選擇檔案與檔案夾。如果這個磁碟映像檔開放讀寫，您可以拖放項目到卷宗裡，在磁碟映像檔增加內容。

建立空白的磁碟映像檔

您可以建立一個空白的磁碟映像檔之後慢慢增加內容進去，先以管理員使用者身分登入，開啟磁碟工具程式，然後選擇「檔案」>「新增映像檔」>「空白映像檔」。

在空白映像檔的對話框，您可以調整新增映像檔的參數。您必須至少選擇建立磁碟映像檔的位置與檔案名稱，同時您需要給予磁碟映像檔中的卷宗一個名稱。這個磁碟映像檔的名稱跟卷宗的名稱不需要相同，但是它們最好要相似，這樣可以方便您辨認它們的關係。

磁碟映像檔的大小只被目標儲存空間的容量限制。您可以選擇「稀疏的磁碟映像檔」的映像檔格式，這樣新增映像檔的大小就會跟磁碟映像檔卷宗內儲存的項目大小一致，在磁碟映像檔的空白空間就不會佔據實質儲存空間。

儲存為：　未命名

標籤：

位置：　📁 文件

名稱：　未命名
大小：　100 MB
格式：　APFS

加密：　無
分割區：　單一分割區 – GUID 分割區配置表
映像檔格式：　可讀寫的磁碟映像檔

取消　　儲存

在您設定您的磁碟映像檔參數後，按下「儲存」來建立磁碟映像檔。之後 macOS 將會建立新的空白磁碟映像檔並且裝載它。如果您選擇建立稀疏的磁碟映像檔，您可以在 Finder 開啟該磁碟映像檔及磁碟映像檔卷宗的資訊視窗來確認卷宗大小是否比映像檔案大。當您複製檔案到卷宗時，磁碟映像檔就會變大。

您可以用磁碟工具程式更改磁碟映像檔的格式，選擇「映像檔」>「轉換」。這會開啟一個對話框讓您選擇您要變更格式的映像檔以及儲存有新選項的映像檔。

建立封存的磁碟映像檔

要建立包含複製項目的磁碟映像檔，請開啟「磁碟工具程式」選擇「檔案」>「新增映像檔」>「來自檔案夾的映像檔」。這會開啟一個檔案瀏覽器視窗讓您選擇您希望複製到新的磁碟映像檔的檔案夾。

要從整個卷宗或是磁碟來建立一個磁碟映像檔的話，請由磁碟工具程式視窗裡的磁碟清單選擇來源，並且選擇「檔案」>「新增映像檔」>「來自「來源」的映像檔（來源是被您選擇的卷宗或是磁碟）。

在您選擇完磁碟映像檔來源後會出現一個儲存對話框。您必須至少選擇儲存位置與檔案名稱給產出的磁碟映像檔。磁碟映像檔內的卷宗名稱會直接使用來源的名稱。您可以壓縮磁碟映像檔內容來節省儲存空間，同時您可以開啟加密磁碟映像檔。如果您開啟加密，您必須設定密碼並且提供密碼提示來完成一個安全的磁碟映像檔。記得一定要使用鑰匙圈存取來儲存密碼至鑰匙圈來建立便利安全的存取。

在您確認參數設定後，按下「儲存」來建立磁碟映像檔。根據需要複製的資料多寡以及您選擇的磁碟映像檔格式，複製過程的時間會從數秒到數小時。磁碟工具程式會開啟一個進度對話框讓您取消複製。

您可以在位於「support.apple.com/guide/disk-utility/」的磁碟工具程式使用手冊找到更多關於「磁碟工具程式」的資訊。

練習 14.1
導覽隱藏項目

▶ 前提
▶　您必須已經建立 John Appleseed 帳號（練習 7.1「建立一個標準使用者帳號」）。

macOS 隱藏部分的檔案夾結構來簡化使用者經驗以及避免使用者造成意外的破壞。此練習讓您探索一些在 macOS 的隱藏檔案夾。

檢查您的使用者資源庫檔案夾

1. 登入 John Appleseed 帳號。

2. 在 Finder 開啟您的「個人專屬」檔案夾。您可以用選擇「前往」>「個人專屬」（或按 Shif-Command-H）。

   沒有一個稱爲「資源庫」的檔案夾出現。

3. 在 Finder 裏開啟「前往」選單。先不要選擇任何東西。

4. 按住 Option 鍵。

   當您按住 Option 鍵時，一個「資源庫」的選項會在選單上出現。

5. 當按住 Option 鍵時，選擇「資源庫」。

這會開啟在 John 的個人專屬檔案夾內隱藏的資源庫檔案夾。

6. 選擇「顯示方式」>「直欄」（或按一下 Finder 工具列的項目按鈕然後在選單中選擇直欄）。

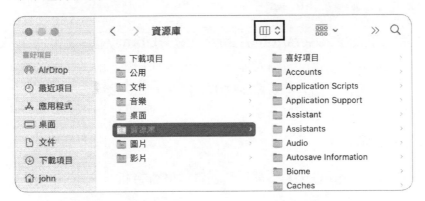

John 的使用者資源庫顯示位於 John 的個人專屬檔案夾。它的顏色較暗表示正常狀況下它是隱藏的。

7. 探索 John 的使用者資源庫下的一些子目錄。您可以正常的導覽這些目錄。

8. 關閉顯示 John 的使用者資源庫的 Finder 視窗。

9. 在一個新的 Finder 視窗按下 Shift-Command-H 來開啟 John 的個人專屬檔案夾。

資源庫檔案夾並沒有顯示。

10. 選擇「前往」>「前往檔案夾」（Shift-Command-G）。

11. 在「前往檔案夾」對話框，輸入 **Li** 然後按下 Tab 鍵。

輸入區自動完成前往資源庫的路徑 Library/。當您輸入時 macOS 會建議更多的路徑。

這是展示您如何使用一個檔案夾的路徑來導覽到該檔案夾的範例，如果需要的話，您可以導覽到指定路徑下的其他檔案夾。

12. 按下「前往」。

John 的使用者資源庫在 Finder 中顯示。

您可以使用完整路徑 **/Users/john/Library** 或 **~/Library** 進入這個檔案夾，但是因爲您已經位於 John 的個人專屬檔案夾，您指定一個相對路徑是較爲方便的方式來指定在您個人專屬檔案夾中的位置。

檢驗隱藏系統檔案夾

1. 按下 Shift-Command-G 來再度開啟前往資料夾對話框。

2. 這次請輸入「**/L**」，然後按下 Tab 鍵。

輸入區自動完成路徑 /Library/。這個路徑看起來跟上一次很相似，但是開頭並沒有波浪號字元，所以這指定一個不同的檔案夾。當一個路徑開頭爲「斜線」（/）時，這路徑位在啟動卷宗的最上層目錄（有時候稱之爲檔案系統的根目錄）。

3. 按下「前往」。

這次 Finder 開啟了啟動卷宗最上層目錄的資源庫檔案夾。下個章節會討論各種不同的資源庫檔案夾。

這個資源庫檔案夾並不是隱藏檔案夾，但是您可以使用相同的技巧去進入任何您知道路徑的檔案夾，無論它是否是隱藏的。

4. 使用「前往檔案夾」對話框來進入 /private/var/log/ 檔案夾。（您可以輸入部分的名稱然後按下 Tab 鍵來完成路徑。）

/private/var/log 檔案夾持有一些系統的紀錄檔（更多的紀錄檔位於 /Library/Logs 和 ~/Library/logs）。正常來說，您不需要在 Finder 使用這些檔案，所以它們是隱藏不顯示的，除非您指定導覽到他們。

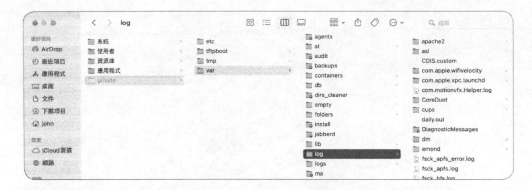

5. 使用「前往檔案夾」對話框來進入 /var/log/ 檔案夾。

Finder 引導您至 /private/var/log 因為 /var 是一個 symbolic links 到 /private/var。

資料管理

第 15 章
管理系統資源

macOS 系統檔案是經過優化並統整為一個提供高安全性且容易管理的佈局。本課著重於構成 macOS 的檔案與檔案夾的組成與配置。

如同在 11.1「檔案系統」提到的，macOS Monterey 使用唯讀的簽署系統卷宗（SSV）來保護 macOS 作業系統。可讀寫的 APFS 資料卷宗通常命名為 Macintosh HD – Data 或者是 Data 並且裝載在 /System/Volumes/Data 看起來像是單一卷宗的樣子。因為 macOS 使用 firm link 所以當您使用 Finder 來開啟 /Applications 時，Finder 同時顯示 /Applications（從 APFS 系統卷宗的唯讀快照）及 /System/Volumes/Data（從可讀寫 APFS 資料卷宗）的內容。

目標
- ▶ 探索並瞭解 macOS 檔案佈局
- ▶ 探索常見系統檔案，它們的位置及用途
- ▶ 描述系統完整保護
- ▶ 管理字體資源

15.1
macOS 檔案資源

如果您使用 Finder 開啟檔案系統的根目錄（起始），Finder 顯示四個預設的檔案夾：應用程式、資源庫、系統及使用者。如果您使用終端機去檢查檔案系統的根目錄，您會發現更多項目。

以下描述是關於 Finder 顯示的預設系統根目錄檔案夾：

▶　應用程式 – 通常稱為本機應用程式檔案夾，這是給本機使用者可用的應用程式的預設位置。只有管理者可以修改這個檔案夾的內容。

▶　資源庫 – 通常稱為本機資源庫檔案夾，這是給輔助系統及使用者應用程式資源的預設位置。只有管理者可以修改這個檔案夾的內容。

▶　系統 – 這個檔案夾包含 macOS 主要功能所需要的資源。macOS 預設啟動的系統完整保護（SIP）禁止大部分系統檔案夾的內容被任何使用者或程序更改。關於 SIP 的細節會在本課程後面講述。

▶　使用者 – 這是預設給本機使用者個人專屬檔案夾的位置。課程第 8 課「管理使用者個人專屬檔案夾」講述更多關於這個主題的細節。

資源庫資源

macOS 相關的系統資源會存放在系統卷宗的資源庫檔案夾。系統資源不是一個平常使用的應用程式或使用者檔案的資源。資源庫檔案夾讓使用者與系統資源井然有序並且跟您日常使用的項目分開。

您應該要熟悉這些系統資源：

▶　Application Support – 這個檔案夾位於使用者檔案夾與本機資源庫檔案夾。一個應用程式所需要的任何輔助資料大多會放在這個檔案夾。例如它通常放置使用說明檔案或者應用程式的模板。

▶　Containers 與 Group Containers – 這些檔案夾包含沙盒應用程式的資源。關於這些檔案夾的更多資訊會在本章節後面提到。

▶ Extensions - 核心延伸功能（kexts）和第三方核心延伸功能（有時被稱爲舊式系統延伸功能、舊式核心延伸功能或停用核心延伸功能）只會出現在 / Library 和 /System/Library 檔案夾。核心延伸功能是依附在作業系統核心或內核上的低層級驅動程式用來提供硬體、網路及週邊裝置的驅動支援。核心延伸功能是會自動載入和卸載，它們會在課程第 9.9 課「核准的第三方核心延伸功能」有更詳細的內容。

▶ Fonts – 字體是用來描述在螢幕顯示與列印的字型檔案。字體管理會在本課後續討論到。

▶ Frameworks – 架構是作爲一個儲存庫讓作業系統不同的部分或應用程式分享程式碼。架構會自動載入與卸載。您可以從系統資訊看到您的 Mac 電腦目前載入的架構資料。

▶ Keychains – 鑰匙圈使用在安全的儲存敏感性資料，包含密碼、憑證、密鑰、Safari 自動填寫資料以及備忘錄。鑰匙圈技術會在第九課「管理安全性與隱私」詳述。

▶ LaunchDaemons 與 LaunchAgents – 這些定義了由 launchd 程序啟動的流程。macOS 使用很多由 launchd 啟動的背景程序。當一個程序只會在使用者登入後啟動就必須使用 LaunchAgents，而 LaunchDaemons 是用來啟動就算沒有使用者登入時也總是在背景執行的程序。更多關於 launchd 的資訊會在第 28 課「開機與系統問題的錯誤排除」。

▶ Logs　許多系統程序與應用程式會記錄進度或者錯誤訊息到日誌檔案。您可以使用系統監視程式檢查日誌檔案。

▶ PreferencePanes – 此爲系統用來設定系統偏好設定的介面。使用系統偏好設定的內容在第 3 課「配置與設定 macOS」。

▶ Preferences – 偏好設定是用來儲存系統與應用程式設定的配置。每次您對任何應用程式或系統功能設定一個配置，它會被儲存成一個偏好設定檔案。因爲偏好設定對系統功能性極爲重要，所以偏好設定的錯誤排除會在第 20 課「應用程式的管理和錯誤排除」獨立出來探討。

資源層級

資源庫檔案火是在分開的領域：使用者、本機、網路及系統（網域是舊式而且不在此手冊的範圍內）。把資源採用領域分隔開來增加了管理彈性，資源安全性以及系統可靠性。

使用資源領域，您可以選擇分配某些資源給所有的使用者或只給某些使用者。標準使用者只能增加資源到他們自己的個人專屬檔案夾而不能使用其他使用者的資源。

系統資源領域依照順序排列如下：

▶ 使用者 – 每一位使用者都在自己的個人專屬檔案夾下擁有資源庫檔案夾來放置資源。當資源放在這裡時，只有該使用者能使用它們。使用者的資源庫檔案夾是預設隱藏以避免使用者意外修改造成損害。很多應用程式和程序持續的依靠這個位置來取得資源。

▶ 本機 - /Applications 和 /Library 兩者都是本機資源領域的一部分。任何放置在這兩個檔案夾的資源都開放所有使用者使用。預設只有管理員使用者可以修改本機資源。

▶ 系統 – 系統領域涵蓋的項目是必要的並且提供核心系統功能。這包含一個應用程式的檔案夾位於 /System/Library/CoreServices/Applications。很多位於系統卷宗的根的隱藏項目也構成了系統資源領域，但是 Finder 只有顯示的是 /System/Library 檔案夾。SIP 啟動後就沒有使用者或者程序可以更改絕大部分的 /System 檔案夾。

由於不同的領域包含了資源，類似的資源或許會有多個的拷貝來讓 Mac 或使用者使用。macOS 處理這個狀況會先從最針對的（在使用者領域中的）資源開始搜尋到最不特定的（在系統資源領域中）。下列圖表顯示徵用資源的順序是從使用者的個人專屬檔案夾（1）到系統檔案夾（3）

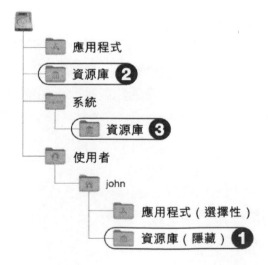

如果發現多個相似的資源，macOS 會選擇使用最針對使用者的資源來使用。假設如果發現有兩個版本的 Times New Roman 字體，一個位於本機資源庫而另一個位於使用者的資源庫，macOS 會使用位於使用者資源庫內的字體。

應用程式沙盒容器

應用程式沙盒容器增強執行應用程式的安全性。沙盒應用程式只被允許在功能上所需要存取的特定項目。大部分的 macOS 內建應用程式與 App Store 的應用程式都是沙盒應用程式。

沙盒應用程式可以使用特殊的檔案夾被稱之為容器。macOS 管理這些容器的內容來確保一個應用程式被限制不能使用檔案系統內的其他項目。沙盒應用程式唯一被准許在容器之外存取是當使用者在一個應用程式的容器之外開啟一個文件。

應用程式容器位在 ~/Library/Containers。當一個沙盒應用程式起始的第一次，如果沒有相同的檔案夾存在的話，macOS 會建立一個容器檔案夾給這個應用程式並用它的套件識別碼命名檔案夾。套件識別碼可以由它的開發者和應用程式標題來辨識一個應用程式。例如 News 的容器檔案夾是 ~/Library/Containers/com.apple.News。Finder 或許會用應用程式的名稱與自訂的圖像來顯示這個容器。

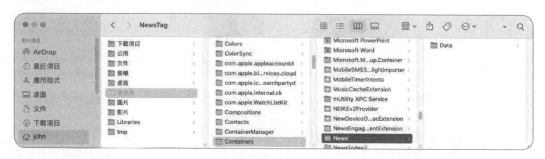

一個應用程式容器的根內容是一個隱藏屬性列表檔案（使用副檔名 .plist）會包含應用程式資訊、一個 Data 檔案夾和一個可能的 OldData 檔案夾。資料檔案夾就是這個應用程式目前啟動的容器。您發現的任何 OldData 檔案夾會包含之前使用過的應用程式項目。Data 檔案夾的內容大部分都模仿使用者個人專屬檔案夾，但是有一個主要的分別：它只有包含該應用程式被允許使用的項目。

被沙盒應用程式建立與管理的項目是在資料檔案夾容器內唯一原生的項目。如果一個使用者啟用了 iCloud Drive，您或許也會發現一個 CloudKit 檔案夾是用來維護儲存在 iCloud 的項目。

由其他應用程式產生的項目或使用者的開啟檔案行為會使用 symbolic links 的方式指向容器外的原始項目。

當使用者在沙盒應用程式開啟一個項目時，macOS 就建立這些 symbolic links 並顯示出來時，這樣外部項目既能保留在原始位置，也讓只能存取自己容器內部的沙盒應用程式使用該項目。

應用程式群組容器

雖然使用者可以允許沙盒應用程式去使用該應用程式容器外的檔案，沙盒會防止應用程式自動地去這樣做。為了促進共享應用程式資源自動化，沙盒應用程式開發者可以請求 macOS 建立一個分享應用程式群組容器。

~/Library/Group Containers 檔案夾包含了分享應用程式容器。當一個沙盒應用程式第一次啟動並且請求存取到分享的應用程式資源，macOS 建立一個群組容器檔案夾給該應用程式並用套件識別碼命名檔案夾。

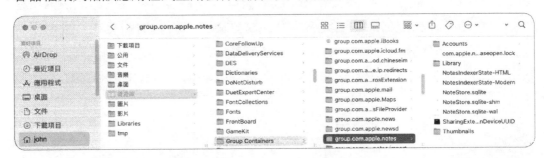

不同於應用程式沙盒容器會模擬整個使用者個人專屬檔案夾，應用程式群組容器只會保留應用程式之間分享的項目。使用備忘錄來當範例，在上面的截圖 Finder 顯示出 NoteStore 資料庫及其他檔案。在這樣的狀況下，備忘錄資料是被分享出來的，所以其他應用程式可以完全存取使用者的備忘錄。macOS 會控管存取，確保只有 Apple 認證的程序可以存取使用者的備忘錄資料庫。

系統資源錯誤排除

您或許曾經看過有錯誤訊息指出特定項目的問題，但是您或許也曾經遇到是有缺少項目的問題。macOS 如果認為一個系統資源已經損壞或是不見時就會選擇忽略它。請把那個有疑慮的或不見的項目更換成可用的項目。

當系統資源錯誤排除時，請記得資源領域的層級。以使用字體為例，為了運作正常，您依照工作流程的要求載入一個版本的字體是位於本機資源庫檔案夾。儘管如此，一個使用者載入了另一個位在他們的個人專屬檔案夾內不同版本的相同字

體。在這個例子裡，就算看起來他們都使用正確的字體，但是使用者可能會遇到
工作流程上的問題。

一個快速判別問題是否是由使用者個人專屬檔案夾所造成的辦法就是使用另一個
帳號登入。您也可以使用系統資訊程式來列出目前啟用的系統資源。系統資訊程
式顯示載入系統資源的檔案路徑，所以您可以看出由使用者的資源庫載入的資
源。

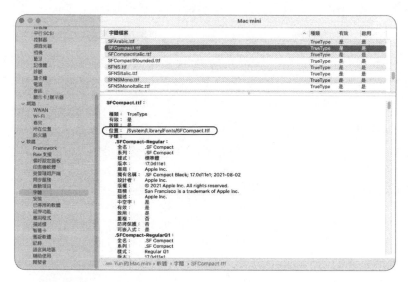

15.2
系統完整保護

在 macOS Monterey，SSV 是一個來自唯讀的 APFS 系統卷宗的唯讀 APFS 快照，
用來增加額外的保障。系統完整保護（SIP）更進一步保護您的 Mac，協助避免
潛在的惡意軟體對保護的檔案及檔案夾進行修改。SIP 限制系統管理員帳號（root
使用者帳號）和限縮 root 使用者對 Mac 作業系統保護的部分能夠執行的動作。

SIP 包含保護以下這些 macOS 的部分，這些已經是唯讀 SSV 的一部分並且裝載
在 / ：

▶ /System
▶ /usr
▶ /bin
▶ /sbin

SIP 也保護裝載於 /System/Volumes/Data 的一部分 macOS，也是可讀寫 APFS 資料卷宗的一部分：

▶ 在 macOS 上 預 先 安 裝 的 應 用 程 式（ 包 含 /System/Volumes/Data/Applications/Safari.app）

▶ /private/var/db/ConfigurationProfiles

第三方應用程式且安裝程式可以繼續寫入下列位於可讀寫卷宗的路徑：

▶ /Applications（/System/Volumes/Data/Applications）

▶ /Library

▶ /usr/local

SIP 允許只有被 Apple 簽署具有特殊權力的程序才能修改您的 Mac 上被 SIP 保護的部分。例如 Apple 軟體更新和 Apple 安裝程式才被允許寫入系統檔案。

SIP 也協助確保只有使用者而不是惡意軟體可以變更啟動磁碟。

如果您從早期版本的 macOS 升級，如果有項目跟 SIP 衝突的話，安裝程式或許會把該項目移至其他地方。

較舊的週邊裝置和印表機驅動軟體或許會受到 SIP 影響。如果您發現一個第三方產品受到 SIP 妨礙無法使用，請聯繫開發者提供與 macOS Monterey 相容的版本。

當您的 Mac 從 recoveryOS 開機時，您可以用「csrutil」指令（Configurable Security Restrictions）關閉 SIP；但是這樣做會嚴重減少您 Mac 電腦上資料的安全性。這個設定是儲存於 Mac 電腦的韌體上，所以重設基於 Intel 的 Mac 的相關記憶體會重新啟動 SIP。同時軟體更新也有可能重新啟動 SIP。

如果 SIP 被關閉，root 使用者可以存取任何位於 APFS 資料卷宗上沒有被隱私權保護所保護的檔案，包括當第三方應用程式以 root 使用者身分執行時。如果使用者輸入管理員名稱與密碼來安裝軟體，惡意軟體可以取得 root 層級的存取權限。這會允許軟體去更改或覆寫任何系統檔案或應用程式。最好的做法就是保持 SIP 永遠啟動。

要避免沒有授權的使用者關閉 SIP，您可以在開機程序上保護您基於 Intel 的 Mac，包括設定電腦韌體密碼來禁止用 recoveryOS 開機，在 5.3「安全開機」有詳細內容。

更多關於 SIP 的資訊，請參照 Apple 支援文章 HT204899「關於 Mac 上的系統完整保護」。

15.3
管理字體資源

一個體驗系統資源領域層級的方式就是管理字體。macOS 擁有先進的字體管理技術，可以使用幾乎無限制的字體數量及幾乎任何形式的字體，包含點陣圖、TrueType、OpenType 和 PostScript 字體。

字體安裝在整個 macOS 的資源庫內的 Font 檔案夾。只要把字體拖曳至 ~/Library/Fonts，使用者就可以手動安裝字體。只要把字體拖曳至 /Library/Fonts，管理員就可以替所有使用者安裝字體。這個彈性的字體系統讓管理員可以更容易控制字體的使用。例如一個字體賣方的授權模式可能只能授予單獨的使用者使用。

macOS 內建的字體放在 /System/Library/Fonts。您不能更改那個檔案夾的內容。

使用字體簿安裝字體

字體簿是 macOS 內建的字體管理工具，它會自動替您安裝字體。字體簿也可以用來整理字體成為更容易管理的合集、啟用或禁用字體來簡化字體集、處理重複的字體。練習 15.1「管理字體資源」有對管理字體的詳細指示。

> 提醒 ▶ 第三方字體管理工具可能會干擾字體簿並且取代字體簿對 macOS 的字體管理。

macOS Monterey 提供三種類別的字體：

▶ macOS Monterey 的內建字體 – 自動安裝並啟動字體
▶ macOS Monterey 的字體簿中下載 – 您可以用字體簿下載並啟動的字體。

▶ macOS Monterey 中進行文件支援的字體 – 字體只開放給已經在文件中使用過的或是應用程式指名要求的字體。

您可以使用字體簿來恢復當初 macOS Monterey 隨附的字體。下列圖片突顯了字體簿的兩個功能。在「檔案」>「回復標準字體」，這個指令會回復當初 macOS Monterey 隨附的原始字體，而按下圈起的「下載」按鈕會下載及安裝「AkayaTelivigala 標準體」。

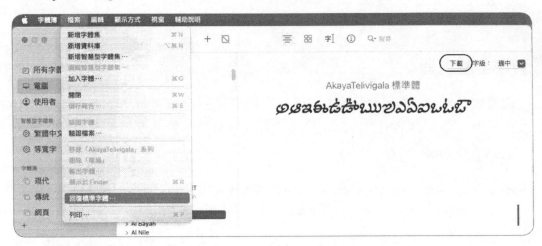

提醒 ▶ 如果您選擇回復標準字體就會將字體回復爲 macOS Monterey 隨附的原始字體，而其他額外安裝的字體會被移除並且移至 /Library/Fonts（Removed） 或是 ~/Library/Fonts（Removed）。 您可以確認後重新安裝它們。

練習 15.1
管理字體資源

▶ 前提
▶ 您必需建立 Local Administrator（練習 3.1「練習設定一台 Mac」）帳號與 John Appleseed（練習 7.1「建立一個標準使用者帳號」）帳號。

在此練習中，您將會驗證當一個字體位於 /Library/Fonts 時，這字體是所有使用者都能使用。您同時也確認了當一個字體安裝於單一使用者的字體檔案夾時，這字體只能讓那一個使用者使用。

增加一個字體

您可以使用字體簿來安裝一個只有唯一一位使用者能使用字體。

1.　確認沒有使用者正在使用快速使用者切換。如果其他不是 John 的使用者登入，請把他們登出。

2.　如果必要，請以 John Appleseed 身分登入。

3.　開啟字體簿，位於 /Applications 檔案夾。

4.　選擇「字體簿」>「偏好設定」（Command- 逗號）。

5.　確保預設的安裝位置是「使用者」。

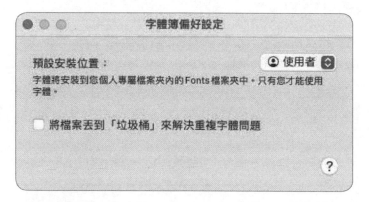

6.　關閉字體簿偏好設定。

7.　切換到 Finder，然後開啟

　　/Users/Shared/StudentMaterials/Lesson15。

8.　雙擊字體 OpenSans-Regular.ttf。

這個 OpenSans-Regular.ttf 在字體簿上顯示字體預覽並且給您安裝字體的選項。

9. 按下安裝字體。

10. 如果需要，在側邊欄選擇「使用者」。

Open Sans 是唯一安裝在 John 的使用者帳號下的字體。

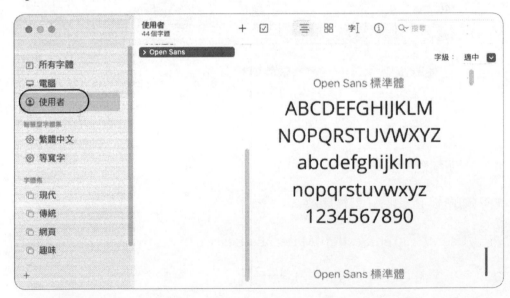

11. 選擇側邊欄的「所有字體」，然後瀏覽找到 Open Sans 的項目。

由於目前顯示全部的字體，包含安裝給目前使用者的字體與安裝給全部使用者的字體，所以 Open Sans 出現在列表中。

12. 按住 Control 並點擊 Open Sans，然後選擇快捷選單中的「顯示於 Finder」。

Finder 開啟一個顯示字體檔案的視窗。

13. 如果需要，請選擇 Finder 視窗的「顯示方式」>「直欄」。您也可以點選工具列的「直欄」按鈕或者使用快捷鍵「Command-3」。

14. 選擇「顯示方式」>「顯示路徑列」來確認您的位置。

位於視窗最下方的路徑列顯示字體檔案是位於 John 的使用者資源庫下的 Fonts 檔案夾，之前稱為 ~/Library/Fonts、/Users/john/Library/Fonts，以及 Macintosh HD > Users > john > 資源庫 > Fonts。它是唯一安裝在那裡的字體。

確認其他使用者無法使用字體

就算是以管理員身分,當您用其他使用者身分登入時就無法使用在 John 字體檔案夾內的字體。

1. 使用快速使用者切換以 Local Administrator 帳號登入。

2. 開啟字體簿然後尋找 Open Sans 字體。

   Open Sans 並沒有在 Local Administrator 帳號的字體簿中出現。此時您可以為這個帳號安裝 Open Sans 字體如同您替 John 的帳號安裝字體的方式一樣。您可以複製字體檔案到本機管理員能使用的位置或者替全部使用者安裝字體到 /Library/Fonts。

3. 結束字體簿。

4. 登出本機管理員。

提供一個其他使用者都能使用的字體

把 Open Sans 移動到開放給全部使用者的字體檔案夾。

1. 用 John Appleseed 帳號登入,如果必要的話開啟字體簿。

2. 按住 Control 並點擊 Open Sans 然後選擇移除「Open Sans」系列。

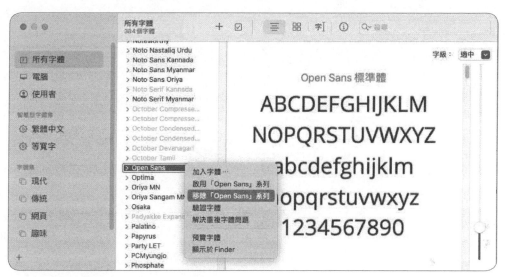

3. 在出現的對話框內按下「移除」。

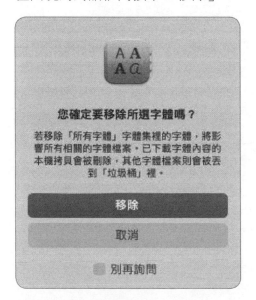

Open Sans 已經從 John 的字體檔案（/Users/john/Library/Fonts）夾移除並放入垃圾桶。

4. 選擇「字體簿」>「偏好設定」（Command- 逗號），將預設安裝位置改為「電腦」。

5. 關閉字體簿偏好設定。

6. 切換到 Finder 然後開啟

    /Users/Shared/StudentMaterials/Lesson15。

7. 雙擊字體 OpenSans-Regular.ttf。

8. 點擊安裝字體。

9. 驗證本機管理員。

10. 在字體簿,按住 Control 並點擊 Open Sans,然後在快捷選單選擇「顯示於 Finder」。

    Finder 開啟一個視窗並顯示字體檔案。請注意在路徑列 Open Sans 目前安裝在 /Library/Fonts,是全部使用者都能使用的。

停用字體
使用字體簿來觀察當您停用一個字體會發生的狀況。

1. 切換回字體簿。

2. 在字體欄位中找到 Open Sans。

3. 選取 Open Sans,然後點擊工具列上「停用所選字體」的按鈕。

4. 在確認對話框按下「停用」。

   這就會停用該字體。確認字體簿視窗上有「關閉」這兩個字出現在 Open Sans 字體的旁邊。

5. 在 Finder 上導覽至檔案夾 /Library/Fonts。

6. 觀察字體 Open Sans 是否還在檔案夾中。

   在字體簿停用字體並不會把字體從安裝的位置移除。就算字體已經停止使用，但是字體簿還是會即時顯示字體在 macOS 的搜尋路徑上。

驗證字體

因為您更改了您的字體設定，您使用字體簿來檢查您的新配置。

1. 在字體簿視窗，選擇側邊欄的「所有字體」，按一下字體欄的任一個字體後按下「Command-A」來選擇所有字體。

2. 選擇「檔案」>「驗證字體」。

   字體簿讀取並驗證字體檔案，然後找出損壞的字體。

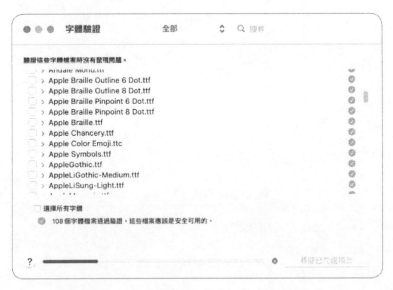

3. 當驗證掃描完成，結束字體簿。

4. 登出 John Appleseed 帳號。

第 16 章
使用後設資料、Siri、Spotlight

後設資料指的是描述資料內容的資料，檔案和檔案夾最基本的後設資料爲檔名、路徑、修改日期、以及權限。後設資料非項目的內容，而是用來描述檔案系統裡的某個項目。

在本課中，您將學習 macOS 如何運用檔案的後設資料，以及此資料如何儲存於檔案系統裡，還將學習如何藉由檔案系統標籤功能來使用後設資料，還有如何使用 Siri 和 Spotlight 進行搜尋。

目標

▶ 描述 macOS 如何儲存及使用檔案後設資料

▶ 使用標籤和註解等後設資料整理檔案

▶ 使用 Siri 和 Spotlight 搜尋本機和網路資源

16.1
檔案系統後設資料

分支檔案系統，例如 Apple 檔案系統（Apple File System，又叫做 APFS）與 Mac OS 擴充格式，使資料在檔案系統裡得以單獨存在，但每個單獨存在的檔案皆由兩個部分組成：資料分支與資源分支。此技術使 macOS 能在資料分支中支援檔案類型識別，而 macOS 特有的附加資料則駐存於資源分支中。

某些第三方檔案系統，比如 FAT，不能儲存此類額外貨料，這個問題的解決方法，稍後將於本課的 AppleDouble 檔案格式中講解。

檔案旗標與附加屬性
macOS 的檔案系統旗標與附加屬性也運用後設資料來執行系統功能。例如在第 14 課「使用隱藏的

項目、捷徑和檔案封存」中介紹檔案系統旗標包含隱藏的旗標，以及在第 19 課「管理檔案」介紹鎖定的旗標。

任何程序或應用程式都可到增加自訂屬性到檔案或檔案夾中，這讓開發者無須修改現有的檔案系統，即可建立新的後設資料，而且開發者也可以再增加 Spotlight 的外掛讓 macOS 在單獨的應用程式之外應用這個新的後設資料。

檔案系統標籤

爲檔案指定檔案系統標籤，之後即可使用這些標籤來搜尋或整理檔案。檔案系統標籤會儲存爲附加屬性，macOS 運用附加屬性於幾種檔案功能上，例如「樣板」選項、「隱藏檔案副檔名」選項、以及註解，並且從 Finder 的「資訊」視窗裡可以找到這幾個選項。下圖爲「資訊」視窗的畫面截圖，圖中可見標示檔案系統標籤的文件，標籤名稱爲 Research、macOS、紅色，還有可供搜尋的文字註解。

您可以指定多個標籤給檔案，這些標籤的顏色和名稱可由使用者自行定義。只要是有「儲存」對話框的應用程式，都可修改文件的標籤，所以任何文件在選擇標籤時，於「標籤」欄位輸入新的名稱，即可建立新的標籤。

自訂標籤時，選擇 Finder >「偏好設定」，或按下「Command- 逗號」，然後點選位於視窗上方工具列的「標籤」開啟 Finder 偏好設定中的「標籤」面板。從「標籤」面板，點選「加入（+）」按鈕，建立其他的標籤，或點選「移除（-）」按鈕，移除現有的標籤。想為標籤重新命名，則點選標籤名稱；想改變顏色，則點選標籤顏色。要設定放到 Finder 側邊欄的標籤，可選取標籤註記框；想重新排列標籤順序，則拖曳移動列表中各個標籤項目即可。下圖為側邊欄的標籤列表，可自行設定喜愛的標籤，它們將顯示在 Finder 的選單裡。

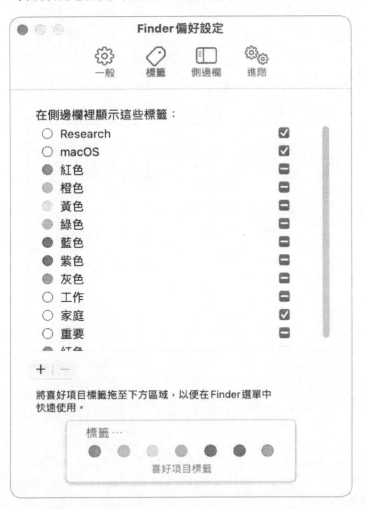

「堆疊」，自動收集檔案並放入相關的檔案分組中，是整理桌面的利器。從 Finder 的「顯示方式」選單中，選擇「使用堆疊」，或按住 Control 鍵並點一下桌面，接著選擇「使用堆疊」。macOS 的堆疊預設值是依種類整理，以下的範例是使用「堆疊」前的桌面。

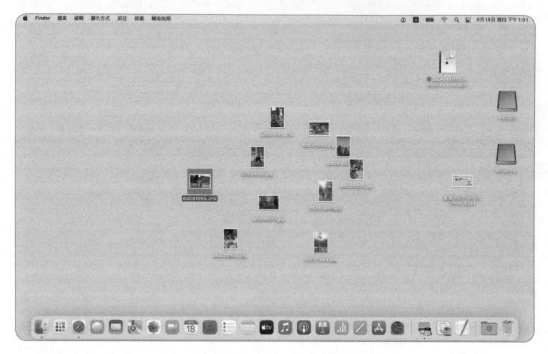

macOS 運用後設資料，讓您能以下列方式將堆疊進行分類：

▶   種類
▶   上次打開日期
▶   加入日期
▶   修改日期
▶   製作日期
▶   標籤

以下範例為先以種類、後以標籤，將堆疊分組的桌面。

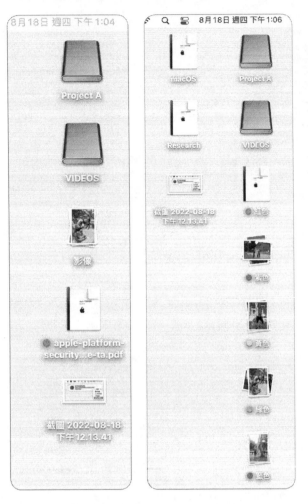

當堆疊以標籤分類整理，那些無標籤的檔案自成堆疊，也就是：「沒有標籤」。堆疊的外觀類似一疊檔案，您可以將指標移動至某一堆疊上，接著於觸控式軌跡板使用 2 根手指，或於巧控滑鼠使用 1 根手指捲動檢視內容。點選某個堆疊顯示內容，也可以同時讓多個堆疊展開。假使以標籤篩選堆疊，每個擁有多種標籤的檔案將會出現在多個堆疊中。

可以在「預覽」欄位中編輯檔案的標籤。當檢視 Finder 的項目時，「預覽」會以欄位或圖庫的方式顯示。要檢視 Finder 中的圖像或表列項目時，也可選擇「顯示方式」>「顯示預覽」（或按下「Shift-Command-P」）。當選擇 1 個或多個檔案，「預覽」欄位也會顯示該選擇可用的快速動作，不同的檔案有不同的快速動作。以圖片說明，以圖庫方式檢視項目時，已選取的文件可以使用的快速動作（向左旋轉，標示，更多）。

macOS 可以藉由標籤來搜尋或整理項目。進入 Finder，使用 Spotlight 或在側邊欄可以找到標籤，本課稍後將詳述 Spotlight 的使用方式。

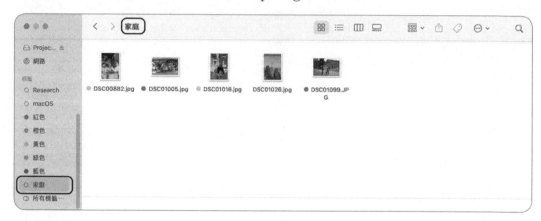

AppleDouble 檔案格式

檔案系統後設資料與第三方檔案系統的相容性可能是個問題，唯有使用 APFS（Apple 檔案系統）或 Mac OS 擴充格式的卷宗可以完全支援資源分支、資料分支、檔案旗標、以及附加屬性，而 Windows 作業系統，有賴於第三方軟體的存在，可以存取 APFS 和 Mac OS 擴充格式附加後設資料的功能，但使用者更常利用 macOS 內建的相容軟體，讓其他檔案系統與這些後設資料項目協同合作。

對於 APFS 或 Mac OS 擴充格式以外的卷宗，包括 FAT 卷宗和較舊的網路檔案系統（NFS）共享，macOS 幾乎把檔案系統的後設資料都單獨儲存在一個隱藏的資料檔案裡。一般資料會保留原始的名稱，但後設資料會在原始名稱前面加上句點和底線（._）儲存，有時就稱這個檔案為點-底線檔案，而這個技術就稱作 AppleDouble。

舉例來說，如果複製一個內含後設資料的檔案，並命名為 My Document.docx 儲存到 FAT32 卷宗，macOS 會自動將這個檔案分離成兩個獨立的部分，然後寫到 FAT32 卷宗裡。檔案內部資料所在的檔案名稱和原始名稱相同，但後設資料寫入名為 ._My Document.docx 的檔案裡並且在 Finder 中保持。這對大部分的檔案都行得通，因為 Windows 的 App 只使用資料分支的內容。不過，假如使用 Windows 編輯和儲存這類的檔案到 FAT32 卷宗，資源分支將不會被保留，往後如果在 Mac 上打開同一個檔案，資訊可能遺失不見。假如使用者在其他的作業系統下顯示隱藏檔，如果裡面有點 - 底線（ ._ ）檔案的話，這些檔案也會出現。

自動隱藏點 - 底線檔案是 Windows 系統的預設值，想取得這裡看到的 Windows 畫面截圖，實務上得手動打開讓「隱藏項目」顯示。macOS 還提供一個方式，無需 AppleDouble 的格式，就可以處理 NTFS 卷宗裡伺服器訊息區塊（SMB）網路分享的後設資料。現今使用 Windows 系統的電腦，原始檔案系統為 NTFS，它支援的交換資料流程，類似檔案分支，檔案系統將後設資料寫進交換資料流程，因此檔案將同時出現在 Windows 和 macOS 裡。

16.2
Siri 與 Spotlight

對於任何需要，Siri 與 Spotlight 都可進行跨檔案系統的搜尋，它們可以從本機
文件、應用程式函數計算結果、以及網路來源找出相關的資訊。當您啟動 Siri，
畫面的右上角會出現 Siri 的圖像，就在日期和時間的左邊（如果日期顯示已關閉，
則在時間左邊）。下圖中，從左到右分別顯示 Spotlight 圖像、控制中心圖像、
Siri 圖像、時間。

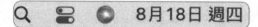

使用 Siri 搜尋

有了 Siri，可以用通俗的話語說出要求，macOS 通常以語音與視覺圖像回報
結果。點選畫面右上角的「Siri」圖像，或使用鍵盤預設 Siri 快速鍵：按住
「Command- 空白鍵」直到 Siri 視窗出現，都可開始向 Siri 提出要求。

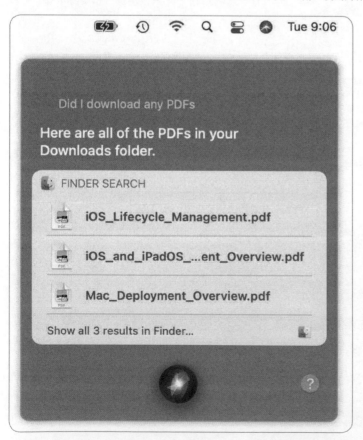

說話時，Siri 會將話語轉換爲文字，更重要的是，Siri 會詮釋話語的含義。如上方畫面截圖所示，Siri 將「我有下載任何 PDF 檔嗎」詮釋爲「在下載項目檔案夾裡的 PDF 檔」，並回報 Finder 搜尋結果。您可以將某些類型的 Siri 搜尋結果拖曳至桌面上的 App 或視窗中，也可以在話語上連按兩下修改要求，然後按下「Return」鍵，向 Siri 傳送新的要求。

向 Siri 提出要求時，Mac 會向 Apple 伺服器傳送已轉換的文字，以詮釋話語的含義。假如是本機檔案的搜尋，Siri 會借助 Spotlight，以提供檔案搜尋結果列表。

假設要求 Siri 尋找密碼，Siri 將開啟 Safari，然後在 Safari 的偏好設定中開啟「密碼」面板。

> **提醒** ▶ 本指引主要是針對使用 Siri 搜尋本機項目，但是 Siri 能做得更多，比如協助您找到 iPhone 手機。若是想要知道 Siri 還可以做什麼請開啟 Siri，什麼都不問，等待一下，發掘您還能要求 Siri 做什麼。更多資訊，請參見 Apple 支援文章 HT206993「在 Mac 上使用 Siri」。

使用「嘿 Siri」搜尋

「嘿 Siri」讓您不用動手就可啟動 Siri，只要說「嘿 Siri」，然後提出要求。以下列出支援「嘿 Siri」的 Mac 電腦：

▶ MacBook Pro 2018 年或後續推出的機型
▶ MacBook Air 2018 年或後續推出的機型
▶ iMac Pro
▶ iMac 2020 年

「嘿 Siri」也可存取 HomeKit，並可控制和 HomeKit 配件相容的裝置。

關於支援「嘿 Siri」裝置的更多資訊，請參見 Apple 支援文章 HT209014【支援「嘿 Siri」的裝置】。

使用 Spotlight 搜尋

Spotlight 將搜尋結果列表和搜尋結果預覽合併於同一視窗內，此一視窗稱爲 Spotlight 視窗，並顯示於其他已開啟視窗的最上層。點選位於畫面右上角的「Spotlight」（放大鏡）圖像，或使用鍵盤預設 Spotlight 快速鍵：「Command-

空白鍵」，即可啟動 Spotlight 搜尋。可以拖曳 Spotlight 視窗的上方，將它移到任何一處。

Spotlight 的搜尋速度很快，一輸入想搜尋的問題，搜尋結果就即時出現，Spotlight 也會針對搜尋的詞彙，建議相關的搜尋。

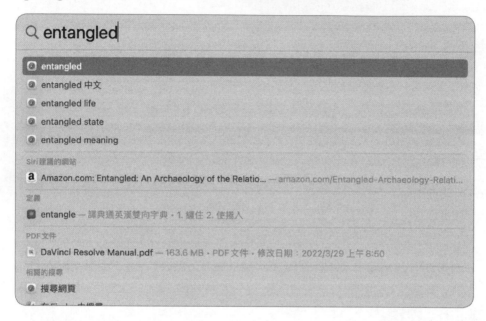

使用指標，或「向上」和「向下」鍵瀏覽搜尋結果列表。點選任一項目，或按下「Tab」鍵，預覽區將顯示於 Spotlight 視窗的右邊。搜尋結果列表與預覽區都可上下捲動顯示更多內容。

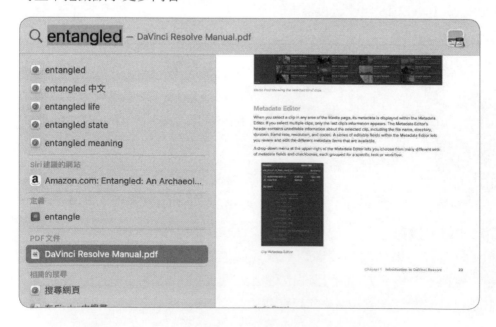

當 Spotlight 視窗顯示預覽區時，操作上有點不同，只要清除搜尋問題的內容，即可移除預覽區。

您可以靈活運用搜尋結果，操作如下：

▶ 開啟第一個結果：按下「Return」鍵。

▶ 預覽項目：點選某個檔案、檔案夾、定義、歌曲、電影、或其他項目，可預覽該項目，再於同一項目點選一下，即可打開它，或點選「播放」鍵播放歌曲。

▶ 於 Spotlight 中查看建議搜尋的結果（標示 Spotlight 圖像）：點選該項目。

▶ 於網路上查看建議搜尋的結果（標示 Safari 圖像）：點選該項目。

▶ 開啟項目：在某個項目連按兩下，或先選取某個項目，接著按下「Return」鍵。

▶ 於 Finder 中顯示檔案的位置：

　　▶ 假如 Spotlight 視窗未顯示預覽區，使用「向上」和「向下」鍵選取某個項目，然後按住「Command」鍵，該項目的圖像即變更為 Finder 圖像。

　　▶ 假如 Spotlight 視窗顯示預覽區，按住「Command」鍵，該選取項目的完整路徑將顯示於 Spotlight 視窗的預覽區下方。

　　▶ 按住「Command」鍵時，點選該項目或按下「Return」鍵，於 Finder 中打開該項目的上層檔案夾。

▶ 複製項目：拖曳檔案到桌面上或 Finder 視窗裡。

▶ 於預設網路瀏覽器搜尋您的搜尋詞彙：按下「Command-B」快速鍵。

▶ 當搜尋詞彙自動輸入「搜尋」欄位時，開啟新的網路瀏覽器或 Finder 視窗：捲動至 Spotlight 視窗下方，選取「搜尋網頁」或「在 Finder 中搜尋」。

更多資訊，請參見 macOS 使用手冊的「在 Mac 上使用 Spotlight 搜尋」support.apple.com/guide/mac-help/mchlp1008，以及「Mac 上的 Spotlight 鍵盤快速鍵」support.apple.com/guide/mac-help/mh26783。

使用「查詢」搜尋

在 macOS Monterey 中，想要進一步瞭解某個單字或片語時，按下「Control」並點選該單字或片語，從快速選單中選擇「查詢」。「查詢」會為搜尋的主題撒下天羅地網，回報來自網路、音樂、App Store 的搜尋結果，也可使用「查詢」瀏覽電影時刻表或附近的地點。第一次使用「查詢」時，macOS 將顯示「查詢」的使用來源對話框：

點選「繼續」後，可以在「查詢」視窗的下方，捲動檢視查詢結果有哪些類別。

關於搜尋結果

下圖顯示使用 Spotlight 搜尋「Apple M1 晶片」的結果。

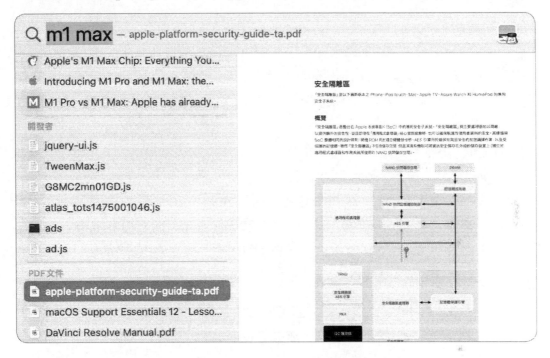

搜尋結果列表包含的項目,例如:「提醒事項」裡的提醒事項,網路來源,行事曆的行程,文件,筆記中的內容,「News」的文章,還有「郵件」的訊息,Spotlight 也可搜尋應用程式裡的資料資源。上圖的 Spotlight 搜尋結果中,被選取的項目以 PDF 文件預覽,請注意 Spotlight 搜尋視窗右上角出現的「預覽」App 圖像。文件的名稱中並沒有「Apple M1 晶片」這幾個字,因為 Spotlight 搜尋的反而是文件的內文。

Siri 與 Spotlight 也能使用應用程式的函數,例如 Siri 和 Spotlight 可以與「計算機」結合,執行數學計算和單位換算(包括市場貨幣換算)。

本課前面提到的後設資料技術,諸如檔案名稱、檔案旗標、修改日期、檔案系統標籤等,也可使用 Siri 與 Spotlight 搜尋。除此之外,許多檔案內含用來描述檔案內容的內部後設資料,比如許多相片檔案內含相機設定的資料,這是因為後設資料嵌入了檔案裡,而 Siri 與 Spotlight 可以仔細地搜尋此一文件特有的後設資料資訊。

除了本機檔案，Spotlight（透過 proxy Siri ）可以詳實地搜尋其他 Mac、時光機備份、與 iCloud 雲碟分享的檔案內容。

從本機網路服務向外延伸，Siri 和 Spotlight 可以透過名為「Siri 建議」的 Apple 服務，搜尋許多的網路來源。這些由 Apple 主導的服務，結合搜尋紀錄、地點資訊、使用者資訊，從各式各樣的網路來源搜尋，產生相關的搜尋結果，因此，使用「Siri 建議」需要網路連線。

Spotlight 索引

因為 Spotlight（透過 proxy Siri）在後台運作，讓每個連接的本機卷宗裡，已建立索引的後設資料資料庫保持最佳化，所以 Spotlight 能廣泛而深入地快速搜尋本機項目和共享檔案。首次設定 macOS 時，它會將所有可用的本機卷宗建立索引來製作資料庫，也會在首次連接新卷宗時，為其建立索引。

檔案系統發生變更時，後台會自動更新索引資料庫。由於這些索引永遠保持最新狀態，Spotlight 只要搜尋資料庫，即可回報完整的結果。Spotlight 預先搜尋後台裡的每個地方，所以需要結果時，無需等待。

Spotlight 會直接將「時光機」建立索引，但是它不會將與其他電腦的共享卷宗建立索引，Spotlight 能連接的是來自其他 Mac 作業系統的共享索引。

在每個可以寫入的外部卷宗裡，macOS 皆於檔案夾的根卷宗中，留存 Spotlight 的一般索引資料庫，檔案夾的名稱為 .Spotlight-V100，而開機卷宗所在的檔案夾為 /private/var/db/Spotlight-V100。有些應用程式保有它們自己的資料庫，和這些一般索引資料庫分開。例如「信箱」，它將自己最佳化的郵件資料庫保存於每位使用者的檔案夾，而這個檔案夾位於 ~/Library/Mail/V9/MailData 的檔案夾裡。

假如在本機搜尋檔案時遇到問題，先跳至本課的末尾，學習在 Spotlight 偏好設定的隱私權面板上學習如何強制 Spotlight 重建索引資料庫，至於手動修改 Spotlight 索引資料庫是不建議的。

Spotlight 外掛

使用外掛技術，即使在一個持續變動的本機後設資料中，Spotlight 也可以建立索引與搜尋。每個 Spotlight 外掛都會檢查特定的檔案或資料庫種類，而且許多 Spotlight 外掛都是預設就包含的，只是 Apple 和第三方開發者可以建立其他的外掛，增強 Spotlight 的搜尋能力。

您能使用的內建 Spotlight 外掛如下：

▶ 搜尋基本的檔案後設資料，例如姓名、檔案大小、建立日期、修改日期
▶ 從相片、音樂、影片檔案中，搜尋媒體特有的後設資料，包括時間碼、創作者資訊、硬體摘要資訊
▶ 和影片檔案，Photoshop 檔案，PDF 檔案，Pages、Numbers、Keynote 檔案，以及 Microsoft Office 檔案
▶ 詳細搜尋個人資訊，如「連絡人」和「行事曆」的內容
▶ 搜尋通訊資訊，如「郵件」訊息以及「訊息」聊天紀錄的內容
▶ 搜尋資訊，例如您的最愛，或網路瀏覽器書籤與瀏覽紀錄
▶ 進行網路搜尋

Spotlight 外掛儲存於「資源庫」的不同檔案夾，在 /System/Library/Spotlight 和 /Library/Spotlight 這 2 個路徑中，可以找到 Apple 內建的 Spotlight 外掛模組。第三方外掛模組應安裝於 /Library/Spotlight 或 ~/Library/Spotlight，依照誰需要存取而定。

可以替一個檔案建立自訂的後設資料供 Spotlight 使用，進入「Finder」，在資訊和檢閱器視窗的註解中輸入 Spotlight 註解即可。

搜尋安全性

為了提供與檔案系統其他部分同等的安全性，Spotlight 會為每個項目的權限建立索引。雖然它替卷宗的每個項目建立索引，仍會自動過濾搜尋結果，只顯示使用者目前有權限讀取的項目，舉例來說，您無法搜尋另一位使用者「文件」檔案夾的內容。所有使用者皆能搜尋連接本機的非系統卷宗，甚至是另一位使用者連接裝置的，就連已安裝的磁碟映像檔也搜尋得到。

486 使用後設資料、Siri、Spotlight

Siri 善用許多 Apple 服務和網路來源，不過它一直遵守 Apple 隱私權政策。Apple 非常重視使用者的隱私權，並在提供進一步的服務時，仍盡可能地維護使用者的資訊安全。經由「Spotlight」偏好設定進入，取消「Siri 建議」，即可關閉需要網路服務的「Spotlight」和「查詢」搜尋。

您可以刪除 Apple 伺服器的「Siri 和聽寫紀錄」，將於本課稍後說明。
想要更詳細地瞭解 Apple 隱私權政策，請參見：

www.apple.com/privacy/。

執行 Spotlight 進階搜尋

預設的 Spotlight 搜尋快速地提供搜尋結果，不過就如您在這一課所學習的，Spotlight 有很多強大的搜尋功能。

您可以使用 Finder，加上選擇以下其中一個方式執行進階的檔案系統搜尋：

▶ 於 Spotlight 搜尋列表下方，點選「在 Finder 中搜尋」。
▶ 於 Finder 視窗中，在「搜尋」欄位輸入單字或片語（位於右上角）。
▶ 於 Finder 中，選擇「檔案」>「尋找」（或按下 Command-F 快速鍵）。

提醒 ▶ 假如使用上列最後一種方法，搜尋視窗的工具列下方會顯示指定屬性，預設值是「任何種類」。至於另外兩種方法，於本節稍後，將可學習更多關於增加指定屬性的方式。

選取位於工具列下「搜尋」旁的任一縮小搜尋範圍項目，。

假如還沒這麼做，就在右上角的「搜尋」欄位輸入單字或片語，然後根據輸入的詞彙，畫面會出現搜尋類型建議選單。可以從選單中選擇，或按下 Return 鍵包含所有和搜尋詞彙相關的類型。

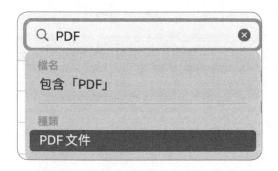

從搜尋結果中選取某個項目，它的路徑會顯示於 Finder 視窗的下方

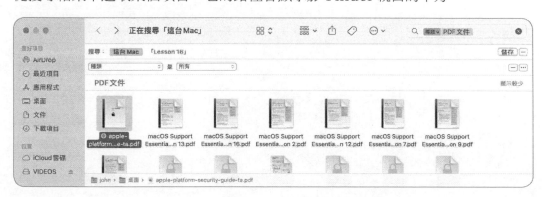

選取某個項目後按下空白鍵即可預覽該項目。

如果搜尋屬性未出現在工具列下，點選「搜尋」欄位下方那個小的「加入」按鈕，即可加入許多您所需要的屬性。

在 Finder 視窗篩選 Spotlight 搜尋結果，點選搜尋屬性的第一個欄位（預設值為「種類」）來變更屬性。

於加入新的搜尋屬性後，點選搜尋屬性的第一個欄位，從選單選擇別種類型。

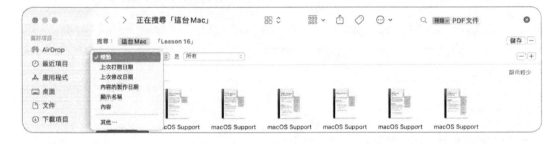

假如要尋找的搜尋屬性未顯示，可以加入其他非預設開啟的屬性。欲加入搜尋屬性，先選取任一屬性，從選單選擇「其他」，然後於出現的對話框將搜尋屬性加入選單裡。對於管理者有兩個特別有用的搜尋屬性，分別是「隱藏的檔案」與「系統檔案」，因為 Spotlight 再怎麼搜尋，也搜尋不到這兩個非預設值的屬性。

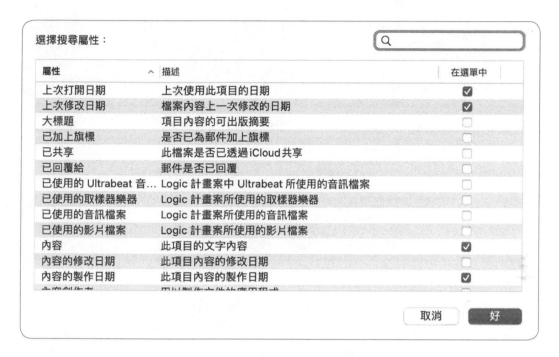

提醒 ▶ 可花點時間體驗其他的搜尋屬性，例如音訊檔案標籤、數位相機後設資料、作者資訊、連絡資料，還有其他許多後設資料類型。

可以點選右側的「儲存」按鈕，將搜尋標準儲存爲「智慧型檔案夾」。

可以先移除「智慧型檔案夾」的建議名稱,接著輸入描述性的名稱,之後點選「儲存」。預設「智慧型檔案夾」加入 Finder 側邊欄的選項是選取的。

如同一般檔案夾,「智慧型檔案夾」可以取一個獨特的名稱,並且放在任何您喜歡的地方,比如側邊欄。「智慧型檔案夾」的特別之處在於無論系統如何變更,它們的內容總是可以符合搜尋條件。Finder 側邊欄中的「最近項目」和「標籤」項目皆為預先設定的「智慧型檔案夾」。

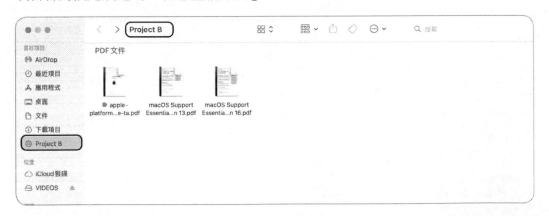

管理 Siri 偏好設定

使用 Siri 時,為了處理您的要求,您所說的話會被錄音並傳送到 Apple。您的裝置也會傳送其他資訊給 Apple,例如:您的姓名和暱稱,連絡人裡的姓名、暱稱、關係(如「我的爸爸」),收藏的歌曲名稱,相片集的名稱,裝置裡已安裝的應用程式名稱(這些統稱為您的「使用者資料」)。這些資料都被用來協助 Siri 更瞭解您,並識別您說的話。如您使用其他 Apple 服務,Apple 因此所搜集的資料,不會和這些資料連結。

使用 Siri 搜尋文件時：

▶　對 Siri 的要求將傳送至 Apple，但文件的名稱和內容不會傳送。

▶　文件的搜尋由 Mac 在本機執行。

如果您已啟用「定位服務」，當提出要求的同時，裝置的位置也將傳送至 Apple，協助 Siri 改善回應要求的準確性。也可以關閉 Siri 的「定位服務」，請開啟 Mac 的「偏好設定」，點選「安全性與隱私權」，接著點選「隱私權」，點選「定位服務」，最後取消選取「Siri 和聽寫」。

為了了解需求的含義，Siri 需要網路連線來詢問 Apple 服務。

您可以選擇隨時可以關閉 Siri，可於 macOS 設定或更新時，使用「設定輔助程式」關閉 Siri，或經由「系統偏好設定」>「Siri」，取消選取啟用「跟 Siri 對話」關閉 Siri。

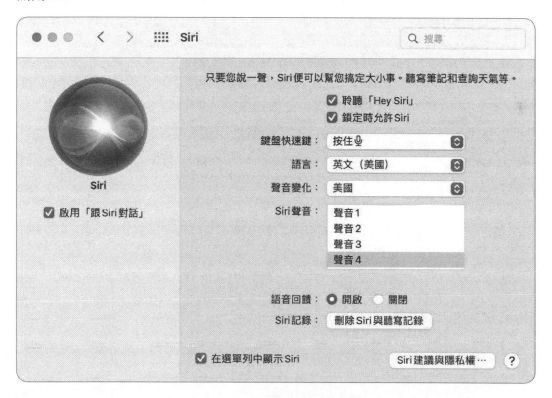

假設關閉「跟 Siri 對話」，但是「聽寫」是開啟的，或假設關閉「聽寫」，但是「跟 Siri 對話」是開啟的，將出現以下訊息：「服務回應您要求時所用的資訊也會用在服務，除非關閉服務，否則此資訊都會保留在 Apple 伺服器中。」

關於隱私權、Siri 和聽寫的更多資訊，請參見 Apple 支援文章 HT210657「跟 Siri 對話、聽寫與隱私權」。

 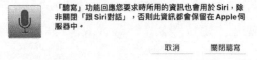

除了開啟或關閉 Siri，還可以從 Siri 偏好設定調整幾項功能，包括：

▶ 可以選擇 Siri 能理解和回應的語言，Siri 支援超過 40 種語言和方言。

▶ 可以選擇 Siri 回應的聲音，Siri 語音選單將根據所選取的語言提供選項，您也可以關閉語音回饋。

▶ 可以使用「聲音」偏好設定的「輸入」面板，選擇麥克風輸入，Siri 會以這個方式聆聽您的要求。Apple 筆電為了 Siri 的聲音輸入，將內建麥克風最佳化，通常也包含降噪技術。因為 Mac 桌上型電腦未內建麥克風，或如身處特別吵雜的環境，則可以使用專用的頭戴式麥克風。

▶ 可以使用鍵盤快速鍵，對 Siri 提出要求。

▶ 可以點選「刪除 Siri 與聽寫紀錄」，然後確認您要從 Apple 伺服器移除 Siri 與聽寫互動內容。

▶ 可以點選「Siri 建議與隱私權」，修改 Siri 如何學習或使用不同的 App 提出建議。每一個表列的應用程式，都可以取消選取「從這個 App 學習」註記框，Siri 就不會從該 App 學習。有些列表的應用程式，比如下圖中的「訊息」，提供可以關閉或開啟的額外選項：「允許 Siri 在 App 中建議」。

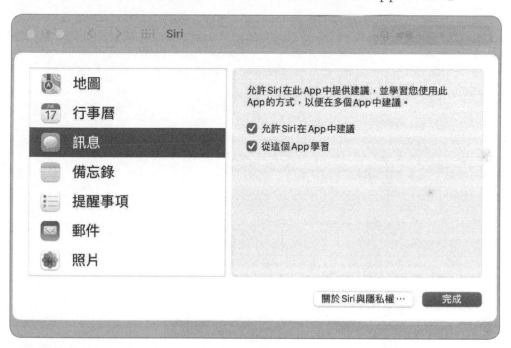

管理 Spotlight 偏好設定

從 Spotlight 偏好設定裡，使用者可以選擇取消特定類別，這些類別就不會出現在 Spotlight 的搜尋裡。舉例來說，假如使用者不希望搜尋資訊在網路上傳送，可以取消「Siri 建議」。只要在隱私權列表中指定某些卷宗，就可以讓這些卷宗不被建立索引。只是所有新的卷宗都會依預設值自動建立索引，所以使用者必須手動設定，讓 Spotlight 略過某個卷宗。

Spotlight 隱私權列表屬全系統設定，全部的使用者帳號都有相同的設定，除非使用者變更隱私權列表。

開啟 Spotlight 偏好設定中預設的「搜尋結果」面板，即可從搜尋結果關閉特定類別。在要略過的類別旁邊的註記框，取消選取。

您也可以拖曳搜尋結果裡的各個類別，變換它們的順序。不同的使用者都可以有不同的「搜尋結果」設定。

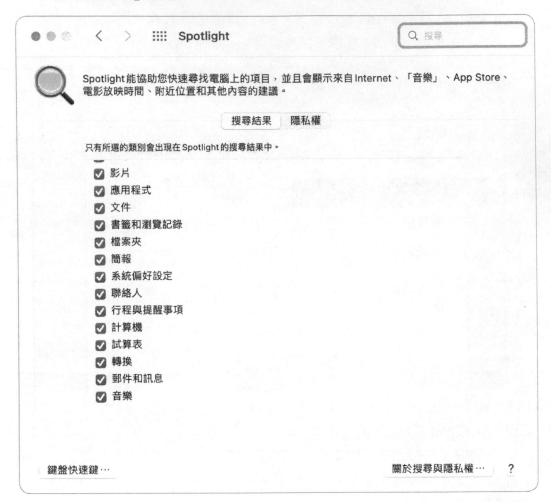

若是要避免 Spotlight 將特定的本機項目建立索引，請點選「隱私權」按鈕來顯示 Spotlight 要略過的項目列表。欲增加新的項目，於隱私權列表的下方點選「加入（＋）」按鈕，然後從瀏覽對話框選取項目，或將項目拖移至隱私權列表。想從隱私權列表刪除某個項目時，只要選取該項目，然後點選列表下方的「移除（－）」按鈕。

Spotlight 的所有設定都可立即生效。假如將整個卷宗加入隱私權列表，macOS 會從該卷宗將 Spotlight 索引資料庫刪除。相反地，假如從隱私權列表移除某卷宗，Spotlight 索引資料庫將重新建立在該卷宗上。更多資訊，請參見 Apple 支援文章 HT201716「重建 Mac 上的 Spotlight 索引」。

練習 16.1
檢查檔案的後設資料

▶ 前提
▶　必須已建立John Appleseed帳號（習題7.1「建立標準使用者帳號」）

於本練習，您將檢視 Finder 資訊視窗裡的檔案後設資料，並加入自訂的後設資料。

使用標籤與註解後設資料

1.　登入 John Appleseed。

2.　開啟 Safari，瀏覽 www.apple.com。

3.　選擇「檔案」>「儲存為」（或按下 Command-S 快速鍵）。

4.　於「標籤」欄位輸入「**Apple Info**」，假如之前有人曾使用相同的 iCloud 帳號練習這道習題，這個標籤可能會自動出現。

5.　如有必要，可在出現的選單中，選擇【製作新標籤「Apple Info」】。

6.　點選對話框的任何一處，或按下 Tab 鍵，關閉標籤列表。

7.　確定位置設定為「文件」，「格式」選單設定為「網頁原始碼」，然後點選「儲存」。

8.　退出 Safari。

9.　於 Finder 中，瀏覽「文件」檔案夾（選擇「前往」>「文件」，或按下「Shift-Command-O」）。

10.　選取 HTML 檔案，檔名可能是「www.apple.com.html」，然後選擇「檔案」>「取得資訊」（或按下「Command-I」）。

11. 展開「資訊」視窗的「一般」、「更多資訊」、「註解」等區塊。

Finder 裡的「資訊」視窗顯示檔案的資訊，例如：

▶ 基本的後設資料，比如檔案大小

▶ 檔案的網路來源

▶ 儲存時加入的標籤

也可以在「資訊」視窗編輯後設資料的類型。

12. 於「註解」區塊，輸入「**The Apple Orchard**」。

在這個欄位將自訂的後設資料加入檔案，讓您附加可被搜尋的註解和關鍵字，之後於下個練習「使用 Spotlight 搜尋文件」時，您就能使用這個註解了。

13. 關閉「資訊」視窗。

14. 如有需要，放大 Finder 視窗，將「文件」檔案夾的顯示方式更改爲列表顯式方式（點選工具列的「列表顯示方式」按鈕，選擇「顯示方式」>「列表」，或按下「Command-2」）。

15. 選擇「顯示方式」>「打開顯示方式選項」（或按下「Command-J」）。

16. 於「顯示欄位」選取「註解」和「標籤」。

這些設定只適用於這個檔案夾，假如點選「作為預設值」，即可以將它變成所有檔案夾的預設值。

17. 關閉「顯示方式選項」視窗，接著，如有需要，放大「文件」視窗直到顯示「標籤」和「註解」欄位。

18. 關閉「文件」視窗。

使用 Spotlight 搜尋文件

1. 於 Finder 中，選擇「檔案」>「尋找」（Command-F）。

2. 於已開啟視窗的「搜尋」欄位，輸入「**orchard**」。

因為 *orchard* 這個字出現在 HTML 檔案的 Spotlight 註解中，所以搜尋會找到稍早儲存的這個檔案，也可以縮小範圍，只搜尋名稱中有 *orchard* 的檔案。

Spotlight 會搜尋檔案內容與全部的後設資料，之後顯示所有符合的結果，並建議縮小搜尋的方式（例如，建議只有檔案名稱符合的，或「下載來源」相符的）。

3. 更改「搜尋」欄位輸入內容為「**apple info**」。

這次 Spotlight 藉著標籤找到了封存檔案，而且縮小搜尋選項為僅有名稱或標籤符合的。既然 Spotlight 搜尋的是全部檔案的屬性，它也可能找到其他相符的檔案。

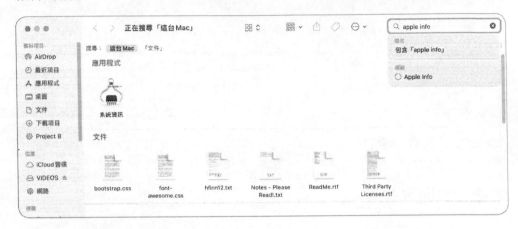

4. 變更搜尋為 **www.apple.com**

這時就會找到網頁原始碼了，這次是因為搜尋與網頁下載的來源相符，同時也找到了內容有 www.apple.com 的 PDF 檔案。如果有其他的內文或 PDF 檔案提到 www.apple.com，也會列出來。

第 17 章
管理時光機

在本章節，您將學習如何使用「時光機」瀏覽
檔案系統的歷史備份。您會熟悉如何配置「時光
機」，並學習如何從「時光機」備份中回復檔案。

17.1
關於「時光機」

每台 Mac 都有「時光機」。「時光機」會將您的
個人文件，包括應用程式、音樂、照片、電子郵
件和文件，備份到外部儲存裝置。如果您不小心
刪除、更改了文件，或者您必須更換或抹除 Mac
的內部儲存裝置，您可以使用「時光機」來復原
您的檔案。

「時光機」還能執行本機快照，當您的外部儲存
裝置無法使用時，它可以在特定時間捕捉您的內
容。這些備份和本機快照意味著，即使您的外部
儲存裝置無法使用，您也可以使用「時光機」來
復原檔案。「時光機」保留：

▶ 每小時備份過去 24 小時的內容
▶ 每天備份過去一個月的內容
▶ 每週備份所有先前月份的內容
▶ 在儲存空間足夠的情況下進行本機快照

為了確保您在需要時有足夠的儲存空間，當您的
外部儲存裝置不夠時，「時光機」會刪除最舊的
備份。

目標

▶ 了解何謂「時光機」

▶ 使用「時光機」備份
　 檔案

▶ 從「時光機」備份中
　 復原檔案

而且「時光機」只在磁碟有大量可用空間上儲存本機快照。當儲存空間變少時，「時光機」會刪除最舊的快照。這就是為什麼 Finder、「關於這台 Mac」和「取得資訊」在計算可用的磁碟儲存空間時不包括本機快照。

您可以關閉「時光機」並等待幾分鐘，讓 macOS 刪除本機快照。當您重新開啟「時光機」時，它會記住您之前使用的外部儲存裝置。

備份

第一次備份可能需要很長時間，這取決於「時光機」需要備份的檔案數量。但您可以在「時光機」進行備份時使用您的 Mac。「時光機」只備份自上次備份以來發生變化的文件，因此您之後的備份會比第一次備份更快完成。請參考 Apple 支援文章 HT204412「如果『時光機』備份的時間比您預期的還久」以瞭解更多資訊。

在您設定了「時光機」之後，它將每小時自動進行備份。在兩次備份之間，他的背景運作就像使用「Spotlight」功能追蹤原始檔案系統的變化。當要開始下一次排程的備份時，「時光機」只會備份有改變的檔案。然後，「時光機」將新的內容使用 hard link 檔案系統與先前備份資料（幾乎不會佔用儲存空間）結合起來，並在該時間點上建立整個檔案系統的模擬視圖。

「時光機」不會備份簽署系統卷宗（SSV），其中包括 macOS 和預先安裝在 macOS 中的應用程式。「時光機」同時省略了不需要備份的文件（如復原後可以重新建立的檔案）以節省空間。一般來說，「時光機」會忽略暫存檔案、Spotlight 索引、垃圾桶的內容，以及任何被視為暫存的資料。「時光機」不備份系統日誌文件。軟體開發者也可以告訴「時光機」忽略不需要備份的特定應用程式資料，像是雲端儲存空間的應用程式，如 Box 或 OneDrive，可以指示「時光機」忽略儲存在雲端服務中的檔案。

一些資料庫檔案在檔案系統中會顯示為較大且單一的檔案。使用資料庫應用程式，用戶可能只編輯一個大資料庫檔案中的幾個位元。即便如此，「時光機」還是會為整個文件建立另一個副本，這樣可能使得您的外部儲存裝置消耗的更快。請諮詢第三方資料庫應用程式開發商，如 Claris International Inc.，瞭解他們對使用「時光機」備份資料庫檔案的建議。

即使「時光機」建立了本機快照，您也應該定期將給「時光機」備份的外部儲存裝置連接到 Mac 上，將文件備份到內部磁碟以外的位置。如果您的 Mac 或其內部磁碟發生任何問題，您可以使用外部儲存裝置將您的資料和應用程式復原到另一台 Mac 或替代磁碟上。

使用僅提供給「時光機」備份用的外部儲存裝置進行備份，「時光機」能發揮最佳的效果。事實上，如果您用於「時光機」備份的外部儲存裝置是用 APFS（Apple 檔案系統）格式的，Finder 不會讓您直接複製檔案到該外部儲存裝置。

如果您用於「時光機」的外部儲存裝置沒有用 APFS（Apple 檔案系統）格式，您可以在該外部儲存裝置上保留其他文件，但「時光機」不會備份這些文件，而且用於「時光機」備份的空間會減少。

本機快照

「時光機」在四種情況下會儲存本機快照：

▶ 當您第一次啟動「時光機」備份到外部儲存設備時。

▶ 在您開啟「時光機」後，大約每小時儲存一次本機快照，儲存時間為 24 小時。除非您在「時光機」偏好中選擇取消「自動備份」，否則 macOS 會每小時儲存一次「時光機」的本機快照。

▶ 直到 macOS 需要使用本機快照所使用的儲存空間。在這種情況下，「時光機」會儲存您上次成功的「時光機」備份的本機快照。

▶ 在您安裝任何 macOS 更新之前，「時光機」亦會儲存本機快照，即使您未開啟「時光機」。

請參考 Apple 支援文章 HT204015，「關於時光機本機快照」，以及 tmutil 手冊 man 頁，以瞭解更多關於本機快照的資訊。

17.2
設定「時光機」

獲得下列任一類型的外部儲存裝置：

▶ 可以連接到 Mac 上的 USB 或 Thunderbolt 連接埠的設備

▶ 在使用 macOS High Sierra（10.13）或更高版本的 Mac 上：將網路上的
共享檔案夾設定為「時光機」的備份目的地並透過 SMB 連線

▶ 支援透過 SMB 執行「時光機」的網路儲存伺服器（NAS）

從通知中設定「時光機」

當您把一個外部儲存裝置（亦稱為磁碟）直接連接到您的 Mac 上時，您可能會
被詢問是否要用它來使用「時光機」備份您的 Mac。要將磁碟用於「時光機」，
將您的滑鼠移到該通知上，在出現的選單中選擇「設定」。

在您選擇「設定」後，「時光機」會要求您建立一個備份密碼來加密您的備份磁
碟。使用對話框來設定密碼。

當您在通知中點擊「設定」將磁碟設定讓「時光機」使用，需要提供一個密碼來加密您的備份磁碟。

▶　您必須提供一組密碼和一個密碼提示。

▶　您的備份將只有擁有密碼的用戶才能存取。

▶　macOS 會清除外部儲存裝置，並建立一個新的卷宗，其格式為 APFS（Apple 檔案系統）（加密、區分大小寫）。

▶　如果磁碟被命名為「未命名」（無論何種情況），那麼 macOS 會將卷宗命名為「電腦名稱的備份」，其中電腦名稱是您的 Mac 的電腦名稱。

▶　macOS 將會更新卷宗的權限，以便只有「時光機」可以使用該卷宗（您不能在 Finder 中複製檔案到該卷宗）。事實上，若您的 Mac 使用比 macOS Monterey 更早版本的系統，甚至看不到備份。

▶　macOS 為外部儲存裝置設定了一個「時光機」圖像，如下圖所示。

如果您存取一個格式為 APFS（Apple 檔案系統）的本地連接的「時光機」外部儲存裝置，備份文件就在外部儲存裝置的根目錄下。裡面是用每個備份的日期和時間命名的檔案夾。

在每個有日期的檔案夾內有代表每個備份卷宗的檔案。

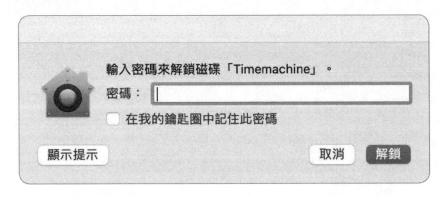

當您加密您的「時光機」外部儲存裝置時，最初 macOS 不會將加密密碼儲存到您的鑰匙圈中。在您退出加密的「時光機」外部儲存裝置並於下次連接時，macOS 會提示您輸入密碼，此時可選擇將該密碼儲存到鑰匙圈系統中，以便自動使用。

輸入密碼來解鎖磁碟「Timemachine」。

密碼：

☐ 在我的鑰匙圈中記住此密碼

顯示提示　　　　　　　　　　　　　取消　　解鎖

如果您有多個外部儲存裝置連接，您可以選擇使用哪一個。

手動設定「時光機」

當您將外部儲存裝置連接到 Mac 時，「時光機」沒有要求您選擇外部儲存裝置作爲「時光機」備份磁碟時：

1. 打開「時光機」偏好設定。

2. 如果您使用標準使用者帳號登入，點擊「鎖頭」，使用管理員帳號進行認證。

3. 點擊「選擇備份磁碟」，或「選擇磁碟」，或 「新增或刪除備份磁碟」（時光機偏好設定會根據您設定好的外部儲存裝置是零、一個還是多個而顯示不同的選項）。

4. 從選單中選擇一個外部儲存裝置。

> 提醒 ▶ Apple 建議您選擇「加密備份」，然後輸入一個用於加密的密碼。關
> 於加密的更多資訊，請參考下一章。

5. 選擇使用磁碟

如果加密註記框顯示為深色，將您的指標懸停在它上面，會顯示無法選擇的原因。
例如，可能要求您必須重新格式化或重新分割所選的磁碟。如果沒有原因出現，
代表您選擇的磁碟不支援加密。

如果您把加密的外部儲存裝置連接到另一台裝有 macOS Monterey 的 Mac 上，
您必須在另一台 Mac 上輸入密碼才能存取備份的文件。

如果您不對外部儲存裝置進行加密，那麼在您第一次進行「時光機」備份時，
macOS 會顯示一個通知，告訴您您的外部儲存裝置沒有被加密。您可以點擊設
定，然後將您的「時光機」外部儲存裝置設為加密的。

在您點擊使用磁碟後，接下來會發生什麼取決於外部儲存裝置是如何設定的。

當您使用空白磁碟

如果外部儲存裝置上還沒有任何檔案，那麼「時光機」就會清除該磁碟，並建立
一個新的 APFS（區分大小寫）卷宗，專門用於「時光機」備份，就像您在通知
中回覆是否要將該磁碟用於「時光機」備份一樣。

當您使用現有格式爲 APFS 的「時光機」磁碟時

如果外部儲存裝置已經使用 APFS 格式，並且正作爲另一台 Mac 的「時光機」
目標，那麼「時光機」偏好設定可能會在磁碟旁邊顯示一個紅色的「i」字圓形
圖標。

在你點擊紅色的「i」之後，macOS 會顯示一個對話框，其中有一些選項：

▶　取得現有的備份

▶　開始新的備份

▶　稍後決定

如果您點擊「取得現有備份」，您就不能在另一台 Mac 上使用外部儲存裝置進行備份。

如果您點擊「開始新的備份」，您必須提供一個密碼和提示，以確保備份的安全，然後您可以點擊「加密磁碟」。點擊「加密磁碟」後，macOS 會建立一個新的 APFS 卷宗，專門用於備份「時光機」，並將該卷宗命名為「電腦名稱的備份」，其中電腦名稱是您的 Mac 的電腦名稱。下圖為磁碟工具程式中的圖像，說明多個「時光機」卷宗可以共享外部儲存裝置上的同一個 APFS 容器，並且共享 APFS 容器內的可用空間。

當您使用現有的格式爲 Mac OS 擴充格式的「時光機」磁碟時

在 macOS Big Sur 之前,「時光機」外部儲存裝置最常見的格式是 Mac OS 擴充格式(日誌式)(HFS+ 日誌式)。對於連接到 Mac 上的 USB 或 Thunderbolt 連接埠的外部儲存裝置,「時光機」也支援所有 Mac OS 擴充格式(日誌式)格式。

如果您存取一個本地連接的「時光機」外部儲存裝置,而該裝置沒有被格式化爲 APFS,那麼備份文件就在外部儲存裝置的根目錄,在一個名爲 Backups.backupdb 的檔案夾中。這個資料庫檔案夾底下有其他檔案夾,以備份到該磁碟的每台 Mac 的名稱命名。

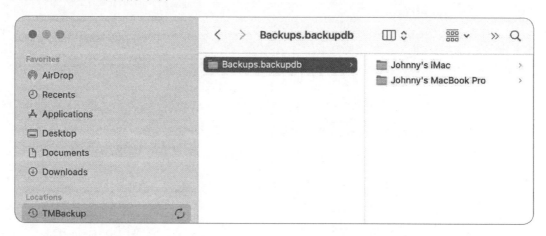

在每個 Mac 檔案夾內都有用每個備份的日期和時間命名的檔案夾,其中又有代表每個備份卷宗的檔案夾。

若您使用的不是空白或不支援的磁碟時

如果您選擇直接連接到您的 Mac 的外部儲存設備,但它不是空白磁碟,或者它沒有使用符合的支援格式時,那麼 macOS Monterey 會詢問您是否要清除該卷宗,以便它可以用於「時光機」。其顯示的對話框會根據外部儲存裝置的不同而有所差異。

如果您選擇清除，macOS 就會用 APFS（區分大小寫）的格式重新格式化磁碟。

> 提醒 ▶ 重新格式化會刪除磁碟上的所有檔案，所以只有在您不再需要這些文件或將它們複製到不同的外部儲存裝置上時才這樣做。

當您使用一個網路卷宗時

如果您選擇一個網路儲存裝置，任何現有的備份都會被升級。這些升級後的備份和您用 macOS Monterey 做的新備份只會與 macOS Monterey 相容。

繼承備份

macOS Monterey 會在以下情況下詢問您是否要繼承備份：

▶ 使用「系統移轉輔助程式」來將設定從舊的 Mac 轉移到新的 Mac 上。

▶ 使用「系統移轉輔助程式」來將設定從舊 Mac 上的「時光機」備份轉移到新 Mac 上。

▶ 複製 Mac 所需的啟動磁碟，或將磁碟從舊 Mac 裝到新 Mac 上。

▶ 更換 Mac 的主機板。

如果您仍然想在舊 Mac 上使用「時光機」備份，請點擊「建立新的備份」。這將保留備份歷史，以便您仍然可以在舊 Mac 上使用「時光機」備份。以及新的Mac 將會開始新的獨立備份。

如果您正在更換舊的 Mac，而且不想在舊的 Mac 上使用「時光機」備份，並希望保留備份歷史，請點擊「繼承備份」。

使用多個卷宗

爲了增加備份的安全性和便利性，您可以重復本章前面的步驟，添加另一個外部儲存裝置。例如，您可以在工作時將您的 Mac 連接到一個外部儲存裝置，並將該外部儲存裝置留在公司。然後當您把 Mac 帶回家時，您可以把您的 Mac 連接到一個不同的外部儲存裝置，並把此裝置留在家裡。

設定「時光機」偏好設定

您可以使用「時光機」偏好設定以進行下列操作：

▶　新增或刪除備份磁碟。

▶　驗證備份狀態。

▶　手動設定備份選項。

▶ 設定在選單列表中顯示「時光機」的選項。

▶ 設定自動備份的選項。

管理「時光機」選項

點擊「時光機」偏好設定底部的選項按鈕來調整備份設定。

您可以從備份中排除項目，以減少您需要的備份空間。「時光機」將「時光機」外部儲存裝置排除在其備份之外。這可以防止多個外部儲存裝置之間的相互備份。

您可以直接把項目拖到列表中，或者點擊列表底部的新增（+）按鈕，將會開啟一個文件瀏覽器，供您選擇要排除的檔案夾或卷宗。

如果您想讓「時光機」備份一個外部儲存裝置，請將其從排除列表中移除。要從排除列表中刪除一個項目，使其包括在下一次的「時光機」備份中，請選擇該項目，然後點擊移除（-）按鈕。直到您點擊儲存之後該刪除的項目的備份才會被製作。

爲了提高安全性，您將不能用「時光機」的備份完全回復您的啟動卷宗。反之，您必須安裝 macOS，然後使用「系統移轉輔助程式」回復剩餘的內容，正如本章後面所述。

17.3
回復檔案

您可以回復：

▶ 用「時光機」回復特定的檔案
▶ 用「系統移轉輔助程式」回復使用者帳號和個人專屬檔案夾
▶ 用 Finder 回復特定的檔案

用「時光機」回復文件

完成以下步驟，將文件從「時光機」的備份回復到您的 Mac。

1. 爲您要回復的檔案開啟一個視窗。比如說：

   ▶ 要回復您從「文件」檔案夾中刪除的文件，打開「文件」檔案夾。
   ▶ 要回復一封電子郵件，請打開「郵件」，然後打開該郵件所在的信箱。
   ▶ 如果您正在使用一個應用程式其存有您正在使用的文件版本，您可以打開一個文件並使用「時光機」來回復該文件的前一版本。

2. 如果您的「時光機」外部儲存裝置可用的話，就把它連接到您的 Mac。

   否則，「時光機」將使用您的本機快照。

   如果您備份到多個外部儲存裝置，您可以在進入「時光機」之前切換它們。按住 Option 鍵，點擊「時光機」選單，然後選擇瀏覽其他備份磁碟。在「瀏覽時光機磁碟」視窗中，選擇一個磁碟，然後點擊「使用所選磁碟」。時光機即開啟，您可以逕行跳到步驟 4。

3. 透過下列任一操作開啟「時光機」：

   ▶ 開啟「Spotlight」，輸入「**時光機**」後按下 Return 鍵。
   ▶ 點擊「時光機」選單，然後選擇「進入時光機」。

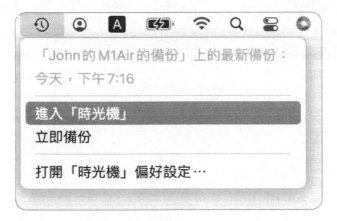

   ▶ 按住 Option 鍵後點擊「時光機」選單，選擇「瀏覽其他備份磁碟」，從列表中選擇另一個備份磁碟，然後點擊「使用所選磁碟」。

   ▶ 如果「時光機」的圖標在 Dock 中，點擊 Dock 中的「時光機」。

下圖顯示了下載項目檔案夾的時光機。

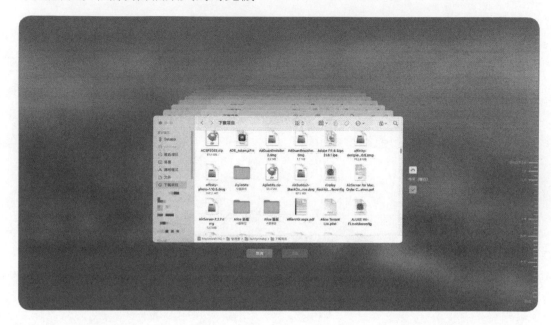

4.　找到要回復的文件

▶　請使用螢幕邊緣的時間軸來選擇要顯示哪一個備份日期及時間的「時光機」備份中的文件。

▶　當您在時間軸上選擇一個刻度條時,「時光機」會顯示該備份中的文件。「時光機」會將您正在瀏覽的備份標示出日期和時間,並將時間軸上的刻度條顯示為紅色表示您正在瀏覽該備份。

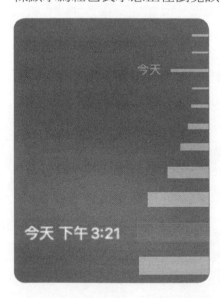

▶ 　亮紅色的刻度條是指現在可以回復的備份，可以從本機快照或從您的外部儲存裝置回復。當您的外部儲存裝置不可用時，只有本機快照是顯示爲亮紅色的。

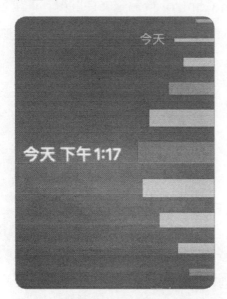

▶ 　一個變暗的紅色刻度條代表當您的外部儲存裝置可用時，可以從其回復備份的內容。

▶ 　使用螢幕上的上下箭頭，可以跳到視窗內容最後一次更動的時間。您也可以使用視窗中的搜尋欄來尋找檔案，並在關注該檔案變化的同時移動時間。

5.　選擇一個文件並按空白鍵進行預覽，確保它是您想要的文件。您也可以一次
　　多個文件。

6.　點擊「回復」來回復您的選擇，或者按著 Control 後點擊文件取得其他選項。

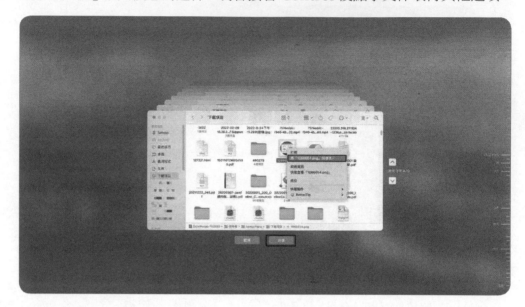

用 Finder 回復

如果您在使用其他「時光機」回復界面時遇到問題，您可以從 Finder 中瀏覽備
份，不需要透過特殊的軟體來瀏覽備份內容。

當您從 Finder 存取「時光機」的備份時，請記住以下幾點：

▶　您只能讀取「時光機」備份的內容，它的存取控制項（ACEs）會拒絕寫入。

▶　如果您沒有備份檔案夾的檔案系統權限，您必須改變所有權或權限才能在
　　Finder 中開啟這些檔案夾。您可以在第 13 章《管理權限和共享》中了解到
　　更多關於改變權限的資訊。

如果您透過網路存取「時光機」，您必須先手動連接到「時光機」的共享資料夾。
第 24 章《管理網路服務》中介紹了連接到共享資料夾。連接完成後，您必須找
到「時光機」的備份磁碟映像檔。它們位於「時光機」共享資料夾的根目錄下，
最常見的名稱是 Backups。每台 Mac 電腦的備份都被儲存為個別的磁碟映像檔，
並以該 Mac 電腦名稱命名。

使用「系統移轉輔助程式」回復文件

您可以使用「系統移轉輔助程式」從「時光機」的備份中回復一個完整的個人專屬檔案夾或其他非系統文件。

1. 當「系統移轉輔助程式」打開時，無論是您直接開啟，或在新的 Mac 上運行「設定輔助程式」，還是在新安裝的 macOS Monterey 上，選擇從「時光機」備份中回復。

    關於「設定輔助程式」的內容，在 3.1，「為新安裝 macOS Monterey 的 Mac 進行配置」中有詳細說明。

2. 選擇一個外部儲存裝置，進行驗證以存取其內容。

    「系統移轉輔助程式」的剩餘過程與第 3 章《設定和配置 macOS》中涉及的標準移轉過程相似，或者與第 8 章《管理使用者個人專屬檔案夾》中提到的使用者特定項目相似。

欲瞭解更多資訊，請參閱 Apple 支援文章 HT203981，「將備份回復到 Mac 上」和在 macOS 使用手冊中的「更改 Mac 上的『時光機』偏好設定」support.apple.com/guide/mac-help/mh14037/。

練習 17.1
配置「時光機」

▶ 前提

　▶　您必須先建立 Local Administrator（練習 3.1，練習設定一台 Mac）和 John Appleseed 帳號（練習 7.1，建立一個標準使用者帳號）。

　▶　您必須有一個外部儲存裝置（USB 儲存裝置或其他媒體）來用於備份。

在此練習中，您將利用「時光機」將您的使用者個人專屬檔案夾備份到外部儲存裝置。

設定「時光機」的排除項目

預設，「時光機」會備份使用者個人專屬檔案夾、資源庫檔案夾，以及沒有預先安裝在 macOS Monterey 的應用程式。在此練習中，您要將「時光機」設定為只備份使用者檔案。在大多數情況下，只備份使用者文件即可提供足夠的保護，因為 macOS 和內建應用程式會在一個加密的、唯讀的系統卷宗上。也可以利用 17.3《回復檔案》中的各種方法進行回復。如果你想回復印表機、網路設定和其他系統範圍的項目，不要在「時光機」的排除列表中添加任何排除項目。

1. 登入 John Appleseed。

2. 打開系統偏好設定，選擇「時光機」。

3. 點選鎖頭按鈕，然後以 Local Administrator 身分進行認證。

4. 在選單中勾選「在選單列中顯示時光機」，若已顯示勾選則忽略。

5. 點擊「選項」按鈕，開啟對話框，您可以用它將檔案夾排除在備份之外。

6. 點擊列表底部的新增（＋）按鈕。

7. 導覽您的啟動卷宗（一般是 Macintosh HD），然後選擇應用程式和資源庫檔案夾。

   您可以按住 Command 鍵並點擊檔案夾就可以選擇多個項目。

8. 點擊「排除」。

您的排除列表會顯示如下圖。在電池供電時進行備份的選項只出現在 Mac 筆記型電腦上。

將這些項目從備份裡排除：	
John的M1Air 的備份	98.41 GB
NINJAV	138.23 GB
VIDEOS	526.2 GB
/Applications	26.35 GB
/Library	6.35 GB

＋　－　　　　　　　　　完整備份的預估大小：86.23 GB

☐　使用電池的電力運作時進行備份

?　　　　　　　　　　　　　取消　　儲存

提醒 ▶ 本練習目的，您將會有小規模的備份。但回到正式環境時，建議您讓「時光機」備份整個 Mac。

9. 點擊「儲存」。

選取一個備份卷宗

1. 將您的外部儲存裝置連接到您的 Mac。

2. 如果出現一個對話框，詢問您是否要使用磁碟與「時光機」進行備份，點擊關閉（X）按鈕，這樣您就可以手動設定備份。

3. 如果您的外部磁碟並非顯示為「Untitled」，選擇它，選擇「檔案」> 重新命名，然後輸入 **Untitled** 來重新命名該磁碟。

4. 在選擇 Untitled 的情況下，點擊「檔案」> 取得資訊。

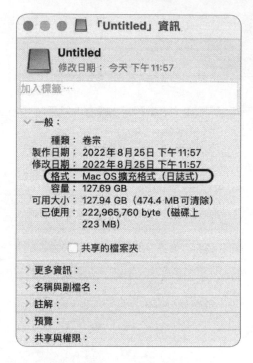

請注意，磁碟的格式是 APFS 或 Mac OS 擴充格式（日誌式），這取決於您的媒體狀態和開始本練習前的使用情況。

5. 在系統偏好設定的「時光機」視窗中，選擇「自動備份」。將會顯示一個可以選擇備份目標的對話框。

6. 選擇名為 Untitled 的外部卷宗。

注意「加密備份」的勾選框。當您選擇此選項時，您會像在 Finder 中加密備份卷宗一樣，對其進行加密。在實際操作中，爲了安全起見，您應該對所有備份進行加密。然而，目前僅爲練習使用，不需勾選該選項。

7.　點擊「使用磁碟」

8.　如果您看到「您要清除「Untitled「以供時光機使用嗎？」的提示，點擊清除。

macOS 會顯示「準備中」的訊息。Untitled 卷宗將會卸載，設定格式爲 APFS（區分大小寫），被重新命名爲「電腦名稱的備份」，然後重新出現。時光機會在兩分鐘內開始備份，您不必在繼續練習之前等待它備份完成。

9.　開啟「磁碟工具程式」，然後在側邊欄位中選擇已重新命名的備份卷宗。確認備份卷宗已被格式化爲 APFS（區分大小寫）。

10.　離開「磁碟工具程式」

11.　離開「系統偏好設定」

操作練習 17.2，《使用「時光機」進行回復 》，以測試備份。

練習 17.2
使用「時光機」進行回復

▶ 前提
　　▶　您必須先操作過練習 17.1《配置時光機》

在此練習中，你將學習如何使用「時光機」從備份中還原遺失檔案。

等待備份完成
在測試備份之前，請確保備份已經完成並且是最新的。

1.　如果有必要，以 John Appleseed 的身分登入。

2.　點擊「時光機」選單列。如果選單列顯示備份仍在進行中，請先等待它完成。

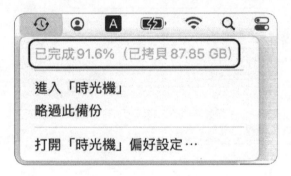

3.　當您收到備份完成的通知時，將滑鼠移到通知上。點擊出現在左上角的 X，
　　就可以關閉通知。

刪除檔案

使用以下步驟從 StudentMaterials 檔案夾中刪除檔案和檔案夾。在下一章節中，您將回復被刪除的檔案和檔案夾。

1.　在 Finder 中，打開 /Users/Shared/StudentMaterials/Lesson17。

2.　將「Archived announcements」檔案夾移至垃圾桶。

　　該檔案夾包含 PretendCo 公司的舊資料。

3.　如果有必要，以本機管理員身分進行認證。

4.　選擇 Finder > 清空垃圾桶。在確認對話框中，點擊清空垃圾桶。

5.　點擊選單列右上角的「時光機」狀態欄位圖標，然後選擇「立即備份」來執行第二次備份。

6.　讓「Lesson17」的視窗打開。

使用「時光機」回復檔案

搜索關於 PretendCo 公司的 solid-state encabulation device（SSED）開發計劃。

1.　Finder 視窗應該仍顯示「Lesson17」檔案夾。若有需要的話，按照下列路徑開啟 /Users/Shared/StudentMaterials/Lesson17。

2.　從選單列中選擇「時光機」> 進入時光機。

　　「時光機」打開並顯示您所屬檔案的連續快照，較新的快照會出現在較舊的快照前面。「Lesson17」檔案夾中不會有檔案出現，因為您已刪除了「Archived announcements」檔案夾。

3.　使用視窗右側的上下箭頭來瀏覽，直到出現「Archived announcements」檔案夾。

　　您也可以使用螢幕右側的時間軸來瀏覽。

4. 找到下列檔案：「Archived announcements/2010/04-April」。

您會看到「SSED plans.rtf file」。

SSED plans.rtf

5. 選擇「SSED plans.rtf」，然後按 Command-Y 或空白鍵，快速檢視預覽就
   會打開。快速檢視在「時光機」中是可用的，這樣您就可以在回復之前確認
   您取得正確的檔案。

> **⊗ ⊘ SSED plans.rtf**　　　　　　　　　　　　　　　　⬆ 　以「文字編輯」打開
>
> When Pretendco began producing encabulators over 30 years ago, our hybrid electropyric models quickly rendered the then-standard turbo-encabulators obsolete. Since then, Pretendco has led the industry with innovations such as integrated overcompensated dingulation, the polymodal inculator, and the Johnson-Fripp limited-skew defrangulator.
>
> Today, Pretendco is preparing to revolutionize encabulation again, with a completely solid-state encabulator. Our solid-state encabulation devices use use 5-layer deoscilon QZIC elements to achieve EFITT densities above 3 megaboids per nM, while keeping parasitic deversion levels below 0.015%.
>
> Pretendco engineers are also already working on a second generation of SSEDs, that will use tightly-endulbed write-only-memory to exceed the Landauer limit.

6. 按下 Command-Y 或空白鍵，關閉「快速檢視」。關於「快速檢視」的更多資訊，請參閱 19.1，《開啟檔案》。

7. 由於檔案所在的檔案夾已被刪除，「時光機」讓您選擇重新建立原來的檔案夾或選擇一個新的位置進行回復。當選擇檔案後，點選回復。

8. 點擊「選擇位置」。開啟「選擇檔案夾」對話框。

9. 在側邊欄中選擇「「文件」檔案夾」，然後點擊「選擇」。

10. 如果有必要，請以本機管理員的身分進行驗證。

11. 在 Finder 中，至您的文件檔案夾（選擇前往 > 文件，或按 Shift-Command-O）。

    可以看到回復的「SSED plans.rtf」檔案。

直接從「時光機」回復
檢查備份並從中複製文件以回復它們。

1. 在 Finder 中，打開您選擇作為備份目的地的卷宗。

2. 找到包含 SSED plans.rtf 的「電腦名稱的備份」卷宗。在截圖的例子中，2022-08-26-102506 包含該檔案。

3. 瀏覽一下這些檔案夾：/*date and time of your backup*/Macintosh HD-Data/ Users/Shared/StudentMaterials/Lesson17/Archived announcements/2010/04- April.

4. 拖曳 SSED plans.rtf 的拷貝到您的桌面。

5. 若有必要，請以 Local Administrator 的身分進行驗證。

6. 從桌面選擇「*電腦名稱的備份*」卷宗，按住 Control 鍵，然後選擇退出「*電腦名稱的備份*」。

7. 如果您被告知一個或多個程序正在使用您的 「*電腦名稱的備份*」磁碟，請登出，然後重新登入並選擇退出。

8. 拔掉或斷開外部儲存裝置與 Mac 的連接。

應用程式與程序

第 18 章
安裝應用程式

對於 Mac 的使用者來說要尋找和安裝應用程式
是件簡單的事。在這一章節中您會學到從 App
Store 和其他安裝方法來安裝應用程式。您也會
學到有關門禁，門禁是 macOS 上的技術被設計
來確保只有信任的軟體在您的 Mac 上運作。

18.1
App Store

查看 App Store 來找到各式各樣的 macOS 和第
三方應用程式。要尋找一個應用程式，您可以以
它的名稱、開發者、類型或關鍵字來做搜尋，或
是您也可以瀏覽商店。在您找到想要的應用程式
後，您可以用您的 Apple ID 來進行購買，或是
您可以兌換一個下載碼或使用禮品卡。

瀏覽

若是要瀏覽 App Store，打開 Dock 中的 App
Store、選擇啟動台中的 App Store 或從 Apple
選單中選擇 App Store 來瀏覽商店內容。

當您第一次打開 App Store 時，您會在 App
Store 中看到一個歡迎畫面。您可以點選「查看您
資料的管理方式」的連結來了解更多有關您的資
訊如何被分享，或點選繼續來使用 App Store。

App Store 打開時會顯示探索頁面。探索頁面會
顯示新的和更新的應用程式。每周 App Store 的

目標

▶ 從 App Store 安裝應
用程式

▶ 描述應用程式支援和
辨識安全問題

▶ 使用拖放或安裝程式
套件來安裝應用程式

531

編輯會推出帶有深度故事的新應用程式。查看精選應用程式的預覽影片來了解它
如何運作。探索頁面也包含其他精選，像是開發者的觀點、排行榜和主題系列。

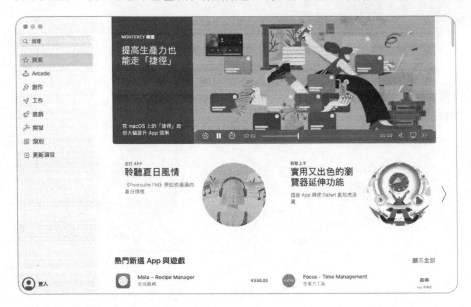

在 macOS Monterey 中的 App Store 包含 Apple Arcade，同時包含在 Apple
One 上，一次擁有六種 Apple 服務的多合一套件訂閱服務（Apple Music、
Apple TV+、Apple Arcade、iCloud、Apple News+ 和 Apple Fitness+）。
Apple Arcade 並不適用在所有的國家或地區。

針對個別的主題頁面 - Arcade、創作、工作、遊戲和開發 - App Store 編輯會提
供專業的推薦和教學。

捲動至探索、創作、工作、遊戲或開發頁面的底部來查看快速連結區塊。

類別頁面包含熱門的應用程式分類。各個分類包含編輯精選、推薦嘗試的應用程式和該分類的排行榜。

您可以使用這些鍵盤快捷鍵：

▶ 　按下 Command-1：探索
▶ 　按下 Command-2：Arcade
▶ 　按下 Command-3：創作
▶ 　按下 Command-4：工作
▶ 　按下 Command-5：遊戲
▶ 　按下 Command-6：開發
▶ 　按下 Command-7：類別
▶ 　按下 Command-8：更新項目

搜尋 App Store

如果您開啟 Siri，您可以用它來搜尋應用程式。Siri 會接受您的請求，開啟 App Store，然後在 App Store 中的搜尋欄中輸入您的請求。

或是您也可以使用 App Store 視窗左上角的搜尋。輸入部分的應用程式或開發者名稱，搜尋結果便會跑出一系列的符合項目。

按下 Return 鍵並選擇一項目來檢視搜尋結果頁面。提供給您一個符合項目更詳細的畫面。

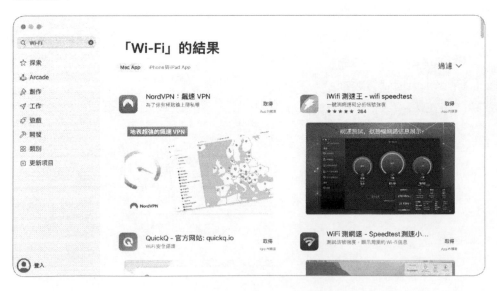

點選應用程式圖像或名稱來打開詳細頁面。在詳細頁面中，您可以了解更多有關此應用程式，檢視應用程式的螢幕截圖，然後瀏覽或撰寫您的使用者評分和評論。此頁面也會顯示開發者和應用程式的更多資訊，包含版本、下載大小，和系統需求。

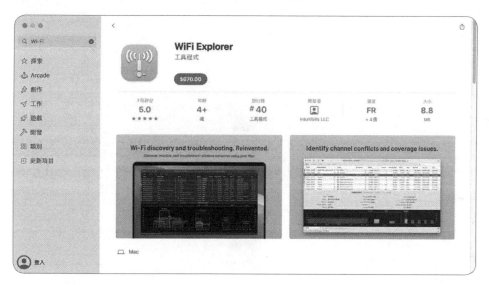

點選分享按鈕（像是一個方框中有向上的箭頭）來複製或分享應用程式連結。

免費項目會顯示「取得」的文字。而付費的應用程式則會在按鈕上顯示價格。如果在已付款項目旁邊的按鈕上顯示「打開」，代表此項目已經安裝完畢。

下方的圖像顯示一付費應用程式和一免費應用程式。

以免費應用程式來說，點選「取得」。該按鈕會變成安裝。點選安裝來開始安裝
該應用程式。

如果該按鈕上有顯示此項目的價格，點選價格。該按鈕會從價格變為購買 APP。
點選購買 APP 來完成購買。

要安裝一個您已經購買但目前沒有安裝在您 Mac 上的應用程式，點選下載按鈕
（像是一個雲朵上有向下的箭頭）。

如果您擁有 Apple Silicon 的 Mac，您可以安裝為 iPhone 或 iPad 設計的應用
程式。在您搜尋一應用程式後，點選 iPhone 與 iPad App。

App Store 會顯示給 iPhone 與 iPad 的應用程式結果。大部分給 iPhone 與
iPad 的應用程式也相容在有 Apple Silicon 的 Mac 電腦上。有些應用程式不適
用因為它們的功能只能在 iPhone 或 iPad 上使用。開發者可以選擇不製作適用
於 Mac 的的應用程式。

在 apps.apple.com/story/id1535100517 參考 App Store 故事「iPhone 與 iPad App 現身於你的 Mac 上」來取得更多相關資訊。參考第 20 章的「應用程式的管理和錯誤排除」來找到更多資訊有關可以在您的 Mac 上運作的應用程式種類。

取得 Apple ID

從 App Store 中下載免費應用程式，您只需要您的 Apple ID、驗證的電子郵件和網路連線。你也需要一個付款方式如果您要買東西的話。參考 Apple 支援文章 HT202631 的「可配合 Apple ID 使用的付款方式」來取得更多資訊有關您可以使用的付款方式。擁有一個高速的網路連線也會很有幫助。您買的任何項目都與您的 Apple ID 有所關聯，然後您可以在您個人擁有或控制的任何一台 Mac 上安裝這些項目。在多個 Mac 電腦上使用同一應用程式是可以的因為 Apple 會利用您的 Apple ID 來保持追蹤您購買和安裝的這些項目。

如果您沒有 Apple ID，您可以在 App Store 中建立一個 Apple ID。如果您主要的電子郵件並非來自 Apple，您可以使用它來定義爲您的 Apple ID。或者，您可以使用一個免費的 iCloud 帳號，它也提供了一個免費的電子郵件地址。

如果您的機構使用 Apple 校務管理（support.apple.com/guide/apple-school-manager/）或 Apple 商務管理（support.apple.com/guide/apple-business-manager/），您可以爲 App Store 項目購買多個應用程式授權。在本章剩下的部分會將重點放在購買 Apple 校務管理和 Apple 商務管理範圍之外的應用程式。

您可以更新或重新安裝任何您已經用您的 Apple ID 來購買的項目。如果您嘗試從 App Store 安裝應用程式來替換您在 App Store 之外購買的同一應用程式的早期版本，您將收到警告。

要管理您的 App Store 帳號,點選 App Store 左下角的登入的連結,或是選擇商店 > 登入。

App Store 的驗證對話框會顯示。如果您已經登入 iCloud,macOS 會輸入您的 Apple ID,然後您只需要輸入您的密碼。否則,如果您有 Apple ID,您便需要輸入它。

接下來會發生的情況取決於您 Apple ID 的相關狀態。如果您點選登入,您可以直接繼續安裝項目,您可能需要同意更新的條款和規範,或著您可能需要驗證或更新您的 Apple ID 資訊。如果您沒有 Apple ID,或是您想要建立一個新的 ID 只供購買,點選建立 Apple ID。

在您輸入您的名字、電子郵件和密碼後,您必須要輸入付款地址。您可能要提供付款的資訊。參考 Apple 支援文章 HT201266「更改、加入或移除 Apple ID 付款方式」來了解移除您付款資訊的相關指示。

欲了解更多資訊有關建立一個可以使用於免費項目的新 Apple ID,參考 Apple 支援文章 HT204316 的「如何建立新的 Apple ID」和 HT203905 的「如果無法從您的 Apple ID 移除付款方式」。

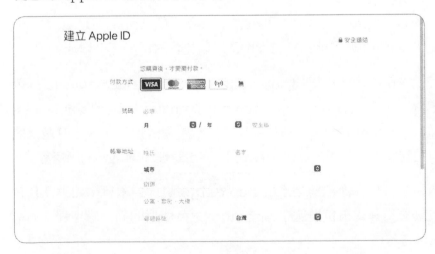

您會收到從 Apple 寄來的郵件請您驗證您的帳號。點選郵件中的連結來開啟您可以驗證帳號的頁面。在您驗證您的帳號後，登入您的 App Store 來購買項目。

如果您需要驗證或更新您的 Apple ID 資訊，您會被要求檢視您的帳號。您必須同意 App Store 的條款與規範並驗證您的 Apple ID 安全細節。您可能也需要驗證或更新您的付款資訊來繼續您的購買。

當您登入，App Store 會在左下角顯示您的帳號頁面，以及您的名字。

應用程式與新的 Mac 進行綁定

新 Mac 電腦上預先安裝了五個應用程式，它們的處理方式與其他預先安裝的應用程式略有不同。這些應用程式包含創作應用程式（iMovie 和 GarageBand）和生產應用程式（Pages、Keynote 和 Numbers）。

除非由您機構和 Apple 校務管理或 Apple 商務管理共同運作的行動裝置管理解決方案來安裝，這些應用程式：

▶ 當您清除卷宗或重新安裝 macOS 時不會自動安裝
▶ 在 App Store 中是免費且可使用的
▶ 在您可以更新那些應用程式之前，需要某些人來綁定那些應用程式（輸入 Apple ID 來綁定應用程式授權與該 Apple ID）。

當您綁定應用程式時，它們便被指派至您的 Apple ID 中，macOS 會從您的 Mac 寄送一個獨特的硬體識別碼到 Apple 驗證資格。

在您擁有一應用程式授權後，您可以如下列步驟在任何 Mac 上安裝應用程式

1. 登入進 App Store

2. 點選左下角的名字來打開您的帳號頁面

3. 捲動至已購買項目

4. 點選任何已購買項目旁邊的下載

您也可以檢視您已登入的 Apple ID 然後從商店選單中登出您的帳號。

查看 support.apple.com/guide/app-store 中的 App Store 使用手冊來取得更多相關細節。

管理您的 Apple ID

如果您想要對您的 Apple ID 做出變更：

1. 打開 App Store

2. 點選 App Store 左下角的帳號連結來打開您的帳號頁面。您也可以選擇商店
    > 帳號，或按下 Command-0（zero）來進入您的帳號。

3. 從帳號頁面中，點選帳號設定來管理設定，包括您的 Apple ID、付款資訊、
    國家或地區設定和 Apple 暱稱。

您的 Apple 暱稱用於隱藏您在任何 Apple 線上商店發布評論中的個人身分。
如果您，或是未驗證的使用者，對您的 Apple ID 做出重大的改變，您會收到一
封自動的發出的信件告知您的 Apple ID 有一些改變。

安裝

您不需要登入進 App Store 就能瀏覽，但您必須要登入才能購買、安裝或更新應
用程式。在您點選購買應用程式或安裝之後，如果您尚未登入，您將會被要求要
登入 Apple ID。

如果您使用多於一台 Mac，您可以讓已購買的應用程式自動下載。您可以用您設
定的 Apple ID 在每一台 Mac 中的 App Store 偏好設定裡設定此選項。

管理家人共享

就如在 7.3 中的「使用螢幕使用時間限制本機使用者存取」所介紹到的，家人共
享可以讓多達六名家庭成員一起使用，不需要共享帳號就能分享 Apple 訂閱和
App Store 購買、Apple Music 的家人會員、iCloud 的儲存空間方案。

當組織者開啟購買項目分享，您可以使用家人購買，透過同一張信用卡並直接從
父母的設備上核准孩子的購買。瀏覽 www.apple.com/family-sharing 來找尋
更多相關資訊。

管理已購買應用程式

要安裝您或另一位成員已經購買的應用程式，打開 App Store，登入您的 Apple ID，然後點選側邊欄中您的名字。您的帳號頁面中已購買的區塊顯示已登入 Apple ID 所擁有的所有項目，包括已安裝和未安裝在 Mac 上的。如果您是家人共享群組中的一員，您也可以檢視另一個家庭成員的購買項目。要檢視項目，點選「購買人」中的名字，然後在選單中選擇另一個名字。

將滑鼠移至應用程式來顯示他的動作按鈕（⋯）

要暫時隱藏一購買，點選動作按鈕，然後選擇隱藏購買項目。您可以稍後在帳號資訊頁面解除隱藏購買項目。

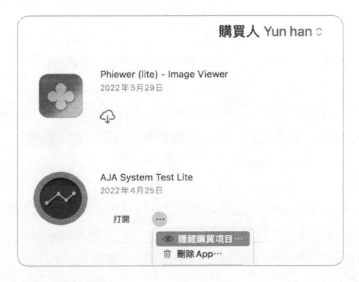

更新 App Store 中的應用程式

對於 macOS 和 App Store 的自動軟體更新機制，和可用更新通知等的相關細節，都在 6.1 中的「自動軟體更新」。

要手動安裝應用程式更新，點選 App Store 側邊欄中的更新項目頁面。然後您可以選擇做下列的其中一項：

▶ 當有可用的更新時點選應用程式旁的更新。
▶ 在更新頁面的右上角，點選全部更新。

參考 Apple 支援文章 HT203421 的「從 Mac 上的 App Store 下載 App」來取得更多資訊有關購買和下載應用程式。

18.2
應用程式安全性

App Store 是您能夠取得應用程式最安全的地方。Apple 會查看在 App Store 中的每個應用程式，並且如果一個應用程式曾經有過問題。Apple 可以快速地從商店中將它移除並阻止已安裝的版本進行運作。

App Store 中唯一可能在第一次啟動後請求管理員授權的應用程式是由 Apple 開發的應用程式。舉例來說，macOS 伺服器和 Xcode 需要管理者的驗證因為每個應用程式需要安裝額外的系統服務。

關於安全性處理

macOS 包含多種應用程式安全技術在您安裝第三方應用程式時保護您的裝置。舉例來說，系統完整保護在預設下是啟用的，並且程序無法取得資源除非有被特殊地允許。儘管有這些安全技術，macOS 在需要的時候會允許系統層級的權限。舉例來說，安裝程式會需要您提供管理者憑據來安裝會影響超過一名使用者的軟體。

應用程式沙盒技術

除了預設的安全性處理之外，macOS 也有著完整的應用程式支援和處理沙盒技術。有了應用程式沙盒技術，應用程式被授權只能取得它們所需要的項目，這技術幫助防止應用程式取得一個使用者所擁有的資料。該技術透過應用程式沙盒容

器安裝於 macOS 中，在第 15 章節的「管理系統資源」中也有提到相關內容。Apple 將任何 macOS 內建應用程式或程序沙盒化。所有在 App Store 中可用的應用程式必須使用應用程式沙盒技術。

除此之外，應用程式在取得使用者資訊之前需要被准許權限，在第 9 章的「管理安全性和隱私性」中有提到相關內容。

程式碼簽署

被程式碼簽署的應用程式和程序包含一個數位簽名，該應用程式和程序被 macOS 所使用來幫助驗證軟體程式碼和資源的真實性及完整性。macOS 會在您打開應用程式之前與它在運作時來驗證靜態程式碼。甚至如果某些部分的應用程式或程序的程式碼在它啟用時有不當變更，macOS 便被設計來自動結束該應用程式或該程序。

除了驗證應用程式的變更之外，程式碼簽署也幫助提供有保證的應用程式驗證給 macOS 的其他部分，包括鑰匙圈、個人的應用程式防火牆、螢幕使用時間偏好設定和應用程式沙盒技術。

macOS 也會使用程式碼簽署來幫助驗證信任新安裝的項目。從 App Store 來的 Apple 軟體和應用程式都有通過程式碼簽署。

選擇不用 App Store 的軟體開發者仍然可以利用程式碼簽署。開發者使用 Apple 提供的開發者 ID 來程式碼簽署他們的安裝程式和應用程式。這樣一來，macOS 可以信任從任何來源安裝的有被程式碼簽署過的應用程式。

公證

軟體公證意指 Apple 在軟體上執行了經開發者 ID 簽署的一安全性檢查。這保護被設計來協助確保沒有惡意的軟體會在簽署的軟體中被找到。

在 macOS Catalina、macOS Big Sur 和 macOS Monterey，macOS 需要所有新的應用程式不是來自 App Store（包括應用程式、外掛和安裝程式套件）需要由開發者 ID 來登入且由 Apple 來公證。要取得公證，第三方開發者必須使用 Apple 的公證服務，公證服務是一個自動的服務會為軟體掃描惡意的內容並協助檢查程式碼簽署的問題。如果公證服務沒有發現問題，它便會產生一個票據，將該票據回傳給開發者，然後將該票據發佈至門禁可以找尋到的網路上。

查看 developer.apple.com/developer-id/ 的章節「Signing Your Apps for Gatekeeper」。

> **提醒 ▶** 查看 man 頁面來找尋 **spctl** 指令，特別是 **--assess** 和 **--verbose** 的選項，來學習如何對項目進行評估。

資料隔離

macOS 包含資料隔離的功能，當您嘗試打開從外部來源（例如網路）下載的項目時，這會導致 Gatekeeper 顯示資訊。隔離的項目包含多種資料種類，像是文件、腳本和磁碟映像檔。這一章主要關注與下載的應用程式相關的隔離。

只有當下載項目的隔離檢測應用程式將項目標記為隔離時才會開始隔離。內建在 macOS 中的所有應用程式都有隔離警告，但不是所有可以下載應用程式的第三方應用程式都有隔離警告。再者，如果您使用其他方法複製項目到 Mac 上，他們沒有被標記為隔離。舉例來說，如果您使用 Finder 來從外部儲存裝置中複製應用程式，您不會有隔離服務，這樣您就不會看到有關未經過公證的項目的警告。

> **提醒 ▶** 如果您的機構使用行動管理裝置解決方案或是第三方軟體部署解決方案來分配和安裝軟體，對於軟體分配這一方面就不會需要軟體被簽署和公證。

當項目被標記為隔離，macOS 會需要您來驗證您想要開啟的項目或取消如果您對該項目有任何安全性的疑慮。

您第一次嘗試安裝或開啟沒有被識別的開發者所簽署的應用程式時，您會看到一個警告告知您無法開啟此項目因為它是來自於未識別的開發者（第一個圖片）。您第一次嘗試安裝或開啟沒有被識別的開發者所簽署且沒有經過 Apple 公證的應用程式時，您會看見警告說明應用程式無法被打開（第二個圖片）。

提醒 ▶ 此對話框的警告圖像和項目為被簽署時所顯示的警告圖像對話框有些許不一樣。

您可以使用 xattr 指令刪除項目隔離區。使用此指令一次刪除多個項目的隔離區，或者在 Finder 無法移除隔離的情況。要在終端機中使用此工具，輸入 **xattr -dr com.apple.quarantine**，並輸入該項目的路徑。

參考 Apple 支援文章 HT202491 的「在 Mac 上安全地開啟 App」來找尋更多有關門禁和安全地開啟應用程式的相關資訊。此章節包括警告「執行未經簽署和公證的軟體可能會使您的電腦和個人資料暴露給惡意軟體，從而損害您的 Mac 或損害您的隱私。」

惡意軟體偵測

Apple 透過維護一系列已知的惡意軟體清單來更進一步保護 macOS。如果您嘗試去打開清單上的任何軟體，macOS 會顯示警告的對話框並建議您將項目移至垃圾桶並回報此惡意軟體給 Apple 來保護其他使用者。惡意軟體的清單會由 macOS 軟體更新自動更新。

配置「允許從以下來源下載的 App」設定

macOS 同時使用程式碼簽署和資料隔離來保護您的 Mac 遠離惡意應用程式的侵害。它透過讓您選擇只允許從受信任的應用程式來源下載的應用程式來做到這一點。

「允許從以下來源下載的 App」設定有兩種選項：

▶ App Store- 只允許從 App Store 中下載應用程式開啟。即使應用程式的某
  個版本可以從 App Store 取得，如果您從其他地方下載該應用程式，它仍然
  會被阻止。。

▶ App Store 和已識別的開發者 - 是 macOS 的預設選項。如果開發人員使用
  Apple 驗證的程式碼簽署憑證來識別他們的應用程式並公證應用程式，則允
  許打開應用程式，但如果設置了隔離，macOS 仍會為下載的項目顯示檔案
  隔離對話框。

暫時忽略應用程式安裝設定

就算您在「允許從以下來源下載的 App」設定中做出選擇後，您可以覆蓋它並使
用管理者身分驗證來允許未信任的應用程式。在 Finder 中，按住 Control 並點
選應用程式檔案並從選單中選擇開啟。一個警告會出現來驗證您的意圖。

點選好來打開應用程式並清除檔案隔離（如果您沒有以管理者的身分登入，您必須要提供管理者憑據。）然而，這麼做對於所有未簽署的應用程式來說可能不夠，因為某些應用程式可能會自動在背景開啟其他應用程式或子應用程式。包括還提供背景軟體以促進硬體功能的應用程式。

這些次要的應用程式可能也會在軟體運作時觸發限制。您將無法從 Finder 中覆蓋這些檔案。在這些情況下，聯繫軟體開發者來確保您有最新的軟體版本相容於 macOS Monterey。

您也可以在安全性與隱私權偏好設定中的一般頁面覆蓋被 macOS 封鎖的項目。點選強制打開。

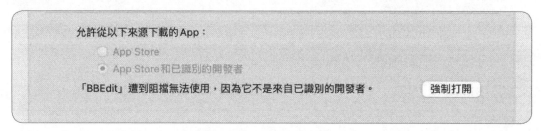

如果您沒有以管理者的身分登入，您必須要提供管理者身分驗證資訊。

18.3
使用拖放和軟體安裝套件來安裝應用程式

除了使用 App Store 之外，您可以使用拖放安裝或安裝程式套件來安裝軟體。

如果軟體開發人員建立的產品需要一個僅包含幾個項目甚至單個項目的檔案夾，它通常部署為包含拖放安裝的磁碟映像檔。

然而，如果軟體開發人員建立的產品需要一組必須安裝在整個 macOS 中的多個特定位置的項目，它通常部署為安裝程式套件。

使用拖放來進行安裝
當您從網路上下載軟體，它通常會是個封存的格式或是磁碟映像檔格式

在 macOS 中，Safari 會在預設情況將資料下載至 ~/Downloads。Safari 在預設情況下不會解壓縮檔案。您必須要打開（或雙擊）下載的磁碟映像檔來使它的內容可以在您的 Finder 中使用。

您需要將新的應用程式移到另一個位置。應用程式對所有使用者都可用的預設位置是 /Applications。只有管理者使用者可以手動對 /Applications 做出變更。然而，使用者可以將應用程式放在他們各自的個人專屬檔案夾中的任何位置。

要執行拖放安裝，拖曳此應用程式到 /Applications 檔案夾或一替代的位置。在下列的範例中，開發商提供替身到您的應用程式檔案夾來使拖放變得容易。

拖放應用程式的安全性

標準使用者被允許來安裝和打開的應用程式無法在 Mac 上干擾其他使用者。然而，撰寫不當或惡意軟體可能會損害使用者個人專屬檔案夾中的項目。

安裝程式套件

某些開發者提供軟體安裝程式套件（也叫做 *packages*），您可以在打開套件時進行安裝。

當您打開安裝程式套件後,安裝程式(位置在 /System/Library/CoreServices)會自動開啟然後會帶領您經過幾個簡單的畫面讓您可以設定並開始安裝過程。

許多第三方的應用程式安裝了可能會影響其他使用者和 macOS 的項目,所以他們的安裝程式套件需要您在安裝應用程式之前提供管理者憑證。

安裝程式支援被簽署的套件,包含了用來安裝過程中驗證軟體的真實性和完整性的程式碼。這被設計來防止未授權的人員在信任的安裝程式套件中插入非法的資料。您可以藉由在視窗標題欄最右方的小型鎖頭來識別已簽署的安裝程式套件。

點選鎖頭來顯示已簽署的安裝程式套件的相關細節,包括他的憑證狀態。

使用其他安裝程式

某些第三方安裝者使用拖放或安裝程式套件以外的安裝方法。如果您對於第三方安裝程式有任何問題,請聯絡開發者。

啟用軟體

當您安裝某些第三方軟體時，您可能必須使用管理員憑據來允許存取您的 Mac 或允許安裝系統延伸功能。在 9.5「管理使用者隱私權」、9.8「允許舊版系統延伸功能」和 9.9「允許系統延伸功能」來找尋更多相關資訊。

更新已安裝的軟體

您可以有多種方式來更新您的軟體：

▶ 從 Apple 和 App Store 的軟體應用程式 - 您從 App Store 取得的軟體，包含 Apple 和第三方軟體，會被 App Store 所更新。查看第六章「更新 macOS」來取得更多資訊。

▶ 自動更新第三方軟體 - 第三方軟體的自動更新機制各不相同。這裡沒有標準的方法決定應用程式是否有自動更新能力。您可以藉由檢查常用位置來開始，包含應用程式選單（選單有顯示應用程式的名稱）、應用程式偏好設定視窗或是應用程式說明選單。如果第三方應用程式安裝了偏好設定頁面，則可能存在自動更新機制。

▶ 手動更新第三方軟體 - 在某些情況下，您必須要手動安裝新的應用程式版本。

18.4
移除已安裝的軟體

您可以在這三種方法中選一種來移除軟體：

▶ 您可以將應用程式拖曳至垃圾桶。如果該軟體是一種資源，像是偏好設定或是字體，在資源庫的其中一個檔案夾中找到該項目並拖曳它至垃圾桶。此方法可能會留下一些支援檔案。

▶ 您可以從 Launchpad 中移除 App Store 裡的應用程式，在 Launchpad 中，按住 Option 鍵。一個小的 x 按鈕會出現在從 App Store 安裝的應用程式旁邊。點選 x 按鈕來移除應用程式。使用此方式來移除某些應用程式（像是 GarageBand）可能會留下一些支援檔案。

▶ 某些第三方的開發者會分配搭載原始應用程式的解除安裝應用程式。使用第三方解除安裝應用程式。

參考 Apple 支援文章 HT202235 的「如何在 Mac 上解除安裝 App」來尋找更多相關資訊。

練習 18.1
從 App Store 中安裝應用程式

▶ 前提
　　▶ 您必須要建立 Local Administrator（練習 3.1,「練習設定一台 Mac」）和 John Appleseed 的帳號（練習 7.1,「設定一個標準使用者帳號」）

在該練習中,您使用 App Store 應用程式來購買、下載和安裝免費的應用程式於您的 Mac 上。

登入 Apple ID 來使用 App Store

使用 App Store 的 Apple ID 配置 John Appleseed 帳號的方式取決於您是否要使用相同的 Apple ID 進行 iCloud 和 App Store 購買以及 Apple ID 過去的用途。

1. 以 John Appleseed 的身分進行登入。

2. 從 Apple 選單中，選擇 App Store。

3. 在歡迎使用 App Store 的畫面中，點選「查看您資料的管理方式」來查看 Apple 的隱私權政策，然後點選好並點選繼續。

4. 選擇商店 > 登入或點選 App Store 中左下角的登入按鈕。提供您過去練習中使用的相同 Apple ID，然後點選登入。

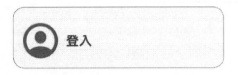

5. 提供密碼，並點選登入。

6. 如果雙重驗證可以在您的 Mac 上做使用，您可能會被要求額外的驗證程序。遵照提示來完成驗證程序。

   因為您已經登入，在商店選單中的最後一個項目會顯示為帳號。在應用程式視窗左下角也會顯示您的名字。

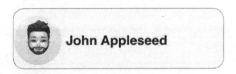

   您應該要以您使用 iCloud 的 Apple ID 帳號來進行登入。建議 iCloud 和 App Store 都使用相同的帳號。參考 Apple 支援文章 HT204053 的「使用 Apple ID 登入」來找尋更多相關資訊。

7. 在選單列中，選擇 App Store > 偏好設定。

8. 如果「自動下載在其他裝置上購買的 App」有被勾選，取消勾選該選項。

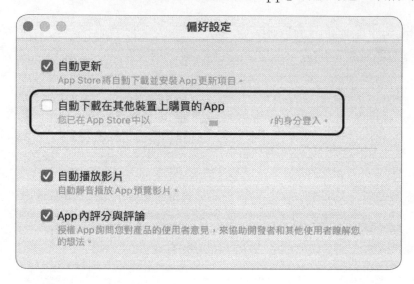

9. 關閉偏好設定對話框。

選擇應用程式來進行購買

1. 在搜尋欄中輸入 **Apple Config**（在 App Store 視窗中的左上角），然後按
下 Return。

App Store 可能會顯示一個以上的相關應用程式。從 Apple 中尋找一個叫做
Apple Configurator 的免費應用程式。免費應用程式會顯示取得的按鈕而
不是價錢的按鈕（但是如果此應用程式曾經有在此 Apple ID 底下被取得過，
您會看到一下載的按鈕）。

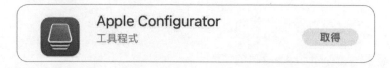

2. 點選免費應用程式的名稱。

App Store 中會顯示更多有關此應用程式的細節。您會看見取得或下載的
按鈕。

3. 執行下列其中一動作：

▶　如果您看見取得的按鈕，點選取得，然後點選安裝。

▶　如果您看見下載的按鈕，點選他來下載應用程式。

如果有需要額外的確認或設定，對話框會出現要求您登入來下載應用程式。

4. 如果您被要求額外的資訊，請照著步驟進行。
當應用程式開始下載時，進度會顯示在 App Store 中。

測試應用程式

1. 打開啟動台。

如果應用程式尚未完成下載。Apple Configurator 會顯示下載的進度。當
應用程式完成下載後，您會看見它的圖像。

如果應用程式尚未被開啟，您會看見它的名稱旁邊有一個藍色的圓點。

2. 點選圖像來讓 Apple Configurator 可以開啟應用程式。

3. 在 Apple Configurator 的許可協議中，檢視它的協議，然後如果您同意，
點選接受。

4. 在 Apple Configurator 的歡迎畫面中，點選開始使用。

5. 結束應用程式。

檢視 App Store

1. 在 App Store 中，點選商店 > 帳號。

2. 如果 App Store 通知您有取得的應用程式，不要接受它們。

   在 App Store 的清單中會列出您使用此 Apple ID 來購買的應用程式。如果您曾經使用此應用程式，您可能會看見您購買的其他應用程式。

   如果您在 App Store 偏好設定中選擇選項「自動下載在其他裝置上購買的 App」，額外的應用程式會被下載和安裝。一旦此按鈕是關閉的，您會看見您用來手動安裝應用程式的下載按鈕。

   App Store 的條款和合約會限制此應用程式可能在多台電腦上被安裝的情況。查看 www.apple.com/legal/internet-services/itunes/ 來尋找使用 iTunes 的最新的合約與條款。

   如果其他應用程式也有在清單中，不要安裝它們。

3. 在 App Store 的側邊欄中，點選更新項目。

   App Store 會顯示安裝在這台 Mac 上從 App Store 中購買的可用的應用程式更新。

4. 結束 App Store。

練習 18.2
使用安裝程式套件

▶ **前提**

▸ 您必須要建立 Local Administrator（練習 3.1,「練習設定一台 Mac」）和 John Appleseed 的帳號（練習 7.1,「建立一個標準使用者帳號」）。

在此練習中,您使用安裝程式套件來安裝一應用程式。您注意到該套件有被驗證的開發者簽署過,然後您會學習如何檢查安裝程式套件的簽署。

使用安裝程式套件來安裝應用程式

1. 如必要的話,以 John Appleseed 的身分來登入。

2. 打開 StudentMaterials/Lesson 18 檔案夾。

3. 打開 Trust Me.dmg

   裝載的映像檔顯示了裡面的 Trust Me 套件。

4. 打開 Trust Me.pkg

   安裝程式打開並準備安裝 Trust Me 應用程式。

   門禁並沒有被啟動,因為 Trust Me 套件是一個有被簽署的套件。

5.　如果您被要求允許安裝程式在可移除的卷宗上取得資料，點選不要允許。

6.　打開終端機。

7.　輸入 **pkgutil --check-signature "/Volumes/Trust Me/Trust Me.pkg"**，然後按下 Return 鍵。

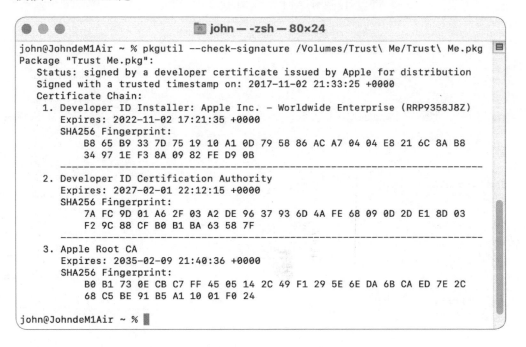

```
● ● ●                     📁 john — -zsh — 80×24
john@JohndeM1Air ~ % pkgutil --check-signature /Volumes/Trust\ Me/Trust\ Me.pkg
Package "Trust Me.pkg":
   Status: signed by a developer certificate issued by Apple for distribution
   Signed with a trusted timestamp on: 2017-11-02 21:33:25 +0000
   Certificate Chain:
    1. Developer ID Installer: Apple Inc. – Worldwide Enterprise (RRP9358J8Z)
       Expires: 2022-11-02 17:21:35 +0000
       SHA256 Fingerprint:
           B8 65 B9 33 7D 75 19 10 A1 0D 79 58 86 AC A7 04 04 E8 21 6C 8A B8
           34 97 1E F3 8A 09 82 FE D9 0B
       ------------------------------------------------------------------------
    2. Developer ID Certification Authority
       Expires: 2027-02-01 22:12:15 +0000
       SHA256 Fingerprint:
           7A FC 9D 01 A6 2F 03 A2 DE 96 37 93 6D 4A FE 68 09 0D 2D E1 8D 03
           F2 9C 88 CF B0 B1 BA 63 58 7F
       ------------------------------------------------------------------------
    3. Apple Root CA
       Expires: 2035-02-09 21:40:36 +0000
       SHA256 Fingerprint:
           B0 B1 73 0E CB C7 FF 45 05 14 2C 49 F1 29 5E 6E DA 6B CA ED 7E 2C
           68 C5 BE 91 B5 A1 10 01 F0 24
john@JohndeM1Air ~ % █
```

8.　在終端機視窗中檢查輸出（也叫做 stdout）。

stdout 告訴您此套件被 Apple 發行的開發者憑證所簽署且顯示憑證的信任鍊。在這情況下，套件被 Apple Inc. – Worldwide Enterprise's Developer ID Installer 憑證所簽署，該憑證由 Developer ID Certification Authority（CA）所簽署，被 Apple Root CA 所信任。

本質上，這意思是 Apple Root CA 為 Developer ID Certification Authority、Apple Inc. – Worldwide Enterprise 與安裝程式套件的真實性提供擔保。

這是 Apple 發行的開發者 ID 憑證的標準形式。

9.　結束終端機。

10.　在安裝程式中，選擇檔案 > 顯示檔案。

這顯示了安裝程式套件中包含了什麼資料。在這情況下，它是一個叫 Trust Me 的檔案夾裡面包含了 Trust Me.app 和應用程式套件裡的資料。

11.　關閉「檔案來自 Trust Me」視窗。

12.　在主要的安裝程式視窗中，點選繼續。

某些套件中有包含額外的項目，像是 Read me 文件資訊、授權協議和選擇安裝部分。這是一個簡單的套件，所以它會繼續到安裝類型頁面。

13.　點選安裝，然後如必要的話，以 Local Administrator 的身分進行驗證。

安裝會很快地完成。然後安裝程式會通知您已經安裝成功。

14.　點選關閉。

安裝程式會結束。

15.　退出磁碟映像檔。

16. 在 Finder 中，導覽至應用程式檔案夾。

   Trust Me 應用程式已安裝。

17. 打開啟動台。

   新的應用程式會和您的其他應用程式一起顯示。

18. 打開 Trust Me。

   因為此應用程式是由安裝程式套件來安裝（而非直接從網路上下載）。門禁沒有啟動，警告也沒有顯示。您會在下一練習中看到未信任的應用程式會發生什麼問題。

19. 結束 Trust Me。

   不像和 App Store 那樣，它並沒有為安裝程式套件的應用程式提供標準的更新程序。某些應用程式會自行管理更新；其它需要您手動來下載，然後安裝更新或使用行動裝置管理解決方案（MDM）來管理。

練習 18.3
拖放安裝一應用程式

▶ 前提
   ▶ 您必須要建立 Local Administrator（練習 3.1,「練習設定一台 Mac」）和 John Appleseed 的帳號（練習 7.1,「建立一個標準使用者帳號」）。

在這練習中，您使用拖放功能來安裝兩個應用程式。一個應用程式是簽署且公證的，另一個應用程式則是未簽署以及未公證的。

從網路上取得一應用程式

1. 導覽至 www.barebones.com/products/bbedit/download.html，或是從 StudentMaterials>Lesson 18 中雙擊下載 BBEdit 的網址位置檔案。

2. 點選磁碟映像檔旁邊的下載按鈕，然後在 Safari 提示中，點選允許。

Disk Image: (23.5 MB) (Download)

雖然 BBEdit 在 App Store 中也可取得，但為了此練習目的您需使用拖放安裝。

3. 打開下載檔案夾中的磁碟映像檔。它包含了安裝導覽在背後。

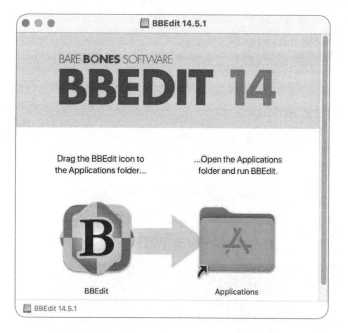

4. 拖曳 BBEdit 的圖像到 Applications 的圖像中（該圖像是個 /Applications 的替身）

macOS 使您不管應用程式存放在哪裡都可以運作應用程式，就算它們不在 /Applications。 在您下載的磁碟映像檔中運作該應用程式的拷貝是可行的，但可能會造成奇怪的現象。不要在磁碟映像檔中運作應用程式。

5. 以 Local Administrator 的身分進行驗證，然後點選好。

Finder 會複製 BBEdit 到應用程式檔案夾中。

6. 退出磁碟映像檔。

7. 在 Finder 中，導覽到應用程式檔案夾（Shift-Command-A）。

8. 雙擊 BBEdit，然後在提示中點選開啟。

當您從網站中下載 BBEdit 應用程式，macOS 套用隔離屬性至 BBEdit 應用程式中。然而，因為它已經簽署且公證的，您只會被要求一次。您會在稍後驗證它的簽署和它的公證狀態。

9. 如果您看見 BBEdit 的通知，將游標移動至通知，然後點選關閉（X）。

10. 選擇 BBEdit> 結束 BBEdit 來結束 BBEdit。

從 Student Materials 中來取得應用程式

1. 如必要的話，以 John Appleseed 的身分登入。

2. 開啟 StudentMaterials>Lesson 18。

3. 打開 Dead End.dmg

此磁碟映像檔包含曾經從網站上下載的應用程式且仍然套用著隔離屬性，所以 macOS 會視為此應用程式為未信任的來源。

將應用程式複製到 /Applications

Deads End 應用程式會以磁碟映像檔來顯示並且帶有背景圖像教學。

1. 拖曳 Dead End 圖像到應用程式圖像的上方。

2. 以 Local Administrator 的身分驗證，然後點選好。

   還不要打開 Dead End 應用程式。

3. 退出磁碟映像檔。

測試門禁安全性設定

1. 打開安全性與隱私性設定。

2. 如需要的話，點擊一般。

3. 驗證，然後驗證「允許從以下來源下載的 App」的選項以設定至「App Store 和已識別的開發者。」

4. 結束系統偏好設定。

5. 在 Finder 中，導覽至應用程式檔案夾（Shift-Command-A）。

6. 雙擊 Dead End。

    Dead End 包含後設資料指示著這是隔離的因為它是從網路上下載的。您第
    一次打開它的時候。門禁會檢查它是否違反您所允許的應用程式政策。一旦
    該應用程式沒有透過開發者 ID 進行簽署,門禁便不會准許它開啟。

7. 點選取消。

8. 按住 Control 後點擊 Dead End,然後從選單中選擇開啟。

    這一次,門禁會警告您有關此應用程式但會給您選項來繞過一般政策並打開
    應用程式。

9. 點選開啟。

    提醒 ▶ 藉由點選開啟，您正允許 macOS 由一未信任的開發者來執行程式碼。此程式碼對於您的 Mac 運作來說可能會是危險的。在正式的環境下，你應該永遠不要運作未被信任的開發者簽署的應用程式。

10. 如果必要的話，以 Local Administrator 的身分進行驗證。

    因為 John Appleseed 是標準的使用者，他並未被允許在沒有管理者的憑據下來開啟未簽署的應用程式除非最近有被提供。

11. 如果必要的話，點選在 Dock 的 Dead End 的圖像。

    不要點選「Download the internet」如果您這麼做了，請看練習 20.1 的「強制結束應用程式」來找尋更多資訊有關強制結束應用程式。此應用程式沒有危害，但它也不帶來任何助益。

12. 結束 Dead End（選擇檔案 > 結束 Dead End 或按下 Command-Q）

13. 雙擊 Dead End 來重新打開它。

    這一次的開啟不會有警告跳出。一旦您開啟一次，您的門禁政策會調整來允許它正常運作。

14. 再次結束 Dead End。

驗證簽名和公證

1. 打開終端機。

2. 輸入 **codesign -dv --verbose "/Applications/Dead End.app"** 然後按下 Return 鍵。

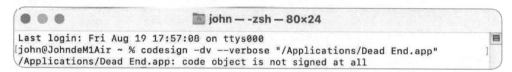

```
Last login: Fri Aug 19 17:57:08 on ttys000
[john@JohndeM1Air ~ % codesign -dv --verbose "/Applications/Dead End.app"
/Applications/Dead End.app: code object is not signed at all
```

因為 Dead End 還未簽署，您會收到一訊息「code object is not signed at all」。雖然擁有管理者權限的使用者今天可以越過門禁，此能力可能無法在之後釋出的 macOS 上實現。

3. 輸入 codesign -dv --verbose /Applications/BBEdit.app

```
● ● ●                    📁 john — -zsh — 80×24
john@JohndeM1Air ~ % codesign -dv --verbose /Applications/BBEdit.app
Executable=/Applications/BBEdit.app/Contents/MacOS/BBEdit
Identifier=com.barebones.bbedit
Format=app bundle with Mach-O universal (x86_64 arm64)
CodeDirectory v=20500 size=119200 flags=0x10000(runtime) hashes=3714+7 location=
embedded
Signature size=8949
Authority=Developer ID Application: Bare Bones Software, Inc. (W52GZAXT98)
Authority=Developer ID Certification Authority
Authority=Apple Root CA
Timestamp=Jul 9, 2022 at 12:54:24 AM
Info.plist entries=57
TeamIdentifier=W52GZAXT98
Runtime Version=12.3.0
Sealed Resources version=2 rules=13 files=740
Internal requirements count=1 size=212
john@JohndeM1Air ~ % █
```

因為 BBEdit 是由開發者簽署，您會收到有關應用程式開發者和由誰簽署憑證的相關資訊。

4. 輸入 codesign --test-requirement="=notarized" --verify --verbose /Applications/
   BBEdit.app。

```
● ● ●                    📁 john — -zsh — 80×24
john@JohndeM1Air ~ % codesign --test-requirement="=notarized" --verify --verbose
 /Applications/BBEdit.app
/Applications/BBEdit.app: valid on disk
/Applications/BBEdit.app: satisfies its Designated Requirement
/Applications/BBEdit.app: explicit requirement satisfied
```

由於 BBEdit 滿足未來在 macOS 中開發應用程式所需的公證要求，因此您會收到訊息「explicit requirement satisfied」。

5. 結束終端機。

練習 18.4
移除應用程式

▶ 前提

▶ 您需要先執行練習 18.1「從 App Store 中安裝應用程式」和練習 18.2「使用安裝程式套件」。

檢視安裝的應用程式

1. 按住 Option 後點選 Apple 選單，然後選擇系統資訊。

系統資訊將會打開然後顯示系統報告。

2. 從側邊欄中的軟體區塊，點選安裝。

報告的這一部分會顯示從 App Store 和套件中安裝的軟體。
它會顯示 Apple Configurator 和 Trust Me。它不會顯示以其他方法來安裝
的軟體。因為您使用拖放功能來安裝了 BBEdit 和 Dead End，他們便不會
顯示。

3. 結束系統資訊。

從啟動台移除應用程式

1. 打開啟動台。

2. 按下 Apple Configurator 不放（或您從 App Store 中安裝的應用程式）直
到 x 按鈕出現在圖像的左上角然後其他圖像開始晃動。

在此模式中，啟動台可以讓您拖曳應用程式圖像來重新安排它們。您也可
以使用刪除（X）按鈕刪除您從 App Store 中購買的應用程式，像是 Apple
Configurator。

3. 點選 Apple Configurator 上的刪除（X）按鈕。

4. 在顯示地確認對話框中，點選刪除。

   Apple Configurator 從您的 Mac 上解除安裝。您的偏好設定檔案或檔案夾和使用者資料仍會存在，所以如果您決定要重新安裝應用程式，您的設定是仍然可以使用的的。

5. 在背景點擊兩次來結束啟動台。

從 App Store 中重新安裝應用程式

1. 打開 App Store。

2. 選擇商店 > 帳號。

   因爲您購買了 Apple Configurator ，他會被列入且是可以下載的。
   根據您在使用的 Apple ID 的歷史紀錄，其他應用程式也可能會被列入。

 Apple Configurator
今天

3. 點選 Apple Configurator 的下載按鈕。

4. 如必要的話，輸入 Apple ID 密碼來驗證 App Store。

   應用程式已經下載且重新安裝。

5. 等待完成下載，然後結束 App Store。

在 Finder 中移除應用程式

1. 在 Finder 中，導覽至應用程式檔案夾。

2. 選擇 Apple Configurator ，然後將它拖曳至垃圾桶。

3. 如必要的話，以 Local Administrator 的身分進行驗證。

4. 選擇 Finder> 清空垃圾桶，然後點選確認對話框中的清空垃圾桶。

   Apple Configurator 會從您的 Mac 中解除安裝。

5. 重複步驟 2-4 來從您的 Mac 中解除安裝 BBEdit。

第 19 章
管理檔案

在本課您將會學到幫助您管理文件的工具，由「啟動服務」開始，接下來使用「快速查看」來預覽大部分的文件種類。然後您將學會關於自動儲存、版本和在 iCloud 中的文件管理。最終，您會學習 macOS 如何幫助您在包含您的個人專屬檔案夾的卷宗上最佳化儲存空間並重新取得空間。

19.1
打開檔案

在 macOS，您可以在 Finder 雙擊來打開一個檔案，或是在 Finder 選擇一個檔案然後點選「檔案」>「打開」。

當您這麼做的時候，你同時告訴 macOS 去啟動該檔案相對應的應用程式。macOS 利用「啟動服務」來做到。啟動服務使用一個檔案的副檔名來了解應該要開啟哪個應用程式。

副檔名是位於檔案名稱之後以一個句號開頭的一組字串。例如 filename.jpg 就是一個使用 .jpg 副檔名的檔案。

Joint Photographic Experts Group（JPEG）是一種壓縮很多檔案種類的格式。有時候會有一種以上的副檔名來標示一個檔案種類。例如一個 JPEG 檔案可以擁有副檔名是 .jpg 或是 .jpeg。

目標

▶ 使用「啟動服務」和「快速查看」來打開檔案

▶ 描述「啟動服務」如何使用應用程式資料庫

▶ 使用「快速查看」預覽檔案以及預覽面板

▶ 學習如何瀏覽文件版本及在支援自動儲存與版本的應用程式中返回較舊版本

▶ 打開儲存在 iCloud 的文件

▶ 把文件儲存在 iCloud

▶ 最佳化本機儲存空間來重新取回系統卷宗上的空間

Finder 預設會隱藏副檔名。如果您想要 Finder 顯示檔案的副檔名,選擇一個檔案,點選「檔案」>「取得資訊」然後點開「名稱與副檔名」的箭頭來檢視資訊。在以下的截圖,該檔案的「隱藏副檔名」的選項被取消,所以它的檔案名稱的副檔名並沒有被隱藏。在資訊視窗最上方顯示的檔案名稱也會改變。

您可以點選「Finder」>「偏好設定」,按下「進階」按鈕,勾取「顯示所有檔案副檔名」旁邊的註記框來讓 Finder 顯示所有文件的副檔名。

如果您選擇在 Finder 顯示所有檔案的副檔名,這就會使個別檔案屬性內要隱藏檔案名稱的副檔名的設定無效。

如果您在 Finder 偏好設定內勾選「顯示所有檔案副檔名」，您在更改檔案副檔名或移除副檔名時會出現警告。這會避免您不小心更動一個檔案的副檔名。

如果您需要更改一個既有檔案的檔案種類，請使用應用程式的輸出檔案來變更檔案種類。例如在 Pages 您可以使用「檔案」>「輸出至」並選擇一個不同的檔案種類。

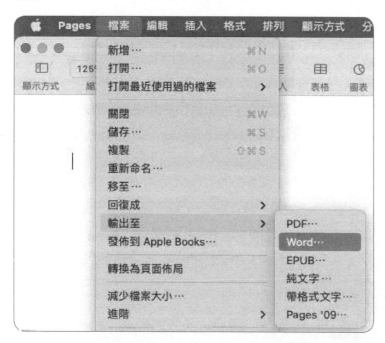

提醒 ▶ macOS Monterey 在 Finder 的「快速動作」內提供數種圖片格式轉換。按住 Control 並點擊一個圖片檔案，選擇「快速動作」的「轉換影像」選項。「快速動作」會在 20.2「管理應用程式延伸功能」講解討論。

應用程式註冊

當您嘗試打開一個檔案,「啟動服務」會從應用程式與檔案類型的資料庫讀取資料,判讀檔案類型並對應到應用程式。當「啟動服務」找到正確組合,它會快取這個組合,所以當您嘗試再次打開檔案時,「啟動服務」就能快速的找到這個組合。在您啟動或登入後,一個背景程序就會掃瞄是否有新的應用程式然後會更新資料庫。Finder 和安裝程式會追蹤新的應用程式然後增加它們的支援檔案類型登錄至資料庫。

如果 macOS 顯示一個訊息表示沒有應用程式來打開檔案,通常是沒有安裝正確的應用程式來開啟該檔案。如果合適的應用程式不存在,「啟動服務」會將許多常見的檔案種類對應到「預覽程式」與「文字編輯」。例如大多數 Numbers 或 Microsoft Excel 試算表都用「預覽程式」打開,而大部分的 Pages 及 Microsoft Word 文件用「文字編輯」打開。

使用「快速查看」您可以預覽很多常見的檔案類型,就算沒有安裝合適的應用程式也沒問題。這包含 Pages、Keynote、Numbers 和 Microsoft Office 文件。「快速查看」的詳細內容包含在本課程後續章節「使用快速查看預覽文件」。

如果「預覽程式」或其他應用程式無法打開一個檔案,更改「啟動服務」配置來強制檔案使用一個合適的應用程式開啟的部分會在下一章節講述。「啟動服務」或許沒有設定一個應用程式來對應檔案類型。如果您嘗試打開一個沒有在「啟動服務」資料庫裡的檔案類型,macOS 會詢問您去 App Store 或已經安裝在電腦上找到一個可以支援這檔案的應用程式。

管理啟動服務

如果您希望使用不同於原本檔案類型預設的應用程式來開啟一個檔案時,您可以覆蓋「啟動服務」對任何檔案類型的預設應用程式的配置。要覆蓋一個檔案的預設應用程式配置,使用 Finder 的「資訊」或「檢閱器」視窗。使用「資訊」視窗的詳細內容在第 13 課「管理權限及共享」。

在您選擇好您要更改「啟動服務」配置的檔案後,開啟「檢閱器」,點擊「打開檔案的應用程式:」的箭頭來顯示「啟動服務」預設的應用程式。要只更改已選取打開檔案的預設應用程式的話,從下拉式選單選取另一個應用程式即可。這資訊會儲存在這個檔案的後設資料並且註記「啟動服務」配置只限於該項目。

要把目前選擇的檔案類型包含檔案的預設應用程式都更改的話,選擇完您要更換的預設的應用程式後再點擊「全部更改⋯」按鈕。

您也可以在 Finder 更改「啟動服務」的配置。按住 Control 並點擊選擇的檔案然後點選選單上的「打開檔案的應用程式」。同時按住 Option 鍵來更改選單為「每次都用此應用程式來打開」。

這個設定會為使用者個別儲存,所以一個使用者的應用程式偏好設定不會影響另一位使用者的設定。每個使用者的客製化「啟動服務」配置會儲存在使用者的 ~/Library/Preferences 檔案夾。

使用 Finder 預覽面板來預覽文件

一個新的 Finder 視窗會預設開啟名為「最近項目」的檔案夾,裡面會顯示您最近開啟的檔案像目。同時 Finder 預設顯示方式為「圖像」來顯示檔案夾內的項目。

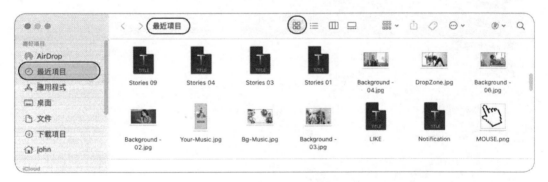

要改變目前選取的 Finder 視窗中顯示項目的方式,您可以點擊「顯示方式」選單然後點選任何一個以下選項(或使用快速鍵)

▶　圖像(Command-1)

▶　列表(Command-2)

▶　直欄(Command-3)

▶　圖庫(Command-4)

或您可以點擊 Finder 工具列的「圖像」、「列表」、「直欄」或「圖庫」按鈕。

　　提醒 ▶ 如果 Finder 視窗比較狹窄，Finder 會將上圖標示的四個按鈕改以選單方式顯示而不是四個分開的按鈕。

Finder 會在您使用「直欄」或「圖庫」時自動顯示「預覽面板」。下圖顯示當檢視項目使用「圖庫」時會顯示「預覽面板」。

您可以使用 Finder 的預覽面板來得到更多關於被選取檔案的資訊，包含：

▶　　一個文件或圖片的預覽的內容

▶　　一個檔案的後設資料列表（後設資料的詳細內容會在 16.1「檔案系統後設資料」）

▶　　如果選取的檔案支援的話會顯示快速動作按鈕

您也可以在使用「圖像」或「列表」顯示方式的時候顯示預覽面板，只要選擇「顯示方式」>「顯示預覽」（或是按下 Shift-Command-P）。下面的圖片演示在使用「圖像」顯示方式時的預覽面板。

要更改 Finder 顯示一個視窗的方式，選取一個開啟的視窗，然後點選「顯示方式」>「打開顯示方式選項」（或按下 Command-J）。當您使用「圖像」、「列表」、「直欄」或「圖庫」顯示項目時，這些選項會依照顯示方式調整。

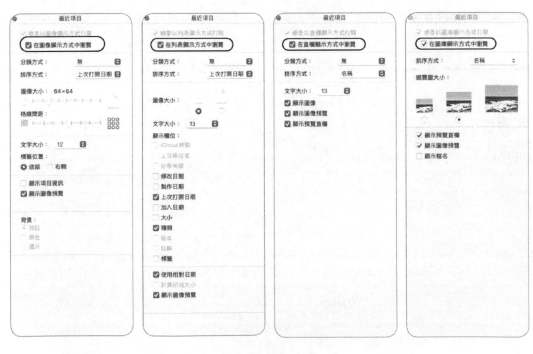

如果 Finder 有顯示預覽面板，您可以選擇「顯示方式」>「打開預覽選項」來控制預覽面板是否顯示快速動作按鈕並且選擇預覽面板對於選定檔案種類要顯示的後設資料。下列圖片演示一些檔案種類的選項。

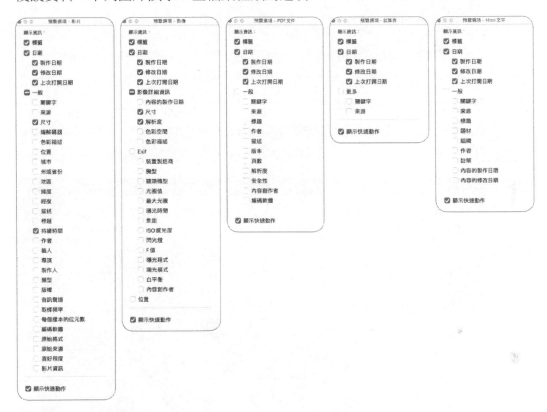

使用快速查看預覽文件

快速查看讓您可以在不用額外開啟應用程式或在沒有安裝合適的應用程式的情況下預覽大部分的檔案種類。

在下列狀況下只要選定一個檔案後按下空白鍵，您可以啟動或關閉快速查看預覽：

▶　在 Finder（除了空白鍵，您也可以按 Command-Y）

▶　在時光機的回復介面

▶　在大部分的開啟和儲存對話框

▶　在郵件中

▶　正在進行的列印佇列

▶　在任何支援快速查看的應用程式

在您開啟快速查看後，macOS 會將快速查看預覽視窗保持開啟並顯示在其他 Finder 視窗之上直到您關閉快速查看預覽視窗。如果您這時點選其他檔案，Finder 會把快速查看預覽改爲您新點選的檔案。如果您點選了一個音訊檔或影片檔，快速查看會自動播放檔案並且在快速查看視窗底部顯示進度列。

快速查看的關閉按鈕位於預覽視窗的左上方角落。按下空白鍵（或 Command-Y）來關閉快速查看預覽。您可以拖曳快速查看視窗的邊界來調整視窗大小。按下位於預覽視窗左上角的全螢幕按鈕（看起來像雙箭頭指向分開的兩邊）將顯示爲全螢幕，然後按下離開全螢幕按鈕（看起來像雙箭頭互相指向對方）。按下 Option-Command-Y 來以幻燈片模式開啟一個或更多選取的項目。

快速查看讓 Finder 有預覽的功能，當您檢視您桌面上的檔案或者當您檢視 Finder 視窗內的檔案時讓 Finder 顯示預覽。

快速查看外掛

快速查看使用外掛來預覽檔案種類。每個快速查看外掛可以預覽特定的檔案種類。很多快速查看外掛是預設內建於 macOS。Apple 及第三方開發者建立額外的外掛來擴增快速查看的預覽能力。

內含的快速查看外掛讓您可以：

▶ 預覽可以被 QuickTime 解碼的音訊或影片檔案

▶　預覽圖像檔案，包含使用手機及數位相機拍攝的照片，PDF 檔案，EPS 檔案，以及標準的圖像檔案。

▶　預覽生產力檔案，包含標準文字檔案，腳本檔案，及您使用 Pages、Numbers、Keynote 與 Microsoft Office 套裝所建立的檔案。

▶　預覽以網際網路為中心的檔案，包含郵箱、訊息譯文、及網站封存檔。

快速查看外掛儲存於資源庫檔案夾。Apple 內建的快速查看外掛儲存於 /System/Library/QuickLook 及 /Library/QuickLook。安裝第三方外掛在 /Library/QuickLook/ 或 ~/Library/QuickLook/，會依照什麼使用者需要使用而調整位置。

快速查看視窗

在快速查看視窗標題列的右半邊，您會發現目前預覽項目的其他選項。這些選項會依照您選取的檔案類型以及您的 Mac 上安裝的應用程式延伸功能而有所不同。更多資訊關於增加應用程式延伸功能至共享選單請參考 20.2。

對於各式各樣的應用程式，快速查看視窗顯示「以*應用程式打開*」按鈕，而「*應用程式*」是指打開選取檔案種類的預設應用程式名稱。至於 ZIP 檔案，「以*應用程式打開*」的按鈕會改為顯示「解壓縮」按鈕。如果是磁碟映像檔案，該按鈕則是顯示「裝載」。

「共享」按鈕（一個盒子上面有一個向上的箭頭）讓您共享一個文件。這些在共享選單上的選項清單會依照您預覽中的檔案種類及已經安裝的應用程式延伸功能而變動。更多關於管理應用程式延伸功能的資訊會在第 20 課「應用程式管理與錯誤排除」。

如果當您開啟快速查看時選擇了數個檔案,您可以使用方向鍵來導覽與預覽在 Finder 裏原始預覽項目旁邊的項目。快速查看工具列會顯示上一張、下一張與顯示全部按鈕。

如果預覽的檔案有數個頁面,您將可以翻閱整份文件。在一些狀況下,例如 Keynote 投影片,快速查看顯示每個頁面的縮圖預覽,讓您可以翻閱縮圖。

要在 Finder 對檔案使用幻燈片秀,先選擇檔案後,按住 Control 點擊該檔案,按下 Option 鍵,然後點選「*已選擇檔案數量個項目的幻燈片秀*」。

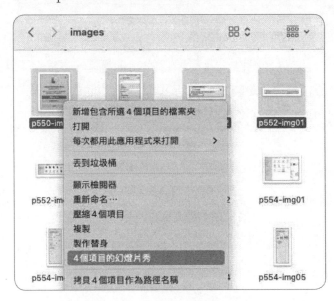

對一些檔案來說,快速查看視窗也會顯示一個或更多的快速動作,如下圖。快速動作會在下一章節討論。

快速動作

快速動作這個功能讓您在 Finder 上直接執行作業,無需開啟其他應用程式。這裡有三種方式可以在 Finder 使用快速動作:

▶ 點擊顯示在快速查看視窗上的快速動作按鈕。

▶ 點擊顯示在預覽面板上的快速動作按鈕。

▶ 按住 Control 並點擊一個檔案,然後選擇快速動作。

快速動作的動作清單會隨著您點選的檔案或檔案的種類而變動。內建的快速動作
包含：

▶ 旋轉一個影像或是影片 – 往左旋轉是預設的指令，但是您可以按住 Option
鍵改為向右旋轉。

▶ 標示一個文件或影像 – 在您選擇標示後，檔案會在標示視窗中開啟。下一個
章節可以學習到更多關於標示視窗。

▶ 裁剪一段影片或音訊檔案 – 選擇裁剪，然後使用裁剪列上的黃色手把。點擊
「播放」來測試您的修改，然後點擊「回復」或點擊「完成」來儲存您的修
改並關閉視窗。在您按下「完成」之後，macOS 詢問您要覆蓋原始檔案、
取消或儲存您的改變至新的檔案。

▶ 建立一個 PDF – 當您點選建立 PDF 後，macOS 從一個或數個選取的檔案
建立一個新的 PDF 檔案。輸入一個檔案名稱，或是您可以維持使用建議的
名稱。在您輸入檔案名稱後，按下「Return」鍵或點擊其他地方。

▶ 轉換影像 – 轉換或是調整影像大小。

▶ 自訂 – 選擇自訂來開啟位於系統偏好設定的延伸功能偏好設定。您可以使用
Automator 來建立自訂的工作流程給快速動作使用。您可以在第 20 課學習
到更多關於延伸功能偏好設定。

標示檔案

快速查看與快速動作讓您可以不用開啟額外的應用程式就能標示檔案。如果您正
在使用快速查看或 Finder 預覽面板檢視檔案，點擊標示工具（看起來像螢光筆
的筆頭）如果您是使用快速動作，選擇「標示」。標示所提供的工具會依照您的
檔案種類調整。以下包含於系列內的工具：

▶ 塗鴉 – 以單一筆刷的塗鴉形狀。如果您畫出的圖案可以被辨識爲標準形狀，
macOS 會將您的圖案更換爲形狀。

▶ 繪圖 – 以單一筆刷畫出形狀。這個工具只會當您使用 Force Touch 觸控板
時出現。較用力地按壓觸控板即可畫出較深色的線條。

▶ 形狀 – 按一下形狀按鈕，選擇一個形狀，然後拖曳至您想放的位置。使用藍
色控點改變大小，綠色控點改變形狀。選擇放大鏡來放大區域，選擇重點工
具然後使用藍色控點調整反白區域的大小。

▶ 文字 – 輸入文字然後拖曳文字至您要的位置。

▶ 畫重點在所選範圍 – 反白選取的文字。

▶ 簽名 – 使用您的觸控板或者 Mac 電腦內建的相機來建立一個新的簽名，然
後選擇您的簽名再插入。之後您可以拖曳位置與調整大小。

▶ 形狀樣式 – 更改用於形狀的線條粗細和類型，並加入陰影。

▶ 邊線顏色 – 更改用於形狀的線條顏色。

▶ 填充顏色 – 更改用於形狀內的顏色。

▶ 文字樣式 – 更改字體或字體的樣式和顏色。

▶ 影像描述 – 增加影像的描述，可由螢幕閱讀器朗讀。

▶ 向右旋轉 – 向右旋轉影像。

▶ 向左旋轉 – 向左旋轉影像。

▶ 裁切 – 拖曳角落直到圖框邊界內剛好顯示您想保留的區域。您也可以拖移圖
框來將其重新定位。準備好時，按一下「裁切」。

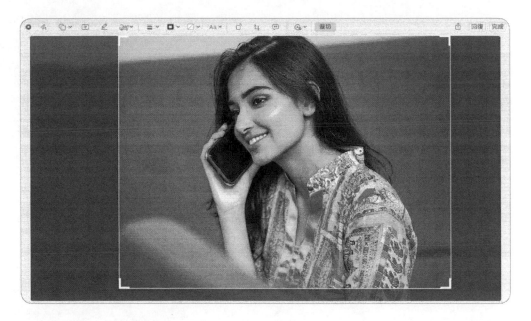

當您完成您的標示，按下「完成」或按下「回復」來放棄您的更改。在您按下「完成」之後就無法回復您所做的改變。

19.2
儲存文件

macOS 應用程式會為您儲存檔案而且它們也可以維護一個檔案的版本歷史。在這個章節您可以學習到如何自動儲存及版本的運作。這兩個功能可以與鎖定及喚醒一起使用，即便您登出或重新開機，也能讓您保持目前的工作環境狀態。

關於自動儲存與版本

對於支援自動儲存的應用程式，在您第一次儲存了檔案之後，應用程式就不會再詢問您是否要儲存變更。如果您要在其他應用程式使用這個檔案或者共享檔案給其他使用者，您不需要特意記得去儲存最新版本的檔案。顯示在 Finder 的檔案就是您正在應用程式使用的檔案。在您一開始儲存檔案位置上的檔案永遠是最新的版本。

應用程式支援自動儲存也支援文件版本。這個功能提供了一個環境讓 macOS 維持任何文件的修改歷史。只要幾個點擊，您就可以回到一個文件之前的狀態，或者您可以導覽一個較早的版本並且複製一些元素到最新的版本。

您可以使用一個類似時光機回復的介面來瀏覽文件版本歷史。在每個您可以寫入的卷宗上，macOS 把版本歷史儲存在該原始文件存放的卷宗的根目錄上的隱藏資料夾內。文件最新的版本永遠儲存在檔案原始位置，所以您可以在修改後立刻複製或共享給其他應用程式或使用者。

關於如何復原 Pages、Numbers、及 Keynote 文件版本的資訊請參考 Apple 支援文章 HT205411「回復先前版本的 iWork 文件」與「在 Mac 上檢視和回復文件的舊版本」位於 support.apple.com/guide/mac-help/mh40710。

支援 macOS 自動儲存和版本的應用程式可以藉由該應用程式「檔案」選單的內容來判定。支援自動儲存的應用程式會有下列的指令位於「檔案」選單：

▸　複製（代替儲存為）
▸　重新命名
▸　移至

更新的應用程式提供「檔案」>「儲存」指令來讓檔案進行第一次儲存，但是之後您要儲存一個文件時，這個選單項目的行為會變成儲存一個文件的版本。大多數 Apple 設計的應用程式，包含文字編輯、預覽程式、Pages、Numbers 和 Keynote 都支援自動儲存和版本。

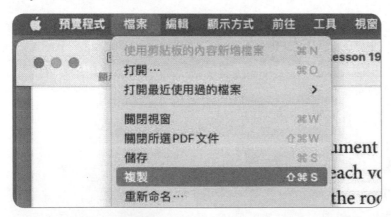

自動儲存改變後的文件

儲存文件到 iCloud 會在本課程的下一個章節涵蓋到。

當您在一個支援自動儲存的應用程式中開啟一個新的文件，即使您尚未指定儲存位置，它也會先進行儲存。您替新文件所做的改變會被儲存，即使您尚未手動儲存該文件。文件會被儲存至位於系統卷宗的版本歷史資料庫。

提醒 ▶ 一些第三方應用程式提供定時自動儲存文件的功能但並不會使用版本歷史資料庫。

如果您選擇關閉一個文件視窗或一個應用程式時有一個開啟的文件，如果您尚未儲存該文件，macOS 預設會詢問您是否要儲存文件。您也可以點選「檔案」>「儲存」或是按下 Command-S。在後續的儲存對話框，您選擇一個名稱及儲存位置給予該文件。您可以點擊位於檔案夾名稱右邊的小箭頭來展開儲存對話框並顯示一個完整的檔案系統瀏覽器。

您要保留這份新的文件「未命名」嗎？
您可以選擇儲存您的更動，或是立即刪除此文件。您無法還原此項動作。

儲存為：　未命名
標籤：
位置：　DOWNLOAD
檔案格式：　帶格式文字文件
刪除　　　取消　　儲存

您也可以點擊在標題列的文件名稱來儲存文件。這樣做會出現一個類似儲存的對話框，只是上面沒有取消和儲存按鈕。

當您在對話框輸入改變時，它會在您點擊標題列以外的位置後儲存文件。您可以回到對話框來儲存改變的文件。例如要更換文件名稱可以在對話框輸入新名稱然後點擊其他地方來關閉對話框。

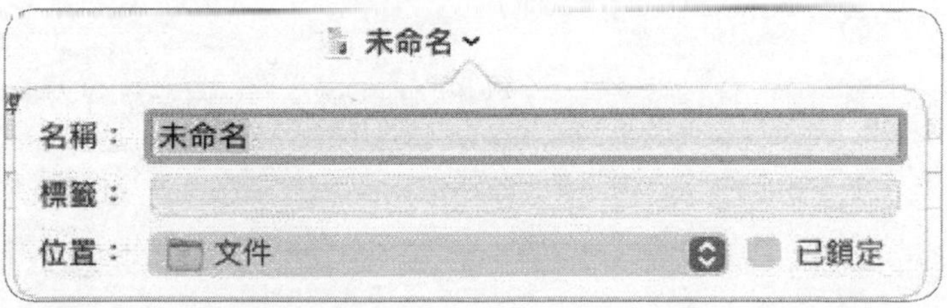

未命名 ˅
名稱：　未命名
標籤：
位置：　文件　　　　已鎖定

按住 Command 鍵並點擊標題列的文件名稱會顯示它在檔案系統裡的路徑

每個小時會自動儲存一個版本，或者當您做了許多變更時會更頻繁的儲存。當您每次開啟、儲存、複製、鎖定、重新命名或回復一個文件時，就會自動儲存一個版本。

當您對一個文件做出更改時，應用程式或許會顯示「已編輯」在文件的標題列。這個視覺提示讓您知道 macOS 正在儲存更改。您可以對一個文件進行更改然後馬上使用快速查看來預覽這個文件，只要在 Finder 上選擇這個文件並按下空白鍵就能測試。快速查看預覽的內容會跟在應用程式開啟的文件內容一模一樣。

儲存複製文件

要儲存一份拷貝的文件請使用「複製」。當文件開啟時，選擇「檔案」>「複製」（Shift-Command-S）。拷貝的文件會以一個新的視窗出現。檔案名稱在標題列會被反白，提示您可以改變複製文件的名稱。

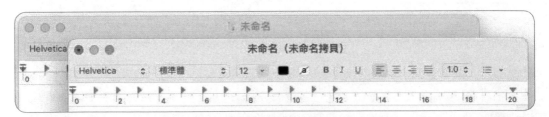

在檔案選單的「移至」指令會把原始文件移動到新的位置而不會建立新的拷貝。雖然文件已經移動了但是版本歷史還是被保存下來。

自動儲存功能讓您永遠不再需要手動儲存文件。文件會跟原始文件一樣儲存在相同的檔案夾。

如果您按住 Option 鍵，在「檔案」>「複製」指令會變成「檔案」>「儲存爲」。您也可以按下 Option-Shift-Command-S。

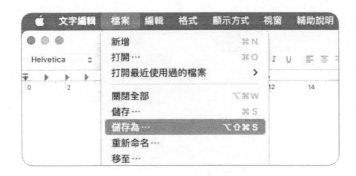

選擇「儲存為」指令與選擇「複製」一樣,除了它會顯示完整的儲存對話框,讓您可以選擇不同的檔案名稱與位置,然後它會關閉原始文件。新的文件會代替原始文件成為使用中的視窗。您有選項也可以把改變儲存到原始文件。這個選項是預設開啟,所以任何到目前為止的變更會被儲存到原始文件。如果您關閉這個選項,您會把原始文件回復至之前的狀態(您更改前的狀態)並且把更動儲存至新的文件。

探索文件版本

應用程式將會儲存您更改過後的版本歷史。不管文件是手動或自動儲存,一個新的文件版本也同時被儲存。當您使用「檔案」>「儲存」手動儲存或是按下 Command-S,macOS 就儲存一個文件的版本在版本歷史裡。

如果您編輯一個文件且尚未觸發手動或自動儲存,您可以回復至之前的儲存狀態使用「檔案」>「回復成」>「上次打開」。如果有更多的版本歷史存在,macOS 會讓您瀏覽文件的歷史。要打開歷史紀錄瀏覽器,選擇「檔案」>「回復成」>「瀏覽所有版本」。

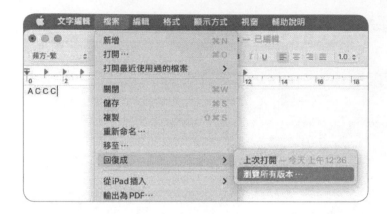

一個文件的版本歷史並不是儲存在文件之中。文件歷史其實是儲存在原始文件儲存的卷宗上 – 位於 .DocumentRevisions-V100 檔案夾。當您建立或傳送一份文件的拷貝來共享文件時,其他使用者並不會存取到文件的版本歷史。

在編輯位於網路共享卷宗的檔案時,版本歷史並不會持續維護著。要確儲存著版本歷史,您必須把共享的檔案複製到本機卷宗。

版本瀏覽器的介面看起來跟時光機很類似。如果您有啟動時光機,如同在第 17 課「管理時光機」提到的,一個應用程式的版本歷史可以更加深入,一併顯示也儲存在時光機備份內的版本。

目前版本的文件顯示在左側,之前的版本會顯示在右側。點選一個之前的版本的標題列或者使用右側的時間軸來導覽。

要回復成之前的版本，按下「回復」。如果您希望特定片段從之前的版本複製到最新的版本，請在之前的文件裡選取後複製再貼到目前的文件。當您完成編輯後，按下「完成」回到標準應用程式介面。

在版本瀏覽器中，您可以使用 Command-C 和 Command-V 的快速鍵複製與貼上或者按住 Control 再點擊來查看出現的選單。

要刪除一個先前的文件版本，請在版本瀏覽器中選擇標題列上的文件名稱來顯示一個選單，這樣您可以選擇刪除這個版本。

鎖定檔案

macOS 包含一個檔案與檔案夾的屬性是凌駕於所有寫入權限以及管理員使用者的存取。使用者可以由 Finder 資訊視窗或任何支援自動儲存的應用程式來選擇鎖定一個自己擁有的檔案或是檔案夾。

鎖定一個項目除了項目擁有者外，任何其他使用者都無法改變該項目。就算管理員使用者也不能使用 Finder 或應用程式去修改另一個使用者鎖定的檔案。

鎖定一個文件可以避免使用者，或更正確來說是避免他們的應用程式意外的自動儲存修改。

用 Finder 管理檔案鎖定

使用 Finder 及資訊或檢閱器視窗來檢視及更改一個檔案的鎖定狀態。當一個檔案被鎖定後，所有的其他使用者都不能使用 Finder 更改、移動、刪除或重新命名這個檔案。使用資訊視窗來查閱檔案及檔案夾的詳細內容會在第 13 課。

當檔案被鎖定以後，Finder 會防止擁有者移動、重新命名或者更改鎖定項目的所有權及權限。如果您是擁有者，嘗試要移動一個被鎖定的項目，Finder 預設會複製該項目。檔案擁有者可以由資訊或檢閱器視窗取消鎖定屬性，把檔案復原成正常狀態

另外一個選項在檔案的資訊視窗是「樣板」。當您在 Finder 打開一個設定為「樣板」的檔案，Finder 會建立一個原始檔案的拷貝，然後開啟該拷貝讓您進行編輯。

如果您對您自己的檔案同時勾選「樣板」與「鎖定」，您一定要先解除檔案的鎖定後才能對其重新命名。

在 Finder 複製一個已經鎖定的文件會產生另一個鎖定的複製文件。在 macOS，支援自動儲存的應用程式可以對已鎖定的檔案建立一個未鎖定的複製檔案。

用應用程式管理鎖定檔案

支援自動儲存的應用程式提供檔案鎖定功能的設定。只要您是文件的擁有人，通常的狀況是當您建立了一個文件或是編輯一個文件，您可以手動鎖定文件來防止更多的更動。要在支援自動儲存的應用程式中手動鎖定一個文件，點選文件位於標題列的檔案名稱。一個對話框會出現，您就可以勾選「已鎖定」的註記框。

在標題列，已經鎖定的文件會標示「已鎖定」並且顯示一個小的鎖頭圖像。只要您是文件的擁有人，您可以取消勾選「已鎖定」的註記框來變更。您也可以打開您擁有的已鎖定文件，一個對話框會讓您

選擇您要對該檔案做的事情。您可以複製檔案來保留前一個版本不被修改。您可以解除鎖定該檔案然後編輯它。您也可以取消來放棄任何一個選擇。

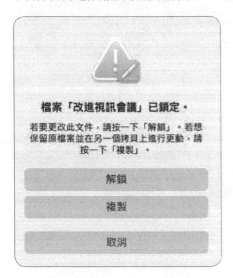

如果您不是被鎖定文件的擁有者,您不被允許將它解除鎖定,所以您也無法編輯它。如同在第 13 課有講述過的,如果您沒有寫入檔案的權限,您也不被允許編輯這個文件。在兩個狀況下,文件的標題列會顯示「已鎖定」。

您可以把已鎖定的文件當成一個模板,運用複製出來的文件來進行編輯。如果您嘗試編輯一個已經鎖定或是無法寫入的文件,一個跳出的提示讓您可以複製文件。

您可以手動複製一個已鎖定的文件。點選「檔案」>「複製」。等應用程式建立一個拷貝後,您可以儲存這個拷貝如同一個新文件一樣。

19.3
管理自動回復

自動儲存讓支援的應用程式保存它們的目前狀況,即使您登出或結束應用程式。當一個應用程式結束時,任何開啟的文件以及應用程式的狀態都被儲存。

當資源,特別是記憶體不足時,macOS 會關閉支援回復的應用程式。macOS 只會關閉進入閒置狀態(沒有正在使用)的應用程式。

在登出後管理回復

macOS 預設在您登出後會自動繼續應用程式和視窗。要避免這樣,在詢問您是否要結束所有應用程並登出的對話框,請不要勾選「重新登入後再次打開視窗」這個選項。您的選擇會保持啟用直到您更改它。

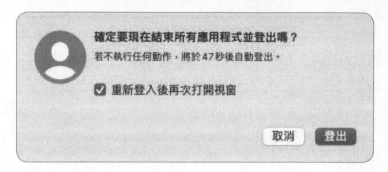

如果「重新登入後再次打開視窗」沒有被勾選,您可以在登出時按住 Option 鍵來暫時啟動這個功能。

在關閉後管理回復

當您關閉一個應用程式時,macOS 預設關閉相關的開啟檔案與視窗。在一般偏好設定您可以取消勾選「結束應用程式時關閉視窗」來讓您開啟應用程式時,macOS 會回復之前開啟的檔案與視窗。

關閉自動儲存

勾選「關閉文件時詢問保留更動」來關閉任何支援自動儲存的應用程式的自動儲存功能。就算您關閉這個功能,支援這功能的應用程式仍然保留其餘的文件管理行為。例如每當您手動儲存文件時,支援自動儲存的應用程式提供複製指令並且自動保持版本歷史。

19.4
儲存文件至 iCloud

使用 iCloud 雲碟，您可以安全的儲存您的投影片、試算表、PDF、圖片和任何其他種類的檔案在 iCloud。您可以從您的 iPhone、iPad、Mac 或 PC 存取它們。您也可以邀請其他人來跟您一起使用相同的檔案並且不用建立拷貝、傳送附件或管理版本。

啟用 iCloud 雲碟

當您提供您的 Apple ID 在設定輔助程式時，macOS 自動啟用 iCloud 雲碟服務。在設定輔助程式完成之前，您或許會被詢問是否您希望儲存您的桌面與文件檔案夾在 iCloud 雲碟。

如果您在使用設定輔助程式時不提供您的 Apple ID，您可以之後再啟用 iCloud 雲碟服務。在系統偏好設定，在「用 Apple ID 登入」，點擊「登入」。如果有需要的話點選「顯示方式」>「顯示所有偏好設定」來顯示這個按鈕。

在您使用您的 Apple ID 登入後，點擊位於 Apple ID 偏好設定的側邊欄上的
iCloud，然後確認 iCloud 雲碟已經被勾選。

使用您的 iCloud 帳戶登入並不會自動儲存您的桌面及文件檔案夾的內容至
iCloud 雲碟。如果 iCloud 雲碟已經啟動，您可以點選「選項」按鈕來設定支援
應用程式相關的 iCloud 雲碟配置。關於 iCloud 雲碟選項的詳細內容會在本課稍
後討論。

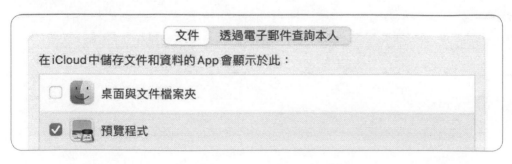

更多資訊請參考 Apple 支援文章 HT201104「存取及管理 iCloud 雲碟中的檔案」
以及 iCloud 的網站 www.apple.com/icloud/。

使用 iCloud 雲碟

使用 iCloud 雲碟，iCloud 儲存空間會顯示如同一個外接儲存裝置。所有
Finder 檔案管理功能（移動、複製、重新命名、建立檔案夾及更多）同樣可以
使用在您儲存在 iCloud 雲碟上的檔案。

在 Finder 側邊欄上，一個圓餅圖立即顯示在 iCloud 雲碟的右邊提供您檔案複
製到 iCloud 雲碟的狀態。如果沒有顯示圓餅圖的圖像，那表示複製已經完成。

iCloud 雲碟也會出現在任何應用程式的打開與儲存對話框。在 iCloud 雲碟，您
可以建立自訂的檔案夾層級並且在任何您選擇的檔案夾儲存文件。應用程式可以
在 iCloud 雲碟建立應用程式相關的檔案夾來實現文件管理。例如一些應用程式
像是 Pages、Numbers 和 Keynote，當您建立一個新的文件並且對文件做了任
何更動，應用程式會在您儲存文件之前，自動在 iCloud 雲碟建立一個應用程式
相關的檔案夾。

例如以下截圖演示「文字編輯」的「打開」對話框。在「打開」對話框上的選單
包含一個「文字編輯」相關的檔案夾。在「打開」對話框的側邊欄包含了 iCloud
的區塊與兩個項目，一個是在 iCloud 雲碟中的「文字編輯」檔案夾以及 iCloud
雲碟的最上層檔案夾

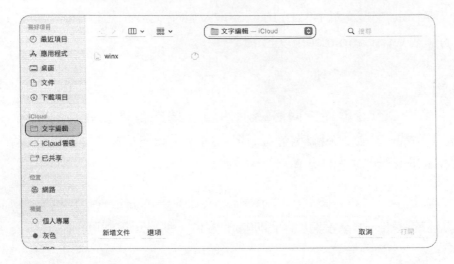

對於支援 iCloud 雲碟的應用程式，儲存對話框在選單提供一個 iCloud 資源庫的區塊。下列兩個截圖演示 iCloud 雲碟檔案夾的兩種狀態。

在第一個截圖，Finder 視窗顯示 iCloud 雲碟還沒有一個特定的檔案夾給 Number 使用，然後開啟一個全新的 Number 檔案。

第二個截圖演示在文字輸入之前空白的文件後，立即您的 Mac 建立了一個 Number 相關的檔案夾。Number 自動把這個未命名的文件儲存在新的 Number 檔案夾中。

您 可 以 經 由 iCloud 網 站（www.icloud.com）、iOS 10 的 iOS 裝 置 上 的 iCloud 雲碟應用程式、安裝在 iPad OS 的裝置或 iOS 11 以上的 iOS 裝置上的檔案應用程式來使用已經儲存在 iCloud 雲碟的自訂檔案夾和文件。更進一步，您可以共享在 iCloud 雲碟上的項目給其他人，這樣就可以對文件進行協同編輯。

在 iCloud 雲碟中儲存桌面與文件

您可以儲存您的桌面與文件檔案夾的內容到 iCloud 雲碟。

要啟動或關閉儲存桌面和文件檔案夾到 iCloud 雲碟，打開 Apple ID 偏好設定，然後點選位於側邊欄的 iCloud。點擊在 iCloud 雲碟旁邊的「選項」，然後勾選或取消勾選「桌面與文件檔案夾」的註記框。

當您第一次在 iCloud 帳號開啟 iCloud 偏好設定裡的「桌面與文件檔案夾」，桌面與文件檔案夾會從您在 Mac 上的個人專屬檔案夾移動到 iCloud 雲碟。在您桌面檔案夾內的項目依然會在 Finder 及您的桌面背景上顯示。

如同您之前的操作一樣，您可以利用「前往」選單及快捷鍵（Shift-Command-D 來開啟您的桌面檔案夾，Shift-Command-O 來開啟您的文件檔案夾）在 Finder 使用桌面與文件檔案夾。您的桌面與文件檔案夾出現在 iCloud 雲碟及 Finder 的側邊欄裡的 iCloud 之下。

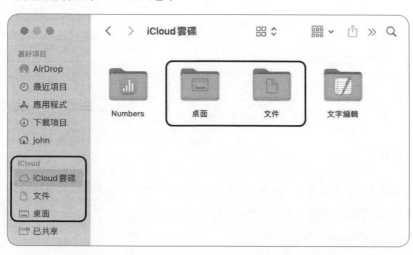

如果您使用 Finder 打開您的桌面或文件檔案夾，然後按住 Control 點擊標題列上的檔案夾名稱，您可以確認目前的檔案夾是位於您的 iCloud 雲碟檔案夾裡面。

按住 Option 鍵來顯示目前項目的路徑。這可以確認跟上述一樣位於相同位置。

當您使用終端機來尋找您的桌面與文件檔案夾的位置時，它們顯示在它們平常的位置也就是您的個人專屬檔案夾的根，但是 Finder 並沒有顯示這些檔案夾位於您個人專屬檔案夾的根。

一個 iCloud 帳號只能擁有一組桌面與文件檔案夾在 iCloud 雲碟。所以您啟動「桌面與文件檔案夾」的第一台 Mac（可使用設定輔助程式或在 Apple ID 偏好設定）決定了 iCloud 雲碟的基本內容。

當您在另外一台的 Mac 上啟動桌面與文件檔案夾在 iCloud，而您有項目放在另
外一台 Mac 的桌面檔案夾或文件檔案夾裡面，一個訊息會出現在另一台 Mac 上，
告知您目前存在的項目已經被移動到在 iCloud 雲碟上的一個新檔案夾（或多個
檔案夾們）。

另外一台 Mac 電腦的內容會以新的子目錄顯示。

請確保初始上傳至 iCloud 雲碟是完成的（要等到 Finder 側邊欄上的 iCloud 雲
碟右側的圓餅圖的狀態圖像消失）才能啟動另外一台 Mac 的桌面與文件檔案夾
在 iCloud 雲碟的功能。這會確保所有項目能被所有啟動 iCloud 雲碟的 Mac 使
用。

在下面的截圖，另一台 Mac，名稱為 Mac-02，被加入成此帳號在 iCloud 偏好
設定啟動桌面與文件檔案夾的第二台電腦。此動作是一個必須的手續，這樣在已
經啟動桌面與文件檔案夾在 iCloud 雲碟的原始 Mac（John 的 MacBook Pro）
上已儲存在桌面與文件檔案夾裏面的項目就可以取代 John 的 Mac-02 上的本機
桌面與文件檔案夾。

現在兩台電腦都可以使用原來位於 John 的原始 MacBook Pro 和 John 的 Mac-02 各自桌面與文件檔案夾裡的內容。

在您設定完另一台 Mac 電腦後，如果您想要一個整合的桌面和文件檔案夾，請把項目從該電腦名稱的子目錄下面移動到基本的檔案夾。使用 iCloud 雲碟，在 Mac 上的變動會自動更新到另一台使用相同 iCloud 帳號的電腦。重新整理您的桌面與文件檔案夾會自動應用到您設定過的 Mac 電腦。如果您把電腦名稱子目錄下的所有項目移出清空，那這個子目錄就可以被移除，這樣您只會保留一組桌面與文件檔案夾給您所有已啟動 iCloud 雲碟的 Mac 電腦。

您可以從 Apple 支援文章 HT206985「將『桌面』和『文件』檔案加入『iCloud 雲碟』」查看更多有關使用 iCloud 雲碟的資訊

從 iCloud 雲碟移除項目

如果要從 iCloud 雲碟移除一個項目，您可以把它從 iCloud 雲碟檔案夾移動到垃圾桶或者是任何其他位於您 Mac 上的本機檔案。把東西從 iCloud 雲碟上移動到一個位於您 Mac 上的本機檔案夾就會把這個項目從 iCloud 及其他已經設定 iCloud 雲碟的 Apple 裝置上移除。

因為在您的 Mac 上，iCloud 雲碟上的項目跟本機儲存項目顯示在一起，所以您可能會不小心把項目從 iCloud 雲碟上移除。當您把東西從 iCloud 雲碟上移出時，macOS 會警告您。

您可以在 Finder 偏好設定的進階分頁上設定 macOS 是否要顯示這個警告。

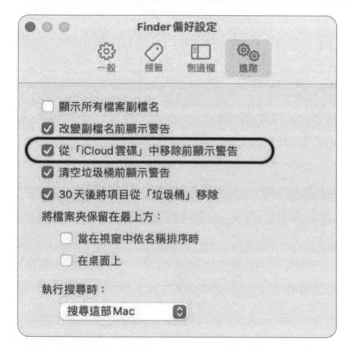

iCloud 雲碟本機儲存

除了「桌面與文件檔案夾」是一個特例之外，項目儲存在 iCloud 雲碟其實是維護於本機每個使用者的 ~/Library/Mobile Documents/ 檔案夾內。不管「桌面與文件檔案夾儲存於 iCloud 雲碟」是否有啟動，這些項目會在本機平常的位置 ~/Desktop 和 ~/Documents 維護。

雖然您可以在 Finder 中顯示「Mobile Documents」檔案夾，雙擊這個檔案夾會在 Finder 中重新導向到 iCloud 雲碟的根目錄。

在終端機可以看到應用程式相關的檔案夾、自訂的使用者檔案夾和所有文件。請避免使用終端機直接更改位於 Mobile Documents 檔案夾內的內容。您對 Mobile Documents 檔案夾的內容所做的更動會立刻儲存到 iCloud 雲碟上。

數個裝置在相同網路上共享同一個 iCloud 帳號時，本機的資料傳輸會增進效能。如果您在離線時對 iCloud 雲碟進行更動，macOS 會快取這些變更，等網際網路恢復時就會立刻在背景推送至 iCloud 伺服器。

如果您擁有數個 Apple 裝置在同一個網路上使用 iCloud 雲碟，可以考慮使用一台 Mac 來提供內容快取服務來快取 iCloud 內容。這樣可以降低網際網路資料傳輸用量也加快下載 iCloud 的內容。25.1「開啟主機共享服務」會提供更多相關資訊。

iCloud 雲碟最佳化儲存空間

iCloud 雲碟只會把舊的檔案和不常使用的檔案保存在 iCloud 雲碟上。
在 iCloud 雲碟：

▶ 項目沒有下載到本機 Mac 上會顯示一個 iCloud 下載圖像（看起來像一朵雲跟一個向下的箭頭）。

▶ 項目目前正在上傳跟下在中會顯示一個圓餅圖狀態圖像或一個雲朵的圖像。

▶ 當項目在下載或是上傳時，在 Finder 視窗側邊欄的 iCloud 雲碟圖像會顯示一個圓餅圖狀態圖像。

當您嘗試使用尚未下載的項目時，他們會下載到您的 Mac。如果項目比較大的
話或是您的網際網路頻寬較慢時，這可能會需要幾分鐘的時間。如果您要避免
iCloud 雲碟最佳化 Mac 儲存空間，您也可以強制儲存在本機。在 iCloud 偏好
設定中取消勾選位於 iCloud 雲碟選項面板的最下方的「最佳化 Mac 儲存空間」
來進行變更。

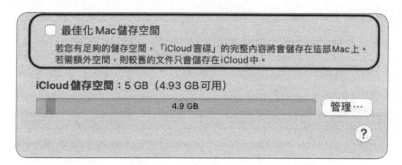

關閉 iCloud 雲碟功能

當您開啟 iCloud 雲碟時，預設相容的應用程式會把檔案儲存在 iCloud 雲碟上屬
於該應用程式的自訂檔案夾。如果您希望停止該應用程式把內容儲存在 iCloud
雲碟上屬於該應用程式的自訂檔案夾，那在 iCloud 雲碟選項面板，取消勾選該
應用程式。

取消勾選這個選項不會刪除已經存在 iCloud 上面的資料。這只會將有關聯的檔
案夾從 Finder 隱藏起來。

您也可以取消「桌面與文件檔案夾」來避免內容被儲存至 iCloud。如果您這麼做，
您並不會移除已經儲存在 iCloud 雲碟或其他 Apple 裝置上的內容。

如果您點擊「關閉」，您就會把 Mac 的設定由使用 iCloud 雲碟改回只有使用本機的桌面與文件檔案夾。

macOS 顯示一個對話框提醒您這樣您還是可以使用位於 iCloud 雲碟上的桌面與文件檔案夾。

如果您點選「顯示於 Finder」，Finder 會開啟您的 iCloud 雲碟檔案夾並且選擇您的「桌面與文件檔案夾」。在您的 iCloud 雲碟檔案夾，您可以開啟「桌面」或「文件」檔案夾來確認「桌面 – iCloud」或「文件 – iCloud」會顯示在標題列。

在這範例中，您位於 Mac 本機的個人專屬檔案夾會有一個全新的空白桌面與文件檔案夾。如果您開啟其中一個新的檔案夾位於您的個人專屬檔案夾的根，您可以看到「桌面 – 本機」或「文件 – 本機」顯示於標題列。

沒有檔案或檔案夾被移除，但是如果您想要把項目放回本機的桌面檔案夾或文件檔案夾，您就必須由 iCloud 雲碟移動或複製項目回來 Mac 本機的檔案夾。把項目由 iCloud 雲碟移動到您本機 Mac 上的其他檔案夾會將項目由 iCloud 雲碟和其他已經設定的 Apple 裝置上移除。

如果您決定完全的關閉所有 iCloud 雲碟功能，您可以取消點選在 iCloud 偏好設定的「iCloud 雲碟」註記框。完全關閉 iCloud 雲碟會給您兩個選項。

如果您的桌面與文件檔案夾功能是開啟的，那對話框會提醒您這個會影響到您的桌面與文件檔案夾。

任一個選項都不會移除 iCloud 雲碟上的項目或在其他已經設定的 Apple 裝置上的項目。相反的，按下「從 Mac 中移除」按鈕只會移除本機 Mac 上的 iCloud 雲碟項目。按下「保留拷貝」按鈕建立一個「iCloud 雲碟（封存檔）」檔案夾在您本機 Mac 上的個人專屬檔案夾。如果您按下了「保留拷貝」按鈕但是您尚未從 iCloud 完成下載檔案，一個包含進度列的對話框會顯示並提醒您「您的文件將會下載並拷貝到此 Mac 上，您個人專屬檔案夾中名爲『iCloud 雲碟（封存檔）』的檔案夾內。」

這個本機封存檔案夾包含目前您的 iCloud 雲碟上所有項目的拷貝。

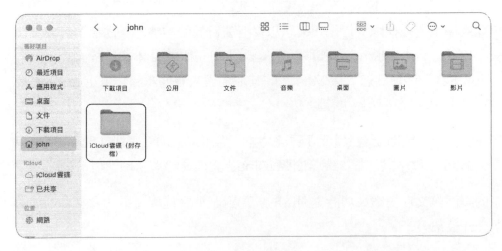

19.5
使用 iCloud 檔案共享

使用 iCloud 檔案共享來共享儲存在 iCloud 雲碟的檔案夾與文件。您可以邀請別人來檢視或者使用您的文件協作。您邀請的人可以點擊連結從 iCloud 下載共享的檔案夾或檔案到他們的任何裝置上。每個使用者會看到相同的共享項目。您可以讓其他人編輯然後您下次在您的 Mac、iOS 或 iPadOS 裝置上開啟那個檔案就會看到更新的內容。

> 提醒 ▶ iCloud 雲碟檔案夾共享必須有 macOS 版本 10.15.4 或更新版本，iOS 版本 13.4 或更新版本，或是 iCloud Windows 版本 11.1 或更新版本。

共享檔案夾或文件

您可以共享文件或檔案夾。要使用 iCloud 檔案共享時，您可以使用應用程式內建的合作功能，例如 Pages、Numbers 和 Keynote。按下應用程式工具列上的「合作」按鈕然後選擇您要使用的應用程式來送出邀請。利用「可取用的成員」選單來限制取用給「您邀請的人」或「擁有連結的使用者」。「權限」選單讓您限制另一個使用者「可進行更動」或「只限檢視」。您可以更進一步限制邀請的成員是否可以邀請更多人加入。

要從 Finder 內直接共享，先選擇要共享的項目，點擊共享按鈕，然後點選「共享檔案夾」或「共享檔案」。如果這個項目是在桌面，您可以按住 Control 後點擊該檔案，從選單裡選擇「共享」，然後點選「共享檔案夾」或「共享檔案」。

當您的受邀請人收到了邀請時，他們可以從 iCloud 下載共享的檔案夾或檔案到他們的任何裝置。如果您允許，他們可以編輯修改文件，然後下次您開啟檔案就能看到變更。

當您共享一個檔案夾只限於「您邀請的人」時，只有他們可以取用在共享檔案夾內的檔案。要增加更多參與的人員時，您必須更改共享檔案夾的設定。

　　提醒 ▶ 您不能更改檔案夾內單一檔案的設定。

接受一個邀請，修訂一個文件，或增加新的內容

要接受一個您由 AirDrop、郵件、訊息或是以一個連結方式的邀請，點擊那個共享檔案夾或文件的連結。如果必要，登入您的 Apple ID 與密碼。

當您下載一個受邀共享的檔案夾或文件，被共享的檔案夾或檔案會在下列位置：

▶　在您的 Mac 的 iCloud 雲碟

▶　在 Files 應用程式（iOS 11、iPadOS 或更新版本）或 iCloud 雲碟（iOS 10 或更早版本）

▶　在 iCloud.com

▶　在一台 PC 安裝了 Windows 版 iCloud

如果您擁有權限來修訂一個文件，您可以使用相容的應用程式打開文件並編輯修改。任何共享文件的人會在下一次打開檔案的時候看到修改後的內容。

更改檔案夾或文件的共享選項

您可以在任何時候更改一個檔案夾或文件的共享設定。

> **提醒 ▶** 您不能在一個已經共享的檔案夾內更改單一文件的共享設定。您一定要更改整個檔案夾的設定。

在您的 Mac 上，選擇在 iCloud 雲碟的檔案夾或文件，或是在一個支援 iCloud 檔案共享的應用程式上開啟。點擊共享按鈕，點選「管理共享的檔案」然後您可以做以下的變更：

▶ 點選「加入共享對象」來增加更多共享的成員，然後為每一位新增的被邀請人填入 email 地址。

▶ 點選「拷貝連結」來取得一個連結，這樣您可以貼到一個 email 內容或是其他應用程式。

▶ 點選位於「可取用的成員」選單內的「您邀請的人」來限制只有您邀請的人可以取用文件，或者點選「擁有連結的使用者」來開放給所有收到連結的人取用文件。

▶ 從「權限」彈出式選單中選擇「可進行更動」來允許其他人修訂文件，或者選擇「只限檢視」來允許唯讀的權限。

▶ 將指標置於人員姓名上方，按一下動作按鈕（⋯），然後對該受邀對象選擇您要的設定。

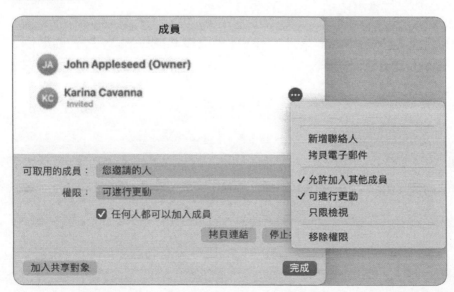

▶ 將指標置於人員姓名上方，按一下動作按鈕（⋯），然後選擇「移除權限」。

檢視及管理您共享的檔案

您可以使用位於 Finder 側邊欄的「已共享」檔案夾快速的檢視共享給您或者您共享出去的檔案與檔案夾。要設定您「已共享」的檔案夾以「分享來源」群組顯示檔案夾，請依照下列步驟：

1. 點選「已共享」檔案夾在 Finder 側邊欄的 iCloud 區塊。

2. 點選位於 Finder 工具列的「群組分類」選單，然後點選「分享來源」。

　　視窗會顯示由共享人來分組您共享與他人共享的檔案與檔案夾。

停止共享一個檔案夾或文件

您可以停止共享檔案夾或檔案給您邀請的人。

從 iCloud 雲碟選擇檔案或檔案夾，或是使用支援 iCloud 檔案共享的應用程式開啟文件。點擊「共享」按鈕，然後點選「管理共享的檔案夾」或「管理共享的檔案」。

由下列中選擇：

▶ 停止共享給所有人：點選「停止共享」。
▶ 停止共享給特定人士：將指標置於人員姓名上方，按一下動作按鈕，然後從選單選擇「移除權限」。

您也可以藉由將檔案夾或文件移除或移出 iCloud 雲碟來防止其他人取用這些項目。

如果您停止共享或移除已共享的檔案夾，那在檔案夾內的檔案就無法被其他參與者取用。

要在不更改一個已經共享的檔案夾設定情況下停止共享其中的一個檔案，您可以把這個檔案從已共享的檔案夾中移出。

19.6
最佳化本機儲存空間

從 Apple 選單中選擇「關於這台 Mac」，然後點選「儲存空間」按鈕，您就可以看到這台 Mac 的儲存空間使用狀況摘要。在儲存空間面板顯示每個磁碟上的可用空間與已使用空間（用不同類別檔案分為應用程式、文件、照片等等）的概要。每個區段就是每個檔案種類概估使用的空間。移動您的指標到每個區段上方就可以看到更多內容。

這個計算方式是基於儲存最佳化技術，您可以更進一步檢視與實行，只要點擊「管理」按鈕來開啟儲存空間管理視窗。更多的資訊請參考 Apple 支援文章 HT206996「釋出 Mac 上的儲存空間」。

系統資訊包含位於儲存管理的最佳化儲存空間功能。儲存管理介面會依照您啟動的功能動態調整。在您的 Mac 上有可能跟本手冊的介面顯示不同。

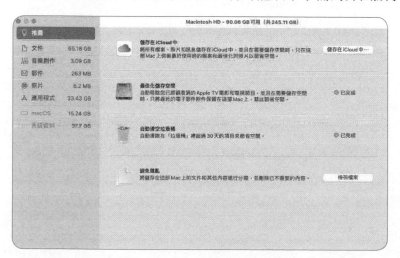

儲存空間管理一開啟時就會顯示建議，建議如何對包含您個人專屬檔案夾的卷宗進行最佳化儲存空間。您也可以檢視與進行儲存空間的最佳化，只要由儲存管理面板右方的列表選擇項目即可。

建議提供了不同的方法讓您最佳化儲存空間：

▶ 儲存在 iCloud 中 – 點擊「儲存在 iCloud 中」來開啟一個對話框（可能會因為您目前的 iCloud 設定而有所不同）。您可以選擇您要儲存在 iCloud 的項目，包含桌面和文件、照片和訊息。這些選項將不常用的項目只儲存在 iCloud 中，所以有可能節省相當多的本機空間。您也可以由 iCloud 和照片的偏好設定來調整這些配置。

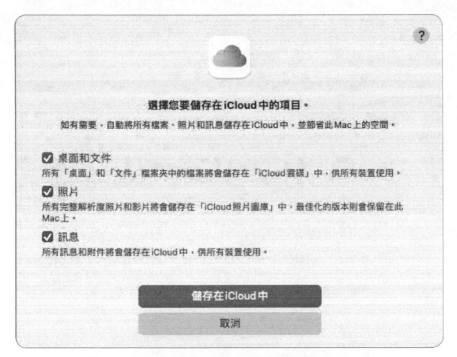

▶ 最佳化儲存空間 – 點擊「最佳化」來顯示一個對話框讓您啟動自動移除您已經觀看過的 Apple TV 電影和電視節目。這些配置也可以由 Apple TV 的偏好設定來調整。

▶ 自動清空垃圾桶 – 點擊啟動這個選項來讓 Finder 自動清空垃圾桶中超過三十天的本機項目。

▶ 避免雜亂 – 點擊「檢視檔案」開啟儲存管理的文件檢視視窗。在此處您可以檢視在本機 Mac 上您最大與最少用的文件。

您可以選擇一個再也不需要的項目然後點擊位於視窗右下方的「刪除」把它刪除掉。按住 Control 並點擊一個項目開啟選單，包含兩個指令：「顯示於 Finder」（會開啟 Finder 視窗顯示項目所位於的檔案夾），和「刪除」。

點擊「檔案瀏覽器」來瀏覽您的個人專屬檔案夾，由使用最多空間的檔案夾排序。點選一個檔案來顯示預覽。

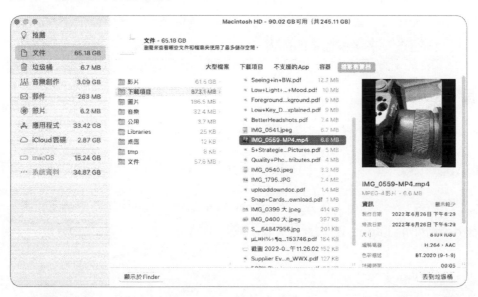

位於管理儲存的文件包含以下可以點擊的種類，「大型檔案」、「下載項目」、「不支援的 App」和「容器」。每個種類提供一個有效率的檢視方式讓您找到您或許不再需要的檔案。

在儲存空間管理視窗，您可以選擇一個位於最左邊的儲存分類做檢視並有機會移除您不再需要的大型檔案。因爲儲存分類會依照您以管理員或標準使用者身分登入而調整，所以您會看到不同的項目。

練習 19.1
使用其他替代應用程式

▶ **前提**

　▶ 您必須完成練習 3.1「練習設定一台 Mac」。

　▶ 您必須已經建立 John Appleseed 帳戶（練習 7.1「建立一個標準使用者帳號」）。

　▶ 您必須登入 App Store（練習 18.1「從 App Store 安裝一個應用程式」）。

在本練習中您將設定由哪個應用程式打開檔案，例如當您使用一個不同的應用程式做一個一次性的選擇，還有當您選擇更換開啟一個檔案類型的預設應用程式。您也可以使用快速查看來檢視檔案的內容。

下載一個應用程式

1. 如果必要，請使用 John Appleseed 身分登入。

2. 開啟 App Store。

3. 輸入「**Pages**」在搜尋列（在 App Store 視窗左上角），然後按下 Return 鍵。App Store 顯示 Pages 旁邊是「取得」或「下載」按鈕。

4. 執行下列的一項動作：

▶　如果顯示「取得」按鈕，點擊取得然後點擊安裝。

▶　如果顯示「下載」按鈕，點擊下載該應用程式。

當應用程式開始下載時，App Store 會顯示進度。

不要打開 Pages。

使用快速查看檢視一個檔案

1. 在 Finder 開啟 StudentMaterials/Lesson19 檔案夾。

2. 拖曳檔案「Pet Care Instructions」來複製至您的桌面。

這檔案沒有可見的副檔名，雖然藉由圖像或許可以辨識它的檔案種類。

3. 點選（單擊）在您桌面上的「Pet Care Instructions」檔案。

4. 點選「檔案」>「快速查看」「Pet Care Instructions」（或按下 Command-Y）。

快速查看將會開啟一個當您使用預設應用程式打開時的顯示內容的預覽，您可以點擊位於預覽右上方的「以預設應用程式打開」按鈕打開檔案，但是為了這次練習的目的，請不要點擊按鈕。還有另外的方式可以使用快速查看來預覽檔案。您可以點選檔案，然後使用快速鍵「Command-Y」；或者點選檔案，按下空白鍵；或按住 Control 鍵點擊檔案，然後在快速選單上點選「快速查看」。

5. 按下 Command-Y 或空白鍵來關閉快速查看視窗。

一次性的選擇一個應用程式來打開檔案

1. 雙擊您桌面上的「Pet Care Instructions」檔案。

檔案以 Pages 開啟。確認檔案在 Pages 顯示一個豐富的內容。

2. 在 Pages 點擊「繼續」，然後點擊「檢視我的文件」來開啟「Pet Care Instructions」。

雖然 Pages 目前已經在本電腦安裝，但不是所有 Mac 電腦都有安裝 Pages。您將會了解如果您須要使用不同應用程式開啟一個檔案時要怎麼做。

3. 點選 Pages > 結束 Pages 來結束這個應用程式並關閉檔案。然後在您的桌面按住 Control 並點擊這個檔案。

4. 在選單上，移動滑鼠指標到「打開檔案用的應用程式」。

一個子選單開啟並顯示可以開啟這個文件種類的應用程式。

5. 在「打開檔案的應用程式」子選單，點選「文字編輯」。

6. 比較檔案如何顯示於文字編輯以及如何顯示於 Pages。

Pages 提供檔案一個較為豐富的顯示，顯示一個文字編輯無法顯示的背景圖案與標題。文字編輯讓您編輯內容但不會顯示一樣的格式或圖片。根據您要使用檔案的目的，您或許會傾向使用其中一種。

7. 關閉檔案。

8. 再一次雙擊該檔案。

檔案以 Pages 開啟因為之前您在「打開檔案用的應用程式」選擇的應用程式並非永久設定。

9. 關閉檔案。

變更一個檔案種類的預設應用程式

1. 在 Finder 選擇「Pet Care Instructions」檔案。

2. 點選「檔案」>「取得資訊」（或按下 Command-I）。

3. 如果必要，打開資訊視窗的「一般」及「名稱與副檔名」這兩個區塊。

   這是一個 Microsoft Word 文件而且它的副檔名 .docx 是隱藏的。

4. 取消勾選「隱藏副檔名」。這樣在 Finder 裡，您就可以看到這個位於桌面的檔案的副檔名。

5. 將「打開檔案的應用程式：」區塊打開，然後點選下拉選單中的「文字編輯」。

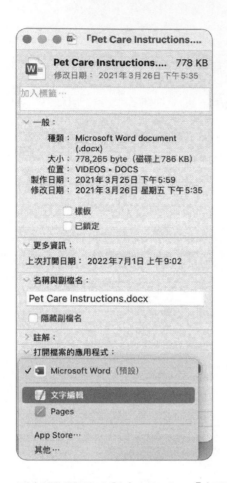

這個選單顯示與在 Finder「打開檔案的應用程式」一樣的應用程式清單。
當您從這個選單中選擇一個應用程式時並沒有點擊下方的「全部更改」按鈕，
您只有對單獨這個檔案的預設開啟應用程式進行變更。

6. 點擊「全部更改」。

7. 在確認的對話框中點擊「繼續」。

您已經更改了 John Appleseed 帳號下開啟文件副檔名是 .docx 的預設應用程式。

8. 關閉資訊視窗。

9. 雙擊您桌面上的檔案。

    確認是由文字編輯開啟檔案。

10. 結束文字編輯。

11. 從您的桌面將 Pet Care Instructions.docx 移至垃圾桶。

12. 在 Finder，重新開啟 StudentMaterials/Lesson19 檔案夾，然後檢查原始的 Pet Care Instructions 檔案。

    它的副檔名沒有顯示。當您使用取得資訊來顯示您桌面上的拷貝的副檔名，那只會影響到那個檔案。

13. 雙擊原始的 Pet Care Instructions。

    Pet Care Instructions 在文字編輯中開啟因為您已經在資訊視窗使用了「全部更改」更改了所有 Microsoft Word 文件的設定。

14. 結束文字編輯。

    提醒 ▶ 您也可以更改單一檔案的預設開啟應用程式。按住 Control 並點擊在 Finder 中的檔案，然後按下 Option 鍵。「打開檔案的應用程式」子選單變成「每次都用此應用程式來打開」。從子選單點選您要使用的應用程式。

練習 19.2
練習自動儲存和版本

▶ 前提

▶   您必須已經建立 John Appleseed 帳戶（練習 7.1「建立一個標準使用者帳號」）。

在本練習，您使用文字編輯來編輯一個檔案，儲存幾個版本，而且回復到一個較早的版本。

嘗試自動儲存

1. 如果必要，請使用 John Appleseed 身分登入。

2. 開啟系統偏好設定，然後點選一般。

3. 確認「關閉文件時詢問保留更動」沒有被勾選而「結束應用程式時關閉視窗」
   已經勾選。

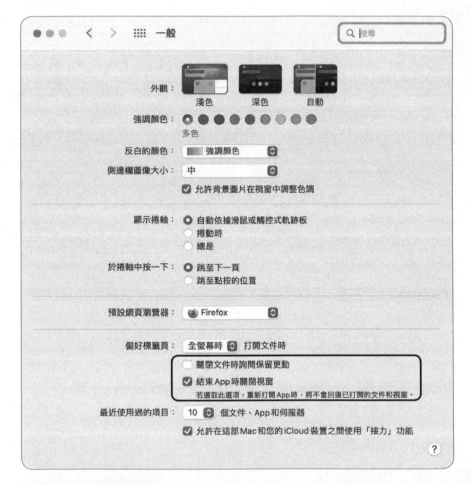

這些是 macOS 的預設配置。如果您勾選「關閉文件時詢問保留更動」，您
會把準備要嘗試的自動儲存的功能關閉。如果您取消勾選「結束 App 時關
閉視窗」，當您關閉和重新開啟一個應用程式您會讓應用程式回復已打開的
文件和視窗。

4. 關閉系統偏好設定。

5. 如果必要，導覽至 StudentMaterials/Lesson19。

6. 複製 PretendCo Report.rtfd 到您的桌面，然後開啟這個拷貝。

7. 輸入一些文字到這個檔案。

   在視窗的標題列表示該檔案狀態是已編輯。

8. 切換回 Finder，點選您的 PretendCo Report 拷貝檔案，然後點選「檔案」
   >「取得資訊」（或按下 Command-I）。

   確認檔案最近剛被修改過（證明您的編輯已經被自動儲存）。

9. 關閉資訊視窗。

10. 切換到文字編輯，然後輸入更多的文字到檔案。

11. 在 Finder 點選該檔案，然後點選「檔案」>「快速查看『PretendCo
    Report.rtfd』」。

    快速查看的檢視會顯示您剛剛在該檔案增加的文字。

12. 關閉快速查看視窗。

多版本的作業

1. 切換至文字編輯，然後點選「檔案」>「儲存」。

   這個儲存看起來很平常，但是它儲存了這檔案的一個可回復版本。

   當您工作稍停的時候，文字編輯將改變儲存到一個檔案，當您做了更多更動
   時也會更頻繁的儲存。當您開啟、儲存、複製、鎖定、重新命名、或回復一
   個文件的時候，一個版本就會被儲存起來。

2. 從檔案上刪除一個圖片。

3. 結束文字編輯。

   您不會被詢問儲存更改，因爲他們已經被自動儲存了。

4. 重新開啟 PretendCo Report 檔案。

5. 　點選「檔案」>「回復成」>「上次儲存」。

　　這個圖片被回復了。

6. 　輸入更多文字到這個檔案，然後點選「檔案」>「儲存」。

7. 　輸入更多文字，然後檢視「檔案」>「回復成」的子選單。

　　它會列出回復選項到上次儲存的版本，回復到上次打開的版本和瀏覽所有版本。

8. 　點選「檔案」>「回復成」>「瀏覽所有版本」。

　　文字編輯顯示一個全螢幕的版本瀏覽器並顯示目前檔案的狀態在左邊，而儲存的各個版本在右邊。這個顯示跟時光機回復的介面相似，而且會顯示儲存於時光機備份的版本以及由文字編輯建立、可供回復的版本。

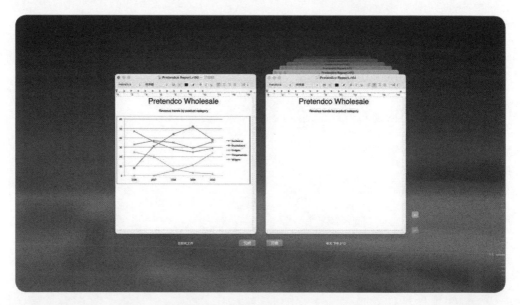

9. 　在這兩個視窗上實驗。點擊右側堆疊的箭頭或使用位於螢幕最右側的時間線來切換於各已儲存的版本。您可以由舊的版本將內容複製再貼上至目前的檔案。

10. 點擊「完成」離開歷史瀏覽器。

11. 結束文字編輯。

練習 19.3
管理文件鎖定

▶ **前提**

  ▶ 您必須已經建立本機管理員帳戶（練習 3.1「練習設定一台 Mac」）
  和建立 John Appleseed 帳戶（練習 7.1「建立一個標準使用者帳
  號」）。

在本練習中，您會鎖定一個文件來避免意外的更改。

鎖定與解鎖一個文件

1. 如果必要，請使用 John Appleseed 身分登入。

2. 點選您的 PretendCo Report 檔案拷貝，然後點選「檔案」>「取得資訊」。

3. 在資訊視窗的「一般」區塊，勾選「已鎖定」註記框。

4. 關閉資訊視窗。

5. 打開檔案

   在視窗的標題列會標註檔案已鎖定。

6. 嘗試在檔案內輸入增加一些文字。

   一個對話框會出現告訴您這個檔案目前是鎖定的，然後給您選項來解鎖檔
   案。因為您是這個檔案的所有者，您可以在 Finder 或在支援自動儲存的應
   用程式內鎖定和解鎖檔案。

7. 點選解鎖。

   在您桌面上文件圖像上面的鎖頭就消失了。

8. 輸入文字到檔案。

9. 點選標題列上的檔案名稱,然後勾選「鎖定」的註記框。

   「已鎖定」重新出現在該檔案的選單列。

10. 結束文字編輯。

練習 19.4
儲存文件至 iCloud

▶ 前提

▶ 您必須已經建立本機管理員帳戶(練習 3.1「練習設定一台 Mac 做」)、
建立 John Appleseed 帳戶(練習 7.1「建立一個標準使用者帳號」)
和 Karina Cavanna 帳號(練習 8.1,「回復一個已刪除的使用者帳
號」)。

您將會儲存檔案至 iCloud 雲碟。要模擬從使用相同 Apple ID 登入的數個 Apple 裝置取用檔案，您將會以不同使用者身分登入但使用相同 Apple ID 登入，就如同這是第二台 Apple 裝置。您將確認您看到資料在 iCloud 上，然後更改儲存於 iCloud 上的文件。再來您將會登出，再用原使用者身分登入並且確認您可以看到之前您模擬第二台 Apple 裝置所做的變更。

設置 iCloud 雲碟

1. 如果必要，請使用 John Appleseed 身分登入。

2. 開啟系統偏好設定，然後點擊 Apple ID。

3. 如果 Apple ID 偏好設定需要您數入您的密碼，點擊輸入密碼，然後認證。

4. 如果必要，在左側的側邊欄選擇 iCloud。

5. 如果必要，勾選聯絡人的註記框。

6. 如果必要，勾選 iCloud 雲碟的註記框。

7. 結束系統偏好設定。

儲存文件至 iCloud

1.　從您的桌面開啟 PretendCo Report file。

2.　點擊標題列的檔案名稱。

3.　如果必要，取消勾選「已鎖定」。

4.　在位置選單選擇 iCloud 雲碟。

5.　如果對話框出現並且註明在同一個檔案夾存在一個名稱重複（PretendCo Report.rtfd）的項目，這表示 iCloud 帳號存在一個之前的拷貝。點擊「取代」來取代您之前的項目。

　　您的桌面就看不到文件的圖像。

6.　結束文字編輯。

7.　在 Finder 導覽到 StudentMaterials/Lesson19。

8.　開啟檔案 vCards.vcf。

　　聯絡人會開啟，並且一個對話框會開啟並詢問您要確認您希望增加這個聯絡人。

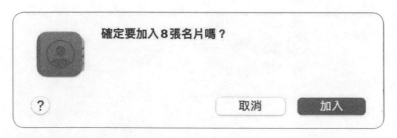

9.　如果對話框表示有一些 vCards 重複，這或許是因爲有一些聯絡人已經存在於 iCloud 帳號中。如果發生了這種事情，點擊「取消」，刪除除了您自己之外的所有聯絡人，然後再一次開啟 vCards.vcf 檔案。

10. 點擊「加入」。

    您將八個 vCards 匯入您的聯絡人，並且他們自動更新到 iCloud。

11. 結束聯絡人，然後從 John Appleseed 帳號登出。

從 iCloud 開啟文件

您的檔案和聯絡人儲存在 iCloud。它們會對所有綁定相同 iCloud 帳號的 Mac
帳號開放取用。使用 Karina Cavanna 帳號在您的 Mac 上練習。

1. 使用 Karina Cavanna 的帳號登入（密碼：**Apple321!**）。

2. 開啟系統設定偏好，然後點擊在「登入您的 Apple ID」旁的「登入」。

3. 輸入您使用於 John Appleseed 的 Apple ID，然後點擊下一步。

4. 輸入您使用於 John Appleseed 的 Apple ID 密碼，然後點擊下一步。

5. 如果您的 Apple ID 有使用雙重驗證機制，您會被詢問驗證您的身分。依照跳出的指示完成驗證。

6. 當您被詢問輸入您的 Mac 密碼才能繼續時，輸入 Karina 的密碼並點擊確定。

7. 當您的 Mac 顯示一個提示「要允許『尋找我的 Mac』使用這部 Mac 的位置嗎？」，點擊「稍後再說」。

8. 確認 iCloud 雲碟和聯絡人已經被點選。

注意，因為您現在讓兩個使用者使用同一個 Apple ID，所選的照片或許會有不一致的現象。

9. 結束系統偏好設定。

10. 在 Finder，點選「前往」>「iCloud 雲碟」（或按下 Shift-Command-I）。

如果 PretendCo Report 沒有下載到 Karina 的帳號，它會有一個雲的圖像標註它可以從 iCloud 取用。

11. 雙擊 PretendCo Report。

檔案就會下載（如果必要的話），然後在文字編輯開啟。

12. 輸入文字到檔案。

   您的編輯會儲存到 iCloud 並且會讓其他使用相同 Apple ID 登入的 Mac 電腦取用。

13. 結束文字編輯。

14. 在 Finder，點選「前往」>「最近項目」（或按下 Shift-Command-F）。

   PretendCo Report 被列在其中。「最近項目」顯示在本機的文件與在 iCloud 雲碟上的文件。

15. 如果必要，展開視窗或者點擊搜尋圖像，然後再搜尋列輸入 **pretendco report**。

   Finder 視窗會顯示兩個 PretendCo Report 的拷貝，因為修改的版本是儲存在 iCloud 雲碟而原始的版本是存在於 StudentMaterials，就儲存在本機。

從 iCloud 使用聯絡人

1. 開啟聯絡人。

   John Appleseed 帳號的聯絡人會出現。您或許需要等一下讓聯絡人更新。

2. 結束聯絡人，然後登出 Karina Cavanna。

以 John Appleseed 驗證您的修改

1.　使用 John Appleseed 帳號登入。

2.　在 Finder 點選「前往」>「iCloud 雲碟」（或按下 Shift-Command-I）。

3.　開啟 PretendCo Report。

4.　確認您以 Karina 身分編輯的內容有出現。您或許需要稍等檔案更新。

5.　結束文字編輯，然後登出。

第 20 章

應用程式的管理和錯誤排除

您是否能夠成功地解決 Mac 上應用程式的疑難雜症取決於應用程式的使用經驗、收集相關資訊的能力、以及對 macOS 技術的了解。在本課中，您將學習 macOS 程序架構的關鍵原理，也將學習如何收集應用程式和程序的相關資訊，另外，您還將一窺可運用於任何應用程式的故障排除技巧。

20.1
應用程式與程序

程序是目前系統記憶體中已啟動與定址的可執行程式碼的實體。換句話說，程序是指正在執行或已開啟的任何程式。macOS 在處理程序上是非常有效率的，即使程序閒置，可能未佔用處理器的資源，它仍在待命中，因為它在系統記憶體裡有專屬的位址空間。一般來說，程序有四種類型，分別為應用程式、指令、daemons、以及agents。

程序的類型
應用程式是在圖形介面裡執行的程序。

指令是在指令列介面（簡稱 CLI）裡執行的程序。不過透過在指令列介面使用 open 指令，開啟圖形介面的應用程式則是例外。

目標
▶ 應用程式類型的描述與支援

▶ 安裝 Rosetta

▶ 管理通知中心的應用程式延伸功能和小工具

▶ 程序與應用程式的監視與控制

▶ 探索應用程式故障排除的技術

代表 macOS 執行的程序稱為背景程序（或 daemons），原因是它們很少有使用者介面。Daemons 通常於 macOS 開機時啟動，當 Mac 持續運作時，daemons 則隨時待命。大多數 daemons 的執行皆有 root 權限取用所有資源，而大部分 macOS 自動啟用功能都由它負責，例如網路變更的偵測，還有 Spotlight 搜尋後設資料索引的維護。

一個 *agent* 就是代替一位特定使用者執行的一個 daemon，所以 agents 也是 daemons，或稱背景程序，主要的不同在於，只有當使用者登入時 agents 才會執行。agents 由 macOS 自動啟動，雖然應用程式和指令也會被自動啟動，但是它們被 macOS 控制的方式和 agents 不同。因為應用程式、指令、還有 agents 都在同一位使用者空間裡，所以它們執行時的存取權限與該使用者相同。

macOS 記憶體管理

macOS 用於維護程序安全的主要功能就是記憶體保護，程序於系統記憶體中保持著被隔離和保護。macOS 管理記憶體分配，因此程序無法干擾另一個系統記憶體空間。換言之，惡意或當機的應用程式通常無法影響其他程序。

macOS 會因為程序的要求，自動管理系統記憶體。雖然實體系統記憶體受限於硬體，但是必要時，macOS 會動態分配實體記憶體與虛擬記憶體。因此，macOS 僅有的記憶體限制就是已安裝的 RAM 大小與開機磁碟中可用空間的容量。

macOS 內含以軟體為基礎的記憶體壓縮，能增強性能並減低能源消耗。當有太多程序使用時，macOS 不將記憶體與內部儲存空間交換，反而壓縮不太使用的程序內容，為更多使用中的程序釋放空間，這樣就能減少開機磁碟裡使用中的記憶體與虛擬記憶體之間檔案交換的流量。

64 位元

macOS 僅支援 64 位元，執行 64 位元的程序能個別地存取大於 4GB 的系統記憶體，並能更快速、更精確地執行運算功能。所有與 macOS Monterey 相容的 Mac 電腦皆具備 64 位元處理器，並且可以使用 64 位元的系統功能。

識別應用程式的類型

配備 Apple 晶片的 Mac，針對還沒升級的應用程式，Finder 裡「取得資訊」視窗會將「種類」列為「應用程式（Intel）」。這類的應用程式稱為 Intel 應用程式。

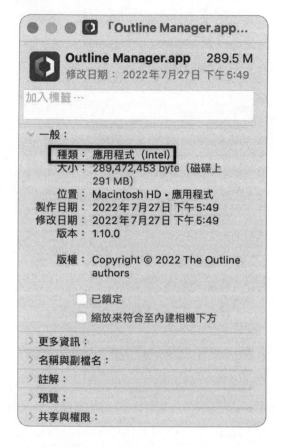

> 提醒 ▶「以低解析度打開」的選項，可以避免佔用高解析度應用程式的圖形資源，這可能與較舊版本的應用程式外掛模組不相容。更多資訊，請參見 Apple 支援文章 HT202471「使用 Retina 顯示器」。

為達通用的目的，開發者可以編譯自己的應用程式讓配備 Apple 晶片與搭載 Intel 的 Mac 都可使用，因而產出的應用程式稱為通用應用程式。

> 提醒 ▶ 第一代的通用應用程式，使用於 Apple 將 Mac 電腦從 PowerPC CPUs（中央處理器）轉換為 Intel CPUs 的時期，為了有所區別，某些文件會指稱現有的通用應用程式為「通用 2」應用程式。

通用應用程式的「取得資訊」視窗,「種類」會顯示為「應用程式(通用)」,而且通用應用程式於配備 Apple 晶片和搭載 Intel 的 Mac 電腦上原生執行。以下兩個圖片呈現「郵件」應用程式的「取得資訊」視窗,左圖來自配備 Apple 晶片的 Mac;右圖則是搭載 Intel 的 Mac。圖中皆顯示「郵件」為通用應用程式,只是左圖,配備 Apple 晶片的 Mac,有「使用 Rosetta 打開」這個選項。Rosetta 將於下個段落詳述。

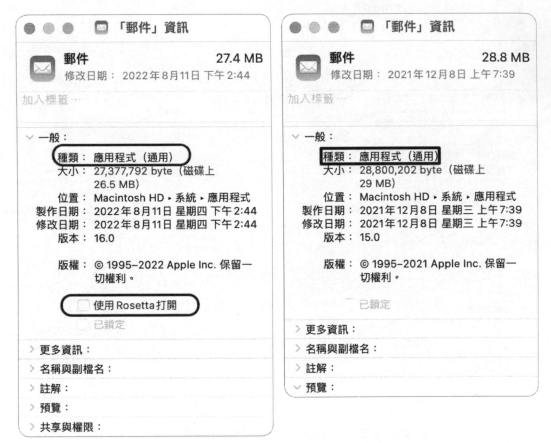

有些開發者建立不同版本的應用程式,分別給配備 Apple 晶片與搭載 Intel Mac 的電腦來使用,兩個版本都可在配備 Apple 晶片的 Mac 電腦(已安裝 Rosetta) 上執行,但是 Intel 版本的只能在搭載 Intel 的 Mac 電腦使用。Apple 晶片版本對於配備 Apple 晶片的 Mac 電腦來說,是較好的選擇,因為程式碼已為該處理器進行最佳化。下圖分別顯示兩種版本的應用程式。

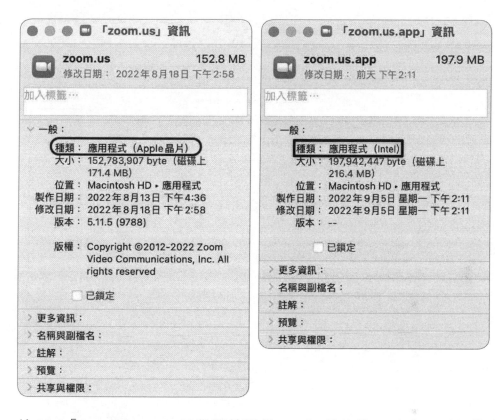

於 18.1「App Store」，已學習於配備 Apple 晶片的 Mac 上，可以藉由 App Store 安裝為 iPhone 和 iPad 所設計的應用程式。這類的應用程式，它的「取得資訊」視窗會顯示「種類：應用程式（Apple 晶片）」。

您可以使用「系統資訊」檢視 Mac 上已安裝的應用程式種類。開啟「系統資訊」，捲動至「軟體」區塊，然後選取「應用程式」。可以點選「種類」欄位，以種類排序。

	應用程式名稱	版本	取得自	上次修改日期	種類
診斷	meanuts simple 2 Registration	1.0	已識別的...	2022/4/15 下午 12:00	Intel
讀卡機	Parsec	2.0.0	已識別的...	2022/4/10 上午 10:39	Intel
電源	pdftopdf	2.7.1	已識別的...	2021/10/29 上午 2:01	Intel
音訊	raster2pclm	1.1.2	已識別的...	2021/10/29 上午 2:01	Intel
顯示卡/顯示器	rastertofax	5.17.3	已識別的...	2021/10/29 上午 2:01	Intel
∨ 網路	ScanEventHandler	1.4.0	已識別的...	2022/4/10 下午 9:11	Intel
WWAN	trackView	1.0	已識別的...	2022/4/13 下午 12:06	Intel
Wi-Fi	uninstallLbotTwca	1.0.0.12	已識別的...	2022/5/6 下午 2:58	Intel
卷宗	XnViewMP	1.01.0	已識別的...	2022/8/17 下午 7:40	Intel
所在位置	Rosetta 2 更新程式	1.0	Appie	2022/8/11 下午 2:44	Apple 晶片
防火牆	zoom	5.11.5 (9788)	已識別的...	2022/8/18 下午 2:58	Apple 晶片
∨ 軟體	「旁白」快速入門	10	Apple	2022/8/11 下午 2:44	通用
Framework	50onPaletteServer	1.1.0	Apple	2022/8/11 下午 2:44	通用
Raw 支援	工序指令編寫程式	2.11	Apple	2022/8/11 下午 2:44	通用
偏好設定面板	工序指令選單	1	Apple	2022/8/11 下午 2:44	通用
印表機軟體	中文字轉換程式服務	2.1	Apple	2022/8/11 下午 2:44	通用
受管理用戶端	天氣	2.1	Apple	2022/8/11 下午 2:44	通用
同步服務	文字編輯	1.17	Apple	2022/8/11 下午 2:44	通用
啟動項目	加入印表機	17	Apple	2022/8/11 下午 2:44	通用

Rosetta 2 更新程式：

版本： 1.0
取得自： Apple
上次修改日期： 2022/8/11 下午 2:44
種類： Apple 晶片
簽署者： Software Signing, Apple Code Signing Certification Authority, Apple Root CA
位置： /System/Library/CoreServices/Rosetta 2 Updater.app

John 的 M1Air ▸ 軟體 ▸ 應用程式 ▸ Rosetta 2 更新程式

提醒 ▶ iOS 與 iPadOS 的應用程式，於 Finder 的「取得資訊」視窗顯示為「應用程式（Apple 晶片）」，而於「系統資訊」的「應用程式」區顯示為「iOS」。

請參見 20.3「監視應用程式與程序」，學習更多關於「系統資訊」的運用。

安裝 Rosetta

Rosetta 為配備 Apple 晶片之 Mac 電腦上的轉譯程序（技術上應稱為 Rosetta 2，以區別 Mac 從 Power PC 轉換至 Intel 時期 Apple 所使用的版本），Rosetta 讓配備 Apple 晶片的 Mac 能使用某些應用程式（以及其他類型的程式碼，例如外掛模組、附加元件、以及延伸功能）是為搭載 Intel 的 Mac 電腦而設計，而且還沒為 Apple 晶片升級。

Rosetta 只在配備 Apple 晶片的 Mac 電腦上運行，它於背景作業，並自動轉譯為 Intel 開發的程式碼。配備 Apple 晶片的 Mac 電腦需透過安裝，才能使用 Rosetta，您也有可能不需要安裝。假如執行應用程式時需要 Rosetta，macOS 會顯示對話框要求安裝，而為了完成下載與安裝 Rosetta 必須要有網路連線。

可能需要安裝 Rosetta 的幾個理由：

▶ 你想使用安裝程式套件來安裝 Intel 應用程式，但是該應用程式還沒編譯成通用應用程式。

▶ 想執行 Intel 應用程式，但是該應用程式還沒編譯成通用應用程式。

▶ 想使用電子郵件應用程式、網路瀏覽器、或其他應用程式時，需透過還沒升級以支援 Apple 晶片的外掛模組、延伸功能、或其他附加元件。

假如您打開套件，而 macOS 偵測到程式碼還沒為 Apple 晶片升級，「安裝程式」應用程式會要求先安裝 Rosetta。

在配備 Apple 晶片的 Mac 上，假設執行的應用程式無法辨識外掛模組、延伸功能、或其他附加元件，先結束該應用程式，選取「使用 Rosetta 打開」的註記框，然後再次開啟。

假如尚未安裝 Rosetta，於「使用 Rosetta 打開」選項已選取的情況下開啟應用程式，將出現詢問是否現在安裝 Rosetta 的對話框。

於 Mac 安裝 Rosetta 一次後，無須再次安裝。假如不再使用尚未升級為支援 Apple 晶片的應用程式和其他程式碼，也無須解除安裝。如無必要，macOS 不會使用 Rosetta，而於 Mac 上安裝 Rosetta，也不會影響 Mac 的性能。

> 提醒 ▶ 如果 Mac 透過「自動裝置註冊」將裝置註冊到行動裝置管理（簡稱 MDM）解決方案，則可以自動安裝 Rosetta。詳細內容，請諮詢您的 MDM 供應商。

若是需要您可以事先安裝 Rosetta，於「終端機」輸入 softwareupdate --install-rosetta --agree-to-license 即可，這個指令不需管理者來執行。

Rosetta 受 SIP（系統完整保護）的保護，它的元件安裝於 /Library/Apple/usr/share/rosetta 與 /Library/Apple/usr/libexec/oah 的路徑下。

更多資訊，請參見 Apple 支援文章 HT211861「如果需要在 Mac 上安裝 Rosetta」。

20.2
管理應用程式延伸功能

應用程式延伸功能讓應用程式可以使用其他應用程式的功能和內容，於本節中，將對如何使用應用程式的延伸功能一探究竟。

應用程式延伸功能

應用程式延伸功能提供標準架構，讓來自不同開發者的應用程式能夠彼此進行頻繁的互動，因此，藉由應用程式的延伸功能，某個應用程式的功能能夠彷彿內建一般出現在其他的應用程式裡。

舉個應用程式延伸功能的例子，「預覽程式」提供標示功能，可以用來管理圖片或 PDF 文件，包括加入自訂形狀、文字、或文件上的電子簽名。於工具列點選「顯示標示工具列」按鈕（筆尖圖像），使用標示的功能。

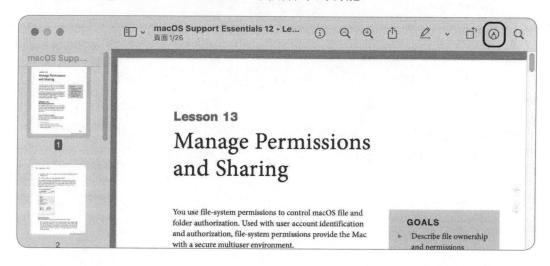

出現「預覽程式標示工具列」。

「預覽程式標示工具列」的功能為應用程式的延伸功能，所以能於其他的應用程式中使用。於「郵件」應用程式中，內容有照片或 PDF 文件的電子郵件可以使用標示的功能。當寄出有附加檔案的電子郵件時，選取該附加檔案，點選文件右上方的「動作」按鈕，然後選擇「標示」，顯示標示功能。

管理應用程式延伸功能

macOS 有幾種應用程式延伸功能，當安裝的應用程式具有應用程式延伸功能時不必額外操作，因為安裝應用程式的同時，也會自動安裝應用程式擁有的延伸功能資源。

您可以檢視已安裝的應用程式延伸功能，並從「延伸功能」偏好設定開啟或關閉它們的功能。於「延伸功能」偏好設定中，選取「加入的延伸功能」，檢視全部已安裝於 Mac 的延伸功能。以下的螢幕截圖顯示有些延伸功能來自 App Store 的應用程式（Deliveries、Pixelmator Pro、Motif），有些則來自第三方安裝程式（Letter Opener、Box）。

接下來幾節將講述各種可以在「延伸功能」偏好設定中設定的延伸功能。

設定動作延伸功能

動作延伸功能讓您可以在應用程式中編輯或檢視內容且無需離開第一個應用程式，即可使用第二個應用程式的功能，例如不需退出「郵件」應用程式，即可標示其中的影像或 PDF 文件。若是取消選取項目旁的註記框，該應用程式的延伸功能則不會出現於其他應用程式中。例如，「Skitch Markup」項目旁的註記框已取消選取（此為來自 App Store 的第三方應用程式），因此它不會出現在其他的應用程式中。

設定 Finder 延伸功能

也叫做為「Finder 同步」延伸功能，Finder 延伸功能可以加入檔案系統的功能讓他顯示在 Finder 中。

下圖顯示透過 Box Finder 延伸功能將指令加入 Finder。

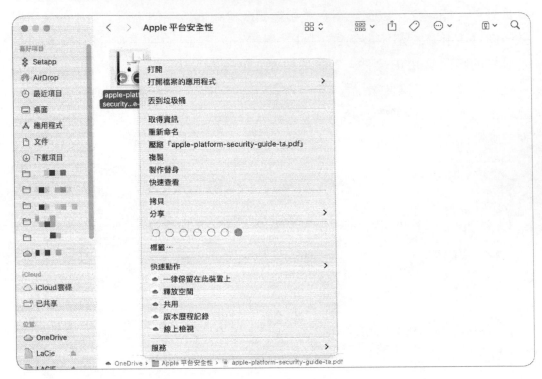

設定照片編輯延伸功能

「照片」應用程式延伸功能可以將照片處理工具加入「照片」中。

若是要在「照片」應用程式中使用應用程式延伸功能，於「編輯」模式中開啟照片，點選「延伸功能」按鈕 ⬤，然後選擇任一個應用程式。

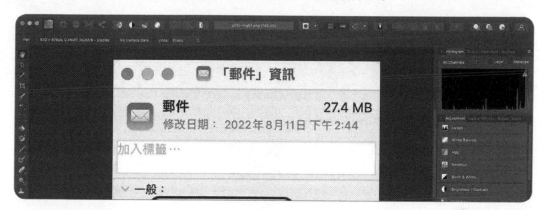

也可以點選「延伸功能」按鈕，然後選擇 App Store，搜尋可供「照片」應用程式延伸功能使用的應用程式。

設定快速查看延伸功能

應用程式可內含自訂的「快速查看」延伸功能，它們能啟動「快速查看」，讓您預覽其他類型的檔案。您也可以取消選取第三方「快速查看」延伸功能的註記框來關閉這個功能。關於「快速查看」的更多資訊，請見 19.1「開啟檔案」。

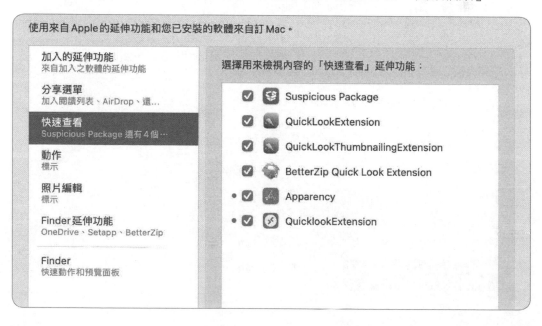

設定分享選單延伸功能

「分享選單」應用程式延伸功能可以將更多選項加入「分享」選單，所以應用程式的內容可以與其他的應用程式分享。

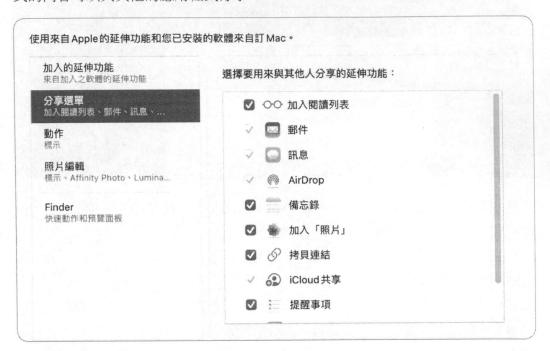

設定 Finder 快速動作與預覽面板延伸功能

您可以使用以下這些應用程式的延伸功能於 Finder 和 Finder「預覽」面板中的文件上執行「快速動作」，19.1 有更多關於「快速動作」的資訊可以學習。

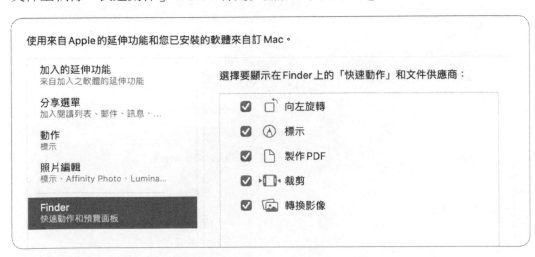

設定觸控列延伸功能

假如您的 Mac 有觸控列，「延伸功能」偏好設定即有「觸控列」這個項目。新安裝的 macOS Monterey 並未提供「觸控列」的延伸功能，因此，於安裝「觸控列」延伸功能後，它們會出現於列表中。

使用捷徑建立快速動作

您可以利用捷徑建立工作流程後即可於 Finder「快速動作」、Finder「預覽面板」、以及「觸控列」中使用。經由捷徑編輯器中的「分享」按鈕，可以與他人分享捷徑。也可以自動地與其他使用您 iCloud 帳號的裝置共享捷徑，只要選取「系統偏好設定」>「Apple ID」>「iCloud 雲碟」>「選項」>「捷徑」即可。

使用以下步驟，以捷徑建立「快速動作」：

1. 使用 Spotlight「搜尋」，開啟「捷徑」應用程式。

2. 「選擇」>「檔案」>「新捷徑」（或按下 Command-N 快速鍵），捷徑編輯器接著開啟。

3. 於捷徑編輯器工具列的「捷徑名稱」欄位，輸入捷徑的名稱「**Convert to JPG, Resize and Send**」，然後按下「Return」鍵。

   提醒 ▶ 假如 Siri「系統偏好設定」面板的【聆聽「嘿 Siri」】已被選取，於按下「Return」鍵後，「捷徑」顯示「嘿 Siri，轉換成 JPG，調整大小並傳送」，就是現在您可以對 Siri 說的話。

4. 從「捷徑」視窗的右側，點選「App」，並從「App」列表中選取 Finder。於 Finder 的動作列表中，連按兩下「取得 Finder 中的所選檔案」。

5. 點選「類別」並選取「媒體」，從「媒體」動作列表，連按兩下「轉換影像」。

6. 從「媒體」動作列表，連按兩下「調整影像大小」。

7. 選取「類別」下的「分享」,從「分享」動作列表,連按兩下「傳送電子郵件」。

8. 於「捷徑」視窗的左側,「捷徑」的動作按順序列出。點選「轉換」與「傳送」動作旁的「顯示較多」,查看這些動作還可以設定什麼選項。

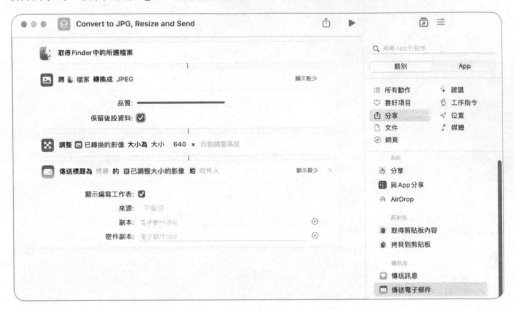

每個動作可能還可以設定不同的變數,能以更好的方式完成任務。接下來的兩個動作中的變數是可以變更的,請檢視選項,然後進行以下設定:

9. 調整「轉換」動作的變數,將「檔案」設定為「JPEG」。

10. 調整「調整大小」動作的變數,將「調整大小」設定為「較長的邊緣」與「1024」。

11. 於「捷徑」視窗工具列的右側,點選「捷徑詳細資訊」⇌ 按鈕。

12. 於「詳細資訊」下,選取「作為快速動作」,然後選取 Finder。

關於「捷徑」使用的更多資訊，請參見「捷徑使用手冊」，網址：support.
apple.com/guide/shortcuts-mac/。

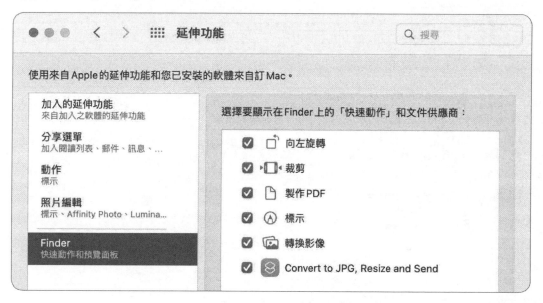

Mac 會自動地儲存新捷徑，並將它設定爲 Finder 的「快速動作」，不管是在
Finder 裡需要「快速動作」時，或在「預覽」面板中，只要適用的文件類型都
可使用。

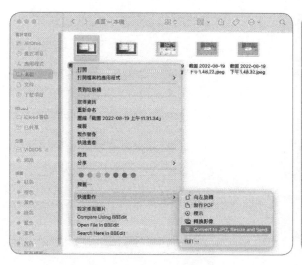

管理通知中心小工具

「通知中心」裡的可以讓應用程式延伸功能新增功能在小工具中，macOS Monterey 的「通知中心」將通知與小工具結合，您可以自訂「通知中心」的資訊，點選選單列的日期或時間進入「通知中心」— 或以 2 根手指從觸控板的右側邊緣向左滑動。下圖為某項通知與一組預設之小工具的示範。

提醒 ▶ 為了製作本手冊的許多圖片，「Dock 與選單列」偏好設定以顯示時間但不顯示日期進行設定。

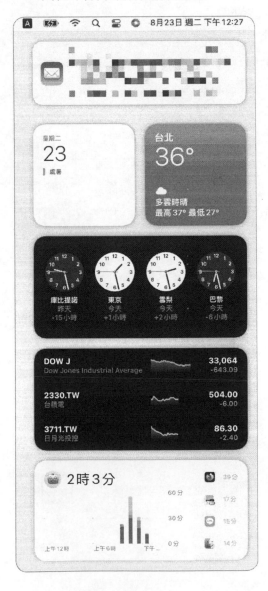

透過以下任一項步驟，可以變更「通知中心」的外觀：

▶　將小工具拖曳至另一個位置來重新排列小工具。

▶　按住 Control 並點一下小工具，然後選擇不同的大小。

如同其他的應用程式延伸功能，「今天」頁面中的小工具也會出現於提供相同功能或服務的應用程式中，舉個例子來說，「日曆」延伸功能就內建於「日曆」應用程式中。

可以管理「今天」頁面中的小工具，請點選位於「通知中心」下方中央的「編輯小工具」按鈕，或按住 Control 並點一下小工具，然後選擇「編輯小工具」。

管理「通知中心」時，下列方式可擇一進行：

▶　於螢幕的左側，選取有小工具的應用程式。

▶　有些小工具有不同大小可以選擇，選取您喜歡的大小。

▶　於螢幕中，點選任一個小工具，將它加入頁面上「通知中心」的下方，或拖曳小工具至螢幕右側，將它放到您想要的地方。

▶　於螢幕右側，可以這麼做：

　　拖曳小工具，變更小工具的順序。

　　點選「移除」（小工具左上角的減號圖像），將小工具從「通知中心」的頁面中移除。於點選「移除」後，假如往後想再加入同一個小工具，仍可再加入。

　　將小工具往左拖曳，移除小工具。

關於提供延伸功能的應用程式，包括「通知中心」使用的小工具，更多資訊請參見 App Store 專題故事「小工具再升級」，網址：apps.apple.com/story/id1531962992。

20.3
監視應用程式與程序

針對識別與管理應用程式和程序，macOS 提供數種方式。您可以使用 Finder「資訊」視窗檢視應用程式的基本資訊，不過，從「系統資訊」可以發掘更多的相關資訊。想檢視 Mac 執行中的應用程式或程序，請使用「活動監視器」。

運用系統資訊監視應用程式

假如想要收集 Mac 上全部應用程式的資訊，請使用「系統資訊」。當選取「系統資訊」中的「軟體」>「應用程式」類別後，會掃描所有找得到應用程式的檔案夾內容，包括您的使用者專屬檔案夾、/Applications、/Applications/Utilities、~/Applications、 /System/Library/、以及其他已安裝卷宗根目錄裡的 Application 檔案夾。

從應用程式列表，任選一個應用程式以檢視更多的資訊。「取得自」欄位顯示應用程式的來源，來源的依據來自於建立該應用程式所使用的程式碼簽署憑證，而

未能識別的應用程式則沒有程式碼簽署。macOS 內建的應用程式，它們的取得
來源則顯示為 Apple。

運用活動監視器監視程序

「活動監視器」是監視執行程序最主要的應用程式。假如某個應用程式無回應或
回應緩慢，請檢視「活動監視器」；假如 Mac 作業緩慢，也請檢視「活動監視器」，
因為「活動監視器」可以協助您查看哪個應用程式或後台程序正明顯地占用較多
macOS 資源。

程序名稱	% CPU	CPU 時間	執行緒	閒置喚醒	種類	% GPU	GPU 時間	PID	使用者
LINE	0.2	1:30.17	29	3	Apple	0.0	0.02	584	yunhansu
控制中心	0.2	15.13	5	2	Apple	0.0	0.00	607	yunhansu
loginwind...	0.1	7.64	3	1	Apple	0.0	0.15	393	yunhansu
knowledg...	0.1	4.23	4	0	Apple	0.0	0.00	568	yunhansu
cfprefsd	0.1	12.45	3	0	Apple	0.0	0.00	546	yunhansu
通知中心	0.1	15.54	4	22	Apple	0.0	1.17	646	yunhansu
distnoted	0.1	6.66	2	0	Apple	0.0	0.00	545	yunhansu
Siri	0.1	2.70	3	1	Apple	0.0	0.00	721	yunhansu
com.appl...	0.1	7.06	2	0	Apple	0.0	0.00	629	yunhansu
sharingd	0.0	15.08	3	0	Apple	0.0	0.00	643	yunhansu
SystemUI...	0.0	1.36	4	0	Apple	0.0	0.00	608	yunhansu
Firefox	0.0	7:36.93	71	1	Apple	0.0	1:14.00	598	yunhansu
繁體中文...	0.0	9.23	3	0	Apple	0.0	0.00	684	yunhansu
lockouta...	0.0	1.52	3	1	Apple	0.0	0.00	574	yunhansu
SiriNCSer...	0.0	0.81	3	0	Apple	0.0	0.00	918	yunhansu
ViewBrid...	0.0	0.73	2	0	Apple	0.0	0.00	613	yunhansu
lsd	0.0	2.21	3	0	Apple	0.0	0.00	571	yunhansu
siriaction...	0.0	4.55	4	0	Apple	0.0	0.00	622	yunhansu

系統：	1.00%	CPU 負荷	執行緒	2,022
使用者：	0.91%		程序	469
閒置：	98.09%			

「活動監視器」主要視窗顯示目前的使用者正在執行的一連串程序和應用程式，程序列表下是 macOS 的統計資料，而預設直欄則能檢查程序的統計資料：

▶ 程序名稱—執行中程序的名稱，由建立程序的開發者取名。

▶ % CPU—數字顯示程序對處理器 （或 CPU） 總容量的消耗占比，最大的百分比爲處理器核心數量的 100%。

▶ CPU 時間—自上次開機後，程序的總使用時間。

▶ 執行緒—同一程序的執行緒數量。一個程序可以分解成多個執行緒選項，而多執行緒可使程序同時執行多項任務，對於增進程序的回應有所助益。既然同一程序中的每一個執行緒都能在不同的處理器核心中執行，多執行緒因而也能增強性能。

▶ 閒置喚醒—程序距上次啟動後，從暫時休眠的狀態被喚醒的次數。

▶ 種類—程序編譯後所支援的架構類型，此欄位的值可以是 Apple 或 Intel。假如是「通用型」應用程式或適用於 iPad 或 iPhone 的應用程式，「活動監視器」則於「架構」欄位顯示「Apple」。如果是搭載 Intel 的 Mac，則「種類」直欄不會出現。

▶ % GPU—與 % CPU 相似，數字顯示程序對 GPU （圖形處理器） 總容量的消耗占比，最大的百分比爲 GPU 核心數量的 100%。

▶ GPU 時間—自上次開機後，程序和其使用的 GPU 的總使用時間。

▶ 程序識別碼 （PID）—每個程序都有一個獨一無二的識別碼。macOS 開機後，當程序開啟時，號碼就依序編派，並於號碼達到 65,535 後，即歸零重新開始。

▶ 使用者—每一個打開的程序代表一位使用者，而每一個程序對於不同的使用者帳號所指定的檔案系統存取權限都不相同。

預設，「活動監視器」只顯示目前已登入使用者執行中的程序，想顯示更多使用中的程序，則選擇「顯示方式」 > 「所有程序」。還可以從「顯示方式」選單中調整直欄中顯示的統計資料的數量以及更新頻率。

想縮小顯示，使用「活動監視器」視窗右上角的「搜尋」欄位即可。

想將程序列表依直欄排序，點選任一個直欄標題即可。再一次點選同一直欄標題，可以切換昇冪或降冪排序。透過先顯示所有的程序，然後依「% CPU」重新排序列表，可以確定是否有程序過度使用資源。

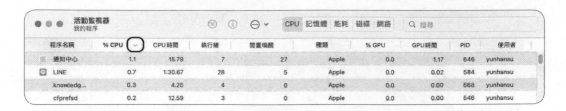

要進一步檢視程序，則連按兩下「活動監視器」列表中程序的名稱，顯示程序詳
細資訊的視窗會接著出現。

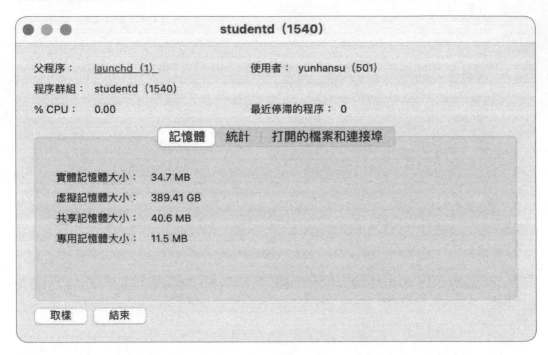

雖然 CPU 的使用通常是監視程序活動中最重要的統計資料，然而「活動監視器」
應用程式也可以監視記憶體、能耗、磁碟、以及網路使用。於「活動監視器」
視窗上方點選不同的按鈕，即可依類別顯示，而這些監視功能可以提供即時的
macOS 統計資料。

如 25.1「開啟主機共享服務」所示，當啟動「系統偏好設定」之「共享」裡的「內容快取」時，「快取」按鈕將會出現於「活動監視器」視窗的上方。

把指標放在「活動監視器」視窗下方的任何統計資料上，即可顯示統計資料的描述說明。

點選「記憶體」後出現的「使用的交換檔」與「已壓縮」的統計資料顯示從上一次 macOS 開機後，為了節省空間，有多少使用中的程序資料被交換至本機儲存空間或被壓縮，這些統計資料都提供相關的歷使記錄。系統比起交換更喜歡使用壓縮，因為要讓記憶體挪出更多空間，壓縮是一種較高效能的方法。

記憶體壓力	實體記憶體：	16.00 GB	App記憶體：	7.02 GB
	記憶體用量：	9.10 GB	系統核心記憶體：	1.38 GB
	快取的檔案：	6.56 GB	已壓縮：	183.2 MB
	使用的交換檔：	0 byte		

較低的「使用的交換檔」是可容許的，不過如果數值較高，表示 macOS 沒有足夠的實體記憶體，無法滿足使用者應用程式的需求。

使用 Instruments 應用程式，其安裝於 Xcode 中，它是 App Store 裡免費的整合開發環境（IDE）與開發者工具，可以幫助更詳細地顯示程序。

關於使用 Instruments 的更多資訊，請參見 Instruments Help 網頁，網址：help.apple.com/instruments/。

關於使用「活動監視器」的更多資訊，請參見「活動監視器使用手冊」，網址：support.apple.com/guide/activity-monitor/。

20.4
應用程式的故障排除

每個應用程式都提供獨特的功能，因而產生的問題也會很獨特，幸運的是，您可以診斷與處理這些問題。

以下清單列出可以採取的行動，依侵入性和耗時性，按順序從最低排列到最高。這些行動也依解決問題的成功率呈現，從最可能到最不可能。總括來說，為應用程式進行故障排除時，請挑選任何一種行動開始：

▶ 重新啟動應用程式—常常只要重新啟動應用程式，就可以解決問題，或至少可以讓應用程式做出回應。

▶ 重新啟動電腦—很多問題可能一開始難以確定，若於故障排除的過程中早點重新開機，或許可以解決問題。這個動作無害，並可能是解決問題最快的途徑。

▶ 開啟另一個已知的工作文件—假如已知的工作文件開啟後開始作業，表示問題文件已損壞，並且是造成問題的來源。假如發現問題來源是一個已損壞的文件檔案，通常最好的解決方法是從較早的備份回復該文件，詳情請見第 17 章「管理時光機」。

▶ 嘗試另一個應用程式—可以使用不同的 Mac 應用程式開啟許多常見的文件類型。於另一個應用程式中試著打開問題文件，如果可以打開，則從其他應用程式中另存新文件。

▶ 嘗試另一個使用者帳號—使用這個方法，確定特定使用者的資源檔案是否為問題的起因。當使用另一個帳號時，假如應用程式的問題沒有發生，則於可疑的使用者「資源庫」檔案夾搜尋已損害的應用程式快取、偏好設定、與資源檔案。您可以建立一個用於測試的臨時帳號，之後再移除它，詳情請見第 7 課「管理使用者帳號」。

▶ 假設應用程式正等待網路的回應，嘗試暫時中斷 Mac 的網路連線—如果應用程式須從網路來源接收資訊或回應才能繼續，可使用這個方法試一試。

▶ 檢查診斷報告與記錄檔案—在更換項目前，此為資訊收集最後的步驟。每當應用程式當機時，macOS 的診斷報告功能會儲存當機的診斷報告，請使用「系統監視程式」檢查診斷報告。

▶ 更換偏好設定檔案—應用程式的資源中，已損害的偏好設定檔案是最有可能造成問題的，因爲這些檔案經常變動，而且應用程式也需要它們才能運作。

▶ 更換應用程式資源—雖然已損害的應用程式資源可能造成問題，但是它們最不可能是問題的來源，因爲應用程式資源罕有變動。

▶ 刪除快取檔案—爲了增加性能，許多應用程式於以下一個或多個位置建立快取檔案夾：

~/Library/Saved Application State
/Library/Caches/
~/Library/Caches/
~/Library/Containers/bundleID/Data/Library/Saved Application State/
~/Library/Containers/bundleID/Data/Library/Caches/
~/Library/Preferences/ByHost/

應用程式的快取檔案夾名稱通常與應用程式的名稱相符，雖然快取檔案夾不可能是造成問題的應用程式資源，仍然可以刪除它們，這並不會影響使用者的資訊。於刪除應用程式的快取檔案夾後，下次開啟應用程式時，應用程式會建立一個新的檔案夾。想刪除各種字體快取，可使用安全模式啟動，它會清除字體快取，詳情請見第 28 課「開機與系統問題的故障排除」。

強制結束應用程式

應用程式無回應時，很容易辨別—它會停止回應滑鼠的點擊，指標常常變成等待游標（旋轉風車），而且會轉一陣子。

最先使用的應用程式會控制選單列，就好像它把您擋在 Mac 外。假如將等待游標從凍結的應用程式移動至另一個應用程式或桌面上，指標通常會恢復正常，您也將再次掌控 Mac。

可以使用幾種方式結束應用程式：

▶ 從「強制結束應用程式」對話框—選擇「Apple」選單 >「強制結束」，或按下「Option-Command-Esc」快速鍵，開啟「強制結束應用程式」對話框，凍結的應用程式名稱旁邊會出現「（無回應）」。要強制結束，先選取某個應用程式，然後點選「強制結束」。

▶ 從 Dock—按住 Control 並點一下或持續按住 Dock 裡的應用程式圖像，顯示應用程式的快速選單。假如 Dock 識別出該應用程式已凍結，則從選單選擇「強制結束」。另一種方式是，持續按住「Option」鍵，將「結束」選單指令變更爲「強制結束」。

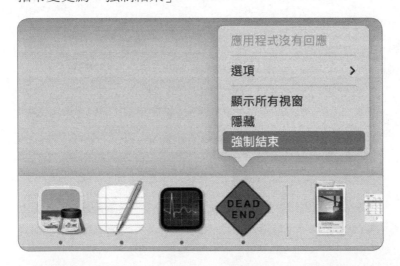

▶ 從「活動監視器」—開啓「活動監視器」。如果正檢視「快取」面板，則點選工具列的其他按鈕，例如 CPU，然後從程序列表選取想結束的應用程式。接著，點選「X」（位於「活動監視器」工具列最靠左邊的八角形圖像中），然後點選「強制結束」按鈕。內建的應用程式中，唯一可讓管理者使用者結束或強制結束其他使用者的程序或後台系統程序的，就是「活動監視器」。

於「活動監視器」中，Safari 的每個網頁顯示爲個別的程序，可以個別地強制結束 Safari 的每個網頁。

診斷報告

當應用程式出乎意料地關閉（崩潰）或停止運作（當機）而必須強制結束時，macOS 診斷報告的功能會顯示警告對話框，通知您有問題發生。

於「安全性與隱私權」偏好設定的「隱私權」面板中，進入「分析與改進功能」，找到「分享 Mac 分析」選項，當 Mac 的所有使用者與 Apple 分享診斷報告時，它會控制 macOS 如何處理。當您第一次設定 Mac 時，於「設定輔助程式」的「快速設定」螢幕中，假如您點選「繼續」（而非「自訂設定」），就會打開「分享 Mac 分析」以及「與 App 開發者分享」這兩個選項。

診斷報告會建立記錄檔案並詳細描述應用程式崩潰或當機的情形。

假設「分享 Mac 分析」選項已打開，會出現警告對話框，通知您報告將自動傳送至 Apple。

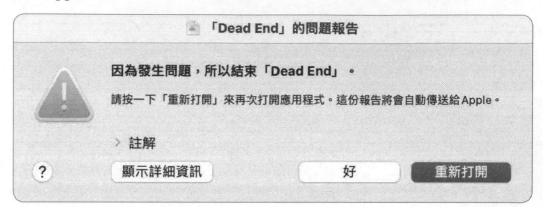

您可以點選「註解」旁的三角形以開啟文字項目欄位並且填寫導致此問題發生的步驟描述。點選「顯示詳細資訊」，以顯示問題的更多相關資訊。

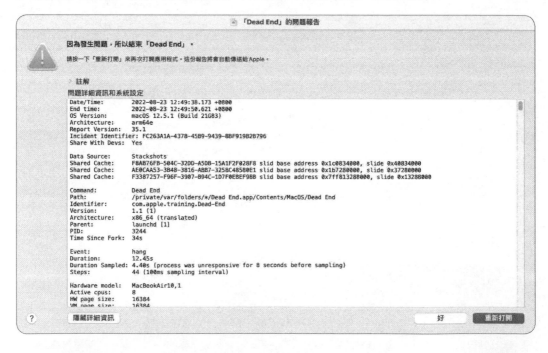

假如「分享 Mac 分析」選項已關閉，仍會出現警告對話框詢問您是否要忽略問題或與 Apple 分享報告。

假設點選「報告」，如前所示的警告對話框會跟著出現，通知您報告將自動傳送至 Apple；如果點選「忽略」，macOS 則不會傳送報告給 Apple。

使用系統監視程式檢視報告

使用「系統監視程式」檢視報告（也稱為記錄或記錄訊息）以解決問題以及同時檢查 Mac 和其他裝置的性能。

您的 Mac 與連接的裝置，比如 iPhone、iPad、以及 Apple Watch，都會產生報告。「系統監視程式」也會編譯報告提供關於 macOS 和應用程式的一般診斷資料與詳細資訊。為了維持系統性能，在點選「開始」按鈕與「開始連續播送」處的連結後，「系統監視程式」才會顯示一連串的記錄訊息。

假如您未以管理者使用者的身分登入,「系統監視程式」會要求先提供管理者使用者的身分驗證資訊。

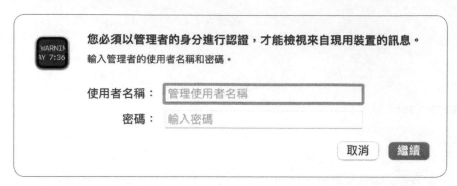

使用者報告來自目前的使用者所使用的應用程式,系統報告則來自影響所有使用者的 macOS 元件。假如您不是以管理者使用者身分登入,可以檢視使用者報告,不過若是要檢視裝置和系統報告則必須先提供管理者名稱和密碼才可以。「報告」欄位中的某些項目額外提供各種報告,選取「報告」欄位中的項目即可顯示內容。想與其他人分享報告,先選取報告,然後點選工具列的「分享」按鈕。假如將指標放在報告上,「系統監視程式」將顯示報告的完整路徑。可以按住 Control 並點選任一個報告,接著選擇「顯示於 Finder」或「丟到垃圾桶」。

假設您以管理者使用者的身分登入,則可以檢視所有的報告,以下是使用「系統監視程式」可以檢視的報告類型:

▶ 裝置一有關 Mac 以及與它連接之裝置的報告,「系統監視程式」的側邊欄為裝置報告獨立出個別區塊。

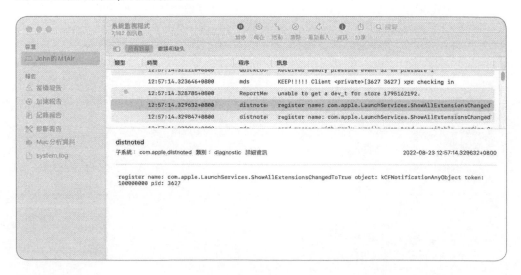

▶ 當機與加速報告—當程序崩潰或當機（無回應）時建立更詳細的診斷訊息。系統報告來自於影響所有使用者的 macOS 元件，而這些報告儲存於 /Library/Logs/DiagnosticReports。當機報告的名稱會以 crash 爲副檔名，加速報告的名稱則以 spin 爲副檔名。

▶ 記錄報告—關於執行中的應用程式或程序的資訊報告，記錄報告名稱的副檔名通常是 its、log、或 _log。

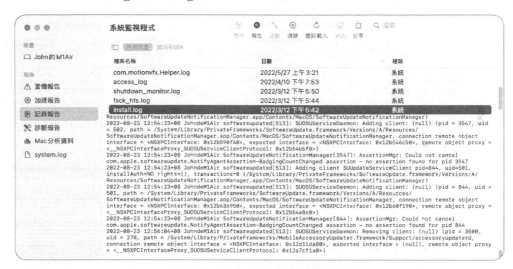

▶ 診斷報告—關於硬體資源或系統回應時間的報告，診斷報告名稱的副檔名是 diag 或 dpsub。

▶ Mac 分析資料—簡短的診斷訊息顯示一般的使用狀況與問題,並儲存於 /
private/var/log/DiagnosticMessages。這些程序一天就能產生大量的診斷
訊息,其中很多訊息都是良性的。以下 2 張圖片為以管理者帳號登入時製作
的圖片,而本課其餘大部分的圖片都是於標準帳號登入時所製作的。

▶ system.log—內含 /private/var/log/system.log 檔案的內容,只有在以管
理者身分登入時,才可以使用「系統監視程式」顯示此記錄。以下圖片為以
管理者帳號登入時製作的圖片,而本課其餘大部分的圖片都是於標準帳號登
入時所製作的。

診斷報告常常指出應用程式當下正使用哪些檔案，而其中一種報告內提到的損壞檔案有可能就是問題的來源。

檢視活動

可以檢視依活動而分類的相關記錄訊息，只要點選工具列的「活動」按鈕，即可聚焦特定的記錄訊息，並可獲得更完整的分析。

搜尋記錄與活動

可以搜尋記錄訊息與活動—舉例來說：

▶ 　輸入單字或詞組，找到符合的記錄訊息。

▶ 　顯示某個特定程序的記錄訊息。

▶ 　搜尋不符合特定條件的記錄訊息。

完成搜尋後，可以將搜尋儲存下來並再次使用，「系統監視程式」將已儲存的搜尋按鈕顯示於工具列。

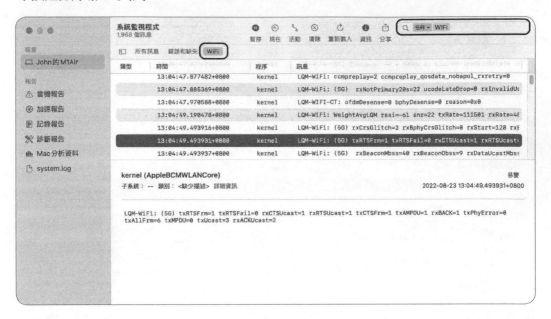

有關「系統監視程式」的更多資訊，包括搜尋時運用屬性簡化的資訊，請參見「系統監視程式使用手冊」，網址：support.apple.com/guide/console/。

偏好設定的故障排除

使用中的應用程式主要存取 2 種經常變動的檔案類型：由應用程式處理檢視或編輯的文件，還有內含應用程式設定的偏好設定檔案。從管理的角度看，偏好設定檔案通常比較重要，因為它們可能內含應用程式作業時需要的設定。比方說，應用程式的序號或註冊資訊就經常儲存於偏好設定檔案。

在任何「資源庫」檔案夾都可發現偏好設定，可是大部分應用程式的偏好設定最後皆存放於使用者的「資源庫」。因為本機「資源庫」只限用於系統層級的偏好設定，所以應用程式的偏好設定只能存放於使用者的個人專屬檔案夾，這讓每位使用者擁有他們自己的應用程式設定，不會與其他使用者的設定有所衝突。如果您正為一個系統層級的程序排除故障，試著在 /Library 找到它的偏好設定。

大部分的應用程式與系統層級偏好設定檔案皆儲存為屬性列表檔案，屬性列表檔案的命名機制通常將每個應用程式唯一獨有的套裝識別碼放在前面，後面緊接著放上副檔名 .plist，例如 Finder 的偏好設定檔案為 com.apple.finder.plist，藉著識別應用程式軟體開發者的命名機制來避免混淆。

有些應用程式並沒有沙盒機制，所以它們使用標準應用程式的預設偏好設定檔案夾：~/Library/Preferences 或 /Library/Preferences。

提醒 ▶ 上圖顯示的路徑列，能以選擇「顯示方式」>「顯示路徑列」的方式啟動。如果顯示路徑列尚未選取，可經由提示來顯示路徑，只要於 Finder 視窗內選取某個項目，然後持續按住「Option」鍵即可。

至於已有沙盒機制的應用程式，它們的偏好設定位於「容器」檔案夾或「群組容器」檔案夾內。這些檔案夾分別為 ~/Library/Containers/*bundleID*/Data/Library/Preferences 與 ~/Library/Group Containers/*bundleID*/Library/Preferences，這裡的 *bundleID* 指的是每個應用程式唯一獨有的套裝識別碼。

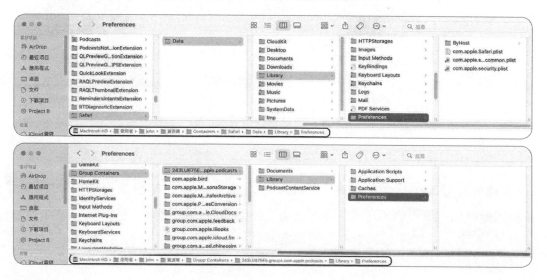

應用程式偏好設定檔案包含應用程式內部的設定資訊與使用者設定之偏好設定，即使您從未更改過偏好設定，應用程式也可能經常更新偏好設定檔案的資訊。這是唯一一個大部分的應用程式都會使用的檔案，它會經常地被改寫，所以有可能損害。

許多使用 Apple 偏好設定模式的應用程式，包含第三方應用程式，發現已損害的偏好設定檔案後，會忽略它，並建立新的檔案。相反地，某些第三方應用程式使用自己專屬的偏好設定模式，沒有彈性可言，因此，損害的偏好設定通常導致應用程式經常當機或於開機時當機。

解決損害的偏好設定

更改可疑的偏好設定檔案名稱，即可隔離已損害的偏好設定，因此，請在 Finder 中將識別碼加到可疑的偏好設定檔案名稱的末尾—比如 .bad。為了往後可以輕鬆地找到這個偏好設定檔案，請在檔案名稱開頭加上一個波浪符號（~），在依字母排序時，可讓 Finder 將它放到檔案列表的開頭。

偏好設定架構由後台程序（cfprefsd）維護，而為了增進性能，這個程序使用記憶體快取以儲存偏好設定資訊。於移除可能損害的偏好設定後，請重新開啟此程序以清除快取。當強制結束「cfprefsd」後，macOS 會將它重新開啟，但要確定只強制結束對的使用者的「cfprefsd」程序。

當移除偏好設定檔案並重新開啟「cfprefsd」程序後，打開應用程式或程序時，將依據程式預設建立新的偏好設定檔案。假如問題因此解決了，但並未移除不可取代的設定，則刪除舊的偏好設定檔案。假如問題還是沒解決，即接著執行資源的故障排除。

假設別處的問題解決了，請用以下步驟還原先前的設定：

1. 刪除較新的偏好設定檔案。

2. 移除已加入原始偏好設定檔案的檔案名稱。

3. 重新開啟「cfprefsd」，讓應用程式重新載入偏好設定檔案。

替換先前偏好設定檔案的好處是，已存在檔案中的設定或自訂的設定不會遺失不見。

檢視與編輯偏好設定檔案

故障排除時，透過查看屬性列表檔案內容可以檢查設定。屬性列表檔案內容（以 .plist 結尾）的格式爲純文字的可延伸標記式語言（XML）或二進位碼，比起處理 XML 編碼檔案，應用程式處理二進位編碼檔案更有效率。macOS 會自動轉換屬性列表檔案的格式，從 XML 轉換成二進位。下列 2 種方法可以擇一用於檢查二進位檔案：

▶ 於 Finder 中，選取屬性列表檔案，然後按下空白鍵開啟「快速查看」，即可預覽檔案內容。

▶ 使用「終端機」執行指令 plutil -convert xml1 *myfile.plist* （myfile. plist 代表已選取屬性列表檔案的名稱），將屬性列表檔案從二進位轉換成 XML，然後使用 Less 指令檢視內容。

```
● ● ● 🖿 john — less ~/Library/Containers/com.apple.Safari/Data/Library/Preference...    ▤
<?xml version="1.0" encoding="UTF-8"?>
<!DOCTYPE plist PUBLIC "-//Apple//DTD PLIST 1.0//EN" "http://www.apple.com/DTDs/
PropertyList-1.0.dtd">
<plist version="1.0">
<dict>
        <key>AutoplayPolicyWhitelistConfigurationUpdateDate</key>
        <date>2022-08-19T06:32:08Z</date>
        <key>AutoplayQuirksWhitelistConfigurationUpdateDate</key>
        <date>2022-08-19T06:32:08Z</date>
        <key>DidClearLegacySpotlightMetadataCaches</key>
        <true/>
        <key>DidMigrateDownloadFolderToSandbox</key>
        <true/>
        <key>DidMigrateLastSessionPlist</key>
        <true/>
        <key>DidMigrateNewBookmarkSheetToReadingListDefault</key>
        <true/>
        <key>DidMigrateResourcesToSandbox</key>
        <true/>
        <key>DidMigrateSecureDefaultsToUserDefaults</key>
        <true/>
        <key>DidMigrateStartPageDefaultSidebarVisibility</key>
        <true/>
ry/Containers/com.apple.Safari/Data/Library/Preferences/com.apple.Safari.plist
```

XML 格式相對地容易分析，它的內容為普通的文字穿插文字標籤說明資訊的資料結構。藉助任何一種文字閱讀應用程式，就可以檢視純文字格式屬性列表檔案的 XML 程式碼。

如有必要編輯屬性列表檔案，切勿使用「文字編輯」，因為它會錯誤地將任何儲存為二進位的屬性列表檔案格式化。Xcode 是 Apple 中最完整的圖形應用程式，可用於編輯屬性列表檔案，它可以解碼二進位屬性列表檔案，也以容易閱讀的分層格式，讓您檢視與編輯任何屬性列表。Xcode 可以從 App Store 下載。

Key	Type	Value
∨ Root	Dictionary	(6 items)
∨ report.ReportLevels	Dictionary	(32 items)
∨ vendor.dc.configuration.ms_us_mtv	Dictionary	(6 items)
retry.get.http_response_code	String	500,503,504
retry.post.http_response_code	String	500,503,504
retry.put.http_response_code	String	500,503,504
connection.max.idle.millis	Number	45,000
∨ throughput.min	Dictionary	(2 items)
num.bytes	Number	104,448
in.seconds	Number	60
connection.max.requests	Number	-1
∨ vendor.dc.configuration.ms_ap_sin	Dictionary	(6 items)
retry.get.http_response_code	String	500,503,504
retry.post.http_response_code	String	500,503,504
retry.put.http_response_code	String	500,503,504
connection.max.idle.millis	Number	45,000
∨ throughput.min	Dictionary	(2 items)
num.bytes	Number	104,448
in.seconds	Number	60
connection.max.requests	Number	-1
∨ vendor.dc.configuration.s3_eu_irl	Dictionary	(6 items)
retry.get.http_response_code	String	500,503,504
retry.post.http_response_code	String	500,503,504
retry.put.http_response_code	String	500,503,504
connection.max.idle.millis	Number	1,000
∨ throughput.min	Dictionary	(2 items)
num.bytes	Number	16,384
in.seconds	Number	30
connection.max.requests	Number	100
∨ vendor.dc.configuration.gcs_eu	Dictionary	(5 items)
retry.get.http_response_code	String	500,503,504
retry.post.http_response_code	String	500,503,504
retry.put.http_response_code	String	500,503,504
connection.max.idle.millis	Number	180,000

執行中的應用程式或程序正使用的屬性列表檔案，應避免編輯，因為在編輯的同時，應用程式或程序可能也正變更該檔案與儲存中。假如必須編輯的屬性列表可能正使用中，先結束使用該屬性列表檔案的應用程式，然後中止「cfprefsd」程序。

應用程式資源的故障排除

損害的應用程式軟體與相關的非偏好設定資源很少導致應用程式發生問題，因為這些檔案類型於應用程式首次安裝後就不常變更。許多應用程式使用其他資源，比如字體、外掛模組、或鑰匙圈，這些資源來自本機或使用者「資源庫」檔案夾與「Application Support」檔案夾裡的項目。於找到有問題的資源後，移除或替換損害的資源，並重新啟動應用程式。

使用者專屬檔案夾「資源庫」裡的已損害資源只會影響同一個使用者，然而本機「資源庫」裡的已損害資源會影響所有的使用者。在搜尋已損害資源時，請依這個論述縮小搜尋。本課稍早曾講述的應用程式與診斷報告記錄可能透露，當應用程式當機時，它正試著存取哪些資源，而這些資源應該就是最有可能有問題的。

倘若應用程式顯示問題只來自一位使用者，試著在該使用者「資源庫」檔案夾找到問題根源的資源。從常見的地方展開搜尋，假如發現某個可能造成問題的資源，可將該資源移出使用者的「資源庫」檔案夾，並重新啟動應用程式。有些應用程式將資源儲存於 ~/Documents。

若是已確定所有使用者帳號的問題都是同一個應用程式造成的，首先，重新安裝應用程式或升級至應用程式的最新版本，或許能找到應用程式已發行的較新版本—可能是內含錯誤修正的版本。而藉著重新安裝，至少可以更換標準應用程式裡任何可能已損害的檔案。重新安裝應用程式後，假如問題持續發生，則仔細搜尋本機「資源庫」的資源，找到並移除或替換損害的資源。

假若發現大量的損害檔案，這表示可能有更嚴重的檔案系統或儲存硬體的問題。這些項目的故障排除，請見第 11 課「管理檔案系統與儲存」。

練習 20.1
強制結束應用程式

▶ **前提**

　　▶　必須已建立 John Appleseed 帳號（練習 7.1「建立一個標準使用者帳號」）

　　▶　必須已安裝「Dead End」應用程式（練習 18.3「使用拖拉放來安裝一個應用程式」）

於本練習中，您將學著判斷應用程式是否無回應，也將了解如何使用「強制結束」與「活動監視器」強制無回應的應用程式結束。此外，還能學習如何管理已停止執行的後台程序。

於 Dock 中強制應用程式結束

1. 登入 John Appleseed。

2. 開啟已於練習 18.3 中安裝的「Dead End」應用程式。

    「Dead End」的主要作用在於進入無回應狀態，讓您有機會練習強制應用
    程式結束的各種方法。

    「Dead End」會開啟一個視窗，而視窗上有「Download the Internet」
    的按鈕。

3. 點選「Download the Internet」。

    「Dead End」進入無回應狀態，幾秒後，macOS 可能顯示等待游標 （彩
    色的風車）。當把指標放至「Dead End」視窗，或者，如果「Dead End」
    正在使用時，把指標放至選單列，就會出現等待游標。

4. 按住 Control 並點選 Dock 中的「Dead End」圖像，然後從選單選擇「強
    制結束」。又或者，可於 Dock 中點選並按住「Dead End」圖像，從選單
    選擇「強制結束」。

    結束「Dead End」。

    提醒 ▶ 練習這些習題時，無論何時，要是有機會傳送報告給 Apple，點選「忽
    略」。

使用強制結束視窗

1. 開啟「Dead End」應用程式，嘗試以另一種方式強制應用程式結束。

   要開啟最近曾使用的應用程式，可點選 Apple 選單，然後選擇「最近使用過的項目」，macOS 會將最近開啟過的 10 個應用程式表列。

2. 點選「Download the Internet」。

3. 按下「Command-Option-Esc」快速鍵，開啟「強制結束應用程式」視窗。

   大約 15 秒後，「無回應」的「Dead End」將以紅字顯示。

4. 選取「Dead End」，接著點選「強制結束」。

5. 於確認對話框，點選「強制結束」。

6. 關閉「強制結束應用程式」視窗。

使用活動監視器練習強制應用程式結束

透過「活動監視器」，可以強制應用程式結束，並檢視執行中的程序，且收集資訊，然後結束程序。

1. 開啟「Dead End」。

2. 點選「Download the Internet」。

3. 開啟「活動監視器」（從「工具程式」檔案夾）。

雖然「Dead End」中出現等待游標，仍然可以使用 Finder 或「啟動台」，因為無回應的應用程式通常不會影響 macOS 其他的運作。

「活動監視器」會顯示一連串執行中的程序。當視窗開啟時，程序的名稱以應用程式的名稱顯示，且於後台執行的程序也會顯示，雖然這些程序沒有圖形使用者介面。

4.　如有必要，點選程序列表上方的「CPU」。

5.　假如圖表標頭的「% CPU」未被選取，將它連按兩下將會出現依據 CPU 用量由上而下 （最多至最少）排列的程序列表，且「% CPU」旁的箭頭應是朝下的。

6.　以名稱尋找「Dead End」程序，它應該會列在第一位。

無回應應用程式的名稱以紅字顯現，並加上註記說明該應用程式「無回應」。檢查「Dead End」程序時，會發覺 CPU 的用量將近百分之 200，這證明應用程式會如何占用 CPU，儘管當時應用程式無回應並且似乎沒起什麼作用。

「% CPU」的統計資料指出 CPU 核心已使用量的占比，當前的 Mac 電腦擁有多顆核心與超執行緒，因此，即使是「200%」的 CPU 使用率，也不是佔用 Mac 電腦 CPU 的全部量能。

7.　選擇「視窗」>「CPU 用量」（或按下「Command-2」快速鍵）。

視窗隨後開啟，顯示 Mac 擁有幾顆處理器核心，以及每顆核心運作的情形。

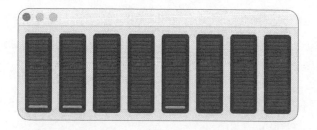

此為擁有 8 核心 Mac 的螢幕截圖：4 顆專用於效能，另外 4 顆專用於節能。單就效能核心而言，百分之 200 只占量能的一半。

8.　於程序列表中選取「Dead End」，然後點選工具列上的「結束程序」按鈕
　　（它的圖像是八角形裡有個「X」）。

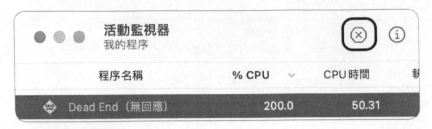

9.　要求確認時，點選「強制結束」。

「結束」是對話框的預設選項，因為「Dead End」無回應，所以它不會回
應正常的「結束」指令，因此必須使用「強制結束」中止程序。

於「活動監視器」視窗或 Dock 中「Dead End」從程序列表消失。大約幾
秒後，「CPU 用量」視窗更新並顯示使用率已下降。

和 Dock 與「強制結束應用程式」視窗的情形不同，可以使用「活動監視器」
強制背景程序結束。背景程序通常是自動啟用的程式，在正常情形下，無須
管理，但在某些狀況下，強制它們結束是有幫助的。

10.　於程序列表選取「控制中心」，或使用視窗右上方的欄位搜尋，而程序 ID
　　（PID）號碼則於欄位靠右側的地方顯示。

「控制中心」管理選單列右側的項目，假如選單列的一個項目鎖住了，也許
必須強制「控制中心」結束。

11. 選取「控制中心」後，點選「停止」按鈕（「X」），當點選「強制結束」時，請觀察選單列右側。

    選單列的「時光機」項目消失後又出現了，檢查程序列表時，發現「控制中心」正執行中，但它的程序 ID 變了，因為 launchd 程序（背景程序）偵測到「控制中心」退出，並將它重新啟動。launchd 於啟動後，監視著許多背景程序，並且在必要時，將它們重新啟動。

    這種方式無法強制結束所有的程序，例如，如果強制 WindowServer（一種系統程序）結束，會立刻將您登出。第 28 課「開機與系統問題的故障排除」會更詳細地討論 launchd。

12. 清除搜尋欄位，然後讓「活動監視器」保持開啟，下一節繼續使用。

檢視系統程序與用量

1. 從「活動監視器」選單列，選擇「顯示方式」>「所有程序」。

   程序列表中出現程序，除了您以使用者身分登入時的背景程序（有時稱為 *agents*），還有在您沒登入時，macOS 執行的許多背景程序（有時稱為 *daemons*）。

2. 於「活動監視器」視窗的上方，輪流點選「CPU」、「記憶體」、「能耗」、「磁碟」、與「網路」按鈕，然後檢查視窗下方每個程序的資訊與統計資料。

3. 若要繼續練習 20.2，請讓「活動監視器」保持開啟。

練習 20.2
偏好設定的故障排除

▶ 前提
  ▶ 必須已建立 John Appleseed 帳號（練習 7.1「建立一個標準使用者帳號」）

大部分應用程式的偏好設定都會建立並儲存於使用者自己個人的「資源庫」檔案夾，在解決應用程式的疑難雜症時，這能派上用場。於本練習，您將學習如何設定與還原偏好設定並跟著體驗將偏好設定檔案移出 ~/Library 檔案夾的效果。

建立與找出預覽程式偏好設定

1. 如有必要，登入 John Appleseed。

2. 從「應用程式」檔案夾開啟「預覽程式」。

3. 如詢問從「iCloud」開啟檔案，點選「取消」。

4. 選擇「預覽程式」>「偏好設定」（或按下「Command- 逗點」快速鍵），開啟「預覽程式」偏好設定視窗。

5. 於工具列中選取「影像」。

   「打開檔案時」的設定預設值為「以同一視窗打開同一組檔案」。

6. 選取「以單一視窗打開所有檔案」。

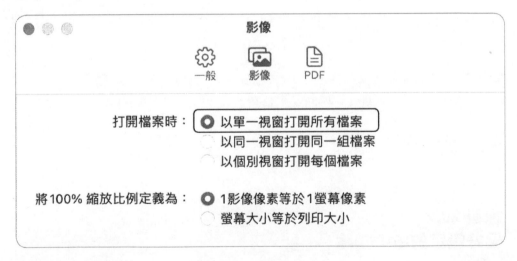

7. 關閉「偏好設定」視窗，接著退出「預覽程式」。

8. 因為 Finder 通常隱藏 ~/Library 檔案夾，所以持續按住「Option」鍵，然後選擇「前往」>「資源庫」，即可檢視「資源庫」檔案夾。

   「預覽程式」是有沙盒機制的應用程式，所以它的偏好設定不會放在 ~/Library/Preferences 檔案夾裡，而是在沙盒容器裡，參考 15.1「macOS 檔案資源」裡提供了更多關於沙盒容器的詳細資訊。

9. 在 ~/Library 檔案夾裡，開啟「Containers」檔案夾，接著打開「預覽程式」檔案夾。

   「預覽程式」檔案夾內含「Data」子檔案夾，結構和個人專屬檔案夾很相似，裡面的內容大部分是它們所代表的替身。

10. 瀏覽 Data/Library/Preferences，然後選取 com.apple.Preview.plist 檔案。

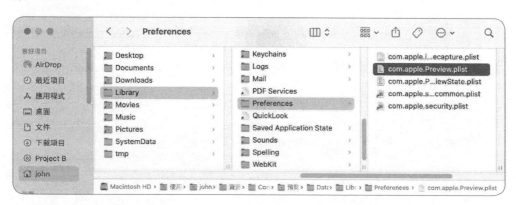

11. 使用「快速查看」（或按下「Command-Y」快速鍵） 檢視偏好設定檔案內容。

所設定的偏好設定將表列於「可延伸標記式語言 （簡稱 XML）」中。

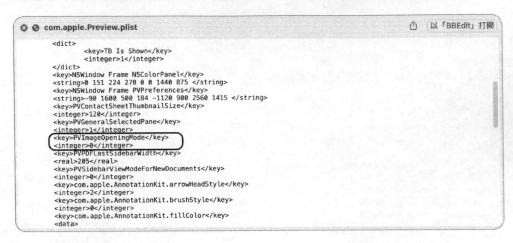

12. 關閉「快速查看」視窗。

關閉與還原偏好設定

移動應用程式的偏好設定檔案時，不會每次都重置它的偏好設定，所以偏好設定的 agent （cfprefsd） 可能快取舊的設定。想確定偏好設定是否已重置，請退出程式，結束偏好設定 agent，然後移動檔案。

1. 開啟「活動監視器」。

2. 如有必要，從「活動監視器」選單列，選擇「顯示方式」>「我的程序」。

3. 假如「預覽程式」應用程式正在執行，先結束它。

4. 依程序名稱將程序列表排序，或使用「搜尋」欄位找到「cfprefsd」。

您會發現使用者帳號的「cfprefsd」程序正在執行。

5. 於使用者帳號執行中的程序列表選取「cfprefsd」，然後點選工具列上的「停止」按鈕（八角形裡有個「X」）。

6. 於確認對話框中，點選「結束」。

因為程序仍正常回應，所以不必使用「強制結束」。

新的「cfprefsd」程序將於必要時啟動。整個過程有時發生得很快，在它消失於「活動監視器」列表前，可能早已不見蹤影。

7. 切換至 Finder，然後拖曳 com.apple.Preview.plist 檔案至桌面，並讓「偏好設定」檔案夾持續開啟。一個 plist 檔案，或稱為屬性列表，是 XML 格式的檔案，用以界定應用程式的組態設定，也就是所謂的偏好設定。

8. 開啟「預覽程式」應用程式，然後選擇「預覽程式」>「偏好設定」（或按下「Command- 逗號」快速鍵）。

9. 從工具列選取「影像」。

「打開檔案時」的設定重置為預設值「以同一視窗打開同一組檔案」。

10. 結束「預覽程式」。

11. 切換回「活動監視器」，接著結束「cfprefsd」。

12. 於 Finder 中，將 com.apple.Preview.plist 從桌面移回至「偏好設定」檔案夾。

13. 當告知有一個較新的項目已存在，項目名稱為 com.apple.Preview.plist，則點選「取代」。

14. 開啟「預覽程式」，然後開啟偏好設定。

此時偏好設定的自訂設定已回復成（「以單一視窗打開所有檔案」）。

15. 結束「預覽程式」。

管理損害的偏好設定

對於損害的偏好設定檔案，macOS 內建處理的功能，本練習將探索偏好設定檔案損害時，將出現什麼狀況。

1. 使用「活動監視器」結束「cfprefsd」。

2. 於 Finder 中，按住 Control 並點選 com.apple.Preview.plist 檔案，之後從選單選擇「打開檔案的應用程式」>「其他」。

3. 於對話框中，從「啟用」選單選擇「所有應用程式」，選取「文字編輯」，然後點選「開啟」。

   有些 plist 檔案以 XML 或文字的格式儲存，如同其他文字檔案一樣，可以編輯，此一 plist 檔案以二進位格式儲存，因此只能看見部分的檔案內容。

4. 加入新文字至文件。

5. 結束「文字編輯」。

   變更將會被自動儲存。

6. 以「快速查看」試著檢視檔案。

如以普通文字的方式編輯檔案，會破壞它的二進位結構，因此，「快速查看」無法顯示它的內容，只會顯示一般的畫面。

7. 關閉「快速查看」視窗。

8. 再次開啟「預覽程式」，接著開啟它的偏好設定。

   因為偏好設定檔案已損壞，所以 macOS 將它重新設定，「打開檔案時」的設定回歸為預設值「以同一視窗打開同一組檔案」。

9. 結束已開啟的「預覽程式」、「活動監視器」、以及其他應用程式。

10. 登出 John Appleseed。

練習 20.3
檢查記錄

▶ 前提

  ▶ 必須已建立「Local Administrator」帳號（練習 3.1 「練習設定一台 Mac」）與 John Appleseed 帳號 （練習 7.1 「建立一個標準使用者帳號」）

  ▶ 必須有一台可執行「內容快取」服務的 Mac 電腦在您的網路上。

提醒 ▶ 即使不符合前提，閱讀習題也會對此程序多一點了解。

於本練習，您將使用「系統監視程式」來檢視記錄檔案，然後搜尋記錄檔案，確定您的 Mac 是否正使用來自網路上另一台 Mac 的「內容快取」服務。

產生記錄資料

1. 以「Local Administrator」身分登入。

   於本練習檢視的記錄檔案，只能由管理者讀取。

2. 開啟「終端機」。

3. 執行指令「**assetcachelocatorutil**」。

   「assetcachelocatorutil」發現 Mac 電腦正在執行「內容快取」服務，該指令因而產生資料，然後將它輸出在「終端機」視窗（也稱為標準輸出，或「stdout」），而標準輸出有時指的是由指令列程式所產出的資料標準化串流。

```
● ● ●              🖥 john — -zsh — 80×24
2022-08-23 17:30:57.305 AssetCacheLocatorUtil[5498:230889] Found 1 content cache
2022-08-23 17:30:57.306 AssetCacheLocatorUtil[5498:230889] Finding refreshed con
tent caches supporting personal caching and import...
2022-08-23 17:30:57.306 AssetCacheLocatorUtil[5498:230889] Found 1 content cache
2022-08-23 17:30:57.306 AssetCacheLocatorUtil[5498:230889] Finding refreshed con
tent caches supporting shared caching...
2022-08-23 17:30:57.307 AssetCacheLocatorUtil[5498:230889] Found 1 content cache
2022-08-23 17:30:57.307 AssetCacheLocatorUtil[5498:230889] localhost:49153, rank
 0, not favored, healthy, guid 1C30DE3F-E88C-44E5-8308-9AB6F6558A8D, valid until
 2022-08-23 17:50:57; supports personal caching: yes, and import: yes, shared ca
ching: yes
2022-08-23 17:30:57.307 AssetCacheLocatorUtil[5498:230889] Determining refreshed
 configured public IP address ranges...
2022-08-23 17:30:57.307 AssetCacheLocatorUtil[5498:230889] No public IP address
ranges are configured.
2022-08-23 17:30:57.307 AssetCacheLocatorUtil[5498:230889] Determining refreshed
 favored server ranges...
2022-08-23 17:30:57.307 AssetCacheLocatorUtil[5498:230889] No favored server ran
ges are configured.
2022-08-23 17:30:57.307 AssetCacheLocatorUtil[5498:230889] Testing all found con
tent caches for reachability...
2022-08-23 17:30:57.319 AssetCacheLocatorUtil[5498:230889] This computer is able
 to reach all of the above content caches.
john@JohndeM1Air ~ %
```

假如您正於網路上練習這個練習，使用的 Mac 也正好在執行「內容快取」服務，執行指令的結果應當會指出，至少有一個內容快取可用，而且正由您的 Mac 使用中。

> 提醒 ▶ 假如在您移動所在位置的同時，Mac 仍持續開啟，為了找到內容快取，您可能得將 Mac 重新啟動。

4. 讓「終端機」保持開啟。

使用系統監視程式檢視記錄

1. 從「工具程式」檔案夾開啟「系統監視程式」。

2. 於側邊欄的「裝置」區選取您的 Mac。

3. 於工具列，點選「開始」。

4. 於工具列，確認「現在」為已選取，而「活動」為未選取。

這個畫面顯示背景發生的事件。

5. 於「終端機」，再次執行「**assetcachelocatorutil**」。

6. 切換回到「系統監視程式」，並於「搜尋」欄位輸入「**AssetCache**」，然後按下「Return」鍵。

您會看到有組織的訊息，與「終端機」視窗中出現的訊息一模一樣。

7. 選取任一事件，接著，如有必要，於工具列上選取「資訊」。

事件的詳細資訊於事件列表下的面板顯示。

檢視網路上正在執行的「內容快取」服務的訊息，可能會有來自「assetcachelocatorutil」的訊息，而這個訊息指出內容快取、它的 IP 位址與通訊埠、以及快取中的資料類型。

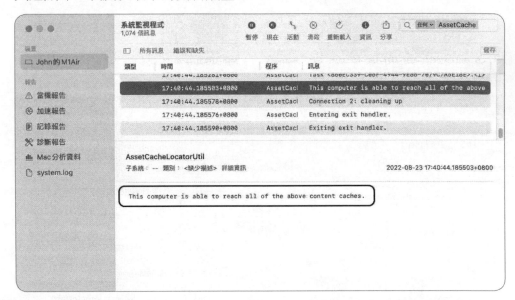

可能還會有一則來自「assetcachelocatorutil」的訊息，訊息表示 Mac 可以取得以上所有的內容快取。

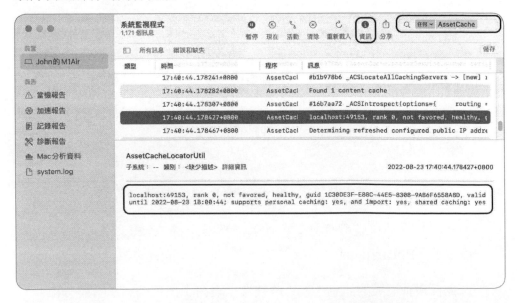

8. 結束「系統監視程式」，然後登出「Local Administrator」。

網路配置

第 21 章
管理基本網路設定

在此章節,您可以學習到關於有線乙太網路及無
線網路的相關概念與配置設定。

目標

▶ 了解 TCP/IP 網路概念

▶ 配置和查看網路設定

▶ 連接 Wi-Fi 無線網路

21.1
網路專有名詞

三種基本的網路元件:網路介面、網路協定以及
網路服務。

資料透過網路介面傳輸。網路介面可以是實體或
虛擬的。最常見的實體網路介面為有線乙太網路
以及 802.11 無線(又叫做 Wi-Fi)。您可以使用
虛擬網路介面來增加實體介面的功能。例如一個
虛擬的私人網路(VPN)使用現存的實體網路介
面以提供安全的連線,而不需要專用的實體介面。

「網路協定」定義了一組標準規則使用在網路介
面的資料呈現、信號、驗證或偵測錯誤。「協定」
確保資料有正確的溝通。特定的網路協定有限定
的功能,所以經常是許多個協定或層次組合而成
以提供一個完整的網路解決方案。例如,已組合
的 TCP/IP 協定套組提供網路上的尋址與點對點
傳送。

在「網路」偏好設定,網路服務 描述一個指定給
網路介面的設定。例如,您可能可以看到 Wi-Fi
服務的列表,這代表 Wi-Fi 網路介面的連線設定。
macOS 在每一個實體或虛擬的網路介面支援多種
網路服務或連線。

提醒 ▶ 另一版本的網路服務將在第 24 課,「管理網路服務」以及章節 25「管理主機共享與個人防火牆」。在這些章節中,網路服務是伺服器在網路上提供給使用者使用的訊息。

MAC 位址

媒體存取控制(MAC)位址是被使用於在本機網路上的實體網路介面。每一個實體網路介面都有連接至少一個 MAC 位址。

因為最常見的網路介面是乙太網路,大家通常都將 MAC 位址視為乙太網路位址。幾乎每個網路介面類別都使用 MAC 位置進行唯一識別。包含以下 Wi-Fi、藍芽及 Thunderbolt 還有其他。

一個 MAC 位址通常由六個欄位的十六進位數字組成,總共是 48 位元的數字。例如,一個典型的 MAC 位址看起來如下:00:1C:B3:D7:2F:99。前三組號碼組成組織唯一識別碼(OUI),後三組號碼識別網路裝置。您可以使用 MAC 位址的前三組號碼識別網路裝置是由誰所製造。

IP 位址

一個網路協定(IP)位址識別在網際網路或網路上的不同電腦。您會需要一個 IP 位址在本機與遠端網路上與 Mac 電腦進行溝通。IP 位址與 MAC 位址不同,不會被永久的綁定在網路介面。這代表如果您是 Mac 筆記型電腦,每一個您連上的新網路都可能要求一個新的 IP 位址。您可以指定數個 IP 位址給不同的網路介面,但這通常用於有提供網路服務的 Mac 電腦。

IPv4 及 IPv6 是兩種 IP 位址的標準。IPv4 是現今較常用的。一個 IPv4 位址是由 32 位元、四組三位數字所組成,也被稱為八位元組,以「.」做區隔。每個八位元組的值為 0 到 255。例如,一個最典型的 IP 位址會看起來如:10.1.45.186。

若您收到一個 IP 位址比此範例有更多數字,被七個冒號所分隔(例如, fa80:0000:0000:0123:0203:93ee:ef5b:44a0),則為不同種類的 IP 位址,稱為 IPv6。

子網路遮罩

Mac 使用子網路遮罩來決定本機網路的 IPv4 位址範圍。 而 IPv6 則不需要子網路遮罩。子網路遮罩與 IPv4 位址相似，是由 32 位元排列成四組八位元組所組成。Mac 應用子網路遮罩於自身的 IP 位址以確認本機網路的 IP 位址範圍。子網路遮罩中的非零值位元（通常為 255）則對應 IP 位址中確認該地址所使用的網路的部分。零值位元對應的則為 IP 位址中於同一個網路裡的不同的主機的部分。

例如，假設您的 Mac 的 IP 位址為 10.1.5.3，常用的子網路遮罩為 255.255.255.0，則本地網路將被定義為 IP 位址範圍為 10.1.5.1 到 10.1.5.254 的主機。

編寫子網路遮罩的另一種方式稱為無類別區隔路由（CIDR）表示法。這將編寫為以 IP 位址、斜線號以及子網路中的數字位元。前面的子網路遮罩範例則將成為 10.1.5.3/24。

每當 Mac 嘗試遇另一部網路裝置溝通時，它將套用子網路遮罩在另一部裝置的目標 IP 位址上，並確定它是否也在本機網路上。若是，Mac 將會嘗試直接存取另一部網路裝置。若不是，則代表另一部裝置位其他網路上，Mac 將通過路由器位置發送所有的通訊至另一部裝置上。

路由器位址

路由器管理不同網路之間的連接。路由器在網路之間建立橋樑並且將網路流量進行路由。若要連接本地網路以外的網路裝置，您的 Mac 必須配置該路由器的 IP 位址，並通過其他網路或網路服務供應商進行連接。通常，一個路由器的位址位於本地位址範圍的開頭，並始終位於同一個子網路中。

傳輸控制協定

傳輸控制協定（TCP）讓兩部 IP 裝置之間進行點對點的資料溝通。由於 TCP 可靠和有秩序的資料傳輸，因此 TCP 是許多網路服務的首要傳送方式。

21.2
網路活動

您指定一個 IP 位址、子網路遮罩及一個路由器位址來設定 Mac 在區域網路
（LANs）及廣域網路（WANs）中使用 TCP/IP 網路。這兩個網路服務時常會
與基本的網路功能有關聯：動態主機設定通訊協定（DHCP）以及網域名稱系
統（DNS）。這兩個服務與 TCP/IP 結合，代表核心網路功能可提供基礎給幾
乎任何的網路服務。

區域網路流量
大多數的區域網路使用某種形式的有線或無線連線。在網路介面被建立後，您必
須設定 TCP/IP 網路，手動或使用 DHCP，接著網路通訊便會開始。

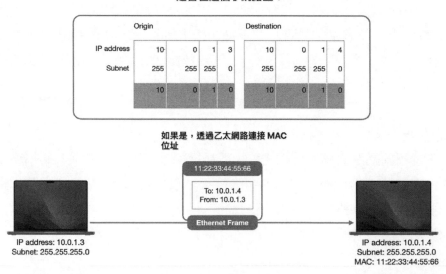

TCP/IP 資料包是包含在乙太網路封包內以在本機網路中傳送。TCP/IP 資料包包
含來源 IP 跟目的地 IP 位址及一起被傳送的資料。網路裝置利用子網路遮罩設定
以確認目的地的 IP 位址是否位於本地網路上。如果是，它將查詢位址解析協定
（ARP）表格以查看它是否知道與目標 IP 位址對應的 MAC 位址。每一個網路
主機會持續的維護並更新與本機網路上的 ARP 表格將 IP 位址與 MAC 位址對應
起來。如果該 MAC 位址並不在清單上，它將透過本機網路廣播一個 ARP 請求，
要求該目標裝置回復其裝置的 MAC 位址，並將該位址加入 ARP 表格以備下次
使用。在確定 MAC 位址後，將會使用目標 MAC 位址傳送以乙太網路封包格式
封裝的 TCP/ IP 資料包。

廣域網路（WAN）流量

當您通過 WAN 傳送資料時，它將透過一個或多個路由器傳送至目標位置。您可以使用具有網路位址轉換功能（NAT）的路由器。這使您可以使用一個真實的 IP 位址作為路由器的外部介面，而內部介面則使用您的私人 IP 位址。私人 IP 位址範圍為 10.0.0.0- 10.255.255.255，172.16.0.0-172.31.255.255，以及 192.168.0.0-192.168.255.255。

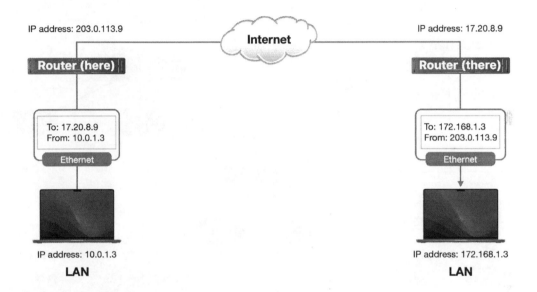

通過 WAN 傳送資料與通過 LAN 傳送資料的方式相似。傳送資料至 WAN 的第一站是本地網路的網路路由器。該網路裝置準備資料包的方式與上述相似，將 TCP/ IP 資料包封裝在乙太網路封包中。透過應用子網路遮罩於目標位置的 IP 位址，確認該位址是否在本機網路上。在這個例子中，網路裝置判斷該目標位置不在本機網路上，因此它將資料傳送至路由器上。由於該路由器位於本機網路上，因此本機網路用戶端與路由器的傳輸與標準的 LAN 流量相同。

在路由器接收到乙太網路封包封裝的 TCP/ IP 資料包後，它將檢查該目標位置的 IP 位址，並使用路由表以確定離該資料包下一個最近的目標位置。這經常涉及將資料包傳送至下一個最接近目標位置的路由器上。實際上，只有在路徑中最後的路由器會將資料傳送至目標網路裝置上。

在大多數情況下，網路資料會被來回傳送數次以建立完整的連線。網路路由器每秒處理數千個資料包。

網域名稱系統（DNS）

即使是最簡單的手機也具有聯絡人列表，因此使用者不必記住電話號碼。在 TCP/ IP 網路中，網域名稱系統（DNS）允許您使用名稱取代 IP 位址。從而使網路尋址更輕鬆。

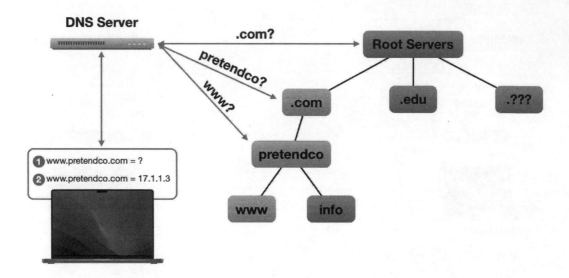

DNS 是一個全球性網路的網域伺服器用於維護人看得懂的主機名稱且用於定位本機網路的 IP 位址。有些裝置提供共享服務，例如列表機和伺服器電腦，為最常見的擁有 DNS 項目的裝置。

DNS 命名結構的頂端為根或「.」網域。作為根網域一部分的名稱是在幾乎每個網路資源尾端所熟悉的縮寫。

當本地網路裝置需要轉換 DNS 名稱至對應的 IP 位址時，它將名稱查詢的請求傳送至該 IP 位址的 DNS 伺服器上。DNS 伺服器的 IP 位址通常會和網路裝置的其他 TCP/ IP 資訊一起被配置。DNS 伺服器首先會搜尋本機與快取名稱記錄。如果沒有在本地搜尋到該名稱，伺服器將詢問在 DNS 層次結構中其他領域的伺服器。

Bonjour 是一個名稱探索的服務，它使用與 DNS 相似的命名空間。Bonjour 將在第 24 章節中介紹。

動態主機設定通訊協定（DHCP）

大部分網路用戶端使用動態主機設定通訊協定（DHCP）來自動取得初步的 TCP/IP 配置。DHCP 指派 IPv4 地址。

透過一系列於 DHCP 處理的步驟，可以確保兩位 DHCP 客戶端不會使用相同的 DHCP 配置資訊。您可以記住以下帶有縮寫 DORA 的步驟： Discovery、Offer、Request、Acknowledgment：

1. Discovery一您的 Mac 透過在本地子網路上廣播一則 DHCP DISCOVER 的訊息，探索 DHCP 伺服器。

2. Offer一一個 DHCP 伺服器回應提供配置。

3. Request一您的 Mac 向 DHPC 伺服器申請 DHCP 的配置資訊。

4. Acknowledgment 一該 DHCP 伺服器確認您的 Mac 可以使用 DHPC 的配置資訊。

DHCP 配置資訊通常會包括 IPv4 位址、一個子網路遮罩、一路由器、要使用的 DNS 伺服器以及一個 DHCP 的租約時間，它定義了客戶在該位址釋出前可以保留該位址的時間。

若沒有 DHCP 回應，您的 Mac 將會隨意生成自行指派的位址，及檢查本地網路以確保沒有其他網路裝置正在使用該位址。自行指派的位址通常會以 169.154 做為開頭，以及一個為 255.255.0.0 的子網路遮罩。

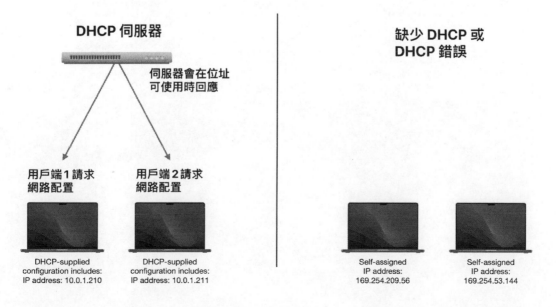

21.3
設定基本的網路設定

使用「網路」偏好設定以設定基本的網路設定，您必須擁有管理者帳號才能操作。

設定網路設定

您可以使用兩種方法配置網路位址與設定：

▶ 自動 — 您的 Mac 被指定使用 DHCP 所提供的位址。

▶ 手動 — 您的 ISP 或 網路管理者提供一個 IP 位址，由您將此輸入於「網路」
    偏好設定中。

更進一步的網路設定方法將在第 22 章中講述，「管理進階網路設定」。

DHCP

如果您的 Mac 得到一個來自 DHCP 伺服器並已驗證的網路設定，任何已設定
的網路會以綠色指示燈狀態顯示。選擇網路介面後就可以在視窗右欄查看 IPv4
位址。

以下畫面說明無法使用 DHCP 服務的情況。網路介面會顯示黃色指示燈，並且在視窗右欄顯示「自行指定的 IP」，訊息顯示此 Mac 無法連接網路。

選擇並驗證 Wi-Fi 網路

無線網路或 Wi-Fi，也被稱爲 802.11 的技術標準，讓行動裝置也能輕鬆地連接網路。

欲使用 Wi-Fi 網路，您可以在右上角的選單列中按一下「Wi-Fi」圖像，然後從選單中選擇一個網路。 若您從未使用任何 Wi-Fi 網路，您的 Mac 會顯示「其他網路」的選項。

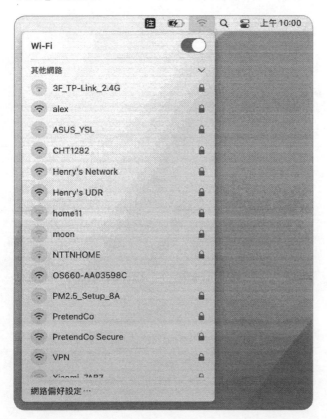

一個服務集識別碼（SSID）用於定義 Wi-Fi 網路的名稱以及設定資訊。Wi-Fi 管理者設定網路名稱以及配置設定。 macOS 使用 SSID 設定中的資訊來建立 Wi-Fi 網路通訊。

選單中的 Wi-Fi 圖像顯示 Wi-Fi 網路的強弱程度，越多黑色格數代表 Wi-Fi 訊號強度越好。若選單中的 Wi-Fi 圖像顯示灰色，則代表未與網路建立關聯。關於「 Mac 上的 Wi-Fi 選單圖像」 在 macOS 使用手冊中的 support.apple.com/guide/mac-help/mchlcedc581e ，有更多關於 Wi-Fi 選單中其他圖像所顯示的 Wi-Fi 狀態及連線的資訊。

若您選擇一個開放的無線網路，Mac 將立刻與其連線，但若您選擇一個加密的無線網路，圖像顯示為一個鎖頭，您則必須輸入網路密碼。
當您選擇一個加密的網路，macOS 將自動辨別驗證類型，對於許多網路中您只需要輸入 Wi-Fi 密碼即可連線。

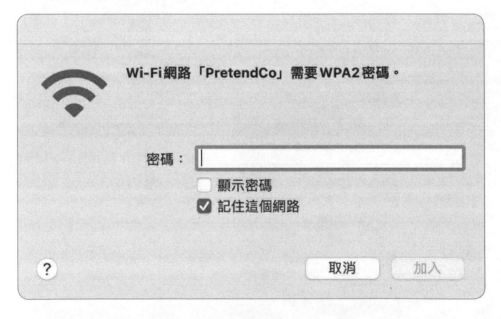

若您有登入 iCloud 帳號，視窗則會稍有不同。視窗將會顯示您可以透過附近以連接此網路，且您的資料已包含於其聯絡人中的 iPhone、iPad 或 Mac 連接到此 Wi-Fi 網路。關於如何在 Mac 上不共享 Wi-Fi 密碼，請見 22.5 「設定進階網路設定」。

此為您聯絡人中的 iPhone 所顯示的畫面：

macOS 支援最常見及最新的 Wi Fi 驗證標準，包含以下：

▶　Wi-Fi Protected Access 3 （WPA3）

▶　Wi-Fi Protected Access II （WPA2）

▶　Wi-Fi Protected Access （WPA）

▶　Wired Equivalent Privacy （WEP）

也包含支援以下個人及企業形式：

▶   WPA3 企業級
▶   WPA2 企業級
▶   WPA/WPA2 企業級
▶   WPA3 個人級
▶   WPA2/WPA3 個人級
▶   WPA/WPA2 個人級
▶   動態 WEP

基本上，WPA2/WPA3 個人級以及 WPA/WPA2 個人級使用所有使用者共同的 Wi-Fi 密碼，而 WPA/WPA2 企業級，WPA2 企業級，與 WPA3 企業級，包含 802.1X 驗證，則需要每個使用者使用個別的 Wi-Fi 密碼。動態 WEP 則不在此手冊範圍內。WPA/WPA2 企業級，WPA2 企業級，與 WPA3 企業級的驗證將在此章節的下一段講述。

若您加入 WEP, WPA/WPA2 個人級，WPA2/WPA3 個人級，或 WPA3 個人級的 Wi-Fi 網路，macOS 將自動儲存該密碼至系統鑰匙圈，此後 Mac 在開機或喚醒時將自動連接該 Wi-Fi 網路。網路密碼存儲於系統鑰匙圈可讓所有使用者在登入時連接無線網路，而不需要重新輸入網路密碼。更多關於「鑰匙圈系統」將在第 9 課中詳述，「管理安全性與隱私權」。

在預設值中，macOS 將記憶曾經加入過的 Wi-Fi 網路，若您重新啟動換喚醒您的 Mac，將會嘗試連接曾經加入過的 Wi-Fi 網路。若您點選 Wi-Fi 狀態選單，macOS 將顯示當前正在使用的 Wi-Fi 網路，並以藍色的 Wi-Fi 圖像顯示，並顯示在可連接範圍內的所有 Wi-Fi 網路：

▶   此台 Mac 曾經加入過的網路
▶   您擁有該網路的鑰匙圈項目（除非該網路不要求任何驗證）

當您點選選單上的「其他網路」，macOS 將會掃描並顯示在範圍內的公開網路，您可以從中做選擇。

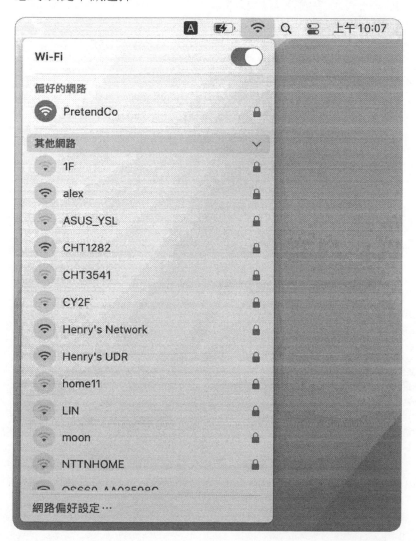

驗證 WPA 企業級網路

若您加入並驗證一個使用 WPA/WPA2 企業級、WPA2 企業級或 WPA3 企業級
的無線網路，則會使用 802.1X 驗證。

當您使用 802.1X，您必須提供認證身分的驗證方式，常見的驗證身分方式為使
用者名稱與密碼，但有一些是允許您代替使用者或電腦提供數位憑證認證。

在您提供一組使用者名稱及密碼後，您可能會看見一個伺服器憑證的驗證視窗
（若您的 Mac 沒有設定信任該憑證）。

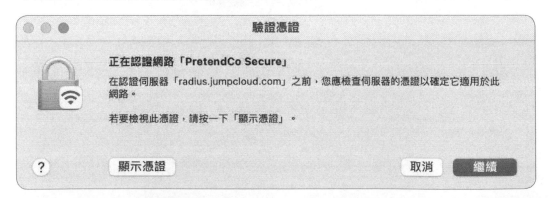

點選「顯示憑證」以顯示該憑證的資訊。

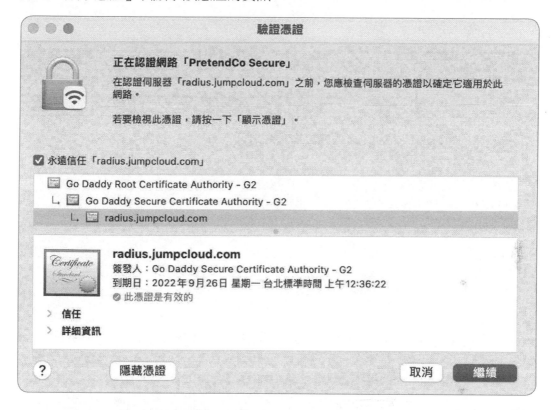

您必須點選「繼續」並接受此憑證以繼續並加入此網路。

因為此動作會將無線驗證伺服器的憑證加入到您的登入鑰匙圈中所以您必須提供
密碼，

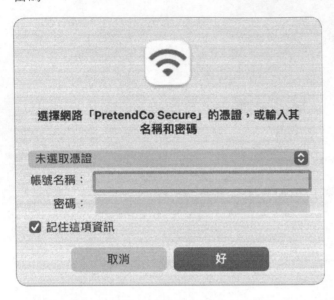

在您加入此類型的網路時，網路偏好設定會把 802.1X 的資訊顯示於視窗上。

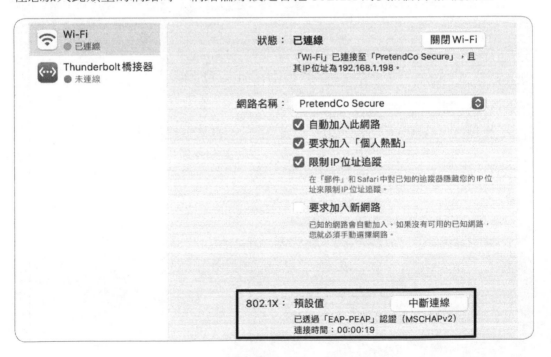

22.5 有更多資訊關於配置 802.1X 的設定。

在 Mac 上加入隱藏的 Wi-Fi 網路

在某些情況中，一些無線網路不會公開顯示。只要您知道該網路名稱（或 SSID），您卽可連接這些隱藏的無線網路（也被稱爲關閉網路），按一下選單列中的 Wi-Fi 圖像，按一下「其他網路」，然後按一下「其他網路」列表底部的「其他」。在此視窗中，您可以輸入對應的資訊以加入隱藏的無線網路。更多資訊請參閱 Apple 支援文章 HT202068，「Wi-Fi 路由器和存取點的建議設定」。

練習 21.1
連接 Wi-Fi 網路

▶ **前提**

▶ 您必須已經建立一個 Local Administrator（練習 3.1，「練習設定一台 Mac」）以及 John Appleseed 帳號（練習 7.1，「建立一個標準使用者帳號」）

▶ 您必須準備一個尙未連接過的 Wi-Fi（無線）網路。

提醒 ▶ 若您無法符合以上前提，閱讀此活動也將會加強您對操作過程的知識。

macOS 使加入無線網路變得非常簡單。在本練習中，您將尋找並加入一個無線網路。如果您的 Mac 安裝了配置無線網路連線的行動裝置管理 (MDM) 設定描述檔，則該連線可能會自動進行。

驗證您的網路設定

1. 登入 John Appleseed 帳號。

2. 開啟「網路」偏好設定。

3. 點選鎖頭圖像，接著使用 Local Administrator 進行驗證。

4. 從側邊欄選擇「網路」服務

若您沒有 Wi-Fi 服務，您將無法執行此練習，但閱讀此練習將會加強您對過程的知識。

5. 若有需要，點選「開啟 Wi-Fi」按鍵。

6. 若有需要，點選「在選單列中顯示 Wi-Fi 狀態」。

7. 點選「進階」。

8. 檢視可用的 Wi-Fi 選項。

9. 若您目前已連接一個 Wi-Fi 網路，點選該網路，接著點選「移除」(−) 按鈕，將其從您的偏好的網路清單中移除。

   使用「偏好的網路」清單以控制哪些網路是 Mac 自動或手動加入。此包含記住此電腦已加入的網路。您也可以控制若要更改此設定時，是否需要管理者授權。

10. 點選「好」

11. 若您進行變更，在提示視窗中驗證為 Local Administrator，接著點選「套用」。

    若您移除當前連結的 Wi-Fi 網路，Mac 便會斷開連線。若 Mac 並未斷線，關閉 Wi-Fi，接著點選在選單列中的 Wi-Fi 圖像或控制中心裡重新開啟 Wi-Fi。

12. 點選選單列中的 Wi-Fi 圖像。

    選單清單中會列出在您的區域可見的網路。若有需要，可以點選「其他」的欄位。

    此動作將會需要幾秒鐘讓 Mac 顯示全部的網路。

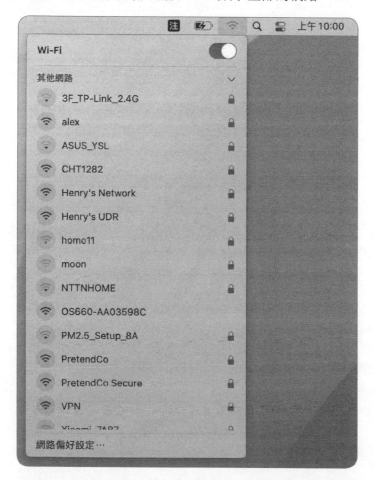

此清單也會在「網路」偏好設定中的「網路名稱」清單中出現，。

13. 從 Wi-Fi 狀態選單中選擇您想要加入的網路。

若無線網路已被加密,您將被要求輸入密碼。選擇「記住這個密碼」選項就可以讓 Mac 將在該網路可使用時自動連線。

Wi-Fi網路「Pretendco」需要WPA2密碼。

您也可以從附近已連接此網路,且您的資料已包含於其聯絡人中的 iPhone、iPad 或 Mac 分享密碼,藉以連接此 Wi-Fi 網路。

密碼:

☐ 顯示密碼
☑ 記住這個網路

? 　　　　　　　　　　　　　　取消　　加入

14. 輸入網路密碼後,點選「加入」。

驗證您的網路連線

若 macOS 偵測到您所加入的無線網路連接到 captive portal,則會開啟一個需登入的網頁視窗。

1. 若出現 captive portal 的視窗,跟隨指示來得到完整的網路連線。captive portal 可能會要求您同意其服務條款、驗證、觀看廣告或完成其他要求後,才會提供您完整的網路連線。

2. 若您未連線至此章節剛開始時您所連接的 Wi-Fi 無線網路,請重新連線。

3. 在「網路」的偏好設定中,查看在 Wi-Fi 服務下方的狀態指示燈。

   若狀態指示燈為綠色則代表您的 Mac 正連接至一個網路,並且位址資訊已設定完成。若指示燈未顯示綠色,則代表您未成功加入網路,您可能需要對連線排除錯誤。

4. 點選 Wi-Fi 狀態選單列

   Wi-Fi 圖像的黑格數代表無線網路的訊號強弱程度。若全部的黑格數為暗灰色,則代表您未加入無線網路或接收到較弱的訊號。

5. 按著 Option 鍵，再點選選單列上的 Wi-Fi 狀態

將會開啟清單，並顯示您的連線的更多詳細資訊，包含當下無線網路的網速（Tx rate）以及訊號強度偵測（RSSI: –50 為強訊號，–100 為弱訊號）。

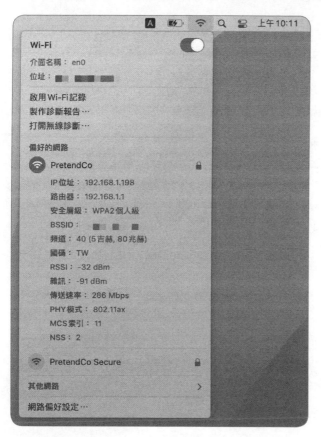

練習 21.2
監視網路連線

> ▶ 前提
>
> ▶ 您必須已建立 John Appleseed 帳號（練習 7.1，「建立一個標準使用者帳號」）。

在此練習中，您需要終止您常用的網路連線，並查看「網路」偏好設定如何追蹤錯誤。網路狀態會依據網路連線的狀態更新，您可依據此來為網路連線排除錯誤。

使用網路偏好設定監測網路連線

在網路偏好設定中,狀態欄位顯示已設定的網路介面的狀態。使用者初始化的連線,像是虛擬專用網路 (VPN) 也列於其中。檢視「網路狀態」視窗以按優先順序驗證有啟用的連線。

1. 若有需要,登入 John Appleseed 的帳號。

2. 若有需要,開啟「系統偏好設定」,接著點選「網路」。

    您的網路連線狀態將會顯示於左側視窗。綠色指示燈亮起代表該網路服務正在啟用,排序為優先順序。清單上的第一個網路服務為您目前所用的網路,並且適用於全部的網路活動,請記錄目前主要的網路服務。

    若您沒有網路服務顯示為綠色指示燈,您則沒有網路連線,並且無法進行此練習,但閱讀此練習能加強您對該過程的知識。

3. 選擇一個目前主要的網路服務。

4. 在您關閉主要網路服務時，檢視狀態指示燈及服務排序。如何執行此操作取決於是什麼服務類型：

▶　若此為乙太網路服務，則必須拔除乙太網路的網路線。

▶　若此為 Wi-Fi 服務，點選「關閉 Wi-Fi」按鈕。

當此服務關閉時，網路狀態指示燈會變成紅色或黃色，並且排序會下降。若您有其他可用的網路服務，則會成為新的主要使用網路。

右方的詳細資訊會將狀態改為「關閉」。

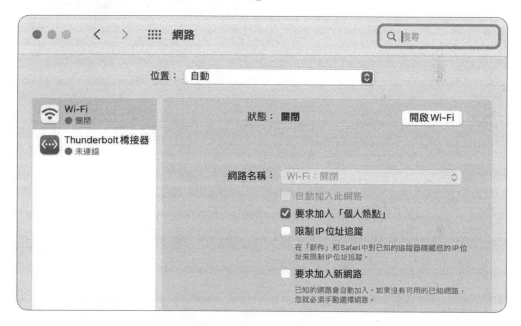

5. 在您重新開啟網路連線時，檢視狀態指示燈及服務排序，如何進行此操作則取決於您所使用的網路服務：

▶　若您使用乙太網路，將乙太網路線重新接回 Mac。

▶　若您使用 Wi-Fi 網路，點選「開啟 Wi-Fi」按鈕，若有需要可從網路名稱選單中選擇網路。

網路連線的顯示及重新設定將會需要一點時間。當網路服務重新啟動後，狀態指示燈會變回綠色，並將該網路服務重新回到清單的最上方。

6. 退出系統偏好設定。

第 22 章
管理進階網路設定

在這一章節中，您會學到有關 macOS 網路的設定結構和支援網路介面和協定。然後您將會探索到進階的網路設定選項。

22.1
管理網路位置

當您必須要手動配置您的網路設定，您可以儲存網路設定到網路位置，然後在位置之間進行切換。一個網路位置包含了網路介面、服務和協定設定，讓您可以設定獨立的網路位置。舉例來說，您可以給家裡建一個網路位置然後另一個不一樣的位置給工作使用。各位置會包含適合該網路位置的狀態設定。

一個網路位置可以包含很多的活躍的網路服務介面，這代表著您可以使用多個網路連線來定義單一位置。macOS 根據您設定的服務順序會優先考慮多重網路介面（「TB Bridge」全名為「Thunderbolt Bridge」，會在待會的章節中描述）。

目標
▶ 描述 macOS 的網路設定結構

▶ 管理多個網路位置和服務介面

▶ 配置進階的網路設定

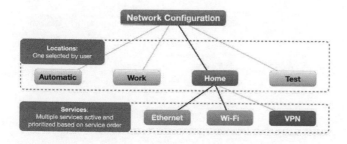

設定網路位置

在 macOS 中的預設網路位置名字叫做自動。

若是要設定網路位置：

1.　使用 Spotlight 或選擇 Apple 選單 > 系統偏好設定來打開系統偏好設定。

2.　點選網路圖像。

3.　如必要的話，點選左下角的鎖住圖像並以管理者身分進行驗證來解鎖網路偏好設定。

4.　從位置下拉式選單中點選編輯位置來顯示編輯網路位置的介面。

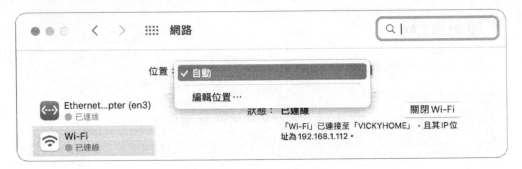

若是要使用預設設定來新增一新位置，點選新增（＋）的按鈕，然後輸入位置的新名稱。或是您可以從位置清單中選擇原本存在的位置後點選動作按鈕（⋯），然後選擇複製位置。若是要重新命名位置名稱只要雙擊一個位置名稱即可重新命名。

在您位置變更完成後，點選完成來返回至網路偏好設定。

在您變更設定時網路設定與其他偏好設定不太一樣，您必須點選套用來啟用新設
定。這允許您在無需干擾目前網路設定的情況下準備新的網路位置和服務。

網路偏好設定將會載入新建立的位置但不會將位置設定套用至 macOS。要編輯
另一個位置，從位置目錄中來選擇，且網路偏好設定會載入但不會將它應用至
macOS。

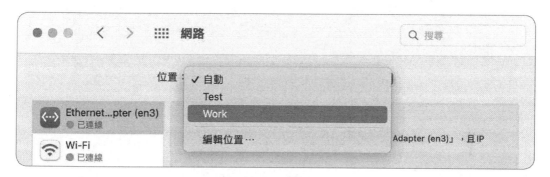

選擇一網路位置

所有使用者可以透過 Apple 選單 > 位置 > 位置名稱來更改網路位置。這個將會
套用所選擇的網路位置。更改位置可能會中斷網路連線。在您選擇網路位置後，
它仍然會是活躍狀態直到您選擇另一個位置。位置目錄選項不會在 Apple 選單中
顯示直到您建立一個額外的網路位置。

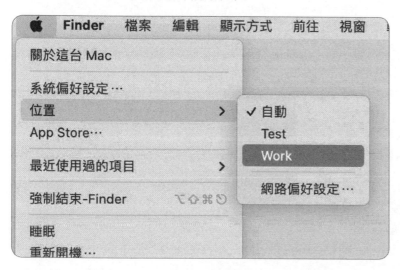

22.2
網路介面和協定

在您的 Mac 系統資訊中可以識別硬體網路服務介面。許多這樣的介面會在網路偏好設定中以網路服務的方式顯示。

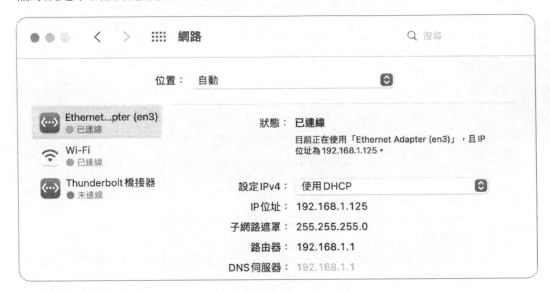

在 Mac 電腦上最新的硬體介面是 Thunderbolt 4，是一個高速的連線科技。Thunderbolt 是彈性、允許各式各樣的轉接器，像是 Thunderbolt-to-Gigabit 乙太網路轉接器。

> 提醒 ▶ 您可以在 26.1 的「週邊設備技術」中了解 Thunderbolt 4 以及 USB 4 兩者都是使用相同的通訊埠形狀和類型的相關資訊。

macOS 內建支援以下硬體網路介面：

▶ 乙太網路 - 乙太網路是 IEEE 802.3 標準的家族，定義了最現代的有線區域網路（LANs）。

▶ Thunderbolt Bridge- 您可以使用菊花鍊式的 Thunderbolt 連接線來建立小型 ad hoc 網路。

▶ USB- 雖然技術性上來說 USB 不是標準的網路連線，但 macOS 支援各式各樣乙太網路的 USB 轉接器和透過行動網路提供上網的週邊設備。許多現代的手機以「網路共享」服務為特色，該功能透過 USB 連線至手機來提供網際網路存取。

▶ Wi-Fi- Wi-Fi 是 IEEE 802.11 無線標準的家族中比較常見的名稱，Wi-Fi 已經變成大部分無線區域網路的預設設置。目前正在使用的 Mac 都支援 Wi-Fi。

行動網路連線

許多裝置和方法都支援提供行動網路上網，macOS 支援下列的行動網路連線使用：

▶ USB 行動網路轉接器 - macOS 支援許多有提供行動網路上網的 USB 轉接器和手機。iPhone 就是一個例子，然後在 Mac 上的配置是自動的。如果透過有線連線在您的手機行動方案上是可行的，先使用 USB 連接線來連接您的手機到您的 Mac 上，然後在您的 iPhone 上開啟個人熱點功能。而第三方的行動網路裝置有非常多變化，且有許多需要第三方驅動程式的安裝和設定。

▶ Wi-Fi PAN- 許多行動裝置可以充當小型的 Wi-Fi 無線存取點。在任何一台有支援行動數據的 iOS 或 iPadOS 裝置，您可以開啟個人熱點並提供 Wi-Fi。如果需要，選擇由 iOS 裝置架設且提供驗證的 Wi-Fi 網路。您可以利用 Handoff 來自動驗證至 iOS 裝置的個人熱點服務。這個自動的驗證需要 Handoff 是開啟的且您需要登入在兩個裝置上都登入 iCloud。參考 Apple 支援文章 HT209459 的「使用『即時熱點』連接到您的『個人熱點』，不必輸入密碼」來了解更多相關資訊。

虛擬網路服務

一個虛擬網路服務是在一個硬體網路介面中的一個邏輯網路。一個虛擬網路服務透過請求一部分已建立的網路連線來提供另一網路介面。

有些虛擬網路連線透過在通過一個 IP 網路之前加密該資料以用來提升安全性，然後其他被用來分離或聚合網路流量來通過有線網路連線，macOS 包含了用戶端軟體可讓您連接到許多常見的虛擬網路服務並建立一個虛擬網路服務介面。

如必要的話，您可以為各個網路位置定義多個獨立的虛擬網路介面。虛擬網路介面並非總是與一個特定的實體網路介面緊密聯繫在一起；當有多個活躍可用連線時 macOS 會嘗試尋找出最適合的路徑。同樣的，任何沒有預定給一個區域網路連線的任何虛擬網路服務介面總是會路由到主要的活躍網路服務介面。

第三方的虛擬化工具，像是 Parallels Desktop 和 VMware Fusion，也使用虛擬網路介面來提供網路給多個正在執行的作業系統。

macOS 內建支援以下的虛擬網路服務：

▶   虛擬專用網路（VPN）- VPN 是主要用來建立安全的虛擬連線到網路上的專用區域網路。設定虛擬專用網路會在接下來的章節中詳細說明。

▶   虛擬區域網路（VLAN）- macOS 的 VLAN 允許您在一個實體網路介面上定義獨立的獨立區域網路服務。

▶   乙太網路點對點協定（PPPoE）- 此協定被一些服務提供者所使用來直接將您的 Mac 連線到一個提供高速數位用戶迴路（DSL）網路連線的數據機。

▶   連結聚集 - 此服務是使用多個實體網路介面來定義一個單一的虛擬區域網路服務。macOS 使用標準連結聚集控制協定，也被叫做 IEEE 802.3ad。

▶   6to4- 此服務透過一個 IPv4 網路來傳送 IPV6 資料包。在使用一個 6to4 連線時不會提升安全性，但您的 Mac 會顯示直接連接至一個遠端的 IPv6 有線網路。

網路協定

各個網路服務介面都使用標準的網路協定來提供連線，不論何時您在服務清單中選擇一個服務，網路偏好設定會顯示主要的協定設定，但很多的協定設定選項只有在您點選進階的按鈕後才會提供。

macOS 內建支援下列的網路協定（其他很少使用的不會被列入在此）：

▶ 使用 DHCP 配置的 TCP/IP- TCP/IP（傳輸控制協定 / 網際網路協定）是區域網路和廣域網路主要的網路協定，且 DHCP（動態主機設定通訊協定）是一個網路服務設定了 TCP/IP 用戶端。

▶ 手動設定 TCP/IP - 如果在您的本地網路上沒有 DHCP 服務，或是您想要確保 TCP/IP 設定永遠不更改，您可以手動配置 TCP/IP 設定。

▶ DNS- DNS（網域名稱系統）提供了主機名稱給 IP 網路裝置。DNS 設定通常與 TCP/IP 一起透過 DHCP 或手動設定進行配置。macOS 支援多個 DNS 伺服器和搜尋網域。

▶ 無線乙太網路（Wi-Fi）協定 - Wi-Fi 的無線特性通常需要額外的配置來幫助選擇網路和驗證。

▶ 使用 802.1 X 進行認證的乙太網路 - 802.1 X 協定用來保護乙太網路（有線的和 Wi-Fi）並允許只有經過驗證的網路用戶端才能加入此有線網路。

▶ WINS（Windows 網際網路名稱服務）- WINS 是一種用在以 Windows 網路為基礎來提供網路驗證和服務探索的協定。

▶ IP 代理伺服器 - Proxy 伺服器在網路用戶端和一個請求的服務之間扮演著中間人的角色且用來提升性能或提供額外一層的安全性和內容過濾。

▶ 乙太網路硬體選項 - macOS 同時支援了自動和手動的硬體設定，會在接下來的章節中詳細講解。

22.3
管理網路服務介面

一般來說，擁有多個活躍網路服務介面代表您也擁有著多個 IP 位址。macOS 支援持有多個 IP 網路來掌握多個 IP 位址，且它支援多個 IP 位址給各個實體網路介面。

同時使用多個介面

您可以在同一時間擁有有線乙太網路連線和 Wi-Fi 連線。

假設您有一個工作環境且該環境中您有一個不安全的網路給一般網路流量和另一網路給安全的內部交易。有了 macOS，您可以在同一時間連結到這些網路。然而，網路服務清單上的第一個完全配置的服務是主要的網路服務。

在大部分情況中所有的 WAN（廣域網路）的連線、連線網際網路和 DNS 主機名稱解析會透過主要的網路服務介面來進行。例外的情況是當主要的網路介面沒有路由器設定。在這情況下，macOS 會使用下一個充分設定的服務作爲主要的網路服務介面。

當有多個可使用的 IP 位址時，macOS 可以使用任何一個網路服務介面來進行溝通，但它會嘗試爲每個網路連線選出最適合的路徑。一個網路用戶端使用子網路遮罩來決定出發的目標是否在區域網路上。macOS 透過更進一步檢查所有活動的 LAN 來確定傳輸的目的地，

任何不是往目前 Mac 所連接的區域網路發送的網路連接都將會發送到主要網路服務介面的路由器地址。任何一個有效 TCP/IP 的網路服務介面會被考慮，但主要的網路服務介面會根據網路服務的順序自動被選擇。您可以手動設定網路服務順序，如稍等在章節中所述的。

使用前一個例子，您的 Mac 同時擁有有線乙太網路上和 Wi-Fi，預設的網路服務順序會以有線乙太網路爲優先然後才是 Wi-Fi。在這個例子中，就算您有兩個有效的網路服務介面，主要的網路服務介面會是有線乙太網路連線。

macOS 以自動路由資源爲特色。這代表 Mac 無論服務順序如何，總是會對於傳入的連線回覆相同的介面

檢查網路服務清單

當您打開網路偏好設定時，macOS 會識別可用的網路服務介面。即使實體網路介面沒有連線或配置完成，它會建立設定給該介面並出現在網路服務清單中。在網路偏好設定中，各個網路介面會與一個或以上的網路服務緊密聯繫。

網路服務清單會顯示所有網路介面和設定的服務狀態。綠色的狀態指示燈顯示已連線設定的網路服務。黃色的狀態指示燈顯示有連線但沒有適當地設定的服務，和沒有連線的 VPN 服務一樣。有著紅色狀態指示燈的網路服務是沒有連線的。

在清單最上面的服務是被網路服務順序定義的主要網路服務介面。當新服務啟動或當服務中斷連線時清單會動態地更新，因此當您在排解網路問題時會首先檢查這份清單。

管理網路服務

管理網路介面和它們設定的服務：

1. 打開並解鎖網路偏好設定（如必要的話）。

2. 確保您已經在位置選單中選擇想要編輯的網路位置，或建立一個新的網路位置。

3. 從網路服務清單中選擇想要設定的特定網路服務。

   清單右側的設定區域會根據您在網路服務清單中選擇的網路服務而有所更改。

4. 點選進階來顯示對目前選擇的網路服務的進階網路選項。

若是要建立另一個可設定的網路介面，在網路服務清單最底下點選新增（＋）按鈕。它會顯示對話框讓您從目錄中選擇新的介面然後指派它特定服務名稱來讓您在服務清單中識別它。新增額外的網路服務讓您能夠指派多個 IP 位址至單一網路介面。

若是要將服務停用，從服務清單中選擇，點選動作按鈕，然後從目錄中選擇停用服務將它進行停用。就算它有連線且適當地設定，由您所選擇停用服務不會被啟用。您可以從服務清單中選擇服務名稱後點選清單最下方的移除（-）按鈕來移除一個已存在的網路服務。若是要移除由設定描述檔新增的網路服務，您需要移除設定描述檔後才能移除。

點選網路服務清單底下的動作按鈕來顯示數個管理選項的選單。您可以藉由從服務清單中選擇它的名稱然後從選單中選擇複製服務來複製已存在的網路服務。您也可以重新命名已存在的網路服務。若是要將讓服務停用，從服務清單中選擇該服務，然後從選單中選擇停用服務。您可以透過從選單中選擇設定服務順序來調整啟用的網路服務介面順序。

在服務順序的對話框中，您可以拖曳您想要的網路服務到第一順序作爲主要的網路介面。當您完成重新排序點選好，macOS 會根據新的順序重新評估啟用的網路服務介面。

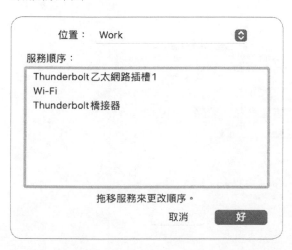

22.4
配置 VPN 設定

VPN 是一個加密的隧道從您的 Mac 到提供 VPN 服務的網路路由裝置。在建立之後，您的 Mac 會顯示有一個直接的連線至 VPN 裝置所共用的區域網路。因此就算您使用在距離區域網路有幾千公里遠的無線網路連線，VPN 連線所提供的虛擬網路介面就好像您的 Mac 直接被連接到該區域網路上。macOS 支援三個常見的 VPN 協定：

▶ 透過 IPSec 的 L2TP
▶ Cisco IPsec
▶ IKEv2

有些 VPN 服務需要第三方的 VPN 用戶端。第三方 VPN 用戶端通常包含客製化的介面管理此連線。雖然網路偏好設定可能會顯示由第三方用戶端所提供的虛擬網路介面，但是它通常是不可設定的。

使用 VPN 設定描述檔

若是要管理 VPN 設定，請安裝設定描述檔。VPN 系統或行動裝置管理（MDM）解決方案的管理者可以提供設定描述檔。在您安裝包含 VPN 設定的設定描述檔之後，完整的 VPN 設定就會您設定完成。

手動配置 VPN 設定

就算使用 VPN 設定描述檔，您可能還是需要從網路偏好設定中驗證或更進一步
管理 VPN 連線。或是如果 VPN 服務的管理者無法提供設定描述檔，您必須要手
動設定 VPN 服務。若是要新增 VPN 介面，點選網路偏好設定中的網路服務清單
最底下的新增（＋）按鈕。它會顯示對話框讓您可以新增新的網路服務介面。

從新的網路服務介面對話框中，您必須從VPN類型選單中選擇適合的VPN協定。

> 提醒 ▶ 在您點選新增後，如果您稍後需要更改 VPN 類型您可以移除此服務
> 介面並新增新的正確 VPN 類型。

在您新增新的 VPN 介面後，從網路服務清單中選擇，右側就會出現基本的 VPN
配置設定。若是要配置 VPN 設定，首先輸入 VPN 伺服器位址，如果您的驗證方
式是使用者驗證，再輸入帳號名稱。

您也必須要透過點選認證設定的按鈕透過配置使用者認證和機器認證來定義驗證方式。VPN 管理者可以提供您適合的驗證設定。如果您在使用者認證區塊中選擇密碼且您並沒有輸入密碼，您會在連線的時候被要求密碼。如果您輸入 VPN 共享的密鑰，macOS 會將它儲存在系統鑰匙圈中。

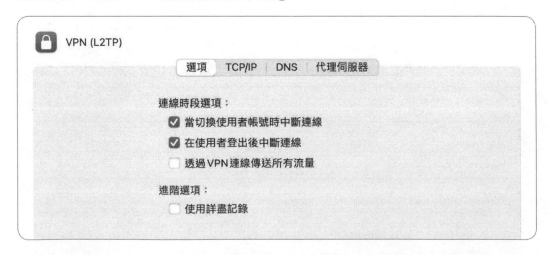

要設定進階的 VPN 設定，點選網路偏好設定中的進階按鈕。選項會根據您的 VPN 類型顯示在進階設定的對話框中。舉例來說，對於 L2TP 的 VPN 介面，您可以點選選項或 TCP/IP。下方的圖片說明了一個 L2TP VPN 介面擁有額外設定選項像是「透過 VPN 連線傳送所有流量」。

預設，啟用的 VPN 連線不會移至網路服務清單的最上方。macOS 只有在目的地的 IP 位址是 VPN 服務提供的的區域網路中的一部分或是此 VPN 伺服器支援特別的路由資訊時會傳送流量至該 VPN 服務。

macOS 也支援透過憑證進行自動的 VPN 連線驗證和隨選即用 VPN。您可以使用設定描述檔來設定這些 VPN 連線。

連線到 VPN

VPN 連線一般來說並非總是連線的。macOS 支援擁有隨選即用 VPN 功能的自動 VPN 連線。您可以從網路偏好設定中手動連線和終止連線該 VPN。在網路偏好設定中選擇「在選單列中顯示 VPN 狀態」的註記框這樣您就可以在不需要打開網路偏好設定的情況下進行連線。

選單列的 VPN 項目讓您能夠選擇 VPN 配置並連線、終止連線和監視 VPN 連線。

VPN 通常會需要使用者驗證後才能被使用，所以在開始 VPN 連線時會開啟驗證對話框。某些 VPN 協定需要在每一次建立連線時進行手動驗證。

在連線被認證且建立後，VPN 程序會使用 PPP 協定自動配置 TCP/IP 和 DNS 設定。預設，VPN 介面被排序在網路服務順序的底下，所以當他們被啟用時不會自動變成主要的網路介面。要覆寫此行為，如果在網路偏好設定中可選擇「透過 VPN 連線傳送所有流量」選項即可。您也可以手動重新排序網路服務順序。

當您對 VPN 連線進行錯誤排除時，您可以使用系統監視程式檢查在 /private/var/log/system.log 中的連線資訊。

22.5
配置進階網路設定

本章節中介紹的進階網路設定技術對於大多數配置來說是可選的。

確認 DHCP 支援設定

所有乙太網路和 Wi-Fi 服務的預設設定是只要啟用介面就會自動地進行 DHCP 程序。從網路偏好設定中選擇該服務則您就可以在使用 DHCP 服務時為硬體或虛擬乙太網路服務驗證 TCP/IP 和 DNS 設定。

IPv6 位址資訊也是自動地被偵測的。如果需要，IPv6 自動配置並不是由標準 DHCP 或 PPP 服務所提供。

自動配置的 DNS 設定會以灰色字體顯示，這表示您可以透過手動輸入 DNS 資訊來覆寫這些設定，詳細內容會在下面的章節提到。

網路服務介面可能會需要手動的連線程序，像是 Wi-Fi、VPN 和 PPPoE 介面會自動進行 DHCP 或 PPP 程序來取得 TCP/IP 和 DNS 設定。若是需要在使用這些介面時驗證 TCP/IP 和 DNS 設定，從網路偏好設定的服務清單中選擇服務並點選進階。在進階設定的對話框中，您可以點選 TCP/IP 或 DNS 的按鈕來檢視他們各自的設定，您也可以使用此方式來驗證其他網路設定介面。

在某些 DHCP 的設定中，您需要設定一個 DHCP 用戶端識別碼。您可以透過點
選進階，然後點選 TCP/IP 的按鈕來進入此設定。

手動設定 TCP/IP

如果您想要持續使用 DHCP 但是手動指派 IP 位址，從設定 IPv4 選單中選擇「使
用 DHCP 並手動設定位址」。您需要手動為 Mac 輸入 IPv4 位址，但剩餘的
TCP/IP 設定仍然由 DHCP 所設定。

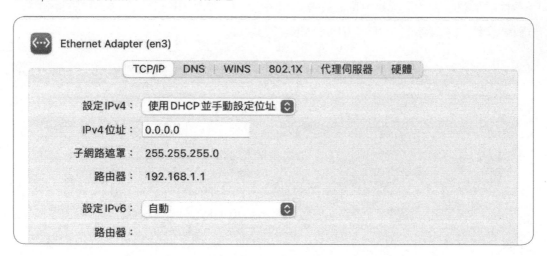

如果您想要手動輸入所有的 TCP/IP 設定，從設定 IPv4 選單中選擇手動。輸入
IPv4 位址、子網路遮罩和路由器位址。使用者介面會從 DHCP 服務中快取 TCP/
IP 設定，所以您可能只需要輸入新的 IPv4 位址。

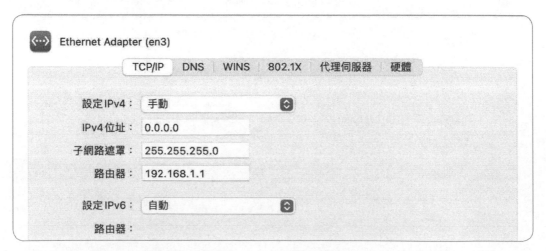

如果您也需要手動進行 IPv6 設定，從設定 IPv6 選單中選擇手動。您至少需要手動輸入 IPv6 位址、路由器位址和前置碼長度。使用者介面會自動快取 IPv6 設定，所以您可能只需要輸入新的 IPv6 位址。

每當您選擇手動設定 IPv4 時都必須手動配置 DNS 伺服器設定。點選 DNS 按鈕來檢視 DNS 設定。使用者介面會從 DHCP 服務中顯示 DNS 設定，但這些設定在您從 DHCP 切換至手動設定就不再被使用。

點選 DNS 伺服器清單底下的新增（+）按鈕來新增新的伺服器，然後輸入伺服器的 IP 位址。輸入搜尋網域是可選的。點選搜尋網域清單底下的新增（+）按鈕，然後輸入網域名稱。欲編輯此網域名稱，雙擊它在清單中的名稱。若是需要移除您可以透過選擇該名稱並在清單最下方點選移除（-）按鈕。

輸入完整的 IP 和 DNS 設定，點選好來關閉進階設定對話框，然後在網路偏好設定中點選套用按鈕來儲存啟用這些變更。

當您手動配置 TCP/IP 或 DNS 設定時，測試網路連線來驗證您有完整地輸入所有資訊。使用應用程式來存取網路和網路資源是基本的測試，但您可以使用包含的網路診斷工具程式來進行更全面的測試，就如在第 23 章中的「網路問題故障排除」所提到的。

手動設定 Wi-Fi

若是要管理進階 Wi-Fi 選項和連線：

1. 打開和解鎖網路偏好設定（如必要的話）。

2. 從服務清單中選擇 Wi-Fi 服務。

3. 從網路名稱選單中設定基本的 Wi-Fi 設定，與您從選單列中的 Wi-Fi 選單幾乎一樣的方式進行設定。

在這個情況下您可以讓非管理者使用者選擇 Wi-Fi 網路：

▶ 當「要求加入新網路」的註記框被勾選時，當 Mac 無法找到一個事前設定好的無線網路時 macOS 會要求您選擇另一個 Wi-Fi 網路。

▶ 預設「在選單列中顯示 Wi-Fi 狀態」選項會被勾選並且允許任何使用者從 Wi-Fi 狀態選單中選擇無線網路。

點選進階按鈕來顯示進階設定對話框。如果在頂端的 Wi-Fi 按鈕尚未被選擇，點選它來檢視進階 Wi-Fi 設定。

從進階 Wi-Fi 設定頁面的上半部中，您可以管理一系列偏好的無線網路。在預設情況下，您之前加入的無線網路也會顯示在這邊。

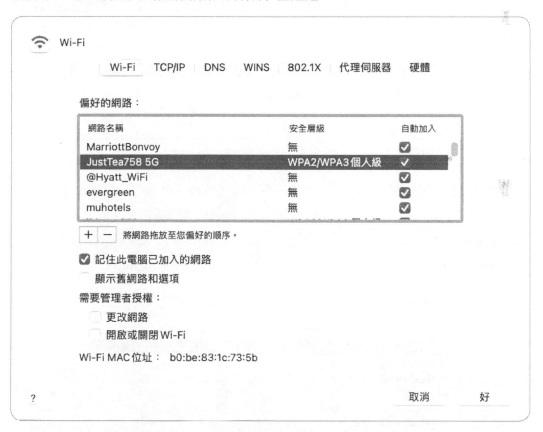

要新增新的無線網路，點選偏好的網路清單底下的新增（＋）按鈕，不管是在範圍內加入的無線網路、手動為一個隱藏的網路來手動輸入資訊或是不在範圍內的網路都可以加入。要編輯網路，在清單中雙擊它的名稱，或您可以透過在清單內選擇並且下方點選移除（-）按鈕來移除網路。

在偏好的網路清單中取消勾選自動加入選項使您能夠暫時設定您的 Mac 讓它在偏好的網路清單中儲存有關網路的資訊和它相對的位置，但是並不會自動加入特定的無線網路。

> 提醒 ▶ 您可能會爲 Wi-Fi 網路取消勾選自動加入是，如果您在使用 iCloud 鑰匙圈且您想要您的 iOS 或 iPadOS 裝置使用您的 Wi-Fi 網路但您想要您的 Mac 使用乙太網路而不是 Wi-Fi。如果您在您的 Mac 上的偏好的網路清單中移除此 Wi-Fi 網路，您其他的裝置便不會自動地加入該網路。取而代之的是在您的 Mac 上取消選取自動加入該網路，會儲存您在您的 Mac 上使用 AirDrop 的能力並不會影響您的 iOS 或 iPadOS 裝置。

當您想要設定您的 Mac 來再次自動加入特定的無線網路只需要爲該網路勾選自動加入選項即可。

在進階 Wi-Fi 設定頁面的下方有數個設定允許更特別的 Wi-Fi 管理選項。您可以限制僅管理者使用者身分可以使用的設定，包含：

▶　更改網路
▶　開啟或關閉 Wi-Fi

若要取得您對偏好的網路更多的控制，點選這裡取消，然後按住 Option 鍵之後點選進階。這會在進階設定對話框中顯示兩行額外的選項：隱藏和可共享。爲網路選擇隱藏選項來讓 macOS 認定它是一個隱藏的網路。爲網路取消選取可共享選項來防止任何人來共享該網路的密碼。

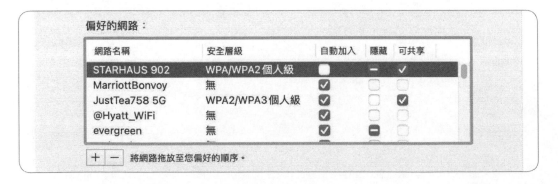

參考 macOS 使用手冊中 support.apple.com/guide/mac-help/mh11937 的「在 Mac 的網路偏好設定中更改 Wi-Fi 選項」來取得更多相關資訊。

設定 802.1X

802.1X 協定用來保護有線（乙太網路）和無線（Wi-Fi）網路透過僅允許正確地驗證的網路用戶端才能加入此網路。若是網路需要 802.1X 則不允許任何網路流量直到網路用戶端完整地驗證此網路。

爲了促進 802.1X 驗證，macOS 提供了兩種方式自動設定的方式：

▶ 管理者提供的 802.1X 設定描述檔 - 您可以透過雙擊描述檔來安裝 802.1X 設定描述檔或使用行動裝置管理解決方案來安裝描述檔。

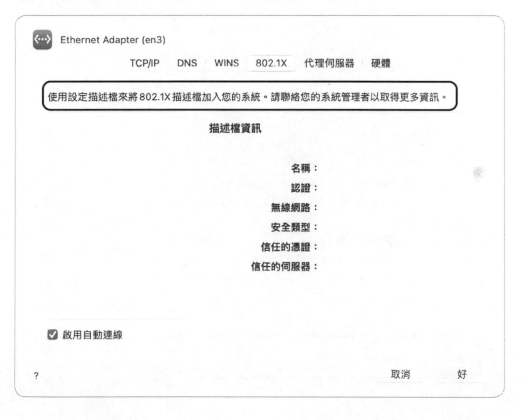

▶　使用者選擇的 802.1X 驗證網路 - 如果您連線到一個使用 802.1X 的乙太網路，或如果您連線到使用 802.1X 的 Wi-Fi 網路（包含 WPA/WPA2 企業級、WPA2 企業級或 WPA3 企業級驗證），macOS 會自動設定 802.1X。您可以在網路偏好設定中透過選擇網路服務來驗證 802.1X 設定，雖然您無法在任何方式下修改連線的內容。

對於使用乙太網路的網路服務，802.1X 頁面包含「啟用自動連線」選項且預設已被開啟。如果您取消選擇該選項，除非適合 802.1X 網路的設定描述檔已被安裝，否則您的 Mac 將不能夠連線到需要 802.1X 的乙太網路。

在 802.1X 連線已被設定或描述檔已被安裝後，在適合的網路服務中會顯示一個連線按鈕。

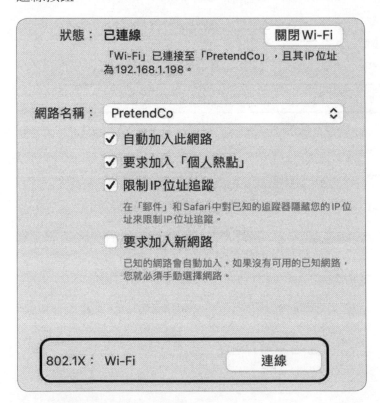

有關於 802.1X 的設定資訊會顯示在 802.1X 的頁面中。

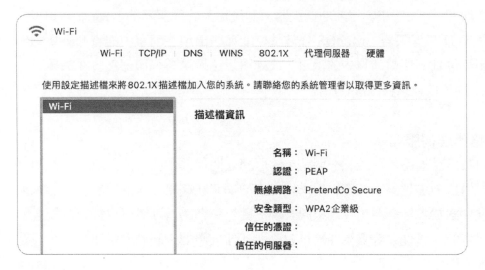

設定 WINS

目前的 Windows 網路使用動態 DNS 來做爲探索網路用戶端的解決方案，但是 macOS 仍支援 WINS 來支援舊式網路配置。

手動配置 WINS 設定：

1.　打開並解鎖網路偏好設定（如必要的話）。

2.　從網路服務清單中選擇您想要設定的網路服務。

3.　點選進階。

4.　在進階設定的對話框，點選 WINS 頁面來檢視 WINS 的設定。

要啟用 WINS，輸入至少一個 WINS 伺服器的 IP 位址。點選 WINS 伺服器清單底下的新增（+）按鈕來新增新的伺服器，然後輸入此伺服器的 IP 位址。如果您設定多個 WINS 伺服器，macOS 會嘗試存取那些出現在清單中的資源。要編輯一個伺服器位址，雙擊清單中的項目，或您可以透過選擇伺服器然後在清單下方點選移除（-）按鈕來移除該伺服器。

設定網路代理伺服器

Proxy 伺服器在網路用戶端和一個請求的服務之間扮演中間者的角色。代理伺服器通常透過快取最近請求的資料用來提升廣域網路或網路連線的效能，這樣未來的連線就會對於本地網路用戶端來說表現的更快。網路管理者可以針對沒授權的伺服器或資源、管理允許資源的清單並透過代理伺服器來限制網路連線，和設定代理伺服器僅允許取得哪些資源。

您可能需要從網路管理者來取得特定的代理伺服器的設定指示。

要啟用並配置代理伺服器設定：

1. 打開並解鎖網路偏好設定（如必要的話）。

2. 從網路服務清單中選擇您想要設定的網路服務。

3. 點選進階。

4. 點選上方的代理伺服器頁面來檢視代理伺服器設定。

如果您要自動地設定您的代理伺服器設定，選擇自動尋找代理伺服器來自動尋找代理伺服器，或選擇自動代理伺服器設定如果您在使用自動代理伺服器設定檔案（PAC）。macOS Monterey 對 PAC 僅支援 HTTP 和 HTTPS URL schemes。這包含了您手動設定的 PAC URLs 或透過設定描述檔。如果您選擇自動代理伺服器設定，在 URL 欄位中輸入 PAC 檔案的位址。如果您需要更多的資訊請尋問您的網路管理者。

如果您手動設定您的代理伺服器，做下列的設定：

▶ 選擇代理伺服器，像是 FTP 代理伺服器，然後在右側輸入它的位址和通訊埠號碼。

▶　如果代理伺服器被密碼保護則選擇「代理伺服器需要密碼」註記框。在使用
　　者名稱和密碼欄位輸入您的帳號名稱和密碼。

藉由在「忽略這些主機與網域的代理伺服器設定」的欄位中新增主機或網域的位
址，您也可以對指定的電腦在網路（主機）和部分網段（網域）選擇忽略代理伺
服器設定，這對於您如果想要確保直接從主機或網域接收資訊且不是在代理伺服
器上的快取資訊是有用的。

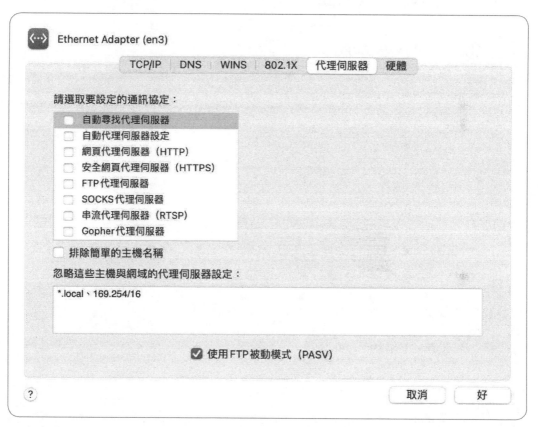

手動配置乙太網路

乙太網路連線時會自動建立連線設定。macOS 讓您能夠手動設定乙太網路選項。
若您擁有 Gigabit 乙太網路交換機或更舊，或不合標準的有線網路設施時您可能
需要設定乙太網路選項。在這種情況下，Mac 會嘗試自動建立 Gigabit 連線但是
失敗，因為有線網路設施是被不支援高速。這個最常見的情況是就乙太網路交換
機顯示 Mac 有一個啟用連線，但是在 Mac 上的網路偏好設定會顯示乙太網路的
狀態為未連線。

手動設定乙太網路設定：

1. 打開並解鎖網路偏好設定（如必要的話）。

2. 從網路服務清單中選擇您想要設定的乙太網路服務。

3. 點選進階。

4. 點選上方的硬體頁面來檢視目前的乙太網路硬體設定。

macOS 會快取目前自動配置的乙太網路設定，所以您不用更改此設定。
macOS 也會根據您 Mac 中的網路硬體自動填寫速度、雙工和 MTU 選項。

5. 要手動設定乙太網路選項，從設定選單中選擇手動。

6. 從這些選單中客製化您的選擇。

7. 點選好來儲存變更的設定。

在您手動配置您的乙太網路設定後，確定有與您預期相同的網路連線。您可以使
用第 23 章中所涵蓋的工具和技術。

練習 22.1
設定網路位置

▶ 前提

▶ 您必須要建立 Local Administrator （練習 3.1「練習設定一台
Mac」）和 John Appleseed（練習 7.1「建立一個標準使用者帳號」）
的帳號。

▶ 您必須要透過使用 Wi-Fi 或乙太網路連線到一個啟用 DHCP 的網路來
存取網路。

▶ 您必須要給予您的網路固定的 IP 位址、子網路遮罩、路由器和 DNS
伺服器。

▶ 您必須有權限存取尚未連接的可用的 Wi-Fi（無線）網路。Wi-Fi 和無
線的是可交換的專業術語。

提醒 ▶ 就算您沒有符合這些前提，閱讀此練習會提升您對於此過程的知識。

許多您連線的網路使用了動態主機設定通訊協定（DHCP）。您設定您的 Mac
來透過 DHCP 取得 IP 位址，然後設定位置來切換到此配置。

檢視您的 DHCP 提供的設定

1. 以 John Appleseed 登入。

2. 打開網路偏好設定。

3. 點選鎖頭，然後以 Local Administrator 進行驗證。

4. 選擇主要的網路服務。

5. 在網路偏好設定的右側頁面中,確認您在連線到 Wi-Fi 網路後擁有有效的
   IPv4 位址。

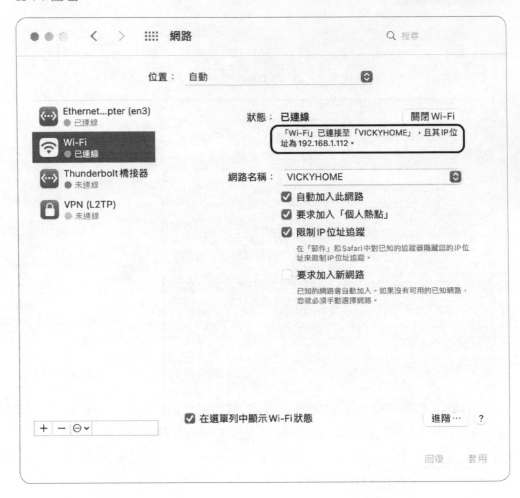

您的設定可能會與截圖中所顯示的有所不同,尤其是如果您有不同的網路服
務連線。

建立以 DHCP 為基準的網路位置

1.　從位置選單中，選擇編輯位置。

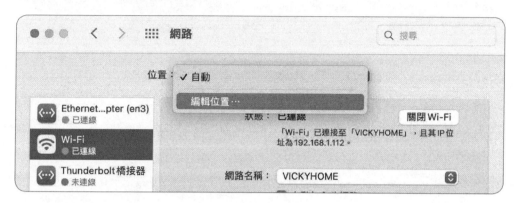

2.　點選位置清單下方的新增（＋）按鈕來建立新的位置。

3.　輸入 **Dynamic** 作為新位置的名稱。

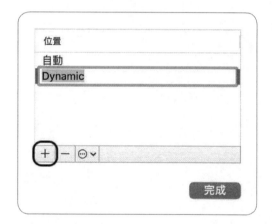

4.　點選完成。

5.　如必要的話，從位置選單中選擇新的 Dynamic 位置。

6.　點選套用。

網路偏好設定是少數在 macOS 中必須點選套用後才可以讓設定生效的地方。

macOS 包含了來自 DHCP 伺服器的 IP 位址。

建立固定的網路位置

某些網路配置沒有 DHCP 伺服器，或許可能會遇到 DHCP 伺服器失敗。在這些情況下，要建立和維護適當的網路存取，您必須使用固定 IP 位址來設定您的 Mac。

在此練習中，您使用叫 Static 的新位置來配置固定 IP 位址。

如果您有能力來在您的環境中指派固定 IP 位址則繼續進行此練習。您需要得到固定的 IP 位址、子網路遮罩、路由器和 DNS 伺服器。您可能需要聯繫您的網路管理者詢問有關此資訊。

如果您沒有能力來指派固定 IP 位址，跳過此部分並繼續進行到練習 22.2「進階 Wi-Fi 設定」。

1.　從位置選單中，選擇編輯位置，然後選擇 Dynamic 位置。

2.　點選動作按鈕並從選單中選擇複製位置。

3.　命名此新位置為 **Static**，然後點選完成。

4.　如果該位置尚未被選擇，使用位置選單來切換到新的 Static 位置。

5.　點選套用。

6.　從服務清單的選擇此練習將要設定的網路服務。它會是乙太網路或是 Wi-Fi。

7.　點選進階。

8.　如必要的話，點選 TCP/IP。

9.　從設定 IPv4 選單中，選擇手動。

10.　在 IPv4 位址欄位，輸入適合您環境的 IP 位址。您可能需要從您的網路管理者中取得此位址。

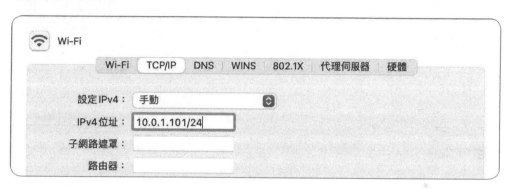

11.　按下 Tab 鍵。

在這個例子中，在 IP 位址最後的「/24」是 CIDR（無類別區隔路由）標記子網路遮罩 255.255.255.0 的簡略表達形式。當您按下 Tab 鍵時子網路遮罩會自動填寫上的。macOS 輸入 10.0.1.1 作爲路由器的位址，對此網路來說是正確的。您必須取得正確的路由器位址來設定您的網路。

12.　點選 DNS。

13.　點選 DNS 伺服器清單下方的新增（+）按鈕，然後輸入適合您網路的 DNS 伺服器。

14.　點選搜尋網域清單下方的新增（+）按鈕，然後輸入適合您網路的搜尋網域。

並非所有的網路都有設定搜尋網域。這次練習不需要搜尋網域。

15. 點選好來關閉此對話框。

16. 點選套用。

此狀態指示燈轉變成綠色來指示它已連線且有完整的設定。網路偏好設定頁面的右側包含了有關您的 Mac 使用的固定 IPv4 位址的資訊。

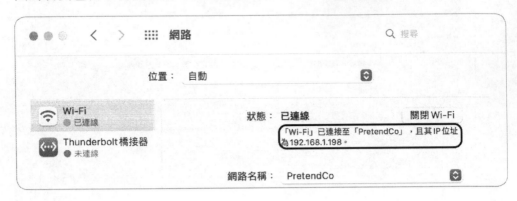

17. 結束系統偏好設定。

測試網路存取

您正確地設定了您的 Mac 來在網路上運作。您將在此練習中使用 Safari 來測試網路存取。您將會先清空 Safari 的快取以保證您正在測試網路連接而不是從 Safari 的快取中載入網頁。然後您會使用 Safari 來驗證您可以進入 Apple 網站。

1. 打開 Safari。

2. 選擇 Safari> 偏好設定（或按下 Command- 逗號）。

3. 點選偏好設定工具列中的進階。

4. 選擇「在選單列中顯示『開發』選單」然後關閉偏好設定視窗。

5. 選擇開發 > 清除快取資料（或按下 Option-Command-E）。

正常來說，您不會執行此動作。您做此動作來確保您載入的 Apple 網站在下一步驟中並不是從快取而來。

6. 在智慧型搜尋欄位中，輸入 **www.apple.com**，然後按下 Return 鍵。

   如果 Safari 嘗試從網路上載入一個頁面，您不需要等待它完成或逾時。如果全部都有正常運作，Apple 網站會出現。

   如果 Apple 網站沒有載入，是您的網路設定或連線某些地方出了錯誤。在您繼續進行之前請先進行疑難排解。首先，驗證您的網路設定符合先前的指示。如果它們是正確的，查閱第 23 章。

7. 結束 Safari。

練習 22.2
進階 Wi-Fi 設定

▶ **前提**

  ▶ 您必須要建立 Local Administrator（練習 3.1「練習設定一台 Mac」）和 John Appleseed（練習 7.1「建立一個標準使用者帳號」）的帳號。

  ▶ 您的 Mac 必須要有一個 Wi-Fi 介面，然後您必須要有至少兩個 Wi-Fi 網路可以存取（至少有一個是可見的）。

在此練習中，您學習使用偏好的網路清單來控制您的 Mac 如何加入 Wi-Fi 網路。

建立一個僅 Wi-Fi 的位置

1. 如必要的話，以 John Appleseed 的身分登入，打開網路偏好設定，然後以 Local Administrator 的身分進行驗證。

2. 記住目前選擇的位置這樣您便可以在練習的最後返回。

3. 從位置選單中，選擇編輯位置。

4. 在位置清單的下方點選新增（＋）按鈕來新增新的位置。

5. 輸入 **Wi-Fi Only** 作爲此位置的名稱。

6. 點選完成。

7. 如必要的話，從位置選單中選擇新的 Wi-Fi Only 位置。

8. 點選套用。

9. 在網路服務清單中，讓除了 Wi-Fi 以外的服務停用。選擇各個服務，然後點選動作按鈕並從選單中選擇停用服務。

   當您都完成時，所有服務除了 Wi-Fi 都被列爲停用。

10. 點選套用。

11. 選擇 Wi-Fi 服務。

12. 如必要的話，點選開啟 Wi-Fi。

13. 如必要的話，取消選取「要求加入新網路」。

   這會防止在您無法尋找到偏好的網路時 Mac 自動建議您網路。

14. 如必要的話，選擇「在選單列中顯示 Wi-Fi 狀態」。

15. 如果您的 Mac 還沒加入無線的網路，參考在練習 21.1「連接 Wi-Fi 網路」
   的指示來加入其中一個網路。

清除偏好的網路清單

1. 點選進階。

2. 檢視偏好的網路清單。

   這是當您的 Mac 在那些網路範圍之內會自動加入該網路的無線網路清單。
   如果有超過一個網路在範圍內，只要您已經選擇自動加入，您的 Mac 會加
   入清單中最上方的網路，

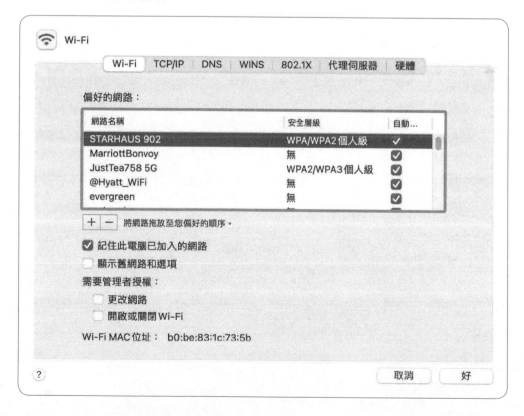

提醒 ▶ 如果您從清單中移除無線網路，您會從鑰匙圈中移除它的密碼。您必須在下次您加入此無線網路時重新輸入密碼。如果您使用 iCloud 鑰匙圈，相同的無線網路會從其他使用相同 iCloud 帳戶的 Apple 裝置中被移除。如果您不知道您嘗試要移除的網路密碼，您可以使用鑰匙圈存取來檢視它的密碼並在您要從清單中移除它之前記錄下來。查看 9.2「管理鑰匙圈中的祕密」來檢視此過程的詳細內容。

3. 選擇各個項目，並點選清單下方的移除（-）按鈕來清除它。

4. 確保「記住此電腦已加入的網路」有被勾選。

5. 當清單是空的時候，點選好，然後點選套用。如必要的話，以 Local Administrator 的身分來驗證。您可能需要驗證兩次。

6. 點選關閉 Wi-Fi。

7. 等待 10 秒鐘，然後點選開啟 Wi-Fi。

此時無線網路介面開啟但並沒有連接到一個路。

手動增加網路到偏好的網路清單中

1. 點選進階。

2. 點選偏好的網路清單下方中的新增（+）按鈕。

3. 為另一個您有權限存取的網路來輸入網路名稱和安全資訊。

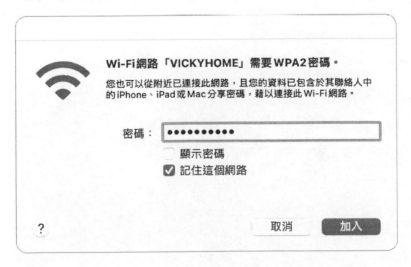

4.　點選好來新增選項。

5.　點選好來結束進階設定，然後點選套用。如必要的話，以 Local Administrator
　　的身分進行驗證。

　　您的 Mac 應該要加入此無線網路。如果沒有加入網路，在手動輸入的地方
　　可能出了問題，像是名稱或密碼輸入錯誤或錯誤的安全模式。在此情況下，
　　您可以從清單中移除無線網路，然後再重新輸入。

加入網路來將它新增到偏好網路清單中

1.　從網路名稱選單中，選擇另一個您有權限存取的無線網路。

2.　點選加入。

3.　如必要的話，輸入網路密碼來加入。

4.　點選進階。

　　您加入的網路已被加入至偏好網路清單中。這是因為「記住此電腦已加入的
　　網路」選項有被勾選。

5.　如必要的話，拖曳您加入的網路到偏好清單的最上方。

6.　點選好來關閉此對話框。

測試偏好網路的順序

1.　點選關閉 Wi-Fi。等待 10 秒鐘，然後點選開啟 Wi-Fi。

　　在一小段的延遲後，您的 Mac 會重新加入您剛新增的網路。

2.　點選進階。

3.　拖曳近期的網路清單到清單的最下方來更改偏好網路順序。

4.　點選好，然後點選套用。

.

5.　點選關閉 Wi-Fi。等待 10 秒鐘，然後點選開啟 Wi-Fi。

　　這一次，您的 Mac 將加入您手動新增的網路因為這是在偏好網路清單中的第一個順位。

6.　切換回至 Static 位置，然後點選套用。

7.　結束系統偏好設定。

第 23 章
網路問題錯誤排除

本章接續第 21 章《管理基本網路設定》和第 22 章《管理進階網路設定》所探討的網路連線相關主題。本章節將先介紹常見的網路問題及其錯誤排除方式。接著，您將學習如何使用網路錯誤排除工具和相關執行命令。

目標

▶ 辨別及解決網路配置問題。

▶ 使用網路偏好設定確認網路連線。

▶ 使用命令列介面進行錯誤排除。

23.1
一般網路問題錯誤排除

當您對區域網路和網際網路連接的網路問題進行錯誤排除時，請先考慮可能的錯誤問題，並在嘗試使用解決方案之前，確認問題的原因。

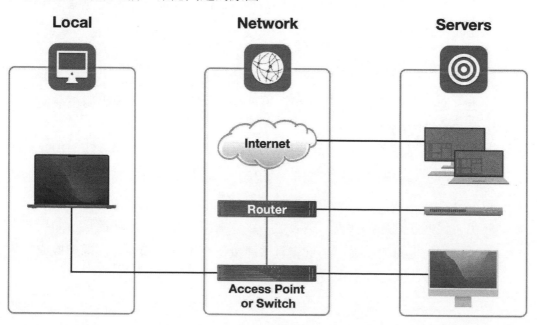

為了確認問題，可將問題大致區分爲三大類：

▶　本機問題：這些問題通常與網路設定配置不當或網路連接已中斷有關。

▶　網路問題：引發此問題的原因有很多，請先熟悉您的網路拓撲結構。從最靠
　　近並且提供您 Mac 的網路存取設備開始檢查，即便是網路交換器上壞掉的
　　乙太網路線都可能導致問題，您也可以使用 macOS 的網路診斷工具程式開
　　始調查。

▶　服務問題：這類問題與您嘗試存取的網路設備或服務有關，例如，提供
　　DHCP 或 DNS 服務的設備可能暫時關閉或設定不當。通常您可以測試其他
　　網路服務是否能順利連接來確定是不是該服務出現錯誤，如果其他網路服務
　　能正常運作，極有可能代表問題不是來自「本機」或「網路」上。使用診斷
　　工具來測試服務的可用性。或參閱第 24 章《管理網路服務》，該內容亦談
　　到了網路服務的錯誤排除。

使用「網路偏好設定」與「終端機」來診斷 macOS 中的網路問題。

確認網路偏好設定狀態

您可以先利用的診斷工具是「網路偏好設定」。「網路偏好設定」有一個動態更
新的列表，顯示目前所有網路介面的狀態。當有任一個網路連接是無法使用時，
您可以在此找到相關的訊息。

當網路連線狀態指示燈顯示爲：

▶　綠色：連線是啟用的並有 TCP/IP 的設定。但這不代表連線服務正在使用正
　　確的 TCP/IP 設定。

▶　黃色：連接是啟用的，但 TCP/IP 並沒有被正確配置。若您的狀態指示燈顯
　　示爲黃色，請仔細檢查網路設定。如果設定看起來沒有問題，請使用其他診
　　斷工具。

▶　紅色：這種狀態通常代表網路設定不當或網路介面沒有成功連接。如果該介
　　面一直保持連接的狀態，請檢查實體連接是否正確。如果是透過虛擬或點對
　　點協定連接，請仔細檢查設定並嘗試重新連接。

常見的網路問題

欲解決網路問題，應在尋找更複雜的原因之前，先檢查常見的原因。這包括確認乙太網路的連接、Wi-Fi 連接、DHCP 和 DNS 服務。

乙太網路的連接問題

如果您使用乙太網路進行連線，請先確認線路是否有實際接上您的 Mac，若是可以，驗證整個乙太網路運行（佈線）到交換機。若不行，試著更換乙太網路連接線或使用不同的乙太網路連接埠。如果您使用的是乙太網路轉接器，可試著使用不同的轉接器。

從網路偏好設定中確認乙太網路的狀態。另外，應避免使用不適用的乙太網路線或有問題的轉接器。

您也有可能發現儘管乙太網路交換機開始了一個連結，但「網路偏好設定」仍然顯示該連結處於關閉狀態。這個問題可以透過在「網路偏好設定」的進階硬體設定中手動設定較慢的速度來解決，如第 22 章所述。

> 提醒 ▶ 基於 Intel 的 Mac 中的內建網路硬體有時會沒有反應，可以嘗試重置 Mac 的 NVRAM 或系統管理控制器（SMC）獲得解決。欲瞭解更多資訊，請參閱 Apple 支援文章 HT204063，《重置 Mac 上的 NVRAM 或 PRAM》，以及 HT201295，《如何重置 Mac 的 SMC》。

Wi-Fi 連接問題

如果您使用 Wi-Fi，首先要從 Wi-Fi 狀態選單或網路偏好設定中驗證您是否連接到了正確的 SSID。通常情況下，如果 Mac 檢測到一個問題，Wi-Fi 狀態列表會顯示一個驚嘆號（！），表示無線網路有問題。

Wi-Fi 狀態列表也可以作為一個診斷工具，您可以按住「Option」鍵，然後打開 Wi-Fi 狀態選單。下方圖片顯示了目前連線的 Wi-Fi 網路統計資料。值得注意的是「傳送速率」項目，它會顯示所使用 Wi-Fi 的目前傳送速率。Wi-Fi 狀態列表還能完成其他診斷任務，包括幫助您快速識別網路問題和打開無線診斷。

當您打開「無線診斷」時，會出現一個輔助程式視窗。「無線診斷」會建立並儲存 Mac 電腦的無線和網路配置的診斷報告，但您必須以管理員帳號進行驗證才能建立該報告，壓縮後的檔案將存在 /private/var/tmp 的路徑中。當「無線診斷」完成報告後，Finder 會開啟含有此壓縮檔案的檔案夾。

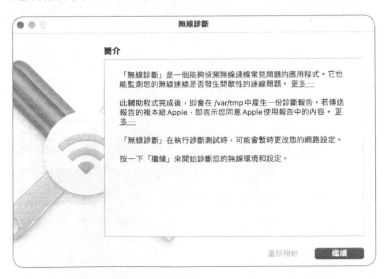

無線診斷檔案包含相關文件，您可以用它來診斷連線問題，如果該工具不能診斷出問題，請與有相關經驗的 Wi-Fi 管理者諮詢。

打開「視窗」選單，查看「無線診斷」中的其他進階無線網路工具程式。

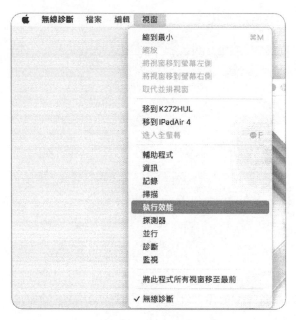

您可以透過下列工具程式提供的訊息，與 Wi-Fi 供應商或專家討論並解決 Wi-Fi 問題。例如，「執行效能」視窗提供了無線訊號品質的即時圖表。在「執行效能」視窗打開的情況下，您可以在區域內移動您的 Mac 筆記型電腦，以確定哪些是無法連接到 Wi-Fi 的地方。

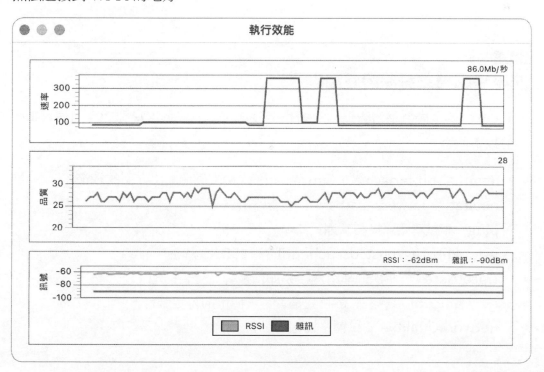

「並行診斷」是無線診斷的一部分。若您把 iPad 作為 Mac 的第二部顯示器並使用「並行」時，您可以用它來收集關於無線問題的資訊。

想了解更多資訊，請參閱 Apple 支援文章 HT202663，《如果 Mac 並未透過 Wi-Fi 連接 Internet》。

DHCP 服務問題

如果您將 Mac 配置為使用 DHCP，而 DHCP 伺服器用完了可用的網路地址，或者沒有向您的 Mac 提供配置資訊，即使 Mac 無法自行存取廣育網路或網路資源，您的 Mac 是可能能夠與區域網路上的其他裝置進行連線。詳細內容請查閱第 21 章。

DNS 服務問題

大多數網路服務皆需要 DNS 服務。如果您有 DNS 服務問題，請驗證網路偏好設定中的 DNS 伺服器配置。在大多數情況下，列表中顯示的前幾個網路服務介面會是主要使用的，macOS 將使用它進行 DNS 解析。例外的情況是，如果主要的網路服務缺少路由器配置，在這種情況下，DNS 解析會使用下一個完全設定好的網路服務介面。

23.2
使用終端機來排除網路問題

macOS 提供了幾個網路識別和診斷指令讓您可以透過終端機存取。這包括但不限於以下內容。

- **ifconfig**（interface configuration）- 檢查硬體網路介面的細節。
- **netstat**（network status）- 查看路由訊息和網路資訊。
- **ping** - 測試網路連接和延遲。
- **nslookup, dig, host, dscacheutil** - 測試 DNS 解析。
- **traceroute** - 分析您的網路連接是如何被導航至目的地。
- **nc**（netcat）- 檢查網路設備是否有可使用的特定服務。
- **networkQuality** - 測試網路連接的品質。

如第 5 章《使用 macOS 復原》中所述，若您從 macOS 復原啟動您的 Mac，您
也可以透過選擇工具程式 > 終端機來打開終端機。在 macOS 復原中，您可以透
過 Wi-Fi 狀態選單使用不同的 Wi-Fi 網路。

ifconfig

ifconfig 指令使您能夠查看任何網路介面的詳細狀態。每個網路介面都有一個
UNIX 賦予的簡短名稱；例如，Mac 筆記型電腦的預設 Wi-Fi 介面是 en0。

如果您單獨使用 ifconfig，它會回傳所有網路介面的狀態，包含那些未經配置或
沒有出現在網路偏好設定的介面。下圖只展示了使用該命令得到的部分結果。
en5 是連接到 MacBook Pro 的 USB-C 多埠轉接器的乙太網路連接埠的名稱。網
路介面的名稱可能有所不同，這取決於您的 Mac 設定，同時包含您為 Mac 設定
的其他網路介面。

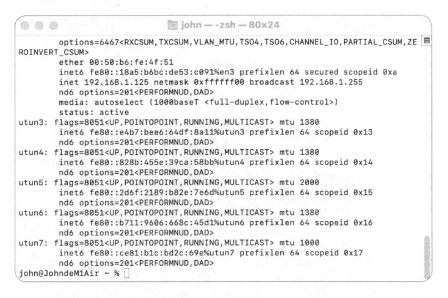

ifconfig 經常以單一網路介面的名稱來使用。例如，下圖說明使用 ifconfig en0 指
令，該指令回傳有關預設 Wi-Fi 介面的資訊。

```
●  ●  ●                          john — -zsh — 80×11
john@JohndeM1Air ~ % ifconfig en0
en0: flags=8863<UP,BROADCAST,SMART,RUNNING,SIMPLEX,MULTICAST> mtu 1500
        options=6463<RXCSUM,TXCSUM,TSO4,TSO6,CHANNEL_IO,PARTIAL_CSUM,ZEROINVERT_
CSUM>
        ether b0:be:83:1c:73:5b
        inet6 fe80::cc6:dc66:d12f:43aa%en0 prefixlen 64 secured scopeid 0xc
        inet 192.168.1.112 netmask 0xffffff00 broadcast 192.168.1.255
        nd6 options=201<PERFORMNUD,DAD>
        media: autoselect
        status: active
john@JohndeM1Air ~ % 
```

指令輸出的全部內容不在本手冊的範圍內，但其中一些較為重要的內容是：

- **ether**—MAC 位址
- **inet6**—IPv6 位址
- **inet**—IPv4 位址
- **netmask**—子網路遮罩
- **media**—連接速度和特性
- **status**—啟用或停用

netstat

netstat 指令使您可以查看任何網路介面的詳細狀態。一個例子是 netstat -di -I，後面是介面名稱。這些選項包括：

- **-di** —顯示丟棄封包的數量。
- **-I（介面名稱）**—只顯示該特定介面的資訊。

例如，下圖說明使用 netstat -di -I en3 指令，該指令回傳關於一個連接的 USB-C 乙太網路轉接器的資訊。

```
● ● ●                              john — -zsh — 90×8
Name       Mtu    Network         Address          Ipkts Ierrs   Opkts Oerrs  Coll Drop
en5        1500   <Link#7>        86:d1:b3:78:85:b6    0     0       0     0      0  0
[john@JohndeM1Air ~ % netstat -di -I en3
Name       Mtu    Network         Address          Ipkts Ierrs   Opkts Oerrs  Coll Drop
en3        1500   <Link#10>       00:50:b6:fe:4f:51 6362422   0  4577095    0      0  37
en3        1500   johndem1air     fe80:a::18a5:b6bc 6362422   -  4577095    -      -  -
en3        1500   192.168.1       johndem1air       6362422   -  4577095    -      -  -
john@JohndeM1Air ~ %
```

-I 選項提供了網路封包傳輸、錯誤和衝突的累積次數表格。-di 選項也增加了丟棄封包的數量。下面是表格中的一些數值。

- **Name**—介面的名稱。
- **Address**—MAC 位址、IPv4 位址、IPv6 位址；常見的是每個接口連接埠列出三個地址。
- **Ipkts** – 介面收到的封包的數量。
- **Ierrs**– 與介面接收的封包相關的錯誤數量。

- ▶ **Opkts**– 介面發送的封包數量。
- ▶ **Oerrs**– 與介面發送的封包相關的錯誤數量。
- ▶ **Coll**– 偵測到的衝突數量。
- ▶ **Drop**– 偵測到的丟棄封包的數量。

您也可以使用 netstat 來分析網路傳輸統計。若您打開一個像 Safari 這樣的應用程式來產生網路流量，然後再次執行netstat 命令，您可以藉此驗證資料封包正從這個連接埠發送和接收。在下面的例子中，最初有 6,362,585 個接收的資料封包，然後用 Safari 來產生網路流量後，最後顯示 6,362,597 個接收的資料封包。我們可以斷定，Safari 使用 en3 介面進行網路通訊。

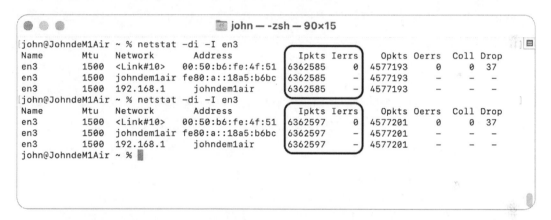

如果傳輸資料統計顯示有活動，但您仍然遇到問題，可能是網路或服務的問題，而不是網路介面的問題。或者，若這個介面出現了傳輸錯誤，本機網路硬體連接問題可能是問題所在。

要解決硬體網路介面的問題，請檢查他們是否有實際連接上。針對有線網路，嘗試不同的網路連接埠或網路線以排除實體連接的問題；至於無線網路，仔細檢查 Wi-Fi 設定和任何無線基地台的配置。如果 Mac 網路硬體無法運作，請聯繫 Apple 授權的服務提供商。

ping
如果您的網路設定配置正確，硬體網路介面也能正常運作，但仍遇到網路問題，請使用 ping 指令測試網路連接。

ping 表示的是下列概念。

▶　指令的名稱
▶　網路封包
▶　使用 ping 指令發送 ping 封包的行為。

ping 指令決定了您的 Mac 是否能成功地向另一個網路設備發送和接收資料。你的 Mac 向目標 IP 地址發送一個 ping 資料封包，而另一個設備則會為回傳 ping 資料封包以表示連接成功。

要使用 **ping**，輸入 ping，接著加入一個空格，空格後方再輸入區域網路上可以存取的設備的 IP 地址，譬如網路路由器；然後按 Return 鍵。使用網域名稱的前提是您的 Mac 與 DNS 伺服器可以正常聯繫，意即若您正在解決連接問題，情況可能會不一樣。

如果 ping 指令成功，它將回傳 ping 到網路設備和返回所花費的時間。這個往返過程通常需要幾毫秒。您可以使用 -c 選項（count）和要發送的封包數量，或者如果您省略 -c 選項，ping 指令將重覆發送封包，直到您按下 Control-C 或 Command-Period 停止 ping 指令。

在您停止 ping 指令後，ping 指令會回傳 ping 傳輸了多少個封包，遠端設備收到了多少個封包，以及封包丟失的百分比。

```
● ● ●                    📁 john — -zsh — 80×12

[john@JohndeM1Air ~ % ping -c 5 192.168.1.1
PING 192.168.1.1 (192.168.1.1): 56 data bytes
64 bytes from 192.168.1.1: icmp_seq=0 ttl=64 time=0.870 ms
64 bytes from 192.168.1.1: icmp_seq=1 ttl=64 time=0.740 ms
64 bytes from 192.168.1.1: icmp_seq=2 ttl=64 time=0.734 ms
64 bytes from 192.168.1.1: icmp_seq=3 ttl=64 time=1.140 ms
64 bytes from 192.168.1.1: icmp_seq=4 ttl=64 time=0.721 ms

--- 192.168.1.1 ping statistics ---
5 packets transmitted, 5 packets received, 0.0% packet loss
round-trip min/avg/max/stddev = 0.721/0.841/1.140/0.159 ms
john@JohndeM1Air ~ %
```

有些網路管理員會將他們的防火牆設定為阻止 ping 的存取，或者將他們的網路設備設定為不回應 ping 的偵測指令。

在您建立了對本機設備的成功 ping 後，將其擴展至廣域網路或網際網路地址。
透過 ping 您就能發現，除了您正在開始進行錯誤排除的網路服務之外，一切都
能正常運作。

Lookup

如果您能夠透過 IP 地址成功地使用 ping 到其他網路設備，但無法透過主機名連
接到另一個設備，可能發生與 DNS 有關的問題。有幾個指令可以讓您找出 DNS
伺服器解析的名稱。本節包括下列指令：

▶ **host**—DNS 查詢工具

▶ **dig**—DNS 查詢工具

▶ **nslookup**—互動式查詢網際網路名稱伺服器

▶ **dscacheutil**—收集資訊和統計資料並啟動對目錄服務快取的查詢

為了驗證 DNS，使用本章中的指令來查詢您本地網域中的裝置或服務的主機名
稱。如果您能解析本地的主機名稱，但不能解析網際網路的主機名稱，那您的本
地 DNS 伺服器會在沒有正確連接到全球 DNS 網路的情況下解析您的本機名稱。
如果您沒有本地網域，請使用任何網際網路主機名稱。

要用 host 指令（DNS 查詢工具）開始網路查詢程序，輸入 **host**，空格，然後是
IP 位置或主機名；然後按下 Return 鍵。

下圖顯示了成功的正向解析，它會回傳您輸入的主機名稱的 IP 位置，若是反向
解西，它將回傳您輸入的 IP 位置的主機名。

```
● ● ●                      📁 ladmin — -zsh — 80×5
[ladmin@MacBook-Air ~ % host server.pretendco.com
 server.pretendco.com has address 10.0.4.89
[ladmin@MacBook-Air ~ % host 10.0.4.89
 89.4.0.10.in-addr.arpa domain name pointer server.pretendco.com.
 ladmin@MacBook-Air ~ % █
```

nslookup 指令會回傳更多針對錯誤排除有用的資訊。下圖說明使用 nslookup 進
行正向解析，接著進行反向解析。

```
●●●                    📁 ladmin — -zsh — 80x15
Last login: Wed Sep  7 22:07:23 on ttys000
[ladmin@MacBook-Air ~ % nslookup server.pretendco.com
Server:         10.0.4.1
Address:        10.0.4.1#53

Name:    server.pretendco.com
Address: 10.0.4.89

[ladmin@MacBook-Air ~ % nslookup 10.0.4.89
Server:         10.0.4.1
Address:        10.0.4.1#53

89.4.0.10.in-addr.arpa  name = server.pretendco.com.

ladmin@MacBook-Air ~ % █
```

dig 指令可回傳更多的資訊。使用選項 **-x** 來執行反向解析。下圖說明如何使用 dig 進行正向和反向解析。

最後，針對此一環節，您可以使用 dscacheutil 指令進行更進階的 DNS 錯誤排除。

> **提醒** ▶ 儘管本章節的其他指令因超出範圍未提到 /private/etc/hosts 檔案，但 **dscacheutil** 可查詢 /private/etc/hosts 檔案。

若要查詢 DNS，可使用兩個 dscacheutil 選項，後面接著您想查詢的主機名稱或 IP 位址。下面是這兩個選項，以及您在進行 DNS 查詢時應該使用的參數。

▶ **-q**—這是查詢的類型，如使用者、群組、或主機。若是 DNS 查詢，使用 **-q host**。

▶ **-a**—這是針對您欲查詢項目。對於正向解析，使用 **-a name**；對於反向解析，使用 **-a ip_address**。另外，若要使用 IPv6 反向解析，使用 **-a ipv6_address**。

要執行正向 DNS 解析，輸入 **dscacheutil**，一個空格，**-q host -a name**，一個空格，和主機名稱，然後按「Return」鍵；要執行反向 DNS 解析，輸入 **dscacheutil**，一個空格，**-q host -a ip_address**，一個空格，和 IPv4 地址，然後按「Return」鍵。

```
● ● ●                      ◻ ladmin — -zsh — 80×11
Last login: Wed Sep  7 22:09:37 on ttys000
[ladmin@MacBook-Air ~ % dscacheutil -q host -a name server.pretendco.com
name: server.pretendco.com
ip_address: 10.0.4.89

[ladmin@MacBook-Air ~ % dscacheutil -q host -a ip_address 10.0.4.89
name: server.pretendco.com
alias: 89.4.0.10.in-addr.arpa
ip_address: 10.0.4.89

ladmin@MacBook-Air ~ %
```

提醒 ▶ dscacheutil 的手冊頁有提醒，使用 **-flushcache** 選項不僅會清除
DNS 快取，還會清除整個目錄服務快取，建議在不得已的情況下再使用。快
取中的驗證資訊將搭配其他技術使用以確保做業系統擁有有效的資訊。

如果您不能成功回傳查詢功能，可能是您的 Mac 沒有連接到 DNS 伺服器。可以
使用 ping 指令測試與 DNS 伺服器 IP 位置的連接。

traceroute

如果您只能連接到部分的網路資源，無法全面連接，可使用 traceroute 指令來確
定哪裡連接失敗。廣域網路和網際網路連接通常需要資料通過許多路由器才能到
達目的地。traceroute 指令通過發送低 time-to-live（TTL）的資料封包來檢查
路由器之間的每一網路，以確定哪裡連接失敗或速度減慢。

```
● ● ●              ◻ john — traceroute support.apple.com — 88×22
[john@JohndeM1Air ~ % traceroute support.apple.com
traceroute to e2063.e9.akamaiedge.net (104.116.0.55), 64 hops max, 52 byte packets
 1  devicesetup.net (192.168.1.1)  0.722 ms  0.410 ms  0.360 ms
 2  192.168.11.254 (192.168.11.254)  1.271 ms  1.350 ms  0.933 ms
 3  * * *
 4                                   3.978 ms  2.290 ms  3.297 ms
 5  * * *
 6  tchn-3021.hinet.net (220.128.14.13)  6.467 ms  6.036 ms
    tchn-3021.hinet.net (220.128.14.129)  5.189 ms
 7  tcwh-3331.hinet.net (220.128.16.21)  4.742 ms  4.780 ms
    tcwh-3331.hinet.net (220.128.16.89)  4.373 ms
 8  210-65-144-1.hinet-ip.hinet.net (210.65.144.1)  11.013 ms  11.017 ms  7.880 ms
 9  * * *
10  * * *
11  * * *
12  * * *
13  * * *
14  * * *
15  *
```

要驗證網路的 TCP/IP 路由，請使用 traceroute，後面加上一個區域網路上可以存取的設備 IP 位置，如網路路由器。使用網域名稱的前提是您的 Mac 與 DNS 伺服器能正常溝通，如果您正在排除連接問題，可能無法使用。

如果 traceroute 成功，它會回傳完成連接所需的路由器列表，以及測試封包到達每個路由器的時間。它會在每個距離發送三個探測，所以每一個跳轉都會列出三個時間。延遲通常以毫秒為單位，若延遲時間超過一秒都是不正常的。如果 traceroute 沒有從特定的路由器得到回應，它會顯示一個星號而不是列出路由器位置，但這可能是因為設備被設定為不回應網路要求而導致。

一旦您成功建立了到本機設備的路徑，亦可以延伸至廣域網路或網際網路位址。使用 traceroute 指令，您可能會發現特定的網路路由器是問題的原因。

欲了解本章節中指令的相關資訊，請尋找該指令的 man 手冊。

networkQuality

當您成功確認電腦的硬體設定和功能正常，有有效的路由，並且 DNS 回傳良好的結果時，這時可以確認網際網路連接聘直是否良好。許多網際網路服務供應商會動態的調整流量，以適應使用者使用習慣的變化。雖然有些網路連接提供一定的傳輸服務品質，但家用和小型企業的連接可能不太可靠，此時可使用 networkQuality 指令測試網路品質。

與許多公司提供的速度測試類似，networkQuality 還提供了一些重要的差別。用 networkQuality 執行的測試會同時下載和上傳，以提供對實際網路性能和容量的觀察，而不僅僅是原始速度。

networkQuality 的結果也對網路連接的回應進行了評估。

在下面的例子中，我們看到，儘管原始下載速度看起來很快，但實際的網路回應能力卻顯示為低。越高的 RPM 結果表明網路反應速度更快，容量更大。

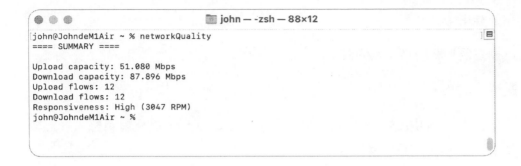

```
● ● ●                    🖥 john — -zsh — 88×12
john@JohndeM1Air ~ % networkQuality
==== SUMMARY ====

Upload capacity: 51.080 Mbps
Download capacity: 87.896 Mbps
Upload flows: 12
Download flows: 12
Responsiveness: High (3047 RPM)
john@JohndeM1Air ~ %
```

練習 23.1
排除網路連線障礙

▶ 前提

▶　您必須先建立 Local Administrator 帳號（練習 3.1，練習設定一台 Mac）和 John Appleseed 帳號（練習 7.1，建立一個標準使用者帳號）。

▶　您必須先建立 Static 網路位置（練習 22.1，設定網路位置）。

　　提醒 ▶ 若您尚未完成上述前提，閱讀下列練習亦能提高您對過程的認識

在這個練習中，您會先故意錯誤地配置網路設定。然後再使用 macOS 內建的障礙排除工具程式來查看問題並隔離問題。

破壞您的網路設定

1.　以 John Appleseed 登入。

2.　打開網路偏好設定，然後以 Local Administrator 進行驗證。

3.　記得您現在選擇的位置，以便您在練習結束時可以復原它。

4.　從「位置」選單中，選擇「編輯位置」。

5.　選擇「Static」位置，然後從位置列表下方的「動作」選單中選擇複製位置。

6.　給新的位置命名爲 Broken DNS，然後點擊「完成」。

7.　如果有必要，切換到 Broken DNS 的位置。

8. 點擊套用。

9. 選擇主要網路服務（左側欄位最上面的那個），然後點擊「進階」。

10. 點擊「DNS」。

11. 如果在 DNS 伺服器列表中有任何項目，請記錄下來，以便重新輸入，然後使用刪除（-）按鈕將其刪除。

12. 點擊 DNS 伺服器列表下的添加（+）按鈕，然後添加伺服器位址 **127.0.0.55**.

    127.0.0.55 是一個無效的地址，因為該位置沒有 DNS 伺服器（127.0.0.1 除外，它是環回位址，但不在本手冊的範圍內）。

13. 點擊 TCP/IP。

14. 從設定 IPv6 的選單中，選擇「僅本地連接」。

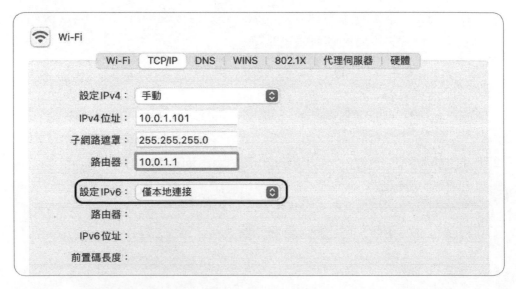

這可以防止 IPv6 成為備用的網際網路連接。

15. 點擊「好」，然後點擊「套用」。

觀察問題

1. 打開 Safari。

2. 在網址欄中輸入 **www.apple.com**,然後按「Return」鍵。Safari 會嘗試
   載入網頁,但它無法成功。如果您繼續等待,Safari 最終會放棄載入,並顯
   示錯誤,讓您不要等待。

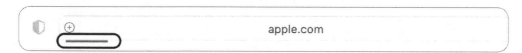

3. 離開 Safari

檢查網路偏好設定中的網路狀態

當您遇到網路問題時,首先應該檢查的是網路偏好設定中的網路服務狀態。查看
狀態可以讓您發現較簡單的問題,而不需要進行詳細的診斷。

1. 如果需要,打開網路偏好設定。

2. 檢查狀態指示和網路服務的順序。

   如果您預期的網路服務沒有顯示綠色狀態指示燈,要不是連接出了問題,就
   是缺少一個關鍵設定,像是電線鬆動、沒有加入 Wi-Fi 網路,或缺少 IP 位置。

   如果錯誤的服務顯示在列表的頂部,則說明服務順序設定不正確,或者有意
   外的服務在啟動。在這種情況下,預期的服務會顯示在列表的頂部並帶有綠
   色狀態指示燈,若是這樣,您必須做更多的動作來進行障礙排除。

使用 ping 來測試連接性

在本節中,您將使用 ping 指令來測試網路連接和 DNS 解析。

1. 打開終端機。

   您可以從命令列界面取得許多 macOS 障礙排除工具。

2. 在終端機中,輸入 **ping -c 5**,然後是您想溝通的伺服器網域名稱(**www.
   apple.com**)。

ping 指令中的選項 -c 5 表示向主機發送 ping 請求的次數，在本範例中是 5
次。

3.　按「Return」鍵。

大約 30 秒後，您會收到一條訊息，告訴您 ping 不能解析 www.apple.
com。這條資訊保是，ping 無法使用 DNS 查找或解析 www.apple.com，
並將其與一個 IP 位置相匹配來發送 ping。在這種情況下，您知道 www.
apple.com 這個網址是有效的，因為您以前使用過它，所以這表明 DNS 出
了問題。

```
[john@JohndeM1Air ~ % ping -c 5 www.apple.com
ping: cannot resolve www.apple.com: Unknown host
john@JohndeM1Air ~ %
```

雖然這個方式讓您知道有問題，但它仍然沒有告訴您問題出在哪裡。要區分
DNS 問題還是網路錯誤可能很困難。如果 DNS 解析是唯一的錯誤，它可以
模擬一個完全的錯誤，因為幾乎所有的網路存取都是從 DNS 查詢開始的。
如果網路完全斷開，大多數使用網路的嘗試都會在 DNS 步驟中失敗，所以
唯一的症狀是 DNS 錯誤。

嘗試透過IP位置與伺服器溝通，以區分僅是DNS問題還是完全的網路錯誤。
這種方法無需透過普通的 DNS 解析，因此即使 DNS 壞了也能工作。

4.　在提示下，輸入 **ping -c 5 9.9.9.9** 這是一個很簡單好記的地址，由 Quad9
維護的公共 DNS 伺服器。

5.　按「Return」鍵。

這一次，ping 成功到達目的地，並顯示其五次測試的統計數據。這告訴您，
您的基本網路連接沒有問題，很可能只是 DNS 無法運作。

```
● ● ●                    📁 john — -zsh — 80×24
[john@JohndeM1Air ~ % ping -c 5 9.9.9.9
PING 9.9.9.9 (9.9.9.9): 56 data bytes
64 bytes from 9.9.9.9: icmp_seq=0 ttl=50 time=58.026 ms
64 bytes from 9.9.9.9: icmp_seq=1 ttl=50 time=54.773 ms
64 bytes from 9.9.9.9: icmp_seq=2 ttl=50 time=57.224 ms
64 bytes from 9.9.9.9: icmp_seq=3 ttl=50 time=56.295 ms
64 bytes from 9.9.9.9: icmp_seq=4 ttl=50 time=54.108 ms

--- 9.9.9.9 ping statistics ---
5 packets transmitted, 5 packets received, 0.0% packet loss
round-trip min/avg/max/stddev = 54.108/56.085/58.026/1.466 ms
john@JohndeM1Air ~ % █
```

使用 host 指令來測試 DNS

即使 ping 顯示的錯誤訊息「無法解決」，表明有一個 DNS 問題，也可以嘗試使用 host 指令來發現它是否顯示了更具體的錯誤。

1. 在終端機，輸入 **host www.apple.com** 。

    host 指令是用來執行 DNS 查詢。您用它來將名稱轉換成 IP 地址，反之亦然。

2. 按「Return」鍵。

    大約 30 秒後，您會收到一條訊息，指出連接逾時，且沒有伺服器可以存取，與您使用 ping 指令得到的結果相同。

```
● ● ●                    📁 john — -zsh — 80×24
[john@JohndeM1Air ~ % host www.apple.com
;; connection timed out; no servers could be reached
john@JohndeM1Air ~ % █
```

切換到工作網路設定

1. 從 Apple 選單中，選擇「位置」，然後選擇「Static」。

    與 Broken DNS 位置不同，這個位置有有效的設定，所以您的網路連接應該能恢復正常。

2. 在終端機上，再一次輸入 host www.apple.com。

```
● ● ●                    john — -zsh — 80×24
[john@JohndeM1Air ~ % host www.apple.com
www.apple.com is an alias for www.apple.com.edgekey.net.
www.apple.com.edgekey.net is an alias for www.apple.com.edgekey.net.globalredir.
akadns.net.
www.apple.com.edgekey.net.globalredir.akadns.net is an alias for e6858.dscx.akam
aiedge.net.
e6858.dscx.akamaiedge.net has address 23.208.80.212
e6858.dscx.akamaiedge.net has IPv6 address 2001:b034:1c:383::1aca
e6858.dscx.akamaiedge.net has IPv6 address 2001:b034:1c:387::1aca
john@JohndeM1Air ~ %
```

這時，host 指令會到達 DNS 伺服器，找到與網域名稱 www.apple.com 對應的 IP 位置。

host 顯示的地址可能與圖中的地址不同，因為 Apple 網站是由整個網際網路上的許多伺服器託管的，並使用 DNS 將您引導到您網路位置附近的伺服器以加快存取速度。

如果您知道該網域名稱應該解析到的地址，您可以驗證一下，但是它若能解析到一個 IP 地址代表 DNS 是正常運作的。

host 命令的 stdout 也可能同時顯示一個 IPv6 地址和一個 IPv4 地址，因為 macOS 的網路服務被設定為自動使用 IPv6。

3. 打開 Safari，然後嘗試瀏覽一個網站。這次，Safari 將能夠從網際網路上載入網頁。

網路服務

第 24 章
管理網路服務

在此章節中，您會學到有關網路服務的架構。
然後您會了解到內建在 macOS 中的關鍵網路服
務應用程式。您會學到 macOS 如何存取常見的
檔案共享服務。最後，您會學到排解網路服務錯
誤的技術。

24.1
網路服務

網路共享服務是由客戶端軟體（被設計來存取此
服務）和伺服器軟體（被設計來提供此服務）所
定義的。客戶端和伺服器軟體使用網路協定和標
準來互相溝通。

依照此標準，軟體開發者建立特殊並相容的網路
客戶端和伺服器軟體，所以您可以選擇最適合您
需求的軟體工具。舉例來說，您可以使用 Apple
內建在 macOS 的郵件客戶端來存取 Apple、
Microsoft、Google、Yahoo 和其他服務供應商
所提供的郵件服務。

網路服務軟體

客戶的軟體可以是以專用的應用程式形式存在，
如同在許多網路服務的情況下，像是 e 郵件和網
站瀏覽。其他客戶端軟體已和 macOS 整合（舉
例來說，檔案或列印服務）。在任一情況下，當
您建立網路服務連線時，服務的設定會被存到
Mac 本機的偏好設定檔案中。這些客戶端偏好設
定通常包含了資源位置和驗證資訊。

目標
▶ 描述 macOS 如何存
取網路共享服務。

▶ 配置內建的 macOS
網路應用程式。

▶ 使用 Finder 來瀏覽和
存取網路資料設定。

▶ 疑難排解網路共享服
務問題

伺服器軟體提供權限存取共享的資源。伺服器端設定包含配置選項、協定設定和帳號資訊。

當您在排解網路服務錯誤時，您需要知道連接埠號碼或該服務使用的範圍。舉例來說，在網路流量中 TCP 標準連接埠是 80。Apple 維護了一份清單中包含常用網路服務以及和他們有關連的 TCP 或 UDP 連接埠於 Apple 支援文章 HT202944 的「Apple 軟體產品使用的 TCP 和 UDP 埠」。

識別網路服務

要存取網路服務，您必須要知道此服務的本機網路或網路位置。某些網路服務具有動態服務探索功能，讓您能夠藉由瀏覽清單中的可用服務來定位網路服務。或是您必須手動以網路主機位址或名稱來識別此服務位置。

macOS 可以定位網路服務和相應的網路服務資源。您可以使用 Internet 帳號偏好設定來配置這些服務。

在您定位並連線到網路服務後，您必須經常對服務供應商證明你的身分（驗證 authenticate）。對網路服務的認證成功通常是建立與它的連接的最後一步。在您建立連線後，通常安全技術就會就位來確保您只被允許取得特定資源。此過程叫做授權（authorization）。這兩種基本的網路服務概念，驗證（authenticate）和授權（authorization），在此章節和下一章節第 25 章「管理本機共享與個人防火牆」中會提及到。

動態服務探索

macOS 支援動態網路服務探索協定來幫助您找到像是下列情況中您所需要的資源：

▶ 您在不知道所有可用資源的確切名稱的情況下加入一個新網路。
▶ 您需要的共享資源每次都由另一台沒有 DNS 主機名稱或相同 IP 地址的客戶端電腦託管。

動態網路服務探索協定使您能夠在不知道特定服務位址的情況下瀏覽區域網路
（LAN）和廣域網路（WAN）資源。某些提供網路服務的設備會在網路上宣傳
其服務的可用性。當可用的網路資源變更時，或當您移動您的客戶端到不同的網
路上，服務探索協定會動態更新可用的服務清單。

macOS 使用動態網路服務探索。舉例來說，動態網路服務探索使您能夠在
Finder 中瀏覽可用網路檔案共享或從印表機與掃描機偏好設定中定位新的網路
印表機。其他內建在 macOS 的網路應用程式使用服務探索來定位共享的資源，
包含影像擷取和照片。第三方網路應用程式同時也是使用動態網路服務探索。

探索協定僅幫助您定位可用的服務。在它提供您的 Mac 可用服務的清單後，它
的工作便已經完成。當您連結到探索的服務，您的 Mac 使用服務的協定建立與
服務的連接。舉例來說，Bonjour 服務探索協定可以提供 Finder 一分可用的共
享螢幕清單，但當您從清單中選擇另一台 Mac，您的 Mac 使用 VNC 服務建立
螢幕共享連線到另一台 Mac，該服務使用了 Remote Frame Buffer （RFB）
協定。

Bonjour

Bonjour 是 Apple 推行的零配置網路服務規範，或 Zeroconf，提供本地網路自
動配置、命名和服務探索的標準藍圖組合。Bonjour 使用廣播探索協定，又被稱
為 multicast DNS（ mDNS ）在 UDP 通訊埠 5353。

Bonjour 是 macOS 原生的服務和應用程式所使用的主要動態網路服務探索協
定。Bonjour 是根據 TCP/IP 標準，所以它與其它的 TCP/IP 為基礎的網路服務
可進行十分良好的整合。macOS 也包含了廣域網路 Bonjour 的支援，讓您能夠
和瀏覽 LAN 資源一樣瀏覽 WAN 資源。

本機的 Bonjour 不需要配置。廣域 Bonjour 需要您配置您的 Mac 使用支援
DNS 伺服器與搜尋網域的協定。

參考在 Apple 平台部署 support.apple.com/guide/deployment/ 來了解更多有
關 Bonjour 的資訊。

Server Message Block（SMB）伺服器訊息區塊

原本由 Microsoft 所設計，伺服器訊息區塊（SMB）是最常見的網路服務用來共享檔案和印表機。SMB 也包含了在 UDP 通訊埠 137 和 138 以及 TCP 通訊埠 137 和 139 上運作的網路探索服務。最近的作業系統支援 SMB 共享的也同時支援動態的 SMB 探索。

網路主機位址

您可以透過該 IP 位址來存取該網路主機，但您也可以使用其他技術，該技術提供網路主機友善的網路名稱。識別網路主機方法包含了下列幾種：

▶ IP 位址—IP 位址總是可以被用來建立一個網路連線。

▶ DNS 主機名稱—您的 Mac 有一個主機名稱是由一到兩種方法所配置。您的 Mac 嘗試透過對其主要 IP 地址執行 DNS 反向查詢來解析其主機名稱。如果您的 Mac 無法從 DNS 伺服器中解析主機名稱，它會使用 Bonjour 的名稱來做代替。

▶ 電腦名稱—其他 Apple 裝置使用此來識別您的 Mac 作為 AirDrop 的點對點檔案共享和給 Finder 瀏覽。電腦名稱是 Apple Bonjour 的其中一部分，且您會在共享偏好設定中進行設定。

▶ Bonjour 名稱—Bonjour 是 macOS 主要動態網路探索協定；除此之外，Bonjour 提供方便的命名系統給本機網路上使用。Bonjour 名稱通常與電腦名稱相似，但它遵照 DNS 的命名標準以 .local 作為結尾。這允許了 Bonjour 名稱能夠被其他作業系統所支援。當您使用共享偏好設定來編輯此電腦名稱然後點選編輯，您的 Mac 會顯示更新的 Bonjour 名稱，且會顯示在本機主機名稱的區塊。

▶ NetBIOS 名稱—此名稱被用來給舊版的 Windows 動態網路探索協定作為 SMB 服務的其中一部分。此名稱根據您在共享偏好設定中設定的名稱自動產生。您可以在網路偏好設定中透過選擇一個介面、點選進階並點選 WINS 頁面然後查看 NetBIOS 名稱。

識別主機網路範例

識別	範例	由…設定	被…使用
IP 位址	10.0.1.17	網路偏好設定	任何網路主機
DNS 主機名稱	mac17.pretendco.com	由 DNS 伺服器所定義	任何網路主機
電腦名稱	Mac 17	共享偏好設定	macOS Bonjour 或 Airdrop
Bonjour 名稱	Mac-17.local	共享偏好設定	Bonjour 主機
SMB（NetBIOS）名稱	MAC-17	網路偏好設定	SMB 主機

24.2
配置網路服務應用程式

電子郵件等服務可以在本機級別中運作，但這些服務也在不同的網路和伺服器之間進行溝通。 macOS 包括存取不同網路服務的客戶端應用程式。

即使此手冊重點在內建在 macOS 中的網路客戶端軟體，許多很棒的第三方網路客戶端可在 Mac 上使用。當您正在排解網路存取問題時，使用替代的網路客戶端是個確定問題是在您的主要客戶端軟體還是您嘗試使用的服務的好方法。

Safari

超文字傳輸通訊協定（HTTP）使用 TCP 通訊埠 80 處理 Safari 網路通訊。安全網路通訊（HTTPS） 通過安全資料傳輸層 （SSL） 或最近使用傳輸層安全性協定（TLS） 連接對預設 TCP 通訊埠 443 的 HTTP 進行加密。

一般來說，使用網頁服務幾乎不需要額外的網路配置。 您必須提供 URL 或您想要連線的資源所在的網路位址給網頁瀏覽器。許多網路伺服器預設使用最安全的 TLS 連線就算您沒有在 URL 中指定使用 HTTPS。不需要配置任何東西來存取網頁服務的唯一例外是您必須配置網頁代理伺服器，如同第 22 章「管理進階網路設定」所說明的。

Internet 帳號偏好設定

Internet 帳號偏好設定使您能夠配置網路服務帳號。當您在 Internet 帳號偏好設定中輸入網路服務帳號，它配置了 macOS 中內建的適當網路服務應用程式。

透過 Internet 帳號偏好設定，您可以配置 macOS 來給 Apple iCloud、Microsoft Exchange、Google、Yahoo 和 AOL 使用網路服務帳號。加入其他帳號選項會在接下來的段落中被提及。

> 提醒 ▶ 對於 Microsoft Exchange 支援，macOS Monterey 需要 Microsoft Office 365、Exchange 2019、Exchange 2016、Exchange 2013 或 Exchange Server 2010。建議為這些服務安裝來自 Microsoft 的最新服務套件。參考在 Apple 平台部署中的章節「將 Apple 裝置與 Microsoft Exchange 整合」來取得更多相關資訊。

Internet 帳號偏好設定也包含了對主要語言不是英語的國家 / 地區流行的服務的支援。這些服務當您在選擇適合的語言與地區偏好設定中會出現。

各種服務類型包含了對於內建的 macOS 應用程式和服務的支援。當您登入進提供多種功能的服務，像是 Microsoft Exchange、Google 或 Yahoo，您可以配置多個應用程式，像是郵件、備忘錄、行事曆、提醒事項和聯絡人。iCloud 提供支援給更多的功能，包含了 iCloud 雲碟、照片、Safari、尋找、iCloud 鑰匙圈和 FaceTime。

配置網路服務帳號

使用 Internet 帳號偏好設定來配置網路服務帳號。點選包含的服務供應者來註冊。您的 Mac 會顯示登入服務的對話框。大部分的服務提供他們自己的驗證對話框。

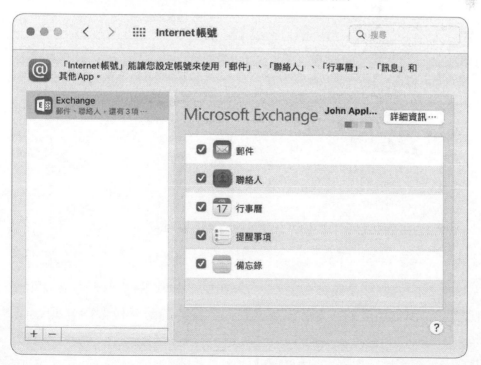

如果您的 Mac 沒有顯示網路帳號服務清單，點選偏好設定視窗左下角的新增（＋）按鈕。

如果您登入進一個提供多種功能的服務中，在您驗證後您可以啟用那些功能。您也可以返回到 Internet 帳號偏好設定中來啟用或關閉那些功能。從網路帳號中，點選詳細資訊的按鈕來驗證或重新輸入您的帳號資訊。

如果您必須配置一個沒有列在網路帳號偏好設定清單中的網路服務,或您需要配置由您組織所提供的本機服務,點選服務清單下方的加入其他帳號按鈕。您的 Mac 顯示對話框讓您為郵件、行事曆、聯絡人和 Game Center 進行手動配置。如果您照此方式新增服務,您可能會需要定義額外的配置資訊。此資訊需要由服務管理者來提供給您。

配置郵件

郵件支援標準郵件協定和他們加密的對應協定以及各種認證標準。郵件也包含了對 Microsoft Exchange 為基礎的服務支援。

使用系統偏好設定中的 Internet 帳號頁面來配置郵件。在郵件中,選擇郵件 > 帳號來打開 Internet 帳號偏好設定。或是您可以使用設定描述檔來配置郵件。

Mail 還包括自己的帳號設定輔助程式,可帶您配置郵件帳號設定。如果您打開郵件但尚未設定帳號,輔助程式會自動開始。選擇郵件 > 加入帳號來開始。

當您選擇這些預設的郵件帳號種類的其中一種時,輔助程式會嘗試自動決定適合的郵件協定,和安全性的設定,以及驗證。此自動的配置包含對 Microsoft Exchange 伺服器自動探索功能的支援。當您在這設定郵件帳號,macOS 會嘗試配置備忘錄、行事曆、提醒事項和聯絡人。

如果您想要爲沒有列在預設清單中的帳號類型來配置郵件，點選其他郵件帳號選項。在您輸入基本的郵件帳號資訊後，此輔助程式會嘗試決定合適的郵件設定。如果您的郵件服務使用非標準的配置或是無法存取的，您可能需要在此輸入郵件服務設定。如果必要的話，與服務管理者合作來取得合適的配置設定。

要調整郵件服務設定，選擇郵件 > 偏好設定來進入進階選項。當郵件偏好設定視窗開啟時，點選工具列中的帳號按鈕來顯示並管理郵件帳號。

郵件支援下列的郵件服務：

▶ Standard mailbox access protocols 一對於接收郵件來說，標準的協定使用在郵件客戶端和郵件伺服器之間不是在 TCP 通訊埠 110 上的郵局通訊協定（POP）就是在 TCP 通訊埠 143 上的 Internet 訊息存取通訊協定（IMAP）。兩者協定可以被 TLS 連線所加密。在預設情況下，加密的 POP 使用了 TCP 通訊埠 995 以及加密的 IMAP 使用 TCP 通訊埠 993。iCloud 預設爲安全 IMAP。

▶ Standard mail-sending protocols 一標準協定用來從客戶端寄送郵件到伺服器以及從伺服器發送到伺服器之間是在 TCP 通訊埠 25 上的簡易郵件傳輸通訊協定（SMTP），SMTP 可以通訊埠 25、465 或 587 上的 TLS 連線所加密。用於安全 SMTP 的通訊埠因郵件伺服器功能和管理員偏好而異。iCloud 預設爲安全 SMTP。

▶ Exchange-based mail service 一郵件通訊使用了 Exchange 網頁服務（EWS）協定。EWS 使用標準通訊埠進行網頁流量。TCP 通訊埠 80 爲標準傳輸以及 TCP 通訊埠 443 爲安全傳輸。

配置備忘錄

當您新增您的網路帳號到備忘錄中，您可以儲存您的備忘錄不管您在使用哪一個裝置。

如果您儲存備忘錄在 iCloud 中，您可以檢視並在上面進行編輯。另外，您可以新增新的備忘錄並鎖住原本新增的備忘錄。您也可以新增人員讓您可以與他們合作。在備忘錄中，您可以應用不同段落樣式、清單和大部分的媒體類型（像是表格、掃描文件、照片、影片、手繪塗鴉和地圖位置）。

配置新的備忘錄帳號

理想情況下，您使用其他經由 iCloud 或 Internet 帳號偏好設定中的服務來配置備忘錄。在備忘錄中，選擇備忘錄 > 帳號，會打開 Internet 帳號偏好設定。您可以使用 Internet 帳號偏好設定來在不需要配置 iCloud 或郵件的情況下配置備忘錄。

配置行事曆和提醒事項

行事曆與郵件和地圖整合來幫助您計畫您的一天。雖然行事曆在您的本機 Mac 上管理您的行事曆，它也根據 EWS 或 CalDAV 協定與網路行事曆服務合併。CalDAV，或行事曆延伸功能至 WebDAV，延伸 WebDAV 是 HTTP 的延伸功能。

理想情況下，您透過 Internet 帳號偏好設定或設定描述檔來使用郵件配置行事曆。在行事曆中，選擇行事曆 > 帳號，macOS 會重新引導您到 Internet 帳號偏好設定中。

行事曆包含了帳號設定輔助程式，會帶您走過配置行事曆帳號設定。此輔助程式在您打開行事曆時不會開啟，選擇行事曆 > 加入帳號來開啟輔助程式。

當您選擇顯示在「選擇行事曆帳號供應商」對話框中的其中一個預設的行事曆帳號類型時，此輔助程式會嘗試決定合適的行事曆服務安全性和驗證設定。行事曆包含了 Microsoft Exchange 伺服器對自動探索功能的支援。當您設定一行事曆帳號時，macOS 會嘗試配置郵件、備忘錄、提醒事項和聯絡人。

如果您必須要爲行事曆配置沒有列在預設清單中的帳號類型，選擇其他 CalDAV 帳號選項。在您在「加入 CalDAV 帳號」的對話框中輸入您的郵件地址和帳號密碼後，輔助程式會嘗試確定適合的 CalDAV 設定。如果您的郵件服務使用非標準配置或是無法存取的，您可能需要在此手動輸入 CalDAV 服務設定。如必要的話，與服務管理者合作來取得合適的配置設定。

欲編輯行事曆服務設定，從行事曆選單中選擇偏好設定中進行編輯。當偏好設定開啟時，點選工具列中的帳號頁面來顯示並管理行事曆服務帳號。

提醒事項幫助您儲存待辦清單。當您配置提醒事項可以存取行事曆服務時您就可以透過在所有 Apple 裝置的提醒事項來儲存待辦清單。這是因爲提醒事項使用 EWS 或 CalDAV 網路行事曆服務來儲存備忘錄。提醒事項建立待辦行事曆事件並管理這些事件。

您透過 Internet 帳號偏好設定或設定描述檔來配置提醒事項與其他服務。使用 Internet 帳號偏好設定來配置提醒事項。您可以在不需要配置行事曆的情況下配置提醒事項—但您仍需要從網路服務供應商取得 EWS 或 CalDAV 行事曆服務。

行事曆和提醒事項支援下列的網路行事曆服務：

▶ CalDAV 共同行事曆—行事曆支援 CalDAV 網路行事曆標準。此標準使用了 WebDAV 作爲在 TCP 通訊埠 8008 或 8443 上加密連線的傳送機制，但 CalDAV 增加了促進行事曆和形成安排協作所需的管理流程。CalDAV 是開源標準，所以任何的供應商可以建立提供或連線到 CalDAV 服務的軟體。

▶ 以網路爲基礎的行事曆服務—行事曆和提醒事項使用網路爲基礎的行事曆服務，包含 iCloud、Yahoo 和 Google 行事曆服務。這些服務是以 CalDAV 爲基礎且使用加密的 HTTPS 協定在 TCP 通訊埠 443 之上。

▶ 以 Exchange 爲基礎的行事曆服務—行事曆包含了對此行事曆服務的支援。macOS Exchange 整合仰賴著 EWS，使用 TCP 通訊埠 80 作爲標準傳送及 TCP 通訊埠 443 作爲安全性傳送。

▶ 網頁發佈和訂閱行事曆—行事曆使您能夠共享您的行事曆資訊透過 iCalendar 檔案發佈到以 WebDAV 為基礎的網頁伺服器。因為 WebDAV 是 HTTP 協定的延伸，透過 TCP 通訊埠 80 進行運作，或如果加密的話則在 TCP 通訊埠 443 進行運作。您可以訂閱 iCalendar 檔案，透過副檔名為 .ics 來識別，在 WebDAV 伺服器上託管，只需向行事曆提供 iCalendar 檔案的 URL。

▶ 行事曆郵件邀請—行事曆與郵件整合以 iCalendar 電子郵件附件形式發送和接收行事曆邀請。傳輸機制是您主要的郵件帳號配置為使用。雖然此種方法不是行事曆標準，大多數熱門的行事曆客戶端可以使用

配置聯絡人

聯絡人與以 EWS、CardDAV 或 LDAP 為基礎的網路聯絡人服務整合。

理想情況下，您透過 Internet 帳號偏好設定或設定描述檔來配置聯絡人。聯絡人還具有容易使用的設定輔助程式，用於配置特定的聯絡人或目錄網路服務帳號。選擇聯絡人 > 加入帳號來開始。

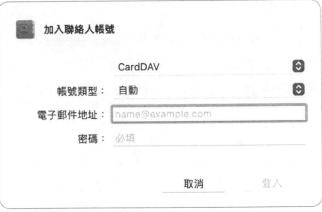

當您選擇其中一個預設的聯絡人帳號類型，輔助程式會嘗試決定適合的帳號設定。這包含了對 Microsoft Exchange 伺服器的自動探索功能支援。當您在此設定了聯絡人帳號，macOS 同時會嘗試配置郵件、備忘錄、行事曆和提醒事項。

如果您必須為聯絡人配置沒有在預設清單中的帳號類型，選擇最後的選項，其他聯絡人帳號。聯絡人同時也支援 CardDAV 和 LDAP 的帳號類型。在「其他聯絡人帳號」的對話框中，從選單中選擇帳號類型，然後提供伺服器和驗證資訊。如必要的話，與服務管理者合作來取得適合的配置設定。

如果您必須更改聯絡人服務設定，選擇聯絡人 > 偏好設定。當偏好設定視窗開啟時，點選工具列中的帳號頁面來檢視並管理聯絡人服務帳號。

聯絡人支援下列的網路聯絡人服務：

▶ CardDAV 聯絡人服務—聯絡人支援網路聯絡人服務標準叫做 CardDAV。該標準使用 WebDAV 作為 TCP 連接埠 8800 或 8843 上的傳輸機制，用於加密通信。CardDAV 是一開放的標準，所以任何供應商可以建立提供或連線到 CardDAV 服務的軟體。

▶ 以網路為基礎的聯絡人服務—聯絡人可以使用各種基於 Internet 的聯絡人服務，包含 iCloud、Google 和 Yahoo 聯絡人服務。所有這些服務都以 CardDAV 為基礎並在 TCP 連接埠 443 之上使用加密的 HTTPS 協定。

▶ 以 Exchange 為基礎的聯絡人服務—聯絡人包含了對於此聯絡人共享服務的支援。此 macOS Exchange 整合仰賴 EWS，其使用了 TCP 連接埠 80 作為標準傳送和 TCP 連接埠 443 作為安全傳送。

▶ 目錄服務聯絡人—聯絡人可以使用 LDAP 來搜尋聯絡人資料庫，網路目錄服務的標準，其使用了 TCP 連接埠 389 作為標準傳送和 TCP 連接埠 636 作為安全傳送。您可以透過其帳號設定輔助程式或透過與 macOS 系統層級的目錄服務整合，在使用者與群組偏好設定中中配置 LDAP 服務的聯絡人。

配置訊息

有了訊息，您可以打字、新增圖片和其他檔案，開始視訊或語音通話，共享您的螢幕，還有更多。訊息需要以推播為基礎的訊息服務 iMessage ，它也使您能夠與 iOS 和 iPadOS 裝置來聯繫。

理想情況下，當您登入進 iCloud 時訊息是為 iMessage 來配置。如果當您打開訊息時沒有帳號是被配置，訊息會打開帳號設定輔助程式並引導您配置 iMessage 帳號設定。

訊息使用 iMessage 服務，對於 Apple 來說是特別的。iMessage 協定是由 Apple 推播通知服務（APNs）來進行。其使用了 TCP 連接埠 5223，並且僅使用 Wi-Fi 到連接埠 443。APNs 對於依賴電池供電且可能失去網路連接的設備非常有效。這讓 iMessage 服務對於與行動 Mac 電腦和 iOS 及 iPadOS 裝置來說是理想的。Message 限制每一個電腦使用者帳號一個 iMessage 帳號。

如果您使用在您 Mac 上相同的 Apple ID 和 iOS 8 或更新版本的 iPhone 來登入 iMessage 服務，您可以使用 iMessage 協定傳送或接受簡訊服務（SMS）訊息透過 iPhone 行動數據連線。您必須在您可以在您的 Mac 上使用 SMS 訊息之前在您的 iPhone 設定 > 訊息上手動啟用此功能。欲了解更多，參考 Apple 支援文章 HT204681「使用『接續互通』來連接您的 Mac、iPhone、iPad、iPod touch 和 Apple Watch」。

欲編輯訊息設定，選擇訊息 > 偏好設定。預設開啟一般視窗。

如果您需要編輯訊息服務設定，點選訊息偏好設定工具列中的 iMessage 頁面來編輯您的帳號設定或封鎖號碼。欲保持您的整個訊息歷史更新並在您所有的裝置上都是可用的，選擇啟用 iCloud 雲端訊息。欲瞭解更多，參考 Apple 支援文章 HT208532「使用 iCloud 雲端『訊息』」。

欲瞭解更多有關使用訊息，參考 Apple 支援文章 HT202549「在 Mac 上使用『訊息』」如果您在 iMessage 服務上遇到困難，使用 Apple 支援文章 HT202078 的「如果您在有防火牆的情況下使用 FaceTime 和 iMessage」。

配置 FaceTime

FaceTime 提供了音訊和視訊會議能力，包含使用相容的 iPhone 接聽或撥打標準電話號碼的能力。與 iMessage 服務相似，FaceTime 是 Apple 獨有的且使用 APNs 來開始語音或視訊聯繫。

理想情況下，如果您登入 iCloud，FaceTime 是自動配置的。否則，FaceTime 包含一個帳號設定輔助程式，可引導您完成 FaceTime 帳號設定。如果您在打開 FaceTime 時未設定任何帳戶，此輔助程式將自動啟動。

輸入任何有效的 Apple ID 來配置 FaceTime。在驗證過後，系統可能會要求您選擇可用於聯繫您的其他 FaceTime 方式，例如其他電子郵件帳號，或者如果您的 iPhone 上有 FaceTime，則選擇其他手機號碼。不像與其它網路服務客戶端應用程式，您必須登入才能使用 FaceTime 且每個本機使用者帳號僅能登入一個帳號。

要在您的 Mac 上用 FaceTime 來接電話，您必須在您的 Mac 和 iOS 8 或之後的 iPhone 上登入 FaceTime。您必須先在您的 iPhone 上登入進 FaceTime 來啟用 FaceTime 電話撥打。確保您 iPhone 的電話號碼在您的 Mac 中 FaceTime 的偏好設定中被啟用。前往 FaceTime 偏好設定中來進行此設定。

在您登入進 FaceTime 後，就算當您結束 FaceTime，該服務已準備好發送和接收 FaceTime 通話。欲關閉 FaceTime，選擇 FaceTime> 關閉 Face Time 或按下 Command-K。欲開始再次接收 FaceTime 通話，使用相同的鍵盤快速鍵或選擇 FaceTime> 打開 FaceTime。從 FaceTime 偏好設定中登出您的帳號來永久停止對於 Mac 的通話。

FaceTime 使用了許多標準且非保留的 TCP 和 UDP 連接埠來幫助通話。在 Apple 支援文章 HT202078 中查看可使用的連接埠「如果您在有防火牆的情況下使用 FaceTime 和 iMessage」。

macOS Monterey 增加新的功能到 FaceTime 中，包括允許沒有 Apple ID 的使用者加入 FaceTime 通話。沒有 Apple ID 或 Apple 裝置的使用者可以在瀏覽器中加入 FaceTime 通話。欲取得更多資訊，參考 Apple 支援文章 HT212619 的「從 Android 或 Windows 裝置加入 FaceTime 通話」。

行事曆整合允許您從行事曆中邀請一個或多個參加者參加預定的 FaceTime 通話。建立 FaceTime 通話邀請會產生 FaceTime 通話的網頁連結讓您能夠在任何地方共享。

如果接收者正在使用 Apple 裝置運作 macOS Monterey、iOS 15 或 iPadOS 15，FaceTime 會在網頁連結被點擊或被按下時開啟。在其他的情況下，此連結是被網頁瀏覽器所開啟。

24.3
連線到檔案共享服務

Finder 提供了兩種方法來連線到網路檔案系統：

▶ 在 Finder 網路檔案夾中瀏覽共享的資源。
▶ 輸入提供檔案服務伺服器的伺服器網址。

檔案共享服務

許多協定傳輸檔案橫越網路之間。最有效率的是那些共享網路系統的網路檔案伺服器能夠讓檔案系統可以在您的 Mac 上橫越網路。

Finder 中內建的客戶端軟體可以像掛載本機連接的儲存卷宗一樣掛載網路檔案服務。在網路檔案服務裝載到您的 Mac 之後，您可以像存取本機的檔案系統一樣讀取、寫入並控制檔案和檔案夾。

對網路檔案服務的存取權限由本機文件系統使用的相同所有權和權限架構定義。檔案系統、擁有者和權限的詳細內容涵蓋在第 13 章的「管理權限和共享」中。

macOS 內建提供給這些網路檔案服務協定的支援：

▶ 在 TCP 連接埠 139 和 145 上的 SMB 3 —這是預設（並建議）的檔案共享協定針對 OS X Yosemite 10.10 和更新的版本。從歷史角度來說，SMB 協定主要被 Windows 系統所使用，但許多其他的平台已採用對於此協定某些版本的支援。在 macOS 中的 SMB 3 與進階的 SMB 功能像是點對點的加密（如果在伺服器上可啟用）、每個封包的簽署和驗證、分佈式檔案服務（DFS）架構、資源混合、大量的傳輸單位（MTU）支援和積極的性能快取一起運作。macOS 保持與舊 SMB 標準的向下相容性。。

▶ 在 TCP 連接埠 548 上的 Apple Filing Protocol（AFP）版本 3 或在 TCP 連接埠 22 上透過安全殼層通訊設定（SSH）加密—這是舊版的 Apple 網路檔案服務。AFP 的當前版本與 Mac OS 擴充格式檔案系統的功能相容。APFS 格式的卷宗無法透過 AFP 共享。

▶ 網路檔案系統（NFS）版本 4，其可能使用許多 TCP 或 UDP 通訊埠—主要被 UNIX 系統所使用，NFS 支援許多被 macOS 所使用的進階檔案系統功能。

▶ 在 TCP 通訊埠 80（HTTP）或在 TCP 通訊埠 443（HTTPS）加密的 WebDAV—此協定是針對常見的 HTTP 服務的延伸功能且提供讀取 / 寫入檔案服務。

▶ 在 TCP 連接埠 20 和 21 上的檔案傳輸協定（FTP）或在 TCP 通訊埠 989 和 990（FTPS）上被加密的的檔案傳輸協定（FTP—FTP 被幾乎所有的電腦作業系統所支援。Finder 針對 FTP 或 FTPS 共享支援讀取能力。FTPS （FTP-SSL）與 SFTP（SSH 檔案傳輸協定）有所不同。FTPS 在 TCP 連接埠 990 上使用了 SSL （或 TLS） 加密，SFTP 在 TCP 連接埠 22 上使用了 SSH 加密。Finder 支援 SFTP，並且您可以使用終端機來使用 FTPS 和 SFTP。

瀏覽檔案共享服務

網路檔案夾顯示動態探索的網路檔案共享服務（也稱作檔案服務）、螢幕共享服務，和目前裝載好的檔案系統，包含手動裝載的部分。網路檔案夾根據從 Bonjour 網路服務探索協定收集來的資訊不斷變化，所以您可以瀏覽由其他 Mac 電腦提供的螢幕共享服務和 SMB 及 AFP 檔案服務。

您可以透過兩種方式來存取網路檔案夾：

▶ 點選在 Finder 側邊欄的網路。

▶ 選擇前往 > 網路（或按下 Shift-Command-K）。

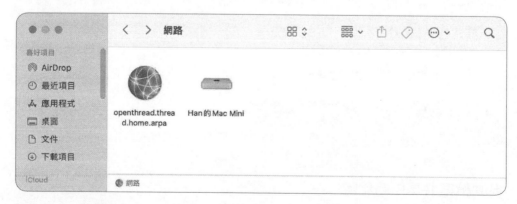

您可以在這兩個網路檔案夾中瀏覽動態發現的檔案服務：

▶ Finder 側邊欄
　如果網路沒有顯示在 Finder 的側邊欄中，選擇前往 > 網路。

▶ 任何應用程式的 Open 對話框

小型的網路可能只會有一個層級的網路服務。如果您有一個具有多個服務探索網域的大型網路，他們會以子檔案夾的形式出現在網路檔案夾中。各個子檔案夾會以它代表的網域來命名。在網域子檔案夾中的項目代表著針對該網路區域所配置的共享資源。

要來瀏覽並連線到 SMB 或 AFP 檔案服務，在 Finder 網路檔案夾中雙擊此檔案服務的圖像（或是如果您以直欄的形式顯示網路檔案夾的項目，只要點擊此檔案服務的圖像來選擇它即可）。

> 提醒 ▶ 網路檔案夾的行為根據您是否在以圖像、列表、直欄或圖庫的方式來檢視網路檔案夾的項目而有些許的不同。

如果您使用 Finder 來連線到檔案服務，且此服務支援 SMB 和 AFP，macOS 在預設情況下使用 SMB。它會使用此檔案服務支援最安全的 SMB 版本。

您第一次連線到檔案服務時，您的 Mac 可能會顯示對話框詢問您來確認您正在連線到您預期的伺服器。您的 Mac 也可能會在您每次連線的時都顯示此對話框。

自動檔案共享服務驗證
當您嘗試連線到提供檔案共享服務的 Mac 時，您的 Mac 會嘗試以下列三種方式其中之一來驗證：
▶ 如果您正在使用 Kerberos 單一登入驗證，您的 Mac 會嘗試使用您的 Kerberos 憑據驗證至選擇的 Mac 進行身分驗證。

▶ 如果您正在使用非 Kerberos 驗證但您連線到先前選擇的 Mac 且選擇儲存
　驗證資訊至您的鑰匙圈中，您的 Mac 會嘗試使用儲存的資訊。

▶ 您的 Mac 嘗試以訪客使用者的身分來驗證。

如果您的 Mac 驗證到選擇的 Mac，Finder 會顯示它連線至的帳號名稱（或是訪
客如果它以訪客使用者的身分連線）且列出對此帳號可用的共享項目。

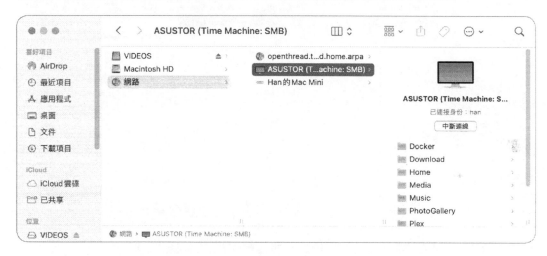

在您連線之後，打開共享項目來使它變爲可用狀態（也被稱爲裝載共享項目）。

如果您在以直欄的方式檢視網路檔案夾項目，選擇共享項目來裝載它。除此之外，
如果您正在以圖像或清單的方式檢視網路檔案夾項目您可以使用下列任何一種方
式來裝載共享項目：

▶ 雙擊共享的項目。

▶ 點選共享的項目，然後選擇檔案 > 開啟。

▶ 點選共享的項目，然後按下 Command-O。

Finder 會在任何已經裝載的共享項目旁邊顯示退出的按鈕。如果您正在以清單
的方式檢視網路檔案夾項目，共享項目會在種類直欄中與共享點一同顯示。

手動檔案共享服務驗證

如果您的 Mac 無法連線到選擇的 Mac 上，或如果您想要以不同的帳號來進行驗證，點擊連接身分按鈕以打開身分驗證對話框。

然後，您可以使用以下三種方法之一對共享服務進行身分驗證：

▶　如果訪客是可用的，選擇它來匿名地連線至檔案服務。

▶　選擇註冊使用者以使用提供共享項目的電腦已知的本機或網路帳號進行身分驗證。或者，您可以選擇將此身分驗證資訊儲存到您的登入鑰匙圈的註記框。

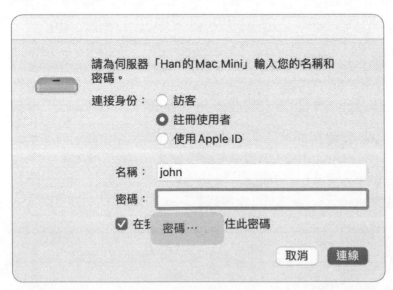

如果密碼的按鈕出現，您可以點選密碼，然後輸入您的登入密碼，從您的 iCloud 鑰匙圈或本機項目的鑰匙圈中來選擇 儲存的密碼，然後點選填寫來輸入儲存的密碼到密碼區塊。

選擇要填寫的密碼：　　　　　　　　　　　　　　　　Q 搜尋

　　所有密碼

移除　　　　　　　　　　　　　　　　　　　　　取消　　填寫

▶　　如果「使用 Apple ID」是可用的選項，選擇它來使用 Apple ID 進行驗證。要使
　　　此選項顯示，您的 Mac 和負責共享的 Mac 必須是 macOS（不是 Windows）
　　　且您的本機帳號必須與 Apple ID 有關聯，就如同在第 7 章，「管理使用者
　　　帳號」中的內容。

點選連線按鈕。您的 Mac 會驗證並向您顯示該帳號可使用的共享項目的新列表。

手動連線到檔案共享服務

除了瀏覽之外，您可以為檔案服務明確指出 URL。您可能也需要輸入驗證資訊並
選擇或輸入特定的共享資源路徑。當您連線到 NFS、WebDAV（HTTP）或 FTP
服務，您可能需要明確指出共享的項目或作為 URL 一部分的完整路徑。當您連
線到 SMB 或 AFP 服務時，您不需要在 URL 中提供完整的路經，您可以從資源
清單中驗證並選擇共享的項目。

手動透過 SMB 或 AFP 連線

欲從 Finder 中手動連線至 SMB 或 AFP 檔案服務，選擇前往 > 連線伺服器，或
按下 Command-K，來打開 Finder 連線伺服器對話框。在伺服器位址的區塊中，
輸入 **smb://** 或 **afp://**，後面接著伺服器的 IP 位址、DNS 主機名稱、電腦名稱
或 Bonjour 名稱。

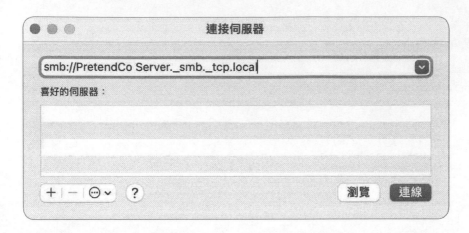

如果您沒有明確指出使用的協定，連線伺服器的對話框會嘗試選取適合的檔案共享協定。預設的檔案共享協定是 SMB 3。或者，您可以在伺服器位址之後輸入另一個斜線和共享項目的名稱。這樣做會跳過選擇檔案共享的對話框。

如果自動檔案服務驗證是可用的，您不需要輸入驗證資訊。除此之外，對話框會出現要求您輸入驗證資訊。

在您驗證至檔案服務後，如果您有權限存取超過一個的共享檔案夾，macOS 會以清單顯示您帳號被允許存取的共享項目。否則，共享檔案夾是自動裝載的。

選擇共享項目或您想要的項目。按住 Command 鍵不放來從清單中選擇多個共享項目。然後點選好。

手動連線到 NFS、WebDAV 或 FTP

要從 Finder 手動連線到 NFS、WebDAV 或 FTP 檔案服務，選擇前往 > 連線伺服器，或按下 Command-K，來打開 Finder 連線伺服器對話框。

在伺服器位址區域，輸入下列其中之一：

▶ **nfs://** 後面接著伺服器位址，另一個斜線，然後共享項目的完整檔案路徑。

▶ **https://** 針對透過 SSL 或 TLS 加密的 WebDAV （或 **http://** 針對未加密的 WebDAV），後面接著伺服器位址。各個 WebDAV 位址都只有一個可裝載的共享，但您可以選擇性地輸入另一個斜線，然後明確說明在 WebDAV 共享中的檔案夾。

▶ **ftps://** 針對透過與 SSL 或 TLS 加密的 FTP （或 **ftp://** 針對未加密的），後面接著伺服器位址。FTP 伺服器也只有一個可裝載的根目錄共享，但您可以選擇性地輸入另一個斜線，然後明確說明在 FTP 共享中的檔案夾。

根據協定設定，您的 Mac 可能顯示驗證對話框。NFS 連線從不顯示驗證對話框。NFS 協定使用您登入的本機使用者作為驗證目的或 Kerberos 單一登入驗證。

如果給您顯示驗證對話框，輸入適合的驗證資訊。您也可以選擇儲存驗證資訊到您的登入鑰匙圈的註記框。當您連線至 NFS、WebDAV 或 FTP 檔案服務時，共享會在您驗證後立即裝載。

裝載共享

在您的 Mac 裝載好網路檔案共享後，該共享可以出現在 Finder 或任何應用程式開啟對話框中，根據設定，包括電腦位置、桌面和側邊欄共享清單。裝載好的網路卷宗會出現在 Finder 的電腦位置中。選擇前往 > 電腦，或按下 Shift-Command-C; 來檢視裝載的網路卷宗。在預設情況下，連線的網路卷宗不會出現在您的桌面上。您可以在 Finder 偏好設定對話框中的一般視窗中變更。

連線伺服器的對話框保持您過去伺服器連線的歷史。點選伺服器位址區域的右側
選單來檢視歷史紀錄。

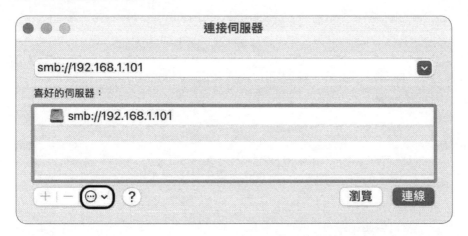

點選動作按鈕 ⊙ 然後選擇清除最近使用過的伺服器來清除過去的伺服器連線歷
史。選擇伺服器,然後點選增加(+)或移除(-)來建立並維護喜愛的伺服器
清單。

卸除共享

macOS 把裝載好的網路卷宗當作像本機附屬的空間,所以您需要卸除並退出網
路卷宗當您使用完它們。使用在本機連接的卷宗上使用的相同技術從 Finder 卸
除和退出已裝載的網路卷宗,詳細內容涵蓋在第 11 章節,「管理檔案系統和儲
存」中。

如果網路變更或問題讓您的 Mac 從裝載好的網路共享中斷連線，您的 Mac 會嘗試重新連線至託管共享項目的伺服器。如果在數分鐘後您的 Mac 無法重新連接至伺服器，macOS 會完整地從共享中斷連線並顯示對話框來讓您知道。

自動地連接到檔案共享

您可以設定自動連線到網路共享項目。您可以使用設定描述檔或增加網路共享到您的登入項目使它在您登入時會自動地裝載。您可以在 7.4 的「設定登入和快速使用者切換」中了解更多有關管理登入項目內容。

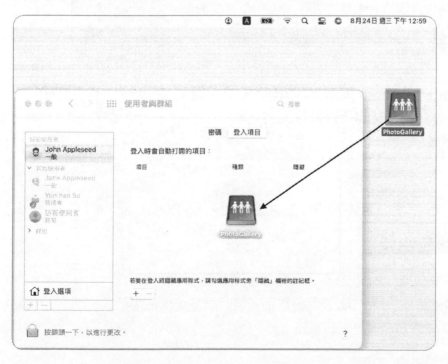

您也可以建立捷徑至常用的網路共享。您可以拖曳網路共享，或它們附加的項目，到 Dock 的右側來建立 Dock 捷徑。您也可以在您的桌面上建立替身連結到常用的網路共享或在網路共享中的特定項目。不管哪一種方式接會在您選擇項目時自動連線到網路共享。建立替身的詳細內容涵蓋在第 14 章節，「便用隱藏的項目、捷徑和檔案封存」。

您無法從 Finder 的側邊欄拖曳項目到您的登入項目或 Dock 上。作為替代，從桌面或在 Finder 中的電腦位置選擇網路共享。從 Finder 中，選擇前往 > 電腦來存取電腦位置。

24.4
排解網路服務錯誤

若是要排解網路問題，將問題分為三類之一：本機、網路或服務。大多數涉及無法存取網路服務的問題可能屬於服務類別。這意思是您可能需要將您大部分的精力聚焦在疑難排解您遇到問題的服務上。

在您排解網路服務錯誤之前，檢查一般網路問題。驗證其他網路服務有在運作。打開 Safari 並導覽至本機和網站來測試一般網路連線。

測試其他的網路服務，或測試在相同的網路上其他電腦的連線。如果您在連接到檔案伺服器時遇到問題但您可以連線到網站伺服器，您的網路設定應該是好的，您應該要專注在網路伺服器上。如果您在使用一項服務時遇到問題，您可能沒有本地或網路問題。集中精力解決該服務的故障。

如果其他網路客戶端或服務沒有在運作，您的問題可能與本機或網路問題有關。使用網路偏好設定來再次檢查本機網路設定以確保適當的設定。如果其他電腦沒有在運作，您可能遇到的網路問題超出了客戶端 Mac 電腦的故障排除範圍。欲取得更多資訊有關一般網路的疑難排解，請見第 23 章的「網路問題錯誤排除」。

如果您在使用 Apple 提供的服務時遇到問題，您可以在 www.apple.com/support/systemstatus 上檢查即時的 Apple 服務狀態。

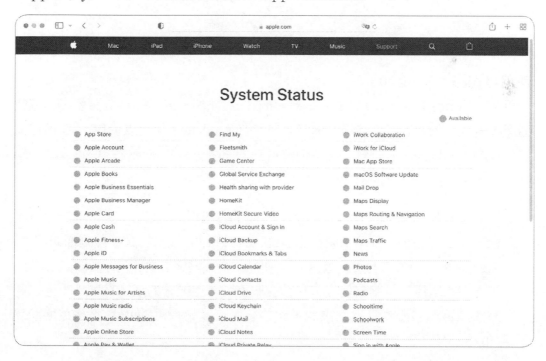

您也可以在 developer.apple.com/system-status 上檢查開發者相關的 Apple
服務狀態，像是 APNs。

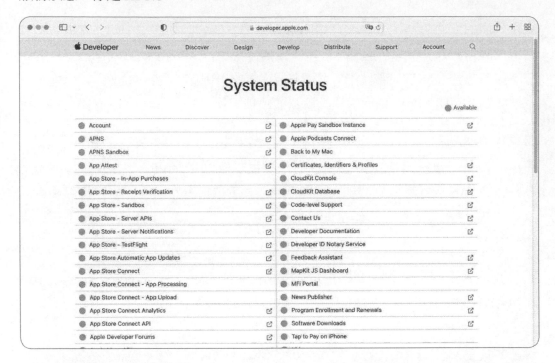

使用終端機：ping 和 nc

您可以使用 nc（netcat）指令來掃描開放的通訊埠。通訊埠掃描讓您了解哪些
通訊埠是開放的並且可用於提供網路服務。有了 nc 指令您可以使用 -z 選項僅掃
描通訊埠上的服務，且不會傳送任何資料到通訊埠上。通訊埠掃描可以幫助您確
定是否滿足以下任何條件：

▶ 如果通訊埠沒有開啟，代表您無法連線至通訊埠，您的 Mac 將無法存取該
通訊埠上的服務。舉例來說， 如果您為了 HTTP 服務嘗試連線到通訊埠 80
但通訊埠 80 並沒有打開，您的 Mac 便無法從該網路裝置上存取 HTTP 服務。

▶ 如果網路裝置提供服務但沒有在給該服務所使用標準的通訊埠號碼上，您將
無法連線至該服務。舉例來說，網路裝置可能會提供 HTTP 服務在通訊埠
8080 上而不是通訊埠 80。

如果有任何這些情況存在，那麼這問題不是在您的 Mac 上而在於網路服務的配
置方式或 Mac 與網路服務之間的防火牆配置方式。

通訊埠掃描僅測試通訊埠是否是開放的；它不會透過測試來發現通訊埠是否提供特定服務。

欲排解網路服務錯誤，以 ping 開始以確認您可以連接到提供您嘗試連接服務的電腦或設備。有關於 ping 的更多細節內容涵蓋在 23.2 的「使用終端機來排除網路問題」中。

1.　打開終端機。

2.　輸入 **ping**，然後按下空白鍵。

3.　輸入裝置網路位址或主機名稱。

4.　按下 Return 鍵。

如果 ping 有成功，按下 Control - C 或 Command - 句號（.）來停止 ping 指令。然後以 nc 和通訊埠掃描來繼續。

掃描網路服務：

1.　輸入 **nc**，然後按下空白鍵。

2.　輸入 **-z**，然後按下空白鍵。

3.　輸入網路位址或提供此服務的裝置主機名稱，然後按住下空白鍵。

4.　輸入開始的通訊埠號碼，按下減號（-），然後輸入結束的通訊埠號碼。

5.　按下 Return 鍵。

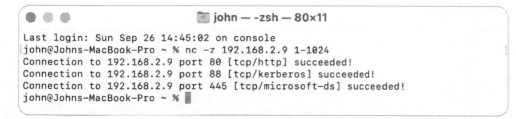

有許多 TCP 和 UDP 網路通訊埠。掃描所有通訊埠是很沒必要且花太多時間。就算您不知道確切的通訊埠號碼，最常見的通訊埠是介於 0 到 1024 間。更進一步的，網路管理員可能會將重複的網路 ping 和廣泛的通訊埠掃描視為威脅。某些網路裝置被設定不去回應 ping 的要求即使當他們正在運作。測試其他的伺服系時，避免過多的網路 ping 和掃描（廣泛的通訊埠範圍）。

根據您選擇的範圍，掃描可能會要數分鐘的時間。nc 指令列出發現的通訊埠與他們有關的網路協定。此外，它會顯示各個開放的通訊埠與由網際網路號碼分配機構（www.iana.org）為該通訊埠號碼所註冊的服務名稱，而不管實際使用該通訊埠的服務是什麼。

排解網路應用程式問題

欲排解網路應用程式問題，您可以排解一般網路服務問題。您也可以再次檢查特定應用程式配置和偏好設定。使用者在更改配置時可能會在無意中導致問題。

網路瀏覽器

某些網站設計者可能會設計網站來與 Safari 以外的瀏覽器運作。這些網站可能無法在 Safari 中正確的執行。

欲客製化 Safari 如何針對不同的網站做出行動，選擇 Safari> 偏好設定（或按下 Command- 逗號），然後點選網站。在一般區塊中，選擇類別像是彈出式視窗，然後在方框的右側區塊，選擇網站並修改它的設定。

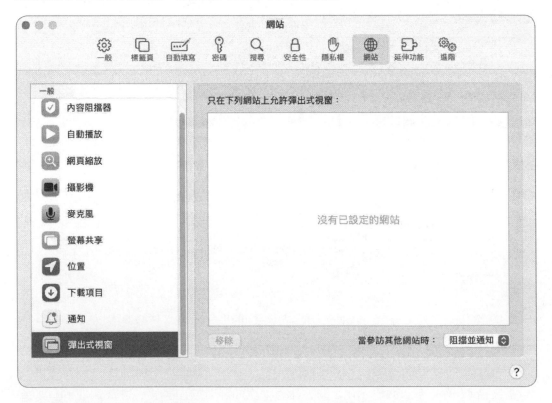

欲客製化您瀏覽器工作的方式，您可以安裝 Safari 的延伸功能。欲驗證第三方 Safari 延伸功能，在 Safari 偏好設定中點選延伸功能。您可以開啟或關閉各延伸功能。

點選更多延伸功能來打開 App Store 並找尋更多 Safari 延伸功能。

您也可以嘗試使用第三方瀏覽器。

欲檢查問題的網頁，打開 Safari 偏好設定，點選進階按鈕，然後選擇「在選單列中顯示『開發』選單」。

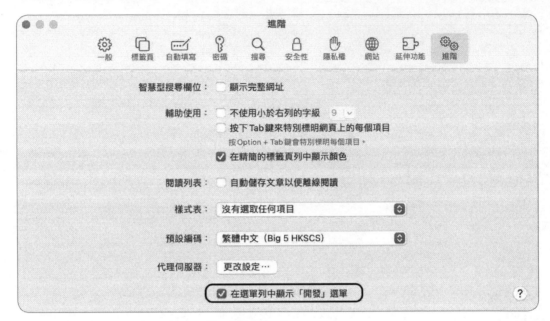

啟用此選單後，檢查網站細節或嘗試進階疑難排解，包含清空 Safari 快取並使用不同的使用者代理來請求此網站。

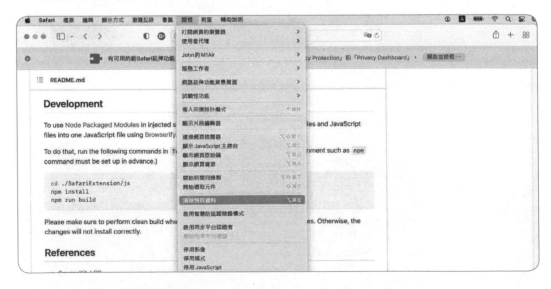

郵件

郵件包含內建帳號診斷工具、郵件連線診斷，此兩項嘗試建立與配置的收件和寄件的郵件伺服器連線。打開郵件，然後選擇視窗 > 連線診斷。如果有找到問題，會提供建議的解決方法，但想查看更詳細的診斷，點選顯示詳細資訊按鈕來顯示紀錄，然後點選再次檢查按鈕來重新執行測試。

排解檔案共享服務問題

如果您有 SMB 服務上的問題，在 Apple 支援文章 HT204021 的「如果您無法在綁定 Open Directory 的 Mac 上裝載 SMB 共享點」中嘗試這些步驟。

如同內容涵蓋在第 1 6 章的「使用後設資料、Siri、Spotlight」macOS 使用單獨的後設資料儲存。NFS 和 WebDAV 檔案共享協定不支援此種類型的後設資料，所以當寫入至裝載的 NFS 或 WebDAV 卷宗時 macOS 將這些檔案分為兩個分開的檔案。Finder 記住這些分開的檔案並只顯示給您單一檔案。其他作業系統上的使用者會顯示兩個單獨的檔案，並且可能無法存取相應的檔案。

練習 24.1
使用檔案共享服務

▶ **前提**

  ▶ 您必須要先建立 John Appleseed 的帳號（練習 7.1「建立一個標準使用者帳號」）。

  ▶ 您必須有一個單獨的帳號，該帳號對現有檔案伺服器或網路儲存設備（NAS）上的共享具有讀取 / 寫入存取權限。此伺服器或 NAS 裝置必須使用（SMB）協定。在此練習中，會使用此名稱「檔案伺服器」。

提醒 ▶ 就算您沒有符合這些前提，閱讀這些練習會提升您對此過程的知識。

在此練習中，您將連接到檔案伺服器並雙向複製文件。您會學到如何自動地裝載共享和登入，並手動連接到可能不會透過探索協定進行廣播的伺服器。

連線到 SMB 共享

在這些步驟中，您使用 Finder 側邊欄來在桌面上裝載 SMB 卷宗。

1. 如必要的話，以 John Appleseed 的身分登入。

2. 在 Finder 中，選擇在側邊欄位置區塊中的網路，然後雙擊您的檔案伺服器。

   您的 Mac 會聯繫您的檔案伺服器。根據目前伺服器上的權限，您的 Mac 可能以訪客的身分登入。

   如果網路沒有顯示，點選在側邊欄中您的檔案伺服器，然後在網路中雙擊您的檔案伺服器。在此練習中，一伺服器叫 files 正在被使用。

3. 點擊連接身分按鈕。

提醒 ▶ 如果您在連線至的檔案伺服器是有開啟螢幕共享的電腦，您還會在連接身分按鈕旁邊看到一個共享螢幕按鈕，如上圖所示。

4. 如果「您正在嘗試連接伺服器『files』」對話框顯示，點選連線。

5. 當您被要求認證，選擇註冊使用者，然後輸入對共享具有讀取 / 寫入存取權限的帳號 名稱和密碼。

6. 選擇「在我的鑰匙圈中記住此密碼」然後點選連線。

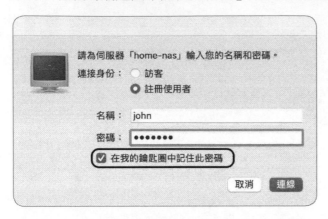

您已使用 macOS 中預設的檔案共享協定連線,該協定是 SMB。有一個共享
是可見的,在此練習中叫做 Support Essentials。

7. 將任何檔案或檔案夾從檔案伺服器上的共享檔案夾拖曳到桌面,即可將其
複製到 Mac。

當檔案被移動至您的桌面上時,綠色的加號會顯示。一旦您正在從一個卷宗
拖曳至另一卷宗,它會複製檔案而不是搬移它。

複製檔案到網路共享

1. 打開 StudentMaterials/Lesson24 並找出一檔案叫做 copy.rtf。按住 Option
鍵的同時將 copy.rtf 拖到桌面。如同在先前的章節中,這個複製檔案。

2. 重新命名您的拷貝 copy.rtf 爲 **Student** *nn***.rtf**（nn 是您爲自己在第 3 章「設定和配置 macOS」所註冊的學生號碼）。

按下 Return 鍵或點選檔案名稱，然後稍等一會來重新命名。

3. 如必要的話，連線到您的檔案伺服器並打開共享。

此圖像會顯示在您的桌面上。

4. 從您的桌面上拖曳重新命名的檔案到您檔案伺服器上的共享檔案夾。

自動裝載網路共享

macOS 爲您提供了讓使用者輕鬆存取共享檔案夾的方法。這種簡單的存取使使用者能夠提高工作效率。在本練習中，您將配置您的使用者偏好設定，以便在您登入時裝載一個共享檔案夾。

1. 打開使用者與群組偏好設定。

2. 在清單中選取的 John Appleseed，點選登入項目按鈕。

您不需要驗證管理者的身分來存取您的登入項目。它們是個人偏好設定，所以標準使用者可以管理它們的登入項目。

3. 從您的桌面中上拖曳共享檔案夾的圖像到登入項目清單中。

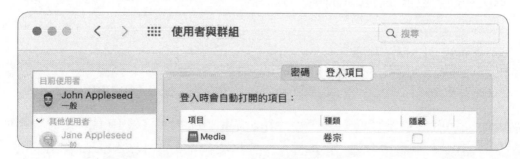

任何在您登入項目清單中的東西會在您每次登入的時候都是開啟的。它可以包含應用程式、文件和檔案夾。當您新增共享檔案夾，您設定它來在您每次登入時都裝載。在這種情況下，由於您還儲存了伺服器帳號名稱和密碼到您的鑰匙圈，當您連接時，連接應該是全自動的。

4. 結束系統偏好設定。

5. 點選在 Finder 側邊欄中您的檔案伺服器旁邊的退出按鈕來與伺服器中斷連線。

當您與伺服器中斷連線，它會自動卸除您之前在運作的共享檔案夾。您可以個別地卸除共享檔案夾。

6. 登出，然後以 John Appleseed 的身分重新登入。

7. 您會看見共享檔案夾被裝載在桌面上。因為您選擇在鑰匙圈中記住密碼，共享便會自動地裝載。

8. 重新開啟使用者與群組偏好設定。

9. 點選登入項目。

10. 從登入項目清單中選擇您的共享檔案夾，然後點選在清單底下的移除（-）按鈕來移除它。

11. 結束系統偏好設定。

12. 與您的檔案伺服器中斷連線。

手動連線到 SMB 共享

1. 在 Finder 中，選擇前往 > 連線到伺服器（或按下 Command-K）。

2. 在伺服器位址的區域中，輸入 **smb://** 字首，後面接著 IP 位址或您檔案伺服器的完整網域名稱（FQDN）。在此練習中，smb://files.pretendco.com 是完整網域名稱。

3. 在您點選連線之前，點選在喜好的伺服器清單下方的新增（＋）按鈕。

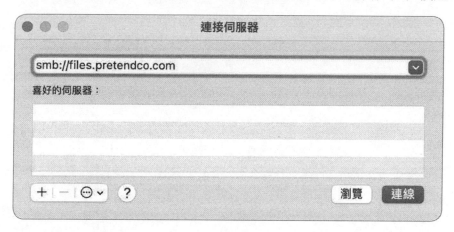

點選此按鈕來新增伺服器 URL 到您的喜好的伺服器清單中且是另一種方法來允許存取共享檔案夾。

4. 點選連線。

5. 如必要的話，在「您正在嘗試連接伺服器」的對話框中點選連線。

6. 如必要的話，輸入對共享具有讀取／寫入存取權限的帳號名稱和密碼，然後點選連線。

如必要的話，點選您想要裝載的共享。看到此共享現在已經被裝載在桌面上。

7. 從您的檔案伺服器中斷連線。

第 25 章
管理主機共享與個人防火牆

在本課您將會專注於將 macOS 當成網路用戶端以及網路與網際網路服務的共享資源。在介紹完共享服務後，您會深入研究使用螢幕共享服務來遠端控制 Mac 電腦。然後您會學習如何使用 AirDrop，一個在 Apple 裝置間共享檔案最簡單的方式。您也會學習如何透過 macOS 內建的個人防火牆保護共享資源並進行安全存取。最後，本課程會包含基本錯誤排除方法來處理當您嘗試在您的 Mac 啟動共享服務時會產生的問題。

25.1
開啟主機共享服務

macOS 包含各種網路共享服務。這個共享服務依照實施方式與目的而不同，但您可以使用它們來讓使用者可以遠端取用您 Mac 上的資源。您可以從共享偏好設定中啟動並管理它們。標準使用者可以更改媒體共享與藍牙共享。至於其他共享服務，標準使用者必須點擊共享偏好設定左下方的鎖頭並且提供管理員驗證資訊來進行變更。

目標

▶ 查看並啟動 macOS 內建的主機共享服務

▶ 查看並啟動 macOS 內建的內容快取服務

▶ 使用螢幕共享工具來存取其他網路主機

▶ 使用 AirDrop 來共享檔案

▶ 設定個人防火牆來保護共享服務的安全

▶ 對共享服務進行錯誤排除

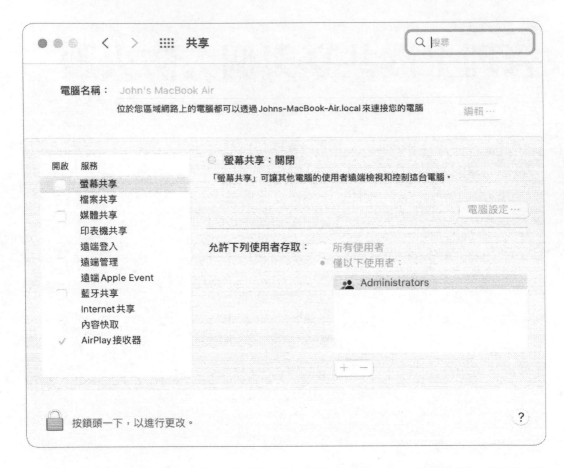

如果您的 Mac 處於睡眠狀態，遠端使用者不能存取您 Mac 上的服務。您可以關閉您的 Mac 電腦的自動睡眠設定或啟動「進行網路連線時喚醒電腦」。如要更改這些設定，在桌上型 Mac 電腦使用「能源節約器」偏好設定，而筆記型 Mac 電腦使用「電池」偏好設定中的「電源轉接器」面板。如果您的網路硬體支援「進行網路連線時喚醒電腦」，那麼在 macOS 上不論有線或無線網路都可以使用這個設定。

提醒 ▶ 要避免您的 Mac 進入睡眠狀態，在「能源節約器」或「電池」偏好設定中勾選「避免您的 Mac 在顯示器關閉時自動進入睡眠」，如同在 28.3「睡眠模式、登出和關機」的內容。如果您的 Mac 沒有顯示器，您可以在終端機使用「**caffeinate**」指令來讓您的 Mac 維持喚醒。

提供允許其他使用者控制您 Mac 程序的服務要考慮可能造成的安全性威脅。如果您提供一個允許遠端控制和執行軟體的服務，未經授權的使用者可能會造成問題。當您啟動這類的服務時，要選擇高強度的安全性設定像是使用高強度密碼和或是在共享偏好設定中配置這些服務有限制的存取權限。

設定網路身分識別

您或許沒辦法控制您 Mac 的 IP 位址或 DNS 主機名稱因為網路管理員掌控這些設定。但是只要 Mac 有正確的 TCP/IP 配置，如同第 21 課「管理基本網路設定」中，您這兩個識別的配置已經完成。如果您的 Mac 擁有數個 IP 位址或 DNS 主機名稱設置，它也接受這些的連線。

不過關於動態網路探索協定，您的 Mac 使用的網路識別可以被管理員在本機設定。您的 Mac 預設會自動選擇一個名稱，這名稱是基於它的 DNS 名稱或由使用者在設定輔助程式中建立的名稱。但是管理員使用者可以在任何時間由共享偏好設定更改 Mac 電腦的網路識別。只要輸入一個名稱在「電腦名稱」欄位然後按下「Return」鍵，這樣系統就將名稱設定好給每個開啟的探索協定。

例如您輸入電腦名稱為 **John's Mac**，那 Bonjour 的名稱就設為 Johns-Mac.local。如果您選擇的名稱已經被其他本機裝置使用了，那 Mac 會自動附加一個數字在名稱的結尾。

本機的 Bonjour 服務不需要額外的設定，但是如果您希望設定一個客製化的 Bonjour 名稱，點擊位於「電腦名稱」欄位下方的「編輯」按鈕後會顯示「本機主機名稱」欄位。在此介面您也可以註冊您的 Mac 電腦識別在廣域 Bonjour。廣域 Bonjour 使用一個中間服務來方便 Bonjour 瀏覽目前子網路以外的網路。如果這個服務在您的網路可以使用，勾選「使用動態通用主機名稱」註記框來顯示廣域 Bonjour 設定。

使用此名稱來從您區域子網路上的電腦連接此電腦。

本機主機名稱： **Johns-Mac** local

☑ 使用動態通用主機名稱

主機名稱：

使用者：

密碼：

☐ 使用 Bonjour 公佈此網域內的服務

? 　　　　　　　　　　　　　　　取消　　**好**

共享服務

macOS 的共享服務包含以下：

▶ DVD 或 CD 共享（遠端光碟）- 讓您在網路上共享您 Mac 電腦上的光碟片（如果它擁有內建的光碟機或一台外接光碟機，例如 SuperDrive DVD）。這個服務只能由其他 Mac 電腦從 Finder 側邊欄或系統移轉輔助程式取用。這個服務只會在您的 Mac 擁有一台支援的光碟機時顯示。

▶ 螢幕共享 – 遠端控制您的 Mac。此課程稍後會談到使用這個服務的詳細內容。

▶ 檔案共享 – 遠端存取您 Mac 電腦檔案系統上的檔案。更多詳細內容會在本共享服務列表後的「檔案共享」章節討論。

▶ 媒體共享 – 允許其他裝置在您的家庭網路瀏覽、播放或拷貝音樂、電影、照片以及更多。

▶ 印表機共享 – 允許透過網路存取在您的 Mac 上設定好的印表機。使用這個服務的內容在第 27 課「管理印表機和掃描器」講述。

▶ 遠端登入 – 經由安全殼層通訊協定（SSH）遠端控制您的 Mac 電腦的命令列。更進一步，您可以使用 SSH 遠端登入來使用安全檔案傳輸協定（SFTP）安全的傳輸檔案或使用安全複製指令 scp。啟動遠端登入後，launchd 控制程序會監聽在 TCP 連接埠 22 的遠端登入請求並且按需求啟動 sshd 背景程序來處裡任何請求。預設允許管理員帳號取用這個服務。

提醒 ▶ 啟動遠端登入服務會降低您的 Mac 的安全性。建議您保持關閉遠端
登入服務。

▶ 遠端管理 – 增強版的螢幕共享服務來允許使用 Apple 遠端桌面（ARD）應
用程式遠端管理您的 Mac。如果您的機構使用行動裝置管理（MDM）解決
方案與 Apple School Manager 或 Apple Business Manager，您或許可以
使用腳本與一個設定描述檔來遠端啟動 Mac 遠端管理。參考 Apple 支援文
章 HT209161「使用 MDM 啟用 macOS 中的遠端管理」來了解更多相關資
訊。

▶ 遠端 Apple Event – 允許在其他 Mac 上的應用程式和 AppleScripts 與您
的 Mac 上的應用程式和服務進行溝通。這個服務通常是用於推動自動化
AppleScripts 工作流程在不同的 Mac 電腦所執行的應用程式之間運作。當
這個服務啟動時，launchd 控制程序會監聽位於 TCP 及 UDP 連接埠 3130
的遠端 Apple Event 請求並且按需求啟動 AEServer 背景程序來處理各種請
求。預設只有管理員使用者帳號被允許存取這個服務，但是您也可以選擇「所
有使用者」或點擊「（＋）增加」按鈕然後選擇增加其他使用者或群組。

▶ 藍牙共享 – 允許使用藍牙近距離無線存取您的 Mac。使用這個服務的內容會
在第 26 課「外接裝置錯誤排除」講述。

▶ Internet 共享 – 允許您的 Mac 重新共享單一網路或使用其他網路介面的網
路連線。例如您的 Mac 擁有一個有線的乙太網路連線而您並沒有 Wi-Fi 路
由器，您可以啟動 Mac 電腦的 Wi-Fi Internet 共享並將它作為其他電腦與
裝置的無線基地台。當您啟動 Internet 共享服務時，launchd 程序開始啟
動一些背景程序。natd 程序執行網路位址轉譯（NAT）服務可以讓數個網
路用戶端來共享單一個網路或網際網路連線。bootpd 程序提供 DHCP 自動
網路設定服務給連線至您的 Mac 的網路裝置。當一個網路裝置連線至您的
Mac 電腦的共享網路連線時，它會自動取得一組 IP 地址，通常是 10.0.2.X
網段。named 程序提供 DNS 解析給透過您的 Mac 連線至網際網路的網路
裝置。

▶ 內容快取 – 幫助減少網際網路頻寬使用並加速軟體安裝與在 Mac 電腦、
iOS、iPadOS 裝置與 Apple TV 上的 iCloud 內容共享。位於「檔案共享」
後的「內容快取」章節會有更多詳細資訊。

▶ AirPlay 接收器 – macOS Monterey 的新功能，AirPlay 接收器讓您和那些您認可的內容串流到您的 Mac。AirPlay 接收器預設是啟動，但是直到一組 Apple ID 在設定階段登入或晚一點由系統設定偏好登入前都是保持關閉。

檔案共享

預設檔案共享協定使用「伺服器訊息區塊」（SMB）協定。當您啟動檔案共享服務，launchd 控制程序監聽位於 TCP 連接埠 445 的 SMB 服務請求並且在必需時自動啟動 smbd 程序來處理各種請求。預設只有標準與管理員使用者可以取用檔案共享服務，但是您可以修改存權限給其他使用者如同在第 13 課「管理權限與共享」講述的內容。連接到檔案共享服務是在第 24 課「管理網路服務」的課程範圍。當您啟用檔案共享服務時，每個使用者的「公用」檔案夾是預設共享的。

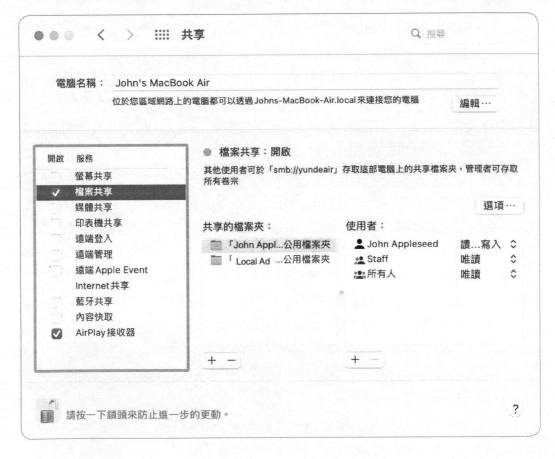

靠近共享的檔案夾欄位,點擊加入(＋)來共享另一個檔案夾,或者點選一個已經共享的檔案夾然後點擊移除(-)來停止共享那個檔案夾。與 Windows 電腦共享檔案需要您的 Mac 使用較不安全的方式儲存使用者的密碼。點擊「選項」來檢視在您 Mac 上的使用者列表。在這裡您可以勾選一個使用者的註記框,然後輸入該使用者的密碼,這樣您的 Mac 可以儲存密碼來讓使用者用一個需要較不安全的密碼的方式連接上 Windows 電腦。

☑ **使用 SMB 共享檔案和檔案夾**

連接的使用者數目:0

Windows 檔案共享:
與部分 Windows 電腦共享檔案時,必須以安全性較低的方式在這台電腦上儲存使用者的帳號密碼。當您啟用使用者帳號的 Windows 共享時,您必須輸入該帳號的密碼。

開啟	帳號
☐	John Appleseed
☐	Jill Appleseed

(?)   **完成**

要跟一些版本的 Windows 使用者共享檔案,勾選那個使用者的註記框,輸入他們的密碼,然後按下「確定」。這會用較不安全的方式儲存密碼於您的 Mac 上。當您與那個使用者完成共享檔案後,取消勾選那個使用者的勾選框,這樣您可以以較安全的方式在 Mac 上儲存那個使用者的密碼。

內容快取

您可以在共享偏好設定的內容快取面板啟用並設定內容快取服務。

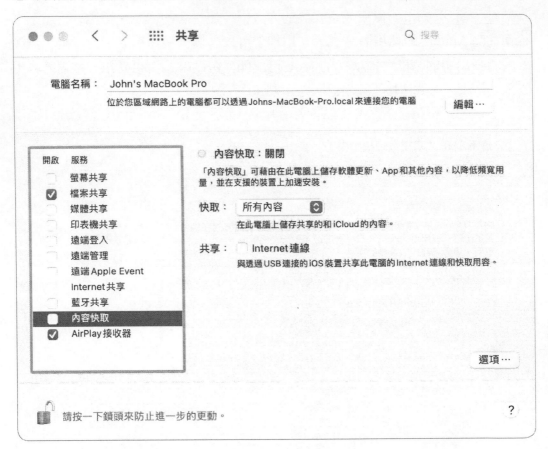

內容快取服務藉由已經由區網內裝置下載由 Apple 發佈的軟體以及使用者儲存在 iCloud 上的資料內容來加快下載速度。當您啟用內容快取，您的 Mac 顯示一個訊息請您重新啟動您網路上的裝置即可立即使用您 Mac 電腦的內容快取。

當您啟用內容快取時，快取選項預設為快取所有內容，您可以點選快取選單並選擇：

▶ 所有內容 – 儲存共享內容，像是應用程式和軟體以及 iCloud 內容，像是照片與文件

▶ 僅共享內容 – 儲存僅共享內容，像是應用程式和軟體

▶ 僅 iCloud 內容 – 儲存僅 iCloud 內容，像是照片與文件

共享 Internet 連線選項啟用有線快取所以您可以共享您的 Mac 電腦的 Internet 連線給使用 USB 連接的 iOS 和 iPadOS 裝置。這樣一來，相較於一台一台裝置使用 Wi-Fi 更新，當您使用充電車或 USB 集線器一次更新數台裝置時可以節省更多時間、本機 Wi-Fi 以及頻寬。當要開始進行大型部署或新的學期開始需要準備很多台裝置時，使用內容快取服務來安裝大型應用程式。

提醒 ▶ 當您選擇共享 Internet 連線，您也啟用 Internet 共享，而在共享偏好設定內的 Internet 共享註記框會變成無法使用。

點擊選項按鈕來顯示內容快取在您的磁碟上使用了多少儲存空間。內容快取預設使用啟動磁碟，但是如果您的 Mac 有多於一台磁碟，您可以選擇不同的磁碟來讓內容快取使用。使用滑桿來變更內容快取在移除舊項目給新項目之前可以使用的空間大小。

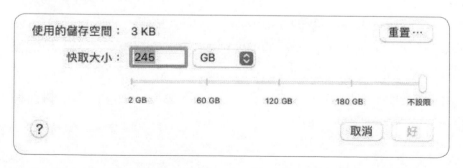

按住 Option 並點擊「選項」按鈕會出現進階設定。如果您已經設定任何進階選項，您不再需要按住 Option 並點擊「選項」按鈕，它會自動顯示進階選項。

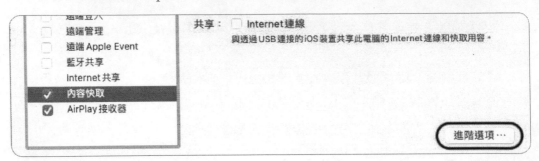

按鈕會包含以下：

▶　儲存空間 – 當您在內容快取點擊選項按鈕後顯示提供的配置。

▶　用戶端 – 讓您設定哪個用戶端和網路。

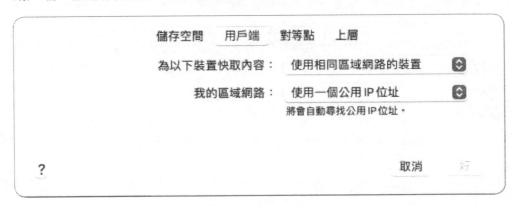

在大型網路下當數台 Mac 電腦提供內容快取時，確定只有從最靠近用戶端的內容快取取得需求非常重要。定義用戶端就是您可以選擇快取內容要給哪些用戶端，例如使用相同公用 IP 位址、使用相同區域網路、使用自訂區域網路、或使用自訂區域網路加上無法取得其偏好的內容快取的用戶端。「我的區域網路」選單預設在「使用一個公用 IP 位址」並且公用 IPv4 位址會自動尋找取得。如果您點擊「我的區域網路」選單並點選「使用自訂公用 IP 位址」，您必須定義最少一個區段的 IPv4 位址。這個選項需要您對您的網路進行額外的 DNS 設定。要取得額外 DNS 設定的協助，點擊 DNS 設定按鈕來產出一個適合的指令來執行或增加一組 DNS 紀錄，這取決於您目前網路使用的 DNS 服務需要哪一種。

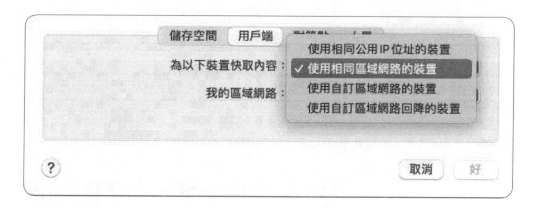

▶ 對等點 – 內容快取在相同的網路上叫作對等點，並且他們彼此共享內容。

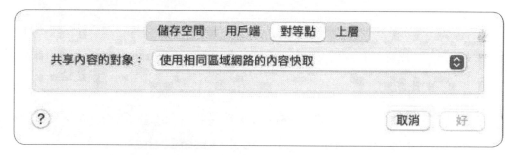

▶ 設定哪些其他內容快取要與其共享內容（快取使用相同的公用 IP 位址，相同的區域網路，或您自訂的網路）

▶ 上層 – 您可以使用層級分類您的內容快取。當您在這裡增加其他內容快取的 IPv4 位址，他們就會被視為您的 Mac 電腦內容快取的上層，而您的 Mac 就是他們的下層。如果您使用它的 IPv4 位址來導引至上層，您應該使用一組靜態 IPv4 位址來設定上層。如果您定義數個上層，開啟「上層規則」選單來指定您的內容快取要如何選擇哪個上層來使用。

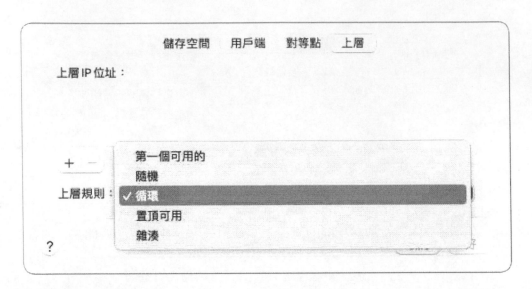

內容快取服務會寫入日誌訊息到子系統 com.apple.AssetCache。您可以在終端機使用 log 指令來檢視日誌或您可以使用系統監視程式來檢視日誌。

▶ 使用終端機檢視日誌：開啟終端機，然後輸入 log 指令，例如：**log show –predicate 'subsystem == "com.apple.AssetCache"'**

▶ 使用系統監視程式來檢視日誌：開啟系統監視程式，在搜尋列輸入 **s:com.apple.AssetCache** 然後按下 Return 鍵（**s:** 這是快速鍵用來搜尋篩選子系統，更多的搜尋篩選器，例如程序及類別，點擊在搜尋列的篩選器然後從出現的選單中點選）。點選一個項目或將點擊一條項目來顯示更多內容。

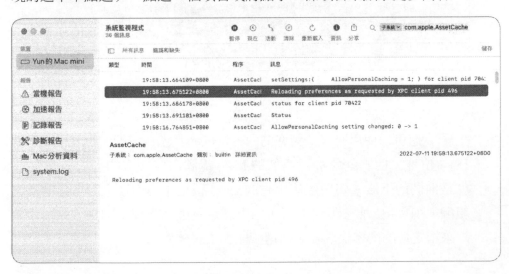

在 Mac 電腦上，在終端機使用 AssetCacheLocatorUtil 指令來取得您的 Mac 將會使用的內容快取服務資訊。開啟終端機，輸入指令 **AssetCacheLocatorUtil**，然後按下 Return 鍵。

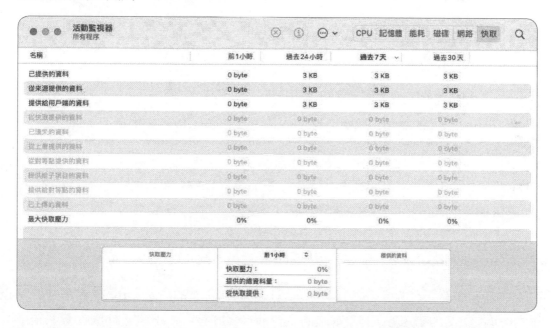

之後您在共享偏好設定中啟動內容快取，活動監視器自動顯示「快取」按鈕在活動監視器的工具列。

更多資訊可以諮詢 macOS 使用手冊中「更改 Mac 上的內容快取偏好設定」位於 support.apple.com/guide/mac-help/mchleaf1e61d/。參考 Apple 支援文章 HT204675「macOS 中內容快取支援的內容類型」取得更多資訊。

25.2
遠端控制電腦

您不需要坐在一台 Mac 前面來管理和排除它的問題。macOS 內建軟體可以讓您控制一台遠端 Mac 和顯示遠端 Mac 電腦螢幕上的內容到您的螢幕上。

螢幕共享服務

標準安裝的 macOS 只有包含遠端管理的用戶端軟體。您可以從 Mac App Store 購買遠端管理的管理者軟體，Apple 遠端桌面（ARD），用來控制其他 Mac 電腦。

螢幕共享是遠端管理的子集合。當您啟動遠端管理，您同時啟動螢幕共享。在您啟動遠端管理之後，螢幕共享旁邊的註記框就會無法使用。如果您勾選它，螢幕共享會顯示「『螢幕共享』目前正由『遠端管理』服務控制。」

更多資訊請參考 Apple 遠端桌面使用手冊位於 support.apple.com/guide/remote-desktop/。

Apple 螢幕共享服務是基於虛擬網路運算（VNC）協定的修改版。它被修改成使用選擇性的加密讓您可以檢視與控制流量。它也讓您在共享螢幕的 Mac 之間複製檔案和使用剪貼簿內容。

macOS 讓您在另一台共享螢幕的 Mac 之上存取一個虛擬的桌面。您可以擁有自己的虛擬登入到另一台 Mac，完全獨立於本機使用者正在使用的登入。這個功能類似於使用者快速切換（相關內容在第 7 課「管理使用者帳號」）除了第二個使用者是在遠端使用螢幕共享並且可能跟本機使用者同時使用這台 Mac。

VNC 是一個跨平台的遠端控制標準，所以如果有正確的設定，macOS 螢幕共享服務可以與其他第三方 VNC 基礎的系統進行良好整合。不論是什麼作業系統或平台基於的 VNC 軟體都可以讓您的 Mac 控制或被控制。更多詳細內容，請參照位於 tools.ietf.org/html/rfc6143 的「The Remote Framebuffer Protocol」。

啟用螢幕共享

在您可以藉由螢幕共享遠端存取一台 Mac 之前，位於遠端的 Mac 必須啟用螢幕
共享服務。要在您的 Mac 上啟用螢幕共享，開啟共享偏好設定，然後勾選螢幕
共享的註記框。

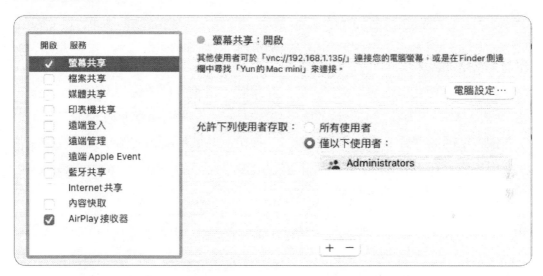

預設只有管理員帳號可以取用這個服務，但是您可以調整螢幕共享的使用。點選
「所有使用者」單選按鈕或者使用位於使用者清單下方的加入（＋）與移除（-）
按鈕。當您增加帳號時，一個對話框會出現讓您選擇要給予使用螢幕共享的使用
者或群組。

點擊電腦設定按鈕，您可以允許一個範圍內的作業系統來取用您 Mac 電腦的螢
幕共享服務。這會顯示一個對話框讓您可以啟用訪客及標準 VNC 螢幕共享存取。

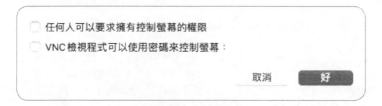

當您嘗試要取用您 Mac 電腦的螢幕時，目前已經登入的使用者必須授權這個存
取。預設只有授權的使用者與群組允許使用螢幕共享。勾選「任何人可以要求擁
有控制螢幕的權限」來允許任何人（從其他 Mac）來提出共享螢幕的要求。要讓
這個功能可用，您必須移除螢幕共享的所有存取限制來開放給所有使用者存取。

標準第三方 VNC 檢視程式無法使用 macOS 螢幕共享服務的安全程序來驗證。
所以如果您勾選了「VNC 檢視程式可以使用密碼來控制螢幕」註記框,您必須
同時設定一個特定的密碼給 VNC 使用。所有標準 VNC 連線並沒有加密。標準
VNC 檢視程式不能使用螢幕共享服務的剪貼簿複製、檔案複製、或虛擬桌面的
功能。

與共享螢幕連線

您可以透過螢幕共享控制和連接到另一台電腦如同連接到一個共享的檔案系統。
從 Finder 您可以連接到另一台啟用 VNC、螢幕共享或遠端管理的 Mac。您可以
用兩種方法開始連線。第一種方法只能連接位於區域網路內的螢幕共享或遠端管
理服務主機。在 Finder 點選「前往」>「網路」(或按 Shift-Command-K),
選擇一台遠端 Mac,然後點擊「共享螢幕」按鈕。

第二種方法讓您連接並且控制提供螢幕共享、遠端管理或者標準 VNC 服務的
主機。在 Finder 點選「前往」>「連接伺服器」。在連接伺服器對話框,輸入
「**vnc://**」後面繼續輸入 Mac IP 位址、DNS 主機名稱,或 Bonjour 名稱,然後
點擊「連線」。下面第一張圖顯示目標電腦的 Bonjour 名稱,然後第二張圖顯
示「連接伺服器」對話框輸入的名稱。

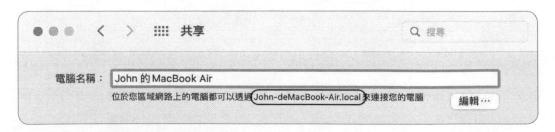

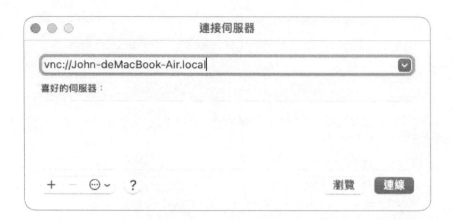

不管使用哪種連線方式，macOS 將會開啟螢幕共享（位於 /System/Library/
CoreServices/Applications/）並且開始一個連線到指定的主機。

macOS 顯示一個對話框來要求您進行驗證。如果您使用 Kerberos 單一登入或
您已經儲存您的驗證資料到鑰匙圈，macOS 會代替您進行驗證，這時就不會出
現驗證對話框。

至於接下來會發生的事情就會依照您的 Mac 與遠端 Mac 的配置而有所不同。

如果沒有人已經登入遠端 Mac，您的 Mac 會出現驗證對話框：

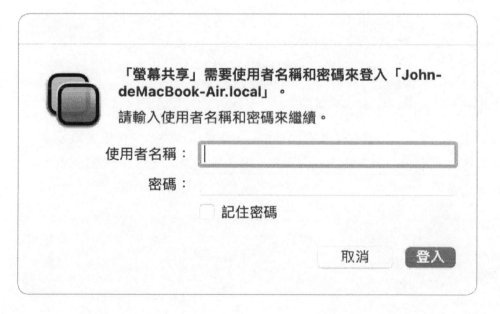

如果某人已經登入遠端的 Mac，並且遠端 Mac 已經勾選「任何人可以要求擁有
控制螢幕的權限」的選項，這樣您的 Mac 會顯示有兩個選項的驗證對話框：

如果您選擇「以要求權限的方式」並點擊「登入」，在遠端 Mac 會出現一個要
求權限的對話框。

第二個驗證的選項，「以註冊使用者的身分」，要求您提供一個使用者帳號驗證。
您可以勾選註記框來將這些資訊儲存至您的登入鑰匙圈。在您完成您的驗證後，
點擊登入來繼續。

取決於遠端電腦的系統，當螢幕共享建立連線時，會發生以下三種情況之一：

▶　如果遠端電腦不是 Mac，您連線至遠端電腦目前的螢幕。

▶　如果遠端電腦是一台 Mac 並且沒有人登入，或如果您認證為目前登入的使用者，或如果目前登入的使用者並非管理員，您會連線到遠端 Mac 的登入視窗畫面。

▶　如果遠端電腦是一台 Mac 並且您認證為一個不同於目前登入這台 Mac 管理員的使用者，您會看到一個對話框讓您選擇「要求權限來檢視顯示器」或「以您本人身分登入」虛擬桌面。

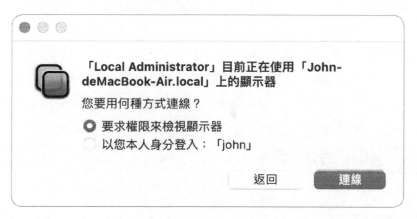

當出現這個螢幕共享的對話框時，如果您選擇「要求權限來檢視顯示器」的選項，遠端的使用者就會跳出一個要求螢幕共享權限的對話框。

遠端使用者的選擇會決定您是否可以連線。如果您選擇以您本人身分登入，您會
立即連線到一個新的虛擬螢幕顯示登入視窗。在這個狀況下，其他使用者不知道
您正遠端使用他們的 Mac，但是如果他們用您的帳號名稱搜尋活動監視器或注意
到您的使用者帳號在使用者與群組偏好設定中無法修改時，其他使用者或許會注
意到您的登入。同時，如果其他使用者登出，登入視窗會顯示使用者，您登入的
使用者會顯示一個已勾選的註記框。如果其他使用者重新再登入，您登入的使用
者在快速使用者切換選單會有一個勾勾註記。

如果您需要不用要求權限的情況下控制其他使用者的工作階段，您應該啟用遠端
管理而不是螢幕共享。啟用遠端管理後，當您連接上螢幕共享時，遠端使用者並
不會被詢問開放權限。您可以使用 Apple 遠端桌面的遠端管理。

> **提醒 ▶** 當您控制或監視其他使用者的工作階段時，下列訊息會出現在遠端
> Mac 的螢幕上：「您的螢幕正在被控制」。

使用螢幕共享控制另一台 Mac

在您連接上一台遠端 Mac 後，會開啟一個新的視窗並顯示被控制的 Mac 電腦
名稱與一個被控制電腦的螢幕或螢幕們的即時影像。當這個視窗是正在使用的
視窗時，所有鍵盤輸入與滑鼠動作都會傳送到被控制的 Mac。例如當您按下
Command-Q 結束在被控制的 Mac 上正在使用的應用程式。要結束螢幕共享應
用程式，點擊位於左上角的關閉按鈕或點選「螢幕共享」>「結束螢幕共享」。
有更多選項位於螢幕共享工具列上。

位於工具列上的按鈕顯示螢幕共享的功能，包含在您的 Mac 與遠端 Mac 之間共享剪貼簿內容的選項。如果遠端 Mac 是執行 macOS，您可以在您的 Mac 與螢幕共享視窗之間從 Finder 拖放檔案。這麼做會開啟一個檔案傳輸對話框讓您確認傳輸進度或取消檔案傳輸。

點選「螢幕共享」>「偏好設定」（如果目前沒有開啟遠端工作階段按下 Command- 逗號，）來檢視螢幕共享選項。使用偏好設定來調整螢幕尺寸和畫質設定。如果您覺得使用時效能緩慢，請調整這個設定。有一些網路連線，例如繁忙的無線網路或緩慢的網際網路連線，會造成太過緩慢而就算調整這些設定也沒有幫助。

　　提醒 ▶ 如果遠端 Mac 是使用一個以上的螢幕，一個顯示按鈕會顯示在工具列上。點擊按鈕會開啟選單讓您選擇哪個螢幕或全部顯示在您的 Mac 上。

訊息螢幕共享

如果 iMessage 在雙方的 Mac 上都已經啟動，您可以使用訊息應用程式來開始一個螢幕共享工作階段並且在管理者的 Mac 跟被控制的 Mac 間傳訊聯繫。訊息螢幕共享同時方便找到要被控制的 Mac 電腦基於您正在聊天的 iCloud 帳號解析了遠端電腦的位置。訊息也支援反向螢幕共享 – 管理員 Mac 可以推播自己的螢幕來顯示到遠端 Mac 作爲示範使用。

訊息不需要一台 Mac 在共享偏好設定啟用螢幕共享。這是因爲當訊息開始一個螢幕共享工作階段時已經透過訊息與 iCloud 驗證的一個驗證程序。這需要每台 Mac 電腦各自使用一個 iCloud 帳號登入 iCloud 偏好設定與訊息。

在 24.2「設定網路服務應用程式」有關於登入訊息與 iCloud 的詳細內容。訊息使用手冊位於 support.apple.com/guide/messages/icht11883（『在 Mac 上使用「訊息」共享螢幕』）有更多相關資訊。

使用訊息控制另一台 Mac

要開始一個訊息螢幕共享工作階段，先與另一位使用者開始一個 iMessage 對話。之後您選擇使用者，點擊位於主訊息視窗右上方的資訊按鈕。這會開啟一個對話框讓您點擊「共享」按鈕並可以選擇「邀請共享我的螢幕」或「要求共享螢幕」。訊息的螢幕共享是可以雙向使用的。

另一台 Mac 顯示一個授權對話框讓使用者接受或拒絕您的螢幕共享要求。使用訊息您不能強迫另一個使用者共享他們的螢幕。他們可以允許或拒絕您的要求。

如果另一位使用者點選了接受的按鈕，他們會被詢問要確認螢幕共享工作階段並選擇您可以控制或只有監控他們的螢幕。

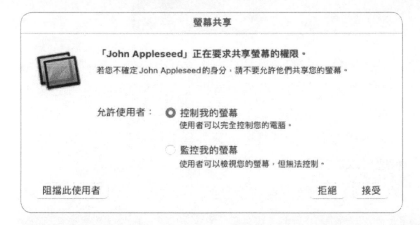

當另一位使用者接受了螢幕共享，螢幕共享會開始連線。

如果兩台 Mac 電腦都支援語音對話，訊息開始一段語音對話工作階段。您或許需要調整訊息偏好設定的音訊 / 視訊配置來讓這個功能可以使用。如果您已經透過其他聯絡方式進行語音通話，您或許需要點選螢幕共享選單並且讓麥克風靜音。

訊息利用了與系統螢幕共享服務相同的螢幕共享應用程式，就如之前課程已經涵蓋過的內容一樣。唯一例外的是藉由另一位使用者來決定您是否可以控制遠端的 Mac。如果遠端使用者選擇「監控我的螢幕」而不是「控制我的螢幕」或是取消「允許 < 您的名字 > 控制我的螢幕」，這樣在螢幕共享工具列上，望遠鏡控制模式按鈕就被選擇，顯示您可以監控而不是控制。

在這個模式下您的 Mac 顯示遠端 Mac 的滑鼠指標，而您自己的滑鼠指標轉成放大鏡。點擊共享的螢幕並沒有用，除了會顯示爲一個在遠端螢幕上的圓形放大鏡。這會幫助使用者辨識您要協助他們的地方。

點擊指標控制模式的按鈕提出請求遠端控制另一台 Mac。這會在遠端使用者那邊跳出一個提示，詢問他們可以同意（或拒絕）讓您來控制他們的 Mac。

另一邊的使用者可以選擇螢幕共享選單來管理訊息螢幕共享工作階段的功能，包含結束這個工作階段。

使用自動化與 MDM 解決方案來啟用螢幕共享

如果您的 Mac 是自動加入您的 MDM 解決方案且已經被註冊至 Apple School Manager 或 Apple Business Manager，在一些狀況下會跳脫本手冊的範圍，藉由隱私權偏好設定規則控制的承載資料來使用一個設定描述檔，您可以讓 Mac 使用螢幕共享被遠端控制。您可以使用您的 MDM 解決方案來傳送指令到您已註冊的 Mac 啟動遠端桌面存取（如果您的 MDM 解決方案有支援這個指令）。

更多相關資訊，請參照行動裝置管理設定文件「Apple 裝置的『隱私權偏好設定規則控制』MDM 承載資料設定」，位於 support.apple.com/guide/deployment/dep38df53c2a。

25.3
使用 AirDrop 共享檔案

macOS 提供一個點對點的 Wi-Fi 檔案共享服務叫 AirDrop。它是 Apple 裝置之間在近距離共享檔案最簡單的方式。

AirDrop 使用 Wi-Fi 網路，但是您不需要加入一個網路來使用 AirDrop，因為它在區域內的 Apple 裝置間建立一個封閉的網路。

AirDrop 不需要設定或者配置，並且安全的檔案傳輸使用傳輸層安全性協定（TLS）加密。

AirDrop 只能在 Apple 裝置之間的 Wi-Fi 與藍牙範圍內使用。這個範圍會基於數個因素而改變，但是基本上是在 30 英呎以內。另外在使用 AirDrop 您只能共享您特別指定要共享給其他 Mac、iOS 或 iPadOS 裝置的項目，不同於在共享偏好設定的檔案共享服務可以共享一個或多個檔案夾。AirDrop 只能夠在被支援的系統軟體與無線硬體的裝置上使用。更多資訊請參考 Apple 支援文章 HT204144「如何在 iPhone、iPad 或 iPod touch 上使用 AirDrop」與 HT203106「在 Mac 上使用 AirDrop」。

使用 AirDrop 傳送項目

要在支援 AirDrop 的 Apple 裝置之間共享檔案，請使用 AirDrop 探索視窗尋找其他裝置。點擊位於 Finder 側邊欄的 AirDrop 圖像或點選「前往」>「AirDrop」。或您可以在 Finder 按下 Shift-Command-R。這些方式會在 Finder 視窗開啟 AirDrop 探索介面，讓您可以共享任何您可以拖曳至 Finder 視窗的項目。

另外您可以啟用 AirDrop 來共享一個特定開啟的文件，甚至是一個 Safari 的頁面，如果有，在文件視窗上只要點擊共享按鈕（一個盒子上面有一個朝上箭頭的圖像）或如果有提供在選單內，可以點選「檔案」>「共享」>「AirDrop」。另外一個選項是在 Finder 中按住 Control 後點擊一個項目並從選單中點選共享。這樣做會開啟 AirDrop 探索介面，但是這樣也會共享目前選取的文件。

當 AirDrop 探索介面開啟時，macOS 掃描範圍內的其他 AirDrop 裝置。只要在 AirDrop 啟動的期間並使用相容的探索方式，其他 AirDrop 裝置就會出現。

當 AirDrop 發現您希望傳輸項目至的其他裝置之後，您有幾種方式可以傳遞項目。如果您在 Finder，拖曳一個檔案或檔案夾至代表其他裝置的圖像上方。如果您是在一個共享視窗，點擊代表其他裝置的圖像。在任一方式，AirDrop 會提醒對方的裝置您要共享一些東西。

在接收端的裝置，一個提醒會跳出讓您選擇接受（或拒絕）要傳入的項目。如果
接收端 Mac 的 AirDrop 視窗是開啟的，您有三個選擇：

▶ 點擊「接受」按鈕然後項目會傳輸至您的下載檔案夾。

▶ 點擊「接受並開啟」（或在照片中開啟）來儲存至您的下載檔案夾並開啟項
目。

▶ 點擊「拒絕」來取消傳輸並透過 AirDrop 介面通知對方使用者。

如果在接收端 Mac 您沒有開啟 AirDrop 視窗，一個提醒會在右上方跳出，如果
您點選「接受」，您可以點選「開啟」或儲存至下載檔案夾。

當您使用 AirDrop 傳送一個項目至另一台 Mac 電腦、iOS 裝置或 iPadOS 裝置，
如果您已經在雙方的裝置使用相同的 iCloud 帳號登入，接收端裝置會自動接受
並下載該項目。

AirDrop 探索

如果您的 Mac 無法發現其他 AirDrop 裝置，那個裝置或許還沒有啟用 AirDrop。如果是這樣的話，在另一台 Mac 的 Finder 開啟 AirDrop 視窗來啟用 AirDrop。AirDrop 預設不會被搜尋到。這或許會在 AirDrop 探索介面限制您的能力來探索其他裝置。要解決這個問題，在另一台裝置上將 AirDrop 設定為允許所有人或只限制在您的聯絡人名單中的使用者。要變更 AirDrop 在 macOS 的探索能力，點擊位於 AirDrop 介面最下端的文字「允許下列人員尋找我：」

25.4
管理個人防火牆

從一個網路服務的觀點，您的 Mac 是非常安全的，因為沒有預設運行任何會對外部要求回應的服務。就算後來您提供共享服務，您的 Mac 只會對已經啟用的服務回應。

您可以配置可能會因為被入侵而造成問題的服務 – 例如檔案共享或螢幕共享來取得有限的使用權限。使用者仍然可以啟動第三方應用程式或背景作業服務造成 Mac 容易被網路攻擊。

要維持網路安全性，除非必要才打開共享服務。如果您啟用了共享服務，限制授權的使用。而且在使用完成後請把服務關閉。

個人防火牆

大部分的人藉由配置網路防火牆來保護網路服務。這麼做可以阻擋非授權的網路服務存取。大多數網路擁有一個防火牆來限制從網際網路所傳入的連線。

大部分的家用路由器也是網路防火牆。雖然可以從網路層級防火牆阻擋非授權的網際網路連線至您的網路，但是他們沒有阻擋由您網路內部到您的 Mac 的連線。同時如果您的 Mac 常常連上新的網路，每個您加入的網路或許會有不同的防火牆規則。

要避免非授權的網路服務允許傳入的連線到您的 Mac，請啟用內建的個人防火牆。不管來源的位置，個人防火牆會阻擋所有非授權的連線至您的 Mac。macOS 的防火牆使用單擊配置提供對大部分使用者都適合的網路服務安全性。

標準的防火牆使用基於服務通訊埠的規則。每個服務預設為一個標準通訊埠或一組通訊埠。一些網路服務，例如訊息，使用較寬區段的動態通訊埠。如果您手動配置一個防火牆，您必須設立很多規則來滿足使用者可能使用到的每一個通訊埠。

要解決這樣的問題，macOS 防火牆使用自適應技術來允許基於應用程式和服務需要的連線而不需要您去了解哪些它們使用的特定通訊埠。例如您可以授權訊息允許任何連入的連線而不需要配置所有訊息使用到的個別 TCP 和 UDP 埠。

個人防火牆還利用了另一個內建功能，程式碼簽署，來確保允許的 apps 和服務並不會在您不知道的情況下被更改。程式碼簽署讓 Apple 和第三方開發者能夠保證他們的軟體沒有被篡改。這個程度的信任讓您可以一鍵配置預設模式的防火牆，自動允許簽署過的應用程式和服務接收傳入的連線。

因為個人防火牆是完全動態的，它只會在一個應用程式或服務執行時開放必須使用的通訊埠。例如使用訊息時，個人防火牆只允許傳入的連線到需要的通訊埠而且只有在訊息執行的時候。如果因為使用者登出而結束應用程式，防火牆就會關閉相關的通訊埠。藉由當應用程式或服務需要時才開啟需要的通訊埠，這樣比傳統的防火牆提供了更多一層的安全性。

啟動個人防火牆

要啟動並且設定 macOS 的個人防火牆，請開啟「安全性與隱私權」偏好設定，點擊位於左下角的鎖頭圖像然後使用管理員使用者驗證來解鎖「安全性與隱私權」偏好設定。點擊防火牆，然後點擊「開啟防火牆」按鈕將防火牆以預設規則啟動。在您點選按鈕後，按鈕就變成「關閉防火牆」按鈕。

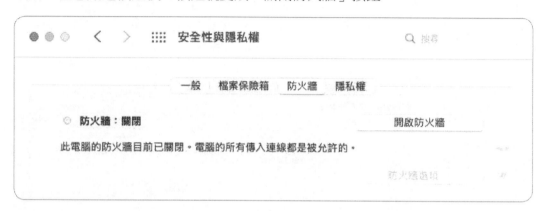

預設防火牆的配置對已經建立的連線（由您的 Mac 開始的連線並且等待回應）和已簽署的軟體或已啟動的服務是允許傳入的流量。這個程度的安全性適合大部分的使用者。

設定個人防火牆

如果您想要客製化防火牆，您可以點擊「防火牆選項」按鈕來顯示額外的防火牆配置。在防火牆選項視窗顯示目前允許的服務列表。不需要任何額外的設定，所有在共享偏好設定啟動的服務會自動出現在允許服務列表。從共享偏好設定取消選擇一個共享服務就會將服務從允許服務列表中移除。下列圖片演示一台啟動了螢幕共享服務的 Mac 它的防火牆選項面板的內容。

☐ 阻斷所有傳入連線
　　阻擋除基本 Internet 服務（例如 DHCP 和 IPSec）需要的傳入連線之外的所有傳入連線。

螢幕共享	● 允許傳入連線

+ ｜ −

☑ 自動允許內建的軟體接收傳入連線

☑ 自動允許已下載的簽名軟體接收傳入連線
　　允許有效憑證授權簽名的軟體提供從網路取用的服務。

☐ 啟用潛行模式
　　當使用 ICMP 的測試應用程式（例如 Ping）嘗試從網路存取此電腦時，不予以回應或許可。

(?)　　　　　　　　　　　　　　　　　　　　　取消　　好

您可以手動設定防火牆允許哪個應用程式及服務，只要把「自動允許已下載的簽名軟體接收傳入連線」的註記框取消勾選即可。選擇使用這個防火牆設定，當您第一次開啟新的網路應用程式或更新既有的網路應用程式，macOS 顯示一個對話框讓您可以允許或拒絕這個新的網路應用程式。這個對話框會出現在「安全性與隱私權」偏好設定之外，當任何一個新的網路應用程式要求傳入連線時就會出現。

如果您點擊「允許」而您並不是以管理員登入時，您需要提供管理員驗證才能更新防火牆的設定。

如果您是手動設定網路應用程式和服務的防火牆存取，您可以回到進階防火牆面板來檢視項目列表並由列表刪除項目或特別禁止特定項目。

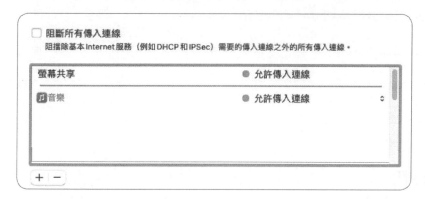

您可以點選「啟用潛行模式」註記框來避免回應或對提出需求失敗的主機給予確認。當這個選項被選取時，您的 Mac 不會回應非授權的網路連線，包含網路診斷協定例如 ping、tracerout 和通訊埠掃描。您的 Mac 依然會回應其他允許的服務。這些預設包含 Bonjour 可以讓您的 Mac 電腦宣告它的存在並避免您的 Mac 在網路上被隱藏。

當您需要更多安全性時，勾選「阻斷所有傳入連線」註記框。勾選這個選項會自動啟用潛行模式。

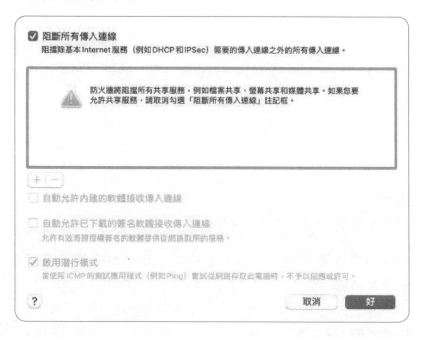

當您阻斷所有傳入連線時,您的 Mac 不會回應傳入的網路連線除了那些基本網路服務或已經建立的連線,例如那些需要瀏覽網頁或收發 email。這會避免架設在您 Mac 上的應用程式或共享服務進行遠端作業。

就像大部分的系統偏好設定面板,您可以點擊「說明」按鈕(問號圖像)查詢關於您已開啟的偏好設定面板的更多資訊。

25.5
共享服務錯誤排除

如果您由您的 Mac 提供一個共享服務而其他人有連線上的問題,先考慮服務建立的方式來決定從何處聚焦您要處理的問題。例如您的 Mac 已經提供共享服務一陣子但是現在單一台用戶端電腦有存取服務的問題,在您排除共享 Mac 的問題前請先排除用戶端電腦的問題。

反之,如果數台用戶端無法取用您的共享 Mac,或許您的共享服務就有問題。在排除其他可能的本機用戶端與網路的問題後,假設問題是在提供共享服務的 Mac 身上。如果是這樣的話,共享網路服務的問題就會是基本的兩大類:服務溝通與服務存取。

如果您無法建立與共享服務的連線,這個或許是個提示告訴您網路服務溝通問題。如果您被顯示要求驗證的對話框,那用戶端與主機端正在建立一個正式的連線,並且問題就不像是出在網路身上。您應該要將問題視為服務存取上的問題。如果驗證失敗,或是您可以驗證但是您並不被授權存取服務,這樣代表您正在經歷一個服務存取問題。

網路服務溝通錯誤排除
如果您無法與共享服務建立連線,使用下列方式來排除網路服務的溝通錯誤:

▶ 在共享的 mac 上再次確認網路設定 – 從網路偏好設定確認 Mac 電腦的網路介面正在運作並且配置適合的 TCP/IP 設定。如果一台 DNS 主機為您的共享 Mac 提供主機名稱,請在終端機使用在 23.2「使用終端機排除網路問題」提過的其中一條指令來確認主機名稱。

▶ 再次確認 Mac 電腦的共享服務配置 – 在共享偏好設定確認 Mac 電腦的共享名稱並且確保已經配置並啟用適合的服務。

▶ 再次確認 Mac 電腦的防火牆配置 – 在安全性與隱私權偏好設定中，先暫時停止防火牆來判定如果關閉防火牆是否會造成影響。如果您可以建立連線，在您再次啟動防火牆之前請先調整允許服務與應用程式的清單。

▶ 確認共享 Mac 的基礎網路連線 – 第一個步驟，先關閉防火牆的潛行模式，然後從另一台 Mac 在終端機使用 ping 指令（詳述於 23.2）來確認到與共享 Mac 的基礎連線。如果您無法 ping 到共享 Mac，您可能遇到在排除服務錯誤範圍之外的網路層級問題。

▶ 確認網路服務通訊埠至共享 Mac 是否暢通 – 第一個步驟，先關閉防火牆的潛行模式，然後由另一台 Mac 的終端機使用 nc 指令（詳述於 24.4「網路服務錯誤排除」）來確認要求的網路服務通訊埠是可以取用的。如果共享 Mac 配置正確的話，適合的網路服務通訊埠應該要為開啟。如果在共享 Mac 與網路用戶端之間有網路路由器的話，網路管理員有可能決定要阻擋那些通訊埠的取用。

網路服務存取的錯誤排除

驗證失敗或取得共享服務的授權是屬於一個網路服務存取問題。使用下列的方法來排除這些存取問題：

▶ 確認本機使用者的設定　當使用本機使用者帳號時，請確保使用正確的驗證資訊。或許使用者沒有使用正確的資訊，而您有可能需要重設帳號的密碼。（使用者帳號問題排除在第七課「管理使用者帳號」有講述。）同時，一些服務不允許使用訪客與僅共享的使用者帳號。更進一步，VNC 服務使用者密碼資訊並沒有直接與一個使用者帳戶連結。

▶ 確認目錄服務設定 – 如果您的環境有使用網路目錄服務，使用目錄工具程式確認 Mac 的狀態來驗證該 Mac 是正確的與目錄服務溝通。就算您只是嘗試使用本機帳號，任何目錄服務問題就會造成驗證的錯誤。有些服務例如遠端管理，預設不允許您驗證由網路目錄託管的帳號。

▶ 確認共享服務存取設定 – 一些驗證共享服務讓您配置存取清單。使用共享偏好設定來確認適當的使用者帳號是被允許存取共享服務。

練習 25.1
使用主機共享服務

▶ **前提**

▶ 您必需已經建立 Local Administrator（練習 3.1「練習設定一台 Mac」）與 John Appleseed（練習 7.1「建立一個標準使用者帳號」）。

▶ 您必須擁有一台主要的 Mac。您主要的 Mac 將會是您到目前為止進行練習的 Mac，包含以上前提的練習。

▶ 您必須擁有第二台 Mac。您的次要 Mac 必須符合以上的前提。雖然使用舊版的 macOS 也是可行，但是請儘可能使用 macOS Monterey。您的次要 Mac 必須跟主要的 Mac 在同一個網路之上。次要 Mac 不得使用與主要 Mac 相同的 Apple ID 登入，並且必須與主要 Mac 擁有不同名稱。

提醒 ▶ 就算您沒達到這些前提，閱讀這個練習將會增進您對於這些程序的知識。

有很多方式可以遠端控制一台 Mac。在手冊中您已經學到您可以使用 Apple 遠端桌面、iMessage、VNC 和一些 MDM 解決方案。但是在這個練習中，您使用 macOS 螢幕共享來控制另一台 Mac。您將會共享目前使用者的工作階段，並且您會以不同的使用者登入並使用虛擬螢幕。在您的主要與次要 Mac 電腦上執行這些步驟。

啟用螢幕共享

1. 在您次要 Mac 上，如果 Local Administrator 已經登入（即使是背景工作階段），請將其登出。

2. 在您的主要 Mac 上，如果必要的話，請以 John Appleseed 登入。

3. 開啟共享偏好設定。

4. 點擊鎖頭按鈕，然後使用 Local Administrator 驗證。

5. 確認遠端管理的註記框已經勾選。出現一個對話框會列出遠端管理選項。如果對話框沒有自動出現，點擊選項按鈕。

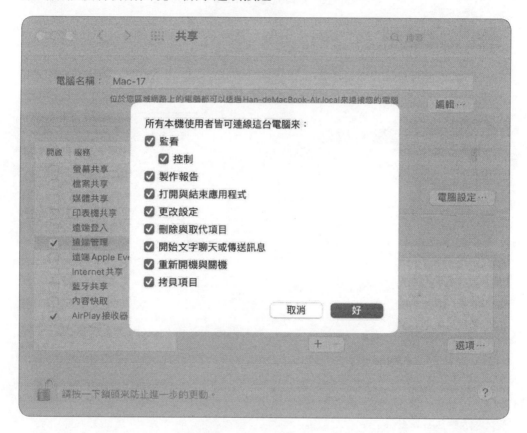

雖然您使用共享螢幕，但您配置的服務使用遠端管理（這是被 Apple 遠端桌面所使用）。遠端管理包含螢幕共享，所以螢幕共享的註記框是無效的。這並不是說那個服務不能使用，而是說它已經被遠端管理控制著。

6. 授予使用者所有權限。第一步，確保所有的選項被勾選。一個簡單的方式是按住 Option 並點擊一個註記框就會一次勾選所有的註記框，然後點擊「好」來關閉對話框。

7. 確保「允許下列使用者存取」的「所有使用者」被點選。

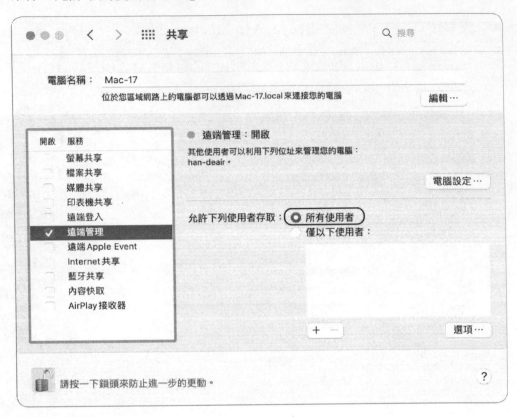

8. 結束系統偏好設定。

9. 重複步驟 2-8 在您的次要 Mac 上。

遠端控制另一台 Mac

在此章節，您使用螢幕共享在您的主要 Mac 去控制您的次要 Mac。在一個教學的環境下，您可以選擇性的與一個夥伴輪流互相控制對方的 Mac 電腦。

1. 確保兩台 Mac 電腦都以 John Appleseed 登入。

2. 在您的主要Mac上，在Finder點選「前往」>「網路」（Shift-Command-K）。

您的次要 Mac 出現在本機網路顯示為共享 Mac 電腦。這顯示出 Mac 電腦提供檔案共享、螢幕共享或兩者。

3. 在網路視窗中雙擊您將會控制的次要 Mac。因為您的次要 Mac 沒有提供檔案共享服務，所以您主要 Mac 的唯一的選項只有共享次要 Mac 的螢幕。

4. 點擊「共享螢幕」。

5. 驗證登入為 John Appleseed。

您可以使用帳號的短名稱（**john**），但如果您在次要 Mac 設定給 John Appleseed 不同的密碼，請使用那組密碼。

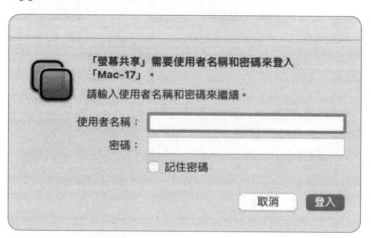

6. 點擊「登入」。

螢幕共享啟動，然後一個視窗開啟，顯示一個即時、互動的次要 Mac 電腦桌面。

您注意到從選單列中有一個警告顯示「您的 Mac 正在被控制」。它會包含主要 Mac 的 IP 位址，在本案例就是正在進行控制的電腦。

> **提醒 ▶** 如果兩台 Mac 電腦都使用相同 Apple ID 登入時，就沒有驗證的需
> 要因為 Apple ID 就已經驗證過了。當啟動共享並且多於一台電腦或已經使
> 用相同的 Apple ID 登入時，這在任何的家庭設定下會很方便。

7.　在次要 Mac 上開啟「桌面與螢幕保護程式」偏好設定。

8.　為次要 Mac 選擇不同的桌面照片。

9.　按下 Command-Q

這會結束次要 Mac 的系統偏好設定。

10.　點擊在螢幕共享視窗標題列的全螢幕按鈕。

這個視窗會展開並充滿整個螢幕。在全螢幕模式中，您的主要 Mac 電腦的
螢幕就是次要 Mac 螢幕的一個虛擬鏡像。

11.　移動您的指標到螢幕的最上方，然後等待幾秒鐘。

螢幕共享選單、視窗控制及工具列會出現在螢幕的最上方。這讓您可以離開
全螢幕模式或取用螢幕共享工具列。

12.　選擇「螢幕共享」>「結束螢幕共享」。

13.　如果您與一個夥伴一起合作，交換角色，讓您的夥伴重複上述的步驟。

連結至一個虛擬螢幕

當您以不同的使用者帳號連結到另一台 Mac 時，您可以在一個虛擬螢幕下工作
而不是共享本機使用者的螢幕。因為您連結到一個虛擬螢幕，主要 Mac 跟次要
Mac 電腦可以同時使用不會造成干擾。

1.　確保從上一章節沒有剩餘的工作未完成。

2.　開啟網路檢視（Shift-Command-K），然後從您的主要 Mac 雙擊您將要控
制的次要 Mac。

3.　點擊共享螢幕。

4.　這次使用 Local Administrator 驗證（您可以使用短名稱 **ladmin**），然後點擊登入。

因為您驗證為不同的使用者然後使用者登入到次要 Mac，您會被給予選擇共享目前使用者的螢幕或者登入為不同的使用者使用虛擬桌面。

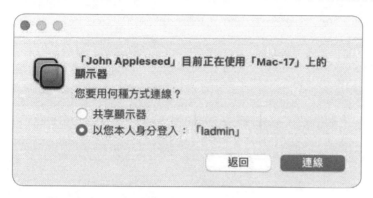

5.　選擇「以您本人身分登入：」然後點擊「連線」。

一個螢幕共享視窗開啟並顯示一個次要 Mac 的登入畫面。在 John Appleseed 旁邊的橘色打勾圖像代表 John 目前已經登入次要 Mac。同時，您看到選單列報告您的螢幕正在被監看。

6.　以 Local Administrator 登入次要 Mac。

虛擬螢幕讓您在不干擾使用者的情況下輕鬆的遠端管理使用者的 Mac 電腦。
如果有人正在使用次要 Mac，他們不會注意到您的互動。

7.　在次要 Mac，開啟使用者與群組偏好設定

如果您使用 Apple 選單或 Dock，請使用螢幕共享內的視窗，不是在您螢幕
角落的那個。

檢視 John Appleseed 有一個橘色的打勾圖像在他的名字旁邊，這表示他目
前已經登入。

8.　結束在您次要 Mac 的系統偏好設定。

9.　在您次要 Mac 點擊「快速使用者切換」選單。

選單會顯示 John Appleseed（您維持登入的工作階段）和 Local Administrator
（您）已經登入次要 Mac。您的虛擬螢幕會被當作一個快速使用者切換工作
階段。

10.　在次要 Mac 的 Finder，點選「Apple 選單」>「登出 Local Administrator」，
然後點擊「登出」按鈕。

提醒 ▶ 如果您沒有先登出就中斷連結共享螢幕，您會在次要電腦保留快速使
用者切換工作階段。這可能會造成使用者例如 John 這樣的標準使用者失去
重新啟動電腦的能力。

11.　點選「螢幕共享」>「結束螢幕共享」。

12. 取決於您如何實行這個練習，請依照以下一項：

▶　如果您跟夥伴一起練習，請等待他們完成後再開始下一個練習。

▶　如果您獨自練習，請回到您的主要 Mac 來進行下一個練習的第一個部分。

練習 25.2
配置個人防火牆

▶ **前提**

▶　您必需已經建立 Local Administrator（練習 3.1「練習設定一台 Mac」）與 John Appleseed（練習 7.1「建立一個標準使用者帳號」）。

▶　您必須擁有一台主要的 Mac。您主要的 Mac 將會是您到目前為止進行練習的 Mac，這台 Mac 要符合以上前提。

▶　您必須擁有第二台 Mac。您的次要 Mac 必須符合以上前提、執行 macOS Monterey、並且與主要的 Mac 位在相同的網路上。

提醒 ▶ 就算您沒達到這些前提，閱讀這個練習將會增進您對於這些程序的知識。

在這個練習中，您啟用防火牆並啟動一個應用程式，檢視防火牆紀錄，配置進階潛行選項，並且觀察它阻擋對網路 pings 的回應。

啟用防火牆

1. 如果必要，在您的主要 Mac 上以 John Appleseed 登入。

2. 開啟「安全性與隱私權」偏好設定。

3. 點擊「防火牆」按鈕。

4. 點擊鎖頭按鈕，然後使用 Local Administrator 驗證。

5. 點擊開啟防火牆。

6. 點擊防火牆選項。

   遠端管理和螢幕共享顯示在「允許傳入的連線」列表上。macOS 假設您如果在共享面板開啟一項服務，您希望使用者可以跟它連線，所以 macOS 允許這些服務通過防火牆。您啟用的任何其他服務也會被增加到這個列表。

7. 取消勾選「自動允許內建的軟體接收傳入連線」與「自動允許已下載的簽名軟體接收傳入連線」。

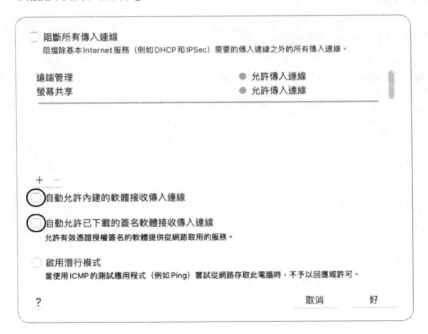

8. 點擊「好」。

9. 保持系統偏好設定開啟。

   提醒 ▶ 防火牆在此模式下，您可能會收到關於系統元件嘗試要接受傳入的連線的警告。雖然基本上在教室的環境下允許這些連線通過防火牆是安全的，但在正式環境，還是最好先辨別這些程序再允許它連線。

10. 在您的次要 Mac 重複步驟 1-9。

測試防火牆設定

1.　在您的主要 Mac 開啟共享偏好設定。

2.　啟用媒體共享。

3.　勾選「與訪客共享媒體」。

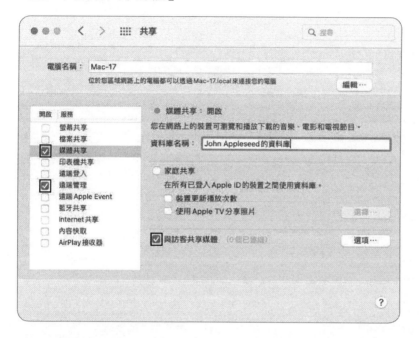

4.　跳出視窗詢問您是否讓 **mediasharingd** 程序接受傳入的網路連線，點擊「拒絕」。

5.   導覽至「安全性與隱私權」偏好設定。

6.   點擊防火牆按鈕,使用 Local Administrator 驗證,然後選擇防火牆選項。

觀察防火牆如何替 **mediasharingd** 程序阻擋傳入的連線。如果您讓防火牆
維持在這個狀態下,另一台 Mac 的使用者將不能連上您的 Mac 並取用您的
媒體資源庫。

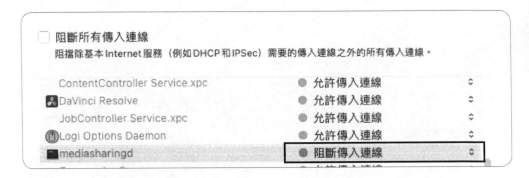

7.   在 **mediasharingd** 旁邊,從選單點選「允許傳入連線」。

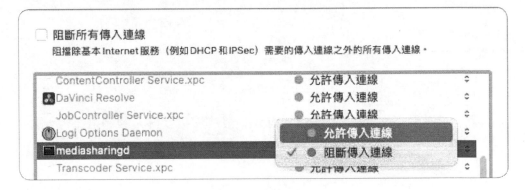

因為您擁有管理員權限,所以您可以更改任何程序或應用程式的防火牆政
策。

8.   點擊「好」來關閉防火牆選項對話框。

9.   維持系統偏好設定開啟。

測試潛行模式

在這個練習中,您使用您的主要 Mac 和次要 Mac 電腦來觀察潛行模式對 **ping**
指令的影響。

1.   在您的主要 Mac,在系統偏好設定切換至共享面板。

您的主要 Mac 電腦的 Bonjour 名稱會顯示在電腦名稱下面。

2. 在您的次要 Mac，開啟共享偏好設定，並且紀錄它的 Bonjour 名稱。

3. 開啟主要 Mac 的終端機。

4. 在終端機輸入 **ping -c 5**，後續輸入次要 Mac 的 Bonjour 名稱。

在這個螢幕截圖，次要 Mac 的 Bonjour 名稱是 **Mac-16.local**。

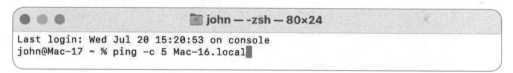

5. 按下 Return 鍵。

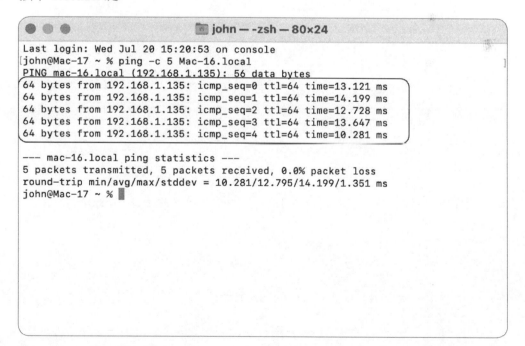

ping 指令的 stdout 顯示成功的 pings。

6. 在您的次要 Mac，切換至「安全性與隱私權」偏好設定，然後點擊防火牆選項。

7. 勾選「啟用潛行模式」然後點擊「好」。

8. 在您主要 Mac 上的終端機，按下鍵盤的「上」箭頭鍵然後按下「Return」鍵。按下「上」箭頭讓您回復您之前輸入過的指令。

```
● ● ●                    📁 john — -zsh — 80×24

Last login: Wed Jul 20 15:20:53 on console
[john@Mac-17 ~ % ping -c 5 Mac-16.local
PING mac-16.local (192.168.1.135): 56 data bytes
64 bytes from 192.168.1.135: icmp_seq=0 ttl=64 time=13.121 ms
64 bytes from 192.168.1.135: icmp_seq=1 ttl=64 time=14.199 ms
64 bytes from 192.168.1.135: icmp_seq=2 ttl=64 time=12.728 ms
64 bytes from 192.168.1.135: icmp_seq=3 ttl=64 time=13.647 ms
64 bytes from 192.168.1.135: icmp_seq=4 ttl=64 time=10.281 ms

--- mac-16.local ping statistics ---
5 packets transmitted, 5 packets received, 0.0% packet loss
round-trip min/avg/max/stddev = 10.281/12.795/14.199/1.351 ms
[john@Mac-17 ~ % ping -c 5 Mac-16.local
PING mac-16.local (192.168.1.135): 56 data bytes
Request timeout for icmp_seq 0
Request timeout for icmp_seq 1
Request timeout for icmp_seq 2
Request timeout for icmp_seq 3

--- mac-16.local ping statistics ---
5 packets transmitted, 0 packets received, 100.0% packet loss
john@Mac-17 ~ %
```

您觀察到 ping 的嘗試失敗了。如果您啟用的潛行模式，您的 Mac 將不會回應 ping 的請求。這會增加安全性但是可能造成網路連線出現問題時錯誤排除上的困難。

9. 在您的主要與次要 Mac 電腦上，關閉防火牆然後結束所有執行中的應用程式。

系統管理

第 26 章
週邊設備錯誤排除

macOS 與常見的標準週邊設備相容。在本章的
開始，您將瞭解 macOS 如何支援不同的外接裝
置技術，然後您將學習如何管理、並排除連接到
macOS 的有線和無線（如藍牙）週邊設備的問
題。

目標

▶ 管理週邊設備的連接

▶ 將藍牙設備與您的
  Mac 配對

▶ 排除週邊設備的故障
  及驅動問題

26.1
週邊設備技術

週邊設備是指您可以連接到 Mac 並透過該電腦控
制的任何設備，且其網路裝置是共享的。本章告
訴您如何按其連接類型和裝置類別對週邊設備進
行分類，這些資訊將有助於您管理和排除故障的
週邊設備。

週邊設備連接

為了連接 macOS，大多數週邊設備都會使用匯流
排。匯流排是最常見的週邊設備連接類型，因為
它們能適用於不同的週邊設備裝置，且允許多個
週邊設備同時連接到您的 Mac。

Mac 支援 USB、Thunderbolt 和藍牙，以及其
他不在本文討論範圍內的匯流排。

您可以透過「系統資訊」檢查這些週邊設備匯流排以及它們所連接的項目的狀態。
在系統資訊中,選擇一個匯流排,然後選擇硬體介面來檢查其資訊。

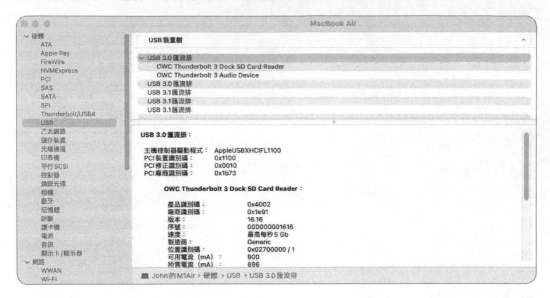

USB

USB 是每台 Mac 的標準配置。您可以使用「系統資訊」來驗證您的 Mac 有什麼
類型的 USB 連接埠、連接埠的連線速度,以及目前有什麼東西與他們連接。

USB 是一個可高度擴充的連接平台,可以進行菊花鏈式連接,您可以把一個
USB 設備連接到您的 Mac 上,然後把另一個 USB 設備再連接到第一個,以此類
推。USB 規範允許每個主機控制器可同時使用多達 127 個設備,大多數 Mac 電
腦至少有兩個可從外部存取的 USB 主機控制器。

USB 性能和電力傳輸

Apple 目前在各種 Mac 電腦型號上支援多個 USB 版本。

▶　USB4
▶　USB 3.1 Gen 2 (亦稱為 USB 3.2 Gen 2)
▶　USB 3.1 Gen 1 (也被稱為 USB 3.2 Gen 1 或 USB 3)
▶　USB 2.0
▶　USB 1.1

儘管性能有了明顯的升級，但 Mac 電腦上的 USB 連接埠還是可相容較舊的 USB 1.1 設備。欲瞭解更多關於 USB 的資訊，可到官方 USB 論壇：www.usb.org。

支援下列版本 USB 的 Mac 提供的性能和功率特性如下：

在 Mac 上的 USB 規格	支援的資料傳輸	Mac 所支援的電力（5V）
USB4	每秒高達 40 Gbit/s。	最高 15W，3A
USB 3.1 Gen 2	高達 10 Gbit/s	最高 15W，3A
USB 3.1 Gen 1	高達 5 Gbit/s	最高 4.5W，0.9A
USB 2.0	每秒高達 480 兆比特（Mbit/s）。	最高 2.5W，0.5mA
USB 1.1	高達 1.5-12 Mbit/s	最高 2.5W，0.5A

欲瞭解更多資訊，請參閱 Apple 支援文章 HT204377，《如果在 Mac 上看到「已停用 USB 裝置」》。

USB 埠

USB-C 描述了該連接埠位於您電腦上的形狀和樣式，以及您可以插入該連接埠的連接器。USB-C 連接埠看起來像這樣：

USB-C 是一種可逆的連接，由 Intel 和 Apple 開發。

您可以使用 USB-C 連接埠進行下列事項：

▶ 為您的 Mac 充電。
▶ 為有 USB-C 的 iPad Pro 充電。
▶ 提供電源。
▶ 在您的 Mac 和各種其他設備之間傳輸內容，如儲存裝置。
▶ 連接影片輸出，如 HDMI、VGA 和 DisplayPort（需要一個轉接器）。
▶ 使用轉接器來連接其他技術，如乙太網路

這簡化了連接埠的功能使用。市面上有各種 USB-C 轉接器,可以同時連接多個週邊設備、顯示器和對電池充電。對於基於 Intel 的 Mac 電腦,USB-C 是唯一支援目標磁碟模式的 USB 版本。

一些 Mac 電腦有 USB-A 連接埠(有時被稱為 USB 3 連接埠),它看起來像下圖:

不同型號的 Mac 使用 USB-C 連接不同的連接埠

Mac 上的 USB-C 連接埠所支援的設備種類取決於 Mac 的型號。本節介紹四種不同的 USB-C 連接埠。

- ▶ Thunderbolt 4/(USB-C)
- ▶ Thunderbolt/USB4
- ▶ Thunderbolt 3 (USB-C)
- ▶ USB-C

在本手冊出版時,有六款 Mac 機型配備支援 Thunderbolt 3 和 USB4(又被稱為 Thunderbolt/USB4 連接埠)的 USB-C 連接埠。

- ▶ MacBook Pro (16-inch 2021)
- ▶ MacBook Pro (14-inch 2021)
- ▶ iMac (24-inch M1 2021)
- ▶ MacBook Pro (13-inch, M1, 2020)
- ▶ MacBook Air (M1, 2020)
- ▶ Mac mini (M1, 2020)

MacBook Pro 16 吋和 14 吋 2021 版本的 Thunderbolt 4 / USB-C 連接埠,支援完整的 Thunderbolt 4 功能和 USB4 週邊設備。

Thunderbolt/USB4 連接埠支援 Thunderbolt 4 和 USB4 週邊設備。

在 iMac(24 吋,M1,2021)上,⚡ 每個 Thunderbolt/USB4 連接埠的上方都有符號,要連接顯示器,請使用帶有 Thunderbolt 符號的連接埠。

如果您的基於 Intel 的 Mac 有一個以上的 USB-C 連接埠，其 USB-C 連接埠支援 Thunderbolt 3 和 USB-C，這些連接埠被稱爲 Thunderbolt 3（USB-C）。

2015 年或之後推出的基於 Intel 的 MacBook 機型有一個 USB-C 連接埠，該連接埠不支援 Thunderbolt 3。

請參考 Apple 支援文章 HT201736，《辨識 Mac 上的連接埠》，瞭解目前 Mac 機型的完整清單。

Thunderbolt

Thunderbolt 展示了最新的連接週邊設備，起初由 Intel 設計，後來與 Apple 合作，該連接器標準將 PCI Express 和 DisplayPort 整合於單一的連接線中。Thunderbolt 3 增加了 USB 相容性和進階電源管理。Thunderbolt 4 爲顯示器和 PCIe 裝置提供更高的最低頻寬要求，並允許一個 Thunderbolt 4 連接埠處理兩個顯示器。

搭配適當的轉接器，單一 Thunderbolt 連接可以提供對任何網路、儲存裝置、週邊設備、影片或聲音連接的存取。例如，Thunderbolt 顯示器不僅可以提供一個高解析度數位顯示器，還可以提供一個內建鏡頭、麥克風、揚聲器、USB 端口、FireWire 連接埠、Gigabit 乙太網路連接埠、另一個週邊設備設備的額外 Thunderbolt 連接埠，甚至可以爲筆記型 Mac 電腦充電，這些都能透過一條從 Mac 到顯示器的 Thunderbolt 連接線完成。

一個 Thunderbolt 主機連接支援一個集線器或多達六個設備的菊花鏈，其中允許最多連接兩個高解析度的顯示器。

只有銅材質的 Thunderbolt 連接線可以提供電源，但它被限制在最大的 3 米的長度。Thunderbolt 光纖的長度則可達 100 米。

最新的 Thunderbolt 4 標準使用 USB-C 連接埠。

因為 Thunderbolt 4 使用 USB-C 連接埠，因此任何包含 Thunderbolt 4 的 Mac 皆可相容 USB-C 設備，不需要使用轉接器。您可以檢查您的 Mac 型號規格，以驗證它是否有 Thunderbolt 4（USB-C）連接埠。如果有，Thunderbolt 4（USB-C）連接埠支援 Thunderbolt 4 和 3 以及 USB 3.1 Gen 2。如果您的 Mac 有不支援 Thunderbolt 4 或 Thunderbolt 3 的 USB-C 連接埠，代表它支援的是 USB 3.1 Gen 1。

USB-C 裝置和連接線並不支援 Thunderbolt 使用的額外 PCI Express 資料，且唯有 Thunderbolt 菊花鏈的最後一個連接裝置能支援 USB-C。

以下是不同版本 Thunderbolt 的差異：

▶ Thunderbolt 4 提供與 Thunderbolt 3 相同的速度，但 Thunderbolt 4 允許連接兩個 4K 顯示器或單個 8K 顯示器。Thunderbolt 4 還將 PCI Express 的資料速率提高了一倍，達到 32Gbps，Thunderbolt 4 也與 USB4 設備完全相容。

▶ Thunderbolt 3 提供兩個雙向的 20 Gbit/s（20,000 Mbit/s）通道，提供總共 40 Gbit/s 的輸出和 40 Gbit/s 的輸入。Thunderbolt 3 還具有 DisplayPort 1.2 訊號，可以實現 4K 和 5K 解析度。Thunderbolt 3 亦能相容 USB-C（USB 3.1）訊號和電力傳輸。

▶ Thunderbolt 2 支援通道聚合。單一週邊設備即可利用全部 20Gbit/s 的傳輸量。

▶ Thunderbolt 提供兩個雙向的 10 Gbit/s（20,000 Mbit/s）通道，這意味著總共有 20 Gbit/s 輸入和 20 Gbit/s 輸入。作為第一代的 Thunderbolt，這些通道不能結合起來為單一週邊設備提供全部頻寬。因此，單個 Thunderbolt 週邊設備的最大頻寬為 10 Gbit/s，但當多個外部週邊設備是單一 Thunderbolt 鏈的一部分時，您就可以使用全部頻寬。Thunderbolt 還具有 DisplayPort 1.1 訊號，可以達到高清晰的顯示解析度。銅材質的 Thunderbolt 連接線還為連接的裝置提供高達 10 瓦的電力，再次提供比其他週邊設備匯排流更多的電力。

您可以將支援 Thunderbolt 3 且基於 Intel 的 Mac 連接到外接式繪圖處理器（eGPU），為進階應用程式、3D 遊戲、虛擬實境（VR）內容創作、機器學習（ML）任務等提供額外的圖形效能。請參閱 Apple 支援文章 HT208544，《將外接式繪圖處理器搭配 Mac 使用》了解更多資訊。

關於 Thunderbolt 4 和 Thunderbolt 3 的更多資訊，請參考下列 Apple 支援文章：

HT206908，《Apple Thunderbolt 3（USB-C）對 Thunderbolt 2 轉接器需要 Thunderbolt 3》

HT207097，《替 MacBook Pro 電池充電》

HT207443，《Mac 上的 Thunderbolt 4、Thunderbolt 3 或 USB-C 埠適用的轉接器》

HT208368，《關於 Apple Thunderbolt 3（USB-C）連接線》

藍芽

藍牙是一種無線技術，可以在設備之間進行短距離的連接（如您的 Mac 和滑鼠或鍵盤）。

目前的 Mac 都內建了藍牙技術，您可以檢查您的電腦是否支援藍牙。

▶ 在選單列中尋找藍牙圖標。若有藍牙圖標，表示電腦配備藍牙。

▶ 打開系統偏好設定，然後點擊「藍牙」。如果藍牙偏好設定列出啟用藍牙的選項，而且使您的裝置可被偵測，代表已經安裝藍牙功能。

▶ 在「系統資訊」中，選擇「硬體」下的「藍牙」。如果「硬體」有顯示資訊，代表您的 Mac 已經安裝藍牙。

欲瞭解更多資訊，請參閱 Apple 支援文章 HT201171，《將藍牙滑鼠、鍵盤或觸控式軌跡板與 Mac 搭配使用》。

FireWire

FireWire 是一種高速、通用的週邊設備，最初由 Apple 開發。FireWire 被電機電子工程師協會（IEEE）批准為 IEEE-1394 標準，並被作為許多數位影音設備的標準介面。

如果您的 Mac 支援 Thunderbolt 4、Thunderbolt 3（USB-C）、Thunderbolt 2 或 Thunderbolt。您可以使用一個轉接器或其組合來使用 FireWire 設備。

▶ 如果您的 Mac 有 Thunderbolt 4 或 Thunderbolt 3（USB-C）連接埠，請使用 Thunderbolt 3（USB-C）到 Thunderbolt 2 轉接器連接 Apple Thunderbolt 到 Firewire 轉接器。

▶ 如果您的 Mac 有一個 Thunderbolt 2 或 Thunderbolt 連接埠，請使用
    Apple Thunderbolt 轉 Firewire 的轉接器。

26.2
管理藍牙裝置

藍牙無線設備透過「配對」過程與您的 Mac 建立連線。
在您對設備進行配對後，只要設備在範圍內，您的 Mac 就會自動連接到它。

如果您的 iMac 帶有無線鍵盤、滑鼠或觸控板，那麼它們在出廠時就已預先配對。
在這些設備及電腦為開啟的狀態時，您的 Mac 應該會自動與他們連線。如果您
單獨購買了下列的 Apple 藍牙設備，您可以使用 Lightning 轉 USB 的連接線或
USB-C 轉 Lightning 連接線將它們與您的 Mac 自動配對。

▶ 具備 Touch ID 和數字鍵盤的巧控鍵盤
▶ 具備 Touch ID 的巧控鍵盤
▶ 巧控板
▶ 巧控滑鼠
▶ 具數字鍵盤的巧控鍵盤
▶ 巧控鍵盤

關於如何設定 Apple 無線滑鼠、鍵盤或觸控板的更多資訊，請參閱 Apple 支援
文章 HT201178，《設定巧控鍵盤、巧控滑鼠或巧控板與 Mac 搭配使用》。

設定藍牙設備的其中一個方法是使用「藍牙」偏好設定。打開「系統偏好設定」，
然後點擊「藍牙」。狀態（開啟或關閉）會顯示在視窗的左側，藍牙偏好設定的
右側則包含以下內容：

▶ 與您的 Mac 相連的藍牙設備
▶ 沒有連接到您的 Mac 但之前已經連接過的藍牙設備
▶ 您可以嘗試連接的藍牙設備，因為它們處於可偵測模式

您可以選擇「在選單列中顯示藍牙」的註記框，這樣您就可以快速確認藍牙狀態
及管理連線裝置。

螢幕右上方的選單列表上的藍芽圖像為您提供有關藍牙和連接設備的狀態。已連接的藍牙設備有一個純藍色圖標。若要開啟或關閉藍牙，請藉由滑動選項控制。有些藍牙設備附帶可開啟的三角形圖案，您可以點擊此圖標來顯示該藍牙設備的更多資訊和選項。點擊藍牙設備左邊的圖標，可開啟或關閉與該藍牙設備的連接，若要管理藍牙選項，請選擇藍牙偏好設定。

您可以按住 Option 鍵後用滑鼠點擊選單列上的藍牙圖標，顯示 Mac 所知道的藍牙設備的詳細資訊。

您也可以從「控制中心」關閉和開啟藍牙。點擊「控制中心」的藍牙圖標來關閉和開啟藍牙。

配對藍牙裝置

在您開始配對之前，將您想要與 Mac 配對的藍牙設備開啟為可偵測模式。每個設備開啟可偵測模式的方法不盡相同，所以您可能需要參考該設備的使用手冊。

「接續互通」功能使用藍牙 4.0 或更進階的版本，但不需要傳統的藍牙配對。相反，只要所有設備都登入到同一個 iCloud 帳號，「接續互通」功能就會自動連線。要瞭解有關「接力」的更多資訊，請參閱 Apple 支援文章 HT204681，《使用「接續互通」來連接您的 Mac、iPhone、iPad、iPod touch 和 Apple Watch》。

當藍牙選項開啟時，它會掃描範圍內任何處於可偵測模式的藍牙設備。

打開藍牙偏好設定後，Mac 會將自己置於藍牙可偵測模式。
可偵測模式將您的 Mac 作為藍牙來源並且顯示在範圍內的任何裝置，這可能會引起您的 Mac 受到不必要的關注。

裝置名稱可能需要好一會兒才會出現。在它出現後，選擇它並點擊「連線」按鈕。對於某些藍牙設備，您必須輸入密碼來授權配對。根據裝置的情況，您可能需要執行下列其中一個操作：

▶　針對極少互動的裝置，通過使用自動產生的密碼完成配對。這種情況經常發生在沒有方法驗證密碼的裝置上。

▶ 在您的 Mac 上輸入預先定義的密碼，如該裝置的使用手冊中規定的，然後點擊「繼續」以授權配對。

▶ 允許藍牙設定輔助程式建立一個隨機的密碼，然後您在藍牙設備上輸入或驗證該密碼以授權配對。在下列例子中，密碼是自動生成的。

藍牙設定輔助程式會自動檢測您的藍牙設備連線能力，並可能顯示其他設定視窗，繼續瀏覽這些視窗，直到您完成設定。配對完成後，您可以透過重新打開藍牙選項來驗證配對情況。裝置不一定要在目前連接的情況下才能保持與 Mac 的配對狀態。

macOS 將輸入裝置的藍牙配對（如滑鼠和鍵盤）保存在 NVRAM 中，這樣您就可以在 macOS 完全啟動前使用它們。這是必要的，以便在使用這些藍牙輸入裝置時支援「檔案保險箱」和啟動鍵盤快速鍵（對於基於 Intel 的 Mac 電腦）。

管理藍牙裝置設定

您可以從藍牙選項中調整設定，如外部週邊設備的名稱。要查看所有的藍牙管理設定，請從 Apple 選單 > 系統偏好設定，或藍牙狀態選單 > 開啟藍牙偏好設定來開啟「藍牙」。

要管理一個藍牙外部週邊設備，從列表中找到該週邊設備，然後按住 Control 鍵後點選該週邊設備打開快速選單。使用這個選單，您可以連接或斷開裝置，可能的話，重新命名裝置，或刪除裝置的配對，這樣您的 Mac 就不會再嘗試連接它了。有些設備，如 iPhone，是在裝置上命名的，不能從藍牙選項中改變。您也可以點擊右邊的 x 按鈕，從這個列表中刪除裝置的配對。

藍牙偏好設定會為某些裝置顯示「選項」按鈕，如 Airpods、AirPods Pro 和 AirPods Max。點擊「選項」，顯示該藍牙裝置的更多選項。

在基於 Intel 的 Mac 上，點擊藍牙偏好設定底部的進階按鈕，會顯示出一個對話框讓您調整其他藍牙設定，這些設定針對只使用無線鍵盤和滑鼠的 Mac 桌上型電腦特別有用。

☑ **若未偵測到鍵盤，請在啟動時打開「藍牙設定輔助程式」**

若您有使用鍵盤，而電腦在啟動時偵測不到鍵盤，「藍牙設定輔助程式」即會打開以連接藍牙鍵盤。

☑ **若未偵測到滑鼠或觸控式軌跡板，請在啟動時打開「藍牙設定輔助程式」**

若您有使用滑鼠或觸控式軌跡板，而電腦在啟動時偵測不到滑鼠或觸控式軌跡板，「藍牙設定輔助程式」
即會打開以連接藍牙滑鼠或觸控式軌跡板。

好

您可以在「共享」偏好設定中找到藍牙共享設定。像其他共享服務一樣，藍牙共
享預設爲關閉狀態。當傳統的檔案共享方法不可使用時，可啟用藍牙共享作爲最
後的方式。第 25 章《管理主機共享與個人防火牆》討論了其他檔案共享方法，
包括 AirDrop 無線檔案共享。

●●● ⟨ ⟩ ▦ **共享**   Q 搜尋

電腦名稱：　John 的 M1Air

位於您區域網路上的電腦都可以透過 JohndeM1Air.local 來連接您的電腦   編輯⋯

開啟	服務
☐	螢幕共享
☑	檔案共享
☐	媒體共享
☐	印表機共享
☐	遠端登入
☐	遠端管理
☐	遠端 Apple Event
☐	Internet 共享
☑	藍牙共享
☐	內容快取
☑	AirPlay 接收器

● **藍牙共享：開啟**

使用「藍牙共享」偏好設定，並設定您的電腦來和其他配備藍牙功能的電腦和裝置
共享檔案。

接收項目時：　接受並儲存 ⬍

存放已接受項目的檔案夾：　📁 下載項目 ⬍

其他裝置瀏覽時：　永遠允許 ⬍

其他人能夠瀏覽的檔案夾：　📁 公用 ⬍

打開藍牙偏好設定⋯

🔒 按鎖頭一下，以進行更改。   ?

26.3
週邊設備問題障礙排除

本節的第一部分包含 macOS 如何與其他週邊設備互動，以及如何識別與軟體有關的週邊設備問題，您還可以藉此瞭解到一般的故障排除問題。

週邊設備類別

週邊設備根據其主要功能分類。macOS 包含內建的軟體驅動程式允許您的 Mac 與所屬裝置類別的週邊設備互動。雖然這些內建的驅動程式可以提供基本的支援，但許多第三方裝置仍需要特定的裝置驅動程式來開啟全部功能。

macOS 定義的裝置類別如下：

▶ 人為輸入設備（HIDs）- 允許您直接輸入資訊或控制 Mac 界面的週邊設備。例如，鍵盤、滑鼠、觸控板、遊戲控制器、平板電腦和點字板界面。

▶ 儲存裝置 - 內部磁碟、隨身碟、光碟。儲存週邊設備的相關內容請參閱第 11 章《管理檔案系統與儲存》。

▶ 影片裝置 - 這些週邊設備包含 USB、Thunderbolt 或延伸匯流排連接的攝影機和影片轉換器。這使得您可以使用 QuickTime Player 或任何其他相容的影片應用程式，如 iMovie 或 Final Cut Pro。

▶ 印表機和掃描器 - 所有類型的印表機、傳真機以及平板、底片、幻燈片、文件和滾筒掃描器。macOS 使用 Image Capture 框架支援掃描器，這使您可以用 Image Capture 或任何其他相容的第三方應用程式（如 Adobe Photoshop）來控制掃描器。欲了解詳細內容，請參閱第七章《管理印表機與掃描器》。

▶ 相機 - 這些週邊設備包括直接連接的相機和相機記憶卡。許多數位相機在連接到電腦時，會將其內部儲存空間擴展至電腦上。在這種情況下，macOS 存取相機的內部儲存或任何直接連接的相機記憶卡，就像存取任何儲存裝置一樣。然後，像「照片」這樣的應用程式會接手，將圖片檔案從相機儲存空間複製到 Mac 上。有些相機支援聯機拍攝模式，即由 Mac 直接控制，並將擷取的圖片資料直接發送到 Mac 上。macOS 使用 Image Capture 框架來支援這類型的相機。這允許您可以使用 Image Capture 或其他相容的第三方擷取應用程式。

▶ 聲音裝置 - 這些週邊設備包括用 USB、Thunderbolt 或延伸匯流排連接的
　外部聲音連接埠。macOS 使用 Core Audio 框架來支援這些聲音設備。這
　使您可以使用任何相容的聲音應用程式，如 GarageBand 或 Logic Pro。

週邊設備驅動程式

macOS 是週邊設備設備和應用程式之間的媒介。如果一個應用程式支援一般設
備類別，macOS 會處理該類別中與該週邊設備進行通訊的相關技術。

這裡有一個例子。對於一個應用程式來說，它需要接收來自鍵盤、滑鼠、觸控板
等的資訊，但它不需要處理轉譯電子訊號的事宜，因為那是由 macOS 處理的。
macOS 將週邊設備和應用程式分開，使您幾乎可以任意組合，而且很少有不相
容的情況。

macOS 使用裝置驅動程式，這是一種專門的軟體，允許裝置與您的 Mac 進行
溝通。

針對某些週邊設備，macOS 可以使用通用的驅動程式，但也有一些週邊設備需
要 macOS 使用專門為該週邊設備建立的裝置驅動程式。您將透過安裝程式來安
裝大多數設備驅動程式，該程式會將驅動程式軟體放置於適當的 Mac 的資源檔
案夾中。macOS 將以下列四種方式之一開啟裝置驅動程式：系統延伸功能、第
三方核心延伸功能、框架外掛或應用程式。

當您需要為特定驅動程式的第三方週邊設備支援時，請查看週邊設備製造商的網
站以取得最新版本的驅動程式。

macOS 中的裝置驅動程式包括：

▶ 系統延伸功能 - 系統延伸功能延伸了您的 Mac 功能。macOS 會自動載入和卸
　除所需的系統延伸功能。欲了解相關資訊，請參閱 9.8《允許系統延伸功能》。
▶ 核心延伸功能 - 以前被稱為傳統延伸功能（KEXT）。請聯繫裝置供應商，
　要求他們提供更新版本的系統延伸功能，或者考慮使用另一個裝置。請參
　閱文章《macOS 中的系統和核心延伸功能》瞭解更多資訊，在 support.
　apple.com/guide/deployment/depa5fb8376f
▶ 框架外掛 - 這種類型的裝置驅動程式為現有的系統架構增加了對特定週邊設
　備的支援。例如，對額外的掃瞄器和數位相機的支援是透過 Image Capture
　框架的外掛來實現的。

▶　應用程式 - 在某些情況下，週邊設備最好由專門為該週邊設備編寫的應用程式支援。

常見週邊設備問題的故障排除

可參考下列方式排除常見週邊設備問題：

▶　首先檢查「系統資訊」。無論其軟體驅動程式是否正常，已連接的週邊設備都會出現在「系統資訊」中。因此，如果連接的週邊設備沒有出現在「系統資訊」中，那麼可以斷定您遇到硬體故障。如果連接的週邊設備在「系統資訊」中顯示正常，那就可能是軟體驅動的問題。在這種情況下，使用「系統資訊」來驗證是否載入了預期的核心延伸功能（KEXT）。關於核心延伸功能（KEXT）的更多資訊，請參閱第 9 章。

▶　拔除週邊設備，然後重新連接。這樣做可以重新初始化週邊設備連接，並讓 macOS 重新載入週邊設備專用的驅動程式。

▶　試著將週邊設備插入不同的連接埠或使用不同的連接線，這樣做有住於排除任何壞的硬體設備，包括主機連接埠、連接線和無法使用的集線器。

▶　拔除在同一個匯流排的其他裝置。在共享的匯流排的其他裝置可能會造成問題。

▶　解決可能的 USB 電源問題。如果裝置一時消耗過多的電力，USB 介面可能會產生問題，嘗試將 USB 裝置直接插入 Mac 電腦而非 USB 集線器。

▶　先關閉 Mac 及所有週邊設備的電源，再次開啟週邊設備，然後啟動 Mac。這種故障排除方法可以重新初始化週邊設備連接並重新載入軟體驅動程式。

▶　嘗試用另一台 Mac 連接外部週邊設備。這有助於確定問題是出在您的 Mac 上還是該週邊設備上。如果該裝置在其他電腦上不能運作，則代表問題不在您的 Mac 上。

▶　使用「軟體更新」偏好設定來檢查 macOS 的更新。

▶　使用 App Store 檢查應用程式的更新。

▶　檢查第三方應用程式的更新。

▶　檢查週邊設備設備製造商的網站，了解最新的驅動程式更新。

▶　檢查週邊設備的軟體更新。與軟體更新一樣，韌體更新也可以解決週邊設備的問題。

練習 26.1
透過「系統資訊」確認週邊設備

▶ 前提
▶ 您必須先建立 John Appleseed 帳號（練習 7.1，建立標準使用者帳號）。
▶ 您必須準備一個 USB 裝置，該裝置可以是快閃媒體或是印表機。

提醒 ▶ 如果您沒辦法完成前提，閱讀下列練習亦可以提高您對這些過程的認識。

在練習 11.1，「查看磁碟和卷宗資訊」中，您使用「系統資訊」來查看內部儲存空間的資訊。在這個練習中，您將使用系統資訊來識別匯流排上的裝置。

檢查內部裝置
有幾種方法可以打開「系統資訊」。在先前的練習中，您透過以下方式打開它：選擇 Apple 選單 >「關於本機」，然後點擊「系統報告」。在這個練習中，您將使用不同的方法打開「系統資訊」。

1. 如果有必要，以 John Appleseed 的身分登入。

2. 點擊 Apple 選單。

3. 按住「Option」鍵，然後選擇 Apple 選單 > 系統資訊。系統資訊開啟後，會顯示硬體、網路、和軟體類別。

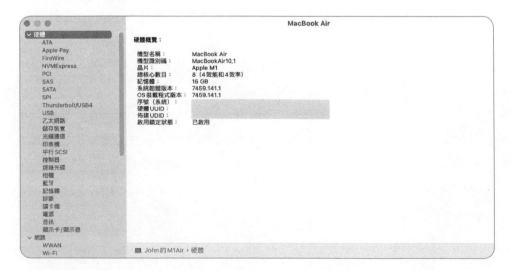

4. 在左邊的硬體列表中，點擊「顯示卡 / 顯示器」，有關您的圖形處理器的相關資訊就會顯示出來。

5. 在硬體列表中，點擊「USB」來檢查連接到 USB 匯流排的裝置。（這被稱為 USB 裝置樹）。

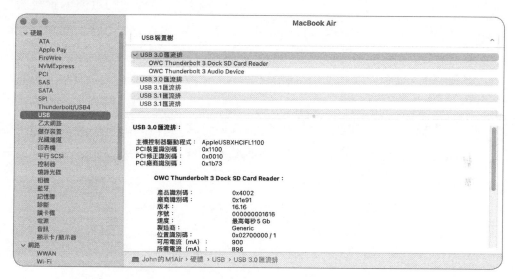

在這個例子中，系統資訊表列出有兩個 USB 匯流排都有裝置連接。

如果一個裝置被連接到集線器上，它就會被縮排列在集線器的下方。這個例子顯示了一個連接著 Apple 鍵盤的鍵盤集線器。雖然集線器和鍵盤是兩個獨立的設備，但它們都是單一週邊設備即 Apple USB 鍵盤的其中一部分。大多數 USB 鍵盤包含一個內建的集線器。

6. 檢查您的 Mac 的 USB 報告。

檢查外部 USB 裝置

在這個練習中，您必須至少有一個外部 USB 裝置連接到您的 Mac。如果沒有合適的 USB 裝置，請退出「系統資訊」並跳過本練習，逕行至第 27 章。

1. 如果有必要，插入外部 USB 裝置並重整系統資訊。選擇 檔案 > 重新整理資訊（Command-R）。

2. 在 Mac 的 USB 報告中選擇一個外部 USB 裝置。有關該裝置的細節會出現在底部視窗中。

3. 檢查該裝置所列的速度。USB 裝置執行的速度取決於它的連線能力和其連接埠與中間集線器的速度。

4. 檢查目前可用和需要的資訊。

   您的 Mac 可以透過它的每個 USB 連接埠提供一定程度的電力,若連接埠上有太多的裝置,可能沒有足夠的電力。為了防止這種情況,macOS 會追蹤 USB 匯流排上每個點的可用電量,如果它計算出沒有足夠的電量,就會禁用該裝置。

5. 當「系統資訊」打開顯示 USB 資訊時,從您的 Mac 上拔下裝置(如果是儲存裝置,先退出該裝置),把它插入另一個 USB 連接埠,然後選擇檔案 > 重新整理資訊(Command-R)。

   系統資訊不會更新視窗,除非您讓它這樣做。

6. 在報告中找到週邊設備,以發現它是否改變了位置或其統計資料是否發生了變化。

7. 如果您有一個外部集線器,嘗試將裝置插入連接埠,並再次重整「系統資訊」。確定集線器是否有足夠的電力來運行設備,以及設備的速度是否因為透過集線器連接而下降。

8. 退出「系統資訊」。

第 27 章
管理印表機與掃描器

在此章節您將會學習 macOS 如何操作不同的印表機與掃描器技術，以及如何管理連接至您的 Mac 的印表機與多功能裝置並對其進行障礙排除。

27.1
使用 macOS 列印

macOS 使用結合 AirPrint 以及 CUPS 的技術，讓您可以快速的設定印表機。

AirPrint

AirPrint 是一項能幫助您尋找印表機，且不需要下載或安裝任何印表機驅動程式（供電腦與印表機溝通的軟體），並能列印完整畫質的 Apple 技術。

AirPrint 是大部分熱門印表機機型內建的技術，包括列出在 Apple 支援文章 HT201311，「關於 AirPrint」，由 Apple 定期更新。若您的印表機為近幾年生產的型號，則有可能可使用 AirPrint。

若您的印表機無法使用 AirPrint，您可以洽詢製造商以確認是否與 macOS 相容。

CUPS

macOS 使用 CUPS 這個開源列印系統管理本機的列印。CUPS 使用「網際網路列印通訊協定」（IPP）2.1 標準來管理提供給印表機驅動程式的列印作業，及 PostScript Printer Description （PPD） 檔案。PPD 檔案可描述 PostScript 及非 PostScript 的印表機。

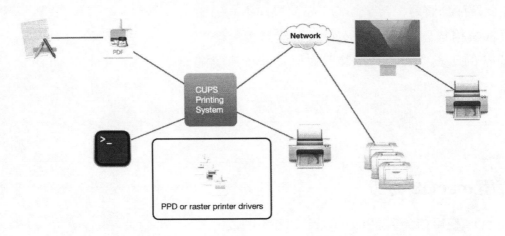

當你使用應用程式將一個列印工作開啟時，或使用終端機開啟一個列印命令時，macOS 將產生一個名爲 *spool file* 的檔案，並儲存於 /private/var/spool/cups/ 檔案夾。

CUPS 背景程序，cupsd，透過叫做 *print chain* 的過濾程序傳送 spool file。此過程會將排存檔案轉換爲可被目標印表機接收的格式，並傳送訊息到印表機。了解更多關於 CUPS，請見 CUPS 官方網站 www.cups.org。

印表機驅動程式

對那些無法使用 AirPrint 的印表機，您必須在使用前設定適合的印表機驅動程式。

Apple 可提供印表機驅動程式給大部分常見的印表機型號，包含 Brother, Canon, Epson, Fuji-Xerox, HP, Lexmark, Ricoh 以及 Samsung。

新安裝的 macOS 只有 Apple 與一般的印表機驅動程式，macOS 在升級過程同時也會安裝已被 Mac 使用的印表機驅動程式。

macOS 也包含支援標準 PostScript 及 Printer Command Language （PCL） 的印表機。

第三方印表機驅動程式會被安裝於 /Library/Printers/PPDs/Contents/ Resources。此檔案夾內可能會有其他檔案夾，包含印表機驅動程式的輔助資源。

在您新增一個印表機的設定後，該裝置的名字將會以 PPD 格式備份於 /private/ etc/cups/ppd 檔案夾內，並有 2 個設定文件會被修改：

▶　/private/etc/cups/printers.conf
▶　/Library/Preferences/org.cups.printers.plist

當你第一次列印或使用列印佇列時，macOS 會建立一個列印佇列應用程式並且 使用該裝置的名稱命名並儲存在使用者專屬檔案夾的 ~/Library/Printers 中。

> 提醒 ▶ Apple 提供大量的印表機驅動程式以支援大部分的印表機。您的 Mac 會自動使用最新且可支援您的印表機的印表機驅動程式，相較於印表機 隨附的印表機驅動程式，您的 Mac 可能更加時常更新。

27.2
設定印表機與掃描器

在您的 Mac 新增及設定印表機的方式，取決於印表機以及如何與 Mac 連接：

▶　AirPrint 印表機將會直接與您的 Mac 連線 - macOS 將自動新增及設定。
▶　已存在於您的本機網路中的 AirPrint 印表機 - 僅需幾個設定步驟，便能新增 該裝置。
▶　無法使用 AirPrint 的印表機 - 您可能需要選擇連線方式、印表機驅動程式， 或是需要下載並安裝印表機驅動程式。

當您新增一個印表機時，最好的方式為啟用在系統偏好設定中的「軟體更新」裡 的「讓我的 Mac 自動保持最新狀態」，並在您以管理者帳號登入時新增印表機。 軟體更新在第 6 課「更新 macOS」中有詳細講述。

> **提醒 ▶** 若您想要使一個使用者帳號不需要提供管理者驗證,便能新增或移除印表機,將此使用者帳號加入 lpadmin 群組。在 dseditgroup 的 man 手冊有更多相關資訊。

設定直接連線的印表機

> **提醒 ▶** 若您使用 AirPrint 的印表機,則不需安裝印表機製造商的軟體或驅動程式。若您安裝了非來自 Apple 的印表機軟體,在您使用「軟體更新」時,印表機軟體可能不會自動更新。

使用適合的連接線連接 AirPrint 印表機與您的 Mac。此時不限於您使用哪一個使用者帳號登入 Mac,macOS 將自動設定印表機。

若直接連線的印表機無法支援 AirPrint,請洽印表機製造商如何取得並安裝印表機驅動程式,再將印表機連接至您的 Mac。

不過若您的印表機為較舊的版本,並且不支援 AirPrint 的免安裝驅動程式技術,則在繼續嘗試設定印表機前,必須先確認您使用管理者帳號登入。

您的 Mac 可能會自動安裝此裝置所需要的驅動程式。有一些較舊的印表機中,您的 Mac 會顯示要求您下載新的軟體的訊息,在此情況中,請確保點選下載並安裝的按鈕。

若在「軟體更新」偏好設定中的 「讓我的 Mac 自動保持最新狀態」 的選項是關閉的,您可以連接印表機至 Mac,接著打開「軟體更新」以確認印表機驅動程式。若印表機驅動程式可以使用,則「軟體更新」將會預設安裝印表機驅動程式。您可以結束「軟體更新」的偏好設定,並繼續設定印表機。

若是使用非管理者帳號第一次連接新的印表機且沒有驅動程式，macOS 不會設定印表機。如果是 Apple 沒有提供印表機驅動程式的直接連線印表機，在您將其連接線插入時，macOS 則無法辨識該印表機。在此情況中，您必須使用管理者驗證，並手動取得及安裝印表機驅動程式。

您可以從任何應用程式（檔案 > 列印）或「印表機與掃描器」的偏好設定中開啟印表機的視窗，並檢查印表機是否已新增至列表。在「印表機與掃描器」的偏好設定中，您可以查看印表機的位置中的名稱與「電腦名稱」（在「共享」偏好設定中）是否同名，來辨別印表機是否已正確連線。

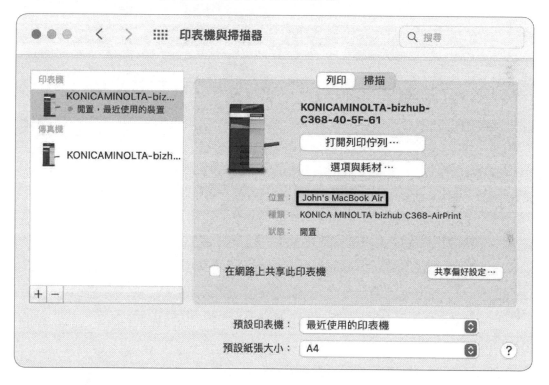

設定本機網路印表機

您必須使用管理者帳號登入 Mac 以新增本機網路印表機。若您的 Mac 及印表機已經連接至同一個本機網路，則印表機不需要任何設定即可使用。macOS 可以自動發現支援 Bonjour（也被稱為 mDNS）的獨立印表機、支援 AirPrint 的獨立印表機，以及任何與其他 Mac 共享的印表機。若您的網路印表機不支援 AirPrint，使用「軟體更新」偏好設定來安裝可用的印表機驅動程式。

要新增及設定 Mac 在您本機網路上找到的網路印表機時，使用以下步驟來完成：

1. 開啟有列印功能的應用程式

2. 選擇檔案 > 列印

3. 開啟列印選單並在鄰近印表機的清單中選擇所需的印表機

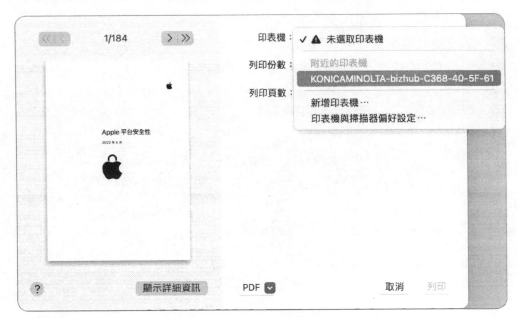

macOS 將會準備您的印表機。

4. 確認您的印表機出現在印表機選單中

手動設定印表機

若網路印表機不支援 Bonjour 自動網路搜尋的功能，您則必須手動設定。並且若直接連接印表機無法自動設定，您可以手動新增。新增印表機或多功能裝置可使用以下其一方法：

▶ 從任一個應用程式，選取檔案 > 列印，開啟「列印」視窗，接著在印表機列表中點選「新增印表機」。

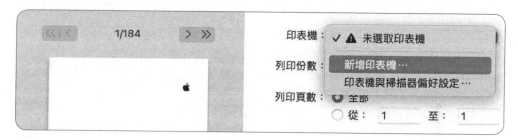

▶ 開啟「系統偏好設定」，點選「印表機與掃描器」，選取印表機列表下方的新增（+）按鈕。

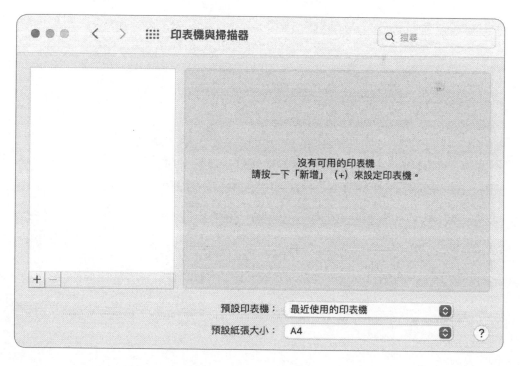

新增印表機的視窗中包含許多可選取的印表機或多功能裝置的頁面。在工具列中選取以下按鍵以進入這些頁面。

▶　預設（印表機圖像）— 使用搜尋欄尋找及選取直接連接的 USB 印表機，以及使用 Bonjour 、AirPrint 或網路目錄服務的網路印表機。

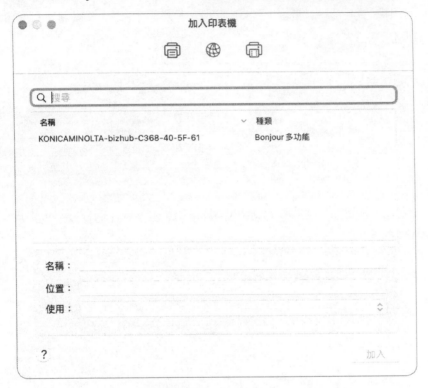

▶　IP（地球圖像）— 使用此頁面手動輸入 IP 地址，或是輸入行列式印表機服務程式（LPD）、Internet 列印通訊協定（IPP），或是 HP Jetdirect 的 DNS 網域名稱。您必須從選單中選擇適合的協定，並輸入印表機位址。而列印佇列則是選擇性的輸入。

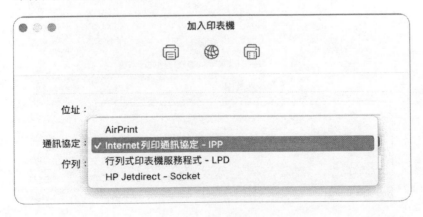

▶ Windows 電腦（印表機圖像）— 使用此頁面選擇使用伺服器訊息區塊（SMB）共享協議的印表機。點兩下 SMB 伺服器並進行身分驗證來存取伺服器的共享印表機。更多相關資訊，請見「使用 Mac 透過連接到 Windows 電腦的印表機進行列印」，macOS 使用手冊 support.apple.com/guide/mac-help/mchlp2437。

若您想要手動輸入印表機位置，可以使用進階的設定選項，但是您應該只在 macOS 無法自動定位印表機時操作。進階的按鈕被預設為隱藏，若要顯示此按鈕，按住 Control 並在加入印表機的工具列按一下，接著選取「自訂工作列」。

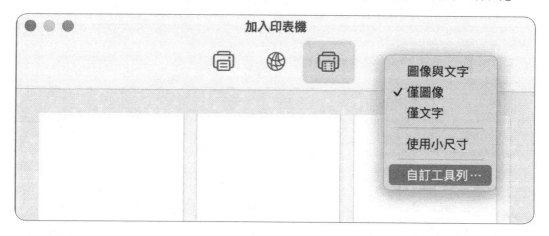

將「進階」按鈕拖移至工具列表，接著點選「完成」的按鈕。您便可以點選「進階」（齒輪圖像），以及選擇列印類型以開始設定印表機。

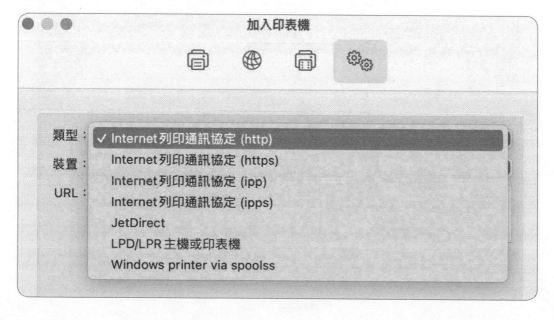

在你從上半部分的新印表機設定視窗中選擇一個印表機或多功能裝置後，macOS
將會使用搜尋到的資訊完成下半部分選項，包含選擇一個適合的印表機驅動程
式。名稱及位置欄位則是幫助您辨識裝置，可依您的需求設定。

當您新增一個新的印表機，在「加入」的視窗可能會出現以下訊息「已選擇的印
表機軟體在 Apple 中可取得，點選『加入』按鈕下載以及新增此印表機」，在以
下情況中，您的 Mac 會顯示此訊息：

▶ 您使用管理者帳號登入（或是您使用 lpadmin 群組成員的標準帳號登入）
▶ 在「軟體更新」偏好設定中的「讓我的 Mac 自動保持最新狀態」選項未被
  選取
▶ 您所新增的印表機尚未在 Mac 中安裝驅動程式
▶ 您的 Mac 已與網路連線

若您符合以上全部條件，並且 Mac 顯示該訊息，點選「加入」以下載印表機驅
動程式並新增印表機。

若 macOS 沒有要求您下載及新增印表機驅動程式（或是您沒有網路連線），
macOS 將會選擇一個通用的印表機驅動程式，並顯示印表機驅動程式可能無法
供您使用全部的印表機供能的訊息。

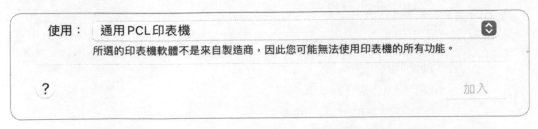

若 Apple 沒有提供適合的印表機驅動程式，您可以選擇內建的印表機驅動程式，
從「使用」欄位點選「選擇軟體」，以選擇印表機驅動程式。

您可以手動滾動瀏覽印表機軟體清單，但使用「過濾」欄位可能會更快速。在
您選擇適合的印表機驅動程式後，點選好以使用該驅動程式。此圖顯示 macOS
Monterey 所提供的印表機驅動程式。

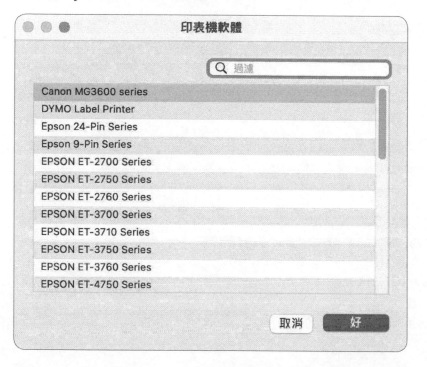

若您的 Mac 無法提供適合的驅動程式給予您的印表機，您則可能需要從印表機
製造商取得驅動程式。但在您下載印表機製造商提供的驅動程式前，先試著使用
「軟體更新」自動安裝印表機驅動程式。

若您已經下載及安裝其他印表機驅動程式,「印表機軟體」視窗會顯示額外的
印表機驅動程式。以下畫面顯示 Mac 上從「HP Printer Drivers v5.1.1 for
macOS」下載的印表機軟體,範例來自:support.apple.com/kb/DL1888。

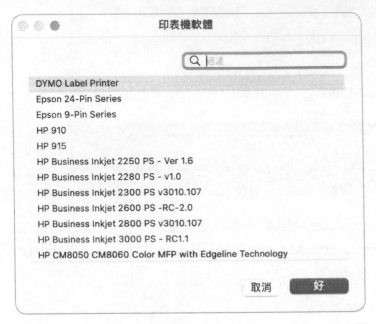

在您選擇想要使用的印表機驅動程式後點選好,印表機軟體視窗便會關閉。「使
用」選單則會顯示您所選擇的印表機驅動程式,點選「加入」以新增所選取的印
表機。

在「使用」的欄位中點選「其他」,以選擇您從印表機製造商直接下載的印表機
驅動程式;接著在視窗中選擇該驅動程式,點選「開啟」。

若沒有可供您的印表機使用的驅動程式,您可以使用內建的通用印表機驅動程
式。

若您設定 LPD 印表機的連線,您必須手動操作適合的印表機驅動程式。此步驟
可驅動 HP JetDirect 以及 SMB 印表機的連線。

若您設定 IP 印表機,macOS 會顯示您可以選擇特殊印表機選項的視窗。在您完
成印表機設定後,從任何應用程式開啟「列印」視窗,或從「印表機與掃描器」
偏好設定中開啟,在此查看是否已新增印表機。

在「印表機與掃描器」的偏好設定中，您可以查驗他們的位置顯示是否與您的 Mac 本機分享名稱不同，來辨別哪一些印表機為網路印表機。

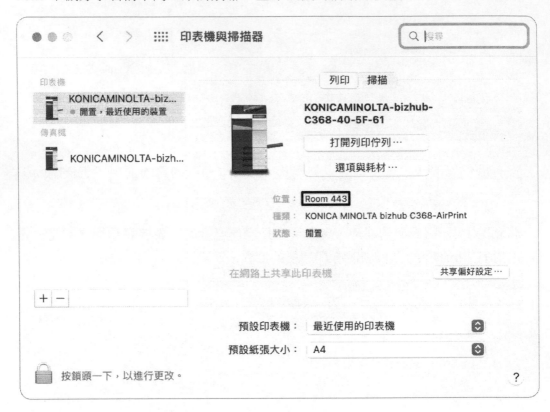

有一些印表機驅動程式包含額外的功能。例如，上一張畫面顯示有掃描標示的多功能裝置，說明 macOS 已設定了掃描的驅動程式軟體。若您的多功能裝置沒有掃描標示，試著從「印表機與掃描器」的偏好設定中移除此多功能裝置，接著再重新加入該裝置。

> 提醒 ▶ 您可以使用「終端機」以及 Apple 遠端桌面來新增印表機，您可以選擇管理 > 傳送 UNIX 指令便可同時在數台 Mac 電腦上建立印表機。在 **lpadmin**, **cupsenable** 以及 **cupsaccept** 的 man 手冊有更多相關資訊。

修改已存在的印表機

您有可能需要修改已安裝的印表機驅動程式。但取決於不同的印表機型號，您有可能無法從「印表機與掃描器」偏好設定中修改印表機驅動程式的設定。在此情況中，為了更改已選擇的驅動程式，您必須刪除此印表機後再重新加入。在「印表機與掃描器」的偏好設定中，你可以：

▶ 移除印表機設定—選擇您要從印表機列表中刪除的項目，接著點選列表下方的移除（-）按鈕。

▶ 設定列印預設值—在「印表機與掃描器」偏好設定的下方，有兩個目錄可選擇「預設印表機」與「預設紙張大小」。在選擇最近使用的印表機時需多注意，您將會沒有永遠的預設印表機，且列印工作的預設目標有可能會時常變更。

▶ 開啟列印佇列—從選單中選擇一個印表機，接著點選「打開列印佇列」的按鈕。列印佇列的相關細節將稍後在本章節中講述。

▶ 編輯已存在的設定以及確認耗材—從選單中選擇一個印表機，接著點選「選項與耗材」。在此視窗中您可以編輯印表機設定—包含變更印表機名稱、變更位置，以及若有需要時，可確認印表機耗材餘量—以及開啟印表機工具程式。

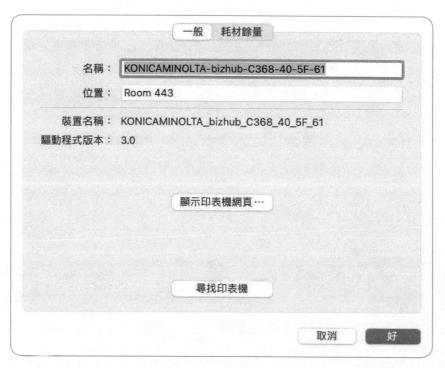

▶　管理掃描—從選單中選擇一個多功能裝置，並點選「掃描」的按鈕。從此介面開啟掃描器的畫面擷取介面，或啟用本機網路掃描器分享。

共享印表機

Mac 的共享印表機服務是透過使用 IPP 印表機共享協定。儘管 macOS 以及 Windows 與 IPP 相容，但不同版本的 Windows 可能會要求額外的 IPP 驅動程式。IPP 在 macOS 上支援自動設定及安裝印表機驅動程式，因此當其他 Mac 使用者連接到您的 Mac 共享印表機服務時，其他使用者的 Mac 會自動選擇，以及有必要時會安裝適合的印表機驅動程式。

CUPS 的共享印表機服務，也提供其他網路使用者能找到您所使用的 Bonjour 共享印表機設定。不同版本的 Windows 則可能要求額外的 Bonjour 驅動程式。亦或是，網路使用者可以輸入您 Mac 的 IP 位址或 DNS 網域名稱以存取您的 Mac 共享列印服務。使用網路服務以設定您的 Mac 電腦身分涵蓋在章節 25 中講述，「管理主機分享與個人防火牆」。

使用者無法在 Mac 睡眠模式中存取共享印表機服務，但您可以設定使 Mac 不進入睡眠模式，或當其他使用者存取資源時從睡眠模式中喚醒。在「能源節約器」偏好設定（Mac 桌上行使用者）或「電源」偏好設定（Mac 筆電使用者）中，啟用適合的選項以在進行電腦連線時喚醒電腦（選項的種類是依據您的 Mac 設定）。查看更多關於「在 Mac 進入睡眠狀態時分享其資源」於 macOS 使用手冊中的 support.apple.com/guide/mac-help/mh27905，以及 28.3，「睡眠模式、登出及關閉」。

若要從您的 Mac 分享印表機，開啟「共享」偏好設定，並在必要時將其解鎖。選擇「印表機共享」的註記框以啟用印表機共享，點選此註記框以設定 cupsd（持續於後台運行）傾聽在 TCP 連接埠 631 的 IPP 列印服務連線請求。

在預設中，沒有印表機可共享。若要啟用印表機共享設定，需點選您想要分享的印表機旁的註記框。您可以選擇並限制可使用您的共享印表機的對象。在預設中，所有的使用者皆可存取您的共享印表機裝置。若要限制存取，則需要從印表機選單中選取欲分享的裝置，接著點選使用者清單下方的增加（＋）的按鈕。

這時則會出現一個視窗供您選擇想要加入的單一使用者,或是包含全部成員的群
組帳號可以存取印表機。在您新增帳號後,macOS 將會把使用者清單設定成不
提供給所有人,並自動拒絕訪客使用者的存取。並且在啟用限制列印存取後,使
用者使用您的共享印表機時需進行驗證。

僅共享其他 Mac 使用者無法找到的印表機。若您共享的印表機已經在您的網路
上可取得,則該印表機會在其他的 Mac 使用者的鄰近印表機清單中重複出現。

27.3
管理列印工作

macOS 的列印視窗有兩種模式。基本模式讓您可以預覽,並使用預設設定開始
列印工作,而詳細模式提供您選取特定頁數、列印選項及管理預設列印設定。在
一些應用程式中,尤其是平面設計及使用客製化的列印視窗,則會與標準的列印
視窗有所不同,也將會在此章節中講述。

開始列印工作

使用預設列印設定開始一個列印工作,選擇「檔案」>「列印…」或按下
Command + P。有一些應用程式會略過列印視窗,在您按下 Command + P 時
將列印工作傳送至預設的印表機。

當列印視窗出現時,依應用程式所支援的情況而定,有可能出現應用程式的標題
工作列視窗,或是出現其專屬的視窗。大部分的應用程式會出現預覽列印,而有
一些會出現基本的列印選項。預設的印表機及列印預設組皆已被選取,但您可以
選擇列印頁數、列印份數及雙面列印的選項(若可選)。自訂印表機設定將在本
章節的下一段中講述。

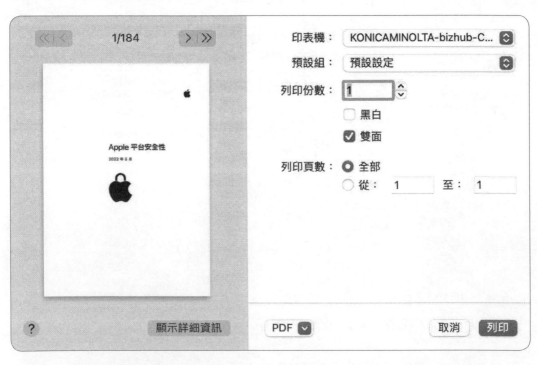

當列印工作開始後，macOS 將會自動開啟與目標印表機有關的列印佇列 app。若列印工作成功時將不會開啟任何視窗，您可以點選在 Dock 中的列印佇列查看。

設定詳細的列印設定及預設組

若要開始一個使用自訂列印設定的列印工作，從應用程式打開「列印」視窗。當您開啟「列印」視窗後，預設的印表機及列印預設組已被選取，但您可以從選單中選取其他設定好的印表機或預設組。

若要查看進階列印設定，按一下對話框底部的「顯示詳細資訊」。在進階列印設定中，您可以點選底部的「隱藏詳細資訊」回到基本列印視窗模式。列印的視窗也會紀錄您上一次使用不同應用程式時使用哪一種模式。

在詳細的列印視窗的左側，您可以預覽每一頁的列印工作，與基本列印設定視窗相同。對列印格式的更動都會立即顯示於預覽中。在視窗的右側中您可以設定大部分應用程式的列印設定。上半部分顯示更詳細的頁面格式及列印設定。

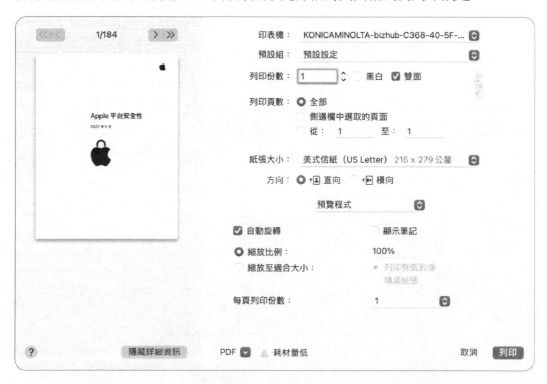

下半部分的設定，則是與您用於列印的 app 以及印表機驅動程式有關。您可以從將列印設定視窗中間做分隔的選項中，選擇列印設定中的其一類別做更改。設定清單及設定選項則會因不同的應用程式、印表機以及驅動程式而有所不同。以下畫面顯示為列印 Keynote 文件時，所出現的選項。

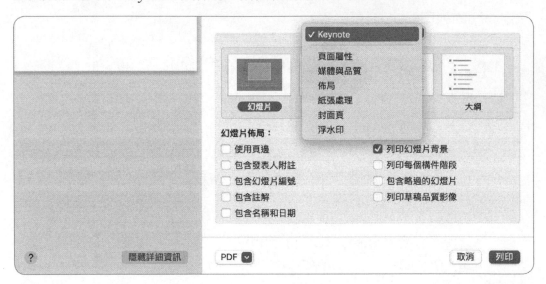

將目前列印設定儲存為預設組，在「預設組」選單中選擇「儲存目前設定為預設組…」。選擇「所有印表機」或「只針對此印表機」。儲存預設組後，您便可以從任何的列印視窗的詳細模式中存取此預設組。列印預設組將會被儲存於 ~/Library/ Preferences/ 在 com.apple.print.custompresets.plist，所有適用於該印表機的預設組，以及給特殊印表機的預設組於 com.apple.print.custompresets.forprinter.*printername*.plist，因此不同的使用者皆有他們專屬的自訂列印預設組。列印預設組則適用於所有的應用程式。

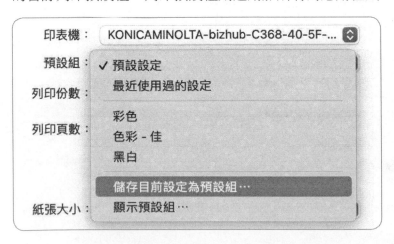

管理已儲存的列印預設組，開啟列印視窗中的「顯示預設組」選項。在此視窗中，選擇一個預設組以檢視該設定與設定值，並可在預設組清單的底部點選「刪除」及「複製」按鈕。在預設組上點兩下，即可重新命名。當你完成管理列印預設組後，點選好以儲存變更及返回到「列印」視窗。

建立 PDF 文件

macOS 有內建的可攜式文件格式（PDF）架構及編輯工具，包含可建立 PDF 文件的工具或基本編輯功能。任何可列印的應用程式，也可以產出高畫質的 PDF 文件。在任一列印視窗中，點選 PDF 按鈕，將會出現一個選單，您可以使用來儲存 PDF 至任何位置。

在 PDF 選單中，您可以選擇一個可接受及處理 PDF 檔案的工作流程。有一些預設組的工作流程是內建的，但您可以透過修改 PDF 的選單以新增您自己的 PDF 工作流程。或是取決於存取的對象，您可以手動新增 PDF 工作流程至 /Library/PDF Services 或 ~/Library/PDF Services。為了建立客製化的 PDF 工作流程，使用 Automator 建立列印外掛模組或使用工序指令編寫程式。

您可以使用 macOS Monterey 的快速鍵來建立各種的工作流程，便能從不同的檔案、分頁製作 PFD、新增 PDF 至「書籍」的應用程式，將 PDF 中的文字傳送到其他地方。

您也可以在「預覽程式」中修改 PDF。更多相關資訊將在 20.2「管理應用程式延伸功能」中講述。

管理列印佇列

當一個列印工作開始，spool file 會被列在 /private/var/spool/cups，CUPS 將會接管處理此檔案，並傳送至印表機。當您從應用程式或 Finder 列印時，macOS 會開啟一個列印佇列 應用程式以管理列印工作。若列印工作快速的完成，檔案只會在列印佇列中一小段時間，在列印工作完成後則會關閉列印佇列應用程式。

若 macOS 偵測到印表機有錯誤，則會將列印佇列中的工作暫停。您依舊可以開始列印工作，只是他們會在佇列中重新排序。

使用以下其一方法進入列印佇列應用程式，以管理列印工作佇列：

▶　若印表機佇列是開啟的狀態，點選 Dock 上的印表機圖像。圖像中的印表機圖像右上角顯示「1」的紅色指示燈，代表目前有一個列印工作在列印佇列中。以及左下方顯示的橘色連線指示燈代表列印佇列有網路連線問題，導致列印工作無法完成。

▶ 您可以從「印表機與掃描器」的偏好設定中手動開啟列印佇列,在印表機列表中點兩下該裝置,或是從印表機列表中選取該裝置,接著點選「打開列印佇列⋯」按鈕。

▶ 您也可以從 Finder 中手動開啟列印佇列,搜尋 ~/Library/Printers,接著在印表機上點兩下。

開啟列印佇列後,將顯示印表機狀態及列印作業。

要暫停或繼續在列印佇列中的工作時,點選在列印佇列 app 的進度列旁的「暫停」或「繼續」的按鈕。若要中止或繼續一個列印工作,可點選在列印工作的進度列旁的「暫停」或「繼續」的小圖像。若要刪除列印工作,點一下工作列表的進度列右方的 x 按鈕。

您可以在列印佇列清單中選一個列印工作,接著按一下進度列便能開啟列印工作的快速預覽視窗。已暫停的列印工作,點選「作業」>「繼續頁面上的作業⋯」,輸入指定的列印頁面繼續列印作業。您可以透過拖移想要重新排序的列印作業,重新安排列印順序。您也可以將列印作業拖移至其他列印佇列視窗中。

其他功能皆能在列印佇列應用程式工作列中找到。您可以點選工作列上的「設定」按鈕以設定印表機,此外支援多功能的印表機,您可以點選「掃描器」圖像以開啟掃描器的介面。

您可能會想要保留經常使用的列印佇列在 Dock 上以快速使用。在 Dock 列上,按著 Control 鍵後點選列印佇列的圖像,從快速單中,選取「選項」>「保留在 Dock 上」。將列印佇列保留在 Dock 的好處是,您可以拖移要列印的檔案至印表機圖像上,便能快速列印一份文件。

您也可以透過拖移在 Finder 中的印表機檔案夾 ~/Library/ Printers 到 Dock，便可快速開啟列印佇列。點選在 Dock 上的檔案夾，以開啟已設定裝置的檔案夾。

27.4
解決 Mac 上的列印問題

您可能有較多的硬體問題多過於軟體問題的經驗。以下為一系列常見的列印問題的技術解決方法：

▶ 首先點選列印佇列應用程式。列印佇列會讓您了解是否有印表機連線的問題，同時檢視列印佇列是否被中止，並且沒有其他列印工作被保留。有些時候刪除掉舊的列印工作也能幫助解決問題。

▶ 點兩下頁數及列印設定。若正在進行列印工作，但沒有正確的列印，則在列印視窗的詳細模式中，點兩下頁數及列印設定。

▶ 使用應用程式預覽 PDF 輸出畫面。CUPS 的工作流程為 app > PDF > CUPS > 印表機 . 透過瀏覽檢視 PDF 是否正確，能讓您確認問題是應用程式或是列印系統。

▶ 使用其他應用程式列印。若您懷疑問題來源可能是應用程式，試著使用其他應用程式來進行列印。您也可以使用測試頁列印，在列印佇列應用程式中選擇印表機 > 列印測試頁。

▶ 若您無法尋找到適合的印表機驅動程式，試著在新增印表機前，先使用管理者帳號登入。

▶ 確認印表機硬體。許多印表機有診斷畫面或報告，能幫助您判斷硬體問題。許多印表機也有軟體工具程式或內建網頁可供問題回報。點選在列印佇列印表機中的「印表機設定」按鈕以開啟管理介面。再次確認連接線及連接狀況。最後，聯繫印表機製造商來判斷印表機硬體問題。

▶ 直接連線的印表機，使用週邊設備解決的技術將在章節 26「週邊設備錯誤排除」中講述。

▶ 網路印表機的故障排除技術，將在章節 23「網路問題錯誤排除」，以及章節 24「管理網路服務」中講述。

▶ 刪除及重新設定印表機。從「印表機與掃描器」的偏好設定中，刪除及重新設定一個有問題的印表機的方法稍早已在本章節中講述。請依循此方法來重置驅動程式及列印佇列。

▶ 重置整個列印系統。開啟「印表機與掃描器」的偏好設定，若您使用標準使用者帳號登入，則點選鎖頭並驗證解鎖。按著 Control 並點選印表機列表，接著選取「重置列印系統…」。跟著指示將已設定的裝置、共享設定、自訂預設組以及列印佇列清空。

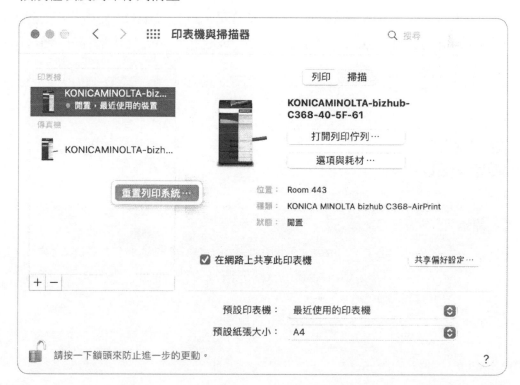

▶ 無支援 AirPrint 的印表機，將 /Library/Printers 內的內容移到其他位置以移除印表機驅動程式。

▶ 檢視 CUPS 記錄檔案。與其他系統服務相同，CUPS 在記錄檔案中記錄重要的活動。點選印表機 > 錯誤記錄檔，這時將會透過系統監視程式打開 CUPS error_log。在系統監視程式中，您可以確認 access_log 以及 page_log 報告。error_log 檔案在 CUPS 服務沒有記錄任何印表機錯誤時不一定會存在。這些報告檔案存放在 /private/var/log/cups。

▶ 重新安裝或更新印表機驅動程式。您可以使用「軟體更新」偏好設定來確認系統及印表機的更新。您也可以從印表機製造商的官網來確認最新的印表機驅動程式更新。若您使用支援 AirPrint 的印表機，您可以與製造商確認您的印表機型號是否需要更新。（與印表機驅動程式的更新方式相反）。

▶ 使用不同型號的印表機或不同製造商的印表機來比較效果。印表機韌體將會依您的 Mac 指示來進行解讀和呈現頁面。不同的印表機會呈現不同的列印工作。

進階的列印系統管理以及障礙排除，請參閱「在您的 Mac 上的 CUPS 網頁介面」http://localhost:631，並遵循指示。

參閱「解決 Mac 上的列印問題」的更多資訊，請見 macOS 使用手冊 support.apple.com/guide/mac-help/mh14002 。或是在「印表機與掃描器」偏好設定中，點選「幫助」（問號圖像）按鈕。

練習 27.1
設定列印

▶ 前提
  ▶ 您必須已經建立 Local Administrator（練習 3.1，「練習設定一台 Mac」）以及 John Appleseed 的帳號（練習 7.1，「建立一個標準使用者帳號」）。
  ▶ 您必須擁有一個支援 Bonjour 協定的網路印表機。

提醒 ▶ 若您無法符合以上前提，閱讀此練習也會加深您對此操作的知識。

使用 Bonjour 設定印表機

在此練習中，您發現並使用 Bonjour 搜尋服務通訊協定設定網路印表機。

1.　有需要時，使用 John Appleseed 登入。

2.　開啟「印表機與掃描器」偏好設定。

3.　有需要時，點一下「鎖頭」按鈕，接著以 Local Administrator 身分驗證。

4.　點選印表機列表下方的增加（＋）按鈕。

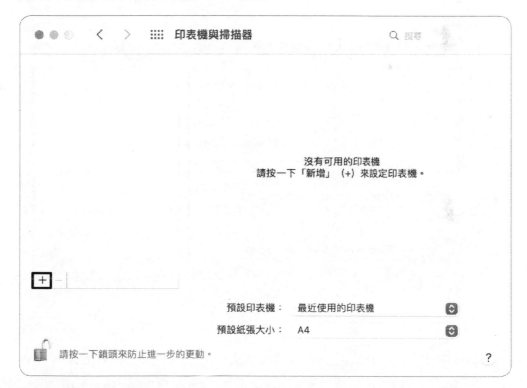

「新增印表機」的視窗將會開啟，並顯示週邊的印表機列表。

根據本機的網路環境，在您的網路上的清單內容可能會有所不同。請參閱 27.2，「設定印表機與掃描器」以取得更多資訊。

5.　從清單中選擇您想使用的印表機。

取決於印表機的類型，可能會出現以下其一狀況：

▶　如果已經安裝於您的 Mac 的印表機驅動程式，能提供給 Mac 共享印表機使用，或是 AirPrint 或 Secure AirPrint 的印表機，則該驅動程式已被選取並顯示於「使用」的選單中。

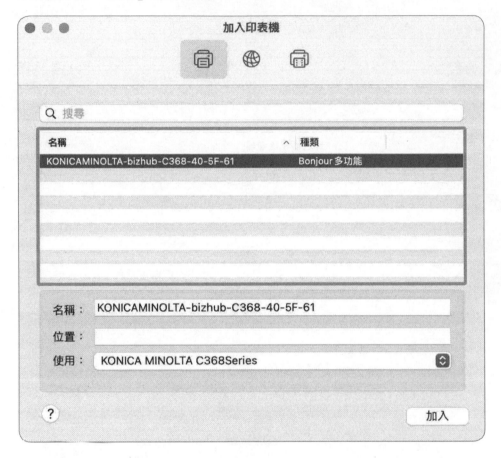

▶　若驅動程式未安裝於本機，或無法供 AirPrint 或 Secure AirPrint 的印表機使用，則可能可使用一個通用的驅動程式來提供基本的列印功能。

在此情況中，尋找並安裝一個驅動程式（可能來自於印表機製造商）。關閉「新增印表機」的視窗，並在您找到並安裝一個適合的驅動程式後重新嘗試。

6. 選取印表機後，點一下「新增」

您的 Mac 從印表機中接收到了可選用的功能（或是 Mac 分享的），接著完成設定步驟。您的 Mac 便完成了印表機的列印設定。

7. 當新的列印佇列完成設定後，選取後按一下「打開列印佇列」按鈕。

跳出的視窗能提供您檢視並修改列印佇列的設定。取決於印表機的功能，選項中可能包含掃描器的按鈕。

8. 點選「設定」按鈕。

將會顯示一個視窗提供您檢視並修改列印佇列的資訊及設定。這些設定也能從「印表機與掃描器」偏好設定中，點選「選項與耗材」按鈕中存取。

使用「一般」頁面來設定印表機所顯示的名稱及位置。使用印表機型號來命名可能會較有幫助。

9. 在適合的情況中,將名稱及位置變更的更明確。

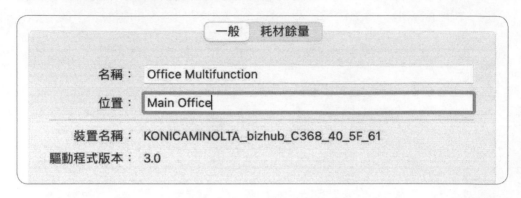

在「設定」對話框中的其他頁面中,不同的印表機型號名稱可能會有很大的不同。您可能在接下來的畫面截圖中,不會找到相同的選項。

10. 若顯示「選項」的按鈕,點一下

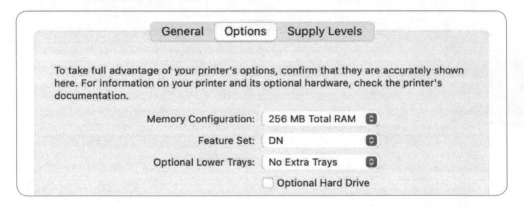

若此印表機是由 Mac 分享,則會由 Mac 控制哪一些選項可以用來設定此印表機。若您是直接連接印表機,則可以變更選項。

11. 若顯示「耗材餘量」按鈕，點一下

若您直接與印表機連線，且印表機已支援，您可以查看耗材餘量。

12. 若有顯示「工具程式」，點一下。

此「印表機與掃描器」視窗提供您存取由印表機驅動程式提供的工具程式。所提供的功能則取決於印表機型號。有些驅動程式包含各別的工具程式，可在此視窗中開啟。

13. 點一下好，關閉「設定」視窗。

14. 結束列印佇列。

列印佇列並不是一個 app，但其操作非常類似，包含在啟動台中有「結束」選項。

練習 27.2
在 Mac 上管理列印

▶ 前提

　▶ 您必須已建立 John Appleseed 的帳號（練習 7.1，「建立一個標準使用者帳號」）。

　▶ 您必須擁有至少一個列印佇列安裝於您的 Mac（透過練習 27.1「列印設定」）。

在此練習中，您可以勘查「列印」面板，包含儲存列印選項為預設組、列印 PDF 以及管理 PDF 工作流程。

使用印表機列印
在此段落中，您將使用剛設定完成的印表機列印。

1. 若有必要，以 John Appleseed 帳號登入。

2. 開啟「文字編輯」。

3. 點選「新增文件」（若有需要，可按 Command-N）。

4. 在文件中輸入一些文字，接著將此文件儲存於桌面並使用您想要的名稱命名。

5. 在「文字編輯」的選單列中，選擇檔案 > 列印（Command-P）。

6. 在「列印」視窗中，從印表機選單中選擇一個印表機。

7. 點選「顯示詳細資訊」。

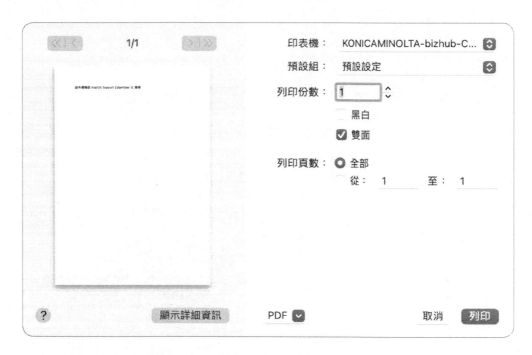

「列印」視窗會展開顯示更多列印設定選項。

8. 在設定目錄中選擇「佈局」（最初設定於「文字編輯」）

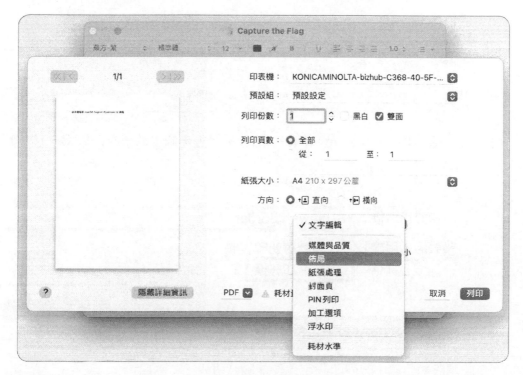

9. 從「每張頁數」中,選擇 6。

10. 在「框線」中,選擇「單細線」。

   在您進行變更設定的同時,左方的預覽畫面也會跟著變動。

11. 在「預設組」選單中,選擇「儲存目前設定為預設組」。

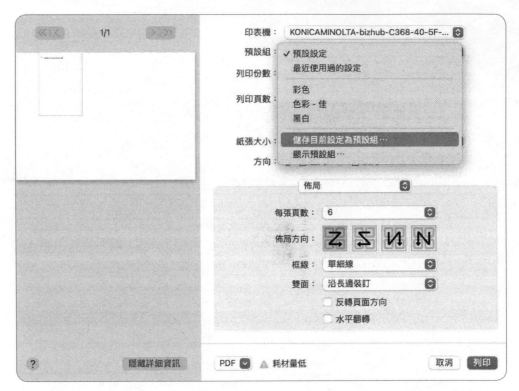

12. 將此預設組命名為 **6-up with border**,並設定適用於所有印表機,接著點一下好。

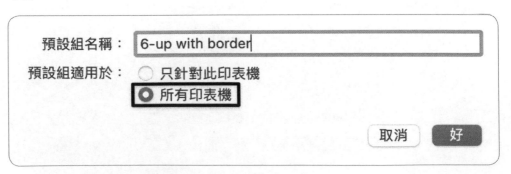

此預設組目錄中的列印設定,便能隨時可用。

13. 使用預設組的選單來切換「預設設定」及「6-up with border」，並觀察兩者的列印設定效果。

14. 點選「列印」

列印佇列的圖像會顯示在 Dock 上，並顯示列印工作數量。

管理列印佇列

1. 在可行的情況下，在列印佇列尚未消失前在 Dock 上點選列印佇列。在列印佇列視窗中，查看此工作已傳送至印表機（或伺服器），接著便從列印佇列上移除了。

2. 若列印佇列在您點選前已經不存在於 Dock 上了，開啟「印表機與掃描器」偏好設定，選取左側的列印佇列，接著點選「開啟列印佇列」。

3. 在列印佇列視窗中，點選「暫停」。

4. 切換至「文字編輯」，接著再次列印文件。

5.　當您接收到印表機已經暫停的警告時，點選「加入印表機」。

6.　切換到列印佇列的視窗。若您的文件沒有被顯示，關閉列印佇列，接著從「印表機與掃描器」偏好設定中重新開啟。若第一次的文件沒有成功列印，則會在列表上出現兩次。

您的文件會顯示「準備好進行列印」。

7.　在列印佇列中點兩下文件以預覽列印工作，或是按 Command-Y 或空白鍵。

8.　關閉「快速查看」視窗並點選「工作」目錄。

此目錄包含保留、繼續或刪除列印工作的選項。大部分的選項也可在列印佇列視窗中找到。

9. 在列印工作的右側點一下刪除（「X」）的按鈕。若列印佇列中有兩份文件，皆刪除。

列印工作將不會在列印佇列中顯示。

10. 結束列印佇列

列印 PDF

1. 開啟「文字編輯」，接著按 Command-P。

2. 點選列印視窗中間底部的 PDF 按鈕（在列印預覽旁邊）。

3. 選擇「在『預覽程式』中打開」

CUPS 會產出此文件的 PDF 版本，接著在預覽程式中開啟。在視窗的右側底部有「取消」及「列印」的按鈕。

4. 點一下「取消」

便會關閉文件及結束預覽

5. 在「文字編輯」，再次按 Command-P。

6. 在 PDF 目錄中，選擇「儲存為 PDF」。

7. 將 PDF 儲存至桌面

8. 結束「文字編輯」

練習 27.3
列印工作的錯誤排除

▶ **前提**

▶　您必須已經建立 Local Administrator（練習 3.1，「練習設定一台 Mac「）以及 John Appleseed 的帳號（練習 7.1，「建立一個標準使用者帳號」）。

▶　您必須擁有至少一個列印佇列安裝於您的 Mac（透過練習 27.1「列印設定「）。

為了要排除列印時的障礙，您必須了解列印過程。在此練習中，您將檢查列印紀錄及重置列印設定。

檢查 CUPS 紀錄

您將檢視在系統監視程式的系統及使用者事件紀錄。在此練習中，您將使用系統監視程式來檢視 CUPS 紀錄。

1. 若有需要，以 John Appleseed 身分登入

2. 開啟「系統監視程式」

3. 選擇左欄的「紀錄報告」接著選取右邊的 access_log

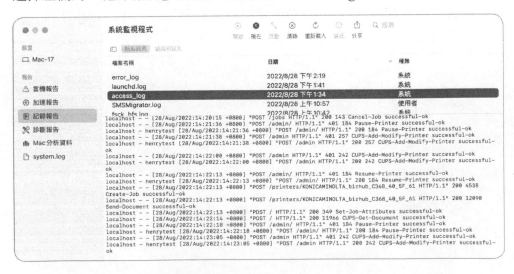

若您已列印，則會顯示在 access log 中。此記錄頁面還可能包含了每個工作項目。

4. 在此列表中包含 page_log 以及 error_log 文件，選擇並檢視這些內容。

5. 結束「系統監視程式」

重置列印設定

若您無法從您的印表機列印，並已經嘗試其他方法。您可以將列印系統回復成 macOS 預設值。當您重置列印系統回到 macOS 預設時，在印表機列表中的印表機、已完成的列印工作及印表機預設組都將被刪除。

1. 開啟「印表機與掃描器」偏好設定。

2. 若有需要，點選「鎖頭」按鈕，接著使用 Local Administrator 驗證。

3. 按著 Control 鍵，並點一下印表機列表。

4. 選擇選單中的「重置列印系統」選項。

5. 當您被詢問確認時，點選「重置」。

   在動作完成後，您可以重新加入您的印表機。

6. 結束「系統偏好設定」。

第 28 章
開機及系統問題錯誤排除

本章主要介紹了從 Mac 開機到顯示 Finder 所經歷的過程。除了確定成功啟動 macOS 所需的檔案和流程，您還會探索 macOS 的睡眠模式、登出和關機。然後，您將瞭解 macOS 的啟動快捷鍵和診斷模式，並且學習如何解決系統初始化和使用者階段問題。最後，您將瞭解「清除輔助程式」以及如何使用它將 Mac 恢復原廠狀態。

目標
- ▶ 瞭解 macOS 開機過程
- ▶ 驗證成功開機所需要的檔案以及程序
- ▶ 學習有關 macOS 的啟動模式
- ▶ 排除啟動與登入過程的錯誤
- ▶ 瞭解清除輔助程式

28.1
系統初始化和安全啟動

本節探討了 macOS 啟動程序的主要階段：系統初始化（啟動 macOS 所需的過程）和使用者階段（準備使用者環境所需的過程）。當您從 macOS 啟動 Mac 時，會出現不同的視窗來顯示啟動進度，包括任何可能使您的 Mac 無法在 macOS Monterey 啟動的問題。這裡討論的啟動提示是您在正常啟動過程中所經歷的。當您了解更多時，可能會導致不同的情況。

這一切從您打開 Mac 時開始，您可以按下它的電源按鈕。有些 Mac 筆記型電腦也會能以其他方式啟動，例如，當您打開電腦上蓋、連接到電源轉接器或按下某個鍵或觸控式軌跡板時。請參考 macOS 使用手冊中的「將 Mac 關機或重新開機」（support.apple.com/guide/mac-help/mchlp2522），瞭解更多資訊。

本手冊中所涉及的系統初始化要素包括下列內容：

▶ 韌體—Mac 韌體會測試、初始化硬體，並且定位與開啟 booter。

▶ Booter — Botter 將 macOS 核心和重要的硬體驅動程式載入到主記憶體中，並且允許核心接管。在 booter 階段，您的 Mac 會在主畫面上顯示 Apple 圖像。

▶ 核心—核心提供 macOS 的基礎，並載入額外的驅動程式和核心作業系統。當核心正在載入時，您的 Mac 會在主要顯示器的 Apple 圖像下顯示進度條。

▶ launchd—當核心作業系統載入完畢後，它啟動的第一個非核心程序，即 launchd，該程序會載入 macOS 的其他部分。在這個階段，您的 Mac 會在主要顯示器上的 Apple 圖像下顯示進度條。當成功完成該階段後，您的 Mac 會顯示登入視窗或 Finder，這取決於「檔案保險箱」是否被開啟或您是否被設定為自動登入。

安全性規則：Apple 晶片和 Apple T2 安全晶片

如果您的 Mac 有 Apple 晶片，或者基於 Intel 的 Mac 有 T2 晶片，那在預設的情況下會有一個安全政策來確保您的硬體和軟體沒有被竄改。在預設安全政策下，從您打開 Mac 開始，您的 Mac 就會使用其硬體來驗證啟動過程的每一步，以確保硬體和軟體沒有被竄改。如此一來，您就知道您的 Mac 在啟動時處於一個值得信賴的狀態。

雖然 Apple 不建議更改安全政策，但您可以使用「開機安全性工具程式」來檢查和修改安全政策。5.4《安全開機》中介紹了在 macOS 復原中使用開機安全性工具程式的情況。

關於啟動，是有可能將 macOS 安裝在 Mac 內部儲存空間中的額外 APFS（Apple 檔案系統）卷宗上。如此一來，您就可以在不同版本的 macOS 之間切換以利測試，包括 macOS 的測試版。請參考 Apple 支援文章 HT208891，《在 Mac 上使用多個版本的 macOS》，以瞭解更多資訊。

裝有 Apple 晶片的 Mac 電腦對每個安裝的 macOS 版本都有獨立的安全政策。基於 Intel 並帶有 T2 晶片的 Mac 電腦亦有針對整個 Mac 的安全政策。

對於裝有 Apple 晶片的 Mac 電腦，當您在 macOS 復原中啟動並打開「開機安全性工具程式」時，您必須選擇您想用來設定安全政策的系統，即使您只有一個系統。

> 提醒 ▶ macOS 復原會以磁碟圖像和 macOS 的版本來顯示每個「系統」，在macOS中每個系統實際上是一個APFS卷宗群組，由唯讀的APFS（Apple 檔案系統）系統卷宗和可讀可寫的 APFS 資料卷宗組成。

這裡有一個案例，是關於在使用 Apple 晶片的 Mac 上，同時擁有 macOS 12.1 和 macOS 12.0 兩版本的系統。

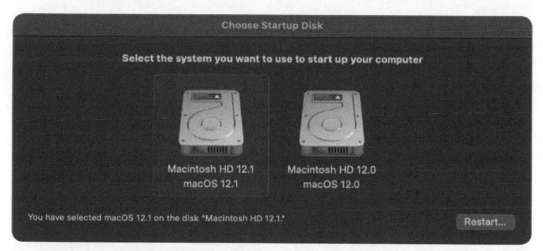

對於裝有 Apple 晶片的 Mac，每個 macOS 預設安全性規則是「完整安全性」，它只允許啟動在安裝時已知最新可用軟體（這與 iOS 和 iPadOS 的行為類似）。Apple 建議不要改變安全性規則。

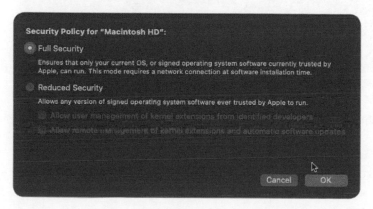

提醒 ▶ 不建議將安全性規則設定為「較低安全性」，因為正如您所了解的一樣，它會降低您的 Mac 的安全性。本手冊在此提及這一設定，以強調允許您的 Mac 在啟動過程中驗證硬體和軟體這一類預設行為的重要性。

預設情況下，基於 Intel 並裝有 T2 晶片的 Mac 被設定為完整安全性的安全性規則（在啟動開機安全性工具程式中的安全開機）。Apple 建議您不要改變這一設定。

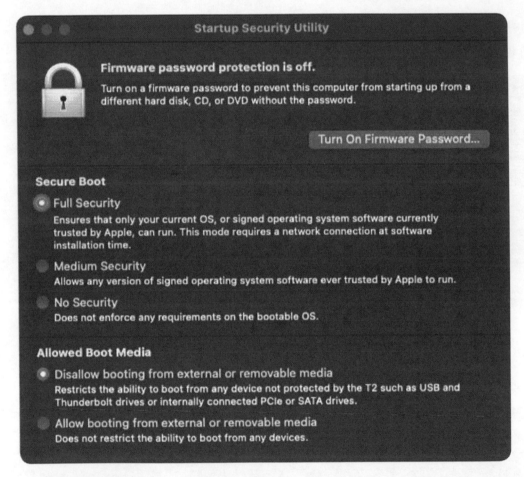

對於基於 Intel 並裝有 T2 晶片的 Mac，「無安全性」的安全性規則將導致您的 Mac 不再啟動過程中評估硬體和軟體，您可以啟動任何系統，甚至是被竄改過的系統。

提醒 ▶ 不建議將安全性規則設定為中等安全性或無安全性，因為它可能會降低您的 Mac 的安全性，並導致資料遺失。本手冊在此提及該設定是為了強調預設行為的重要性，即允許您的 Mac 在啟動過程中驗證硬體和軟體。

對於沒有 T2 晶片的基於 Intel 的 Mac 電腦，統一可延伸韌體介面（UEFI）的韌體會從檔案系統中載入 macOS booter，而不驗證它是否被竄改。而 macOS booter 從檔案系統中載入核心，亦沒有驗證它是否被竄改。正因爲如此，您應該對沒有 T2 晶片的基於 Intel 的 Mac 電腦使用以下保護措施：

▶ 確保系統完整保護（SIP）已啟用。
▶ 打開「檔案保險箱」。
▶ 設定一個韌體密碼。

更多資訊請參考 support.apple.com/guide/security/sec5d0fab7c6 的《採用 Intel 架構的 Mac 如何進行開機程序》。

系統初始化：韌體

您的 Mac 電腦韌體，也被稱爲 boot ROM（唯讀記憶體），內建在主機板的快閃記憶體上。該韌體僅擁有足夠的軟體來測試和初始化硬體，並定位和啟動 macOS booter。

> 提醒 ▶ 基於 Intel 的 Mac 電腦擁有基於 Intel UEFI 技術的韌體。除了支援 Intel 處理器硬體外，UEFI 還使您基於 Intel 的 Mac 能夠從 macOS、Windows 或任何其他 Intel 相容的作業系統中啟動。在 uefi.org 上瞭解更多資訊。

開機自我檢測

Mac 韌體開機時會執行的任務之一是「開機自我檢測 Power-On Self-Test」（POST）。「開機自我檢測」測試內建硬體零件，如處理器、系統記憶體、網路介面和週邊設備介面。當您的 Mac 透過開機自我檢測時顯示器就會啟動，您的 Mac 也會播放啟動音效。「開機自我檢測」POST 成功後，韌體會定位 booter 檔案。

Mac 電腦只會在啟動時執行「開機自我檢測」POST，而不是在重新啟動時。如果您正在排除硬體問題，您不應該重新啟動。相反，應先關機，然後再啟動，以確保執行 POST。

如果您的 Mac 不能順利完成開機自我檢測，顯示器會顯示空白或關閉，您可能會收到硬體錯誤代碼。根據您的 Mac 的年齡和型號，錯誤代碼可能是一個音效、

外部開機指示燈的一系列閃爍，或內部診斷燈亮起。您甚至可能同時遇到上述錯誤指示。無論您遇到哪種錯誤代碼，它都表示有韌體問題存在，而 macOS 無法補救。請檢視 Apple 支援網站 support.apple.com，尋找您的 Mac 錯誤代碼，或將您的 Mac 送到 Apple 授權服務商確認問題。

選擇 booter

預設情況下，韌體會選擇從「啟動磁碟」偏好設定中最後指定的系統 booter 檔案。對於基於 Intel 的 Mac 電腦，如果您使用啟動切換輔助程式來執行 Windows，請在啟動切換輔助程式控制頁面中選擇 macOS 系統 booter。booter 檔案的位置儲存在您的 Mac NVRAM 中，以便在 Mac 重新啟動時能保持不變。如果找到 booter 檔案，韌體就會啟動 booter 程序，Mac 開始啟動；您的 Mac 會在主畫面中央顯示 Apple 圖像。

如果韌體不能找到 booter 檔案，您的 Mac 就會顯示一個閃爍且帶問號的檔案夾圖標。

「檔案保險箱」解鎖

如果系統磁碟受到「檔案保險箱」的保護，只有啟動了「檔案保險箱」的使用者才能在登入視窗中登入。

對於開啟「檔案保險箱」的基於 Intel 的 Mac 電腦，還會有額外的注意事項。如果系統磁碟受到「檔案保險箱」的保護，基於 Intel 的 Mac 就無法存取 macOS 啟動程序，直到您解鎖系統磁碟爲止。

對於開機「檔案保險箱」的基於 Intel 的 Mac，在 POST 完成後幾秒鐘，一個特殊的 UEFI booter 程序在就會出現一個驗證解鎖的畫面。它看起來類似於標準的 macOS 登入視窗。

在您認證並解鎖了基於 Intel 的 Mac 的加密系統磁碟後，UEFI 韌體被授予了對包含 macOS booter 的系統卷宗的存取權限，啟動將照常繼續進行，但有一個例外：因爲您認證解鎖了系統磁碟，所以 macOS 登入時將不需要您在登入視窗中再次認證。這種登入在每次啟動時只會發生一次，而且只有當您解鎖了加密的系統磁碟時才會發生。

基於 Intel 的 Mac 電腦的開機快捷鍵

對於基於 Intel 的 Mac 電腦，您的 Mac 韌體同時支援鍵盤快捷鍵，在初始開機時按住這些快捷鍵，您就可以更改啟動過程。其中一些快捷鍵改變了 booter 的選擇，有些則改變了 macOS 的啟動方式。請參考 Apple 支援文章 HT201255，《Mac 的開機組合鍵》。

韌體更新

韌體由記錄在電腦晶片上的資料或程序組成。當您的 Mac 在製造時，它的韌體已被編程爲能指示您的 Mac 如何執行任務。如果您的 Mac 需要，可以對安裝在 Mac 上的韌體類型進行更新。

韌體更新通常包含在 macOS 更新中。當您使用 Install macOS Monterey 應用程式時，韌體更新也包括在內。更多資訊請見第 2 章《更新、升級或重新安裝 macOS》。

系統初始化：Booter

Booter 程序由您的 Mac 韌體啟動，並載入 macOS 核心和足夠的基本核心延伸功能（kexts），使核心可以接管系統並繼續啟動程序。對於基於 Intel 的 Mac，韌體也會傳遞特殊的啟動模式指令給 booter 來處理，比如輸入的啟動快捷鍵，如同 28.4《調整開機》中所述。Booter 在 /System/Library/CoreServices/boot.efi 中。

爲了加快啟動過程，啟動器會盡可能地載入快取檔案。這些快取檔案位於 /System/Library/Caches/com.apple.kext.caches。這些檔案包含一個最佳化的核心和快取的 kexts，與 Mac 從頭開始載入它們相比，載入速度更快。如果

macOS 檢查到問題，或者您在安全模式下啟動 macOS（詳見 28.4），這些快取就會被丟棄，核心載入的時間也會更長。

提醒 ▶ 本手冊通常使用第三方核心延伸功能這一術語來表示早期使用且已被捨棄的爲 macOS 新增設備和功能支援方法。您也可能看到這些項目被稱爲傳統系統延伸功能。作爲 macOS 一部分的核心延伸功能被稱爲 kexts。核心延伸功能在 9.9，《允許第三方核心延伸功能》中有更詳細的介紹。

在 booter 載入核心後，它會在 Apple 圖像下面顯示一個小的進度條。一些較新版的 Mac 電腦啟動速度非常快，在下一階段顯示之前，您可能不會注意到進度條的存在。

當基於 Intel 的 Mac 從 Internet recoveryOS 啟動時，會出現一個旋轉的地球。核心載入完畢後，地球儀圖像會被標準的進度條所取代。

如果您基於 Intel 的 Mac 嘗試從 Internet recoveryOS 啟動時失敗，它會顯示一個帶有警告符號的地球圖像。

如果您選擇的啟動磁碟不可使用或不包含 Mac 作業系統，一個閃爍的問號將取代 Apple 圖像。

如果 booter 不能載入核心，一個禁止圖像將取代 Apple 圖像。

系統初始化：核心

在啟動器載入核心和基本的 kexts 後，核心接管了啟動過程。核心亦載入了足夠的 kexts 來讀取整個檔案系統，允許它載入額外的 kexts 並啟動核心作業系統。

對於裝有 Apple 晶片的 Mac 電腦，以及沒有打開「檔案保險箱」的基於 Intel 的 Mac 電腦，Apple 圖像下面的進度條顯示了核心啟動的進度。

如果您基於 Intel 的 Mac 已經打開了「檔案保險箱」：

▶ 在您看到進度條之前就會顯示登入視窗（除非正在更新）。

▶ 不管您在使用者和群組偏好中如何設定登入選項，登入視窗會顯示所有啟用「檔案保險箱」的使用者。

▶ 在您選擇一個使用者後，輸入正確的密碼，然後點擊右箭頭，您的 Mac 就會在解鎖啟動磁碟和正在登入的使用者名稱下面顯示一個進度條。

John Appleseed

在大多數情況下，核心是由 booter 從快取的檔案中載入的。核心也會在系統卷宗上。該快取檔案通常會在圖形介面對使用者隱藏。

最後，核心將開啟 launch daemon（launchd）。

系統初始化：launchd

在系統啟動過程中，Apple 圖像下面的進度條表明核心已經完全載入，並且 launchd 程序正在啟動其他項目。

launchd 位於 /sbin/launchd，PID 為 1。系統管理員（root）使用者是 launchd 程序的擁有者，因此它對系統上的每個檔案都有讀 / 寫權限（被 SIP 和隱私權控制保護的檔案除外）。 Launchd 是第一個父程序，它催生了其他子程序，並且這些程序繼續催生其他子程序。

launchd 程序的第一個任務是啟動所有其他系統程序。然後，launchd 會將 Apple 圖像替換為登入視窗或使用者的桌面背景。

如果您的 Mac 有多個顯示器，您可能會注意到第二個顯示器在開啟電源時會有短暫閃光。這是因為 launchd 啟動負責繪製 macOS 使用者介面的 WindowServer 程序的結果，該閃光並非是不好的象徵，反而表明系統啟動程序正在進行。

launchd 程序透過盡可能同時啟動多個系統程序，並在開機時只啟動必要的系統程序來加速系統初始化。啟動後，launchd 程序會根據需要啟動和停止額外的系統程序。透過動態地管理系統程序，launchd 可以使您的 Mac 盡可能有效地回應和運行。

launchd 項目

正如第 15 章《管理系統資源》所述，launchd 偏好檔案控制著各種程序的配置方式。放置這些 launchd 偏好選項檔案的位置是：

▶ 用於系統程序的：/System/Library/LaunchDaemons 檔案夾。

▶ 用於第三方程序的：/Library/LaunchDaemons 檔案夾。

查看 launchd 層次結構

每個程序都有一個父程序（除了 kernel_task 程序之外）。有些程序僅有一個子程序，有些則有多個子程序。為了更好地瞭解這些關係，可以使用 Activity Monitor，選擇顯示方式 > 所有程序（依階層排列）。然後選擇任意程序來檢查其父程序和任何子程序。第 20 章《應用程式的管理和錯誤排除》中介紹了有關使用「活動監視器」的詳細資訊。在下圖中，kernel_task 程序在 PID 欄中被列為 0，它有一個子程序，即 launchd，其 PID 為 1。

提醒 ▶ 上方圖有一個種類欄位，表示該截圖是在裝有 Apple 晶片的 Mac 上進行的。當您在基於 Intel 的 Mac 上運行「活動監視器」時，它不會顯示種類欄位。

關於系統初始化的更多資訊，請參閱 Apple 支援文章 HT204156，《如果 Mac 沒有順暢地完成啟動》。

28.2
使用者階段

在足夠的系統程序啟動後，macOS 會開始管理使用者階段的程序。

三個主要的使用者階段階段依次為：

▶ **登入視窗**—此為負責顯示登入視窗和登入使用者的過程。成功完成這個階段後是初始化使用者環境，允許使用者的應用程式運行。

▶ Launchd—launchd 程序與 loginwindow 程序一起工作，用來初始化使用者環境並啟動任何使用者程序或應用程式。

▶ 使用者環境—這是使用者登入時，使用者的程序和應用程式所存在的「空間」。使用者環境由 loginwindow 和 launchd 程序維護。

使用者階段：登入視窗

一旦系統啟動了足夠多的程序來呈現登入視窗，launchd 程序就會在 /System/Library/CoreServices/loginwindow.app 上啟動 loginwindow。loginwindow 作為背景程序和圖形介面應用程式運行，它會協調登入畫面，並與 opendirectoryd 程序一起對使用者進行驗證。驗證之後，loginwindow 程序與 launchd 程序一起初始化圖形使用者界面（GUI）環境。loginwindow 程序則繼續在背景運行以維持使用者階段。

登入視窗的相關設定被儲存在這個偏好設定檔案中。/Library/Preferences/com.apple.loginwindow.plist。正如第 7 章《管理使用者帳號》中所述，您可以從「使用者與群組」偏好設定中配置登入視窗的設定。

當沒有使用者登入時，loginwindow 程序由 root 使用者擁有。在一個使用者驗證完成登入後，loginwindow 程序會將所有權從 root 使用者切換到成功驗證的使用者上。然後，loginwindow 程序在 launchd 程序的幫助下建立 GUI 環境。

使用者階段：launchd

在使用者被認證的那一刻，loginwindow 和 launchd 程序將一起運作來初始化使用者的環境。如果「快速使用者切換」功能被打開，launchd 程序會啟動額外的程序來初始化和維護每個使用者的環境。

loginwindow 和 launchd 程序透過下列方式設定圖形介面環境：

▶ 從 opendirectoryd 查找使用者帳號資訊並應用於任何帳號設定。

▶ 配置使用者的滑鼠、鍵盤和系統聲音偏好設定。

▶ 載入使用者的電腦環境：偏好設定、環境變數、設備和檔案權限，以及鑰匙圈存取。

▶ 打開 Finder、SystemUIServer（負責使用者介面元素，如選單列右側的選單列狀態圖像）和 Dock（也負責啟動台和指揮中心，為您提供開啟視窗的概覽和全螢幕應用程式的縮圖，這些都安排在一個統一的圖像中）。

▶ 自動打開使用者的登入選項。

▶ 在 macOS 的預設情況下，自動回復上次登出前打開的任何應用程式和檔案。

只要使用者登入 macOS，Launch agents 就可以在任何時候啟動。大多數 launch agents 是在使用者環境的初始化過程中啟動的，但它們也可以在之後或定期重復啟動。macOS 提供的 launch agents 在 /System/Library/LaunchAgents 中，而第三方 launch agents 應位於 /Library/LaunchAgents 或 ~/Library/LaunchAgents 中。

loginwindow 程序在 launchd 程序的幫助下，在使用者環境初始化結束時啟動使用者登入項目。正如第 7 章所述，您可以從「使用者和群組」偏好設定中設定一個使用者登入項目列表。

使用者環境

只要使用者登入了一個階段，loginwindow 程序就會繼續運行。launchd 程序啟動使用者程序和應用程式，而使用者 loginwindow 程序則監控和維護使用者階段。

使用者 loginwindow 程序透過下列方式監視使用者階段：

▶ 管理登出、重新啟動和關機程序
▶ 管理強制結束應用程式視窗，其中包括監視目前活動的應用程式，並對使用者強制結束應用程式的請求作出回應

當使用者登入到階段時，launchd 程序會重新啟動使用者的應用程式，例如 Finder 或 Dock，這些應用程式應該保持開放。如果使用者的 loginwindow 程序被結束，無論是有意還是無意，使用者的應用程式和程序都會立即結束，且不儲存變更。如果發生這種情況，launchd 程序會重新啟動 loginwindow 程序，就像 Mac 剛剛啟動一樣。

28.3
睡眠模式、登出和關機

暫停或結束一個使用者階段也需要程序。您的 Mac 電腦的睡眠功能並不會結束正開啟的程序。如果您登出、重新啟動或關閉 Mac，macOS 會嘗試關閉已開啟的程序。您可以從 Apple 選單中手動進行睡眠、重新啟動、關機或登出。

您還可以藉由長按 Mac 上的電源按鈕，讓您的 Mac 進入睡眠狀態。如果你按住電源按鈕超過幾秒鐘，就能強迫 Mac 關機。若您的 Mac 沒有反應，關閉它可能是有用的，但不要經常這樣關閉您的 Mac，因為這將中斷 Mac 上的所有活動，迫使它立即關閉而非優雅地結束活動進程，導致資料遺失。

其他程序和應用程式也可以啟動睡眠、登出或關機命令。例如，安裝程序和 App Store 應用程式以及軟體更新可以在安裝新的或更新軟體需要時請求重新啟動。

您可以配置您的桌上型電腦（在能源節約器偏好設定中）或您的 Mac 筆記型電腦（在電池偏好設定中）自動執行與開機、睡眠、喚醒和關機有關的命令。

▶ 使用「於此時間後關閉顯示器」滑桿和「避免您的 Mac 在顯示器關閉時自動進入睡眠」選項。此外，您可以設定「如果情況允許，讓硬碟進入睡眠」的選項。

▶ 點擊「排程」按鈕，設定開機或喚醒的排程。

▶ 點擊「排程」按鈕，選擇選單旁邊的註記框，然後選擇睡眠、重新啟動或關機來設定睡眠、重新啟動或關閉的排程。

▶ 在安全性與隱私權偏好設定中，在一般頁面選擇「進入睡眠或開始螢幕保護程式 喚醒電腦需要輸入密碼」，然後從選單中選擇一個時間。

▶ 在安全性與隱私權偏好設定中，點擊進階，選擇「閒置逾 分鐘之後登出」，然後輸入分鐘數。

您可以從 Apple 遠端桌面或行動裝置管理（MDM）解決方案中遠端管理其中許多設定。

Mac 的睡眠功能並不會結束正在運行的程序或應用程式。相反，macOS 的核心會暫停程序以減少耗電量。當您從睡眠模式喚醒您的 Mac 時，核心會從您離開程序和應用程式的地方恢復。

請查閱《macOS 使用手冊》中的《更改 Mac 桌上型電腦上的「能源節約器」偏好設定》（support.apple.com/guide/mac-help/mchlp1168）瞭解更多資訊。

關於更多資訊，請查閱《macOS 使用手冊》中的《節省 Mac 的能源》，網址為 support.apple.com/guide/mac-help/mh35848。

其他睡眠模式

與 macOS Monterey 相容的 Mac 電腦支援使用非常少或不使用電源的模式。

▶　一些 Mac 筆記型電腦的型號支援一種稱為安全睡眠的深度睡眠模式。

▶　從內部快閃或 SSD 儲存裝置啟動的基於 Intel 的 Mac 機型支援稱為 *standby mode* 的深度睡眠模式。

▶　當 Mac 電腦進入睡眠狀態時，它們使用的能源更少。

安全睡眠

支援安全睡眠的 Mac 在電池完全耗盡或您的 Mac 長時間閒置的情況下會進入安全睡眠。當您的 Mac 進入安全睡眠狀態時，系統記憶體的內容，包括應用程式和檔案的狀態，將被儲存到您的內部儲存裝置中，而後您的 Mac 將關閉電源。要在安全睡眠 模式下重新啟動 Mac，您必須按下其電源按鈕。如果您使用的是 Mac 筆記型電腦，而且其電池電量不足，請先連接電源轉接器。如果電池完全耗盡，您可能需要等待幾分鐘，然後電腦才會儲存足夠的電力來開始開機動作。當您從 安全睡眠 模式重新啟動 Mac 時，啟動程序會從系統卷宗中重新載入已儲存的記憶體映像檔，而不是繼續進行正常的啟動程序。啟動程序可能會透過顯示以下內容來表明 Mac 正在從安全睡眠模式重新啟動：

▶　睡眠開始時 Mac 螢幕顯示的淺灰色畫面

▶　在主要顯示器的底部呈現一個進度條

它需要一段時間來重新載入系統記憶體。然後核心會恢復程序和應用程式。如果「檔案保險箱」被打開,您的 Mac 會首先顯示「檔案保險箱」驗證解鎖螢幕;然後開始安全睡眠喚醒過程。

請查閱 macOS 使用手冊中的 support.apple.com/guide/mac-help/mh10328 的《什麼是 Mac 的安全睡眠?》以瞭解更多資訊。

Standby Mode

基於 Intel 的、帶有快閃儲存空間的、與 macOS Monterey 相容的 Mac 電腦在睡眠和完全閒置超過 3 小時時,會進入省電 Standby Mode,完全閒置意味著 macOS 檢查到的網路或週邊裝置都沒有活動。當您的 Mac 進入 Standby Mode 時,系統記憶體的內容,包括應用程式和檔案的狀態,將被儲存到您的內部儲存裝置。然後,您的 Mac 會從一些硬體系統(如 RAM 和 USB 匯流排)中移除電源。要進入 Standby Mode,基於 Intel 的 Mac 筆記型電腦必須使用電池電源運行,並與乙太網路、USB、Thunderbolt、SD 卡、顯示器、藍牙或任何其他外部連接斷開。要進入 Standby Mode,基於 Intel 的 Mac 桌上型電腦必須沒有裝載外部媒體(如 USB 或 Thunderbolt 儲存裝置或 SD 卡)。與處於安全睡眠狀態的 Mac 電腦不同,您不需要重新啟動處於 Standby Mode 的 Mac 電腦—您可以在與鍵盤、觸控板或滑鼠互動時喚醒它。在喚醒時,您的 Mac 可能會在螢幕底部顯示一個小的、白色的、分段的進度條,類似於安全睡眠模式,儘管在大多數情況下,較新的 Mac 從 Standby Mode 喚醒時,速度非常快,您可能甚至不會注意到進度條的存在。

高效小睡

高效小睡可在基於 Intel 並且有快閃儲存空間的 Mac 使用,讓某些 Mac 電腦即使在睡覺時也能保持最新狀態。

macOS Monterey 與 Apple 晶片整合具有先進的電源管理功能。macOS 會自動在 Apple 晶片中為性能而設計的部分和為提高效率而設計的部分之間分配任務。這種整合的效果之一是使用 Apple 晶片的 Mac 電腦不需要「高效小睡」。

當基於 Intel 的 Mac 電腦進入睡眠狀態時,「高效小睡」會定期啟動以更新資訊。更新的資訊取決於您的 Mac 是用電池供電還是插在電源轉接器上。「高效小睡」設定在「能源節約器」偏好設定(基於 Intel 的 Mac 桌上型電腦)或「電池」

偏好設定（基於 Intel 的 Mac 筆電）中。選擇「啟用「高效小睡」」來打開或關閉「高效小睡」。

預設設置各不相同。

▶　使用快閃儲存空間的基於 Intel 的 Mac 桌上型電腦—「高效小睡」預設開啟。

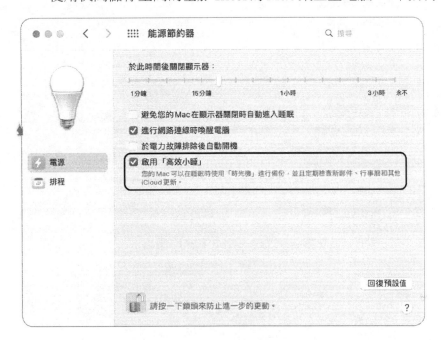

▶　基於 Intel 的 Mac 筆電連接到電源轉接器—「高效小睡」預設開啟。

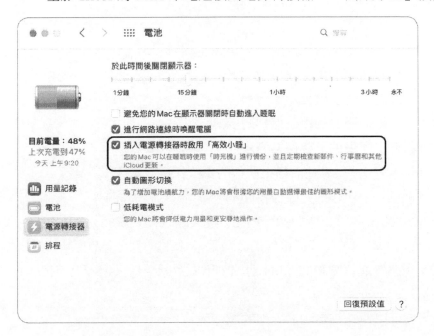

▶　基於Intel的Mac筆記型電腦使用電池且未連接到電源轉接器—「高效小睡」
　　預設關閉。

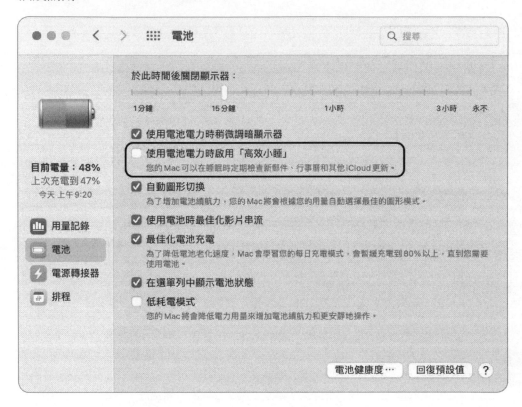

如果您的 Mac 支援「高效小睡」，下列活動可以在您的 Mac 在充電時的睡眠模
式下發生：

▶　郵件接收新郵件。
▶　聯絡人與其他設備上所做的更改保持同步。
▶　行事曆接收新的邀請和行事曆更新。
▶　提醒事項與其他設備上所做的更改保持同步。
▶　備忘錄與其他設備上所做的更改保持同步。
▶　儲存在 iCloud 中的文件與其他設備上所作的更改保持同步。
▶　照片串流與其他設備上所作的更改保持同步。
▶　尋找會更新 Mac 的位置，這樣您就可以在它進入睡眠模式時找到它。
▶　VPN On Demand 繼續工作，這樣您的公司電子郵件就能安全地更新。（高
　　效小睡支援使用憑證進行驗證的 VPN 連線，不支援需要輸入密碼的 VPN 連
　　線）。
▶　MDM 解決方案可以遠端鎖定和清除您的 Mac。

下列活動可以在您的 Mac 處於睡眠狀態並連接電源時進行。

▶　下載軟體更新。

▶　App Store 項目（包括軟體更新）在背景下載。

▶　「時光機」進行備份。

▶　Spotlight 進行索引。

▶　使用手冊和幫助內容（出現在幫助檢視程式中）更新。

▶　無線基地台可以使用無線喚醒功能喚醒您的 Mac。

有些 Mac 電腦需要韌體更新以支援「高效小睡」功能。有關「高效小睡」和任何所需更新的更多訊息，請查閱 macOS 使用手冊中的 support.apple.com/guide/mac-help/mh40773，《什麼是 Mac 的「高效小睡」？》

在「高效小睡」期間，您的 Mac 不會播放系統聲音。

基於 Intel 的 Mac 電腦使用「高效小睡」，直到電池電量耗盡。當您連接到交流電源時，「高效小睡」就會恢復。

為了在使用「高效小睡」時延長電池壽命，請斷開任何可能從 Mac 上得到電力的 USB 或 Thunderbolt 設備。

當您的 Mac 沒有連接到交流電源時，「高效小睡」在每個「高效小睡」週期內只進行幾分鐘的通訊和資料傳輸。當您的 Mac 連接到交流電源時，通訊和資料傳輸是連續性的。

▶　每小時檢查行事曆、聯絡人、尋找、iCloud 文件、郵件、備忘錄、照片串流和提醒事項。要在「高效小睡」期間接收更新，郵件和備忘錄必須在 Mac 睡眠前開啟。

▶　每小時嘗試一次「時光機」備份，直到成功完成備份。

▶　軟體更新每天檢查一次。

▶　App Store 下載每周檢查一次。

登出

使用者可以在任何時候登出以結束他們的使用者階段，但他們也必須登出以關閉或重新啟動 Mac。當目前登入的使用者選擇登出時，使用者的 loginwindow 程序會在 launchd 程序的幫助下管理所有登出功能。

在使用者授權登出後，loginwindow 程序會向所有應用程式發出一個結束 Apple
應用程式的指令。支援自動儲存和恢復功能的應用程式可以立即儲存對任何已開
啟的檔案的更改並結束。不支援這些功能的應用程式仍會回應結束要求，但它們
會詢問使用者是否要儲存更改或終止程序。

如果應用程式未能回覆或結束，登出過程就會停止，loginwindow 會顯示一則訊
息，解釋爲什麼 Mac 未能順利登出（因爲一個應用程式未能結束）。

如果使用者的應用程式結束，使用者的 loginwindow 程序就會強行結束背景使用
者程序。最後，使用者的 loginwindow 程序將關閉使用者的圖形介面階段，運行
任何登出腳本，並將登出記錄到主要 system.log 檔案中。如果使用者只選擇登
出，而不是關閉或重新啟動，那麼使用者的 loginwindow 就會結束，launchd 程
序會重新啟動一個由 root 使用者擁有的新的 loginwindow 程序，並出現登入畫
面。

如果使用者點擊「再試一次」，而應用程式還沒有結束，loginwindow 程序就會顯示一則訊息，即一個應用程序中斷了登出。

關機和重新啟動

當一個登入的使用者選擇關閉或重新啟動 Mac 時，使用者的 loginwindow 程序在 launchd 程序的幫助下管理登出功能。首先，使用者的 loginwindow 程序會登出目前使用者。如果其他使用者是透過快速使用者切換登入的，loginwindow 會要求管理員使用者驗證，如果被同意，就會強行結束其他使用者程序和應用程式，此方式可能會遺失使用者資料。

在所有的使用者階段被登出後，使用者的 loginwindow 程序告訴核心向剩餘的系統程序發出 quit 命令。像 loginwindow 這樣的程序應該及時結束，但是核心必須等待那些在結束時仍然有反應的程序。如果系統程序在幾秒鐘後沒有反應，核心就會強行結束它們。程序結束後，核心停止 launchd 程序並關閉系統。如果使用者選擇重新啟動 Mac，韌體會再次開始 macOS 的啟動過程。

28.4
調整開機

本節介紹了如何修改 booter 的選擇以及如何修改 macOS 的啟動方式。您可以使用這些替代的啟動和診斷模式來解決系統問題。

使用啟動快捷鍵有幾個注意事項:

▶ 如果您的基於 Intel 的 Mac 電腦啟用了韌體密碼保護,那麼在使用者輸入 Mac 電腦韌體密碼之前,啟動快捷鍵將被禁用。即使在使用者驗證後,唯一能運作的啟動快捷鍵是存取開機管理程式或 macOS 復原。使用韌體密碼將在第 9 章《管理安全性和隱私權》中講述。

▶ 當您調整啟動時,開啟了「檔案保險箱」的 Mac 電腦仍然必須經過驗證和解鎖才能進行系統啟動。

▶ 有些硬體不支援基於 Intel 的 Mac 電腦的啟動快捷鍵,包括一些第三方鍵盤和透過某些 USB 集線器或(KVM)交換器連接的鍵盤。此外,儘管藍牙無線鍵盤應該允許啟動快捷鍵,但它們可能會有問題—例如,如果附近有許多藍牙鍵盤。你應該有一個有線的 USB 鍵盤和滑鼠來排除 Mac 桌上型電腦的故障。

▶ 對於基於 Intel 的 Mac 電腦,用快捷鍵選擇的啟動卷宗不會保存在 NVRAM 中,因此對於基於 Intel 的 Mac 電腦,這一個設定在系統重新啟動之間不會保留。

爲裝有 Apple 晶片的 Mac 電腦選擇備用系統

對於裝有 Apple 晶片的 Mac 電腦,您可以對下次開機時改變啟動系統,或者持續改變啟動系統,直到您再次更動它。

要爲裝有 Apple 晶片的 Mac 電腦對下次開機時改變啟動系統:

1. 將您的 Mac 關機。

2. 按住電源按鈕。

3. 當您的 Mac 顯示啟動選項視窗時,放開電源按鈕(需要大約 10 秒鐘)。

4.　選擇您的啟動磁碟（用您的游標或使用左右箭頭鍵）。

5.　點擊繼續或按「Return」鍵。

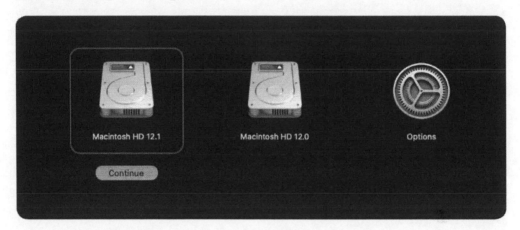

要持續改變裝有 Apple 晶片的 Mac 的啟動磁碟，直到您再次改變設定。

1.　關掉您的 Mac。

2.　按下並按住電源按鈕。

3.　當您的 Mac 顯示啟動選項視窗時，放開電源按鈕（需要大約 10 秒鐘）。

4.　選擇您的啟動磁碟（用您的鼠標或用左右箭頭鍵）。

5.　按住 Option 鍵。

6.　點擊「總是使用」或按「Return」鍵。

爲基於 Intel 的 Mac 電腦選擇備用系統

對於基於 Intel 的 Mac 電腦,您可以使用以下鍵盤快捷鍵來選擇另一個系統:

▶ Option一啟動到開機管理程式,使您可以選擇包含有效系統的卷宗來啟動。這包括內部卷宗、光碟卷宗、一些外部卷宗,以及 NetBoot 映像檔(對於沒有 T2 晶片的基於 Intel 的 Mac 電腦)。

▶ Command-R一如果有 macOS 復原的話,會自動啟動到本地 macOS 復原。如果沒有找到本機的 macOS 復原,基於 Intel 的 Mac 電腦會從 Internet recoveryOS 啟動。

▶ Option-Command-R 或 Option-Shift-Command-R一這些快捷鍵將使 Mac 從 Internet recoveryOS 啟動,進而從 Apple 下載 recoveryOS。請參考 Apple 支援文章 HT204904,《如何重新安裝 macOS》,以瞭解更多關於安裝哪個版本的 macOS 的資訊(可能包括:您的 Mac 所附帶的 macOS 或最近的可使用版本;Mac 上安裝的最新 macOS;或與您的 Mac 相容的最新 macOS)。請參閱第五章《使用 macOS 復原》了解更詳細的資訊。

▶ D一如果有的話,啟動 Apple 診斷程序。如果本機資源不可用,Mac 電腦將透過網際網路連接到 Apple 伺服器啟動 Apple 診斷程序。有關 Apple 診斷程序的更多資訊,請參見下一節。

▶ Option-D一該快捷鍵透過與 Apple 伺服器的網際網路連接強制啟動 Apple 診斷工具。關於 Apple 診斷程序的更多資訊,請參見下一節。

更多資訊請參考 Apple 支援文章 HT201255,《Mac 的開機組合鍵》。

使用 Apple 診斷模式

您可以使用 Apple 診斷模式,即以前的 Apple Hardware Test,來檢查您的 Mac 是否有硬體問題。

啟動 Apple 診斷模式的方法取決於您的 Mac 的種類。

對於裝有 Apple 晶片的 Mac:

1. 如果您的 Mac 還沒有關閉,請先關閉它。

2. 在 Mac 啟動時按住電源按鈕(需要大約 10 秒鐘)。

3. 當您看到啟動選項視窗時,放開電源按鈕。

4. 按住鍵盤上的 Command-D。

5. 繼續按住 Command-D，直到您的 Mac 重新啟動並打開 Apple 診斷程序。

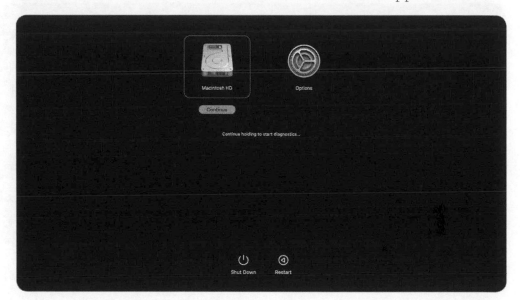

對於基於 Intel 的 Mac 電腦。

1. 如果您的 Mac 尚未關閉，請將其關閉。

2. 打開您的 Mac，然後立即按住鍵盤上的 D 鍵。

3. 當您看到一個進度條或被要求選擇語言時，放開 D 鍵。在您選擇語言並點擊確定後，閱讀訊息，然後點擊「我同意」。

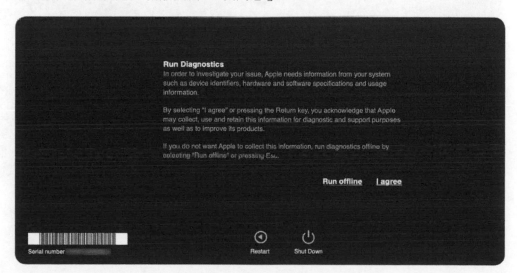

等待 Apple 診斷程序運行。在 Apple 診斷程序檢查您的 Mac 時，您的 Mac 會
顯示一個進度條。

如果 Apple 診斷程序發現問題，它會顯示一個或多個參考代碼。否則，它會顯示
「沒有發現問題」。

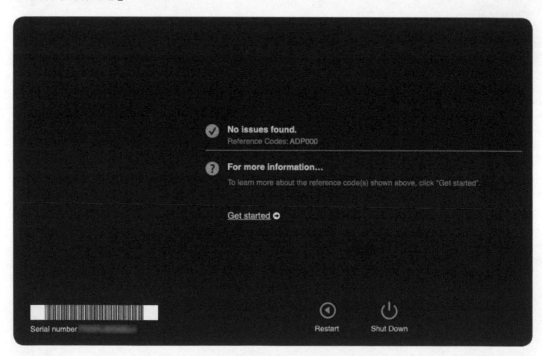

對於使用 Apple 晶片的 Mac，您可以點擊「開始使用」連結，在 Apple 支援文章 HT203747，《「Apple 診斷」參考代碼》找到參考代碼。對於基於 Intel 的 Mac，您可以透過點擊「開始」連結獲得更多的選項。

為此，您可以採取以下任一行動：

▶　如果顯示「再次執行測試」，點擊它（或按 Command-R）。

▶　點擊重新啟動（或按 R），然後點擊重新啟動。

▶　點擊關機（或按 S），然後點擊關機。

參考 Apple 支援文章 HT202731，《使用「Apple 診斷」測試 Mac》，以瞭解更多資訊。

使用安全模式

安全模式（有時稱為安全開機）是一種啟動 Mac 的方式，它可以執行某些檢查並防止某些軟體自動載入或開啟。在安全模式下啟動您的 Mac 可以做到以下幾點：

▶　驗證您的啟動磁碟，如果需要，嘗試修復目錄問題

▶　只載入需要的系統延伸功能

▶　防止登入項目自動開啟

▶　禁用使用者安裝的字體

▶　刪除字體快取、核心快取和其他系統快取檔案

啟動 Mac 的安全模式方法各不相同。

對於裝有 Apple 晶片的 Mac 電腦。

1.　關掉您的 Mac。

2.　按下並按住電源按鈕。

3.　當您的 Mac 顯示啟動選項視窗時，放開電源按鈕（需要大約 10 秒鐘）。

4.　選擇您的啟動磁碟（用您的滑鼠或用左右箭頭鍵）。

5. 按住 Shift 鍵。

6. 點擊在安全模式中繼續或按「Return」鍵。

7. 放開 Shift 鍵。

對於基於 Intel 的 Mac：

1. 開啟或重新啟動您的 Mac，然後立即按住 Shift 鍵。

2. 當您的 Mac 顯示 Apple 圖像，放開 Shift 鍵。安全模式下的 Mac 會在登入畫面的右上角用鮮紅的文字顯示安全啟動。

在基於 Intel 的 Mac 上，如果「檔案保險箱」被打開，第一個登入視窗顯示的右上角沒有安全啟動字樣。當您在第一個登入視窗成功認證後，將解鎖啟動磁碟，macOS 以安全模式啟動。然後您的 Mac 即會顯示登入視窗，並在右上角呈現安全啟動的字樣。

登入後，您的 Mac 不會在選單列中顯示安全啟動，直到螢幕鎖定或您登出。

您也可以在登入後透過打開「系統資訊」驗證安全模式。當您在安全模式下啟動，「系統資訊」的軟體部分將啟動模式列為「安全」，而不是「正常」。

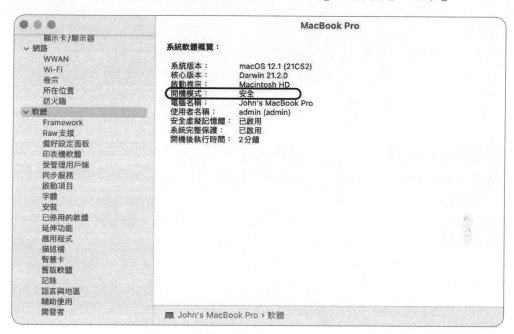

當您的 Mac 以安全模式啟動時，您的 Mac 可能需要一些時間來啟動和載入您的圖形。此外，您的基於 Intel 的 Mac 顯示 Dock、選單列和視窗等元素時，並沒有與平常使用 macOS Monterey 時的透明度。

關於安全啟動的更多資訊，請參閱 Apple 支援文章 HT201262，《如何使用 Mac 上的安全模式》。

基於 Intel 的 Mac 電腦的 Verbose 模式和單一使用者模式

為基於 Intel 的 Mac 電腦修改 macOS 預設啟動的另外兩個啟動快捷鍵方式是：

▶ Command-V：在 verbose 模式下啟動基於 Intel 的 Mac 上的 macOS。在 verbose 模式下，系統不會對您隱藏啟動進度。相反，您的基於 Intel 的 Mac 會顯示一個黑色背景和白色文字，顯示啟動過程的細節。

▶ Command-S：以單一使用者模式在基於 Intel 的 Mac 上啟動 macOS。以單一使用者模式啟動時，系統只啟動核心和作業系統功能。您必須熟悉命令列界面才能使用單一使用者模式。如果您的 Mac 有 T2 晶片，並將安全啟動設定為完整安全性或中等安全性，那麼在啟動過程中按住 Command-S 鍵，就會進入 verbose 模式而不是單一使用者模式。

如果您有一台裝有 Apple 晶片的 Mac，或者有 T2 晶片基於 Intel 的 Mac，您可以從 recoveryOS 開始，然後選擇工具程式 > 終端機，而不是使用單一使用者模式。

對於基於 Intel 的 Mac 上的 verbose 模式或單一使用者模式，如果「檔案保險箱」被打開，您必須在第一個登入視窗提供密碼，以解鎖您的系統磁碟。在您在第一個登入視窗成功驗證後，macOS 會繼續以 verbose 模式或單一使用者模式啟動。

基於 Intel 的 Mac 電腦的其他啟動快捷鍵

以下是基於 Intel 的 Mac 電腦的其他啟動快捷鍵。

▶ T：對於內建 USB-C 或 Thunderbolt 埠的 Mac 電腦，按住這個鍵可以在目標磁碟模式下啟動您的 Mac，允許其他 Mac 電腦存取內部卷宗。目標磁碟模式的詳細內容將在第 11 章《管理檔案系統和儲存》中講述。

▶ Option-Command-P-R：這個快捷鍵可以重置 NVRAM 設定並重新啟動您的 Mac。

▶ 退出鍵、F12 鍵、滑鼠按鈕或觸控板按鈕—這些快捷鍵可以退出任何可卸載的媒體。

28.5
系統初始化的錯誤故障

在您了解系統初始化階段，並知道每個階段由哪些程序和檔案負責後，您就可以診斷啟動問題了。下面的故障排除部分是按照每個系統初始化階段進行組織的。

安全模式可以幫助您發現和解決問題。對於沒有 T2 晶片的基於 Intel 的 Mac 電腦，verbose 模式和單一使用者模式也可以幫助您發現和解決問題。這三種模式是在韌體階段啟動的，但會影響其餘的系統初始化過程。

排除韌體問題

如果您的 Mac 無法出現 Apple 圖像，您的韌體可能出現問題。請確定這個問題是否與 Mac 的硬體或系統卷宗有關。

有硬體問題的基於 Intel 的 Mac 電腦可能可以從重置 Mac 電腦的 NVRAM 或系統管理控制器（SMC）中解決問題。

有關重置這些項目的更多資訊，請參閱 Apple 支援文章 HT204063，《重置 Mac 上的 NVRAM》，以及 HT201295，《重置 Mac 的 SMC》。

在非常罕見的情況下，例如在升級 macOS 期間發生斷電，您的裝有 Apple 晶片的 Mac 或裝有 T2 晶片基於 Intel 的 Mac 可能會沒有反應。對於裝有 Apple 晶片的 Mac，您可能需要重新喚醒韌體。對於裝有 T2 晶片的基於 Intel 的 Mac，您可能需要喚醒 T2 晶片上的韌體。

下列在 Apple Configurator 2 使用手冊中的文章提供了更多資訊：

▶　《使用 Apple Configurator 2 喚醒或回復配備 Apple 晶片的 Mac》，請參閱 support.apple.com/guide/apple-configurator-2/apdd5f3c75ad

▶　《使用 Apple Configurator 2 喚醒或回復 Intel 架構式 Mac》請參閱 support.apple.com/guide/apple-configurator-2/apdebea5be51

硬體問題

如果您的 Mac 在開機時沒有發出啟動音效，沒有閃爍開機指示燈，也沒有在螢幕上顯示燈光，那麼 Mac 的硬體可能沒有通過 POST。此外，如果您的 Mac 發出診斷音或顯示一系列的開機閃光，可能是發生硬體問題。關於啟動音的更多資訊，請參閱 Apple 支援文章 HT202768，《如果 Mac 在啟動時發出嗶聲》。

> 提醒 ▶ 以前版本的 macOS 在啟動時不會播放啟動音效。如果您想關閉啟動音效，您可以在聲音偏好設定中取消，選擇「啟動時播放聲音」選項。更多資訊請參考 Apple 支援文章 HT211996，《開啟或關閉 Mac 啟動音效》。

先檢查一下簡單的東西。Mac 是否插在電源插座上？鍵盤和滑鼠是否正常？如果不能通過 POST，通常會是硬體問題。如果是這種情況，請將您的 Mac 送到 Apple Store 或 Apple 授權的服務商。

系統卷宗問題

如果您的 Mac 顯示一個閃爍的問號檔案夾圖像代表韌體無法找到一個有效的系統卷宗或啟動檔案。Mac 的主要處理器和零件可能可以正常運作，但您卻有軟體問題待解決。

如果您的 Mac 使用 Apple 晶片，請使用以下步驟來定位系統卷宗。

1. 將您的 Mac 關機。

2. 按住電源按鈕。

3. 當您的 Mac 顯示啟動選項視窗時，放開電源按鈕（大概需要 10 秒鐘）。

4. 選擇您的啟動磁碟（用您的游標或左右箭頭鍵）。

5. 點擊「繼續」或按「Return」鍵。

   如果您的 Mac 是基於 Intel 的 Mac，請先將其關閉，然後打開並在啟動時按住 Option 鍵。然後使用開機管理程式來定位系統卷宗。

為了排除系統卷宗的故障：

▶ 如果出現原始系統卷宗，選擇它來啟動。如果您的 Mac 從系統卷宗上啟動，打開啟動磁碟偏好設定，將該卷宗設定為啟動磁碟。您也可以嘗試在從另一個系統卷宗啟動時定義啟動磁碟，比如 macOS Recovery。

▶ 如果原來的系統卷宗出現了，但您的 Mac 仍然找不到有效的系統或 booter，您可能需要在該卷宗上重新安裝 macOS。在您做出重大改變之前，請先從該卷宗中備份重要資料。

▶ 如果您的原始系統卷宗沒有出現，那麼問題就出在該儲存裝置上。從另一個系統啟動，比如 macOS Recovery，並使用第 11 章中講述的儲存裝置錯誤排除技術。

Booter 錯誤排除

如果您的 Mac 顯示一個禁止的圖像，那麼核心可能未能載入。要排除 booter 的故障：

▶ 如果您從一個卷宗包含從未啟動過的作業系統中啟動您的 Mac，禁止圖像通常表示卷宗中的 macOS 版本與您的 Mac 硬體不相容。這種罕見的情況主要發生在使用舊系統映像檔恢復新 Mac 的時候。使用 macOS Recovery 重新安裝 macOS，它應該安裝一個與您的硬體相容的版本。

▶　在安全模式下啟動 Mac。Booter 會嘗試驗證和修復啟動卷宗。如果需要修復，在開始修復動作之前，Mac 會重新啟動。如果發生這種情況，請再次以安全模式啟動。Booter 再次驗證啟動卷宗，如果啟動卷宗看起來工作正常，Booter 就會嘗試再次載入核心和必要核心延伸功能（kexts）。Booter 將聰明而緩慢地載入這些項目，並清除核心延伸功能和字體快取。如果成功的話，Booter 將系統傳遞給核心，核心繼續進行安全啟動。

▶　如果 booter 找不到或載入不了有效的核心，請在該卷宗上重新安裝 macOS。

排除基於 Intel 的 Mac 電腦的核心問題

如果您的基於 Intel 的 Mac 顯示 Apple 圖像的啟動畫面和 Apple 圖像或進度條，但無法到達登入視窗或登入，那麼第三方核心延伸功能（也稱為傳統的核心延伸功能）或 launchd 可能未能載入。要排除基於 Intel 的 Mac 的核心故障：

▶　啟動基於 Intel 的 Mac，然後按住 Shift 鍵，啟動安全模式。這將使核心忽略第三方的核心延伸功能。若能成功運作，核心會啟動 launchd，繼續在安全模式下啟動。如果核心啟動階段透過安全模式完成，問題可能是第三方的核心延伸。可以在 verbose 模式下啟動，試圖找出問題所在。

▶　啟動基於 Intel 的 Mac，然後按住 Command-V，啟動 verbose 模式。Mac 會以一串連續的文字向您顯示啟動過程的細節。如果文字停止輸入，啟動過程可能也已停止，您應該檢查文字的結尾，尋找故障排除的線索。當您發現一個可疑的項目時，把它移到一個隔離檔案夾中，在沒有安全模式的情況下重啟 Mac，以確定問題是否得到解決。如果 Mac 在啟動過程中崩潰，可能無法存取 Mac 電腦磁碟來定位和刪除該項目。正如第 11 章所述，您可以在目標磁碟模式下啟動遇到問題的 Mac，然後將其與第二台 Mac 連接，然後您可以用第二台 Mac 來修改出現問題的儲存裝置內容。

▶　如果您的有問題的基於 Intel 的 Mac 在安全模式下成功啟動，而您還在努力尋找問題，不要同時使用安全模式和 verbose 模式。如果啟動成功，verbose 模式就會被標準的啟動介面所取代，您就沒有時間去找問題了。

▶　如果在安全模式下核心無法載入，或者您無法定位和修復問題，您可能需要在該卷宗上重新安裝 MacOS。

排除 launchd 問題

如果您無法進入登入介面，或者在登入界面出現時無法登入，這可能是 launchd 的問題。如果 launchd 無法完成系統初始化，登入視窗程序就不會啟動。要排除 launchd 的問題：

▶ 在安全模式下啟動 Mac。安全模式使 launchd 忽略第三方字體和 launch daemons。如果您在安全模式下啟動成功，launchd 程序會啟動 loginwindow 程序。這時，Mac 完全啟動並在安全模式下運行。如果您能成功用安全模式完成系統初始化，問題可能出自於第三方的系統初始化項目，請以 verbose 模式啟動，並找到該問題。

▶ 對於基於 Intel 的 Mac，啟動 Mac，然後按住 Command-V 啟動 verbose 模式。如果文字停止在螢幕上滾動，檢查文字的結尾；如果您發現一個可疑的項目，把它移到另一個檔案夾，然後重新啟動 Mac。

▶ 您可能能夠在安全模式下啟動進入 Finder。如果是這樣，請使用 Finder 對可疑的項目進行隔離。

▶ 在安全模式下，考慮刪除或重命名系統快取和偏好檔案，因為它們可能已損壞並導致啟動問題。首先刪除 /Library/Caches，這些檔案包含容易被替換的資訊。移除儲存在 /Library/Preferences 或 /Library/Preferences/SystemConfiguration 檔案夾中的設定，但前提是您以後可以重新配置它們。或者重新命名這些檔案夾中的系統偏好設定檔。在您移動或重命名這些項目後，重新啟動 Mac，macOS 會使用新版本替換它們。

▶ 如果在安全模式下啟動仍然失敗，或者您找到了一個需要刪除的可疑系統項目，啟動沒有 T2 晶片的基於 Intel 的 Mac，然後按住 Command-S 啟動單一使用者模式。或者，若您的 Mac 有 Apple 晶片或您基於 Intel 的 Mac 有 T2 晶片，從 recoveryOS 啟動，然後打開終端機。您的 Mac 提供了一個最小的命令列界面使您能夠將可疑的檔案移到一個隔離的檔案夾。如果您想在單一使用者模式下修改檔案和檔案夾，準備好系統卷宗。輸入 /sbin/fsck -fy 來驗證和修復啟動卷宗。重復這個命令，直到有消息說磁碟恢復良好狀態，然後，輸入 /sbin/mount -uw /，將啟動卷宗掛載為一個可讀寫的檔案系統。在您進行更改後，退出單一使用者模式，並輸入 exit 命令繼續啟動 Mac，然後用 shutdown -h now 指令關閉 Mac。

▶ 如果在安全模式下啟動時系統初始化無法完成，或者您無法定位和修復問題，請重新安裝 macOS。

28.6
使用者階段的錯誤排除

如果 loginwindow 程序不能初始化使用者環境，使用者就不能控制介面。您的 Mac 可能會顯示使用者的桌布畫面，但沒有應用程式載入，包括 Dock 和 Finder。或者使用者階段開始了，但登入視窗又出現。

安全模式登入

嘗試安全模式登入。在登入畫面上，按住 Shift 鍵，同時點擊登入按鈕。當您需要排除用戶問題時，即使您沒有在安全模式下啟動，也請執行安全模式登入。啟用安全模式後，loginwindow 程序不會自動打開使用者自訂的登入項目或設定為復原的應用程式。launchd 程序不會啟動使用者特定的 LaunchAgents。如果安全模式登入解決了您的使用者階段問題，請從使用者與群組偏好設定中調整使用者的登入項目列表，或調整 /Library/LaunchAgents 、 ~/Library/LaunchAgents 中的項目。

登出和關機的故障排除

如果您不能登出或關閉，可能是因為一個應用程式或程序無法退出。如果您無法登出，可以使用 Apple 選單中的「強制退出」，更多資訊請見第 20 章。

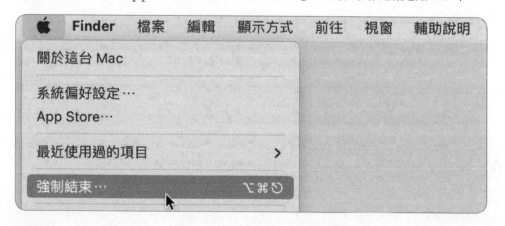

如果您的 Mac 在所有應用程式退出後顯示一個空白畫面，那麼 loginwindow 程序關閉了您的使用者階段且您的 Mac 並未關閉。給 macOS 一些時間來關閉。如果過了一會兒，什麼都沒有發生，那代表系統程序沒有退出。要強迫您的 Mac 關機，請按住電源按鈕，直到 Mac 關閉電源。

28.7
清除輔助程式

清除輔助程式簡化了帶有 Apple 晶片的 Mac 或帶有 T2 安全晶片且基於 Intel 的 Mac，爲重置、出售或汰換而準備。清除輔助程式作爲最後的故障排除方法也很有用。

警告 ▶ 刪除您的 Mac 會刪除其中的所有資訊。在您開始之前，先用「時光機」備份您的 Mac。

清除輔助程式可以做以下工作：

▶　將您從 Apple 服務中登出，如 iCloud
▶　關閉「尋找」和「啟用鎖定」，這意味著 Mac 不再與您有關聯
▶　解除所有藍牙配件的配對
▶　刪除您的內容和設定以及您所安裝的任何應用程式
▶　清除您可能設定的所有卷宗和分割區，包括 BOOTCAMP 卷宗（如果您使用啟動切換輔助程式在 Mac 上安裝了 Windows）。
▶　清除所有使用者帳號及其資料，而不僅僅是您自己的帳戶。

該過程完成後，您的 Mac 將恢復到出廠時的狀態，不過如果它已經更新，可能會有一個較新的 macOS 版本。清除輔助程式完成後，Mac 啟動進入設定輔助程式。

提醒 ▶ 如果您的 macOS 版本被修改了，清除輔助程式不能清除您的 Mac，並顯示一個警告，表明您需要先重新安裝 macOS，然後再使用清除輔助程式。

您可以在系統偏好設定中啟動清除輔助程式。打開「系統偏好設定」，在選單列中選擇「清除所有內容和設定」，清除輔助程式就會啟動。

提醒 ▶ 清除輔助程式應用程式要求登入的使用者是管理員。這與使用管理員
憑證打開鎖定的系統偏好設定視窗等活動有重要區別。

如果您已經設定了「時光機」，清除輔助程式會要求您更新您的時光機備份。如
果您沒有配置時光機，這一步會被跳過。

接下來您會看到如果您繼續下去會發生什麼。點擊一個使用者以瞭解更多關於接下來的細節。

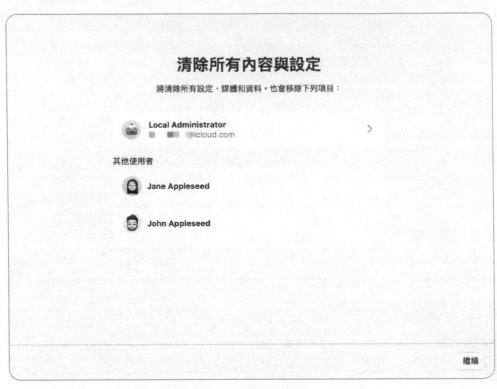

您會被要求退出 iCloud 或「尋找我的 Mac」。

提醒 ▶ 在這個例子中，John Appleseed 是一個標準使用者，並且啟用了「尋找我的 Mac」功能。Local Administrator 是目前的使用者，必須從 John Appleseed 那裡獲得憑證，才能登出「尋找我的 Mac」並關閉「啟用鎖定」。

確認您理解所有資料、設定和應用程式將被刪除。

這一步之後，您的Mac將會重新啟動到復原輔助程式，檢查「啟用鎖定」的狀態。

一旦確認，您的電腦將再次重啟到設定輔助程式，並顯示「您好」畫面。

提醒 ▶ 如果您的組織使用行動裝置管理（MDM）解決方案，可以為被管理的 Mac 電腦關閉清除所有內容和設定功能。

練習 28.1
使用安全模式

▶ 前提

  ▶ 您必須先建立 Local Administrator（練習 3.1，練習設定一台 Mac）。

  ▶ 您必須先開啟「檔案保險箱」（練習 3.2，配置系統偏好設定）。

在這個練習中，您會在安全模式下啟動您的 Mac，並查看啟動提示。

在安全模式下啟動

當您使用安全模式時，MacOS 不會載入登入項目或第三方系統延伸功能和字體。安全模式還會針對您的啟動磁碟進行基本檢查，並刪除某些系統快取。如果您的 Mac 無法正常啟動，安全模式是一個非侵入性的有效方法可以解決啟動過程中的問題。

1. 打開您的 Mac，然後以 Local Administrator 身分登入到您的 Mac。

2. 打開「活動監視器」。

3. 選擇顯示方式 > 所有程序。

4. 透過點擊 PID 標題，按程序 ID 對項目進行排序，然後記錄活動監視器視窗底部 CPU 負載圖右邊顯示的程序數量。

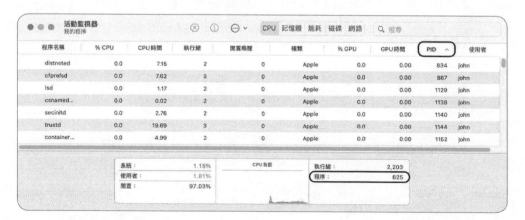

5. 做以下任何一項：

▶ 如果您有一台裝有 Apple 晶片的 Mac，從 Apple 選單中選擇關機，然後打開您的 Mac。繼續按住電源鍵，直到您看到「載入啟動選項」。選擇您的啟動磁碟，然後按住 Shift 鍵。

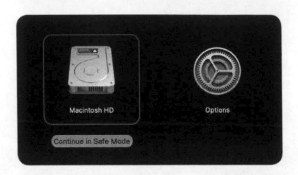

在安全模式下點擊繼續，然後轉到第 6 步驟。

▶ 如果有一台基於 Intel 的 Mac，從 Apple 選單中選擇重新開機。按住 Shift 鍵，直到您的 Mac 在螢幕上顯示 Apple 圖像。

6. 在「檔案保險箱」驗證畫面上，以 Local Administrator 身分登入並允許 Mac 啟動。

在您的 Mac 顯示「檔案保險箱」驗證畫面後，您的 Mac 會啟動，然後您會看到登入視窗，即使您已經打開了自動登入。這是因為安全模式禁用了自動登入，這是 Mac 受「檔案保險箱」保護時的預設行為。安全啟動會出現在選單列中。

```
ABC ⌨    ▢    週三 11:12
```

7. 以 Local Administrator 身分登入。您注意到Dock和選單列失去了透明度，因為安全模式禁用了非必要的驅動程序，如圖形處理器的驅動程序。

8. 打開「活動監視器」，然後記錄運行的程序數量。

因為安全模式只啟動系統運行的必要程序，所以運行的程序較少。例如，如果您試圖用 Spotlight 找到「活動監視器」，您可能就找不到。另外，您的畫面可能會被重新繪製。

9. 關閉「活動監視器」，然後重新啟動您的 Mac。

國家圖書館出版品預行編目資料

蘋果專業訓練教材：macOS Support Essentials 12／Benjamin
G. Levy, Adam Karneboge, Steve Leebove作；TWDC蘋果授權訓
練機構譯. --初版.--臺中市：白象文化事業有限公司，2023.01
　　面；　　公分
譯自：macOS Support Essentials 12 - Apple Pro Training Series：
Supporting and Troubleshooting macOS Monterey
ISBN 978-626-7189-89-4（平裝）
1.CST: 作業系統
312.54　　　　　　　　　　　　　　　　111018458

蘋果專業訓練教材：
macOS Support Essentials 12

作　　者　Benjamin G. Levy, Adam Karneboge, Steve Leebove
譯　　者　TWDC 蘋果授權訓練機構
校　　對　TWDC 蘋果授權訓練機構
特約設計　白淑麗
發 行 人　張輝潭
出版發行　白象文化事業有限公司
　　　　　412台中市大里區科技路1號8樓之2（台中軟體園區）
　　　　　出版專線：（04）2496-5995　　傳眞：（04）2496-9901
　　　　　401台中市東區和平街228巷44號（經銷部）
　　　　　購書專線：（04）2220-8589　　傳眞：（04）2220-8505
專案主編　黃麗穎
出版編印　林榮威、陳逸儒、黃麗穎、水邊、陳婷婷、李婕
設計創意　張禮南、何佳諠
經銷推廣　李莉吟、莊博亞、劉育姍、林政泓
經紀企劃　張輝潭、徐錦淳、廖書湘、黃姿虹
營運管理　林金郎、曾千熏
印　　刷　百通科技股份有限公司
初版一刷　2023年1月
定　　價　2000元